Lehrbuch der
Allgemeinen Geographie
Band 10

Lehrbuch der Allgemeinen Geographie

In Fortführung und Ergänzung von Supan-Obst, Grundzüge der Physischen Erdkunde

Unter Mitarbeit von

J. Blüthgen, Münster; H. Bobek, Wien; H. G. Gierloff-Emden, München; A. Heupel, Bonn; Ed. Imhof, Zürich; H. Louis, München; E. Obst, Hannover; G. Sandner, Hamburg; J. Schmithüsen, Saarbrücken; S. Schneider, Bad Godesberg; G. Schwarz, Freiburg i. Br.; M. Schwind, Hannover; F. Wilhelm, München

Herausgegeben von

Erich Obst und Josef Schmithüsen

Walter de Gruyter · Berlin · New York 1972

Thematische Kartographie

Eduard Imhof

Dr. h. c., em. Prof. an der Eidgenössischen Technischen Hochschule in Zürich

Mit 153 Abbildungen und 6 mehrfarbigen Tafeln

W DE G

Walter de Gruyter · Berlin · New York 1972

ISBN 3 11 002122 6
 Druck: Georg Wagner, Nördlingen. Printed in Germany.

Inhalt

Einführung

Nicht im abstrakten Wissen, sondern in der richtigen und tiefen anschaulichen Auffassung der Welt liegt die Quelle wahrer Weisheit.
SCHOPENHAUER

Karten zeigen eine unbegrenzte Fülle von Erscheinungen der Erdoberfläche und von Dingen, die mit ihr in Beziehung stehen. Sie sind Ergebnisse topographischer Vermessung, statistischer Zählung und wissenschaftlicher Forschung. Sie dienen wiederum weiterer Forschung und ihrer Lehre, aber auch der Verwaltung, Planung, Wirtschaft und dem Verkehr. Karten vermitteln jedem Bürger unentbehrliche Auskünfte, sie sind Lehrmittel des Schülers, Wegweiser des Touristen und Hilfe des Soldaten.

In der *thematischen Karte* legt der Geograph die Ergebnisse seiner Forschungen nieder, und er gewinnt aus ihr neue Einsichten. Die Karte ist ihm Arbeitshilfe, Dokumentation, Speicher des Wissens und vor allem auch Mitteilungsform. Solches gilt in gleicher Weise für andere Geowissenschafter und für die Statistiker. Ohne Karten fehlt selbst der geschichtlichen Forschung und Lehre eine wesentliche Grundlage; denn alles Menschheitsgeschehen spielte sich ab auf den Bühnen der geographischen Räume.

Thematische Karten sind in ihren Anfängen so alt wie die Karten überhaupt. Bereits eine Goldminenkarte der alten Ägypter aus dem 12. Jahrhundert vor Christus und später die römische Straßen-Etappenkarte des CASTORIUS, bekannt unter der Bezeichnung »Peutingersche Tafel«, waren thematische Karten. Geschichtliche Eintragungen, solche politisch- oder kirchlich-territorialer Zustände, Darstellungen kriegerischen Geschehens, aber auch Signaturen für Bergbauvorkommnisse, finden sich nicht selten bereits in Karten des 16. und 17. Jahrhunderts.

Die Aufklärung im 18. Jahrhundert befruchtete auch die Kartographie. Einige der großartigsten Pionierleistungen jener Zeit und aus der ersten Hälfte des 19. Jahrhunderts seien im Folgenden aufgeführt.

1701: EDMUND HALLEY: Erste Karte mit Linien gleicher Deklination (Isogonen) für den Atlantischen Ozean und 1702 für die Weltmeere (»Nova et accuratissima totius terrarum orbis tabula nautica variationum magneticarum«).

1743: CHRISTOPHER PACKE: Geologische Karte eines Teiles von England (East Kent).

1752: J. E. GUÉTTARD: Geologische Karte der Schweiz.

Um 1750: L. TEN KATEN: Sprachenkarte von Europa.

1799–1806: ABRAHAM WERNER: Geologische Karte von Sachsen.

1806: CARL RITTER: Atlas mit »Sechs Karten von Europa über Produkte, physikalische Geographie und Bewohner dieses Erdtheils« (7 Blätter). 2. Auflage 1820.

1817: ALEXANDER VON HUMBOLDT: Erste Isothermenkarte, eine solche der Jahresisothermen der nördlichen Halbkugel.

1826: LEOPOLD VON BUCH: Geognostische Karte von Deutschland in 42 Blättern.

ABRAHAM WERNER, CARL RITTER, ALEXANDER VON HUMBOLDT und LEOPOLD VON BUCH leiteten damit einen entscheidenden Aufstieg der thematischen Kartographie ein. In der Folge förderte dann ALEXANDER VON HUMBOLDT die Herstellung des frühesten großangelegten thematischen Kartensammelwerkes, des *Physikalischen Atlas,* der 1838–1848 durch HEINRICH BERGHAUS bei JUSTUS PERTHES zu Gotha herausgebracht wurde. Er enthält u. a. erstmals auch Isobarenkarten. Seit 1837 erschien – ebenfalls bei JUSTUS PERTHES – K. VON SPUNERS »Handatlas für die Geschichte des Mittelalters und der neueren Zeit«.

Von größter Bedeutung, nicht zuletzt auch für die thematische Kartographie, wurden die im 19. Jahrhundert durchgeführten topographischen Landesvermessungen der meisten europäischen Staaten. Damit entstanden Basis-Kartenwerke von hoher Genauigkeit in den Maßstäben 1:25 000 bis 1:100 000. Auf Grund solcher Karten konnten nun geologische, geobotanische und andere Landesaufnahmen in Angriff genommen werden. Vielenorts wurden staatliche und kommunale statistische Ämter ins Leben gerufen. Volkszählungen und Zählungen anderer Art fanden mehr und mehr ihren Niederschlag in statistischen, bevölkerungs- und wirtschaftskundlichen Karten und Atlanten. Thematische Karten gelangten in die Schulatlanten, in Regional- und Spezialatlanten, in Planungsatlanten, vor allem aber in reichstem Ausmaß in das wissenschaftliche Schrifttum.

Eine kaum noch zu überblickende Fülle thematischer Karten und Atlanten bescherten uns die Jahrzehnte nach dem Zweiten Weltkrieg. Die Kartierungen erstrecken sich seither über alle Länder der Erde und auf die verschiedensten Zweck- und Fachgebiete. Reife Früchte solchen Bemühens sind unter anderem die sog. *»Nationalatlanten«*. Manche Länder und Institutionen brillieren überdies mit Klimaatlanten, Geschichtsatlanten, Sprachatlanten, Volkskundeatlanten, wirtschaftsgeographischen Atlanten, statistischen Atlanten und anderen Werken. Bereits weist der Griffel des Kartographen nach dem Mond und den Sternen.

Trotz solcher Fülle und im Gegensatz zum reichen Schrifttum zur Geschichte topographischer Karten, ist eine umfassende und gültige *Geschichte der thematischen Kartographie* heute noch nicht geschrieben. Beiträge dazu finden sich freilich da und dort, so z. B. in den Arbeiten und Zusammenstellungen von W. WOLKENHAUER, 1895, 1904–1917; A. HETTNER, 1910 und 1927; K. KRETSCHMER, 1912; M. ECKERT 1921 und 1925; H. BECK, 1958–1965; R. OEHME, 1961 und G. ENGELMANN 1964–1969. Eingehend hat sich in jüngster Zeit ERIK ARNBERGER um die Geschichte der thematischen Kartographie vor allem des Donauraumes bemüht (1957 und 1966). Manche Beiträge finden sich auch in der nichtdeutschen Fachliteratur.

Hier verzichten wir auf weitere historische Exkurse; denn solche könnten bei dem beschränkten Umfang unseres Buches nichts weiter bieten als gedrängte, chronologische Aufzählungen.

Eine Entwicklungsgeschichte der thematischen Karten ist nicht zu verwechseln mit einer solchen der entsprechenden kartographischen Lehre und des Fach-Schrifttums.

Wie steht es nun mit diesen Dingen?

Abhandlungen und Aufsätze über Inhalt und Form thematischer Karten liegen schon aus dem 19. Jahrhundert in beträchtlichen Mengen vor; doch schlummern sie, zerstreut, vergessen und schwer auffindbar, in irgendwelchen Zeitschriften. Eine gewisse Neubelebung erfuhren solche Lehren erst wieder in den ersten Jahrzehnten unseres Jahrhunderts, und zwar vor allem durch ALFRED HETTNER und hierauf durch MAX ECKERT.

HETTNER schied die Inhaltselemente in solche qualitativer und quantitativer Aussage

(1910 und 1927). ECKERT betonte die wissenschaftliche Bedeutung und Eigenständigkeit der thematischen Kartographie – der Kartographie überhaupt – und er trug in seinen Werken frühere Erkenntnisse zusammen (1921/25). Beide Gelehrte dachten vor allem als »Kartologen«, nicht als Kartographen. Ihre Interessen galten der Kartenanalyse, dem kritischen Gespräch über die Karte, weniger aber der praktischen Anleitung zu ihrer Gestaltung und Herstellung.

In jüngster Zeit nun erleben wir ein geradezu stürmisches Vorwärtsdrängen der Lehre von der thematischen Karte. Ein einigermaßen lückenloses Literaturverzeichnis würde bereits Bände füllen. Aus der großen Menge von Autoren seien hier lediglich einige herausgegriffen.

MEYNEN, EMIL: Diagrammformen und andere Systemfragen (1949 ff.)

LOUIS, HERBERT: Über Kontinua und Diskreta, Basiskarten usw. (1957, 1959, 1960).

IMHOF, EDUARD: Methodisches, Isolinien, Gefügelehre, Kartenverwandtes (1956, 1961, 1962, 1963).

PILLEWIZER, WOLFGANG: Methodische Gruppierungen und anderes (1964).

ERIK ARNBERGER schenkte uns im Jahre 1966 erstmals ein umfassendes »Handbuch der thematischen Kartographie«, das über weiteste Gebiete erschöpfende Auskunft gibt. Ihm folgte auf dem Fuße, im Jahre 1967, WERNER WITT mit dem groß angelegten Standardwerk »Thematische Kartographie, Methoden und Probleme, Tendenzen und Aufgaben«. Bereits 1970 erschien es in zweiter, stark erweiterter Auflage. Während der letzten Jahre erschienen überdies einige kleinere Werke über die thematische Kartographie und einzelne ihrer Teilgebiete. Aus all der Fülle greifen wir folgende heraus:

WILHELMY, HERBERT: Kartographie in Stichworten (1966).

OGRISSEK, RUDI: Die Karte als Hilfsmittel des Historikers (1968).

HAKE, GÜNTHER: Kartographie II (1970).

JENSCH, GEORG: Die Erde und ihre Darstellung im Kartenbild (1970).

Dazu gesellen sich zahllose bedeutende Zeitschriftenaufsätze und Abhandlungen (siehe Literaturverzeichnis).

Reich ist auch die jüngere Fachliteratur nicht-deutscher Sprachgebiete. Aufgeführt seien hier lediglich Autoren und Titel einiger größerer Werke:

RAISZ, E.: General Cartography 1938 und 1948, und Principles of Cartography (1962).

MONKHOUSE, F. J. und H. R. WILKINSON: Maps and Diagrams (1952, 1963 und 1971).

ROBINSON, A. H.: Elements of Cartography (1953, 1960 und 1969).

BRUNET, R.: Le croquis de Géographie régionale et économique (1962).

DICKINSON, G. H.: Statistical Mapping (1963).

SALICHTCHEV, K. A.: In deutscher Sprache liegt vor: Einführung in die Kartographie, 1967. Dies ist die Übersetzung seines Werkes über Kartographie, das 1966 in Moskau erschienen war.

BERTIN, J.: Sémiologie graphique (1967).

TRAVERSI, C.: Tecnica cartografica (1968).

Im Hinblick auf solchen Überfluß drängte sich uns die Frage auf, ob ein neues Werk über thematische Kartographie überhaupt noch einem Bedürfnis entspreche. Herausgeber, Verleger und Verfasser unseres Buches bejahten dies einmütig; denn die Welt steht nicht still. Mit ihrer fortschreitenden Erforschung und infolge des raschen Wandels vieler Dinge werden sich auch der Kartographie stetsfort neue Aufgaben stellen.

Es besteht daher ein Bedürfnis nach immer wieder erneuerten Lehren über Inhalt, Form und Herstellung der Karten. Trotz allen Reichtums des Gebotenen vermissen wir bisher ein einfach und kurz gefaßtes *Lehrbuch*, das über *alle wesentlichen Aspekte* der thematischen Kartographie ausreichend orientieren würde. Mit dem hier vorliegenden Werk versuchen wir diese Lücke zu schließen. Wir bemühen uns dabei vor allem um folgendes:

Erstens: Der äußerst vielgestaltige, weitverzweigte Stoff mußte in ein leicht überschaubares *neues Lehrsystem* gebracht werden. Dies geschah durch Aufgliederung der Darstellungslehre in die drei Hauptgruppen: *Allgemeine graphische Elemente, kartographische Ausdrucksformen, kartographische Gefüge thematischer Karten.* Diesen Gruppen waren weitere Kapitel über Inhalt, Form, technische Herstellung usw. beizugeben.

Dabei ging es um Ausweitung bisheriger Lehren auf alle wesentlichen Aspekte, vor allem aber auch um ein Ausscheiden unnötigen Ballastes. Wir suchen die Lehre von der thematischen Karte herauszuführen aus der verwirrenden Fülle von Teilbetrachtungen, Verzweigungen und Spekulationen.

In der naturwissenschaftlichen Forschung, um nur diese zu nennen, kommt jedem neuen Fund eine gewisse Bedeutung zu. In den technischen Wissenschaften, den Herstellungslehren aber – und eine solche ist in gewissem Sinne die Kartographie – ist nicht jede Neuerung mitschleppungswürdig. Die Karte ist ein Gebrauchsartikel, ein Mitteilungsblatt. Sie ist gleichsam Bilderschrift. In diesem Sinne ist die Lehre von ihrer Ausdrucksform mit der Sprach- und Schriftlehre vergleichbar. Nur das allgemein Brauchbare und Bewährte soll vermittelt werden, nicht aber alles, was bisher irgendwann und irgendwo erzeugt oder beschrieben worden ist. Wir scheuten auch nicht davor zurück, Ungeeignetes und Schlechtes drastisch anzuprangern.

Zweitens: Wem soll unsere hier vorgelegte Kartographielehre dienen?

Geographen, Geowissenschafter aller Sparten, auch Statistiker, Ingenieure und Planungsfachleute sehen sich heute oft genötigt, ihre Forschungsergebnisse, Zählergebnisse, Planungsideen usw. in die Formen thematischer Karten zu gießen. Kartographie ist für sie unentbehrlich, ist aber meist nicht Hauptgebiet ihrer Tätigkeit. Dasselbe gilt auch für einen Großteil von Studierenden geowissenschaftlicher Richtungen. Viele dieser Leute bearbeiten Karten gleichsam im Nebenamt. Da fehlt aber meist die Zeit zur Durcharbeitung umfangreicher, weitverstreuter kartographischer Fachliteratur. Wohl vielen unserer Leser ist nur mit möglichster Beschränkung auf Wesentlichstes gedient. Abstecher in die Arbeitsgefilde der tausenderlei Geowissenschaften wurden ausgeklammert. Trotz solcher Beschränkung möge unser Werk aber auch dem erfahrenen Landkartenfachmann eine willkommene Hilfe sein.

Drittens: Manche thematische Karte entsteht durch Zusammenarbeit des Sachforschers mit dem geübten Kartengraphiker. Der letztere ist gleichsam die rechte Hand des Wissenschaftlers. Ein wohlklingendes Zusammenspiel gelingt aber nur, wenn der Gelehrte den Kartographen über Sinn und Wesen seines Darstellungsgegenstandes gut orientiert, und wenn beide Partner mit den graphischen Ausdrucksmöglichkeiten und Herstellungstechniken vertraut sind. Unser Buch sucht die Ausdrucksformen, die kartographische Bildersprache und das Wichtigste über die Herstellungstechniken zu vermitteln und damit die Zusammenarbeit von Themakenner, Kartenkünstler und Repro-Fachmann zu erleichtern. Damit soll, wenigstens für einzelne Bereiche der Kartographie, ein Damm errichtet werden gegen den Rückfall in die Barbarei.

Viertens: Im vorliegenden Buche ist das Graphische vielleicht stärker herausgearbeitet als es bisher meist üblich war. Dies hielten wir für notwendig. Ohne gute Graphik keine brauchbare Karte. Kartographie ist – wie diese Bezeichnung sagt – nicht geowissenschaftliche Forschung, nicht statistische Zählung, nicht Planung. Ihr Bereich ist die inhaltliche und die graphische Gestaltung der Karte. Durch die Lehre des Graphischen möge unser Buch auch den Kartographen aller Ausbildungsstufen dienen.

Aus all den genannten Gründen suchen wir den weitschichtigen Stoff zwar umfassend, trotzdem aber möglichst kurz, leicht überschaubar und allgemein verständlich zu vermitteln.

Unser Werk über die »*Thematische Kartographie*« wird – zusammen mit den beiden Bänden »*Topographische Kartographie*« und »*Luftbild*« – einen Abschluß bilden des von Prof. Dr. h. c. ERICH OBST und Prof. Dr. JOSEF SCHMITHÜSEN herausgegebenen Sammelwerkes »*Lehrbuch der Allgemeinen Geographie*«. Die drei genannten Bände mögen als eine Trilogie geographisch-bildhafter Darstellung das große Werk sinnvoll bereichern. Die Mitarbeit an diesem Sammelwerk war für den Unterzeichneten Pflicht und hohe Genugtuung. Er ist sowohl den Herausgebern als auch dem Verlage Walter de Gruyter für das ihm entgegengebrachte Vertrauen stets dankbar.

Abschließend sei aber auch Kollegen und Mitarbeitern herzlich gedankt für Mithilfe, Auskünfte, Beratungen verschiedenster Art. Sie seien im Folgenden in alphabetischer Reihenfolge kurz aufgeführt:

WALTER BANTEL, Chefkartograph, Zürich – FRED CHRIST, Chefkartograph, Frankfurt/M. – Dipl.-Ing. ETH ERICH GUBLER, Bern – Dipl.-Ing. ETH CHRISTIAN HOINKES, Zürich – VIOLA IMHOF, Erlenbach/Zürich – Prof. Dr. PETER LÄUCHLI, Zürich – HEINZ LEUZINGER, Chefkartograph, Zürich – Prof. Dr. EMIL MEYNEN, Bad Godesberg – Prof. Dipl.-Ing. ETH ERNST SPIESS, Zürich.

Bei der Herstellung der Originalzeichnungen für die Abbildungen wirkten unter anderem mit: KURT BIGLER, Kartograph, Zürich, und SONJA LAUTENSCHLAGER-STRÜBE, Ingenieur (grad.) für Landkartentechnik, Zürich.

Besonderer Dank gebührt Prof. H. H. HAURI, dem Präsidenten der Eidg. Technischen Hochschule Zürich, da er durch Kreditgewährungen unsere zeichnerischen Arbeiten sehr gefördert hat.

Nun noch ein abschließendes Wort zu den *Abbildungen* dieses Buches: Einige derselben entstammen früheren Veröffentlichungen des Verfassers, die größere Menge aber wurde für dieses Werk entworfen und gezeichnet. Wir beschränkten die Beigabe mehrfarbiger Tafeln auf das Notwendigste. Weitere Kartenbeispiele, auch solche recht komplexen Inhaltes, findet der Leser jedoch mühelos in jedem Nationalatlas, jedem Planungsatlas, jedem Schulatlas. Bei der Lektüre des vorliegenden Buches bewaffne man sich stets mit solchen Atlanten. Man wird dabei mit Vergnügen feststellen, daß auch in der Kartographie das Bessere der Feind des Guten ist.

Wir vergleichen da und dort den kartographischen Ausdruck mit der schriftlichen Mitteilung. In Ostasien waren Schrift und Schriftzeichen nicht nur »eine Sache der Geschicklichkeit oder ein Verständigungsmittel, sondern sichtbare Äußerung eines gebildeten Geistes«. – Möge in aller Welt solche Aufwertung in verstärktem Maße auch der Karte als einer einzigartig reichen und schönen Bilderschrift zukommen.

EDUARD IMHOF

Erster Teil
Vorspiel

Kapitel 1
Über Inhalt und Aufbau einer Lehre der thematischen Kartographie

Im folgenden seien einige Gedanken über mögliche und zweckmäßige stoffliche Gliederungen einer Lehre der thematischen Kartographie den übrigen Teilen dieses Buches vorangestellt.

Zunächst wollen wir *drei verschiedene Fach- oder Tätigkeitsbereiche* auseinanderhalten, die zusammen im Endergebnis zur Karte führen. Es sind die folgenden:

Eine *erste Gruppe* bildet *die Sachforschung:*

Es geht hier vorerst um die geodätisch-topographische Vermessung des Geländes. Sinngemäß ist solches »Aufnehmen« ein Akt der Natur- und Kulturforschung. Nach den Arbeitsmethoden aber ordnet man es in der Regel der Technik und ihre Lehre den technischen Wissenschaften zu. Es geht ferner hier um eine weitere unübersehbare Vielfalt natur- und kulturwissenschaftlicher, vor allem geographischer Forschungen und Aufnahmen, um statistische und andere Erhebungen. Es geht auch um technische und um geistig-fiktive Konstruktionen und Planungen. All das ist nicht Kartographie im engeren Sinne, ist aber der erste und wesentlichste Schritt jeder Kartenherstellung. Die Karte ist für viele Dinge das beste, oft das einzig mögliche Daten-Aufzeichnungsmittel und die beste, oft die einzige Datenmitteilungsform. Daher greifen manche der genannten Forschungen, Aufnahmen und Planungen tief hinein in die kartographische Tätigkeit.

Eine *zweite Gruppe* umfaßt die Kartographie im engeren Sinne.

Die Karte bildet gleichsam eine Brücke von ihrem Inhaltsforscher zu ihrem Inhaltsbenützer, eine Brücke vom Topographen zum Bergsteiger, vom Geologieforscher zum Geologie-Lernenden, vom Statistiker zum Statistik-Benützer. Sinn und Aufgabe der Karte besteht darin, die Dinge zu speichern, in räumlicher Einordnung leicht überschaubar darzubieten. Somit ist die Karte ein Mitteilungsmittel, ein Mitteilungsinstrument, ähnlich wie es Sprache, Schrift und allgemeine Zweckgraphik sind. Ihre Lehre ist eine Vermittlungs- oder Übermittlungslehre. Der kartographische Ausdruck ist gleichsam eine stofflich eingeschränkte, spezielle Bilderschrift. Kartographielehre ist in der Stoffgliederung vergleichbar mit der Sprach- und Schriftlehre, in gestalterischer Hinsicht ein wissenschaftlich gelenktes Spezialgebiet der Graphiklehre. Auf dieses zentrale

Gebiet der Kartenherstellungslehre, die Kartographie im engeren Sinne, werden wir in diesem Buche unser Hauptaugenmerk richten.
Eine *dritte Gruppe* der zur Karte führenden Tätigkeiten umfaßt die *Herstellungstechnik.* Hiezu zählen die *Zeichnungs- und Reproduktionstechnik* und neuerdings in gewissen Fällen auch einzelne Gebiete der *Automationstechnik.*
Die überwiegende Menge von Karten kommt in reproduzierter, in gedruckter Form heraus. Wenn wir von Kartenherstellen reden, denken wir meist an gedruckte Karten. Die graphischen Formen der Karten beeinflußen ihre Zeichnungstechniken und Reproduktionsmethoden, diese wiederum beeinflussen die graphischen Formen. Reproduktionstechnische Vorgänge bilden Voraussetzungen und Abschluß der Kartenherstellung. Trotzdem ist Reproduktionstechnik an und für sich nicht Kartographie. Sie reicht weit über das nur Kartographische hinaus, greift aber tief in die kartographische Tätigkeit hinein.
Die Fachbereiche *Sachforschung, graphisches Gestalten* und *Reproduzieren* wirken bei der Herstellung der meisten Karten eng und unlösbar zusammen. Kartenherstellen ist in der Regel eine Gemeinschaftsarbeit, ein Zusammenspiel verschiedener Berufsgruppen. Es ist daher unerläßlich, daß der kartierende Geodät, Geograph, Naturforscher, Kulturforscher, Statistiker und Planer nicht nur sein eigenes Berufswissen beherrscht, sondern daß er auch gut orientiert ist über die graphische Formensprache und die Herstellungstechniken der Karte. Es ist andererseits von höchstem Nutzen, wenn der Kartengraphiker, der »Kartograph«, guten Einblick besitzt in die thematischen Gefüge und Zusammenhänge und vor allem auch in die Mitteilungsabsichten des Sachforschers. Je besser er vom Sachforscher oder Sachbearbeiter darüber orientiert wird, desto leichter wird er entsprechende und gute graphische Formen finden. Ungenügendes Zusammenspiel zwischen Sachforscher und Darsteller und mangelnder Sinn des Sachforschers für die graphischen Möglichkeiten tragen die Hauptschuld am Mißlingen mancher Karte.
Wir haben vorhin die Karte als ein Mitteilungsmittel und die kartographische Gestaltungslehre als eine Vermittlungs- oder Übermittlungslehre, vergleichbar der Sprach- und Schriftlehre, bezeichnet. Jede Sprach- und Schriftlehre ist längst aufgeteilt in einige verschiedene Stufen oder »Ebenen« der Betrachtung. Man diskutiert oder lehrt im europäischen Kulturkreis getrennt und unabhängig voneinander:

1 Die verschiedenen Alphabete, Lettern und Ziffern,
2 Die graphischen Schreib- oder Schriftformen,
3 Die Schreibung der Wörter, die sog. Orthographie,
4 Den Satzbau, die sog. Syntax,
5 Die sprachliche Gestaltung, die Stillehre, die Dichtkunst, die Versform usw.

Würde man dies alles in einer einzigen Lehre durcheinander kneten, so käme ein sprach- und schreibmethodischer Sauerteig, aber keine Sprach- und Schriftlehre heraus. Für den Lernenden entstünden Schwierigkeiten und Verwirrung. Ähnliche Verwirrung droht der kartographischen Gestaltungslehre, im Besonderen der Lehre vom inhaltlichen und bildlichen Aufbau thematischer Karten.
Im Aufbau einer Lehre der thematischen Kartographie lassen sich die drei folgenden *Stufen* oder *Ebenen der Betrachtung* deutlich unterscheiden, sie sind daher getrennt zu behandeln.
Eine *erste Stufe oder Ebene der Betrachtung* umfaßt die allgemeinen graphischen Bausteine, die allgemeinen *zeichnerischen und farblichen Elemente und ihre Effekte.*

Diese erste Stufe ist nicht weniger wichtig und ihre gute Bewältigung erheischt nicht weniger Können und Feingefühl als die darauf folgenden scheinbar höheren Stufen.
Auf dieser ersten Stufe beschäftigen wir uns ausschließlich mit den allgemeinen, überall, auch außerhalb der Karte verwendeten zeichnerischen und farblichen Grundelementen, ihren Variationen und visuellen Effekten, somit mit den Elementen Punkt, Strich, Linie, Strich- oder Linienschar, Fläche, Flächenton, Farbe, und mit ihrem Zusammenspiel. Diese in den Kapiteln 6 und 7 betrachteten Grundelemente sollen jedem Kartenzeichner vertraut sein, so wie die Alphabete, die Buchstaben, die Lettern jedem Textverfasser und auch jedem Kartenzeichner vertraut sein müssen.
Ohne allgemeines graphisches Wissen und Können gibt es keine guten Kartengestalter. Auch der Gelehrte, sofern er Karten entwerfen und zeichnen will, verschmähe solche Dinge nicht. Was aber nicht heißen will, daß jeder Geistesarbeiter unbedingt ein surrealistischer Träumer sein müsse.
Auf einer *zweiten Stufe oder Ebene der Betrachtung* beschäftigen wir uns mit den *Gattungen des spezifisch kartographischen Ausdruckes.*
Die Karte zeigt auf grundrißlicher Basis und in gedrängtester Fülle konkrete, gemessene und gezählte, abstrakte und gedachte Dinge. Solche Vielheit und Komplexität erlauben nicht eine Beschränkung auf die allgemein üblichen, unmittelbaren Abbildungsformen, etwa auf solche des Landschaftsmalers. Wir haben es in der Karte meist mit höchst eigenartigen *Kombinationen* verschiedenartiger Abbildungsgattungen zu tun, mit Kombinationen, die sich in ähnlicher Weise und Durchdringung in kaum einer andern Bildform finden.
Es lassen sich die folgenden *sechs oder sieben Gattungen oder Möglichkeiten des kartographischen Ausdruckes* unterscheiden:

1 Grundrißliche Elemente (als Punkte, Linien, Flächen),
2 Individuelle Ansichts-Kleinbilder,
3 Symbolische Gattungszeichen oder Signaturen, lokale, lineare und flächenbedeckende,
4 Zahlenwertpunkte und Zahlenwertsignaturen,
5 Zahlenwert-Diagramme,
6 Schraffuren und Flächentöne, abgestuft nach absoluten oder relativen Zahlenwerten oder Zahlenwertstufen.

Diese Elemente gelangen einzeln, meist aber in den mannigfachsten *Kombinationen* und sowohl *einfarbig*, als auch in *mehrfarbiger* Aufgliederung zur Darstellung. Wir betrachten sie in den Kapiteln 8–14.
Eine besondere Art kartographischen Ausdrucks ist auch die *Beschriftung*. Sie ist von außerordentlicher graphischer Vielgestaltigkeit und Variierbarkeit. Eine ausreichende Lehre der Schriftformen und Schriftanordnungen aber würde weit über den Rahmen des vorliegenden Werkes hinausführen. Wir beschränken uns daher auf einige Andeutungen. Um aber Wiederholungen zu vermeiden, sei dieses Wenige eingegliedert in unsere Ausführungen des Kapitels 32 über die sprachliche Gestaltung der Kartenbeschriftung.
Die genannten Gattungen oder Möglichkeiten des kartographischen Ausdruckes unterscheiden sich auch durch die *Herkunft entsprechender Daten. Grundrisse* sind stets Ergebnisse geodätischer, topographisch-geometrischer Messungen. *Individuelle Ansichtsbilder* entspringen unmittelbaren Betrachtungen oder Abbildungen der Objekte. *Symbolische Gattungszeichen, die Gattungssignaturen,* stützen sich – abgesehen von ihrer

grundrißlichen Lage – auf Erkundungen, Beurteilungen, Sachgliederungen verschiedenster Art. Die *Zahlenwertpunkte, Zahlenwertsignaturen* und *Zahlenwert-Diagramme* basieren in ihren Werten auf statistischen Erhebungen. *Farben oder Farbtöne* jeglicher Art sind Ergebnisse von Beobachtungen, Beurteilungen, Normungen, oder sie symbolisieren Werte statistischer Zählungen und Messungen. Die *Beschriftung* entspringt Erkundungen, Befragungen und einem Wissensschatz verschiedenster Art. *Höhen- und andere Wertkoten* aber ergeben sich aus geodätischen und andern Messungen.

Solche Beziehungen zwischen den kartographischen Quellen und den Gattungen des Ausdruckes rechtfertigen unsere soeben vorgenommene Gliederung.

Die genannten sechs oder sieben verschiedenen Gattungen des kartographischen Ausdrucks führen aber auch zu völlig *verschiedenartigen Generalisierungsproblemen.* Nur die grundrißlichen Formen oder Elemente sind in normalem graphischen Sinne generalisierungsfähig, d. h. graphisch vereinfachungsfähig. Signaturen, Diagramme und symbolische Farbtöne entziehen sich zeichnerischer Generalisierung. In Karten kleinerer Maßstäbe kann man lediglich die Auswahl solcher Figuren enger treffen, oder man kann die Figuren durch solche anderer Formen, allgemeinerer, umfassenderer Bedeutung, anderer Werte, anderer Bezugsflächen ersetzen. Man kann andere Farbtöne wählen. Oft auch führen die Maßstabsverkleinerungen zu einer *Umschichtung der Gattung des kartographischen Ausdrucks;* dann nämlich, wenn individuelle Grundrisse oder individuelle Ansichts-Kleinbilder durch genormte Signaturen ersetzt werden. Beispiele: Kirchengrundrisse werden zu Kirchensignaturen, Ortschaftsgrundrisse werden zu Ortschaftssignaturen.

Auf einer dritten Stufe oder Ebene der Betrachtung beschäftigen wir uns mit den themakartographischen Gefügen.

Die oben besprochenen kartographischen Bauelemente werden – je nach Thema – in mancherlei Auswahl, Variation und Kombination in grundrißliche Basisgefüge eingebaut. Solches Zusammenfügen ist vergleichbar mit dem Aufbau der Sprache vom Wortschatz zum Satzbild. Erst durch das Zusammenspiel der Elemente entsteht die Karte. Erst im räumlichen Zusammenspiel offenbart sich geographisches Wesen. Architekt ist nicht, wer Ziegel fabriziert, sondern der, der damit eine Kathedrale errichtet. Kartograph ist nicht, wer Kreis-Scheibenbilder erfindet, sondern derjenige, welcher die passenden Scheiben am richtigen Ort einsetzt. Solche Aufbauarbeit wird vor allem auch durch Geographen, Natur- und Kulturwissenschafter, Statistiker und Ingenieure geplant oder geleistet. Hier nun rühren sie alle mit Eifer ihre wissenschaftlich-graphische Suppe.

Die geographisch-graphischen Gefüge lassen sich nach ihren Hauptmerkmalen gliedern in einige, in den Kapiteln 15–27 besprochene Gruppen.

Solche Gefüge sind stark abstrahierte Nachbildungen wirklicher oder auch bloß fiktiver Gefüge von Erscheinungen auf der Erdoberfläche. Sie widerspiegeln diese. Ihre Darstellung basiert stets auf der Betrachtung der geographischen Wirklichkeit. In vielen thematischen Karten sind zwei oder mehr Gefügetypen ineinander verflochten.

Erst auf dieser dritten Stufe oder Ebene der Betrachtung geht es um die *Bearbeitung der Karte.* Es geht hierbei um Folgendes:

Gegeben sind Gebiet, Thema, Forschungsergebnisse und die Mitteilungsabsicht, d. h. der Zweck der zu schaffenden Karte. Oft auch steht das Blattformat im vorneherein fest.

Gefragt, d. h. zu wählen oder zu bestimmen sind: Art des Kartennetzes, Maßstab, topographische Basiselemente, thematische Sachgliederungen, Bezugsareale, Maß- oder Mengeneinheiten, Bewertungen und Gruppierungen verschiedenster Art, Mengenabstufungen, Intervalle, Relationen, Korrelationen usw. und schließlich Formen, Dimensionen und farbige Gestaltung der graphischen Bauelemente, ihre Generalisierung und Koordinierung. Hierbei spielen meist auch ökonomische und reproduktionstechnische Gesichtspunkte mit. Die Lehre vom Aufbau der Gefüge ist nicht nur graphischer, kartographischer, sondern vorwiegend *geographischer* oder allgemein *themawissenschaftlicher* Natur.

Mit diesem Hinweis kommen wir zurück an den Anfang unserer Betrachtungen, zur entscheidenden Bedeutung der geowissenschaftlichen Forschung und der Statistik bei der Bearbeitung thematischer Karten. Es führt oft ein langer, beschwerlicher Weg des Topographen, des Forschers, des Statistikers von den wirklichen Vorkommnissen und Gefügen über Beobachtungen, Aufnahmen, Zählungen, Überlegungen, Ausscheidungen, Zusammenfassungen, Bezugsbetrachtungen und Systematisierungen aller Art bis zur Karte.

In mancher thematischen Karte steckt die Lebensarbeit eines Forschers oder gar einer Vielheit von Forschern. So muß z. B. für die Bearbeitung einer Vegetationskarte größeren Maßstabes jede einzelne Örtlichkeit aufgesucht werden, um dort die Pflanzen und ihre von Ort zu Ort wechselnden Gemeinschaften zu registrieren. Hierauf muß alles beurteilt, geordnet, mit anderen Forschungsergebnissen verglichen und in brauchbare Systeme gebracht werden. Und das Endprodukt ist dann nur eine einzige, äußerst einfache, aber vielleicht höchst wertvolle Karte. Äußerst einfach und wertvoll soll ja jede Karte sein!

Mit den genannten drei Stufen oder Ebenen der Betrachtung ist das *Gesamtgebäude einer Lehre der thematischen Kartographie* noch längst nicht schlüsselfertig errichtet. Diese drei Betrachtungsstufen beziehen sich vorwiegend auf graphische Fragen und geographische Gefüge. Daneben aber stellen sich stets zahlreiche weitere Probleme.

Vor Beginn jeder Kartenbearbeitung sind zu beschaffen und zu beurteilen die topographischen, die themawissenschaftlichen und statistischen *Grundlagen.* Vor allem erheischt der *Nachführungsstand,* die sog. *Laufendhaltung* solcher Quellen große Aufmerksamkeit.

Weitere Probleme und somit auch Betrachtungsgegenstände des hier vorliegenden Werkes sind: die Wahl des *Maßstabes* und des *Kartennetzes,* die Inhalte und Formen der mitabzubildenden topographischen Elemente, ferner *Generalisierung* und *Koordinierung, Normungen, Beschriftung, Kartentitel* und *Legenden,* dann die *Themenkombinationen* oder *Themenzusammenstellungen* und anderes mehr. Oft auch stellt sich die Frage, ob gewisse thematische Aussagen nicht besser in *kartenverwandten Darstellungen* untergebracht werden könnten. Von großer Bedeutung sind die *technischen Hilfen der Originalherstellung* und das *Reproduzieren* der Karten, neuerdings auch die Kartenherstellung mit Hilfe *elektronischer Datenverarbeitung.* Bezüglich Inhalte und Formen der Karten stellt jedes *Thema* oder jede *Themengruppe* wiederum ihre eigenen Probleme. Doch auch die *Kartensammelwerke,* die sog. *Atlanten,* erheischen ihre Sonderbehandlung.

Die meisten dieser Probleme werden im vorliegenden Werke zur Sprache gebracht. Dinge aber, die am Rande der Kartographie liegen, solche, die nur im Rahmen thematischer Fachwissenschaften erörtert werden können, seien nur gestreift. Unser Buch möchte –dies sei hier nochmals betont – ein *Lehrbuch der thematischen Kartographie* sein, nicht aber eine geowissenschaftliche Enzyklopädie. Wir möchten nicht in den Fehler mancher Luftbildinterpretations-Lehrbücher verfallen, die – statt sich auf die Interpretationslehre zu beschränken – das ganze Wissen um die Erscheinungen auf der Erdoberfläche an Hand von Luftbildern noch einmal auszuschütten suchen.

Kapitel 2
Begriffe

Karten sind verkleinerte, vereinfachte Grundrisse der Erdoberfläche oder von Teilen derselben, ergänzt durch Eintragungen der verschiedensten, an die Erdoberfläche gebundene Vorkommnisse und Erscheinungen. (Der Ausdruck »Grundriß« besagt, daß es sich um konstruktiv-zeichnerische, lotrechte Parallelprojektionen auf horizontale Bildebenen handelt. Die Netz- resp. Gebietsverzerrungen infolge der Verebnung der Erdkugeloberfläche ändern nichts am grundrißlichen Charakter der Darstellung).
Wir scheiden die Gesamtheit der Karten in zwei Hauptgruppen, die *topographischen* und die *thematischen* Karten.
Die *topographischen Karten* zeigen im Wesentlichen Form, Gliederung und Bedeckung des Geländes. *»Topographie«* bedeutet Orts- und Lagebeschreibung, auch entsprechende Beschreibung der Gestaltung von Ländern, Erdteilen usw. Wir verstehen daher unter topographischen Karten entsprechende Darstellungen *aller* Maßstäbe. Verkleinerungen, begriffliche und graphische Zusammenfassungen und Weglassungen ändern am topographischen Charakter des Dargestellten nichts.
Die Maßstabs- und Formbereiche der topographischen Karten lassen sich aufgliedern in folgende Untergruppen:

1 Topographische Pläne, etwa von 1:500 bis 1:20 000.
2 Topographische Detailkarten, etwa von 1:20 000 bis 1:200 000.
3 Topographische Übersichtskarten, etwa von 1:200 000 bis 1:1 000 000.
4 Topographische Länder-, Erdteil- und Erdkarten, kleiner als 1:1 000 000.

Die topographischen Karten kleiner Maßstäbe, kleiner etwa als 1:200 000, werden oft auch als *»geographische«* oder aber als *»chorographische«* Karten bezeichnet. Der erstgenannte Ausdruck ist anfechtbar, weil er den umfassenden Begriff »Geographie« auf ein Teilgebiet einschränkt; der zweite Ausdruck ist zwar nicht falsch, aber außerhalb geographischer Fachkreise fremd. (Chorographie = Raum- oder Landschaftsbeschreibung, vom Griechischen chora = Raum). Landschaftsbeschreibend ist aber auch die Detailkarte!

Die *thematischen Karten* enthalten vorwiegend Erscheinungen oder Vorkommnisse *nicht* topographischer Art, solche aber, die mit der Erdoberfläche in Verbindung stehen. Es handelt sich hierbei stets um Dinge, die eine georäumliche Lage, Verbreitung oder

Bewegung besitzen, sowohl um reale Dinge, als auch um Beziehungen, Funktionen, Hypothesen, geistige Vorstellungen, Möglichkeiten, Projekte.

Die Scheidung in »topographische« und »thematische« Karten entspringt mehr einem praktischen Gliederungsbedürfnis, als strenger begrifflicher Logik; denn auch die »Topographie« ist ein Thema und auch die thematische Karte enthält in der Regel topographische Elemente. Die Bezeichnung »thematisch« könnte für alle Karten und somit auch für diejenigen topographischen Charakters Anwendung finden. Diese letzteren aber bilden so sehr die räumliche Voraussetzung und Basis für alle andern Karteninhalte, daß es gerechtfertigt erscheint, sie auszuklammern und in einer eigenen großen Gruppe zusammenzufassen.

Zwischen topographischen und thematischen Karten lassen sich scharfe Abgrenzungen nicht ziehen. Es gibt *Misch-* oder *Übergangsformen.* Solche sind z. B. die Länderkarten für den Autotouristen (Autostraßenkarten), die Stadt-Orientierungspläne, die topographischen Karten mit Eintragungen von Wanderwegen, von Skifahrerrouten u. a. Solche Mischformen werden gelegentlich als *»angewandte topographische Karten«* bezeichnet (= topographische Karten, in welchen gewisse Inhaltselemente besonders hervorgehoben oder ergänzt sind). Unseres Erachtens aber sollte es Sinn und Zweck jeder Karte sein, »angewendet« zu werden! Folglich eine unnötige Differenzierung.

Topographische Karten bilden die Grundlage und Voraussetzung für jede thematische Kartierung. Ohne topographische Kartographie ist die thematische nicht denkbar. Wohl ist die spät entwickelte thematische Karte heute in raschester Entwicklung begriffen; doch vermindert dies die Bedeutung der topographischen Karte keineswegs.

Eine andere Gruppierung wurde von W. Pillewizer 1964 vorgeschlagen. Festhaltend am früheren Gebrauch, nur die allgemeinen Gebietskarten der Maßstäbe 1:200 000 oder größer als »topographische Karten« zu benennen, bezeichnet er thematische Karten mit topographischen Basisgefügen, und zwar solche des Maßstabs 1:200 000 oder größer, als *»topographisch-thematische Karten«*, da ja darin auch die topographischen Elemente detailliert dargestellt seien und vom Kartenleser beachtet und benötigt würden. – Wir erachten auch eine solche begriffliche Zwischenstufe als unnötig, sie ist wohl eher verwirrend. Genau besehen, ist *jede* thematische Karte, auch diejenige kleineren Maßstabes, in ein topographisches Basisgefüge eingelagert. Es geht nur um das Ausmaß der entsprechenden Vereinfachungen und Weglassungen. Andererseits gibt es auch thematische Karten größter Maßstäbe, z. B. solche in 1:5000, die der topographischen Elemente fast ganz entbehren. Entscheidend für die Bezeichnung einer Karte sind vor allem ihr Hauptinhalt und ihr Zweck. Von einer geologischen Karte großen Maßstabes beispielsweise erwartet man in erster Linie Auskünfte über die geologischen Vorkommnisse, obschon sie auch reichliche topographische Elemente enthält. Diese letzteren dienen aber hierbei meist nur der Lagefixierung der geologischen Fakten. Somit ist eine geologische Detailkarte eine thematische Karte. Die Benennung »topographisch-thematisch« brächte das gesamte Gliederungssystem ins Schwimmen.

Eine umfangreiche Sondergruppe der thematischen Karten bildet diejenige der *statistischen Karten,* der sogenannten *Kartogramme.* Unter diesen Bezeichnungen faßt man alle Karten zusammen, die im wesentlichen Ergebnisse statistischer Zählungen und Messungen in möglichster georäumlich-kartographischer Einordnung vermitteln.

Innerhalb der statistischen Karten nehmen die *Diagrammkarten* oder *Diakartogramme* eine gewichtige Stellung ein. Wie in den Kapiteln 12 und 13 ausgeführt wird, verstehen wir in der Kartographielehre unter den Diagrammen graphische Darstellungen von Mengen- oder Zahlenwerten, sowie von Mengen oder Zahlenwertgruppen, Intervallen und Relationen, z. B. Zeit-Wert-Relationen usw. Hierfür, wie es neuerdings geschieht, den nichtssagenden Ausdruck »Schaubild« einführen zu wollen, erscheint uns irreführend; denn jedes Bild ist ein Schaubild.

Die Diagrammkarten sind somit kartographisch-grundrißliche Gefüge mit eingelagerten Orts-, Gebiets- oder Banddiagrammen.

Besondere Gruppen der statistischen Karten bilden die *Wertflächenkarten* oder *Flächenkartogramme*. Eine Art derselben, die *Dichtekarten*, geben für abgegrenzte Areale die mittleren relativen Mengen von Objekten, d. h. deren mittlere Anzahl pro Flächeneinheit (siehe Kapitel 22 und 23).

Die Bezeichnungen *Kartogramm, Flächenkartogramm, Diakartogramm, Banddiakartogramm* (auch Bandkartogramm) entstammen der statistischen Fachliteratur. Offenbar wagte es der Statistiker nicht, seine ursprünglich sehr einfachen, kartenähnlichen Darstellungen mit dem »edlen« Ausdruck »Karte« zu benennen! Seine Wortschöpfungen aber haben in der geographischen Fachliteratur, vor allem in Kartographenkreisen und bei den kartenbenützenden Laien, nicht geringe Verwirrung gestiftet. Die sogenannten »Kartogramme« aller Art werden überall in Kartentiteln, Kartensammlungen, Bibliographien, Kartenlehren usw. zu den »Karten« gezählt. Zwischen den Karten im allgemeinen Sinne und den »Kartogrammen« bestehen keine scharfen Grenzen. Diagramme, Zahlenwertfiguren aller Art finden sich auch in Karten nichtkartogrammischen Charakters. Beispiele: Ortssignaturen, abgestuft nach Einwohnerzahlen, Industrie-Standorte, abgestuft nach Produktionsmengen, dargestellt durch Klein-Diagramme. Andererseits weisen die sog. »Kartogramme« auch echt topokartographische Elemente auf. Beispiele: Städte-Planungskarten mit statistischen Mengenfiguren für Wohndichte und anderes, wobei diese Figuren in topographische Grundrisse eingebettet sind.

Der Ausdruck »Kartogramm« ist auch sprachlich wenig glücklich. ... gramm als Grundwort von zusammengesetzten Hauptwörtern besitzt die Bedeutung von »Schrift«, »Geschriebenes« (meist im Sinne von Kurzschrift). Beispiele sind Autogramm, Monogramm, Telegramm. Die statistische Karte aber, als ein oft großes, komplexes Blatt mit grundrißlichem Basisbild fügt sich nicht recht in einen solchen Rahmen.

Wichtig erscheint es uns, alle Dinge so zu benennen, daß der Leser möglichst ohne zusätzliche Erläuterungen den Sinn der Sache zu erfassen vermag. Wir ziehen daher die Bezeichnungen *»Diagrammkarte« »Wertflächenkarte«* oder *»Dichtekarte«* vor, fügen aber die Benennungen, »Kartogramm«, »Diakartogramm«, »Flächenkartogramm« usw. bei, um damit die Verbindung mit der bisherigen deutschen Fachliteratur zu erleichtern.

In der Fachliteratur finden sich weiterhin die Begriffe *»analytische«* und *»synthetische«* Karten. *Analyse* ist Zergliederung eines Ganzen in seine Teile, ist Betrachtung oder Untersuchung der Einzelheiten. Die Forschung arbeitet vorwiegend analytisch. Die Synthese aber besteht im Zusammenfügen der einzelnen Teile zu einem *neuen* Ganzen. Die *analytische Karte* stellt einen einzelnen Betrachtungsgegenstand dar, wie z. B. die jährliche Niederschlagsmenge oder die Verbreitung des Reisanbaues oder die Volksdichte. Das kartographische Darstellen solcher Dinge hat aber oft mit ihrer Analyse wenig zu tun. Man sollte hier vielleicht besser von *isolierender* oder *separierender* Darstellung oder von *Einzeldarstellung* sprechen.

Wenn nun aber die Inhalte mehrerer Einzeldarstellungen in *einer* Karte vereinigt werden, wenn z. B. ein- und dieselbe Karte Reisanbaugebiete, Isothermen, Diagramme lokaler Regenmengen und vielleicht einige Reis-Exportwege zeigt, so sehen wir darin noch nicht eine Synthese, sondern lediglich ein graphisches Koordinieren, freilich ein solches, das eine synthetische Betrachtung erleichtert. Darstellungen solcher Art werden besser als *koordinierende* oder *komplexe Karten* bezeichnet.

Für die beiden Gattungen wären die Bezeichnungen *»einzeldinglich«* und *»mehrdinglich«* zutreffend, aber unschön und ungewohnt.

Als *synthetische* Schilderungen können offenbar nur solche korrelativer Gefüge von Landschaften oder Regionen gelten, etwa Darstellungen naturräumlicher oder kulturräumlicher Zustände, und in Teilbereichen auch solche von Klimagebieten, Wirtschaftsräumen usw. Doch vermag ihre kartographische Darstellung meist die einzelnen Räume lediglich abzugrenzen und vielleicht farbig zu differenzieren, ist aber zur Erläuterung auf Legendentexte mit Aufzählung der verschiedenen Merkmale angewiesen. Damit zerfällt das Ganze in der Legende oft zu einem analysierenden Aufreihen, im Kartenbild aber zu einem bloßen Schemen.

Lehre und Praxis der Kartographie kennen eine fast unübersehbare Menge von *Bezeichnungen für Karten* verschiedenen Wesens. Wir geben im Folgenden in alphabetischer Folge eine kleine Blütenlese:

Arbeitskarte, abgeleitete Karte, abstrakte Karte, Basiskarte, Bestandeskarte, Dokumentarkarte, Folgekarte, Frequenzkarte, Gebrauchskarte, Grundkarte, induktive Karte, Intensitätskarte, Interpretationskarte, Kartenoriginal, konkrete Karte, Mengenkarte, Originalkarte, publizierte Karte, Quellenkarte, Stammkarte, Urkarte, Verbreitungskarte, Vorhersagekarte.

Zu alledem treten hinzu die Gliederungen oder Bezeichnungen nach geographischen Räumen, nach Maßstäben, Projektionssystemen, vor allem aber nach Inhalt (Thema) und Verwendungszweck. Beispiele der letztgenannten Art sind: Schulhandkarten, Schulwandkarten, Wander- oder Touristenkarten, Planungskarten, Projektkarten.

Einige der genannten Bezeichnungen sind vieldeutig, unbestimmt und daher verwirrend, die meisten aber erklären sich in den textlichen Zusammenhängen von selbst. Nützlicher als das Aufstellen neuer Begriffe und gequälter Definitionen sind von Fall zu Fall nicht mißzuverstehende Benennungen und klare Erläuterungen. Wissenschaftliche Literaten, die in Rätseln reden, dreschen leeres Stroh. Wissenschaftler, die Wörter oder Ausdrücke allgemeinen Sinnes und Sprachgebrauches für Sonderfälle pachten wollen, verwirren Lehre und Sprache. Seit Luther und Goethe besitzen die Deutschen eine wunderbare Sprache; mancher Schreiber aber wird nicht müde, sie stetsfort zu verderben!

Kapitel 3
Grundlagen

Inhalt, Form und Zuverlässigkeit thematischer Karten hängen ab von der Art und Qualität der Grundlagen, auf die sie sich stützen. Schlechtes Holz ergibt keine guten Pfähle. Die Bereitstellung und kritische Beurteilung der Grundlagen ist Voraussetzung,

oft sogar Hauptteil jeglichen thematisch-kartographischen Bemühens. Besonders achte man auf regionale Gleichwertigkeit und auf das Veralten der Quellen.
Jede Wissenschaft, auch jede Geowissenschaft besitzt oder sucht ihre eigenen Wege und Methoden zur Gewinnung und Aufarbeitung ihres Stoffes. Es kann nicht Aufgabe einer allgemeinen Kartographielehre sein, alle diese Wege und Methoden aufzuzeigen. Einige Fingerzeige müssen hier genügen.

3.1. Forschung und Statistik

Kulturwissenschaftliche Forschungsergebnisse basieren zum Teil auf der Auswertung von Akten aller Art (Geschichtsforschung u. a.), zum Teil auf gezielten Erhebungen und Zählungen (volkskundliche, sprachgeographische, soziologische, wirtschaftliche und wirtschaftsgeographische Forschung). Viele naturwissenschaftliche Ergebnisse aber resultieren vorwiegend auf Messungen und andern Beobachtungen im Gelände (Geologie, Geomorphologie, Glaziologie, Bodenkunde, Klimatologie, Pflanzen- und Tiergeographie). Manche Forschungsziele erheischen Beobachtungen und Messungen während längerer Zeiträume. In den meisten Fällen müssen die Ergebnisse durch Laboratoriumsarbeiten und Literaturstudien ergänzt, stets aber dann zusammengestellt, geordnet, miteinander verglichen und diskutiert werden. Relationen, zeitliche, örtliche, sachliche und funktionale Beziehungen sind zu ergründen, Synthesen, Hypothesen zu erarbeiten usw. Das Beachten räumlicher Beziehungen erweist sich oft als fruchtbar. So bestehen z. B. lokale Zusammenhänge zwischen mittleren Niederschlagsmengen und Höhenlagen. Sind sie erkannt und damit »Gradienten« festgestellt, so lassen sich entsprechende Isolinien zwischen den einzelnen Meßpunkten sinnvoller und korrekter interpolieren, als es sonst der Fall wäre.
Von besonderer Bedeutung für viele thematische Karten sind die *statistischen Quellen*. In sozial und kulturell entwickelten Ländern bestehen längst staatliche und zum Teil auch kommunale statistische Ämter oder Institute.
Oft werden in Karten Ergebnisse statistischer Zählungen zur Darstellung gebracht. Dies geschieht z. T. in Verbindung mit Flächenabgrenzungen und Flächenmessungen. Meist fehlt zwar in der Karte der Raum, um detailreiche statistische Ergebnisse vollinhaltlich und in der Zähl-Genauigkeit unterzubringen. Man begnügt sich dann mit angenäherten oder zusammengefaßten Werten. Andererseits aber zeigt die Karte die statistischen Daten sehr anschaulich, leicht vergleichbar, sie zeigt sie auf einen Blick und – was besonders hervorzuheben ist – *in ihrer räumlichen Zuordnung*.
Infolge falscher und manchmal auch tendenziöser Anlage oder Auswertung der Statistik entstehen – ungewollt oder gewollt – oft irreführende Karten.
Von beträchtlichem Einfluß auf Form und Qualität statistischer Karten sind die ihnen zu Grunde gelegten Sachgliederungen, Bezugsobjekte und Bezugsflächen. Als Bezugsflächen kommen meist politisch-administrative Areale in Frage, z. B. solche der Gemeinden, Bezirke, Kantone, Departemente, Provinzen, Staaten. Diagramme und Dichtewerte beziehen sich daher oft auf solche Areale. Infolge der äußerst ungleichen Dimensionen der Gemeindeareale, Provinzareale usw. gibt dann ein- und dieselbe Karte ihre Aussage an einem Ort sehr feinmaschig, am andern Ort sehr grobmaschig. Solche Beeinflussung von Inhalt und Form vieler Karten durch die ihr zu Grunde liegenden

Basis-Maschennetze darf nicht außer Acht gelassen werden. Wir kommen später (in den Kapiteln 21–25) auf solche Dinge zurück. Vergleiche statistischer Erhebungen verschiedener Staaten oder Gebiete der Erde sind oft problematisch; denn die ihnen zugrunde liegenden Begriffe und die Art der Gliederungen, Zählungen oder Schätzungen decken sich keineswegs. Wer statistische Ergebnisse in eine Karte einbauen will, sehe sich vor. Nur wer die Methoden der Statistik kennt, nur wer in der Lage ist, sie sinnvoll zu interpretieren, wage sich an die Bearbeitung statistischer Karten heran. Im Zweifelsfall ziehe man beratend den Statistiker bei. Die Lehre der Statistik ist eine eigenständige, komplexe Wissenschaft.

3.2. Topographische Karten als Grundlagen

Die topographischen Karten bilden die räumlichen Grundlagen jeder thematischen Kartierung. Hierbei kann es sich um die eine oder die andere der drei folgenden Verwendungsarten handeln:

a) Einzelne Elemente gewisser herzustellender thematischer Karten liegen in guten topographischen Detailkarten bereits vor. Sie sind nur noch herauszuzeichnen oder herauszukopieren, vielleicht formal zu vereinfachen und da und dort feldforschend zu ergänzen oder nachzuprüfen. Die thematische Forschung oder Aufnahme ist in solchen Fällen durch die topographische Kartierung bereits weitgehend erfolgt. Beispiele: Karten der Waldareale, der Gletscherareale, der Flußliniendichte, des Verkehrsliniennetzes, der Siedlungsgrundrißformen, auch des Siedlungswachstums mit Hilfe topographischer Karten verschiedener Aufnahmezeiten.

Solche Hilfs- und Vorarbeit des Topographen im Dienste thematischer Kartierungen wird oft zu wenig beachtet.

b) Eine zweite Verwendungsart: Die topographische Karte dient dem thematischen Feldforscher unmittelbar als Arbeitskarte, d. h. als Arbeitsunterlage, gleichsam als Protokollpapier zur originalen Aufzeichnung seiner Erhebungen im Gelände. Beispiele: geologische, geomorphologische, geobotanische, agrargeographische Aufzeichnungen und solche funktionaler Siedlungsstrukturen. Als Arbeitskarten in diesem Sinne kommen jeweils nur die besten, detailreichsten topographischen Pläne und Karten, diejenigen größt-vorhandener Maßstäbe in Frage. Sie sind in der Regel nicht identisch mit den topographischen Basiskarten oder Basisgefügen für eine später folgende Herausgabe der Ergebnisse in kleinerem Maßstab.

c) Wie soeben angedeutet, bilden topographische Karten die Basisgefüge reproduzierter thematischer Karten. Inhalt und Form solcher Basiskarten kommen im Kapitel 29 zur Sprache.

Möglichkeiten und Qualitäten jeder thematischen Kartierung hängen nicht nur ab von der thematischen Forschung, sondern weitgehend auch vom Stande der topographischen Vermessungen. Diese letzteren aber sind heute noch regional von äußerst ungleicher Qualität. Das letzte Jahrhundert brachte für einige europäische Länder erstmals topographische Karten relativ großer Maßstäbe und mit damals zufriedenstellender Inhaltsfülle und Genauigkeit.

Diese Blätter, meist in den Maßstäben 1:25 000 bis 1:100 000, ermöglichten geologische und andere regionale Kartierungen. Unser Jahrhundert bringt nun entsprechende topo-

graphische und anschließend thematische Kartierungen für weiteste Erdstriche, doch wäre es eine Illusion, zu glauben, der Großteil der Landoberfläche der Erde wäre heute schon in brauchbaren topographischen Karten großer Maßstäbe kartiert. Technisch wäre es zu unserer Zeit freilich möglich, topographische Pläne und Karten großer Maßstäbe mit einer Genauigkeit aufzunehmen, die etwa der »Zeichnungsgenauigkeit« entspräche (Lagefehler jedes Punktes in der Karte kleiner als 0,2 mm). Praktisch aber dürfte solche Kartenqualität meistenorts noch lange auf sich warten lassen.
Für dicht bevölkerte und detailreich kartierte Gebiete besteht ein schwer zu meisterndes Problem in der *»Laufendhaltung«* oder »Nachführung« der topographischen Karten. Welt und Weltbild verändern sich in atemraubendem Tempo. Je rascher die Veränderungen der Dinge, je differenzierter die Karteninhalte und je intensiver die Kartenbenützung, desto kürzere Nachführungsperioden drängen sich auf.

3.3. Thematische Karten als Grundlagen für neue Karten

Oft dienen thematische Karten als Quellen zur Bearbeitung weiterer thematischer Karten. Es wird z. B. aus einer reich gegliederten Karte großen Maßstabes durch begriffliches Zusammenfassen und graphisches Generalisieren eine entsprechende Karte kleineren Maßstabes abgeleitet. Oder man entwickelt die neue Karte aus mehreren thematischen Quellenkarten und baut wenn möglich auch neue Ergebnisse der Forschung und Statistik mit ein. So führen fortschreitende Entwicklungen und wechselnde Bedürfnisse stetsfort zu neuen Karten.
Bei der Benützung thematischer Karten als Quellen für neue Karten ist darauf zu achten, daß die benützten Karten gleichartig, gleichwertig und gegebenenfalls auch gleichperiodig sind.
Von nicht geringer Bedeutung ist auch hier die Karten-Laufendhaltung oder Nachführung. Bevölkerungskundliche oder bevölkerungsstatistische Karten und solche der Siedlungen, der Wirtschaft, des Handels und Verkehrs veralten zum Teil äußerst rasch. Jahr für Jahr oder für gewisse Dinge alle zehn Jahre sind neue Zahlenwerte zu berücksichtigen. Gewisse geophysikalische Daten, wie etwa Gletscherstände, Mittelwerte lokaler Temperaturen usw, verändern das Kartenbild vielleicht im Laufe mehrerer Jahrzehnte. Feststehende Dinge aber, wie z. B. die geologische Beschaffenheit der Erdrinde, ändern sich für den Kartographen nur, wenn die Forschung zu neuen Ergebnissen gelangt.
Detaillierte Darstellungen der Dinge in großen Maßstäben veralten im allgemeinen sehr rasch, während die summarischen Inhalte der Karten kleinster Maßstäbe sehr viel stabiler bleiben.

3.4. Luftbilder als Grundlagen

Heute besitzt der Bearbeiter gewisser thematischer Karten neben der topographischen Karte vielenorts auch im Luftbild eine außerordentliche Hilfe. Für weiteste Gebiete der Erdoberfläche läßt eine gute topographische Kartierung, trotz Luftphotogramme-

trie, noch lange auf sich warten. Das photographische Luftbild aber ist rasch aufgenommen. Selbst da, wo die Luftbildaufnahme der topographischen Kartierung dient, steht das Photobild rascher zu Verfügung, als die daraus abgeleitete Karte. Es besitzt meist einen größeren Bildmaßstab und sein Inhalt ist, im Gegensatz zur Karte, nicht subjektiv genormt. Es ist unmittelbares und augenblickliches Erdoberflächenbild mit allen Vorzügen und Mängeln. Oft stehen auch Stereophotos, Orthophotos oder andere Spezialaufnahmen zur Verfügung, was gewisse Interpretationen erleichtert. Das photographische Luftbild ist für viele Dinge und auch für die Bearbeitung mancher thematischen Karte eine reiche Fundgrube.
Wie die topographischen Karten dienen in gewissen Fällen auch photographische Luftbilder oder deren entzerrte Zusammensetzungen unmittelbar als Basisbilder für thematische Eintragungen.
Nur Luftphotos sehr großer Maßstäbe, etwa solcher größer als 1:30 000, lassen ihre Inhalte noch deutlich erkennen. Will man sie für gewisse thematische Karten auswerten, so stehen daher oft ihre große Anzahl und ihre Kleinräumigkeit erschwerend im Wege.

3.5. Originalerarbeitete und abgeleitete Karten

Karten, die unmittelbar durch Feldaufnahmen, auf Grund von Messungen, Beobachtungen oder Zählungen oder auch als Extrakt literarischer und archivalischer Quellen und Untersuchungen entstehen, werden als originalerarbeitete Karten oder kurz als *Quellenkarten, Originalkarten, Aufnahmekarten, Stammkarten oder Urkarten* bezeichnet. Sogar die hochtrabende Bezeichnung *»induktive Karte«* muß dafür herhalten.
Karten jedoch, die aus ihnen abgeleitet sind, sei es durch neue geistige Konzeption, sei es durch begriffliche und graphische Vereinfachung, nennt man *abgeleitete Karten* oder auch *Folgekarten, Interpretationskarten oder deduktive Karten.*
Diese Speisekarte meist unklarer und mehrdeutiger Bezeichnungen illustriert auch hier wieder die Problematik fachlicher Terminologie.
Wir legen wenig Wert auf solche Bezeichnungen. Sie treffen selten das wahre Wesen der Dinge. Auch eine abgeleitete Karte kann andern Karten als Quelle dienen. Auch in abgeleiteten Karten werden oft neue Daten erstmals eingefügt. Auch die Quellen- oder Aufnahmekarten stützen sich in vielen Dingen auf bereits früher Bekanntes. Bezeichnungen aber wie »Dokumentarkarte« und »Gebrauchskarte« sagen überhaupt nichts. Jede Karte ist ein Dokument. Jede Karte ist für den Gebrauch bestimmt; denn sonst hätte man sie nicht herstellen sollen. Auch die Begriffe *»Originalkarte«* und *»Kartenoriginal«* geraten leicht durcheinander. Ein *»Original«* in graphischem und kartographischem Sinne ist ein *handgezeichnetes, handgemaltes* Bild, im Gegensatz zu einer Reproduktion. Dieser Sinn liegt im Ausdruck »Kartenoriginal«. »Originalkarte« hingegen ist gleichbedeutend wie z. B. Aufnahmekarte im Gegensatz zur abgeleiteten Karte. Hier bezieht sich der Ausdruck Original auf ein inhaltlich originales Wesen, unbeschadet ob die Karte handgemalt oder gedruckt ist.

3.6. Über den Diebstahl geistigen Eigentums

Das Benützen wissenschaftlicher Quellen oder gar das Kopieren von Karteninhalten zur Schaffung neuer Karten ist innerhalb des kartographischen Gewerbes sozusagen an der Tagesordnung. In vielen Fällen grenzt solche Benützung, sofern sie ohne Quellennennung und ohne Bewilligung erfolgt, an Diebstahl geistigen Eigentums und bei Vortäuschung eigener Urheberschaft an das Plagiat.
Diebstahl geistigen Eigentums und Plagiat sind in der Kartographie oft schwer abgrenzbar. Originale Inhaltskonzeption und individuelle Generalisierung gelten meist als »neue eigene Leistung«. Für manche Gebiete der Kartographie aber sind die Möglichkeiten neuer Inhaltskonzeption und individueller Generalisierung durch die Perfektion bestehender Quellenkarten stark eingeschränkt. Gewisse Inhaltselemente vieler Karten sind längst »Allgemeingut«, ihr Inhalt verjährt, so daß sie urheberrechtlich nicht mehr geschützt werden können.
Wer Karten produzieren und hierbei die Inhalte von Karten anderer Autoren oder Verleger ganz oder teilweise zu benützen oder gar zu kopieren beabsichtigt, orientiere sich zuvor über die im betreffenden Staate geltenden rechtlichen Bestimmungen über den Schutz geistigen Eigentums.

Kapitel 4
Vorfragen und Vorentscheidungen

Bevor man mit der Herstellung einer thematischen Karte beginnt, sind stets einige Vorfragen abzuklären und es sind Entscheidungen über Inhalt, Form, Maßstab usw. der Karte zu treffen. Solche Vorfragen und Entscheidungen seien im folgenden betrachtet.

4.1. Beziehungen zwischen Gebiet, Inhalt, Format und Maßstab

Gebiet, Inhalt, Darstellungsweise, Format und Maßstab hängen vor allem ab vom *Zweck* der Karte. Selten aber ist man in den Entscheidungen über diese Dinge frei. Gegeben sind in der Regel das darzustellende Gebiet (der geographische Raum) und das Thema. Oft aber stehen auch Bildformat und Maßstab im vornherein fest. Dies ist z. B. oft der Fall bei Kartensammelwerken. Karten als Abbildungen in Büchern und Zeitschriften sind in ihren Formaten an die betreffenden Blattdimensionen gebunden. So sehr der Zweck die Mittel heiligen mag, d. h. Gebiet, Inhalt und Darstellungsweise zu bestimmen sucht, so unbeugsam sind oft auch die Imperative der Blattgrößen und Maßstäbe. Alle diese Forderungen oder Wünsche stehen miteinander in Wechselbeziehung. Oft wiegt die eine Forderung schwerer, oft eine andere. Oft sind einzelne

Forderungen zwingend (Staatsgebiet, Buch- oder Atlasformat, Einheitsmaßstab usw.), so daß sich andere Wünsche (Bildinhalt usw.) anpassen müssen. Entscheidungen über Gebietsabgrenzung, Blattformat, Bildinhalt und Kartenmaßstab können somit stets nur durch ihr gegenseitiges Abwägen getroffen werden.
Für die weitere Abklärung und Projektierung sind unter anderem folgende Dinge zu beachten:

4.2. Gestaltung und Gliederung des Inhaltes. Die Legende

Vor Beginn der Kartenzeichnung schaffe man Klarheit über die begrifflichen und graphischen Gliederungen und Gruppierungen des Stoffes und über die Benennungen der Dinge. Diese Gliederungen und Benennungen finden ihren Niederschlag in der *Kartenlegende*. Es kann nicht genug betont werden, daß am Anfang jeder Kartierungsarbeit die Aufstellung der Legende stehen soll. In der Formulierung und Gliederung der Legende steckt ein wesentlicher Teil der geistigen Vorarbeit. Die Legende enthält in kürzester Zusammenfassung gleichsam das Programm des Karteninhaltes. Eine zu Beginn aufgestellte, gut durchdachte Legende ermöglicht erst einen reibungslosen Ablauf der weiteren Arbeiten. Legendenaufstellung und damit die Gliederungen und Gruppierungen, wie auch die erforderlichen Zusammenfassungen können nur unter Mitberücksichtigung des *Kartenmaßstabes* vorgenommen werden. In manchen Fällen sind hiebei bestehende Normen zu beachten. Über Generalisierung, Normung und Legenden siehe die Kapitel 30, 31 und 33.

4.3. Die Maßstäbe

In der Kartographie herrscht das Gesetz des Maßstabes, das heißt des Maßhaltens.
Der Maßstab, mit andern Worten die Abbildungsgröße, ist eines der wesentlichsten Charaktermerkmale jeder Karte. Kennt man von einer Karte – abgesehen von Gebiet und Thema – nichts weiter als den Maßstab, so kann man sich eine gute Vorstellung bilden von ihren möglichen inhaltlichen Gliederungen, von ihrer Leistungsfähigkeit oder Brauchbarkeit.
Der Maßstab ist abhängig vom darzustellenden Gebiet und von der verfügbaren Blattgröße, indirekt aber auch vom Thema und dessen Gliederungen, vom Forschungsstand und vor allem vom Kartenzweck.
Nicht selten findet man thematische Karten *unnötig großer Maßstäbe*. Solche Karten sind verschwenderisch, und sie täuschen Genauigkeiten vor, die der Sache oder dem Wissen über die Sache nicht entsprechen. Zu große Maßstäbe verlocken zu graphischen Differenzierungen von Dingen, die man zu wenig kennt. Sie führen oft geradezu zu irrealen Darstellungen.
Einfach gegliederte oder nicht genau erfaßbare Vorkommnisse, wie z. B. manche geophysikalischen Erscheinungen, bedürfen in den Karten keiner allzugroßen Maßstäbe. Für Karten der mittleren Lufttemperaturen, der mittleren Jahresniederschläge, des Erdmagnetismus, der Erdbebenhäufigkeit genügen in der Regel Maßstäbe 1:1 000 000 und kleiner.

Häufiger leiden thematische Karten an *zu kleinen Maßstäben.* Solche drängen zu begrifflichen und graphischen Zusammenfassungen, die nicht selten den Sinn und Wert der Karte in Frage stellen. Oder sie führen zu schwer entwirrbaren, komplizierten Kleingliederungen. Beispielsweise sind geologische (stratigraphisch gegliederte) Erdteil- und Erdkarten in Maßstäben 1:20 000 000 oder kleiner, wie man sie in manchen Schulatlanten trifft, sinnlos; denn hierbei müssen in den Alpen und in andern Faltengebirgen mehrere Altersstufen der Sedimente zu einer einzigen Farbe zusammengefaßt werden. Solches Generalisieren aber zerstört die Dinge. In solchen Fällen wären Darstellungen tektonischer Großräume vorzuziehen.
Ähnlich verhält es sich mit Karten von Sprachgebieten. Ein bekannter deutscher Schulatlas enthielt eine Sprachenkarte von Europa von kaum vierfacher Briefmarkengröße. Hierbei ist das Eintragen sprachlich charakteristischer Sondergebiete, wie z. B. der Rätoromanen in den Alpen und der Waliser in England, nicht mehr möglich.
Schlechte Wahl des Maßstabes verursacht viele Fehllösungen. Oft ist es nicht leicht, für einen gewünschten Karteninhalt den zweckmäßigen Maßstab oder Maßstabsbereich vorauszuplanen. Ein sorgfältiges Prüfen vorhandener Karten ähnlicher Gebiete und Inhalte oder auch regionale zeichnerische Versuche erleichtern die Entscheidung.
Das Gesagte gilt für die Maßstäbe der zu druckenden, der herauszugebenden Karten, nicht immer aber für die Arbeitskarten und für die Originalentwürfe. Wie oben betont, sollen die Originalkonstruktionen in der Regel in größerem Maßstab erfolgen als für die Herausgabe vorgesehen ist.

4.4. Kartennetze

Gegenstand besonderer Prüfung sind stets auch die zu wählenden Kartennetze, die sog. »Projektionssysteme«, und die Auswahl der einzutragenden Netzlinien. Auf diese Fragen treten wir im Kapitel 28 ein.

4.5. Die topographische Basiskarte

Die thematischen Karten sind stets eingelagert oder eingebaut in *mitabzubildende* topographische Basiskarten. In manchen Fällen kommen für diese letzteren detailreiche topographische Karten in Frage; oft aber genügen Auszüge aus solchen. Ein Zuviel überlastet die Karte und erschwert ihre Lesbarkeit. Ein Zuwenig schafft Unsicherheit über Lagezuordnungen der thematischen Dinge. So haben wir unser papierenes Schiffchen stets sorgfältig zwischen den gefährlichen Strudeln der Skylla und Charybdis hindurch zu steuern.
Zweckmäßige Wahl, Form und Inhaltsgliederung der mit einzudruckenden Basiskarte sind für jede thematische Karte von größter Bedeutung. Wir werden im Kapitel 29 auf diese Fragen zurückkommen.

4.6. Rahmenkarte und Inselkarte

Eine Karte, die den gesamten Raum innerhalb einer meist rechteckigen Abgrenzung einnimmt, nennen wir *Rahmenkarte.*
Gelangt aber nur ein politisch oder sonstwie abgegrenztes Areal zur Darstellung, so spricht man von einer *Inselkarte.*
Topographische Karten sind in der Regel Rahmenkarten. Auch physiogeographische (naturgegebene) Dinge und geschichtlich-territoriale Zustände bearbeitet man, wenn möglich, als Rahmenkarten. Statistische Daten hingegen und Planungen, die sich nur auf bestimmte Areale, z. B. auf die Fläche einer Gemeinde, beziehen, werden oft in Inselkarten dargestellt. Sachlich und zeitlich übereinstimmende statistische Zählungen und manch andere Aufnahmen oder Forschungen sind bis zur Stunde nur in Ausnahmefällen einheitlich über Staatsgrenzen hinweg durchgeführt. Dies verhindert die Herstellung von Rahmenkarten selbst da, wo es wünschbar wäre. In vielen Fällen aber besteht gar kein Interesse an der Rahmenkarte, weil z. B. Staaten nur ihre eigenen Territorien, Gemeinden nur ihre eigenen Areale thematisch zu kartieren wünschen.
Fortschritte der Forschung werden im Laufe der Zeit vielleicht vermehrt zur Rahmenkarte führen. Es wäre aber falsch, die Inselkarten als unfertige oder gar als minderwertige Produkte zu betrachten. Sie werden in vielen Fällen ihre Berechtigung beibehalten. Gute Raumdisposition von Karte, Titel und Legende, sowie die Entlastung von nichtgefragter fremder Umwelt verleiht mancher Inselkarte eine nicht zu unterschätzende graphische Klarheit und Schönheit.

4.7. Einfarbige oder mehrfarbige Karten

Die einfarbige, z. B. mittels Buchdruck-Klischees zu druckende Karte ist viel rascher und billiger reproduzierbar als mehrfarbige Blätter, sie läßt sich leicht auch in die Texte von Büchern und Zeitschriften einfügen. In ihren Ausdrucksmöglichkeiten aber steht sie im allgemeinen weit hinter ihren bunten Schwestern zurück.
Die geschichtliche Entwicklung führte von den einstigen einfarbigen Holztafeldrucken und den Kupfer- oder Stahlstichen zum Mehrfarbendruck der Lithographie und des Offsetverfahrens. Noch vor hundert Jahren wurden die meisten topographischen Karten einfarbig schwarz gedruckt. Karten reich differenzierter Inhalte werden heute wenn möglich als Mehrfarbendrucke hergestellt. Die einfarbige Darstellung hat aber daneben ihre Berechtigung keineswegs eingebüßt, ihr Anwendungsgebiet aber hat sich verschoben. Sie hat sich – wie oben gesagt – vor allem in die Bücher und Zeitschriften und damit auf kleinere Formate zurückgezogen. Auch heute noch zeichnet und druckt man Kartenskizzen und einfache Darstellungen aller Art oft einfarbig, ohne damit wesentliche Qualitätsverluste in Kauf nehmen zu müssen.
Es ist aber hierbei folgendes zu beachten: Ein Differenzieren von Linien und Signaturen verschiedener Gattung erfolgt in der bunten Karte weitgehend durch Farbunterschiede, in der einfarbigen Karte aber ausschließlich durch *formale* Unterschiede, durch Strichstärkeunterschiede, Schraffurunterschiede usw. Das Zeichnen eines fein und mannigfach differenzierten *einfarbigen* Liniengefüges erfordert daher höchste Präzi-

sion und Übung. In dieser Beziehung stellt das Herstellen einfarbiger Karten höhere Ansprüche an den Zeichner, als es für mehrfarbige Blätter der Fall ist.
Im Kapitel 34 kommen wir auf Fragen solcher Art zurück.

4.8. Beschriftung und Titelei

Inhaltliche und sprachliche Formulierung sowie die graphische Gestaltung der Kartenbeschriftung, der Titel, Legenden und aller Umschriften sind ebenfalls schon vor Beginn der zeichnerischen Kartenherstellung festzulegen. Auf die entscheidende Bedeutung der Legende wurde bereits hingewiesen. Kartentitel und vor allem die Legenden benötigen im allgemeinen viel mehr Raum, als der Unerfahrene oft annimmt. Auch darum stelle man diese Dinge schon beim Beginn der Arbeit mit in Rechnung. Unschöne Zwangslösungen, wie sie viele Atlanten aufweisen, entstanden, weil dies bei der Projektierung nicht bedacht worden war. Weiteres darüber siehe die Kapitel 32 und 33.

4.9. Zeichnerische Versuchsstücke

Oft ist es nicht leicht, die Durchführbarkeit oder Eignung einer geplanten, inhaltlich-graphischen Lösung im voraus genügend beurteilen zu können.
Wohl lassen sich inhaltliche und graphische Möglichkeiten, geeignete und ungeeignete Maßstäbe oft beurteilen durch ein Vergleichen mit bereits vorliegenden Karten ähnlicher Art, doch ist dies nicht immer möglich. Vor der endgültigen Ausführung inhaltsdichter Karten empfiehlt es sich, geeignete Lösungen zu suchen durch das Zeichnen kleiner Versuchs- oder Musterstücke. Hierzu genügen meist Stücke etwa von einem halben Quadratdezimeter, doch wähle man hierfür stets das schwierigste, inhaltsdichteste Gebiet der neu herzustellenden Karte.
Aber auch dieses Vorgehen besitzt seine Tücken: Die Erfahrung zeigt nämlich, daß ein überladenes, graphisches Gefüge durchaus erträglich und lesbar erscheint, wenn es sich nur über die Flächendimensionen einiger Briefmarken erstreckt. Ein Gefüge von gleicher Art und Dichte erscheint jedoch unerträglich, wenn es sich über mehrere Quadratdezimeter oder gar über ein großes Kartenblatt ausdehnt. Solch subjektive Täuschungen sind bei der Beurteilung kleiner Versuchsstücke mit in Rechnung zu stellen.

Kapitel 5
Einige weitere Hinweise

Zwischen den darzustellenden Vorkommnissen oder Geschehnissen in der Wirklichkeit und ihren graphischen Ausdrucksformen sollen sinngemäße, leicht erkennbare, leicht deutbare Beziehungen bestehen. Um diesem Ziele möglichst nahe zu kommen, halte man sich an die folgenden allgemeinen Empfehlungen:

1 Wesentliches, Gewichtiges, Intensives ist graphisch hervorzuheben, Unwesentliches

oder Extensives aber zurückzudrängen. Dies kann geschehen durch Variation der Figurendimensionen, Figurenmengen, der Strichstärken, der Farbintensitäten.

2 Gleiches soll figürlich und farblich gleich, Ähnliches, Verwandtes (Familien- oder Gruppenglieder) figürlich und farblich ähnlich sein. Ungleiches, Unähnliches oder gar Gegensätzliches soll auch graphisch ungleich, unähnlich oder gegensätzlich erscheinen. Solches klingt sehr selbstverständlich, wird aber oft nicht befolgt.

3 Stetige Übergänge sollen auch graphisch durch möglichst stetige Übergänge charakterisiert werden. Unstetiges, Sprunghaftes oder stufenartige Gliederungen sollen auch in der Karte entsprechend gestaltet werden.

4 Unsichere, unbestimmte Dinge sollen auch graphisch den Eindruck des Unbestimmten machen. Man erreicht dies z. B. durch unterbrochene und sehr generell geführte Abgrenzungslinien oder durch unbestimmte Farbübergänge.

5 Qualitätsunterschiede, d. h. Art- oder Gattungsunterschiede sollen durch Form- und Farbunterschiede der Symbole und durch unterschiedliche, aber möglichst gleichgewichtige Flächentöne zum Ausdruck kommen.

6 Quantitätsunterschiede, d. h. Wert- oder Mengen-Dimensionsabstufungen oder Zeitabstufungen sind durch Abstufungen der Signaturen, der Diagrammwerte und der Intensitäten der Farbtöne darzustellen.

7 Sachgruppierungen und Sachzusammenhänge sollen auch graphisch durch entsprechende Gruppenbildung der Signaturformen und Farben zum Ausdruck gelangen.

8 Der graphische Ausdruck soll nicht mehr zeigen wollen als der Sache und der Mitteilungsabsicht entspricht. Er soll nicht Genauigkeiten oder Aufgliederungen oder Lagezuordnungen vortäuschen, die nicht bestehen oder deren Wiedergabe den Kartenzweck überbordet.
Der graphische Ausdruck soll nicht den Inhalt überschreien.

9 Art oder Grad begrifflicher und graphischer Zusammenfassungen oder Generalisierungen sollen innerhalb einer Karte oder Kartengruppe sinnvoll aufeinander abgestimmt sein.

Weiterhin beachte man folgendes:

Naturalistik ist in thematischen Karten noch weniger erreichbar als in topographischen Darstellungen. Die Ausdrucksformen der thematischen Karte sind stets mehr oder weniger konventionell, symbolhaft, abstrakt. Man suche aber den graphischen Ausdruck dem Aspekt des Darzustellenden so gut wie möglich anzunähern. Die Bildsprache der Karte soll sich weitgehend selber erklären. Dies wird erreicht durch geschickte Gestaltung der symbolischen Figuren und durch gute Wahl der Farben. Bei einfarbigen Karten freilich beschränkt sich unser Bemühen auf die Variation der Figurenformen, Figurengrößen, Flächenraster, Strichstärken usw.

Es geht bei der Überführung der geographischen Wirklichkeit in den thematisch-kartographischen Ausdruck stets um Fragen folgender Art: Was? Wo? Wie groß? Wie gelagert? Viel oder wenig? Wieviel? Feste Werte oder Wertintervalle? Absolute oder relative Werte? Dicht oder locker? Wann? Seit wann? Von wann bis wann? Wie oft? Wie lange? Langsam oder rasch? Ungegliedert oder gegliedert? Gruppiert oder nicht? Untergeordnet oder übergeordnet? Gestreut oder kompakt? Areale abgegrenzt oder abgrenzbar? Übergänge scharf oder gestuft oder aber fließend (allmählich)? Zustände oder Vorkommnisse statisch (stabil, ruhend) oder aber dynamisch (bewegt, pulsierend usw.)? Bestehen zwischen einzelnen Dingen Beziehungen? Überdecken oder vermengen

sich einzelne Vorkommnisse? Sind die Werte abhängig von der Zeit, von der Himmelsrichtung usw.? Oder bestehen andere Relationen?
Gut gestaltete Karten lassen solche Dinge rasch und mit *einem* Blick überschauen.
Nicht überflüssig erscheinen uns überdies die folgenden Hinweise:
Wie bereits betont, kann und soll auch die sog. »statistische Karte« (das Kartogramm) nicht die statistische *Tabelle* ersetzen; sie hat anderes zu bieten. Nur die Tabelle gibt Zahlenwerte und Zahlenwertgruppen mit jeder gewünschten Genauigkeit. Die Karten aber und ihre Mengenbilder vermitteln infolge des Raummangels nur angenäherte und oft wenig gegliederte Werte, doch vermitteln sie diese in leicht überschaubarer Form und – was äußerst wichtig ist – in ihrer georäumlichen Zuordnung. Sie ermöglichen damit das geographische Verstehen, die geographische Deutung.
Die Wahl der Darstellungsform ist bedingt durch den Zweck (die Aufgabe) der Karte, überdies aber auch durch Art- und Wertgliederungen der zu kartierenden Vorkommnisse, durch die Dimensionsbereiche der Werte, den Charakter von Streuungen, die Maschengrößen der Bezugsflächen und, allem voran, durch den Kartenmaßstab. Gibt es sehr kleine und sehr große Werte oder sind alle Werte von ähnlichen Dimensionen? Danach richtet sich z. B. die Wahl der Diagramme. Wesentlich ist auch die Frage nach der gewünschten Genauigkeit von Mengenangaben; denn Maßstab und Bezugsareal stehen damit in Wechselbeziehung.
Treten verschiedene Objektgattungen gemischt auf, so sollen sie ihrer Bedeutung entsprechend zur Geltung kommen. Es ist falsch, visuelle Wertverschiebungen vorzunehmen, die der Sache nicht entsprechen. Die Karte ist für viele Dinge eine wunderbare Hilfe, doch wehe, wenn sie lügt!
Die Entscheidungen über Maßstäbe, Kartenformen, Bezugsflächen usw. hängen vor allem auch ab von den verfügbaren Daten, den Quellen. Was in einem Falle gut ist, erweist sich anderswo als ungeeignet oder undurchführbar.

Um dem Leser ein Vergleichen der kartographischen Möglichkeiten zu erleichtern, zeigen wir in diesem Buche auch einige *schlechte* oder gar *irreführende Darstellungsformen,* vor allem solche, die sich – ungeachtet ihrer Schwächen – oft in Publikationen aller Art finden. Sie seien nicht unterschlagen, wohl aber zu jedermanns Vergnügen boshaft angeprangert.
Gute Darstellung weckt das Interesse am Gegenstand. Schlechte, schwer zu enträtselnde Karten aber werden meist gar nicht beachtet, sie werden übergangen. Dies aber ist das Schlimmste, was ihren Urhebern geschehen kann!
Bei der Betrachtung figürlicher Darstellungen können *Täuschungseffekte* störend in Erscheinung treten. In der jüngeren kartographischen Literatur wurde oftmals auf solche Dinge und damit auch auf das vorzügliche Werk von WOLFGANG METZGER: »Gesetze des Sehens« hingewiesen. Auch WERNER WITT kommt in seinem Handbuch 1967 und 1970 auf diese Dinge zu sprechen. Für die Kartengestaltung zu beachten sind vor allem die scheinbaren Entstellungen von Farbflächentönen infolge der Nachbarschaftseffekte oder Umgebungsfarben (siehe Farbtabellen in E. IMHOF, Kartographische Geländedarstellung). Man wird in der Karte aber kaum irgendwo ein grundrißlich gegebenes vertikales Linienstück verkürzen, nur weil es infolge optischer Täuschung länger gesehen wird als ein benachbartes, gleichlanges horizontales Linienstück. Man hüte sich auch in solchen Belangen vor allzu ausgeklügelten Theorien.

Zweiter Teil
Allgemeine graphische Elemente

Kapitel 6
Zeichnerische Elemente und ihre Effekte

Beim technischen Zeichnen und vor allem auch beim Entwerfen thematischer Karten sind Gestaltungsfragen verschiedenster Art zu beachten. Wir denken hiebei vorerst *nicht* an die *kartographischen* Ausdrucksformen, die Grundrisse, Signaturen, Diagramme usw., wie sie in späteren Kapiteln zur Sprache kommen werden, sondern an allgemein graphische Dinge. Nicht Sinn oder Bedeutung der Eintragungen stehen in diesem Kapitel zur Diskussion, sondern lediglich die graphischen Grundelemente, ihre Variationen, ihre Kombinationen und ihre Effekte. Ausdruck, Lesbarkeit, Differenzierbarkeit und Schönheit der Karten sind wesentlich bedingt durch die Art und Weise, wie die graphischen Grundelemente gestaltet und zusammengefügt werden.
Die graphischen Grundelemente der Karten sind *Punkte, Linien, Kleinfiguren, Punkt- und Linienanhäufungen oder -scharungen (Schraffuren, Raster usw.), Farb- und Schummertöne, sowie* die *Beschriftung*. Diese letztere wird im Kapitel 32, im Zusammenhang mit Fragen der sprachlichen Gestaltung, zur Diskussion stehen.
Auf einige zeichnerische Elemente soll im folgenden eingetreten werden. Hierbei beschränken wir uns vorerst auf *einfarbige* Gestaltung. Wie oben betont, stellt das Gestalten einfarbiger Karten oft höhere Ansprüche an das graphische Können, als es für mehrfarbige Karten der Fall ist. Manches hier Besprochene gilt aber auch für die mehrfarbigen Darstellungen. Fragen der farbigen Gestaltung sollen dann im Kapitel 7 zusammengefaßt werden. Sie kommen überdies auch in späteren Abschnitten zur Sprache.

6.1. Punkte und Linien

Einige zeichnerische Elementarformen von Punkten, Linien und ihren Gefügen sind in den Beispielen der Abb. 1 und 2 dargestellt. Gute und schlechte Lösungen stehen darin einander gegenüber.

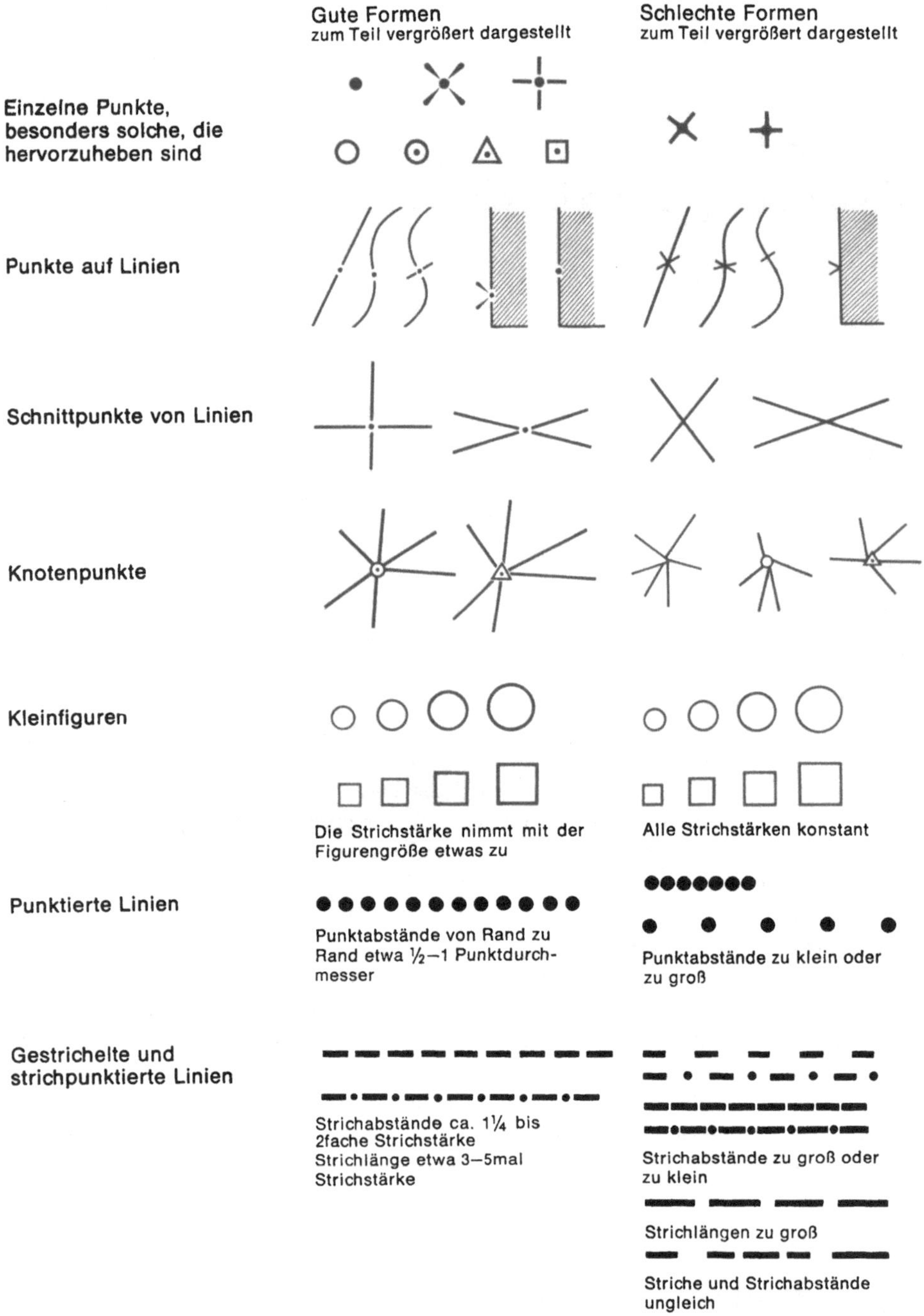

Abb. 1 Zeichnerische Elemente: Punkte und Linien

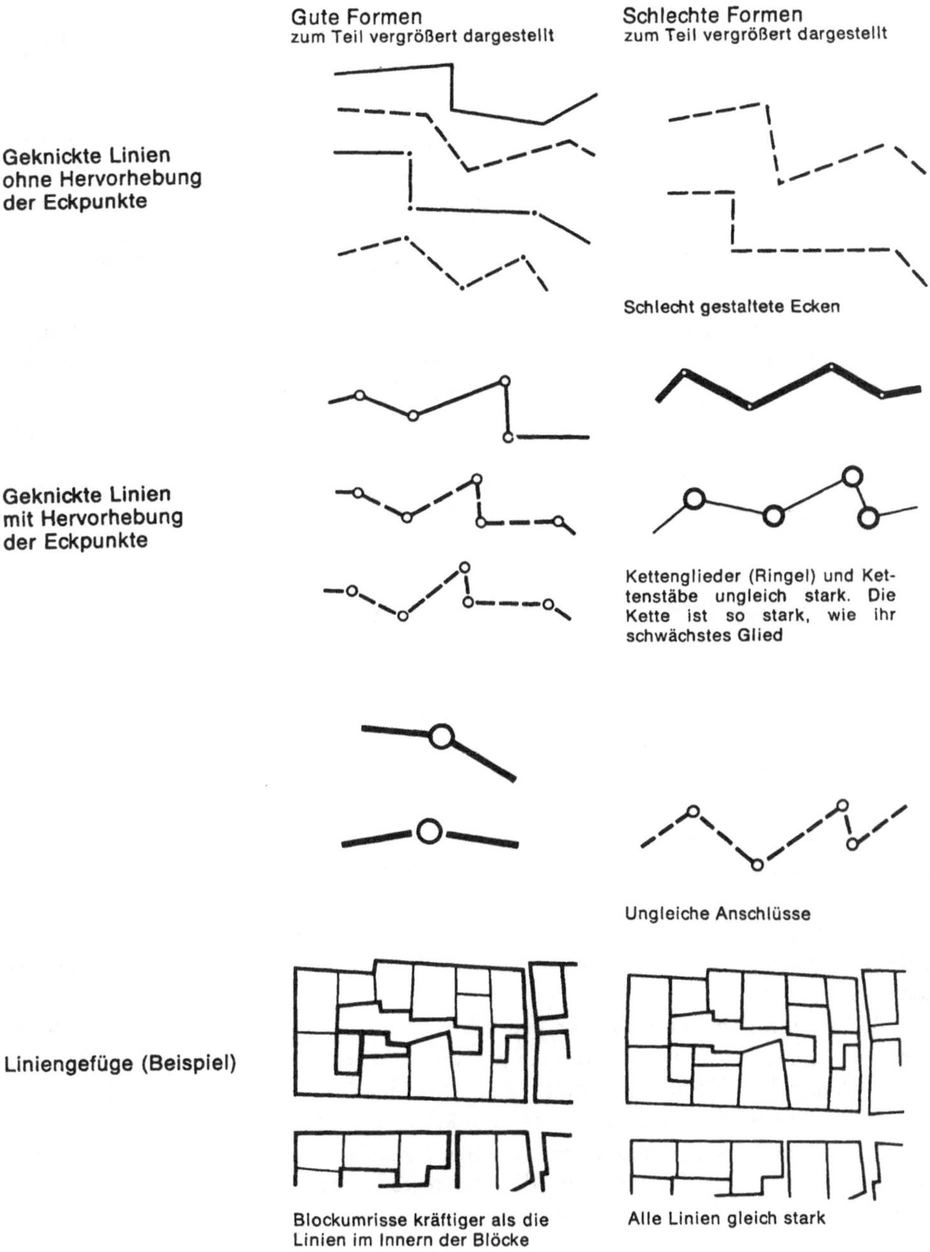

Abb. 2 Zeichnerische Elemente: Linien und Liniengefüge

6.2. Einfachste Kleinfiguren und ihre Unterscheidnugsmöglichkeiten Abb. 3

Einfachste Kleinfiguren finden sich in thematischen Karten vor allem als sogenannte Signaturen (Kapitel 10). Durch ihre graphische Gestaltung sollen sie sich möglichst deutlich voneinander unterscheiden. Zu diesem Zwecke stehen *acht Differenzierungsmöglichkeiten* zur Verfügung. Verzichtet man auf die Mehrfarbigkeit, so bleiben immer noch sieben Unterscheidungsmöglichkeiten. Sie seien im Folgenden mit Hilfe einiger figürlicher Beispiele (Abb. 3) zusammengestellt.

Unterschiede der *Figurengrößen*, der *Strichstärken*, der *Tonstärken*, sowie der Gegensatz von *Hohl-* und *Vollform* bezeichnen meist Gewichts-, Wert- oder Mengenunterschiede. Man will damit etwas hervorheben oder aber zurücktreten lassen.

Variationen der *Formen* und der *Stellung* (Orientierung) aber bezeichnen in der Regel *Art-* oder *Gattungsunterschiede.*

Die *Negativformen* bilden in den Karten hübsche, aber seltene Ausnahmen; denn sie sind nur möglich durch Aussparung auf dunklem Grunde.

6.3. Schraffuren und Musterungen

6.3.1. Schraffur und Raster

Linien- und Punktfelder aller Art, sogenannte *Schraffuren* und *Raster,* finden in der Karte reichste Verwendung. Schraffur und Raster werden oft für ein- und dasselbe gehalten. Dies ist indessen nicht richtig. *Schraffur* entsteht durch Handzeichnung oder manuelle Gravur, neuerdings freilich auch mit Hilfe besonderer Schraffiergeräte oder durch das Aufkleben von Stücken entsprechend vorfabrizierter Folien. Das Gefüge der Schraffur ist relativ grobmaschig. Man soll es ohne Lupe deutlich erkennen können. Zum Ausdruck der Schraffur gehören Kornart, Korngröße, Strichstärke, Strichrichtung, Strichabstände usw. Selten sind die Strichabstände der Schraffuren kleiner als etwa 0,5 mm.

Durch *Rasterung* aber entstehen im gedruckten Bilde auf photoreprotechnischem Wege äußerst feine, in regelmäßige Gitter eingelagerte Scharen von Punkten oder Linien oder andern figürlichen Elementen. Hierbei drängen sich oft 40 bis 60 oder mehr Linien auf einen Zentimeter. Solche Linien- oder Punktfelder sind meist so fein, daß sie vom unbewaffneten Auge und besonders bei hellen Druckfarben nicht wahrgenommen werden können. Je nach Strichstärke oder Punktgröße entstehen hellere oder dunklere Töne (weiteres darüber siehe Kapitel 34).

6.3.2. Sinn und Ausdruck der Schraffur Abb. 4

Die Schraffuren können verschiedene graphisch-bildliche Effekte erzeugen. Dies sei durch die *Figuren 1–7 der Abb. 4* illustriert:

Figur 4.1: Schraffuren als *Formlinien,* und zwar als sog. Fall- oder Herablinien des Geländes.

3.1 Unterschiede der Form
(für Art- oder Gattungsunterschiede)

3.2 Unterschiede der Stellung oder Orientierung (für Art- oder Gattungsunterschiede)

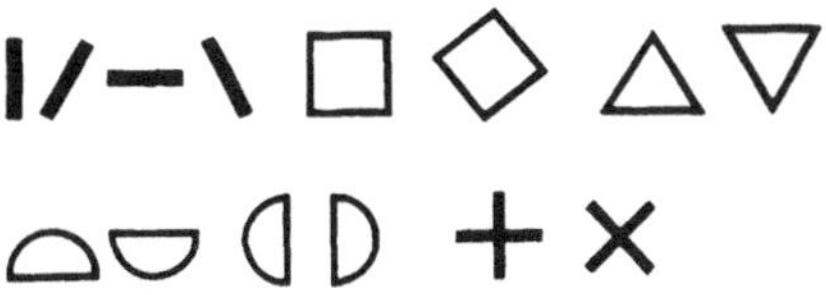

3.3 Unterschiede der Größe
(für Unterschiede der Mengen, Werte, Gewichte)

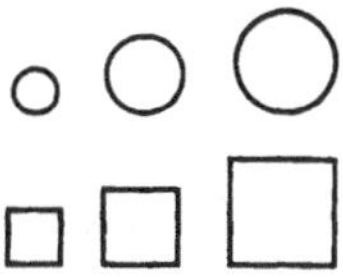

3.4 Unterschiede der Strichstärken
(für Unterschiede der Werte, Mengen, Gewichte)

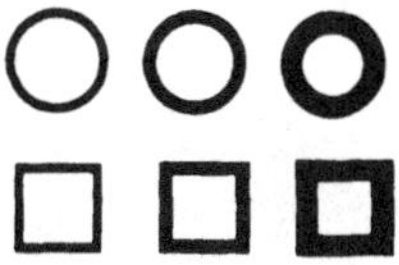

3.5 Unterschiede der Tonstärke
(für Gewichts- oder Wertunterschiede)

3.6 Gegensatz von Hohlform und Vollform
(für Unterschiede der Gattung und
des Gewichts)

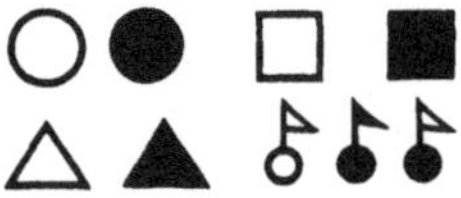

3.7 Differenzierung durch verschiedene Farbtöne
(für Unterschiede der Gattung und
der Gewichte)

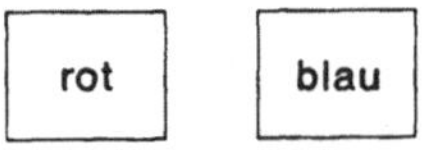

3.8 Gegensatz von Positiv- und Negativbild
Ist nur auf dunklem Grunde möglich

Abb. 3 Die acht Unterscheidungsmöglichkeiten von Kleinfiguren

4.1 Fallinien, Herablinien als Gefälls-Formlinien

4.2 Horizontale Formlinien, Herumlinien

4.3 Schraffur als Schatten

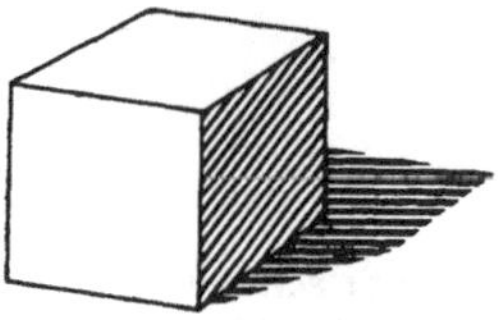

4.4 Schraffuren und Schraffen als Formlinien mit Schattierungseffekten

4.5 Schraffur als Oberflächenstruktur

4.6 Symbolische Schraffuren für Art-Unterschiede. Ersatz für symbolische Farbtöne. Beispiel: Genormte Schraffuren für Wappenfarben

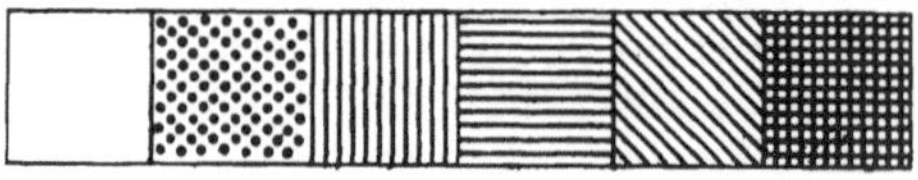

4.7 Symbolische Schraffuren: Hell-Dunkel-Skala zur Bezeichnung von Wert- oder Mengenunterschieden

Abb. 4 Schraffuren verschiedener Bedeutung

Figur 4.2: Nochmals Schraffuren als Formlinien, jedoch als Horizontalschraffuren oder Herumlinien.
Figur 4.3: Schraffur als *Schatten* und zwar als Selbstschatten und als Schlagschatten von Körpern.
Figur 4.4: Die *Schattenschraffen* vieler Karten sind Formlinien (Herablinien) und zugleich Schattierungselemente. Weitere Beispiele: Pyramiden mit Form- und Schattenschraffur.
Figur 4.5: Schraffur zur Veranschaulichung des *Oberflächenmaterials*, der *Oberflächenstruktur*, wie z. B. von Wasseroberflächen und Ackerfeldern.
Figur 4.6: Symbolische Schraffuren zur Kennzeichnung verschiedener Gattungen oder Arten von Flächen, d. h. von qualitativen Differenzierungen. Solch symbolische Schraffuren sind oft auch Ersatz für symbolische Farbtöne (siehe Kapitel 7). Beispiele hierzu bilden die genormten Schraffuren zur Bezeichnung der Farbtöne von Wappen.
Figur 4.7: Vom Hellen ins Dunkle gesteigerte Schraffuren bezeichnen oft *Wert-* oder *Mengenunterschiede*, z. B. kleinere oder größere agrarische Produktionsmengen pro km² der Fläche. Dies ist die in thematischen Karten wohl häufigste Verwendung von Schraffuren.

6.3.3. Formen linearer Schraffuren und ihrer Skalen Abb. 5

Wir unterscheiden *einfache Schraffuren* mit Scharen gerader, paralleler Linien, *gekreuzte Schraffuren* mit Übereinanderlagerung von zwei oder mehr solcher Scharen, und Skalen mit verschiedenartig gestalteten *Schraffurfolgen*. Sie sind in der Abb. 5 dargestellt.

6.3.3.1. Einfache Schraffuren

Diese unterscheiden sich in *Strichstärke* (Breite der Striche), *Strichdichte* (Strichabstände) und *Strichrichtung*. Diese drei Variabeln werden auf mannigfache Weise kombiniert. Hieraus ergeben sich die folgenden drei grundsätzlich verschiedenen *Schraffurskalen:*
Figur 5.1. a, b, c, d: Strichabstände in der ganzen Skala konstant. Die Abstufung der Tonstärken entsteht ausschließlich durch Veränderung der Strich*stärken*. Graphische Wirkung vorzüglich.
Figur 5.1. e, f, g, h: Strichstärke konstant. Die Abstufung der Tonstärken wird erzeugt durch Veränderung der Strich*abstände*. Graphisch anfechtbar, stilwidrig. Drängt zu ungleichen Betrachtungsdistanzen.
Figur 5.1. i, k, l, m: Strichabstände und Strichstärken konstant. Strich*richtung* variabel. Dient der Kennzeichnung von Art- oder Gattungsunterschieden von Dingen gleichen oder ähnlichen Gewichtes.
Die Strichlagen a–k wirken ruhiger, als diejenigen von l und m. Dies mag auf Folgendem beruhen: Bei a–k entsprechen die Strichrichtungen derjenigen des Lesens von links nach rechts und der schrägen Schreibbewegung. Die Linien *liegen oder sie legen sich.* Der *schräge Balken* der Figur *5.3, a* schickt sich zum Abliegen an, derjenige der *Figur 5.3,* b aber richtet sich auf. Wir empfinden daher die Schraffuren Figur 5.1, a–k als ruhig, diejenige der Figur 5.1, l und m als unruhig. Fast alle freien (nicht formgebundenen) Schraffuren in Zeichnungen großer Meister der Kunst zeigen die Strich-

5.1 Einfache Schraffuren

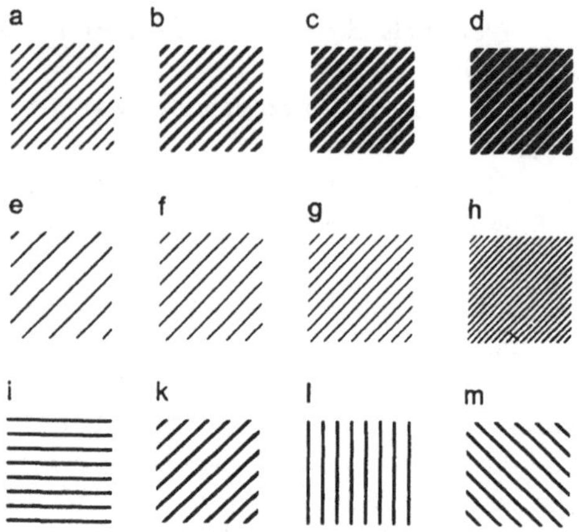

5.2 Gekreuzte Schraffuren, gleiche Strichstärken und gleiche Strichabstände

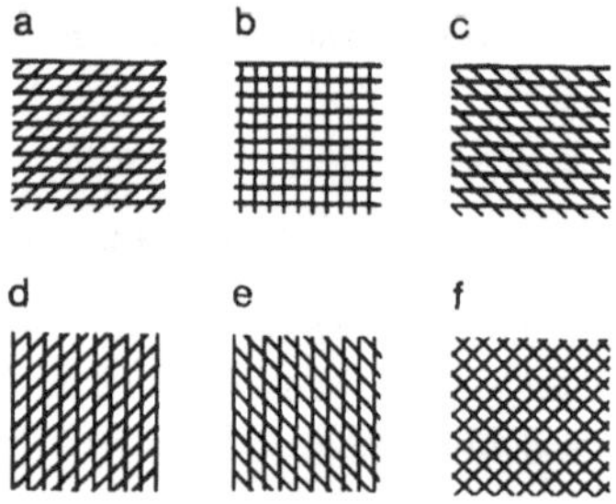

5.3

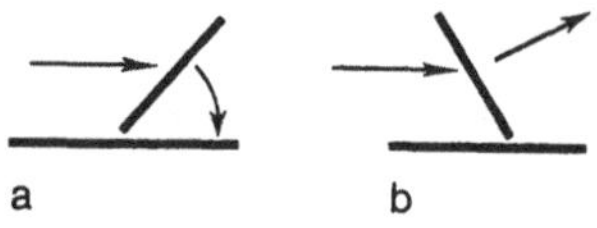

5.4 Gekreuzte Schraffuren mit ungleichen Strichabständen und Strichstärken. Beispiele:

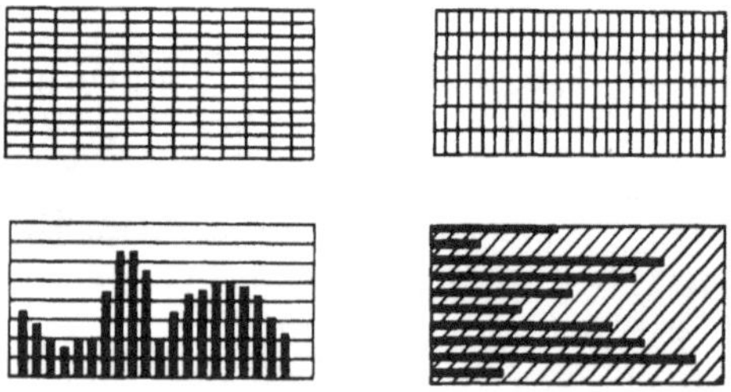

5.5 Schraffurskala mit verschieden gestalteten Stufen

Abb. 5 Lineare Schraffuren und Schraffurskalen

richtung der Figur 5.1, a usw., diejenige von links unten schräg nach rechts oben, resp. von rechts oben nach links unten. Sie entspricht der freien Handbewegung beim rechtshändigen Zeichnen. Eine berühmte Ausnahme bestätigt diese Regel: LEONARDO DA VINCI als Linkshänder schraffierte von rechts unten nach links oben, resp. von links oben nach rechts unten.

Die *horizontale Schraffur* eignet sich vor allem für Flächen ruhender Gewässer, für Sumpffelder und allgemein für flache Geländeteile.

Vertikalschraffuren, Figur 5.1, l, wirken oft unangenehm hart. Da hier der Blick des Kartenlesers und die Schraffurstriche gleich gerichtet sind, entsteht leicht der Eindruck von Kolonnen und damit einer nicht geschlossenen Flächenfüllung.

6.3.3.2. Gekreuzte Schraffuren

Durch Überlagerung von zwei oder mehr einfachen Schraffurarten bezweckt man eine zusätzliche Verdunkelung der Fläche, doch wirken solche verdichteten Gewebe oft schlecht. Künstler lieben sie nicht, sie erinnern an die Strukturen von Kleiderstoffen. Sie finden sich in den thematischen Karten u. a. in den Spielarten der Figur 5.2.

Relativ gut wirken dort die Kombinationen a–c mit einer *waagerechten* Komponente, am besten aber die Kombination a. Spitzwinkliger (schräger) Schnitt der beiden Strichlagen erscheint angenehmer als die rechtwinkligen Kreuzungen der Muster b und f. Bei diesen ist die Gitterstruktur zu sehr betont.

Die Figur 5.4 zeigt Kreuzschraffuren mit variablen Strichabständen oder Strichstärken beider Komponenten. Einer jeden Komponente ist hierbei oft eine eigene Aussage, meist eine Mengenaussage, zugewiesen.

6.3.3.3. Skalen mit verschiedenartig gestalteten Schraffuren Figur 5.5.

Durch alle möglichen graphischen Variationen, solche der Strichstärken, Strichabstände, Strichrichtungen, durch Kreuzungen, durch Auflösung der Striche in Punkte usw., lassen sich auch für stufenreiche Schraffurskalen gut differenzierte und hell-dunkel deutlich gestufte Skalen aufbauen.

Im Interesse der Unterscheidbarkeit der Stufenglieder drücke der Ästhet unter den Geographen gelegentlich ein Auge zu. Die letzte Stufe, diejenige mit vollen, starken Tönen, sollte möglichst nur für *kleine* Flächen verwendet werden.

6.3.4. Regelmäßige Punktfelder Abb. 6, Figuren a–f

Auch hier bestehen ähnliche Unterscheidungsmöglichkeiten durch Änderung der Punktgrößen, der Formen punktartiger Gebilde, der Punktabstände und der Zeilenrichtungen.

Schachbrettartige Punktanordnung *(Abb. 6, Figuren a, b und c)* löst das Feld allzuleicht auf in Zeilen und Kolonnen. Die Schrägmusterung, Figuren d, e, f, erweist sich als günstiger, sie erzeugt einen geschlosseneren, ruhigeren Flächeneindruck.

6. a, b und c
Schachbrettanordnung der Punkte

a b c

6. d, e und f
Diagonale Punktanordnung

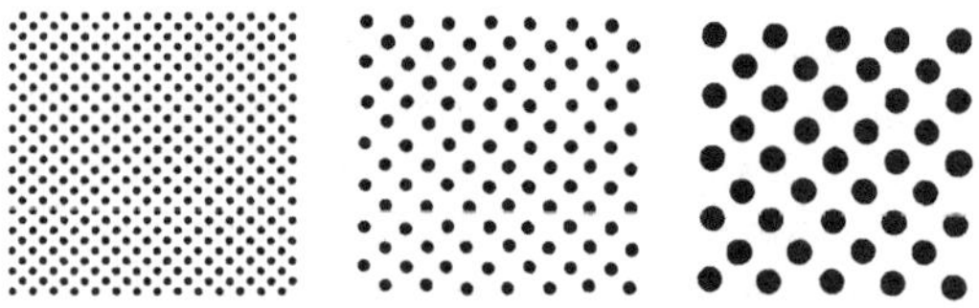

d e f

6. g und h
Punkte oder Schraffuren regelmäßig angeordnet, aber mit wechselnden Punktgrößen, resp. Strichstärken

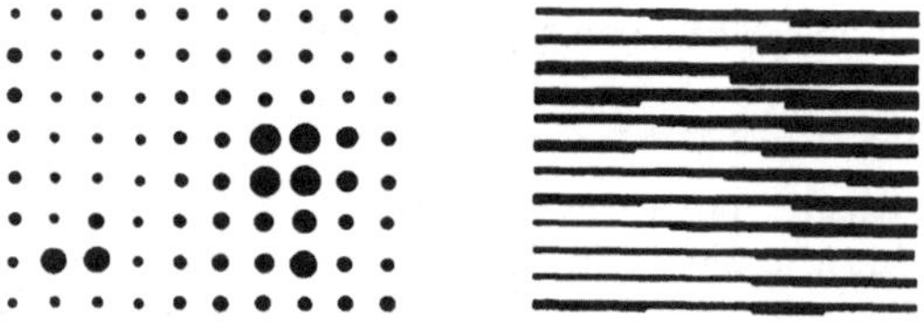

g h

6. i, k, l und m
Unregelmäßige gestreute Punkt-, Strich- und Figurenfelder

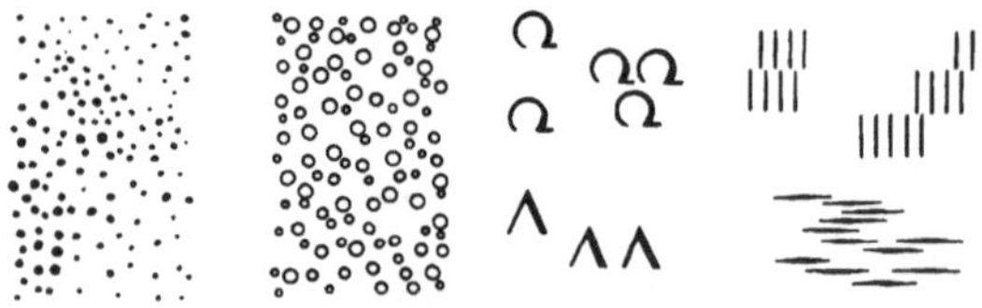

i k l m

Abb. 6 Punkt- und Strichfelder

6.3.5. Variation der Punktgrößen oder Strichbreiten innerhalb eines Feldes Abb. 6 Figuren g und h

Hier kommt nicht jedem (abgegrenzten) Felde eine bestimmte Schraffurart zu, vielmehr variieren die Dimensionen der Striche oder Punkte innerhalb der Felder von Ort zu Ort, von Punkt zu Punkt. Nicht aber variieren die Abstände der Punkte oder Striche. Lagemäßig bleiben diese graphischen Elemente eingebettet in ein supponiertes festes Linien-resp. Quadratgitter. Jedes Feld ist gleichsam hell-dunkel modelliert.

6.3.6. Unregelmäßige Schraffuren, gestreute Punkte oder Kleinfiguren Abb. 6, Figuren i–m

Freie, unregelmäßig gezogene, rauhe, abgerissene, knitterige oder wellige Schraffuren, sandartige Streuungen von Punkten oder anderer Miniaturgebilde kommen in den Karten oft vor. Sie erscheinen stofflich, naturalistisch, bildhaft. Man bevorzugt sie daher für konkrete Dinge, für Bodenart und Bodenbedeckung, wie z. B. für Sandwüsten, Geröllfelder, Tundren, Steppen, Savannen, Wiesland, Ackerland, Rebberge, Wälder, Sumpffelder und Ähnliches. Die geometrisch geregelten Muster hingegen bleiben besser den abstrakteren Dingen vorbehalten, wie etwa den Sprachgebieten, politischen Arealen usw. Meist geben sie Auskünfte über die betreffenden Flächenstücke als Ganzes, die freie Streuung aber läßt lokale strukturelle und stoffliche Modellierungen zu.

6.3.7. Verwirrende Musterungen. Sündenfälle der Kartographie

Nicht selten finden sich in Atlanten und andern wissenschaftlichen Werken Karten mit chaotischen Gefügen von Streifen mit komplizierten, unruhigen Füllungen. Man verlangt oft zu viel von der Karte, man sucht z. B. für jedes Feld Anbaugattung, absolute und relative Produktionsmenge, Betriebsform und anderes kombiniert darzustellen. Man will sieben Fliegen mit einem einzigen Streiche erlegen, schlägt aber dabei die Fensterscheiben ein.
Die Abb. 7 zeigt ein solch verwirrendes Beispiel.

Abb. 7 Verworrenes Schraffenmosaik

6.3.8. Schraffurenfelder mit oder ohne Konturen Abb. 8

Oft stellt sich die Frage, ob Schraffuren oder Punktfelder zu konturieren seien oder nicht. Beide Lösungen besitzen ihre Vor- und Nachteile.
Schraffurenfelder ohne Konturen der einzelnen Mosaikstücke erscheinen weniger hart abgegrenzt, weniger überlastet, ruhiger. Konturen werden daher oft weggelassen, wenn die Arealabgrenzungen von geringer Bedeutung, unscharf, fließend oder aber nicht genau bekannt sind. Oft auch verzichtet man auf die Konturen, wenn die Schraffuren sehr dicht, ihre Stufen gut unterscheidbar oder wenn die Felder von so einfacher Gestalt sind, daß die Abgrenzungen auch ohne Linien klar in Erscheinung treten.
Vorzüge der Abgrenzungslinien sind anderseits leichtere Unterscheidbarkeit benachbarter Felder und bessere Sichtbarkeit ihrer Grenzen. Bei sehr offenen Schraffuren sind Konturen der Felder notwendig, da die Abgrenzungen dieser letzteren sonst nicht sicher erkennbar wären.
Bei schraffierten Gebäudegrundrissen und graphisch ähnlichen Gebilden empfiehlt es sich, die Umrißlinien kräftiger zu ziehen, als die Schraffurlinien.

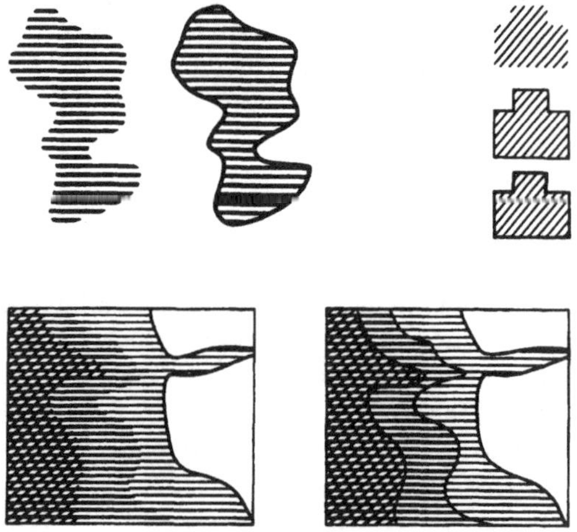

Abb. 8 Schraffuren mit und ohne Flächenkonturen. Beispiele

6.3.9. Graphische Beziehung zwischen Mosaikgliederung und Flächenmuster. Weitere Sündenfälle der Kartengraphik

Die Figur 1 der Abb. 9 zeigt ein Mosaik von abgegrenzten Flächenstücken. Die Schraffuren der einzelnen Stücke sind so weitmaschig, daß sie meistenorts nicht als Flächenfüllungen, sondern als Einzellinien in Erscheinung treten. Ihre Zwischenräume sind von ähnlicher Größenordnung wie die Mosaikgliederungen. Solch offene Schraffuren zerstören die Mosaikgefüge. Leider finden sich derartige Sündenfälle in thematischen Karten sehr oft. Sie bezeugen mangelndes graphisches Geschick oder aber Bequemlichkeit des Zeichners.
Die Figur 2 der Abb. 9 zeigt eine bessere Lösung. Hier stehen die Abstände der Schraffurlinien in einem angemessenen Verhältnis zu den Mosaikgliederungen.

9.1 Zu große Abstände der Schraffuren verwirren das Bild

9.2 Dasselbe Mosaik mit dichterer Schraffur. Bessere Lösung

Abb. 9 Schlechte und gute Schraffurfelder

Auch die *Richtungen* der Schraffurlinien sind oft nicht unabhängig von den Umrißformen der Mosaikstücke. Dies sei an den folgenden Beispielen dargelegt.

Abb. 10, Figur 1: Grobmaschige Schraffur parallel zu einer Seite einer rechteckigen Fläche erweist sich als ungeeignet; denn am einen Rechteckrand ist eine Stauchung der Linien meist unvermeidbar.

Figur 2: Grobmaschige Schraffur parallel zur Schmalseite eines langen, schmalen Rechteckes (wie z. B. eines Gebäudes) ist ungeeignet; denn es entsteht der unerwünschte Eindruck eines Treppengrundrisses.

Figuren 3 und 4: In beiden Fällen werden diese Mängel behoben durch Schraffurlinien *schräg* zu den Rechteckseiten.

In Siedlungsplänen freilich mit ungleich orientierten Gebäuden können bei Einhaltung paralleler Richtung aller Schraffuren solche Mängel nicht leicht behoben werden. Einige Abhilfe bringen dann nur sehr feinmaschige, rasterartige Schraffuren.

10.1 und 10.2 Richtungen der Schraffuren ungünstig

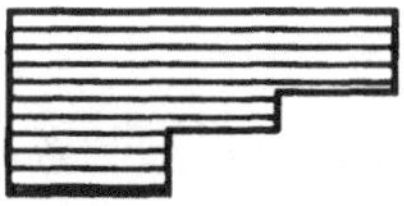

10.1

10.2

10.3 und 10.4 Richtung der Schraffur gut

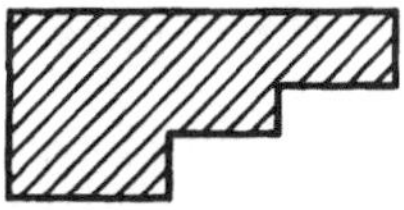

10.3

10.4

Abb. 10 Richtungen der Schraffuren

6.3.10. Balkenartige Durchdringung in Mischgebieten

Oft durchdringen sich zwei Objektgattungen, so daß Übergangs- oder Mischzonen entstehen. Man läßt dann in manchen Karten die eine Gattung als gerade, parallele, gleichstarke, gleichabständige *»Balken«* in die andere Gattung hineinstoßen. Abb. 11, Figur 1.
Nicht selten wird diese *»Balkenmethode«* ungeschickt angewendet. Ein mangelhaftes Beispiel zeigt Figur 2 der Abb. 11. Darin sind die gemischten Areale so klein, daß ihr Balkengefüge als solches nicht recht in Erscheinung treten kann. Die einzelnen Balken-Reststücke werden dann gedeutet als tatsächliche, kleine Verbreitungsareale des einen Vorkommnisses. Die Balkenmethode ist daher nur für große, einfach gegliederte Mischzonen anwendbar.

11.1 Balkenmethode gut

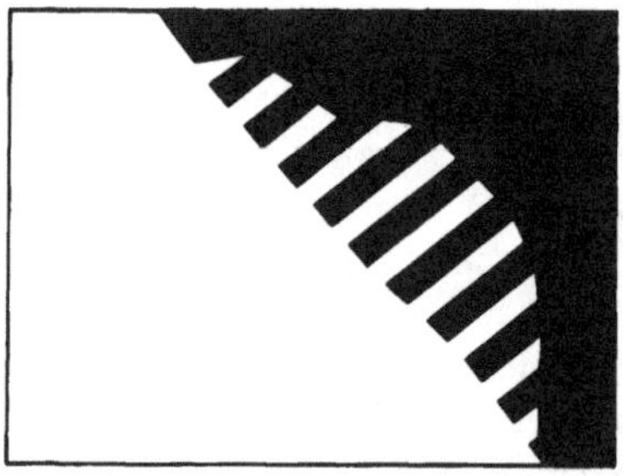

11.2 Balkenmethode irreführend

Abb. 11 Mischgebiete durch Balken dargestellt

6.4. Säume, Filage und Bänder

Der graphische *»Saum«* (Abb. 12, Figuren 1 und 2) ist Überrest oder Randstreifen einer graphischen *Fläche*, einer Fläche nämlich, die man nicht ganz durchschraffieren oder tönen wollte. Oft läßt man die Schraffuren oder Töne gegen das Flächeninnere rasch ausklingen.
An die Stelle schraffierter oder toniger Randsäume tritt gelegentlich die sog. *Filage* (Abb. 12, Figur 3). Als solche bezeichnet man Linienscharen, die annähernd (in vereinfachter Form) parallel zum Flächenrand ziehen und in der Strichstärke gegen das Flächeninnere abnehmen. Die Filage war eine beliebte und ausgezeichnete Methode graphischer Gestaltung von See- und Flußflächen zur Zeit des Kupferstiches. Heute wird sie seltener angewendet, da ihre gute Ausführung besondere Sorgfalt erheischt.

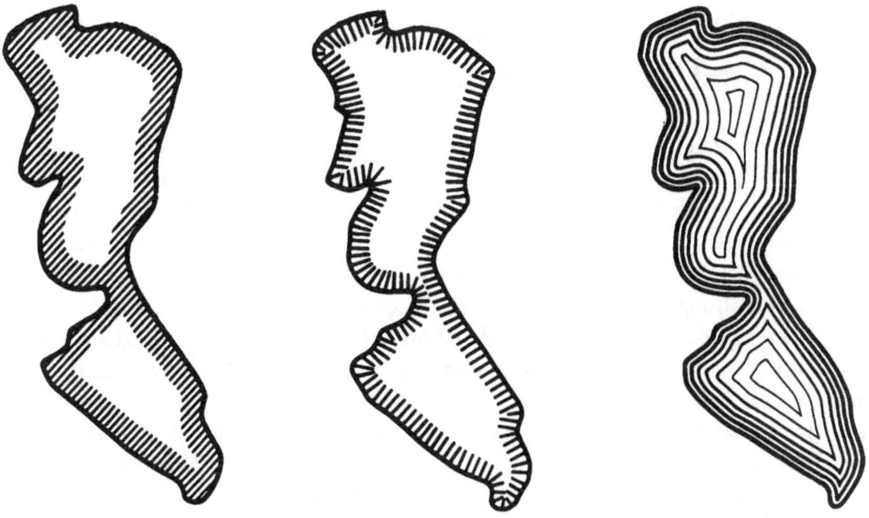

Figur 1 Saum, gute Form

Figur 2 Saum, schlechte Form

Figur 3 Filage, gute Form

Abb. 12 Säume und Filage

Nicht zu verwechseln mit dem graphischen Saum von Flächen ist das *graphische Band*. Als solches bezeichnen wir eine figürlich verbreiterte Linie oder eine lange, sehr schmale, parallel begrenzte Fläche. Das Band besitzt mannigfachste Bedeutung. Es bezeichnet z. B. Transportwege mit zugehörigen Transportmengen, Wanderungsströme und allgemein Ströme jeder Art, sowie Einflußströme, Windströmungen, Meeresströmungen usw.

Die Darstellung erfolgt ebenfalls durch Töne, Schraffuren oder Raster, und zwar mit oder ohne Randlinien.

Ähnlich, wie bei den Kleinfiguren, den Einzellinien und Flächen bestehen auch hier mehrere graphische Variationsmöglichkeiten. Man variiert die Bandbreite, die Farbe, die Schraffur oder den Raster und damit den Tonwert, die Richtung der Schraffurlinien, und man bringt signaturartige Hilfen zur Anwendung. Gute und schlechte Beispiele in den Figuren 1–3 der Abb. 13.

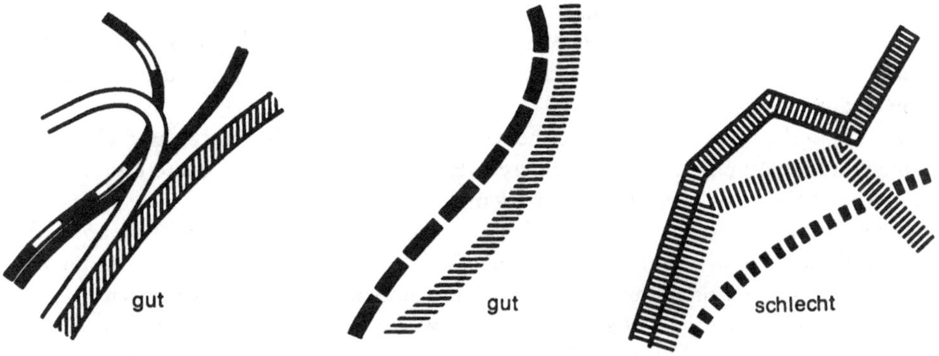

Abb. 13 Bandformen

6.5. Überlagern, Unterbrechen, Isolieren, Hervorheben und Zurückdrängen

Der Kartenhersteller sieht sich meist genötigt, eine Überfülle feinster Eintragungen auf engstem Raume unterzubringen. »Der Kunde verlangt's!« – Doch der Kunde erhält dann oft als Ergebnis nicht eine Karte, sondern ein Schlachtfeld voller Strichtrümmer, Signaturensplitter und Buchstabenleichen, alles durcheinander geworfen, alles verschwimmend in ungebändigten Farbfluten. Solches aber ist Vexierbild-Kartographie. Aller Überfüllung zum Trotz soll darnach getrachtet werden, die einzelnen Elemente am Leben zu erhalten, d. h. sie sichtbar und lesbar zu gestalten, Wichtiges hervorzuheben, Unwichtiges zurückzudrängen und den gesamten Inhalt in übersichtlicher Gruppierung darzubieten.
Der Entwirrung dienen verschiedene Hilfen. Sie gründen sich zum Teil auf psychologische Beobachtungserfahrungen. In diesem Zusammenhang sei hingewiesen auf das Buch von Wolfgang Metzger *»Die Gesetze des Sehens«*. Darin wird unter anderem gezeigt, daß man einfache, vertraute Formteile sieht oder zu sehen wähnt oder in der Vorstellung unwillkürlich und unbewußt ergänzt, selbst wenn sie in der Zeichnung weggelassen sind. Man ergänzt einfache, stetige, aber streckenweise unterbrochene Linien, Bänder und Flächen durch Erfahrung, durch die Kenntnis der Dinge, durch Vorstellungsreproduktion. Der Vollmond am Abendhimmel, zur Hälfte verhüllt durch Silberwölklein, wird automatisch zur Kreisscheibe ergänzt, ein zerklüfteter Felsgipfel aber bleibt uns rätselhaft, wenn er zur Hälfte im Nebel steckt. Bei unregelmäßigen Gebilden versagt die Vorstellungsreproduktion. Sie versagt auch bei zu dichter und zu häufiger Unterbrechung der graphischen Gebilde.
In der Karte soll man in zahllosen Fällen einzelne Linien und Flächen unterbrechen. Nicht nur verliert man damit nichts, sondern es resultiert ein Gewinn an Klarheit und Lesbarkeit. Löscht man jedes Linien- oder Flächenstück, jedes Element, das nichts aussagt oder das leicht durch unsere Vorstellung ergänzt werden kann, so gewinnt die Karte an Klarheit, an Lesbarkeit und Schönheit.
Hierzu einige Beispiele.
Abb. 14, Figur 1: Der Buchstabe E durch Schattenstriche dargestellt. Die Hälfte der Umrißlinien ist nicht gezeichnet. Man ergänzt, resp. sieht sie durch Erfahrung. Dasselbe geschieht mit der Schattenfigur eines Kreuzes.
Figur 2: Stetige Kurven, Kurvenbänder oder Flächen, die sich streckenweise überdecken. Hier werden die nicht gezeichneten, »untertauchenden« Stücke durch Erfahrung ergänzt.
Figuren 3 und 4: In der Figur 3 erscheinen die Transportpfeile, trotz ihrer Unterbrechungen und Kürzungen, klarer, lesbarer als in der Figur 4. Die letztere gibt durch sture Korrektheit eine verpfuschte Situation.
Figuren 5 und 6: Hier liegen die Dinge ähnlich. In der Figur 5 wird eine politische Grenzlinie streckenweise durch das kräftige Band eines Stromes ersetzt. In der Figur 6 aber ergeben sich aus unnützer Vollständigkeit wiederum graphische Störungen.
Abb. 15, Figuren 1–11: In Diagrammkarten zwingt eine gute Lagezuordnung der Figuren oft zu Überschneidungen oder Überlagerungen. Für geometrisch einfache Gebilde, wie für Rechtecke, Dreiecke, Kreise, ist ein Überlagern durchaus zulässig, doch sol-

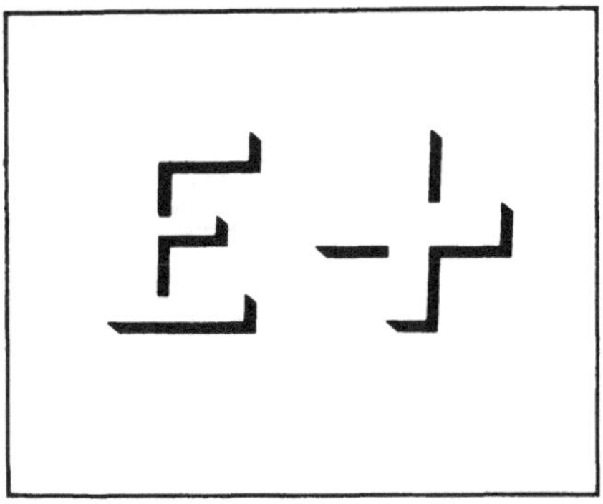

Figur 1 Ergänzen nicht gezeichneter Linienstücke durch Erfahrung

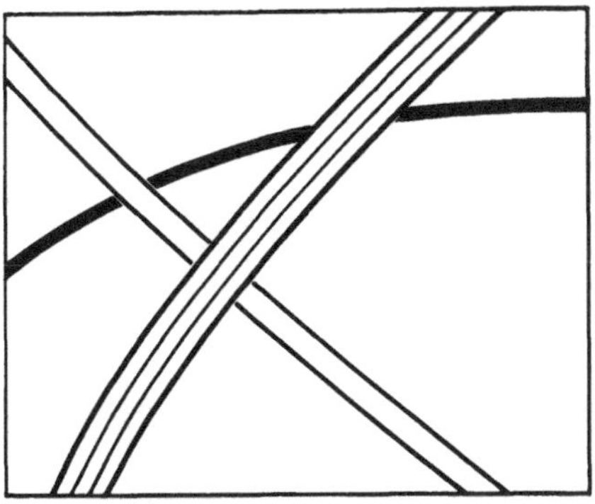

Figur 2 Ergänzen nicht gezeichneter Linienstücke durch Erfahrung

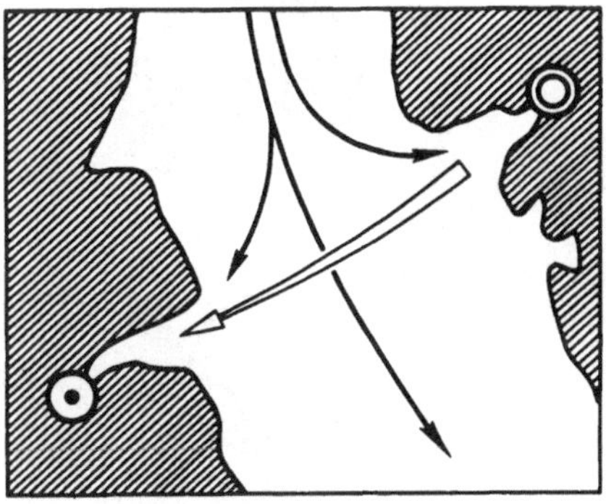

Figur 3 Isolieren graphischer Elemente

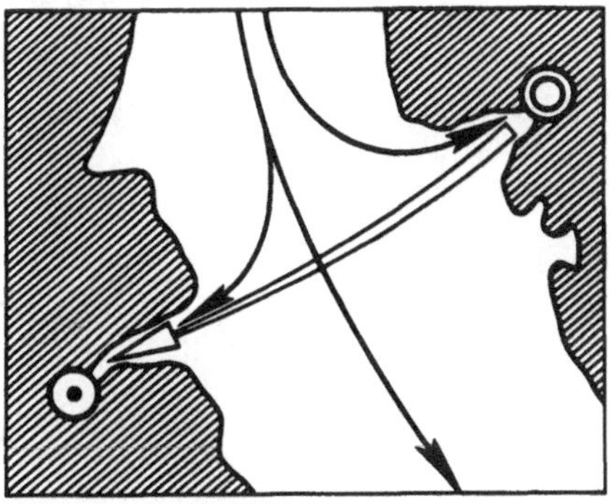

Figur 4 Dieselbe Situation schlecht dargestellt

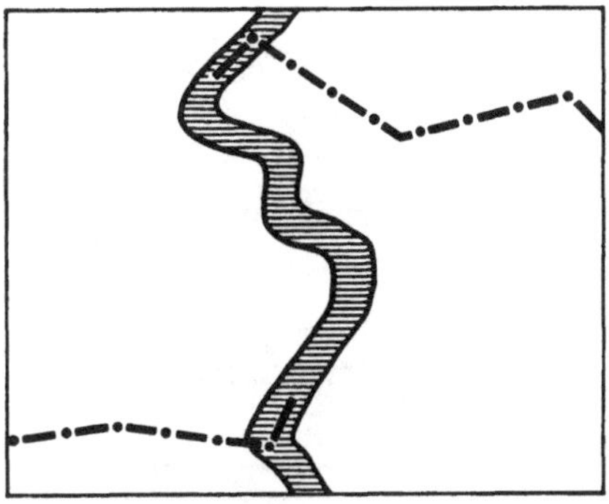

Figur 5 Das Flußband ersetzt streckenweise die Grenzlinie

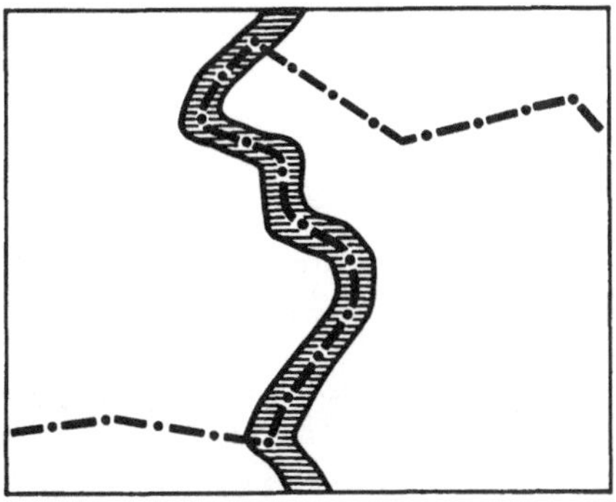

Figur 6 Dieselbe Situation schlecht dargestellt

Abb. 14 Klärung zeichnerischer Gefüge durch Löschen von Linienstücken

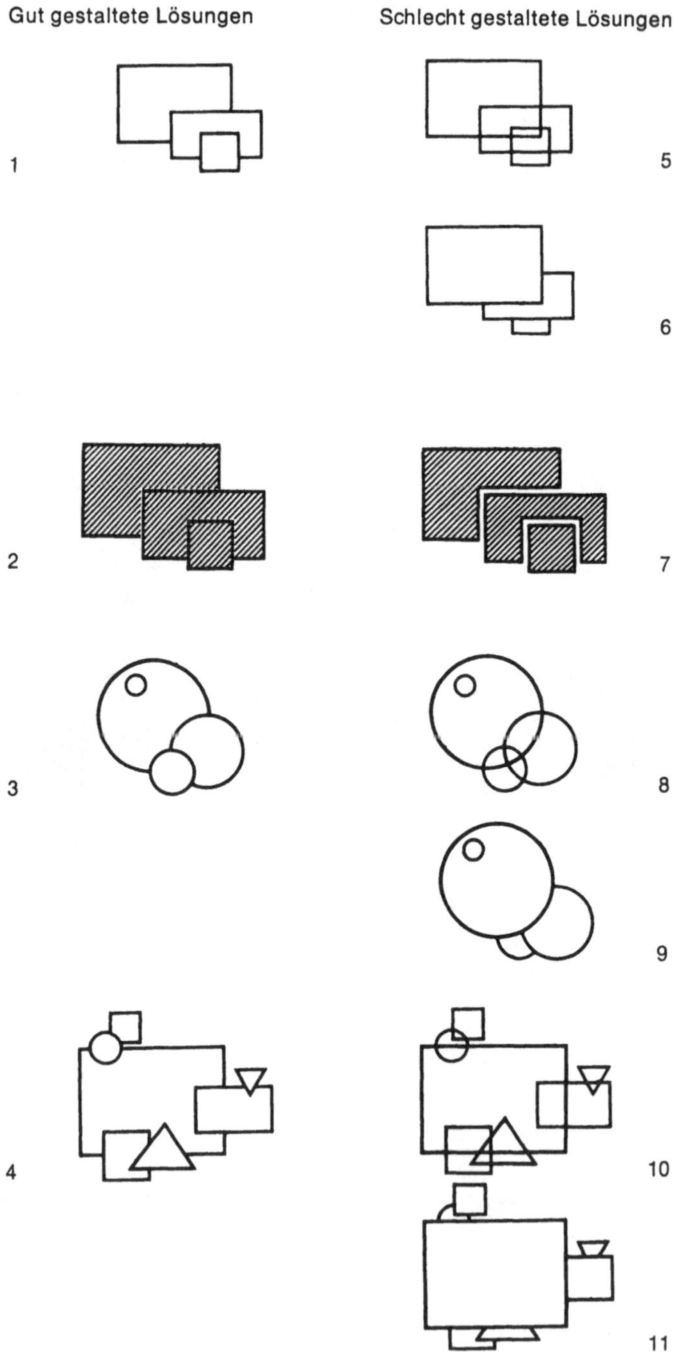

Abb. 15 Überlagerungen von Diagrammen

len hierbei die in den Abbildungen dargestellten Finessen beachtet werden. Die Figuren der Kolonne links zeigen gute, diejenigen der Kolonne rechts schlechte Lösungen. Wie stets und überall im Leben sollen auch hier die »Kleinen« *vor* die »Großen« gesetzt werden. Photographiert man eine Schulklasse, so stellt man die Knirpse stets vor die große, dicke Lehrerin. Bei teilweisen Überdeckungen ergänzen sich die großen Diagrammfiguren selber, den kleinen aber gelänge dies nicht.
Abschließend sei hingewiesen auf die graphischen Probleme des *Tarnens, Zurückdrängens, Isolierens, Hervorhebens.*
Ein kompliziertes Gefüge von Linien gleicher Kraft tarnt jedes einzelne eingeschlossene Element. Es entsteht das Vexierbild. Viele Karten sind Vexierbilder. Manche Kartographen, Geographen und kartographierende Historiker sind kartographisierende Tarnungskünstler! Wenn in einer Gruppe von Menschen alle durcheinander schreien, so entsteht Lärm, nicht aber Musik. Wichtige Dinge sollen in der Karte durch kräftigere Zeichnung hervorgehoben und sie sollen graphisch isoliert werden.
Die Figuren 1 und 2 der Abb. 16 zeigen Beispiel und Gegenbeispiel solchen Isolierens und Hervorhebens am Situationsbild eines Dorfplanes. Kirchensignatur und Ortsname sind in der Figur 1 freigestellt und hervorgehoben, in der Figur 2 aber ertrinken sie im Liniengewirre. Ein Abheben der Beschriftungselemente von der darunter liegenden »Situation« ist überall in der Karte von größter Bedeutung.
Beispiele solcher oder ähnlicher Art und Ratschläge zur graphischen Klärung ließen sich beliebig vermehren. Das Gesagte aber soll genügen. Der gute und sorgfältig arbeitende Kartograph wird von Fall zu Fall die graphisch beste Lösung finden. Der Stümper aber verzweifle nicht; denn für ihn gelte bezüglich der Kunst des Kartenzeichnens dasselbe, was GOTTFRIED KELLER, der berühmte Schweizer Dichter, einst von der Kunst des Gesanges gesagt hat: »Das sei eigentlich auch ein Idealismus, wenn ein armer Teufel, der kein Gehör habe, durchaus singen wolle.«

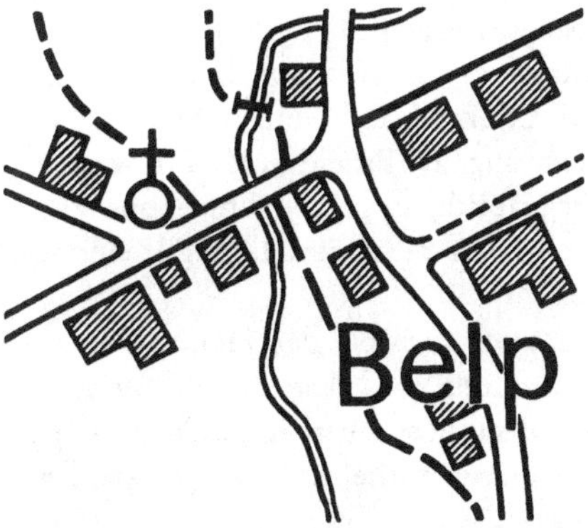

Abb. 16
Hervorheben der Kirche und der Buchstaben durch Isolieren und Verstärken

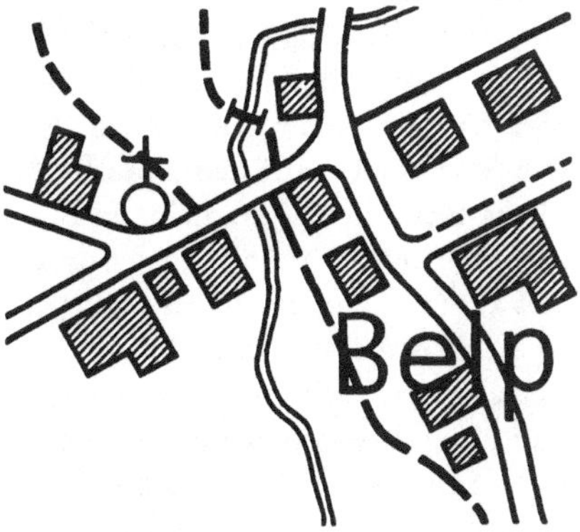

Dieselbe Situation schlecht dargestellt

Kapitel 7
Die Farben und ihre Effekte

Überall wo es die technischen und finanziellen Möglichkeiten erlauben, sucht man Ausdruckskraft, Lesbarkeit und Schönheit der Karten durch farbige Gestaltung zu erhöhen. Vielfarbigkeit ist für die Karte, wie für viele graphische Erzeugnisse, ein außerordentlicher Gewinn. Bei falschem oder schlechtem Einsatz aber wird sie zum Verderben.
Das Spiel mit der Farbe ist verlockend, aber gefährlich, wie das Spiel mit dem Feuer. Einige Kenntnisse über Farbenlehre sind für jeden Kartenhersteller unerläßlich, doch ist es nicht Aufgabe dieses Buches, sie zu vermitteln. Wir verweisen diesbezüglich auf die Fachliteratur, insbesondere auf IMHOF, ED.: Kartographische Geländedarstellung, Kapitel 4 und 13, und SCHIEDE, H.: Die Farbe in der Kartenkunst, 1962.
Von besonderer Bedeutung für jeden Hersteller von Karten sind *physiologische* und *psychologische Farbenlehre,* Vertrautheit mit der *Ordnung der Farben, reproduktionstechnische Farbenlehre* und die *Lehren von der Symbolik und Harmonie der Farben.* Auf solche Fragenkomplexe kommen wir im Kapitel 34 über Zeichnungs- und Reproduktionstechnik zurück. Hier aber seien einige allgemeine Betrachtungen über das farbige Gestalten von Karten vorangestellt.

7.1. Farben für Flächentöne, Raster

Bei der Herstellung von Karten-*Originalzeichnungen* sind Anzahl und Wahl der zu verwendenden Flächen-Farbtöne lediglich eingeschränkt durch die Anforderung guter Unterscheidbarkeit. Unterscheidbarkeit in einer Legenden-Farbfolge genügt nicht. Entscheidend ist Unterscheidbarkeit im Innern mosaikartiger mehrfarbiger Kartengefüge. Hier nämlich kommt es oft zu Täuschungen und Effektveränderungen infolge von »Nachbarschaftseinflüssen« (auch als »Farbumstimmungen« bezeichnet). Ein kleines grünes Flächenstück erscheint in blauer Umgebung gelblich, in gelber Umgebung aber bläulich. Somit hüte man sich vor allzu feinfühligen Nuancierungen. Dies gilt sinngemäß auch für Helligkeitsabstufungen von Farbtönen.
Eine reiche Auswahl von Flächenfarbtönen steht uns oft auch bei der Herstellung *reproduzierter, gedruckter* Karten zur Verfügung. Auch hier wird ihre Anzahl meist lediglich durch die oben angedeuteten physiologischen Beeinflussungen eingeschränkt. Jeder Vollton einer Druckfarbe läßt sich durch *Rasterung* aufhellen. Aus praktischen Gründen kommen selten mehr als etwa vier Rasterstufen in Frage. Mit ihrer Hilfe können z. B. vom Vollton Blau, d. h. von der Druckfarbe Blau, fünf in der Helligkeit variierte Töne gedruckt werden. Zählen wir den unbedruckten weißen Papierton hinzu, so ergeben sich folgende sechs Farbstufen:

1 Vollton
2 Erster Rasterton
3 Zweiter Rasterton
4 Dritter Rasterton

5 Vierter Rasterton
6 Weiß (Papierton).

Jeder dieser sechs Töne kann mit jedem der sechs Töne der Druckfarbe Rot kombiniert werden. Dies ergibt (inklusive des weißen Papiertons) 6·6 = 36 verschiedene Töne im Farbbereich Blau – Violett – Rot, abgestuft von kräftigsten bis zu schwächsten Tönen. Steht überdies die Druckfarbe Gelb zur Verfügung, und treibt man dieses Spiel mit allen drei Farben Blau, Rot und Gelb, so resultieren, inklusive des weißen Papiertones, 6·6·6 = 216 verschiedene Töne.

Treten weitere Druckfarben hinzu, so steigen solche Zahlen rasch ins Unermeßliche. Mit 10 verschiedenen Druckfarben und den oben genannten Rasterungen würden sich theoretisch etwa 60 000 000 Farbtöne ergeben. Stark eingeschränkt aber werden solche Mengen durch Folgendes:

1 Viele, sehr viele der resultierenden Töne sehen sich so ähnlich, daß sie unter den in der Karte gegebenen Umständen nicht unterscheidbar wären.
2 Reprotechnisch (Rasterungen, Kopierprozesse usw.) würde die Sache viel zu kompliziert und zu teuer. Auch wäre es drucktechnisch nicht gut, mehr als etwa drei bis vier verschiedene Farben auf ein und dieselbe Stelle des Papieres zu drucken.

Trotz solcher recht massiver Einschränkungen stehen uns in mehrfarbig zu druckenden Karten oft beliebig viele Flächenfarbtöne zur Verfügung.

Es war oben von *»Rastern«* die Rede. Dieser Fachausdruck begegnete uns bereits im Kapitel 5. Es sei wiederholt: Der Raster ist ein äußerst feines Gitter, mit dessen Hilfe bei der Kartenreproduktion Volltonflächen in geometrisch regelmäßig angeordnete Linien- oder Punktfelder (oder in Felder von Miniaturfiguren) aufgelöst werden. Je nach den Linienstärken oder Punktgrößen entstehen hierbei hellere oder dunklere Töne.

Theorie und Praxis der Rasterformen und Rasterwirkungen sind viel diskutierte, komplexe Gebiete der Photo- und Reprotechnik. Für den Kartenhersteller ist folgendes zu wissen nützlich:

1 Bei der Kartenreproduktion im Offsetdruck gelangen heute Raster von etwa 60–70 Linien-, resp. Punktreihen pro 1 cm zur Verwendung. Bei andern Druckverfahren, z. B. beim Buchdruck, beträgt diese Zahl etwa 90 bis 120 pro 1 cm.
2 Beim Aufeinanderdrucken von zwei gerasterten Farbtönen entstehen unerwünschte Musterungen, d. h. helldunkle oder verschiedenfarbige Figuren, Streifen usw., wenn die Rasterlinien oder Punktreihen der beiden Drucke miteinander kleinere Winkel, als solche von etwa 20° bilden. Solche Musterungen nennt man »Moirés«.
3 Die geometrischen Helligkeitsabstufungen der gerasterten Töne, d. h. die anteilmäßigen Verhältnisse von Farbvollton zum Ton des unbedruckten Papieres, entsprechen nicht genau den Abstufungen, wie sie das menschliche Auge wahrnimmt. Überstrahlungen und anderes spielen mit. Die Herstellung regelmäßig (gleichstufig) erscheinender Rasterfolgen stellt daher nicht nur geometrische, sondern auch physiologische Probleme.
4 Drei oder vier annähernd gleichstufige Raster reichen für den Kartendruck oft nicht aus. Gleichstufige Raster sind z. B. solche von 20%, 40%, 60%, 80% des Volltones. In solchen Fällen ist es erwünscht, zwischen 0% und 20% über eine Zwischenstufe von etwa 10% verfügen zu können; denn Unterschiede in den hellen Tönen sind leichter wahrnehmbar, als solche in den dunklen Tönen.

Theoretisch kann mittels Rasterungen und drucktechnischer Farbkombination im *Drei-*

farbendruck bei Verwendung der reinen spektralen Grundfarben *Blau* (Cyan), *Rot* (Purpur) und *Gelb* jeder beliebige Farbton erzeugt werden. In der Kartenpraxis freilich sehen die Dinge wesentlich anders aus. Beispielsweise entspricht der gewünschte Blauton für Meeres- und Seeflächen nicht genau einem gerasterten oder vollen Ton des obigen Cyan-Blau; der gewünschte Blauton müßte somit durch Übereinanderdrucken von Cyan und Purpur und Gelb kombiniert werden. Somit müßten die Wasserflächen gerastert oder ungerastert in allen drei Druckplatten einkopiert und bei jeder vorkommenden Mutation (man denke an den künstlichen Stau von Seen!) abgeändert werden.

Beim heutigen Stande der kartographischen Reproduktionstechnik erfolgen Farbtrennungen, resp. die Zuweisung von Farbtönen vorwiegend nach inhaltlichen Gesichtspunkten, d. h. nach Art und Bedeutung der graphischen Gefüge. Hierbei soll jedoch darnach getrachtet werden, mit einer möglichst kleinen Anzahl von Druckfarben ein möglichst ausdrucksstarkes, farbig gut differenziertes Bild zu gestalten.

Photomechanische Herstellung eines Drei- oder Vierfarbendruckes, wie man dies in andern Bereichen der modernen Reproduktionstechnik kennt, setzt endgültige mehrfarbige Originale (seien es Gemälde, Plakatentwürfe, farbphotographische Objekt- und Naturaufnahmen usw.) voraus. Kartenoriginale aber, die in Form und Farbe genauestens der zu publizierenden Endform entsprächen, stehen in den seltensten Fällen zur Verfügung. Man denke sich ein Original einer feinstgegliederten, in ein topographisches Basisbild eingefügten geologischen Karte: Jedes Mosaik-Flächenstück, jedes kleinste Linienstück wäre in jedem Punkt auf mindestens 1/10 mm Lagegenauigkeit, in gestochen scharfer Form, in fleckenlosen, endgültig gewünschten Linien- und Flächentönen zu zeichnen und zu malen. Solches aber würde eine Präzision und Perfektion der Originalzeichnung erfordern, die nur durch unendliche Mühe erreichbar wäre. Die Kosten würden damit nicht gesenkt, sondern enorm erhöht.

7.2. Farben für Einzellinien und Kleinfiguren

Im Gegensatz zu den Flächen sind für feine Einzellinien und Kleinfiguren die Möglichkeiten farbiger Gestaltung und Differenzierung sehr beschränkt. Farbmischungen durch Übereinanderdrucken von zwei oder mehr Farben führen hier kaum zu brauchbaren Ergebnissen. Auch lokale Aufhellungen des Druckfarbentones durch Rasterung sind infolge der Feinheit der Linien und der Kleinheit der Figuren selten ratsam; sie würden unscharfe, unsaubere Zeichnung ergeben. Für Einzellinien und Kleinfiguren kommen meist nur kräftige, satte, reine Farben in Frage; denn beispielsweise würde eine hellrote Linie auf hellblauem Grunde in Violett (Lila) verwandelt, auf starkblauem Grunde aber würde sie unsichtbar. Gelb als Farbe für Linien und Kleinfiguren erscheint auf farbigem Grunde ebenfalls verändert und sowohl auf farbigem, als auch auf weißem Papierton schlecht sichtbar. Solches wird von unerfahrenen Kartenherstellern oft nicht genügend beachtet.

So stehen für Einzellinien und Kleinfiguren nur die folgenden ungebrochenen (nicht gerasterten) Druckfarben zur Verfügung:

1 Schwarz
2 Dunkelbraun

3 Dunkelgrau
4 Sattes Violett
5 Sattes Blau
6 Sattes Rot
7 Sattes Grün

Man übersehe aber nicht die ungleichen optischen oder visuellen Gewichte und die geringe Unterscheidbarkeit einiger dieser Farbtöne. Schwarze oder dunkelbraune oder dunkelgraue oder violette oder dunkelblaue oder dunkelgrüne feine Linien und Kleinstfiguren unterscheiden sich in den Farben oft kaum voneinander. Treten aber Linien oder Punkte in engen Scharen oder Schraffuren auf, so sind die genannten Farben deutlich erkennbar und unterscheidbar. Je mehr Schwarz oder Grau den Druckfarben beigemischt ist, desto schlechter in der Karte ihre Unterscheidbarkeit. Linien und Kleinfiguren sollen daher mittelst möglichst reiner, satter, intensiver Farben gedruckt werden.

Es versteht sich von selbst, daß die oben genannten starken Farben, die für Linien und Kleinfiguren erforderlich sind, dann in jedem Falle, gerastert oder ungerastert, auch zur Bereicherung und Variation von Flächentönen beigezogen werden können.

7.3. Die Wahl der Druckfarben

Für reich ausgestattete Karten, z. B. für vielfarbig differenzierte mosaikartige Darstellungen, die in topographische Basiskarten eingefügt werden, eignen sich oft etwa die folgenden Druckfarben:

1 *Schwarz* für stark hervorzuhebende Signaturen und für die Beschriftung, ferner zur Konturierung von Farbfeldern. Oft auch für Koordinatennetz und Teile der topographischen Situation. Schwarz ergibt fein gerastert auch schöne, neutrale Grautöne.
2 *Dunkelbraun* oder *Dunkelgrau* oder *Dunkelviolett* für Teile der topographischen Situation, Gewässernetz, Koordinatennetz, Signaturen usw., ferner zur Konturierung von Farbfeldern. Diese Druckfarben sind so stark aufzuhellen, daß bei Überlagerungen mit Schwarz dieses letztere eindeutig dominiert.
3 *Starkes Blau* für Gewässernetz, einen Teil der Kleinfiguren, ferner mit oder ohne Rasterung für blaue und blaugemischte Farbfelder und Bänder.
4 *Starkes Rot* für einen Teil der Kleinfiguren, für signaturartige Einzellinien, ferner mit oder ohne Rasterung für rote oder rotgemischte Farbfelder und Bänder. Rot ist eine besonders stark in Erscheinung tretende Farbe.
5 *Intensives Grün* für Kleinfiguren und signaturartige Einzellinien, ferner mit oder ohne Rasterung für grüne oder grüngemischte Farbfelder und Bänder. Besonders geeignet für Vegetationssignaturen.
6 *Gelb* mit oder ohne Rasterung für gelbe oder gelbgemischte (z. B. mit Blau zu Grün gemischte) Farbfelder und Bänder. In Karten mit schattenplastischem Relief auch als Lichtton. Stark aufgerastert oft auch als allgemeinen Land- oder Bodenton.

Zu diesen sechs Druckfarben können in Ausnahmefällen die folgenden *Ergänzungsfarben* hinzu treten:

7 *Rotbraun oder Orange* für Höhenkurven (Schichtlinien) und anderes.
8 *Hellblau* zur Ergänzung des obigen starken (linearen) Blau, um leichtere, klarere, farbig feiner abgestufte blaue, grüne und violette Töne erzeugen zu können.
9 *Hellrot* zur Ergänzung des obigen starken (linearen) Rot, um leichtere, klarere, farbig feiner abgestufte Rot- Orange- oder Violettöne erzeugen zu können.
10 *Mittelstarkes oder helles Grau* als Reliefton der Basiskarten ferner als Flächenton und zur Beimischung für Farbtöne jeder Art. Grautöne wirken in den Karten meist vorzüglich.

Diese zehn Druckfarben ermöglichen durch Rasterungen und drucktechnische Kombinationen jegliche Freiheit der farbigen Gestaltung. Nur sehr selten wird man eine größere Anzahl von Druckfarben benötigen.

In den meisten Fällen sucht man mit einer wesentlich kleineren Anzahl auszukommen. Bei ihrer guten Wahl lassen sich bereits mit zwei bis vier Druckfarben oft gute Gliederungen erreichen. Für die nicht sehr anspruchsvollen Gefüge von Diagrammkarten genügen oft die Grundfarben *Blau, Rot, Gelb,* ergänzt durch *Schwarz.*

7.4. Naturähnliche und symbolische Farben

In thematischen Karten ist es selten möglich, *farbige Naturähnlichkeit* zu erreichen. Gewisse Annäherungen gelingen etwa für Oberflächenfarben von Fels und Wüste, für Vegetationsfarben, für agrarische Felder und für Wasser- und Eisoberflächen.

In manchen Fällen wähle man mehr oder weniger gebräuchliche oder typisch erscheinende *symbolische Farben.* Auch hiebei können Anklänge an natürliche Erscheinungen gesucht werden.

Beispiele: In klimatologischen Karten aller Art Rot-Orange-Gelb für warm, Blau-Grün für kalt. Niederschlagsmengen: Blau oder Grün. Volksmengen (Volksdichte):Rot-Gelb usw. Symbolische Farben sind auch Schwarz für Kohle, Blau für Eisen, Rot für Gold usw.

Von größter Bedeutung aber ist folgendes:

Intensives, Reiches, Gedrängtes, Gefülltes, Dichtes soll durch starke und intensive Töne zum Ausdruck kommen, Extensives, Mageres, Leeres aber durch schwache mit Weiß oder Hellgrau gemischte Töne.

7.5. Farbennormung

Für manche Kartengattung, so z. B. für geologische Karten, auch für gewisse Elemente in topographischen Karten, sind gewisse Farben zu fester Gewohnheit geworden. Wir kommen im Kapitel 31 auf diese Fragen zurück. Im allgemeinen aber ist innerhalb des technisch Möglichen der Hersteller thematischer Karten in der farbigen Gestaltung frei. Guter Geschmack, guter Farbensinn und die Freude am Gestalten sind durch keine Fesseln eingeengt.

7.6. Harmonie der Farben

Auch in der Kartographie spricht man oft und gern von der Harmonie der Farben. Man verlangt harmonisches Zusammenspiel; doch wird dieser Wunsch getrübt durch eine weitverbreitete Unsicherheit in der Beurteilung solcher Fragen. Nur zu oft wird leider das Gewohnte als »schön« und das Ungewohnte als »häßlich« deklariert.

Im Folgenden seien einige meiner Ausführungen über *Harmonie der Farben und ihrer Kompositionen* aus dem Buche »Kartographische Geländedarstellung«, Seiten 80–84, wiederholt: Eine Farbe ist an und für sich weder schön noch häßlich. Sie ist es nur in Verbindung mit ihrem zugehörigen Gegenstand oder Sinn und nur im Zusammenspiel mit ihrer Umgebung. Begriffe wie Harmonie, Akkord und Melodie beziehen sich stets auf Kompositionen, d. h. auf die Art des Zusammenklingens oder Zusammenspieles von akustischen oder visuellen Elementen. Bei fein entwickelter künstlerischer Veranlagung oder guter Schulung gelingt es uns freilich, auch ungegenständliche, abstrakte Farbkompositionen als schön oder häßlich zu empfinden. Solch abstrakte Kompositionen sind z. B. manch einfache Wappenbilder.

Man hat oft versucht, und man versucht es auch heute mit Eifer, der Graphik und Malerei mit wissenschaftlichen Methoden beizukommen. Dies aber ist sehr schwer. Es kann sich hierbei nicht um das Suchen beweisbarer Gesetze handeln, sondern lediglich um ein Darlegen von mehr oder weniger allgemeinen Erfahrungen und Gewohnheiten. Immer wieder hat es sich gezeigt, daß große Künstler die vermeintlichen Gesetze der Komposition durchbrachen und gerade damit außerordentliche Wirkungen hervorbrachten. Trotz solcher Vorbehalte sei hier versucht, einige allgemeine Regeln über farbiges Gestalten aufzustellen, soweit solche Dinge für die Karte von Bedeutung sind.

Wir betrachten zunächst Zusammenstellungen von zwei oder mehr Farben, ohne Rücksicht auf ihre Bildgliederungen oder Kompositionen. Erst nachher wenden wir uns den letzteren zu.

7.6.1. Zusammenstellungen von zwei oder mehr Farben

Welche Farben, z. B. als benachbarte, gleiche Rechtecke oder Rechtecksfolgen, werden als angenehm, als gut zusammenklingend oder harmonisch empfunden, und welche als mißklingend oder unharmonisch? Die Antworten auf solche Fragen weichen in der Regel stark voneinander ab. Angewöhnung, Schulung, psychische Veranlagung und augenblickliche seelische Verfassung spielen hierbei ebenso mit, wie ein mehr oder weniger vorhandener künstlerischer Sinn.

Im allgemeinen wird eine lückenlose Folge der Farben des Farbkreises als harmonisch empfunden. Zusammenstellungen von nur zwei Farben wirken harmonisch, wenn es sich um Komplementärfarben handelt, d. h. wenn sie im Farbenkreis einander gegenüberliegen. Dasselbe gilt sinngemäß für Dreiergruppen. Beispiele sind:

Zweiergruppen:
Gelb – Violett
Gelborange – Blauviolett
Orange – Blau
Rotorange – Blaugrün

Rot – Grün
Rotviolett – Gelbgrün
Dreiergruppen:
Gelb – Rot – Blau
Gelborange – Rotviolett – Blaugrün
Orange – Violett – Grün
Rotorange – Blauviolett – Gelbgrün

Noch besser spielen solche Zwei- und Dreiklänge zusammen, wenn ihre Farben in gleichem Ausmaße durch Weiß aufgehellt oder durch Schwarz verdunkelt oder durch Grau pastellartig gemildert sind. Gebrochene Farben vertragen sich besser als reine Farben. Braune Farben setzen sich aus Gelb und Rot und einem geringen Anteil Blau zusammen. Ihre komplementären, harmonischen Ergänzungen finden sie durch Farben, in welchen derjenige Ton überwiegt, der im fraglichen Braun am schwächsten vertreten ist.

Beispiele:
Gelbes Braun – blaues Violett
Rotes Braun – blaues Grün

Allgemein macht man die Erfahrung, daß Harmonie zweier Farben dann besteht, wenn sich ihre subtraktiven Mischungen zu Schwarz oder Grau, ihre additiven Mischungen entsprechend zu Weiß oder Grau ergänzen. Dies trifft für jedes Komplementärfarbenpaar zu.

Leonardo da Vinci sagte: »Keine Wirkung in der Natur ohne Ursache.« – Man sucht daher auch für die oben dargelegten Farbharmonien nach Erklärungen. Man könnte diese finden im komplementären Charakter der zusammengestellten Farben, in ihren Kontrasten. Vielleicht aber liegt die Ursache der harmonischen Wirkung tiefer, nämlich in unserer Angewöhnung an die Farben des Tageslichtes. Wir empfinden eine Farbkomposition dann als gut zusammenklingend oder harmonisch, wenn sie additiv gemischt das Weiß des Tageslichtes, subtraktiv gemischt Grau ergibt. Dies trifft für die oben genannten Gruppen zu. Wie wir bereits feststellten, verfärben sich für unser Sehempfinden zwei nebeneinander gelegene Farben gegenseitig, und zwar strebt jede Farbe gegen die Komplementärfarbe ihrer Nachbarfarbe hin. Das psychische Farbempfinden tendiert somit stets in die Richtung eines Herausarbeitens von Komplementärfarben. Diese Feststellung erscheint uns zur Erklärung der hier dargelegten Harmonieempfindungen recht bedeutsam. Wohl aus denselben Gründen wirkt ein Nebeneinander von zwei oder mehr verschiedenen bunten Farben unharmonisch, wenn sich ihr Zusammenspiel *nicht* zu Weiß oder Grau oder Schwarz ergänzt.

Beispiele solcher Art sind folgende Zweiergruppen:
Rot und Violett
Violett und Blau
Blau und Grün
Starkes Gelb und blaßes, weißliches Rot.

Eine der heikelsten Flächenfarben, auch für kartographische Zwecke, ist Gelb. Es kann gut wirken, wenn es in mäßiger Dosierung als Grund- oder Unterlageton das ganze Feld »erwärmt«, doch wirkt es schlecht im Wechsel mit weißen oder mit weißlichhellen, entsättigten bunten, aber gelbfreien Flächen. Sowohl Gelb wie Weiß sind gleichsam Lichttöne verschiedener Lichtquellen. Nebeneinander vertragen sie sich schlecht.

Mittagslicht und Abendlicht kommen in der Landschaft nicht gleichzeitig vor. Andererseits aber und wohl infolge der Kontrastwirkung verträgt sich Gelb gut mit Blau, Violett und Blaubraun. Gelbes Licht erzeugt blaue oder violette Schatten.
Weiß, Grau und Schwarz als »neutrale« Farben, als ein Mehr oder Weniger von Tageslicht, gehen mit allen bunten Farben gut zusammen. Eine Ausnahme bildet nur das soeben genannte Nebeneinander von Weiß und Gelb. Betont sei auch hier wieder, daß durch graue, schwarze oder auch stumpfbraune Zwischentöne Mißklänge der übrigen Farben gemildert werden können. In der Karte können wir leider von dieser Hilfe nur selten genügend Gebrauch machen.
Wir haben bisher nur von den Farben an und für sich, nicht aber von den *Größenverhältnissen der Farbflächen* und den *verschiedenen Farbintensitäten* gesprochen. Die Harmonie der Farben, ihr Zusammenklang kann aber wesentlich gestört oder aber verbessert werden, wenn ihre Träger, die Flächen, ungleich groß und wenn die Farben ungleich intensiv sind. Es bestehen Relationen zwischen Farbintensitäten und Flächengrößen. Je reiner und satter eine Farbe, desto kleiner soll ihre Fläche sein. Je stumpfer, je entsättigter, je grauer, je neutraler, desto größere Flächen sind erträglich. Zwei bunte Farben ungleicher Flächengröße gehen nur gut zusammen, wenn die kleinflächige Komponente satt, die großflächige aber entsättigt ist. Entscheidend sind nicht nur die Qualitäten der einzelnen Komponenten, sondern auch ihre Quantitäten.
Völlig anderer Art und auf anderen Erscheinungen und Angewöhnungen beruhend ist eine zweite Gruppe harmonisch wirkender Farbenzusammenstellungen. Sie besteht in der Aufeinanderfolge oder im Wechsel mehrerer *stetig abgestufter Farben* ein und desselben Farbtones. Solche Stufenfolgen oder Wechselfolgen entstehen durch sukzessive Beimischung von Weiß oder Grau oder Schwarz oder auch einer bunten Komponente. Diese Beimischungen ergeben Entsättigungsreihen, Vernebelungsreihen, Verdunkelungsreihen. In der Natur kommen sie oft zustande durch Unterschiede der Beobachtungsdistanzen oder der Lichtintensitäten oder durch atmosphärische Trübungen. Wir empfinden sie als angenehm oder harmonisch, vielleicht weil sie ordnend, gruppierend, verbindend, distanzierend, beruhigend wirken und in hohem Maße alltäglichen Umwelterscheinungen entsprechen.

7.6.2. Farbige Kompositionen

»Töne, Harmonien, Akkorde sind noch nicht Musik« (WINDISCH, 1958). Erst die Komposition als Ganzes entscheidet über gut und schlecht eines graphischen Blattes. Dies gilt auch für die Karte. Wir sind freilich hier im graphischen Gestalten nicht frei. Der Kartograph aber soll nicht Geschmacklosigkeiten durch die ihm angelegen Fesseln entschuldigen; denn auch er verfügt über genügende Möglichkeiten, gutes ästhetisches Empfinden walten zu lassen.
Im Folgenden seien einige *Regeln oder Erfahrungen* mitgeteilt, die auch die Kartengestaltung betreffen.
Erste Regel: Reine, leuchtende oder sehr kräftige Farben wirken schreiend, unerträglich, wenn sie unvermittelt und großflächig nebeneinander stehen. Doch gelangen sie bei sparsamer Dosierung auf oder zwischen gedämpften Grundtönen zu außerordentlicher Wirkung. »Lärm ist nicht Musik. Erst auf ein Piano läßt sich ein Crescendo und darauf ein Forte und nur auf ruhigem Untergrund ein farbiges Thema aufbauen« (WINDISCH).

Die Gliederung der Erdoberfläche erleichtert in der Karte graphische Lösungen in diesem Sinne. Extreme jeder Art, größte Landhöhen und Meerestiefen, Wärmemaxima und -minima, höchste Erhebungen des Niederschlagsreliefs, intensivste Bewirtschaftungsgebiete usw., nehmen im allgemeinen kleine Areale ein. Beschränkt man kräftige, gewichtige, satte und reine Farben auf die kleinflächigen Extreme, so entstehen ausdrucksstarke und schöne Farbflächenmosaiks. Gibt man aber allen und insbesondere auch den großen Flächen schreiende, satte Farben, so wirken die Bilder allzu bunt, ungeordnet, verwirrend und unschön.

Zweite Regel: Ein unmittelbares Nebeneinander heller, bunter mit Weiß gemischter Farben wirkt meist unangenehm süßlich, besonders wenn diese Farben in größeren Flächen auftreten.

Dritte Regel: Gedämpfte, graugemischte, neutrale Grund- oder Basisfarben der großen Flächen lassen die kleineren bunteren Flächen leuchtend und klar hervortreten. Aus diesem Grunde gilt in der Malerei Grau nicht zu Unrecht als eine der schönsten, wichtigsten und variationsfähigsten Farben. Gedämpfte, graugemischte Farben bilden den besten Hintergrund oder Untergrund für das farbige Thema. Halten wir diese Lehre auch für die Kartenmalerei fest.

Vierte Regel: Besteht ein Bild aus zwei oder mehr verschiedenfarbigen großen, geschlossenen Flächen, so fällt es auseinander. Es wird jedoch zusammengehalten, wenn sich die Farben der einen Fläche als Einsprenglinge in der andern wiederholen, wenn die Farben teppichartig ineinander verwoben sind. Die Farben des Leitmotivs sollen inselartig in die Basisfarbe eingestreut sein (WINDISCH).

Die Gliederung der Erdoberfläche führt in den Karten fast überall zu solchen Farbexklaven. Es sind die Inseln im Meere, die Seen des Festlandes, es sind Tiefländer, Hochländer usw., die vielenorts auch in thematischen Karten für die erwünschte Auflockerung, Durchdringung und Wiederholung sorgen.

In dieser Hinsicht kommt den *Gebietsbegrenzungen* der Karten, der Wahl der Ausschnitte, ja selbst den *Kartenzusammenstellungen* in Atlanten und auch den Legenden mit ihren Farbtabellen große Bedeutung zu. Geschickt angeordnete Legenden beleben leere Räume und stellen oft ein kompositorisches Gleichgewicht her (Siehe hierüber Kapitel 33).

In allen Fragen figürlicher und farbiger Kompositionen geht es um das Suchen nach dem einfachen, klaren, starken und gut gegliederten Ausdruck. Wichtiges oder Außergewöhnliches soll hervortreten. Allgemeines und Unwichtiges soll leise mitklingen. Ununterbrochenes lautes Schreien beeindruckt niemanden. Bewegungen in der Ruhe, Kraft in der Mäßigung ergeben erst die ausdrucksstarke Melodie. Im Maßhalten einerseits und im gezielten, wohl überlegten Einsetzen der Kraft andererseits verrät sich der Meister. Dies gilt auch in der Kartographie. Die Karte ist ein graphisches Erzeugnis. Auch wenn sie noch so sehr wissenschaftlich-zweckbedingt ist, so kann sie sich den graphischen Gesetzen trotzdem nicht entziehen. In anderen Bereichen mögen Kunst und Wissenschaft verschiedene Wege einschlagen. Im Gebiete der Kartographie aber gehen sie miteinander Hand in Hand. Eine Karte wird auch in wissenschaftlicher und didaktischer Hinsicht nur als gut gewertet, wenn einfach und deutlich aus ihr spricht, was ihr Ersteller zum Ausdruck bringen will. Eine klare Karte ist in der Regel schön, eine unklare aber häßlich. Klarheit und Schönheit sind eng verschwisterte Begriffe.

Dritter Teil
Kartographische Ausdrucksformen

Kapitel 8
Grundrißliche Elemente, Punkte, Linien, Flächen

Die Parallelprojektion von Punkten, Linien und Flächen des dreidimensionalen Raumes durch lotrechte Strahlen auf eine horizontale Bildebene nennt man *»Grundriß«*. »Grundriß« ist das »in den Grund«, d. h. hinunter in die Bildebene »Gerissene«. »Reißen« bedeutet konstruierendes Zeichnen. Man spricht in gleichem Sinne von »Reißbrett«, »Reißschiene«, »Reißfeder« usw.

Die Karte ist ein verkleinerter Grundriß. Die Bildveränderungen, die »Verzerrungen«, die durch Übertragung der gekrümmten Erdoberfläche oder ihrer Teile in die Ebene entstehen, ändern am grundrißlichen Wesen der Karte nichts. Im Grundriß schrumpft eine lotrechte Gerade in einen Punkt zusammen. Diese kennzeichnende Eigenschaft bleibt auch der »projektiv-verzerrten« Karte erhalten. Jeder kartographische Lagepunkt einer Höhenzahl ist ein grundrißlicher Punkt, ein *»Grundpunkt«*, jede kartographische Situationslinie eine Grundrißlinie oder *»Grundlinie«*, jede kartographische Fläche eine Grundrißfläche oder *»Grundfläche«*.

Der kartographische Grundriß bildet das tragende Gefüge jeder Karte, auch jedes sog. Kartogrammes. Ohne grundrißliche Basis ist keine Karte denkbar. Topographische Pläne und Karten weisen fast nur grundrißliche Elemente auf, während andererseits in statistischen Diagrammkarten, in den sog. Diakartogrammen, das grundrißliche Basisgefüge meist stark zurücktritt und sich oft auf ein Gewässernetz oder auf das Gewebe von Gemeinde-, Provinz- oder Landesgrenzen beschränkt.

Kartographische Grundrisse beziehen sich nicht nur auf reale, körperliche, topographisch meßbare Geländeflächen und Geländeobjekte; sie umfassen nicht nur Abgegrenztes, sondern auch Abgrenzbares; nicht nur Konkretes, Sichtbares, sondern auch Gedachtes, Abstraktes, Fiktives, nicht nur Stabiles, sondern auch Bewegtes. Auch geplante Abgrenzungen, Fließendes oder Strömendes, Schwankendes und Unbestimmtes, kurz alles, was irgendwie an die Erdoberfläche und damit unmittelbar oder mittelbar an die topographischen Grundrisse gebunden ist, gelangt in der Karte zu grundrißlichem Ausdruck.

Beispiele kartographischer Grundrisse sind: Das Mosaik der Gebäude usw., die Gewässer-, Verkehrs- und Leitungsnetze, die Areale und Grenzlinien des Grundeigentums, der Bodenbedeckung und Bodennutzung, der Wirtschaftsräume, aber auch Abgrenzungen von Zentralitäts- und andern Einflußbereichen, ferner Areale und Grenzen von Gesteinen, Begrenzungen des gefrorenen Bodens, Gletscherstände, Zugstraßen barometrischer Minima und solche von Wirbelstürmen, Begrenzungen von Klimaprovinzen, Vogelfluglinien, Postwagenkurse, Schiffs- und Fluglinien, Pendlerwege, Forscherrouten, Stoßachsen und Fronten von Völkerwanderungen, von Truppen und viel anderes.

Auch die Isolinien und die Wertgefällslinien sind Grundrißlinien, und zwar solche fiktiver Art. Selbst die Geländereliefschummerungen und Schattierungen sind – so seltsam dies klingen mag – den grundrißlichen Elementen zuzuordnen; denn sie sind stets an topographisch-grundrißliche Flächen gebunden.

Formen und Zuverlässigkeiten der Grundrisse thematischer Elemente sind gegeben einerseits durch ihre Träger, die topographischen Gefüge, andererseits durch Art und Forschungsstand der darzustellenden thematischen Dinge. Moderne, fortschrittliche topographische Karten großer Maßstäbe genügen bezüglich Detailreichtum und Genauigkeit den meisten thematischen Ansprüchen. Für viele Gebiete der Erde aber reichen die vorhandenen topographischen Karten noch längst nicht aus, um die vorliegenden oder wünschbaren thematischen Forschungsergebnisse eintragen zu können. So ist beispielsweise die geologische Kartierung mancherorts gehemmt, weil noch keine genügend genauen topographischen Karten vorhanden sind.

Für Kleinstmaßstäbe aber, für Übersichtskarten ganzer Länder und Erdteile, stehen dem Themakartographen längst ausreichend genaue Basiskarten zur Verfügung.

Eingehendere Betrachtungen der Inhalte und Genauigkeiten topographischer Karten und ihrer Aufnahmemethoden liegen nicht in der Zielsetzung dieses Buches. Eingehend ist der Gegenstand behandelt in: Eduard Imhof: Kartographische Geländedarstellung (Verlag Walter de Gruyter, Berlin 1965). Ebenso neuerdings in: W. Hofmann 1971.

Grundriß in der Karte bedeutet nicht absolute geometrische Kongruenz mit der Wirklichkeit. Die starke maßstäbliche Bildverkleinerung, wie sie der Karte eigen ist, zwingt zu Formvereinfachungen, zu Zusammenfassungen, Dimensionsübertreibungen und lagemäßigen Verdrängungen, sie zwingt zum begrifflichen und graphischen Generalisieren (vgl. darüber Kapitel 30). Das grundrißliche Wesen solcher Gefüge aber bleibt bestehen, auch wenn nicht jede Einzelheit lage- und formtreu dargestellt werden kann.

Die topographisch-kartographischen Grundrisse lassen sich in vielfältigster Weise gestalten. Jahrzehntelanges Bemühen von Kartenkünstlern verschiedener Länder führten hierin zu wahren Glanzstücken graphischer Darstellung. Aber auch die grundrißlichen Gefüge thematischer Karten lassen sich graphisch zu hoher Vollkommenheit entwikkeln. Durch sorgfältiges Abstufen der Strichstärken und Flächentöne, durch harmonische Farben und gutes Zusammenspiel aller Elemente, lassen sich Übersichtlichkeit, hohe Ausdruckskraft und Schönheit erreichen.

Im Gegensatz zur Signatur besitzen die Grundrisse *individuelle* Formen, sie sind *nicht* uniformiert, *nicht* genormt; ihre Gebilde sind, soweit es die maßstäblich bedingten Verkleinerungen und Generalisierungen zulassen, form- und lagetreu.

Die Grundrisse realer Geländeobjekte sind – genau betrachtet – flächenhaft. Die maßstäblich bedingten Verkleinerungen aber lassen bandartige Gebilde, wie Flüße, Verkehrswege usw., oft zu graphischen Linien zusammenschrumpfen. Echt linear sind hingegen Grundflächenkonturen, Netz- und Hilfslinien, viele Grenzlinien und anderes.

Kapitel 9
Individuelle Ansichts-Kleinbilder

Nicht immer hat der Grundriß das Kartenbild in solch überwiegendem Maße beherrscht, wie es heute üblich ist. Der Grundriß ist eine Frucht der topographischen Vermessung. Noch zur Zeit der Renaissance, im 15. und 16. Jahrhundert, als die frühesten Detailkarten europäischer Länder entstanden, verschmolzen die Kartenkünstler in oft großartiger Weise Grundriß und Ansicht zu geschlossenen Bildgefügen. In einen Gesamtgrundriß hinein zeichnete man Seitenansichten von Schlössern und Burgen, Kirchen und Klöstern, von Galgen und Bäumen, ja selbst von ganzen Städten, Berggipfeln usw., und man setzte gelegentlich Löwen, Könige und Menschenfresser in die Einöden. Auch heute noch ist das Ansichtsbild gelegentliches Attribut mancher Karte. Wir denken hiebei nicht an symbolische Bilder oder Bildzeichen, sondern an *individuelle, nicht uniformierte, nicht genormte Kleinbilder konkreter Geländeobjekte, Bilder* sehenswerter Gebäude, eingelagert in die Grundrisse von Stadtplänen usw. Solche Bilder sind zentralperspektivische oder aber parallelperspektivische Ansichten, von einer charakteristischen Seite oder schräg von oben gesehen, somit Projektionen auf lotrechte oder schräge Bildebenen. Ihre Orientierung hält sich oft nicht an diejenige der Karte. Die letztere ist meistens nach Norden orientiert, der Blick des Kartenbetrachters somit von Süden nach Norden gerichtet. Trotzdem zeichnet man z. B. die berühmte nordwestwärts schauende Hauptfassade der Notre-Dame zu Paris oft normal aufgerichtet und damit nach Süden orientiert in die Touristenpläne jener großen und schönen Stadt. Auch maßstäblich erlaubt sich der Zeichner alle durch den Kartenzweck gebotene Freiheit; er vergrößert seine Ansichts-Kleinbilder, um ihre charakteristischen Merkmale in Erscheinung treten zu lassen. Er scheut hierbei nicht davor zurück, die vom Schaubild überdeckte, weniger wichtige grundrißliche Umgebung zu unterdrücken oder etwas beiseite zu schieben. Es ist ein Unterschied, ob man einen Stadtplan erstellt als Basis für die Projektierung von Kanalisationen oder aber zur Orientierung kulturbeflissener Bewunderer architektonischer Monumente.

In den Figuren 2 und 3 der Abb. 17 sind zwei verschiedenartige Lösungen solcher Klein-Ansichten dargestellt.

Oft sind solche Figuren äußerst klein. Der berühmte und reichlich komplizierte Dom von Bergamo in einem italienischen Reiseführerbuch bedeckt nicht viel mehr als einen Viertelsquadratzentimeter Papierfläche, ist aber trotzdem leicht erkennbar. In solchen, oft vorzüglich gestalteten, aufs Äußerste und Wesentlichste vereinfachten Zeichnungen bewundern wir ein hohes Maß an graphischer Kleinkunst.

Zweck solcher Darstellung ist es, den Benützer des Planes möglichst leicht und rasch über Baudenkmäler und ihre Lage zu orientieren. Hierbei wird oft nach der Bedeutung, der Berühmtheit oder Sehenswürdigkeit abgestuft, indem man Bauwerke höchsten Interesses (»Monumenti, musei ecc. di grandissimo interesse«) als individuelle Ansichten abbildet, die Werke zweitrangiger Bedeutung (»Monumenti molto interessante«) durch vollgetönte Grundriße, diejenigen einer Dritten Stufe (»Monumenti interessante«) nur noch durch gerasterte Grundrisse vom übrigen Häusermeer abhebt.

Solche individuellen Ansichts-Kleinbilder (Erik Arnberger, 1966, spricht hierfür

Fig. 1 Grundrißlicher Stadtplan 1:5000
Osten oben
Großmünster in Zürich

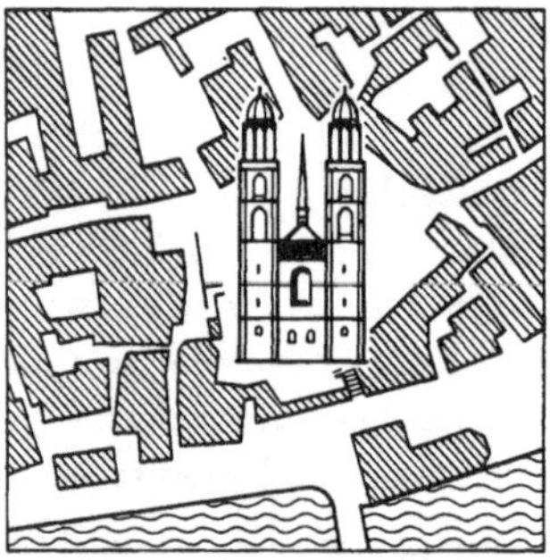

Fig. 2 Derselbe Stadtplan
Großmünster
Aufriß der nordwestlichen Turmfront, jedoch anders orientiert in den Plan gestellt

Fig. 3 Derselbe Stadtplan
Großmünster
Ansicht schräg von oben und richtig orientiert

Abb. 17 Grundrisse und individuelle Ansichts-Kleinbilder

von der »bildhaften Methode«) finden sich indessen nicht nur in Stadtplänen zur Orientierung der Touristen. Neuerdings stellt man auch in wirtschaftsgeographischen (»ökonomischen«), volkskundlichen und andern thematischen Karten einzelne Fabriken oder andere Objekte im Ansichts-Kleinbild dar.

Man verwechsle aber das individuelle, nicht genormte Ansichts-Kleinbild nicht mit der Signatur, wie sie im folgenden Kapitel zur Sprache kommt. Die *Signatur,* soweit sie ebenfalls die Form eines Ansichts-Kleinbildes aufweist, ist ein *genormtes, uniformiertes* Bild, sie ist *Symbol* für eine bestimmte *Gattung* von Objekten oder Vorkommnissen. Das *individuelle* Ansichts-Kleinbild aber bezeichnet stets nur ein bestimmtes einzelnes Objekt. Der Maulwurfshaufen in alten Karten war stellvertretendes Symbol für alle Berge, eine genaue Silhouette des Matterhornes aber ist Bild nur einer einzigen Felspyramide, derjenigen südlich über Zermatt. Das individuelle Ansichts-Kleinbild findet sich nur in speziellen Karten, meist nur in solchen recht großer Maßstäbe, in

Stadtplänen usw. Die bildhafte Signatur aber ist nützliches Inhaltselement in Karten aller Art und aller Maßstäbe. Motive der individuellen Ansichts-Kleinbilder sind fast ausschließlich Bauwerke, Motive der genormten Bildsignaturen aber sind Gegenstände aller Art, z. B. auch Pflanzenblätter, Zahnräder und Badewannen.

Nicht selten setzt man ein individuelles Ansichts-Kleinbild *stellvertretend* für eine Gattung von Objekten. Eine individuelle Badenixe beispielsweise zählen wir zu den symbolischen Figuren, zu den Signaturen. Eine solche Figur bezeugt dann das Vorkommnis eines Strandbades.

Eine *Zwischenlösung* zwischen individuellem und genormten Kleinbild aber sehen wir etwa in folgendem Beispiel:

Auf der Tafel 36 des »Atlas der Schweiz« sind die »Bäuerlichen Haus- und Hofformen« dargestellt. Statt aber für jeden Gebäudetypus eine signaturartige Figur zu entwerfen, wählte man je ein tatsächlich vorhandenes, möglichst charakteristisches Gebäude und zeichnete dessen individuelle Ansicht *stellvertretend* für eine ganze Gruppe ähnlicher Bauten. Man ging nun aber noch einen Schritt weiter: Durch unterschiedliche, aber genormte und in der Kartenlegende erläuterte Flächenfarben der Gebäudeteile, der Dächer, Mauern usw. wies man auf Baumaterial und Konstruktionsformen hin. Hierbei wurden alle Gebäude-Schrägprojektionen dieser Karte in ein- und demselben Bildmaßstab gezeichnet, um auf diese Weise Größenvergleiche zu ermöglichen (Kleingebäude in den Hochalpentälern, große Gebäude in den tiefer gelegenen, flacheren, agrarisch reicheren Gebieten). Wir haben es somit hier und in vielen andern Fällen mit *Kombinationen, Mischungen oder Übergängen des Individualbildes mit der genormten bildhaften Signatur* zu tun.

Der Gestaltung solcher Bilder in Karten sind keine Grenzen gesetzt. Entscheidend sind hierfür lediglich die zwei folgenden Anforderungen:

1 Die Darstellung soll graphisch gut, charakteristisch und möglichst einfach sein.
2 Aus der Darstellung und aus der Kartenlegende soll unzweideutig ersichtlich sein, was das »schöne Ding« bedeuten soll. Es muß ersichtlich sein, ob es sich um ein individuelles Bild oder um ein Gattungszeichen handelt. Ein und dieselbe Figur kann unter Umständen für beides gesetzt werden. Im einen Falle kommt sie in einem Kartenwerk nur einmal vor, in andern Falle aber wiederholt sie sich.

Einen Sonderfall bilden die sogenannten »Bildkarten«. Bei diesen handelt es sich nicht um Ansichts-Kleinfiguren, die in grundrißliche Gesamtgefüge eingebettet sind. Es sind vielmehr künstlerisch freigestaltete, meist vogelschauartige Gesamt-Ansichten von Landschaften mit eingefügten Bildchen von Bauwerken, Menschen, Symbolen aller Art. Wir zählen solche graphischen Schaubilder zu den *kartenverwandten Darstellungen,* wie sie im Kapitel 36 zur Sprache kommen.

Kapitel 10
Symbolische Gattungs-Zeichen oder Gattungs-Signaturen, lokale, lineare und flächenbedeckende

10.1. Allgemeines

Signaturen sind *genormte, uniforme* Kleinfiguren oder in gewissen Fällen auch Farb- oder Rastertöne von bestimmter Bedeutung, Elemente der Zeichen- oder Bilderschrift. Sie sind nicht auf die Karte beschränkt, sondern spielen im menschlichen Leben als Ausdrucks- oder Mitteilungsform für Dinge aller Art eine außerordentliche Rolle.
Seit altersher kennt man die Bildzeichen des Tierkreises im Kalender. Das Hoheitszeichen der Kaiser war ein stilisiertes Bild des Erdglobus, der sog. »Reichsapfel«. Am bekanntesten, am meisten verbreitet ist das Kreuz als symbolisches Zeichen für das Christentum. Auch die Wappen sind Bildzeichen. Als kurze, raumsparende, rasch erfaßbare, einprägsame Mitteilungsform findet heute das Bildzeichen weiteste Verbreitung, so z. B. für die Signalisierungen an den Autostraßen, für Kennzeichen an Schiffen und Flugzeugen, als Firmenzeichen, Waren-Kennzeichen und für viele andere Dinge.
Die Bezeichnung »*Signatur*« leitet sich ab vom lateinischen Wort »Signum«, d. h. Merkmal, Kennzeichen. Das »Zeichen« ist etwas »Gezeichnetes«.
Man spricht von »Abzeichen«, »Merkzeichen«, »Feldzeichen« usw. Die im Englischen hierfür üblichen Ausdrücke lauten »*Graph*« und »*Symbol*«. Im Deutschen jedoch versteht man unter einem »Symbol« im wesentlichen das Sinnbild an und für sich, nicht aber nur dessen graphisches Zeichen. Das Kreuz, nicht nur das hingemalte Kreuz, sondern das Kreuz Jesu als geistige Idee, ist allgemeines Symbol des Christentums.
Kennzeichnend in ähnlichem Sinne wie die figürlichen Signaturen sind aber oft auch gewisse *Farbtöne.* Durch Farben lassen sich graphische Figuren variieren, hervorheben, aufgliedern oder in Gruppen zusammenfassen. Nicht nur die formal und farbig genormte Kleinfigur besitzt oft eine bestimmte symbolische Bedeutung, sondern in manchen Zusammenhängen auch der Farbton an und für sich. Man gibt dem Farbton einen bestimmten Sinn. An der Autostraße bedeutet rotes Licht »Halt«, grünes Licht »freie Durchfahrt«.
Bei manchen figürlichen Bildzeichen, wie z. B. bei Wappenbildern, zählen die Farben mit zu ihrem kennzeichnenden Wesen. Das weiße Kreuz im roten Feld ist Wappenbild und Symbol für die Schweiz und Norwegen. Die Farbtöne Weiß und Rot sind zugleich entsprechende »Landesfarben«. Die Signatur ist wesentliches Inhaltselement auch der meisten Karten. Man spricht hier von »*Kartenzeichen*«. Solche »Zeichen« ergänzen und bereichern das topographische Bildgefüge. Sie erläutern, differenzieren, ordnen und gruppieren. Durch die Signaturen werden die Karten entlastet; denn eine Miniaturfigur ersetzt oft ein komplizierteres grundrißliches Gebilde mitsamt der zugehörigen schriftlichen Erläuterung.
Man beachte, wie in der topographischen oder »allgemeingeographischen« Karte grundrißliche Gebilde mit kleiner werdendem Maßstab oft durch Signaturen, zum Teil durch solche mit verändertem Sinn, abgelöst werden. Ein *Beispiel:* Siedlungsgrundrisse,

somit Bauobjekte, werden ersetzt durch Ortssignaturen, deren Formen die Mengen der Bewohner kennzeichnen.
Signaturen und symbolische Farben, auch wenn sie bildhaft oder naturähnlich gestaltet werden, bedürfen stets einer *Zeichenerklärung.* Solche »*Zeichenschlüssel*« oder »*Legenden*« werden aufgestellt entweder für eine einzelne Karte oder aber in manchen Fällen gesamthaft für Kartensammelwerke. (Über die Legenden siehe Kapitel 33).
Die kartographischen *Grundrisse* sind, im Rahmen des durch Maßstab und Generalisierung Möglichen, *lage- und formtreu.* Sie sind *individuell* geformt und maßstäblich dimensioniert. Sie sind das Ergebnis *topographischer Messung.*
Die *Signaturen* hingegen sind stets *konventionell genormt oder uniformiert;* sie haben mit *Kartenmaßstäben* nichts zu schaffen, sind nicht an Kartenmaßstäben zu messen. Zwar beruht ihre *Lage* ebenfalls auf topographischer Messung, ihr *Sinn* aber und ihre *Formen* auf andersartigen Feststellungen, auf verschiedenartigstem Fachwissen und auf statistischen Erhebungen. Dies sind grundlegende Wesensunterschiede von Grundriß und Signatur.
Die Anzahl der kartographischen Signaturformen ist unbegrenzt. Die Formen variieren von Ort zu Ort, von Zeit zu Zeit, von Thema zu Thema, von Maßstab zu Maßstab und von Kartograph zu Kartograph. Jeder gute Graphiker, jeder gute Kartograph wird auch in Zukunft für neue Karten, für solche mit neuen Themen und neuen Zweckbestimmungen, immer wieder neue Signaturformen entwickeln. Stets geht es hierbei darum, ein Vorkommnis oder irgend ein Merkmal durch eine äußerst vereinfachte symbolische Kleinfigur auszudrücken, durch eine Figur, deren Form in vielen Fällen an das Vorkommnis erinnern soll.
Die Signatur ist – wie betont – *genormte* Form. Da wo aus maßstäblichen Gründen reale Geländeobjekte grundrißlich selbst in generalisierter Vereinfachung nicht mehr darstellbar sind, tritt an die Stelle des Grundrisses eine genormte Gattungsfigur, die »*Objektsignatur*«.
Die Signatur ist aber nicht nur Ersatz für Zusammengeschrumpftes, sie ist mehr, sie zeigt *neue* Dinge und gibt *neue* Aussagen; denn die Karten enthalten nicht nur Objektsignaturen, sondern auch »*Merkmal- oder Eigenschaftssignaturen*«, solche nämlich, die nicht einem realen Geländeobjekt entsprechen, sondern irgend ein örtliches Merkmal kennzeichnen.
Einheitliche Normung der Signaturen innerhalb jeder Karte, jedes Kartensammlerwerkes ist selbstverständliche Voraussetzung für deren Lesbarkeit. Einheitliche Normung ist aber auch erwünscht für verwandte Kartenwerke einer Region oder eines Landes, ferner für gewisse Karten ein- und desselben Themas, selbst dann, wenn sie an verschiedenen Orten entstanden sind. Beispiele: Geologische Karten, geobotanische Karten, Autostraßenkarten.
Internationale Normungen aller Kartensignaturen hingegen, solche, die verpflichtend wären für die Kartenhersteller vieler oder aller Länder, erscheinen unmöglich; denn die geographischen Zustände, die Themen und Themenkombinationen, die Zweckbestimmungen, Grundlagen, Maßstäbe, Reproverfahren usw. wechseln von Region zu Region, sie wechseln mit den Menschen und sie wechseln im Laufe der Zeit. Allzu umfassende Normungen würden die lokal differenzierten Kartierungen vieler Möglichkeiten und Freiheiten berauben. (Siehe darüber Kapitel 31).

10.2. Gruppierungen der Signaturen

Die Signaturen lassen sich nach verschiedenen Gesichtspunkten gruppieren. Einige solcher Gruppen seien im folgenden zusammengestellt.

10.2.1. Lokal, linear und flächenbedeckend

Die *lokalen Signaturen* sind einer bestimmten Örtlichkeit zugeordnet. Sie bilden die größte Gruppe.
Die *linearen Signaturen* charakterisieren eine grundrißlich gegebene Linie oder ein fiktives lineares Vorkommnis. Die Signatur bezeichnet die spezielle Art oder Gattung der Linie. Die Variationsmöglichkeiten solcher Signaturen sind beschränkt.
Die *flächenbedeckenden Signaturen* dienen der Bezeichnung der Bodenbedeckung, der Art, Eigenschaft oder Zugehörigkeit grundrißlich abgegrenzter und auch »offener« Areale. Solche Signaturen sind *Flächenfüllzeichen, Flächentöne und Flächenschraffuren.*

10.2.2. Grundriß-Zusatzsignaturen, Grundriß-Ersatzsignaturen und objektfreie Merkmal-Signaturen Abb. 18

Die *Grundriß-Zusatzsignaturen* werden einem in der Karte eingezeichneten Objektgrundriß zu- oder eingefügt. Beispiele: Kreuz innerhalb eines Kirchengrundrisses, Flugzeugsignatur innerhalb eines Flughafenumrisses, Wappen innerhalb eines Staatsgrundrisses, die meisten Linearsignaturen.
Die *Grundriß-Ersatzsignaturen* treten an die Stelle einer grundrißlichen Figur, sie ersetzen diese. Beispiel: Ringel mit aufgesetztem Kreuz für Kirche.
Die *Merkmalsignatur* oder *objektfreie Signatur* ist irgend einer Örtlichkeit zugeordnet,

Abb. 18 Grundriß-Zusatzsignaturen, Grundriß-Ersatzsignaturen und Merkmal-Signaturen

einer Position, die *nicht* durch ein Geländeobjekt bezeichnet ist. Beispiele: Schlachtfeld-Signatur, Signatur für Ort mit schöner Aussicht, Signatur für regionales Vorhandensein von Schafzucht, für lokale Lawinengefahr, für Kälte- und Wärmepole, für Magnetpole usw.

10.2.3. Signaturen für statische (nicht bewegte) und für dynamische (bewegte) Erscheinungen

Die meisten Signaturen beziehen sich auf statische, feststehende Objekte. Doch gelangen auch *bewegte, dynamische* Erscheinungen, Bewegungen irgendwelcher Art durch Signaturen zur Darstellung (Pfeilsignaturen, Vektoren u. a.).

10.2.4. Qualitätssignaturen und Quantitätssignaturen

mit andern Worten: Signaturen für Art, Gattung, Eigenschaft und solche für Wert, Menge, Gewicht.
Normalerweise charakterisieren die Signaturen die sogenannten »Qualitäten« der Objekte oder Orte, nicht aber deren quantitative Werte. Die letzteren bleiben in der Regel besonderen Wertsymbolen und Diagrammen vorbehalten (Siehe die Kapitel 11 und 12). Doch gibt es Grenzfälle, Übergänge, Mischfälle. Es gibt sie, weil die Qualität nicht immer von der Quantität zu trennen ist. Die bekanntesten Beispiele solcher Grenzfälle sind die bereits erwähnten Ortschaftssignaturen in allgmeinen geographischen Karten kleiner Maßstäbe. Sie sind meist nach Intervallwerten der Einwohnerzahlen abgestuft. Streng genommen besitzen solche Signaturen das Wesen des Zahlenwert-Diagramms, des statistischen Zahlenbildes. Sie sind jedoch so klein, ihre Zahlenaussagen und ihre figürlichen Größenabstufungen so generell, daß man sie in der Regel den *Signaturen* zuordnet. Oft auch sind in solchen Figuren die qualitativen und die quantitativen Aussagen vereinigt, so z. B. in einer Ortssignatur nach Ortsgrößenstufen (Einwohnermengen) mit beigefügter Zusatzsignatur oder zusätzlicher Farbe zur Charakterisierung des Ortes als Landeshauptstadt oder als Industrieort usw.

10.3. Graphische Gestaltung der Signaturen

Zu unterscheiden sind: *geometrisch geformte Signaturen, bildhafte Signaturen und Buchstabensignaturen.* Ihre Formen hängen mit den zuvor genannten Differenzierungen oder Merkmalen zusammen. Sie seien in den folgenden Abschnitten betrachtet.

10.3.1. Geometrisch geformte Lokal-Signaturen

Sowohl Lokalsignaturen, als auch Linear- und Arealsignaturen können *geometrisch* (nicht bildhaft) gestaltet sein. Hierbei bietet die lokale Kleinfigur viel reichere Variationsmöglichkeiten als die Linie.
Die *geometrisch geformten Lokalsignaturen* sind einfache, äußerst kleine Elementarfiguren, wie z. B. die in der Abb. 19 dargestellten:

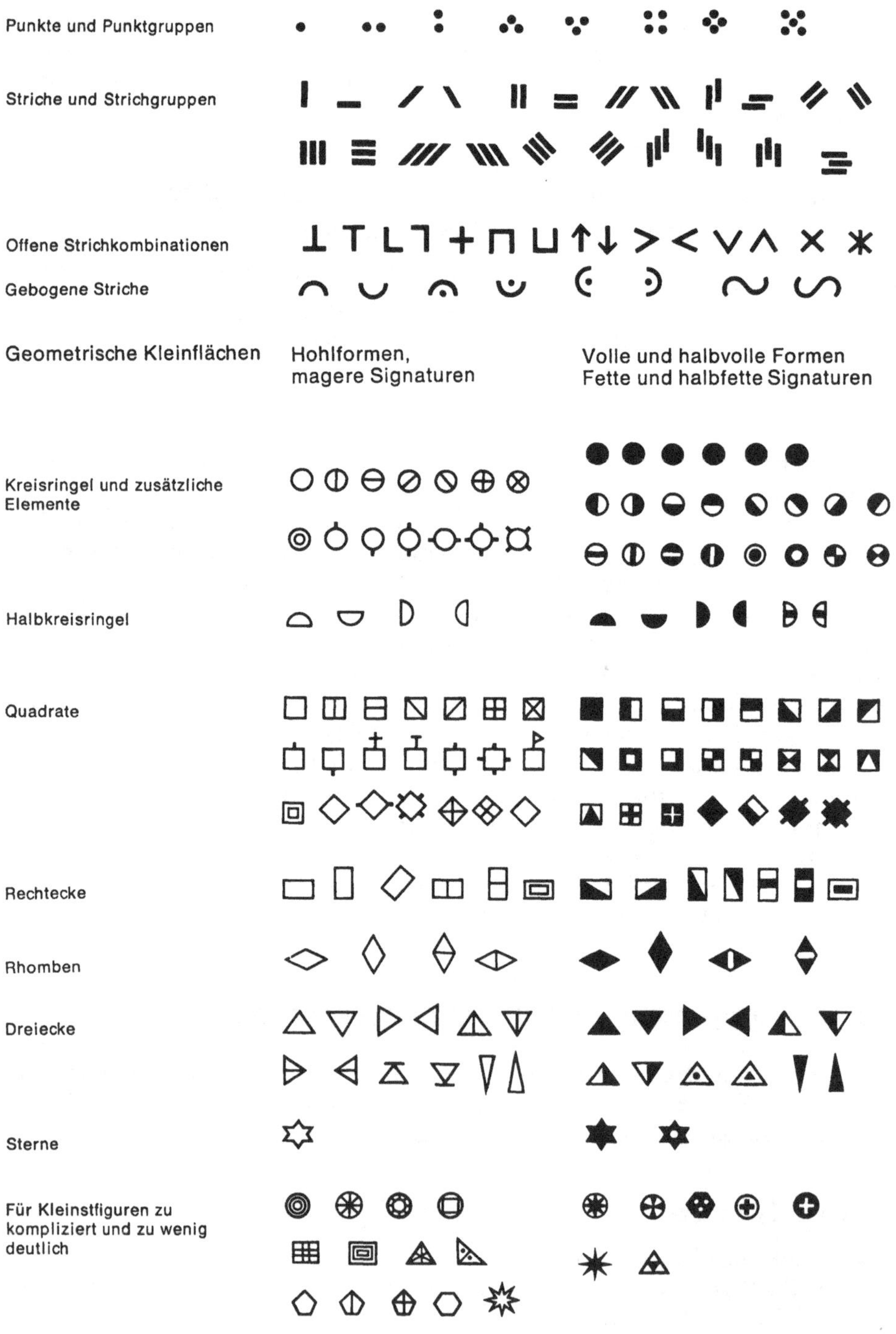

Abb. 19 Geometrische Lokalsignaturen, Beispiele

Punkte und Punktgruppen, Kurzstriche und Kurzstrichkombinationen, Kreise, Halbkreise, Quadrate, Rechtecke, Rhomben, Dreiecke, Sterne usw. mit ihren Variationen als *Hohlformen* (magere Signaturen), *volle* und *halbvolle Formen* (fette und halbfette Signaturen), *Positiv-* und *Negativformen,* all dies in den verschiedensten Größen, mit *verschiedenen Achsenstellungen* und oft in *verschiedenen Farben.*
Solche geometrisch einfachen Signaturen werden zweckmäßigerweise dann verwendet, wenn in der Karte nur sehr wenig verschiedenartige Vorkommnisse darzustellen sind, jedes derselben aber in großer Anzahl auftritt. Ihre *Vorzüge* sind: Einfachheit der Form, Kleinheit und damit gute *Lage*zuordnung (Zentrierung), ferner die Möglichkeit guter und leicht erfaßbarer *Größen- oder Gewichtsabstufung.*
Auf einen weiteren, nicht zu unterschätzenden Vorzug solch einfacher geometrischer Signaturformen hat Erik Arnberger (1966) hingewiesen, nämlich auf die Möglichkeit, Gruppen bilden zu können. Durch einfachste zusätzliche Variation und Ausgestaltung der Grundfiguren lassen sich innerhalb einer übergeordneten Sachgruppe Gruppenglieder unterscheiden. Beispiele solcher Art zeigt unsere Abb. 19.
Man treibe jedoch solches Spiel nicht zu weit. Bei sehr kleinen Figuren führen zu weit gehende innere Gliederungen zu komplizierten, visuell unklaren Gebilden. Es ließen sich unbegrenzte Mengen solcher Variationen aufstellen. Für die Kartographie aber ist dies nicht notwendig. Auch hier zeigt sich der Meister in der Beschränkung auf einige wenige, möglichst einfache, möglichst leicht unterscheidbare Formen.
Besser, deutlicher als durch Formvariation lassen sich die Objekte gruppieren durch entsprechende *Farbgliederungen.*

10.3.2. Bildhafte Lokalsignaturen

Wir verstehen darunter nicht die oben, im Kapitel 9, besprochenen *individuellen* Kleinbildchen von Objekten, sondern *uniforme, genormte,* stark vereinfachte Miniaturbildchen. Manche dieser Kleinbilder leiten sich ab aus Objekt-Grundrissen oder Objekt-Ansichten (Gebäude, Bäume), viele wiederum sind einzelnen Objektteilen, Objektmerkmalen entlehnt, wie z. B. das Bild einer Ähre als Signatur für Getreideproduktion, ein Zahnradbild für Maschinenindustrie. Der Möglichkeiten und Variationen bestehen auch hier unzählige.
Solche symbolische Figuren sind einprägsam, ihre Bedeutung ist leicht zu erraten und zu merken, doch beanspruchen sie meist mehr Platz, als die geometrischen Elementarformen. Sie sind daher weniger leicht zu zentrieren und in den Bildgewichten schlecht aufeinander abzustimmen. Sie sind dann zu empfehlen, wenn in einer Karte viele verschiedene Objektgattungen vorkommen, jede Gattung aber nur in wenigen Exemplaren auftritt. Sie eignen sich vor allem für konkrete Objekte in Karten großer Maßstäbe. Bezüglich Art und Verwendung stehen sie zwischen den geometrischen Kleinsignaturen und den individuellen Kleinbildern.
Nicht selten finden sich Verbindungen, Zwischenformen geometrischer und bildhafter Signaturen. Es ist ja schließlich eine Ermessensfrage, ob man ein aufrecht gestelltes schmales Dreieck als eine geometrische Elementarfigur oder aber als Bild eines Zuckerstockes deuten will!
In Karten großer Maßstäbe, da wo viel Platz zur Verfügung steht, lassen sich die

Signaturen größer, reicher und bildhafter ausgestalten, doch hüte man sich vor zu weit gehenden Spielereien.

Um Konfusionen vorzubeugen, sei auf folgendes hingewiesen: Erik Arnberger (1966) bezeichnet unsere Gruppe der *bildhaften Lokalsignaturen* nicht sehr glücklich als »*sprechende Signaturen*«. Unter der Bezeichnung »*bildhaftes Prinzip*« aber faßt er zwei verschiedenartige und wesensfremde Darstellungsformen zusammen, nämlich erstens die *individuelle* Ansichtszeichnung von Einzelobjekten, wie z. B. von Gebäuden (somit Figuren, die in unserem Kapitel 9 als individuelle Ansichts-Kleinbilder aufgeführt sind), und zweitens »*typisierte*, bildhafte zwei- und dreidimensionale Figuren«, somit Gebilde, wie genormte Zahnradfiguren, die dann bei ihm in analoger Form auch wieder bei seinen »sprechenden Signaturen« auftreten.

10.3.3. Buchstaben und Ziffern als Lokalsignaturen

Einzel- oder Doppelbuchstaben, seltener auch Ziffern, werden oft als Kartensignaturen verwendet. Wie die bildhaften Signaturen erinnern sie oft unmittelbar an die zu bezeichnende Sache, sollen aber trotzdem in der Legende erläutert werden.

Allgemein und international üblich sind die in der Chemie verwendeten Anfangsbuchstaben der lateinischen Bezeichnungen für *chemische Elemente*. Für die Karte sind von Interesse vor allem diejenigen, die als »Bodenschätze« ausgebeutet werden.

Einige *Beispiele* (mit lateinischen Bezeichnungen in Klammern):

Mg	Magnesium
S	Schwefel (Sulfur)
Cr	Chrom
Mn	Mangan
Fe	Eisen (Ferrum)
Co	Kobalt
Ni	Nickel
Cu	Kupfer (Cuprum)
Zn	Zink
Mo	Molybdän
Ag	Silber (Argentum)
Sn	Zinn (Stannum)
Au	Gold (Aurum)
Hg	Quecksilber (Hydrargyrum)
Pb	Blei (Plumbum)
U	Uran

Andere Buchstabensignaturen sind *einsprachig*, d. h. sie sind leicht einprägsam nur demjenigen, der die entsprechende Sprache beherrscht.

Infolge ihrer notwendigen Kleinheit und der Bedrängnis durch andere Dinge eignet sich für Buchstabensignaturen vor allem die einfache Blockschrift, wenn möglich in schwarzer Farbe. Sehr kleine, buntgedruckte Buchstaben sind schwer lesbar. Graphischer Unfug aber ist die gelegentlich praktizierte farbige Unterteilung eines Buchstabens.

10.3.4. Größe und Strichstärken der Lokalsignaturen

Die Signaturen sollen so klein wie möglich sein, um die Kartenfläche nicht allzusehr zu belasten und um eine gute Lagezuordnung (Zentrierung) zu ermöglichen. Sie sollen anderseits so groß wie möglich sein im Interesse leichter Erkennbarkeit der formalen Variationen und der Signaturfarben.

Zwischen diesen beiden Postulaten suche man von Fall zu Fall einen möglichst guten Kompromiß. Die Lösung hängt wesentlich ab von Inhaltsdichte, Zweck und Maßstab, und damit vom graphischen Gesamtcharakter der Karte.

Bisher war es meist üblich, alle Exemplare ein- und derselben Signaturform, z. B. diejenigen für die Schlösser, innerhalb einer Karte gleich groß zu gestalten, da die Signatur vorwiegend *»Qualitäten«*, nicht aber *»Quantitäten«* vermitteln will. Solche Selbstbeschränkung des Kartenherstellers liegt aber nicht immer im Interesse des Kartenbenützers. Andeutungen der Objektgewichte, der geringeren oder größeren Bedeutung der Dinge, erleichtern die Bewertung, die Auslese, die Übersicht. Schließlich ist das Schloß Hohen-Salzburg häufiger »gefragt« als das Schlößchen Bünzlishausen. Man scheue sich daher nicht, in manchen Karten ein- und dieselbe Objektsignatur in *verschiedenen Größen* anzubringen. Dies entspricht der Tendenz, in den Karten nicht nur Vorkommnisse, sondern auch deren relative Bedeutung zu zeigen.

Maßgebend für den Größen- resp. Gewichtseindruck einer geometrisch geformten, einfachen Lokalsignatur ist im allgemeinen ihre Fläche. Kreise, Quadrate, Dreiecke und ähnliches zeigen gleiche Gewichte, gleiche »Größe«, wenn sie *flächengleich* sind, nicht aber, wenn sie gleiche Zeilenhöhe aufweisen.

Für *Bildsignaturen* ist ein entsprechendes Einhalten und visuelles Schätzen der Signaturenflächen schwieriger. Der Eindruck hängt bei den gegliederten Kleinfiguren nicht nur von der bedruckten Fläche ab, sondern mehr noch von der beanspruchten (»umzäunten«) Fläche der Figur. Ein optisch genaues Ausmessen (mit Lichtmeßgeräten usw.) der bedruckten Flächen von Bildsignaturen ist sinn- und zwecklos; denn der Gewichtseindruck einer Signatur hängt wesentlich auch von ihrer Form und von der graphischen »Umwelt« ab.

Die Dimensionen der lokalen Kartensignaturen lassen sich, von Ausnahmen abgesehen, durch Angabe ihrer größten Durchmesser ausdrücken. Diese sollen für schwarze Figuren auf hellem Grunde etwa folgende *Minimal-Dimensionen* nicht unterschreiten:

Graphische Punkte in Punkthaufen (»Sandhaufen«)	= 0,1 mm
Graphische Punkte in Punktgruppen	= 0,2 mm
Isolierte graphische Punkte (Miniatur-Kreisscheiben)	= 0,3 mm
einfachste gefüllte geometrische Figuren (Vollfiguren)	= 0,6 mm
Einfachste hohle geometrische Figuren	= 1,0 mm
Einfachste Bildfiguren	= 1,5 mm

Für *farbige* Signaturen sind etwas größere Minimal-Dimensionen vorzuziehen.

Maximale Werte anzugeben erscheint wenig sinnvoll, da diese allzusehr vom Kartenmaßstab, Kartenzweck, von der Art der Karte, ihrer graphischen Dichte usw., abhängen. Auf gewissen speziellen Karten, auch auf Wand- und Plakatkarten, finden wir oft Figurendurchmesser von mehreren Zentimetern.

Der Eindruck der Lokalsignaturen ist nicht nur von ihrer Größe abhängig, sondern auch von der Figurenfüllung. *Vollformen* treten hervor, *Hohlformen* zurück. Kräftig

Abb. 20 Bildhafte Lokalsignaturen, Auswahl

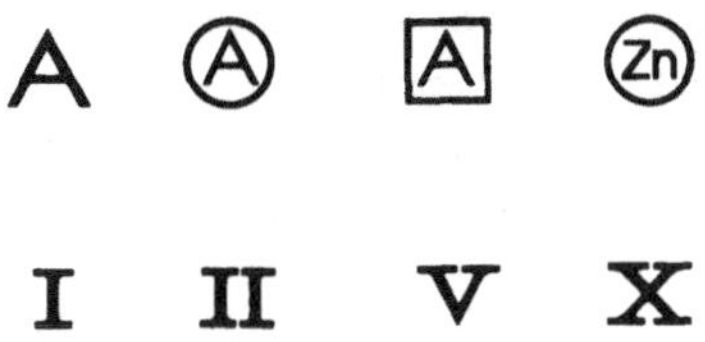

Abb. 21 Buchstaben und Ziffern als Lokalsignaturen

gezeichnete Figuren treten hervor, zarte, magere aber zurück. Magere Striche gliedern jedoch klarer. Die Strichstärke soll in einem graphisch gut abgewogenen Verhältnis zur Bildgliederung stehen. Zu starke Striche in sehr engem Bildgefüge führen zu drucktechnischem und visuellem Zerfall der Formen, zu klumpigen Quetsch- und Schmierbildern.

10.3.5. Linearsignaturen

Wie bereits betont, ist die signaturartige Variationsfähigkeit der Linie sehr beschränkt. Variationen der Strichstärken oder der Anzahl parallelgeführter Linien dienen zweckmäßigerweise dazu, *Wert- oder Mengenunterschiede* anzudeuten. (Siehe auch Kapitel 13, Zahlenwert-Banddiagramme).
Durchgezogene Linien gelangen vorzugsweise zur Anwendung für *konkrete* Objekte, wie Wasserläufe und Verkehrslinien. *Punktierte und gestrichelte Linien* aber eignen sich für *abstrakte* oder *fiktive* Dinge, wie z. B. für Hilfslinien, für Einflußlinien, oft auch für politische und andere Grenzlinien, ferner für Linien, deren Verlauf nicht sicher bekannt ist, sowie für Unterirdisches. Zahlreiche Variationsmöglichkeiten ergeben sich durch figürliches Zusammensetzen, durch *Zusatzelemente* aller Art. Beispiele: Linearsignaturen für Schwebebahn, Autobahn, Leitungsnetze. Politische Grenzlinien verschiedener Kategorien unterscheiden sich sowohl durch ihre Gattung, als auch durch ihr Gewicht.
Zur Kategorie der linearen Signaturen können wir in gewissem Sinne auch *Vektoren, Bewegungspfeile, Richtungspfeile* usw. zählen. Sie treten einzeln oder scharenweise auf. Oft auch bilden sie Teilstücke langgezogener Linien.

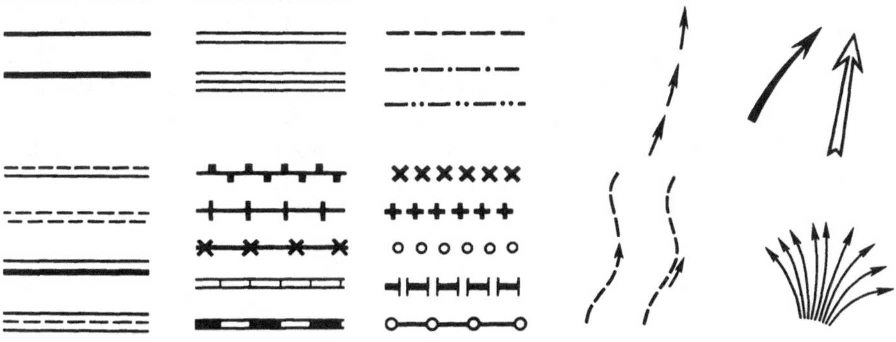

Abb. 22 Linearsignaturen

Die geringe Variationsfähigkeit der Linearsignatur wird in den Karten meist kompensiert durch die außerordentliche Ausdrucksfähigkeit der linearen Grundrißformen und Grundrißgefüge, der Art der Linienzüge, der Liniennetze, der Liniengabelungen usw. Linienverlauf und »Astgefüge« kennzeichnen die Dinge meist vorzüglich. (Wir kommen im Kapitel 17 darauf zurück).

10.3.6. Flächenbedeckende Signaturen

Wie oben gesagt, finden flächenbedeckende Signaturen reichliche Verwendung zur Bezeichnung der Bodenbeschaffenheit, der Bodenbedeckung, der Eigenart und Zugehörigkeit grundrißlich gegebener oder auch »offener«, nicht umrandeter Areale.
Hierbei kommen in Frage frei gestreute Punkte und Kleinstfiguren als »Füllzeichen« in mehr oder weniger dichter Streuung, regelmäßige Punkt- und Linienscharen (Schraffuren, Raster), sowie farbige Flächentöne.

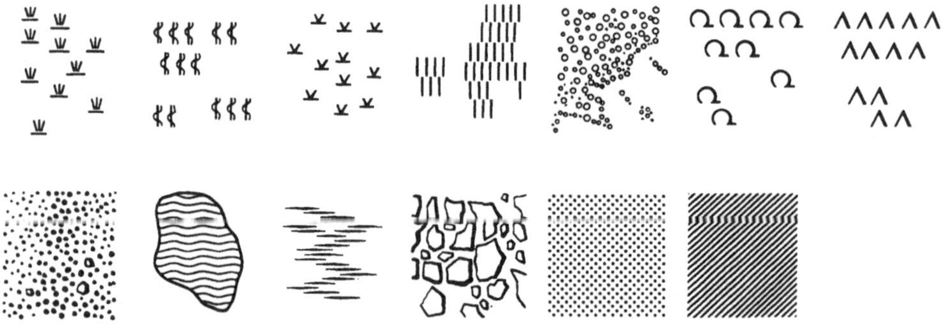

Abb. 23 Flächenbedeckende Signaturen

Frei gestreute Punkte und bildhafte Kleinstfiguren werden bevorzugt für reale Dinge der Geländebedeckung. Beispiele sind: Punktstreuung für Wüstensand, für Geröll usw. Bildhafte Kleinstfiguren, wie Grasbüschel, Miniaturbäumchen, Rebstöcke und anderes für Tundren, Wälder, Rebberge. Wasserflächen werden manchmal durch horizontallaufende feine Wellenlinien dargestellt, Packeis durch Blockfiguren.
Regelmäßige Punkt- oder Linienscharen, gerasterte Flächen und Volltöne finden überall Verwendung, vorzugsweise aber für abstrakte, im Gelände nicht sichtbare Dinge, wie für Eigentumsgliederungen, politische Gliederungen, bevölkerungskundliche und wirtschaftsgeographische Gliederungen, aber auch für Gliederungen der Gesteine, der Böden, des Klimas, der Vegetation usw. Auch solche Darstellungen werden durch den Einsatz mehrerer *Farbtöne* bereichert und übersichtlicher gestaltet.

Kapitel 11
Zahlenwertsignaturen

Häufiges Element thematischer Karten, vor allem solcher statistischer Art, sind Kleinstsignaturen, deren jede einen bestimmten Mengen- resp. Zahlenwert oder ein Wertintervall repräsentiert. Es sind Quantitätssymbole, im Gegensatz zu den oben, im Kapitel 10, besprochenen Gattungssignaturen qualitativer Natur.

Meist handelt es sich hierbei um sog. *Punktsignaturen*, genauer ausgedrückt um Miniaturkreisscheiben, Miniaturquadrate, auch etwa um Kleinststriche usw., seltener um bildhafte Kleinstfiguren und um Buchstaben. Wesentlich ist hierbei stets die Zahlenwertbedeutung, der statistische, quantitative Charakter jedes einzelnen Zeichens. Oft werden solche Zeichen in Größe und Strichstärke und entsprechend in der Wertbedeutung abgestuft, wobei sich meist progressiv gestufte Mengenwerte oder Wertintervalle empfehlen. Da visuelle (optische) Wertunterschiede von Buchstabengebilden nicht leicht abzuschätzen sind, setzt man diese letzteren oft in eindeutig dimensionierte, leicht vergleichbare Kreise oder Quadrate.

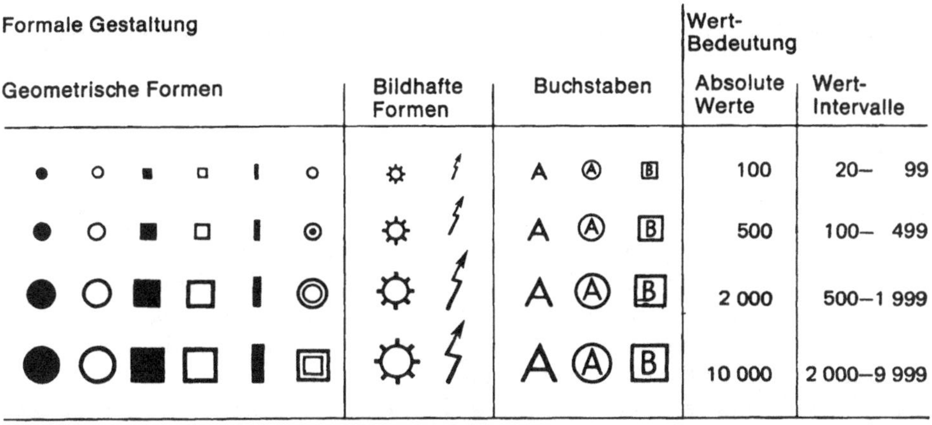

Abb. 24 Zahlenwertsignaturen. Einige Beispiele

Die Signaturen-Durchmesser schwanken normalerweise zwischen etwa 0,6 mm und 10 mm. In Wandkarten finden sich oft auch größere Figuren.

Solche Wertsignaturen werden eingesetzt zur Kennzeichnung von Menschenmengen, von Produktionsmengen aller Art (Getreideproduktion, Weinproduktion, Kohlenausbeutung, Produktion von hydroelektrischer Energie usw.). Sie beziehen sich auf einzelne Örtlichkeiten oder auf Areale. Sie treten sowohl einzeln auf (Kapitel 16), als auch in Rudeln oder Scharen. In letzterem Falle bilden sie die graphischen Elemente der Streuungs- oder Punktkarten (Kapitel 21).

Die Zahlenwertsignaturen stehen in ihrem Wesen zwischen den symbolischen Gattungszeichen (Kapitel 10) und den Zahlenwertdiagrammen (Kapitel 12). Nach beiden Richtungen hin finden sich Übergänge oder Zwischenlösungen. Sie bilden gleichsam eine embryonale Entwicklungsform des Zahlenwertdiagrammes. Auch bei dichtester Streuung kleinster Formen sollen solche Signaturen leicht zählbar und unterscheidbar sein; denn sonst verlieren sie ihre statistische Aussagefähigkeit.

Wertsignaturen finden sich in den verschiedensten Karten und Atlanten, besonders häufig und zweckgerichtet in Bevölkerungskarten (Sprachen, Religionen, Sozialstrukturen), in Produktekarten usw. Die fraglichen Zahlenwerte sollen in den Kartenlegenden erläutert sein. Nicht selten aber beschränkt man sich auf allgemeine Wertangaben, wie »wenig«, »schwach«, »extensiv«, »bedeutend«, »mäßig«, »viel«, »stark«, »intensiv», dies vor allem in generellen Karten sehr kleiner Maßstäbe oder da, wo sichere und vergleichbare Zahlenwerte fehlen. Zahlenwert-Unterschiede aber durch Farbunterschiede ausdrücken zu wollen, wäre kartographisch höchst anfechtbar.

Auch die *Mengen linearer Transporte* und Ähnliches lassen sich durch entsprechende Linienabstufungen ausdrücken. Wir ziehen es aber vor, auf diese Dinge im Kapitel 13 über Zahlenwert-Banddiagramme näher einzutreten.

Kapitel 12
Orts- oder flächenbezogene Zahlenwertdiagramme

Allgemeines

Die im folgenden besprochenen *Diagramme* sind graphische Darstellungen von Zahlenwerten, von Zahlenwertgruppen und von Zahlenwert-Relationen.

Diagramme solcher Art finden in statistischen Berichten und Abhandlungen reiche Verwendung, bilden Veranschaulichungshilfen in wissenschaftlichen, technischen, finanz- und handelspolitischen Berichten und Publikationen. Auch die Geographen und Kartographen bedienen sich ihrer in intensiver Weise.

Bezüglich Vollständigkeit und Genauigkeit der dargebotenen Zahlen reichen die Diagramme selten heran an die statistischen Tabellen. Infolge der beschränkten Möglichkeiten bildlich-graphischen Ausdruckes lassen sich in einem Diagramm nur wenige und nur leicht vergleichbare Zahlenwerte vermitteln, und auch diese meist nur mit angenäherter Genauigkeit. Andererseits aber zeigt das Diagramm alle ihm eingefügten Werte gleichzeitig, leicht überschaubar und vergleichbar. Tabellen müssen *gelesen* werden. Das Lesen ist ein *zeitlich gestaffelter* Vorgang. Zahlenbilder aber erfaßt man mit *einem* Blick. In solcher Übersichtlichkeit und Anschaulichkeit der Zahlenwertfiguren liegen die Vorzüge der Diagramme.

Diagramme haben schon längst Eingang in die *Karte* gefunden. Sie treten in Karten aller Art auf, z. B. als nach Einwohnermengen abgestufte Ortssignaturen. Vor allem aber bilden sie die wesentlichen Inhaltselemente spezieller statistischer Karten. Zwar ist der Kartenbearbeiter bezüglich Inhaltsgliederung und Ausgestaltung der Figuren infolge des beschränkten Raumes nicht frei. Das Kartengefüge erträgt nur in Ausnahmefällen größere Diagrammfiguren. Komplizierte Novitäten, wie sie manchmal durch akademische Göttersäuglinge in ihre kartographischen Jugendstreiche eingefügt werden, sind meist ohne Bedeutung, weil sie nur von ihren Erzeugern, aber sonst von niemandem genossen werden. Man suche stets nach den einfachsten Lösungen.

Andererseits aber erweisen sich die Diagramme gerade in der Karte als besonders instruktiv. Ihre geographisch-räumliche Einordnung, ihre Lagezuordnung gibt ihnen oft erst hier ihren vollen Aussagewert. Erst in der Karte offenbart sich die räumliche Bedingtheit der Diagrammaussagen. Infolge solchen Vorzuges wurde das Diagramm längst zu einem der wichtigsten Darstellungselemente vieler thematischer Karten.

Wir haben oben vor komplizierten Diagrammen gewarnt. Nicht weniger aber möchten wir vor *laienhafter Handhabung und Interpretation statistischer Daten* warnen. Die *Lehre der Statistik* geht zwar über den Rahmen einer Kartographielehre hinaus, so wie z. B. auch die geologische Feldforschung über eine allgemeine Lehre der geologischen Karte hinausgeht. Die Art und Weise aber, wie statistische Erhebungen durchgeführt, interpretiert und zur Aufnahme in die Karte zurechtgelegt werden, ist für das Endergebnis oft entscheidend. Jedem angehenden Geographen und Themakartographen sei daher das Studium der elementaren *Lehren der Statistik* ans Herz gelegt.

Die orts- oder flächenbezogenen *Zahlenwert-Diagramme* lassen sich in folgender Weise gruppieren:

1 Diagramme für Einzelwerte.
2 Diagramme für Sach- und Wertgruppen.
3 Diagramme mit abhängigen und unabhängigen Variabeln im rechtwinkligen Koordinatensystem.
4 Diagramme mit abhängigen und unabhängigen Variabeln im Polarkoordinatensystem.
5 Weitere Formen komplexer Zahlenwertdiagramme.

Zu den Zahlenwertdiagrammen zählen auch die *Banddiagramme*. Diese werden im Kapitel 13 besprochen.

Manche der im folgenden beschriebenen Formen finden sich in Karten selten, weil sie zu viel Raum beanspruchen. Wir führen sie aber trotzdem auf, denn sie gehören zum Rüstzeug jedes Geographen.

Bei den darzustellenden Zahlenwerten kann es sich sowohl um *absolute,* als auch um *relative* Beträge handeln. Sowohl *feste Werte* als auch Wert*stufen,* sog. *Intervallwerte* oder *»Von-bis-Werte«*, gelangen zur Veranschaulichung.

Unentbehrlich sind stets klar und vollständig formulierte *Legenden,* aus welchen Sinn und Art der diagrammatischen Mitteilungen hervorgehen.

12.1. Diagramme für Einzelwerte Abb. 25a und 25b

Es geht hier darum, irgendwelche einzelne, absolute oder relative Zahlenwerte durch Figuren, statt durch Ziffern, darzustellen. Hierfür bestehen die verschiedensten Möglichkeiten. Die häufigsten seien im folgenden genannt:

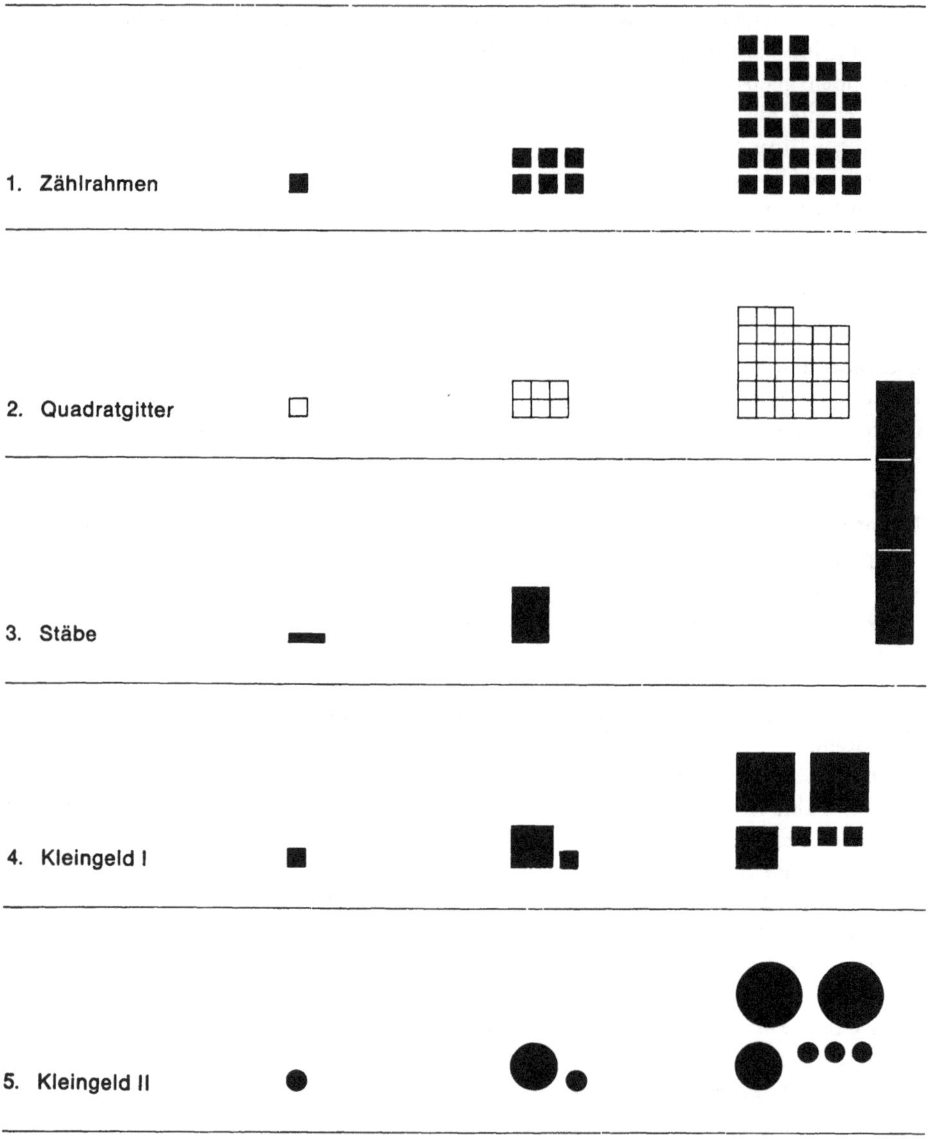

Abb. 25 a Mengen-, resp. Zahlenwertfiguren verschiedener Formen
Dargestellt sind die Werte 1, 6 und 28

12.1.1. Zählrahmenmethode Abb. 25a, Figur 1.

Sie eignet sich zur Darstellung von Werten ganzer Zahlen bei nicht allzugroßen Unterschieden zwischen den kleinsten und größten vorkommenden Werten.
Kleine genormte Einheitssignaturen, Quadrate, Rechtecke, Dreiecke, Kreis-Scheiben oder auch einfachste Symbolfiguren (»Wiener-Methode«) werden in Reih und Glied

geordnet, so daß ihre, den einzelnen Örtlichkeiten der Karte zugewiesenen Figurenpakete mengenmäßig leicht überschaubar und zählbar sind. Mehr als 7 Einzelfiguren in einem geschlossenen Haufen sind kaum noch mit *einem Blick* zahlenmäßig erfaßbar. Man gruppiere daher in Fünferreihen und Zehnergruppen.
Die *Figur 1* zeigt die Zahlenwerte 1 und 6 und 28 durch gruppierte Aufreihung kleiner Quadrätchen.
Vorzug der Zählrahmenmethode: Rasche und leichte Überschaubarkeit und Zählbarkeit der Zahlenwerte.
Nachteil: Oft zu großer Raumbedarf, wodurch dann in der Karte ein exaktes Zuweisen zu einer bestimmten Ortslage in Frage gestellt wird.

12.1.2. Quadratgitter Abb. 25a, Figur 2

Um Raum zu sparen, werden die Kleinquadrate oft zu Gittern, z. B. zu Millimeter-Quadratgittern, zusammengeschoben. Im Gegensatz zur Zählrahmenmethode (und zur »Wiener-Methode«) besteht hierbei keine Freiheit in der Gestaltung der Elementarfiguren. Auch hier lassen sich höhere Werte durch Blockbildung sehr übersichtlich gestalten. Da wo der Raum ihre Anwendung erlaubt eine vorzügliche Methode.

12.1.3. Stab- oder Maßstabsmethode Abb. 25a, Figur 3

ergibt sich aus der Zählrahmenmethode durch Zusammenschieben von Einheitsrechtecken zu horizontalen oder vertikalen Stäben. Die Werte, und zwar nicht nur für ganze, sondern auch für gebrochene Zahlen, entsprechen den Stablängen oder sie werden an den bei den Stäben angebrachten Maßstabsteilungen abgelesen. Somit wird hier nicht gezählt, sondern geschätzt oder *abgelesen.*
Lange Stäbe für große Zahlenwerte ziehen den Blick zu weit von der zugewiesenen Örtlichkeit weg; oft ragen sie sogar über den Kartenrand hinaus. Erfahrungsgemäß lassen sich vertikale Stäbe leichter schätzen und miteinander vergleichen, als horizontale Stäbe. Lange Stäbe können in Teilstücke, z. B. in Zehnerstücke mit zusätzlichem Reststück, aufgeteilt werden. Die Methode nähert sich dann der Zählrahmenmethode. Die Stabbreite ist beliebig, soll aber für alle Diagramme einer Karte gleich sein. Ihre passende Wahl ist lediglich ein Anliegen guter graphischer Gestaltung.

12.1.4. und 12.1.5. Kleingeldmethode Abb. 25a, Figuren 4 und 5.

Der Kartengestalter verfügt hier über mehrere verschiedenwertige *genormte* Kleinfiguren, gleichsam über »Geldstücke« einiger Werte. Als Figuren eignen sich kleine *Quadrate* oder *Kreisscheiben.* Man setzt eine gewünschte Summe auf einfachste Art, d. h. mittelst der kleinstmöglichen Anzahl solcher »Geldstücke« zusammen. Die Figurenflächen sollen den zugehörigen Werten entsprechen.
Die Kleingeldmethode kommt mit weniger Figuren aus, als die Zählrahmenmethode, sie ist daher graphisch einfacher; ihre Summenbilder sind meist etwas besser auf die zugehörigen Position zentrierbar. Andererseits aber ist die unmittelbare Wert-Anschaulichkeit geschwächt.

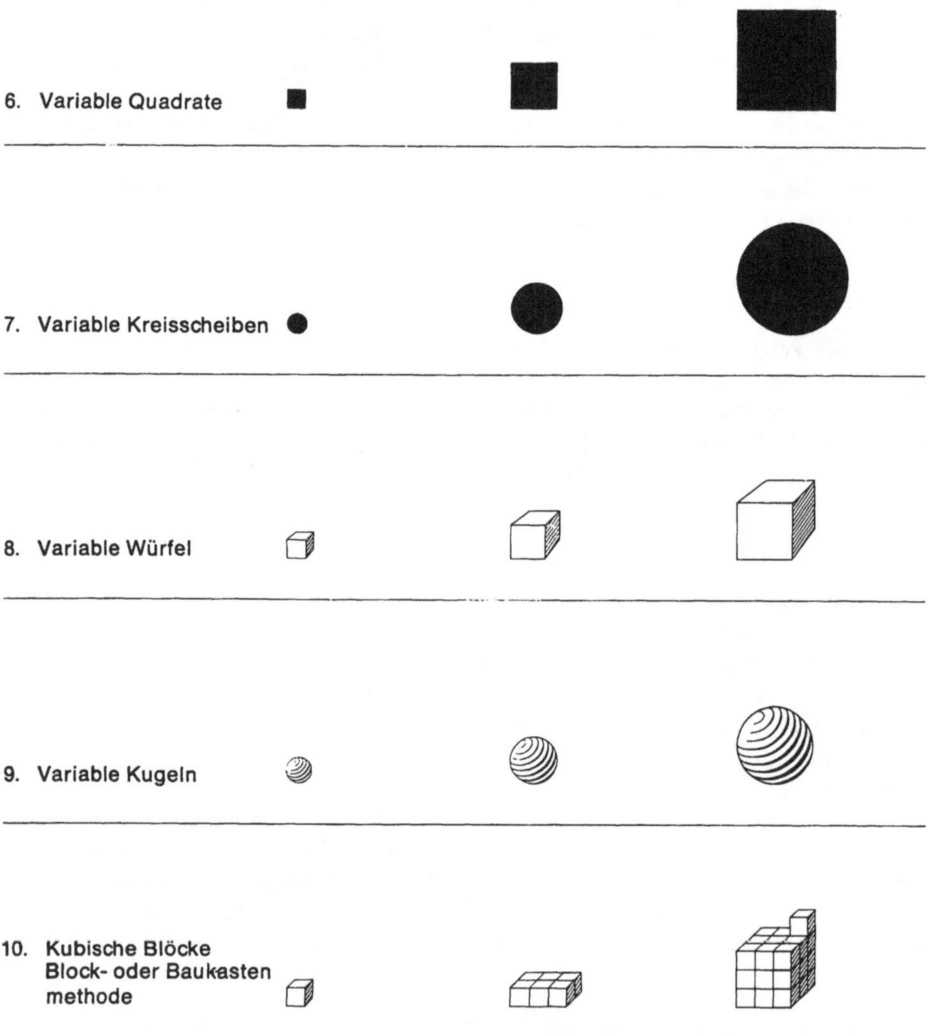

Abb. 25 b Mengen-, resp. Zahlenwertfiguren verschiedener Formen
Dargestellt sind die Werte 1, 6 und 28 (Fortsetzung)

12.1.6. Variable wertentsprechende Quadratflächen Abb. 25b, Figur 6

Hier stehen die Dimensionen der Kleinfiguren nicht fest, sie sind vielmehr den darzustellenden Werten angepaßt. Man spricht hier von *»gleitenden«* Dimensionen der Figuren. Bezeichnen wir mit F die Flächengröße (den Zahlenwert des Diagrammes) und mit a die Länge der Quadratseite, so ist $a = \sqrt{F}$

Jeder Wert wird nur durch *eine einzige*, relativ *gut zentrierbare* Quadratfläche dargestellt. Die Fläche ist gegenüber dem linearen Stabe sehr gut auf den Bezugsort zentriert. Diesen Vorzügen steht entgegen die geringere Genauigkeit des Schätzens oder Messens der Flächenwerte.

12.1.7. Variable Kreisscheiben Abb. 25b, Figur 7

In der Regel stuft man die variablen Kreisscheiben *flächenproportional* ab. Ihr Flächenwert F ist $= r^2 \pi$ oder $r = \sqrt{\frac{F}{\pi}}$

wobei r den Radius des Kreises bedeutet.

Variable Kreisscheiben sind wohl die in der Karte am häufigsten verwendeten Diagrammfiguren zur Darstellung orts- oder gebietsbezogener Werte. Wie beim Quadrat wachsen auch hier mit größer werdenden Werten die Figurenausmaße langsamer, als bei Zählrahmen- und Stabdiagrammen.

Günstig ist auch hier die gute Zentrierbarkeit der Kreisscheiben. Ihre Zentren bezeichnen die zugehörigen Ortslagen oder Areal-Mittellagen auch ohne Beigabe topographischer Positionssignaturen. Überlagerungen der sich räumlich bedrängenden Einzelfiguren sind graphisch meist leicht zu gestalten (siehe Kapitel 6). Solchen Vorzügen verdankt die Kreisscheiben-Methode ihre Beliebtheit.

Bestehen nun große Unterschiede zwischen den kleinsten und den größten Werten und will man ein entsprechend starkes Anwachsen der Scheibendimensionen vermeiden, so läßt man die Flächengrößen hinter den ihnen zugeschriebenen Werten zurückweichen, und zwar um so mehr, je größer die Werte sind. So wurde u. a. eine *logarithmische Beziehung* zwischen Zahlenwert und Scheibenfläche empfohlen (Georg Jentsch, 1951/52). Solche oder ähnliche Lösungen erlauben oft ein deutlicheres Differenzieren im Bereich der kleinen Werte. Der gegenseitige Größeneindruck aber ist gestört, was freilich für generelle Übersichten oft nicht schwer ins Gewicht fällt.

Kreissektoren: Auch Kreis-Sektoren ein- und derselben Form, jedoch mit variablen Radien oder aber solche mit konstanten Radien und variablen Winkeln werden gelegentlich als Diagramme für Einzelwerte verwendet. Hierbei sollen alle Sektoren-Grundlinien gleich gerichtet (horizontal) sein und nach rechts weisen. Die Spitzen sollen in den Bezugspunkten liegen. Vorzug: Deutlicher Hinweis auf den Bezugspunkt (Sektorenspitze), dessen topographische Lokalsignatur oft hinzugesetzt wird. Nachteile: Die visuellen Schwergewichte werden von den Bezugspunkten weggezogen. Überdies wirken solche Diagramme in den Karten recht unruhig.

Figurenmaßstab: Die Legende solcher und ähnlicher Karten soll stets einen entsprechenden Figurenmaßstab enthalten. Die *Abb. 26* zeigt solche Maßstäbe sowohl für mengenproportionale Kreis-Scheiben, als auch für Bilder mengenproportionaler Kugeln, wir sie unter 9. zur Sprache kommen.

12.1.8. Variable Würfel Abb. 25b, Figur 8

Noch langsamer als Quadratflächen und Kreisscheiben wachsen die Figuren für *kubisch erscheinende Gebilde.* Man wählt sie daher für Objekte mit sehr großen Wertunter-

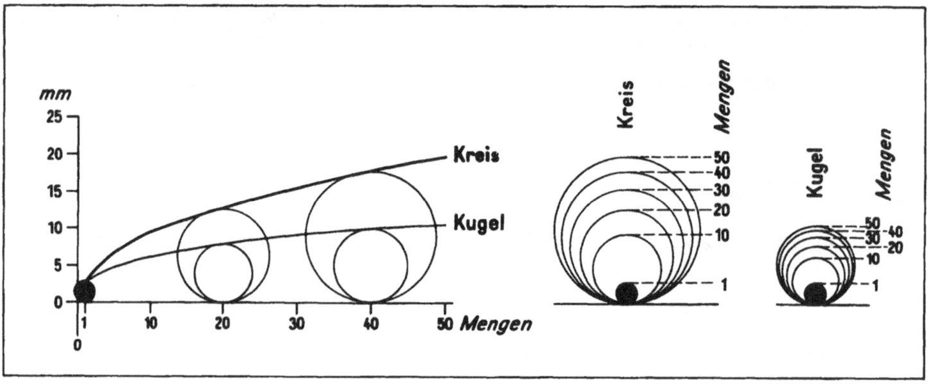

Abb. 26 Figurenmaßstäbe für Kreisflächen und Kugeln für den Wertbereich 1–50, wobei in beiden Fällen die Ausgangsfigur für die kleinste dargestellte Menge 1 gleich groß angenommen wird. Die Kreisflächen, resp. die Kugelvolumina entsprechen den Mengen

schieden. Wichtigstes Beispiel ist der in der Größe variable Würfel.
Der Würfel als Diagrammfigur kann in den vier folgenden Formen gezeichnet werden:

12.1.8.1. Zentralperspektivische Schrägansicht Abb. 27, Figur a

Die einzige bildlich einwandfreie Form, jedoch nicht sehr einfach zu konstruieren, was freilich durch vorfabrizierte Musterfiguren zu überwinden ist. Meßskala an der nicht verkurzten, vorderen, vertikalen Wurfelkante.

12.1.8.2. Deformierte Zentralperspektive Abb. 27, Figur b

Ebenfalls Schrägansicht, aber vordere Würfelfläche trotzdem als Quadrat über horizontaler Grundlinie. Dimensionen (Werte) leicht meßbar und vergleichbar; daher empfehlenswert.

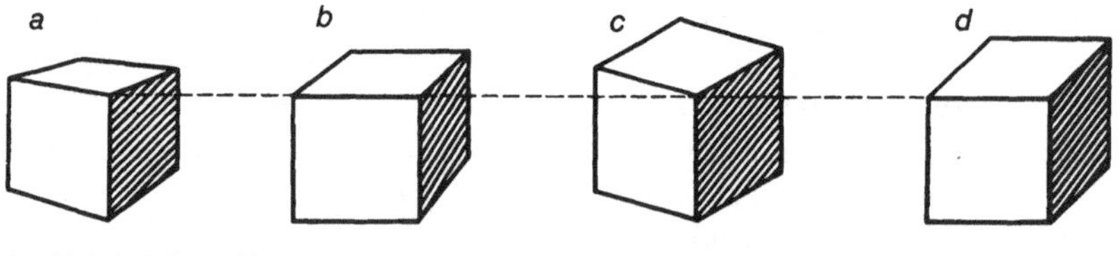

Abb. 27 Würfelbilder. Verschiedene geometrische Möglichkeiten der Darstellung

a = Zentralperspektive
b = deformierte Zentralperspektive
c = Parallelperspektive
d = deformierte Parallelperspektive

12.1.8.3. Parallelperspektivische Schrägansicht Abb. 27, Figur c

Die drei sichtbaren Würfelflächen sind als Rhomben gezeichnet, sie scheinen daher nach hinten zu wachsen.

12.1.8.4. Parallelperspektivische-axonometrische Darstellung Abb. 27, Figur d

Die vordere Würfelfläche ist ein Quadrat über horizontaler Grundlinie. Solche Figuren erscheinen visuell verzerrt, sind aber leicht zu konstruieren, leicht ausmeßbar, die Dimensionen sind leicht vergleichbar. Daher eine zweckmäßige Form.

Recht unklar ist für Würfelbilder eine eindeutige, auf einen Kartenpunkt bezogene *Zentrierung*, Abb. 28, Figur 1, 2 und 3. Soll man den Mittelpunkt des Würfels oder aber denjenigen seiner Grundfläche auf den Bezugspunkt zentrieren? Wohl besser den letzteren. Oder soll gar der Würfel dem Bezugspunkt ausweichen und nach oben geschoben werden?

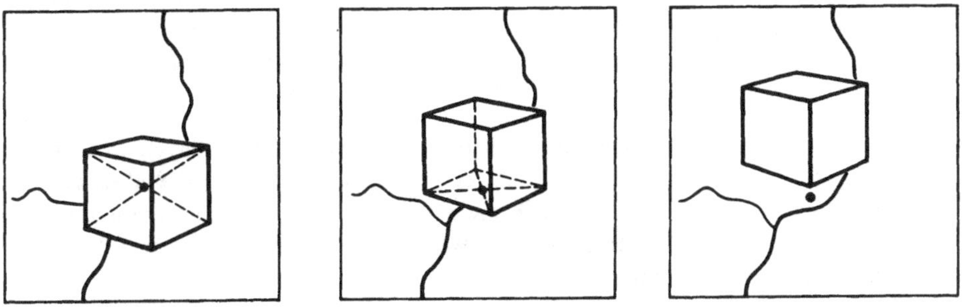

Abb. 28 Zentrieren des Würfelbildes

Problematisch sind für Würfelbilder oft auch *Überlagerungen* der Figuren. Wird ein kleines Würfelbild lagerichtig seinem eigenen Bezugspunkt zugeordnet und liegt es dann auf einem größeren Würfelbild, so scheint der »Kleine« wie ein Schwalbennest an der Hauswand des »Großen« zu kleben. Abb. 29.

All dies erheischt Vorsicht in der Verwendung von Würfelbildern. Was hier von solchen gesagt ist, gilt analog auch für die unten, im Abschnitt 10 besprochenen Bilder kubischer Blöcke.

12.1.9. Variable Kugeln Abb, 25b, Figur 9

Auch das Kugelbild fand Eingang in Diagrammkarten. Wie beim Würfel wachsen auch hier die Figurengrößen mit zunehmenden Inhalten relativ langsam. Die Kugeln werden so dimensioniert, daß ihre Volumina den darzustellenden Mengenwerten entsprechen. Das Kugelvolumen sei = V, der Kugelradius = r. Es ist $V = r^3\pi$.

r ist somit = $\sqrt[3]{\frac{V}{\pi}}$

Bei guter Zeichnung, da wo die Figuren dreidimensionale Kugeln vortäuschen, sind solche Bilder recht eindrücklich. Meist aber versagt das Verfahren; denn die Kugelbilder, z. B. solche mit stilisierten Gradnetzen, mit Glanzeffekten usw., sind graphisch reichlich kompliziert. Kleine Figuren lassen die Kugelform oft kaum erkennen. Sie werden dann allzu leicht als Kreisscheiben gesehen, so daß der Kartenleser die Mengen unwillkürlich nach den Dimensionen der Flächen einstuft.

Bei Überlagerungen von Kugelbildern (Abb. 30) entstehen oft ähnlich unbefriedigende Raumtäuschungen wie bei Würfelbildern.

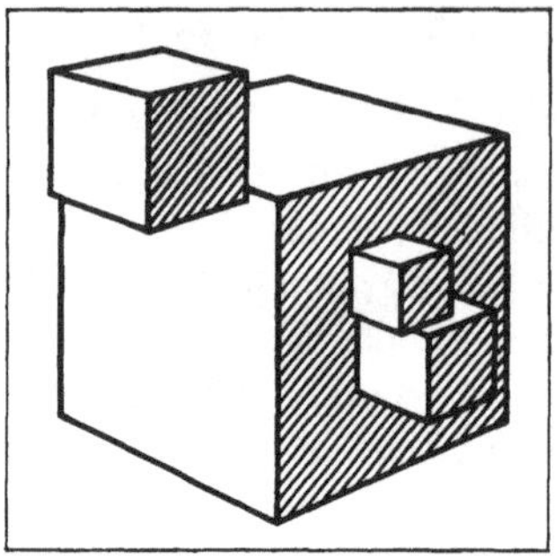

Abb. 29 Überlagerungen von Würfelbildern

Abb. 30 Überlagerungen von Kugelbildern

Wie für Quadrate, Kreisflächen und Würfel sind auch für die Kugelbilder in der Kartenlegende *Figurenmaßstäbe* (Abb. 26) erforderlich. Infolge der Kleinheit und des langsamen Wachsens der Würfel und Kugeln sind die Meßergebnisse meist ungenau. Auch dies ist recht nachteilig. So geht es bei Würfel- und Kugelbildern oft mehr um ein Schätzen, als um ein Messen der Werte.

12.1.10. Kubische Blöcke, die sog. Baukastenmethode Abb. 25b, Figur 10

Hier werden Bilder von Einheitsblöcken, meist von Würfeln, in der gewünschten Anzahl zu »Baublöcken« zusammengefügt. Dieses Aufbauen soll so erfolgen, daß die Anzahl der Einheitsblöcke aus dem Ganzen leicht ersichtlich bleibt. Um die Konstruktion zu erleichtern, zieht man im allgemeinen die Parallelperspektive der Zentralperspektive vor, obschon solche Bilder schlechter wirken.
Auch die kubischen Blöcke sind raumsparend, doch soll das Verfahren nicht übertrieben werden. Wolkenkratzerungetüme sprengen den Rahmen der Karte.

12.1.11. Methode der Wertstufen

Es handelt sich hier nicht wie bisher um die Darstellung bestimmter Zahlenwerte, sondern um ein Zusammenfassen der Werte zu *Stufen* oder *Intervallen*. Der gesamte Wertbereich wird aufgeteilt in etwa 6–8 Stufen, meist in solche, die progressiv wachsen. Äquidistantes Wachstum erweist sich oft als zu wenig anpassungsfähig. Jeder Stufe wird eine einfache Figur, in der Regel eine Kreisscheibe, zugeteilt, deren Flächengröße etwa dem Mittelwert der Stufe entspricht. Solche Figuren für abgegrenzte Intervallwerte liefern nur Größenordnungen oder Wertbereiche, nicht aber bestimmte Werte.
Um die Figuren möglichst klein halten, sie aber trotzdem visuell gut differenzieren zu können, greift man oft zu *genormten*, formal unterschiedlichen *Kleinsignaturen*. Dieses Verfahren ist allgemein üblich für die nach Einwohnerzahlen abgestuften *Ortssignaturen* in topographisch-geographischen Karten kleiner Maßstäbe. Vorzüge solchen Vorgehens sind: Jede Örtlichkeit erhält eine einzige, sehr kleine, genau zentrierte Signatur.

Ihr Größeneindruck ist jedoch stark geschwächt; denn solche Signaturen müssen gelesen, gedeutet und gedanklich in Vorstellungen umgewandelt werden.
Die *Abb. 31* zeigt Figuren für solche Wertintervalle oder Wertstufen, links Kreisscheiben, deren Flächen etwa den Werten der Stufen-Mittellagen entsprechen, rechts die entsprechenden genormten Kleinsignaturen.

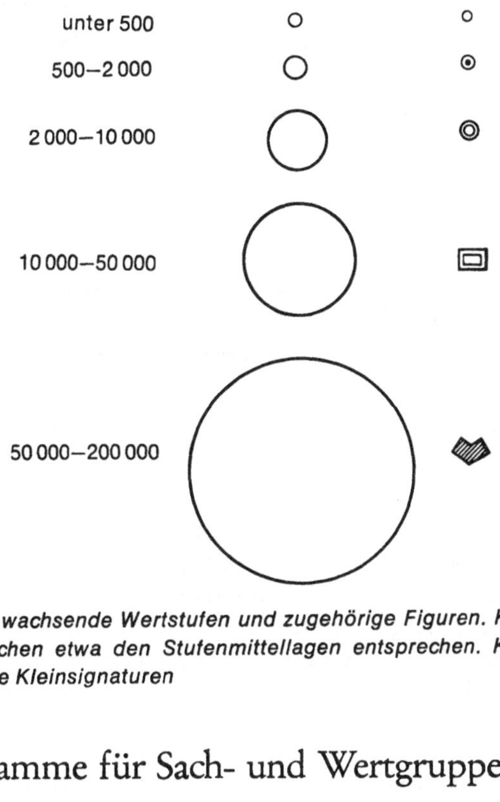

Abb. 31 Progressiv wachsende Wertstufen und zugehörige Figuren. Kolonne links: Kreisscheiben, deren Flächen etwa den Stufenmittellagen entsprechen. Kolonne rechts: Entsprechende genormte Kleinsignaturen

12.2. Diagramme für Sach- und Wertgruppen

Die oben, im Abschnitt 12.1 geschilderten Diagrammformen lassen sich weiter ausbauen und in *Sach- und Wertgruppen* gliedern. Ein solchermaßen gegliedertes Diagramm zeigt nicht mehr nur einen einzigen Zahlenwert eines einzigen Vorkommnisses, sondern mit- und nebeneinander die Werte mehrerer Dinge, mehrerer Komponenten (kategoriale Gliederungen). Auch hier können sowohl Absolutwerte, als auch Relativ- oder Anteilwerte, z. B. Prozentwerte, dargestellt werden.

12.2.1. Gegliederte Zählrahmendiagramme Abb. 32

Im Gegensatz zum einfachen Zählrahmen gelangen hier in jedem einzelnen Diagramm mehrere verschiedene Objektgattungen (Kategorien) durch verschiedene Farben oder Schraffuren zur Darstellung, wobei jedoch diese verschiedenen Dinge sinnvoll Teile eines übergeordneten Ganzen bilden sollen. Solche Diagramme lassen die Wertanteile

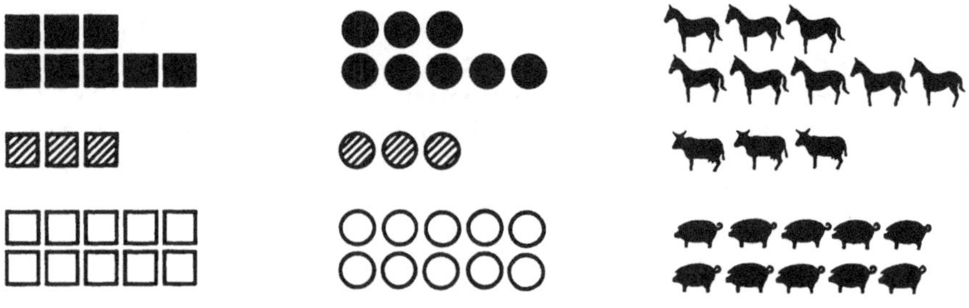

Abb. 32 Gegliederte Zählrahmendiagramme

der Komponenten leicht erfassen, doch beanspruchen sie viel Raum, so daß es oft schwierig ist, sie in den Karten unterzubringen.
In der dritten Gruppe der Abb. 32 treten normierte, mehr oder weniger bildhafte *Symbolfiguren* an die Stelle der Quadrate und Kreisscheiben. Da solche Symbolfiguren in größerem Ausmaß erstmals in Wien Verwendung fanden, bezeichnet man die entsprechenden Diagramme oft als solche der *Wiener Methode.*

12.2.2. Gegliederte Stabdiagramme, auch »Säulendiagramme« genannt

Auch Stäbe lassen sich entsprechend differenzieren. Hierbei ergeben sich die folgenden fünf in der Abb. 33 (Figuren a–e) dargestellten Möglichkeiten.
a) Verschiedenfarbige, resp. verschieden schraffierte Stäbe für die verschiedenen Gattungen werden als dichte Stabgruppen nebeneinander gestellt.
b) Um Raum zu sparen, kann man die Stäbe einer jeden Gruppe teilweise hintereinander stellen, wobei jedoch die »Kleinen« stets vor die »Großen« treten sollen.
c) Man beschränkt sich pro Diagramm auf einen einzigen Stab, der, den Komponenten entsprechend, unterteilt wird.
d) Dasselbe gilt, wenn verschiedene, z. B. prozentuale Anteile dargestellt werden. In diesem Fall besitzen alle Stäbe ein- und dieselbe Gesamtlänge für den Wert 100%.
Das Vergleichen der Mengen oder Werte der einzelnen Komponenten ist bei a und b leichter als bei c. Die Lösung c zeigt auf einen Blick vor allem auch den Summenwert der Komponenten, führt aber oft zu allzulangen Stäben. Die Lösung a aber beansprucht reichlich viel Raum.
e) Die Figur e zeigt ein Stabdiagramm mit *positiven* und *negativen* Werten.

12.2.3. Gegliederte Quadrat- und Dreieckflächen Abb. 34

Im Gegensatz zu den Linearfiguren der Stabdiagramme werden hier die Zahlenwerte durch einfache, leicht vergleichbare *Flächen* dargestellt, meist durch Quadratflächen verschiedener Größen. Solche Quadratflächen werden in rechteckige Streifen oder in andere Rechteckstücke für die einzelnen Wert-Komponenten gegliedert. Die Quadratflächen zeigen hierbei das Total, die eingelagerten Streifen oder Stücke die Werte der

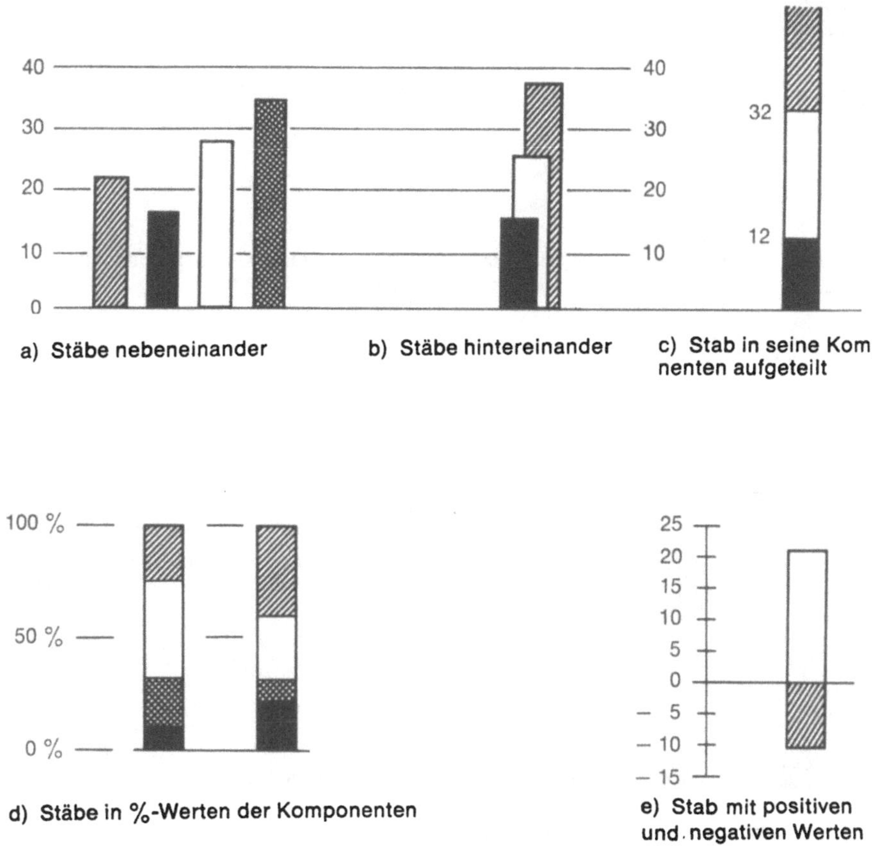

Abb. 33 Gegliederte Stabdiagramme

einzelnen Komponenten (Figur a). Solche Lösungen ermöglichen ein gutes Zentrieren der Figuren auf die ihnen zukommenden Örtlichkeiten.
Flächenentsprechende Quadrate lassen sich auch nebeneinander in Reihen anordnen (Figur b). Handelt es sich um nur vier Komponenten, so wird auch etwa die Quadrantenanordnung gewählt (Figur c). Sie wirkt aber graphisch unruhig.
Wenig geeignet sind Spielarten, wie gestreifte *Dreiecke* und ähnliches (Figuren d); denn die Flächenwerte sind hierbei nicht leicht vergleichbar.

12.2.4. Gegliederte Kreisscheibendiagramme und ihre Abarten Tafel I

Die in Sektoren aufgeteilte Kreisscheibe (Tafel I, Figur 1) wird in thematischen Karten sehr oft verwendet.
Die aus solchen Diagrammen abzulesenden oder zu schätzenden Zahlenwerte sind zwar im allgemeinen weniger genau als diejenigen, die sich aus Zählrahmen- und

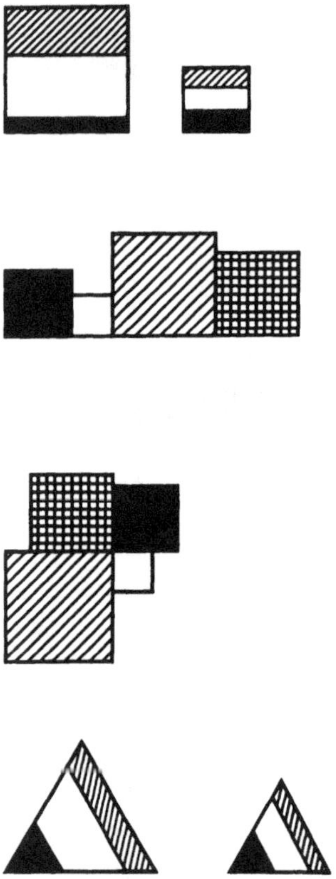

a) Gestreifte Quadratflächen

b) Flächenentsprechende Quadrate in Reihen angeordnet. Beansprucht oft zu viel Raum

c) Quadrantenanordnung der Quadrate (wirkt graphisch unruhig)

d) Gestreifte Dreieckflächen (ungeeignet)

Abb. 34 Gegliederte Quadrat- und Dreieckflächendiagramme

Stabdiagrammen entnehmen lassen. Dieser Nachteil wird aber meist reichlich aufgewogen durch folgende Vorzüge:

Raumsparende Formen und beste Zentrierungen auf die Bezugsorte; die Kreis-Scheibenfläche als Ganzes zeigt den Summenwert, die Sektorenflächen die Werte der einzelnen Komponenten. Aus den Sektorenwinkeln ergeben sich überdies die prozentualen Anteile der Komponenten.

Die Komponenten (Sektoren) werden durch verschiedene Schraffuren, Raster- oder Farbtöne unterschieden. Beim graphischen Aufbau solcher Kreisscheibendiagramme ist folgendes zu beachten:

Erstens: Man ordne in allen solchen Diagrammen einer Karte die einzelnen Sektoren stets in der gleichen Reihenfolge und lasse sie im Uhrzeigersinn aufeinander folgen.

Zweitens: Ausgangsachse dieser Anordnung sei stets die Aufwärts-Vertikale (die 12-Uhr-Stelle des Uhrzifferblattes).

Solche Konsequenz in der innern Gestaltung erleichtert ein rasches Vergleichen aller Scheibendiagramme einer Karte. Der minimal mögliche Scheibendurchmesser hängt ab von der einfacheren oder komplizierteren Sektorenaufgliederung. Unter einen Durchmesser von 4 mm sollte man auch bei einfachster Aufgliederung nicht gehen. Andererseits sind da, wo es die Raumverhältnisse der Karte gestatten, Durchmesser bis zu etwa 50 mm durchaus keine Seltenheit.

Aufgegliederte Scheibendiagramme bedürfen einer *Legende* mit Zahlenwerten für Scheiben verschiedenen Durchmessers und mit Erläuterung der Sektorenfarbtöne.

Eine Abart des Kreisscheibendiagrammes ist das *zweiteilige Halbkreisscheibendiagramm,* Tafel I, Figuren 2 und 3. Es wird angewendet, um entsprechende Mengenwerte für zwei verschiedene Sachgruppen, z. B. für zwei Zeitabschnitte, darzustellen. Man ordne in solchen Fällen die Sektorenfolge symmetrisch zur Trennungsachse an, bei horizontaler Achse links, bei vertikaler Achse oben beginnend.

Das Kreisscheibendiagramm gab Anlaß zu einigen weiteren Variationen, die wir aber alle mehr oder weniger als graphische Fehllösungen bezeichnen möchten.

Es sind u. a. die folgenden:

Figur 4 und 5: In Stücke zerlegter *Kreisring.* Die Aushöhlung der Mitte soll das Eintragen der zugeordneten Ortssignatur ermöglichen, was aber selten erforderlich ist.

Kleine Diagrammfiguren sind hier nicht möglich, weil die Ringe überall ein- und dieselbe Breite besitzen sollen. Mengenschätzungen und Mengenvergleich sind erschwert.

Figur 6: *Viertelskreissektoren* mit verschiedenen Radien.

Figur 7: *Achtelskreissektoren* mit verschiedenen Radien. Diese beiden unruhig wirkenden und viel Platz beanspruchenden Diagramme erlauben es, die Zahlenwerte von vier, resp. acht verschiedenen Zuständen, z. B. Zeitetappen, miteinander zu vergleichen. Mit solchen Formen nähern wir uns den »Diagrammen mit einer abhängigen Variabeln im Polarkoordinatensystem« (vgl. dort).

Figur 8: Gegliederte Fächerdiagramme. Statt der vollen Kreisscheibe wird nur ein in Teilsektoren aufgegliederter Gesamtsektor von variablem Radius, aber mit konstanter Fächeröffnung (konstantem Zentriwinkel) von z. B. 45° gezeichnet. Die Fächerachsen seien hierbei wie bei den ungegliederten Fächern für alle Diagramme einer Karte gleichgerichtet, am besten horizontal, mit der Spitze nach links zeigend.

12.2.5. Diagramme in der Form aufgegliederter Schriftzeichen Tafel I, Figuren 9

Wir haben oben bereits das in der Größe abgestufte Schriftzeichen als Mischform von Signatur und Mengenwertdiagramm verurteilt. Der dort angeprangerte graphische Unfug geht aber noch weiter. Zur Darstellung gegliederter Mengenwerte werden Buchstaben unterschiedlicher Größe und mit verschiedenfarbiger innerer Aufteilung verwendet. Wir lehnen auch diesen Sündenfall der Kartengraphik ab.

12.2.6. Methode der gegliederten Blöcke (gegliederte Baukastendiagramme) Tafel I, Figur 10

Hier werden Einheitsbaublöcke verschiedener Gattung zu Kisten, Kasten und Wolkenkratzern aufeinander getürmt. Solche kubischen Diagramme wurden vor allem in den USA entwickelt; sie sind raumsparend. Man wende sie aber nur für einfachste Fälle an; denn die Teilwerte der Komponenten sollen aus dem Baukastengebilde leicht

erkennbar sein. Noch besser aber: Man wende solche Auswüchse der Diagrammgraphik in der Karte überhaupt nicht an.
Ähnliches gilt von den *in Etagen gegliederten Würfelbildern.*
Wo es der Raum zuläßt, stelle man Einzelwürfel verschiedener Gattung (verschiedener Farbe) besser tabellenartig (zählrahmenartig) nebeneinander oder man plaziere sie möglichst geschickt in das zuständige Mosaikfeld.

12.2.7. Der Unfug der in Komponenten aufgeteilten Kugeln

Analog den in Komponenten aufgegliederten Baublöcken oder den in Etagen gegliederten Würfelbildern hat man auch Kugelbilder durch ihre Oberflächenfarben oder Oberflächenschraffuren in Volumenteile oder aber in Oberflächenstücke aufzugliedern versucht, Verfahren, die unter allen Umständen abzulehnen sind.

12.2.8. Diagrammkarikaturen

Nicht selten geht es darum, gewisse *absolute* Mengenwerte (Einwohnerzahlen, Volkseinkommen, Handelsvolumen usw.) politischer Verwaltungseinheiten vergleichbar darzustellen. Dies führt zu zwei sonderbaren Lösungen, die an den folgenden *Beispielen* erläutert seien:
Erstes Beispiel: Abb. 35. Absolutes (totales) Volkseinkommen jedes einzelnen Staates der Erde. Man ersetzt jeden Staatsflächengrundriß durch ein möglichst ähnliches Mosaikstück, dessen Fläche dem zugehörigen absoluten (totalen) Volkseinkommen *entspricht,* und fügt diese arg deformierten Gebilde in ihrer ungefähren gegenseitigen Lage zu einer deformierten Pseudo-Erdkarte zusammen.
Zweites Beispiel: Man geht hierin noch einen Schritt weiter und ersetzt jeden Staatsflächengrundriß durch ein Rechteck, dessen Fläche wiederum dem darzustellenden Volkseinkommen *entspricht.*

Abb. 35 Erdkarte mit verzerrten Staatsflächen. Die Flächengrößen der versch. Staaten sind hier proportional zum betreffenden Volkseinkommen (nach Economist 1945). Beispiel einer kartographischen Diagrammkarikatur

Diese Rechtecke, bald quadratähnlich, bald länglich, bald hoch- und bald quergestellt, werden wiederum in ihrer ungefähren gegenseitigen Lage zu einer deformierten Pseudo-Erdkarte zusammengefügt. Diese Lösung – den korrekten Diagrammen näher – erleichtert ein Schätzen der dargestellten Mengenverhältnisse.

Solche oder ähnliche Diagrammkarikaturen gehören zum Übelsten, was kartographische und statistische Graphik je versündigt haben.

Ansporn zu solchen Verfehlungen gab jedoch eine andere oft vorkommende Fehllösung: Mancher Unerfahrene symbolisiert absolute (totale) Mengenwerte abgegrenzter Areale durch abgestufte Flächentöne (Rasterstufen usw.), bildet also jeden Absolutwert durch einen Flächenton ab und belegt dann die Flächen eines jeden politischen Areals mit dem entsprechenden Ton. Man multipliziert also gleichsam einen statistisch erhobenen Absolutwert mit der topographischen Flächengröße. Man wurstelt zwei wesensfremde Elemente zusammen. Ein solch falsches Vorgehen verführte da und dort zu den eingangs geschilderten Fehllösungen.

Für die Darstellungsprobleme der beiden obigen Beispiele gibt es nur die folgenden zwei Lösungen:

1 Man zeichnet eine korrekte Erdkarte und setzt in jedes Staatsareal ein in der Flächengröße der darzustellenden Menge entsprechendes Zahlenwertdiagramm, z. B. eine Quadrat- oder Kreisscheibe.

2 Erlauben Kartenmaßstab und Gebietsdimensionen diese Lösung nicht, so stelle man die Zahlenwertdiagramme (Quadrate, Säulen usw.) zu übersichtlich angeordneten Figurentabellen außerhalb der Karte zusammen.

Man soll nicht in eine Karte zwingen, was besser in anderer Form dargestellt werden kann.

1.2.3 Diagramme mit abhängigen und unabhängigen Variablen im rechtwinkligen Koordinatensystem

Meist handelt es sich hierbei um die Aufzeichnungen zeitlicher Veränderungen von Werten, um sog. »*Zeitreihen*«, z. B. um Reihen von Tagesstunden, Wochentagen, Monaten, Vierteljahren, Jahren usw. Es sind zu unterscheiden einmalige zeitliche Veränderungen, z. B. für Einzelereignisse, und periodische, z. B. tageszeitlich- oder saisonbedingte Veränderungen. Aber auch andere Größen können als unabhängige Variable dienen, so z. B. die Meereshöhe oder die geographische Breite.

Im ebenen, rechtwinkligen Koordinatensystem wird auf der einen (z. B. der horizontalen) Achse die unabhängige Variable y, auf der andern (vertikalen) Achse die abhängige Variable x aufgetragen.

Solche Diagramme in den verschiedensten Ausstattungen finden seit jeher Verwendung für wissenschaftliche und statistische Zwecke. In der Karte freilich sind sie infolge des beschränkten Raumes selten, und es sind nur inhaltlich und graphisch sehr einfache Figuren möglich.

Einige Arten solcher Diagramme seien im folgenden aufgeführt:

12.3.1. Diagramm mit einer kontinuierlichen Kurve einer abhängigen Variablen im rechtwinkligen Koordinatensystem oder »einfaches Kurvendiagramm« Tafel II, Figur 1

Bei stetiger, kontinuierlicher Wertänderung der Variablen x und sehr dichter Folge der Messungen oder Zählungen (aus praktischen Gründen oft nicht eine kontinuierliche Folge) ergibt sich eine Kurve, aus welcher die Beträge x und ihre Änderungen ersichtlich sind.

In solchen Diagrammen sollen die Wert-Teilungen (die Skalierungen) auf den beiden Achsen nicht willkürlich angenommen, sondern sinnvoll (im Sinne optimalen Ausdrukkes der Kurve) aufeinander abgestimmt werden.

Logarithmische Maßstabsteilung der abhängigen Variablen x führt zu irreführenden Kurven, weil dann gleiche Schwankungen im untern, resp. obern Bereich ungleich erscheinen.

Diagramme mit kontinuierlichen Zeitreihen dienen u. a. der Darstellung geophysikalischer Erscheinungen. In manchen Fällen sind alle Werte positiv (Beispiel: die Niederschläge), in andern Fällen gibt es positive und negative Werte (Beispiele: Temperaturen über und unter 0°). Die x-Werte sind oft Ergebnisse von Mittelbildungen aus zahlreichen Messungen über längere Zeiträume.

12.3.2. Diagramm mit einer Gruppe kontinuierlicher Kurven abhängiger Variablen im Rechtwinkelkoordinatensystem Tafel II, Figur 2

Hier sind in das Rechtwinkelkoordinatensystem die Wert-Kurven *mehrerer* abhängiger Variablen eingetragen. Im übrigen gilt dasselbe, wie oben für das Diagramm mit einer einzigen Kurve.

12.3.3. Diagramm mit einer kontinuierlichen Kurve, deren x-Beträge in die Komponenten x_1, x_2 und x_3 aufgeteilt sind Tafel II, Figur 3

Hier sind nicht in erster Linie die Kurvenformen maßgebend, sondern die Breiten der einzelnen x_1, x_2- und x_3-Zonen. Solche Diagramme werden auch als Banddiagramme [W. Witt] bezeichnet, was aber zu Verwechslungen mit den in unserem 13. Kapitel besprochenen Formen führen kann.

12.3.4. Diagramm mit ungegliederten Stäben einer abhängigen Variablen im Rechtwinkelkoordinatensystem Tafel II, Figur 4

Bei großen Abständen der Messungen, bei Mittelbildungen für Abschnitte des zeitlichen Ablaufes (z. B. Monatsmittel), vor allem für nicht kontinuierliche Erscheinungen, bedient man sich korrekterweise einer Folge paralleler Meßstäbe, die dicht nebeneinander und in der Regel gleichabständig in das Rechtwinkelkoordinatensystem hinein gestellt werden. Auch hier gibt es Fälle mit nur *positiven* Werten (Bevölkerungszahlen im Laufe einer Reihe von Jahren) und solche mit positiven und negativen Werten (Zu- und Abnahme der Bevölkerung; Handelsbilanzbeträge einiger aufeinander folgender Jahre).

12.3.5. Diagramme mit zeitlichen Folgen von Gruppen von Stäben für abhängige Variablen im rechtwinkligen Koordinatensystem Tafel II, Figur 5

Hier gelangen für jeden Zeitabschnitt je einige verschiedenartige x-Wert-Stäbe zur Darstellung. Die zeichnerische Form der Figur 5 mit teilweise hintereinander gestellten Stäben ist nur möglich, wenn in allen Stabgruppen ein- und dieselbe Reihenfolge von kürzeren über mittlere zu längeren Stäben eingehalten werden kann. Ist dies nicht der Fall, dann müssen die Stäbe gruppenweise dicht nebeneinander gestellt werden.

12.3.6. Diagramme mit gegliederten Stäben für abhängige Variablen im Rechtwinkelkoordinatensystem Tafel II, Figur 6

Im Gegensatz zum einfachen Stabdiagramm sind hier die Wert- oder Mengenstäbe aufgeteilt in ihre Komponenten. So läßt sich für jeden einzelnen y-Wert (z. B. für jedes einzelne Jahr) das Total der Menge, wie auch die Mengen der Komponenten herauslesen.

12.3.7. Diagramme mit gegliederten, aber gegensätzlich gerichteten Stäben im Rechtwinkelkoordinatensystem

Das bekannteste Beispiel hierfür ist die statistische *Alterspyramide*, wie sie die *Abb. 36* zeigt.
Die Anzahl der männlichen und der weiblichen Bevölkerung eines Gebietes, zum Beispiel unterteilt in Berufstätige und Nichtberufstätige, gelangt in horizontalen Mengenstäben für die einzelnen übereinander geschichteten Altersstufen zur Darstellung, wobei links die männlichen, rechts die weiblichen Personen aufgereiht sind.

12.4. Diagramme mit abhängigen Variablen im Polarkoordinatensystem Tafel III

Die Aufzeichnung der Werte erfolgt hier im Polarkoordinatensystem. Unabhängige Variable sind in der Regel die Richtungen (Richtungswinkel = α), die, ausgehend von der nach oben zeigenden Null- oder Ausgangsrichtung, im Uhrzeigersinn fortlaufend beziffert werden. Abhängige Variable sind dann die zugehörigen Distanzen oder Radien r vom Zentrum des Systems aus gemessen (ausnahmsweise von einem eingefügten Ausgangskreis aus). Man nennt solche Figuren, ihrem äußern Aspekt entsprechend, auch »*Zifferblattdiagramme*«. Sie gelangen zur Anwendung, da wo eine tatsächliche Ab-

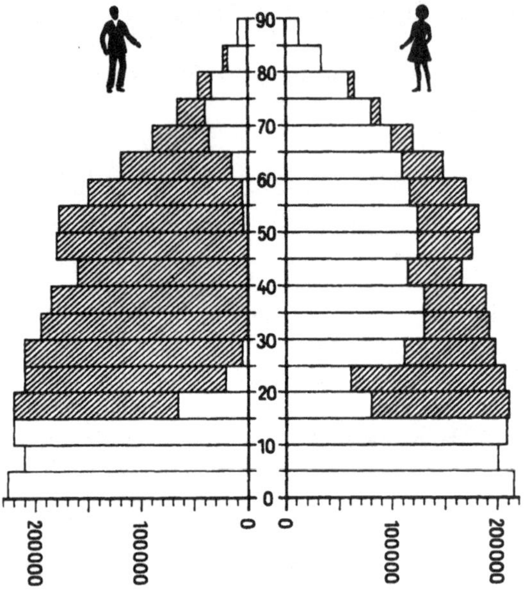

Abb. 36 Alterspyramide
Beispiel – Horizontal aufgetragen: Anzahl der Menschen, nach links die männlichen, nach rechts die weiblichen
Schraffiert: Berufstätige
Nicht schraffiert: Nichtberufstätige.
Von unten nach oben aufgetragen: die Altersstufen

hängigkeit der einen Variablen von den Himmelsrichtungen (Winddiagramme und andere Strömungsdiagramme) oder vom Kreislauf der Stunden, Tage und Monate oder aber vom Lauf der Jahre besteht, somit vor allem da, wo sich Anfang und Ende der unabhängigen Variablen treffen.
Eine Scheidung in positive und negative Werte, in gegensätzliche Werte jeglicher Art, wie z. B. in Werte für männliche und weibliche Personen, ist hierbei nicht leicht durchführbar, es wäre denn, man würde einen Distanzkreis von geeignetem Radius r als Nullkreis bezeichnen. Die Radien aller positiven Werte wären dann größer als r, diejenigen der negativen Werte kleiner als r.

12.4.1. Einfaches Kurvendiagramm mit Polarkoordinaten Tafel III, Figur 1

Ein Beispiel: Der Ablauf eines Jahres ist durch die Richtungen gegeben, die aus langjährigen Messungen gewonnenen mittleren Tagestemperaturen durch die zugehörigen Distanzen vom Zentrum zur Kurve. Der Endpunkt fällt mit dem Ausgangspunkt zusammen.
Auch kontinuierlich verlaufende Variationen der x-Werte im Tagesablauf werden in solcher Weise dargestellt.

12.4.2. Kurvengruppendiagramm mit Polarkoordinaten Tafel III, Figur 2

Hier gelangen mehrere von Zeit oder Richtung abhängige Variable zur Darstellung. Im übrigen gilt das obige.

12.4.3. Diagramme mit ungegliederten Stäben im Polarkoordinatensystem Tafel III, Figur 3

In diesem Beispiel entsprechen die Stabrichtungen den 8 Haupthimmelsrichtungen. Es gibt aber auch solche *Stabdiagramme* mit beliebigen Richtungen der Stäbe.

12.4.4. Diagramme mit gegliederten Stäben im Polarkoordinatensystem

Die Figur 4 der Tafel III zeigt ein *Beispiel.*

12.4.5. Komplexes Diagramm im Polarkoordinatensystem

Ein Beispiel mit zugehöriger Legende zeigt die Figur 5 der Tafel III (aus der Karte der Winde im »Atlas der Schweiz«).

12.4.6. und 7. Diagramme mit ungegliederten und gegliederten Kreisbogenstücken im Polarkoordinatensystem

Im Gegensatz zu den oben (Nr. 12.4.1 bis 5) geschilderten Typen sind auch Diagramme im Polarkoordinatensystem entwickelt worden, bei welchen der Radius die unabhängige, der Richtungswinkel, resp. das ihm entsprechende Kreisbogenstück, die abhängige Variable darstellt. Man nennt sie auch *Raddiagramme.*
Die Figur 6 der Tafel III zeigt das Prinzip am einfachsten Fall einer einzigen und ungegliederten abhängigen Variablen. In der Figur 7 der Tafel III ist der kompliziertere Fall mehrerer und gegliederter abhängiger Variablen dargestellt.
Solche Diagramme sind selten; denn ihr Inhalt erschließt sich dem Betrachter weniger leicht, als es für analoge Dinge im rechtwinkligen Koordinatensystem der Fall wäre. Infolge der verschiedenen Radien sind gleichwinklige Kreisbogenstücke ungleich lang, was eine Beurteilung von Mengenwerten erschwert.

12.5. Weitere Formen komplexer Zahlenwert-Diagramme

Mit den bisher dargestellten Beispielen sind die Möglichkeiten, orts- oder flächenbezogene statistische Zahlenwerte figürlich darzustellen bei weitem nicht erschöpft. Wertgruppen, Wertkombinationen, Wertdifferenzierungen, Wertrelationen, Wertcharakterisierungen aller Art lassen sich in abstrakter Bildsprache, d. h. in Diagrammen, darstellen. Oft aber beanspruchen solche Figuren viel Raum, so daß sie in den Karten nicht untergebracht werden können. Oder die Figuren sind allzuschwer lesbar oder deutbar, allzuschwer verständlich und daher als Landkarten-Bildsprache abzulehnen.
Kartographischer Erfindergeist ist nur erwünscht, wenn er zur Einfachheit führt. In der statistischen und geographischen Literatur und in der Atlaskartographie finden sich indessen nicht selten brauchbare, leicht überblickbare Formen. Im folgenden seien zwei besonders oft gebrauchte *Beispiele* genannt:

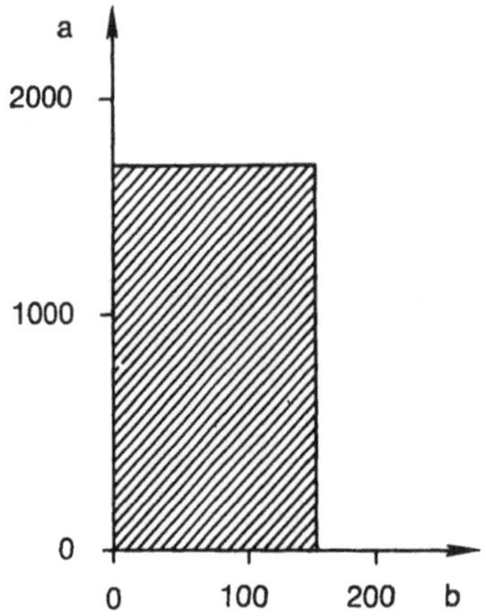

Abb. 37 Rechteck mit drei Aussagen. Ein Beispiel: Übernachtungen pro Jahr in einem Fremdenverkehrsort
a = Anzahl der Fremdenbetten
b = Durchschnittliche Anzahl der Übernachtungen pro Bett
a · b = F = Gesamtzahl der Übernachtungen

12.5.1. Das Rechteck mit drei Aussagen Abb. 37

Hier werden zwei verschiedene Werte a und b *je* durch einen Stab, d. h. durch ein lineares Maß, dargestellt. Die beiden Stäbe – mit gemeinsamem Nullpunkt – stehen senkrecht aufeinander. Ihr Produkt a · b = F bildet eine Rechteckfläche.
Eine solche Diagrammfigur zeigt somit drei verschiedene Zahlenwerte, jedoch solche, die miteinander in einer gewissen Beziehung stehen. Überdies lassen die verschiedenen Formen der Rechtecke, resp. die verschiedenen Relationen der Werte a und b, auf Art- oder Charaktermerkmale der dargestellten Objekte (oder Orte) schließen.

12.5.2. Das gleichseitige Dreieck mit Relativkomponenten Abb. 38

Meist kurz als *Dreieckdiagramm* bezeichnet. Es ist jedoch zu beachten, daß es auch andere dreieckförmige Zahlenwertdiagramme gibt, wie z. B. die gegliederten Dreieckflächenfiguren der Abbildung 34.
Das hier betrachtete Dreieckdiagramm dient vor allem dazu, aus drei Anteilwerten oder Relativgrößen für eine Örtlichkeit die kategoriale Zuteilung dieser Örtlichkeit zu ermitteln. Es dient somit als Berechnungshilfe.
Gelegentlich aber, für einfachste Fälle, wird es auch als Lokaldiagramm in die Karte gesetzt. Es zeigt dann in zusammengefaßter, aber leider nicht sehr anschaulicher Form für den zugehörigen Diagramm-Bezugsort die drei miteinander in Verbindung stehenden Relativzahlenwerte a, b und c, d. h. deren *prozentuale* Anteile.
Im *Beispiel* der Abbildung 38 ergeben sich aus der Lage des Punktes P im Innern des gleichseitigen Dreiecks die Anteile der erwerbstätigen Bevölkerung an den drei Er-

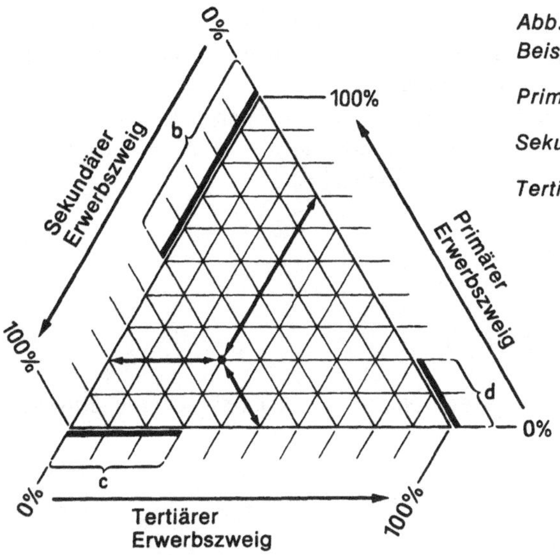

Abb. 38 Dreieckdiagramm Beispiel

Primärer Erwerbszweig = 20 %

Sekundärer Erwerbszweig = 50 %

Tertiärer Erwerbszweig = 30 %

werbszweigen: primärer Erwerbszweig (Landwirtschaft usw.) = 20%, sekundärer Erwerbszweig (Industrie, Gewerbe) = 50%, tertiärer Erwerbszweig (Handel, öffentliche Dienstleistungen usw.) = 30%.

Wie reich im übrigen die Möglichkeiten der inhaltlichen und formalen Gestaltung von lokalen Zahlenwertdiagrammen sind, zeigt sich u. a. auch in den zahlreichen Figuren der Abbildungen 49 und 50 des Buches von Erik Arnberger: Handbuch der thematischen Kartographie (Wien 1966). Gute Beispiele bringt auch Werner Witt auf den Seiten 154–211 seines Werkes »Thematische Kartographie«, 2. Auflage (Hannover 1970).
Abschließend sei nochmals betont: Es ist nicht alles Gold was glänzt. In der Kartographie ist nicht alles empfehlenswert, was irgendeinmal irgendwo gezeichnet und gedruckt worden ist. In diesen Bereichen ist stets nur das Einfachste, das rasch und mühelos Erkennbare oder Deutbare brauchbar und erhaltungswürdig.

Kapitel 13
Linien- und Banddiagramme oder Transportmengendiagramme

In thematischen Karten sollen oft Mengen und Bewegungen von Dingen, die von einem Ort zu einem andern Ort verschoben werden, abgebildet werden.
Hierbei handelt es sich bei den Ausführungen dieses Kapitels nicht um raum- oder flächenfüllende Massenbewegungen, nicht um Bewegungen der Kontinua, sondern um

lineare Bewegungen bestimmter Mengen, dargestellt durch lineare und bandförmige Diagramme. Diese erteilen Auskünfte über alle oder einen Teil der folgenden Fragen:

1 Von wo und wohin wird etwas bewegt?
2 Längs welcher Linie, auf welchem Wege erfolgt die Bewegung?
3 Was und wieviel wird bewegt? Ändert sich die Menge der transportierten Sache unterwegs stetig (allmählich) oder stufenweise?

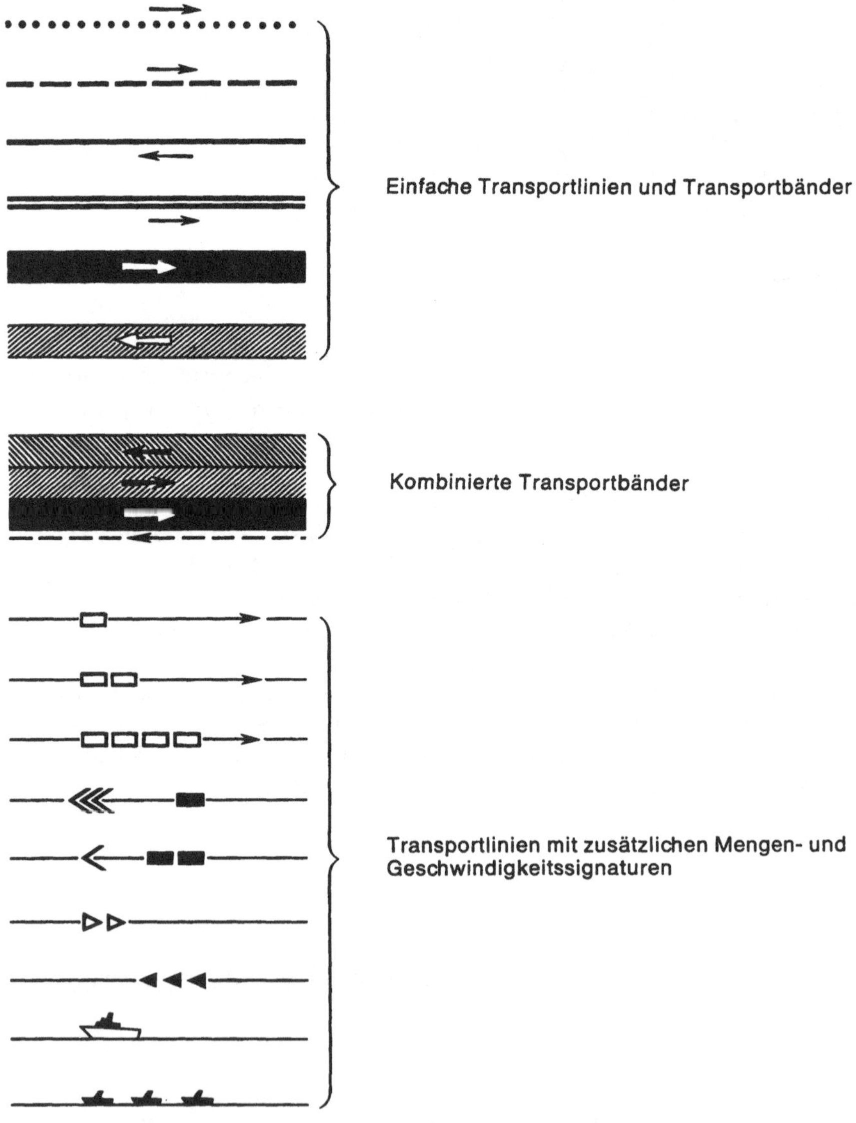

Abb. 39 Beispiele von Transport-Mengendiagrammmen. Bänder und Linien mit Angaben der Mengen, Richtungen und in manchen Fällen auch der Geschwindigkeiten der Transporte. Oft gelangen farbige Differenzierungen zur Anwendung

4 In welcher Richtung, nur hin und nur zurück oder in beiden Richtungen, wird etwas bewegt?

5 Mit welcher Geschwindigkeit oder in welcher Zeit wird etwas bewegt?

Die Fragen beziehen sich somit auf Ausgangspunkte, Endpunkte, Bewegungswege, Art und Menge der bewegten Dinge, Bewegungsrichtungen, Geschwindigkeiten, Zeitperiode und Zeitdauer.

Der genaue grundrißliche Verlauf des Bewegungsweges ist jedoch für viele Themen ohne Belang. Die Weglinie wird daher oft nur generell, in stark vereinfachter Form, angedeutet. Auch nach Geschwindigkeit und Zeitdauer wird nur in speziellen Fällen gefragt.

Sinn und Darstellungsart solcher linearer oder bandförmiger Diagramme beziehen sich somit nicht auf den grundrißlichen, mehr oder weniger generalisierten Verlauf des Transportweges. Ein Grundriß ist kein Diagramm. »Diagramme« sind hier nur die speziellen graphischen Ausgestaltungen der Weglinien zur Bezeichnung der Arten und Mengen der transportierten Dinge, somit Stricharten, Strichstärken, Bandbreiten, Symbolfarben und Zusatzzeichen.

Die graphischen Variationsmöglichkeiten solcher linearer und bandförmiger Diagramme sind viel geringer, als für die oben besprochenen ortsbezogenen Diagramme. Beispiele in Abb. 39 und 40.

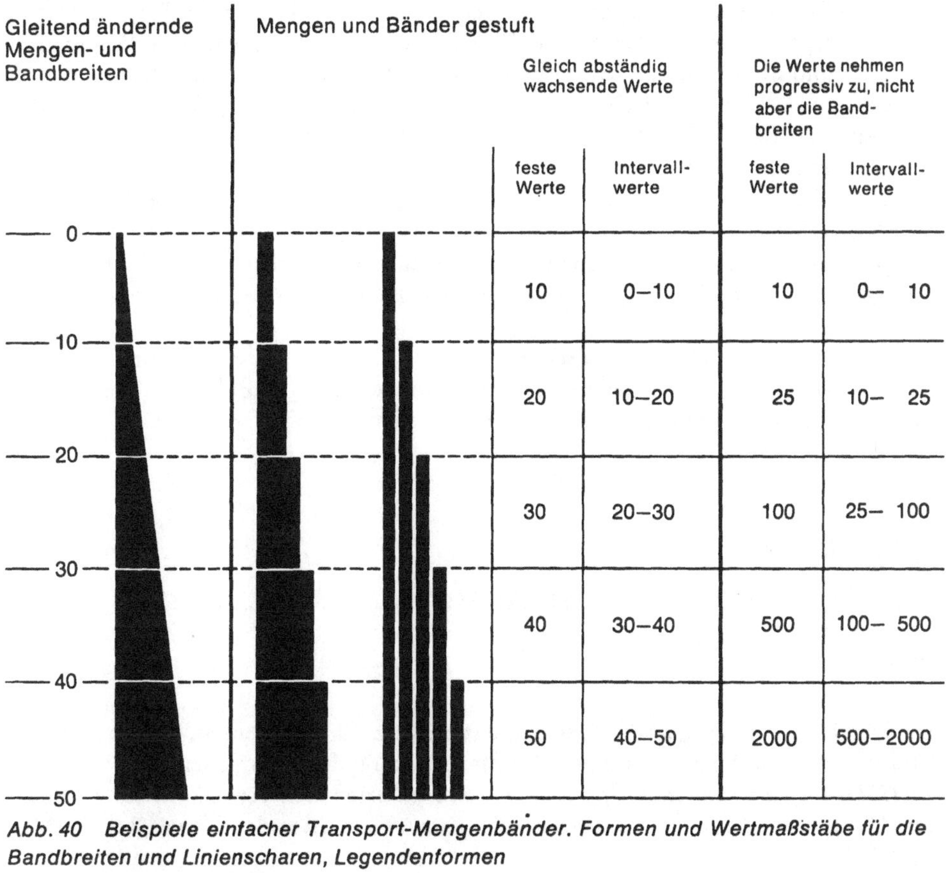

Abb. 40 Beispiele einfacher Transport-Mengenbänder. Formen und Wertmaßstäbe für die Bandbreiten und Linienscharen, Legendenformen

Im allgemeinen gilt folgendes:

1 Die transportierten oder bewegten Dinge (ihre Arten, ihre sog. »Qualitäten«) werden meist durch Farbunterschiede oder verschiedene Rasterung oder durch signaturartige Ausgestaltung der Bänder und Linien charakterisiert.

2 Die bewegten Mengen, ihre Zahlenwerte, kommen in der Regel zum Ausdruck durch eine kleinere oder größere Anzahl parallel geführter Einheitslinien oder durch entsprechend variierte Bandbreiten. Man unterscheidet zwischen *gleitend* sich verändernden Mengenwerten, resp. Bandbreiten, und *stufen- oder etappenweise* sich verändernden Mengenwerten, resp. Bandbreiten. In der geographischen Wirklichkeit handelt es sich meistens um stufenweise Änderungen (bei »Ladestellen«, Bandgabelungen, Bandzusammenflüssen usw.). Auch darstellerisch sind gestufte Bänder den gleitend an- und abschwellenden vorzuziehen. Letztere ergeben sich meist nur durch Generalisierung allzu kleiner, dicht aufeinander folgender stufenweiser Veränderungen. Erwünscht sind in manchen Fällen deutliche Kennzeichnungen der Mengenmeßorte oder der Stufengrenzen durch Band-Querschnittslinien, oft auch mit Beigabe der Mengenzahlen.

Als Transport-Mengendiagramme gelangen ausnahmsweise auch gewisse den Linien bei- oder eingefügte symbolische Zusatzsignaturen (Klein-Rechtecke, Pfeile, genormte Eisenbahnwagen- oder Schiffssymbole usw.) zur Anwendung.

Auch Bilder kubisch erscheinender Kanäle oder Röhren könnten in Frage kommen, sie entsprächen den Würfel- und Kugelbildern der ortsgebundenen Diagramme, doch sind sie zeichnerisch schwer herstellbar und daher nicht zu empfehlen.

3 Bewegungsrichtung und Geschwindigkeit werden oft durch beigefügte und verschieden ausgestaltete Pfeile, durch Folgen von Pfeilen oder durch andere zusätzliche Bezeichnungen angedeutet.

4 Die Zeitdauer kann, falls dies als notwendig erachtet wird, neben den Bewegungslinien angeschrieben werden.

5 Die Linien- und Banddiagramme bedürfen stets einer Erläuterung in der *Kartenlegende*, insbesondere sind Wertmaßstäbe der Bandbreiten und Linienscharen erforderlich. Beispiele in Abb. 40.

Zum Thema solcher Diagramme sei noch beigefügt: Es liegt in der Natur der Dinge, daß bei Darstellungen von Bewegungsvorgängen zwischen grundrißlichen Linienzügen und Transportdiagrammzügen nicht immer scharf unterschieden werden kann.

Kapitel 14
Schraffuren und Flächentöne, abgestuft nach Zahlenwerten

Eindrückliche kartographische Darstellungselemente für Mengen- oder Wertangaben sind auch die hell-dunkel-gestuften Flächentöne und Flächenschraffuren.

In *Höhenstufenkarten* und allgemein in *Isolinienkarten* aller Art bezeichnen sie absolute Werte, resp. deren Intervalle (Von-bis-Werte) konkreter oder fiktiver Reliefs.

In den sog. »*Dichtekarten*« symbolisieren die verschiedenen Flächentöne oder Schraffuren *relative* Mengen oder Werte, d. h. die mittleren Anzahlen von Objekten pro Flächeneinheit (Hektare, Quadratkilometer, Quadratmeile usw.), ausgemittelt für bestimmte Bezugsareale. Bei solchen Dichtestufen handelt es sich in der Regel um *Intervallwerte*, selten um feste Mittelwerte. Um die verschiedenen Dichtebereiche durch einige wenige Stufen gut aufgliedern zu können, baut man die Stufen meist progressiv wachsend, nur in Ausnahmefällen aequidistant auf. Hell bedeutet in der Regel »wenig«, dunkel bedeutet »viel«. Da auch hier statistische Zahlenwerte zu graphischem Ausdruck gelangen, sind solchermaßen abgestufte Flächentöne mit den Diagrammen vergleichbar, oft werden sie daher als Diagramme und entsprechende Karten als *Flächendiagrammkarten* oder *Flächenkartogramme* bezeichnet. Es ist aber zu bedenken, daß es sich hier nicht um selbständige Zahlenwertfiguren handelt, sondern nur um erläuternde »Zuschriften« zu topographisch gegebenen Flächenstücken. Diese aber, die Bezugsflächen, sind Grundrisse. Somit liegen hier Kombinationen des topographisch Gemessenen mit dem statistisch Gezählten vor.

Wie betont, bezieht sich bei den Dichtekarten die Flächentonzugabe stets auf die Relation Menge pro Flächeneinheit, und zwar ausgemittelt für ein bestimmtes, in der Karte abgegrenztes Areal. Nur bezüglich solcher Relativwerte sind die verschiedenen Areale mengenmäßig miteinander vergleichbar. Ausnahmsweise kartiert man in analoger Weise auch relative *Anteilwerte*, d. h. die *prozentualen Anteile* einer Objektgattung, bezogen auf das Total der entsprechenden Objektgruppe.

Es wäre aber falsch, in den Dichtekarten durch einen bestimmten Flächenton einen absoluten (nicht relativen) Zahlenwert auszudrücken und hierauf das betreffende Areal mit diesem Ton zu bedecken. Durch solchen nicht selten vorkommenden Unfug wird der gegebene feste Zahlenwert optisch (visuell) durch die Arealflächengröße oft ins Monströse verzerrt. Die Sowjetunion besitzt mehr Einwohner als Belgien. Relativ aber ist Belgien dichter bevölkert als die Sowjetunion. Dies kommt durch die Relation Anzahl pro km^2 zum Ausdruck, während Absolutwerte der Bevölkerungszahlen als Farbtöne auf die entsprechenden Staatsflächen ausgebreitet zu völlig falschen Vorstellungen führen.

Sowohl in Kontinuumskarten (Isolinienkarten), als auch in Dichtekarten stuft man die verschiedenen Werte durch hellere oder kräftigere Töne, Raster oder Schraffuren ab. Im Interesse leichter Unterscheidbarkeit der Wert-Stufen variiert man hierbei die Rasterungen oft nicht nur durch ihre Helligkeitsunterschiede, sondern auch durch Variation der Strichrichtungen. Man sollte aber nicht über etwa 12 Stufen hinausgehen, da sich sonst benachbarte Stufen kaum unterscheiden lassen. Der Statistiker stellt im übrigen aus sachlichen Gründen die gleichen Forderungen.

Falsch ist es auch, solche Wertskalen durch allzubunte Farbfolgen deutlicher abstufen zu wollen. Gewiß kann leichte Farbvariation einer besseren Unterscheidbarkeit dienen. Wesentlich ist aber nur, daß dem Mehr oder Weniger des Wertes, ein Mehr oder Weniger an Tonstärke oder Farbintensität entspricht.

Ausdruck und Variation von Flächentönen, abgestuft nach Zahlenwerten, treten erst in kartographischen Gesamtgefügen voll in Erscheinung. Es sei daher auf die entsprechenden Abschnitte der im »*Vierten Teil*« betrachteten *Gefügelehre* hingewiesen. Bezüglich Farbvariationen verweisen wir vor allem auf das Kapitel 19 über die Gefüge der Kontinua.

Über die Kombination der kartographischen Ausdrucksformen und andere abschließende Bemerkungen

Mit den besprochenen sieben (inklusive den Beschriftungen acht) Gattungen des kartographischen Ausdrucks sind die Bausteine zum Aufbau der in den folgenden Kapiteln zu betrachtenden inhaltlich-graphischen Kartengefüge bereit gestellt.
Es ließen sich auch andere Gruppierungen solcher Bausteine denken, z. B. solche für *stabile, statische* und solche für *bewegte, dynamische* Dinge. Die Dynamik allen Geschehens aufzuzeigen, ist heute eine vordergründige Aufgabe des Kartographen. Doch ist es nicht notwendig, unser oben dargelegtes System deshalb zu ändern oder zu erweitern; denn einige der aufgeführten graphischen Ausdrucksformen eignen sich sowohl zur Darstellung statischer als auch dynamischer Vorkommnisse.
Die in den voranstehenden Kapiteln besprochenen Gattungen des kartographischen Ausdruckes treten selten einzeln auf, und es finden sich selten alle in ein- und derselben Karte vereinigt. Meistens benötigt man eine Auswahl derselben, wobei aber das *grundrißliche* Element stets raumbildend und raumordnend vertreten ist. Es bildet das unabdingbare Basisgefüge jeder Karte.
Die dargelegte Gliederung in sieben (resp. acht) verschiedenartige Gattungen des kartographischen Ausdruckes entsprang nicht nur theoretischen Erwägungen, nicht nur dem Bestreben nach systematischer Ordnung, sondern ebensosehr arbeitstechnischen Realitäten; denn die genannten Gattungen unterscheiden sich auch in bezug auf Quellenbeschaffung, Meß- und Zählmethoden, Ermittlungen aller Art, ferner bezüglich Generalisierungsfragen und kartenleserischer Deutung und Auswertung.

Vierter Teil
Die Gefüge thematischer Karten

Kapitel 15
Die Gefüge, Methodisches und Übersicht

Seit Jahrzehnten bemühen sich die Kartentheoretiker um systematische Gruppierungen thematischer Karten. Im deutschen Sprachgebiet beschäftigen sich damit ALFRED HETTNER, EMIL MEYNEN, HERBERT LOUIS, EDUARD IMHOF, WOLFGANG PILLEWIZER, ERIK ARNBERGER, WERNER WITT, HERBERT WILHELMY, ULRICH FREITAG, GEORG JENSCH und andere.
Die verschiedensten Gliederungen wurden zur Diskussion gestellt, solche nach den Themen und Themengruppen, nach Maßstabsbereichen, nach formalen Gefügen, nach qualitativer, resp. quantitativer Aussage. Man unterschied analytische und synthetische Karten, Darstellungen statischer und dynamischer Dinge und anderes mehr.
Im folgenden gliedern wir den Stoff nach *Gefügen* oder Gefügetypen. Dies sei hier näher erläutert und begründet.
Die elementaren kartographischen Bausteine oder Ausdrucksformen, wie sie in den Kapiteln 8–14 geschildert sind, werden in mancherlei Variationen, Kombinationen und mit den erforderlichen Anpassungen zu Karten der verschiedensten Themen zusammengefügt. Solches Zusammenfügen ist vergleichbar mit dem Aufbau der Sprache vom Wortschatz zum Satzgefüge. Inhalte und Ausdrucksformen sprachlicher Mitteilung sind unbegrenzt, diejenigen der kartographischen Mitteilung aber beschränken sich auf Dinge und Erscheinungen, die in irgendeiner Weise an die Erdoberfläche (resp. an den Weltraum und seine Erfüllung) gebunden sind.
Wohl wachsen auch hier die Möglichkeiten schier ins Uferlose; denn es stellen sich stetsfort neue Aufgaben. Abgesehen von der thematischen Substanz sind die Darstellungsformen abhängig vom darzustellenden Gebiet, vom Kartenmaßstab, vom wissenschaftlichen und praktischen Zweck der Karte, vom Forschungsstand und dem erfaßten Zeitpunkt oder der Zeitperiode, von der Ausbildung des Kartenbenützers und schließlich auch von Lehren und Normen, sowie von Gewohnheiten und vom Können der Kartenhersteller, von den verfügbaren finanziellen und technischen Mitteln usw. Wollte man alle möglichen Karten oder Kartengattungen nach Themen, Maßstäben usw. einzeln beschreiben, so würde ein solches Unterfangen ein vielbändiges Handbuch füllen. Überdies würden sich bezüglich der graphischen Formen unzählige Wiederholungen ergeben.
Um solcher Uferlosigkeit zu entgehen, müssen wir eine Gliederung nach Themen ver-

lassen und einen anderen Weg suchen. Wir gehen aus von den folgenden Feststellungen:

Die Karte kann nie die thematische Wirklichkeit selbst, die thematischen Zustände, das thematische Geschehen, die tatsächlichen Erscheinungen zeigen, sondern stets nur einen äußerst stark vereinfachten, abstrahierten, auf den Grundriß der Erdoberfläche bezogenen Aspekt gewisser Merkmale. Sie kann stets nur einzelne ausgewählte Aussagen über die Dinge machen. Eine Landnutzungskarte zeigt nicht die Landnutzung, sondern lediglich einige bunte Farbflächen in topographisch-grundrißlicher Anordnung auf einem Stück Papier. Wir können Wertabstufungen irgendeiner Sache symbolisieren durch Intensitätsabstufungen eines Farbtones. Auch können wir bestimmte Werte oder Quantitäten durch Wertsymbole, Zahlenbilder, Diagramme, zum Ausdruck bringen. Wir können in Sprachenkarten nicht Sprachen abbilden, sondern nur die Verbreitung und Gruppierung gewisser Sprachformen im geographischen Raum.

Solch vereinfachte, abstrahierte, auf den Geländegrundriß festgenagelte Aspekte aber erscheinen oft in gleicher oder ähnlicher graphischer Gestalt, ob sie nun dieses oder jenes bedeuten. Positionspunkte können Standorte gewisser Pflanzen oder aber solche von Römergräbern bedeuten. Diagramme für Menschen und solche für Elefanten können graphisch gleiche Formen aufweisen. Unterschiedlich bei all solchen Dingen aber sind die räumlichen und quantitativen Gruppierungen all der Eintragungen; unterschiedlich auch sind selbstverständlich die Deutungen der Figuren und Farben in den Kartenlegenden.

Wir gliedern daher unsern Stoff nicht nach den Kartenthemen, sondern nach den graphisch-formalen Gefügen. Die Gefügelehre bildet unseres Erachtens das Kernstück einer Lehre der thematischen Kartographie; denn nur durch solche Stoff-Aufgliederung läßt sich eine überschaubare und praktisch nützliche Formenlehre aufbauen.

Beispiele kartographischer Gefüge sind die Punktstreuungen, die Gattungsmosaiken, die Isolinienscharen, die Netze der Transportbanddiagramme. Innerhalb einer jeden Gefügegruppe (eines jeden Gefügetypus) besteht eine Vielfalt von Varianten. Es gibt einfache und komplexe, einschichtige und mehrschichtige Gefüge usw.

Die Gefüge der Karten sind abstrahierte Nachbildungen wirklicher oder gedachter (fiktiver) Gefüge. Sie widerspiegeln diese, so daß ihre Darstellung und Diskussion über die graphischen Fragen hinausführt zur Betrachtung *geographischer* Dinge. Erst im Zusammenspiel der Bausteine im Gefüge offenbart sich geographisches Wesen: Die Gefügelehre ist daher nicht nur graphischer, sondern vorwiegend geographischer oder allgemein thema-wissenschaftlicher Natur. Nicht immer aber ist ein kartographisches Gefüge durch ein entsprechendes Wirklichkeitsgefüge unmittelbar vorgezeichnet. Dinge recht verschiedener Art können graphisch ähnliche oder verwandte Gefüge aufweisen.

Ein *Beispiel:* Isohypsen und Isothermen. Andererseits kann ein und dasselbe Vorkommnis auf diese oder jene Art erfaßt und dargestellt werden, so daß die entsprechenden Karten ungleiche Gefüge zeigen. Auch hierzu ein *Beispiel:* Darstellung der Bevölkerungsverteilung durch gestreute Mengenpunkte (absolute Darstellung) oder durch gewisse, abgegrenzte und abgestufte Flächentöne (relative Darstellung). Nicht selten ist eine zweckentsprechende Gefügeart auch durch den Kartenmaßstab und den Imperativ der Generalisierung vorgezeichnet.

Das Gerüst jeder thematischen Karte bildet eine geeignete *topographische Karte,* der verkleinerte und vereinfachte *Erdoberflächen-Grundriß,* mit allen Übergängen vom großen zum kleinen Maßstab, vom detailreichen zum stark generalisierten Inhalt. Zwar erscheinen nicht alle Grundrißelemente topographischer Karten auch in jeder thematischen Karte gleichen Maßstabs. Vieles, oft sehr vieles wird eliminiert. Trotzdem aber bilden die topographisch-grundrißlichen Elemente die sichtbaren und unsichtbaren Träger für alles Thematische.

Die *topographischen Karten* weisen sehr *komplexe* Gefüge auf: Gewässernetz, Verkehrs- und Leitungsnetze, die Mosaik- und Streuungsbilder der Bodenbedeckung, eine Fülle von Kleingrundrissen und Signaturen, Höhenkurvenscharen oder Schraffenteppiche, Schummerungen, Gelände- und Höhen-Farbtöne und die Beschriftung. All das findet sich oft vereinigt. Wir gehen hier nicht auf solche topographischen Komplexgefüge ein.

Die Entwicklung einer thematisch-kartographischen Gefügelehre reicht weit zurück. Im Jahre 1910 schied ALFRED HETTNER die Karten in solche *qualitativer* und *quantitativer* Aussage, wobei aber zu beachten ist, daß »Qualität«, d. h. Wert oder Menge stets an eine Gattung, eine Art, gebunden ist. Andererseits schließt manche Gattungsbezeichnung einen Werthinweis mit ein. In Anlehnung an die Bezeichnungen der Statistiker entstand für die statistisch-quantitativen Karten (die Karten mit Wertpunkten, Wertflächen, Wertbändern, Zahlenwert-Diagrammen usw.) im deutschen Sprachraum die Benennung »*Kartogramm*«. Die Bezeichnung »*Karte*« wurde damit eingeschränkt auf Darstellungen vorwiegend grundrißlich-qualitativer Gliederungen. Der Karte wurde – recht unklar, ungenau und unbeachtet ihrer Generalisierung – »Lagetreue«, »Formtreue« und »Situationstreue« zugeschrieben, den Kartogrammen aber lediglich eine sogenannte »Raumtreue«.

Auf Grund der bisherigen Fachliteratur mag es scheinen, als ob bezüglich der Stoffgliederungen eine Vielheit, ja geradezu eine schwer überschaubare Wirrnis verschiedener Konzeptionen bestünde. In Wirklichkeit aber haben sich die Vorschläge der meisten Kartentheoretiker – wenigstens derjenigen des deutschen Sprachraumes – weitgehend einander angeglichen. Dies gilt bezüglich der Sache, es gilt noch nicht in gleichem Maße auch für die Benennungen. Wir suchten für das hier vorliegende Werk nach Benennungen, die das Wesen jeder Gefügeart möglichst treffend, möglichst eindeutig und möglichst verständlich umschreiben, selbst wenn dies da und dort zu längeren als anderswo vorgeschlagenen Wortbildern führte.

Abweichend von unseren Benennungen sind teilweise auch diejenigen, wie sie vorgesehen sind für den in Vorbereitung stehenden »*Multilingual Dictionary of Technical Terms in Cartography*», einem Unternehmen der *International Cartographic Association.* EMIL MEYNEN berichtet darüber im »Internationalen Jahrbuch für Kartographie, Band XI, 1971.« Er erläutert dabei einige im genannten Fachwörterbuch vorgesehene Konzeptionen und Benennungen statistisch-kartographischer Darstellungsformen. Sein Bestreben nach sprachlicher Kürze und wohl auch nach Übersetzbarkeit in andere Sprachen führten da und dort zu einigen wohl nicht eindeutig charakterisierenden Benennungen, zu solchen wie etwa »Ortslagekarte«, »Gebietslagekarte«, »Gebietsstufenkarte«, »Flächenstufenkarte« und »Schaubild«. Die Sachgliederungen und Benennungen, wie sie sich im oben genannten Aufsatze vom EMIL MEYNEN finden, beschränken sich übrigens auf statistische Karten, und sie sind als solche verständlich. Hier aber, im vorliegenden Buche, haben wir es mit thematischen Karten und Gefügen aller Art zu tun. Auch dies erheischte gewisse ausführlichere Benennungen.

Die Gefügegruppen thematischer Karten. Tabellarische Übersicht

Skizzen (Beispiele)	Kapitel Nr.	Gefüge-gruppen	Bezeichnungen der Gefüge	Charakterisierungen und Erläuterungen	
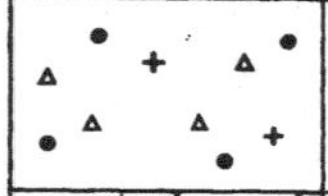	16	1	*Gefüge lokaler Gattungssignaturen* oder *Standortkarten* Signaturenmethode. Nach E. M.: Ortslagekarten	Meist abgegrenzte oder abgrenzbare, oft isolierte Vorkommnisse, differenziert vorwiegend nach ihren Arten (Gattungen, Qualitäten)	A. *Vorwiegend grundrißlich gestaltete oder grundrißlich bezogene Vorkommnisse*, zum Teil mehr oder weniger generalisiert. Bisher oft als »Karten« von den sog. »Kartogrammen« unterschieden
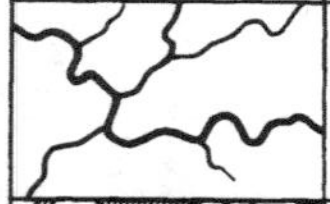	17	2	*Netze linearer Elemente*		
	18	3	*Gattungsmosaiken* oder *Gattungsflächengefüge* Nach E. M.: Gebietslagekarten		
	19	4	*Gefüge der Kontinua*	Werte, die sich von Ort zu Ort stetig ändern. Quantitative Aussage	
	20	5	*Gefüge zur Darstellung von Bewegungen und Kräften. Vektorengefüge*	Art, Richtung und Stärke von Bewegungen und Kräften. Aussagen qualitativ und quantitativ	

Skizzen (Beispiele)	Kapitel Nr.	Gefüge-gruppen	Bezeichnungen der Gefüge	Charakterisierungen und Erläuterungen	
	21	6	*Streuung von Wertpunkten und Wertsignaturen.* Punkt- und Signaturenkartogramme. Nach E. M.: Punktkarten, Punktstreuungskarten		*B. Gefüge zur Darstellung statistischer Werte. Statistische Karten.* Oft als Kartogramme bezeichnet. Art oder Gattung in Verbindung mit Wert oder Menge (Qualität und Quantität)
	22	7	*Dichtemosaiken* Flächenkartogramme, englisch: Choroplethmaps. Nach E. M.: Gebietsstufenkarten		
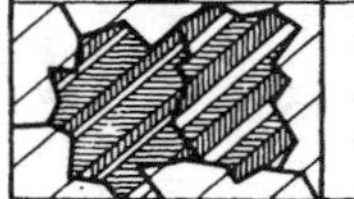	23	8	*Andere statistische Mosaiken*, unter anderem auch die *Streifenmosaiken* oder Streifendiagrammkarten oder Streifenkartogramme	Auch die von E. M. als »Ortslage- und Gebietslagekarten mit gestuften Größenklassenzeichen« bezeichneten Gruppen sind hier eingeordnet	
	24	9	*Gefüge von Orts- und Gebietsdiagrammen* *Orts- und Gebietsdiagrammkarten* Orts- und Gebietsdiakartogramme		
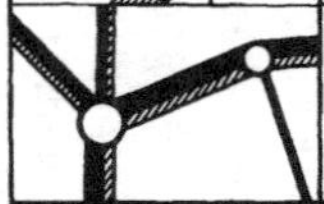	25	10	*Gefüge von Banddiagrammen*, Banddiakartogramme. E. M. unterscheidet hier Bandkarten und Banddiagrammkarten		
	26	11	*Mehrschichtige Gefüge, Raumschichten und Zeitstufen*		*C. Komplexe Gefüge*
	27	12	*Kombinationen verschiedener Gefüge*		

In unseren Zusammenstellungen (Tabelle und Texte) fügen wir unseren Benennungen solche der bisherigen Kartenliteratur und diejenigen des oben genannten »Dictionary«, resp. des Aufsatzes von Emil Meynen bei, die letzteren mit dem Hinweis auf die genannte Quelle »E. M.«. Damit hoffen wir Mißverständnisse zu vermindern und die Verbindungen mit der bisherigen Fachliteratur zu erleichtern.
Versuche des Verfassers eine thematisch-kartographische Gefügelehre zu entwickeln, reichen zurück auf das Jahr 1948. Seither hat er sie in Hochschulkursen oftmals zur Diskussion gestellt. Teile davon gelangten dann auf den verschiedensten Wegen in die Fachliteratur. Veranlaßt durch spätere Erfahrungen und durch Erkenntnisse anderer Autoren wurde dann der Gegenstand variiert und weiter ausgebaut.
Wir gliedern den Stoff differenzierter als es bisher meist üblich war. Wir nehmen Abspaltungen vor und bauen Zwischen- und Mischformen ein. Dies gibt uns die erwünschte Gelegenheit auf manches für die Kartengestaltung Nützliche hinweisen zu können.
Die Arten oder Typen der thematisch-kartographischen Gefüge seien in unserer *Tabelle* kurz zusammengestellt. Sie werden hierauf in den Kapiteln 16–27 eingehender betrachtet.

A. Gefüge vorwiegend grundrißlich gestalteter oder grundrißlich bezogener Vorkommnisse (Kapitel 16–20)

Solche Gliederungen sind stets mehr oder weniger generalisiert. Sie wurden bisher oft als »Karten« von den sog. »Kartogrammen« unterschieden. Sie lassen sich aufteilen in die folgenden fünf Gruppen:

1. Gefüge lokaler Gattungssignaturen

(Signaturenmethode. Nach E. M.: Ortslagekarten)

2. Netze linearer Elemente

3. Gattungsmosaiken oder Gattungsflächengefüge

(nach E. M.: Gebietslagekarten)

Diese drei Gefügearten enthalten vor allem Aussagen über *Art oder Gattung (Qualitäten) grundrißlich abgegrenzter oder abgrenzbarer Vorkommnisse.* Wert- oder Mengenaussagen sind hierbei oft von untergeordneter oder unbestimmter Bedeutung. Meist handelt es sich um feststehende, statische Dinge.
Herbert Louis faßte 1958 diese drei Gruppen zusammen unter den Bezeichnungen *»Diskreta«* oder *»Dispersa«* und er stellte sie in Gegensatz zu den *Kontinua* (Gruppe 4). Wir verzichten auf solche ungeläufigen Fremdwörter; denn sie erscheinen uns hier nicht angebracht. Als *»Diskreta«* bezeichnet der Mathematiker und Statistiker Zahlenwerte, die durch Intervalle endlicher Zahlen voneinander getrennt sind, im Gegensatz zu kon-

tinuierlichen Veränderungen. Es handelt sich somit bei diesen mathematisch-statistischen Benennungen um zwei Arten von Zahlenwertgliederungen. Einen Objektgrundriß aber kann man ebensowenig einer Zahlenwertgliederung (z. B. einem kartographischen Kontinuum) gegenüberstellen, wie man es etwa mit Religionen und Niederschlagsmengen tun könnte. Sinnvolle Antithese zum Kontinuum wäre die gestufte (nicht kontinuierliche) Wertgliederung, wie wir sie in der Dichtekarte (nach E. M.: Gebietsstufenkarte) vorfinden.
Auch die Bezeichnung »*Dispersa*« trifft nicht ins Schwarze. Dispers bedeutet: zerstreut, fein verteilt. Kartographische Objektgrundrisse aber sind nicht immer feinverteilt, sondern oft recht großflächig.

4. Gefüge der Kontinua

Hier sind Aussagen über Art oder Gattung mit solchen über ihre sich von Ort zu Ort kontinuierlich ändernden Werte vereinigt. Es kann sich um statische wie auch um dynamische Dinge handeln. Karten mit solchen Gefügen vermitteln vorwiegend *quantitative Werte oder Aussagen.*

5. Gefüge zur Darstellung von Bewegungen und Kräften

Sie vermitteln Auskünfte über Art, Richtung und Stärke von Bewegungen und Kräften. Es handelt sich hier um die Veranschaulichung *dynamischer, vektorieller* Elemente, um *Vektorengefüge.*

In allen diesen fünf Gefügearten der Gruppe A erscheinen die grundrißlichen Formen je nach Maßstab meist mehr oder weniger generalisiert.

B. Gefüge zur Darstellung statistischer Werte, sogenannte statistische Karten

Oft als *Kartogramme* bezeichnet (Kapitel 21–24). Hier finden sich Aussagen über *Art oder Gattung* (Qualitäten) stets in Verbindung mit solchen über deren *Werte oder Mengen (Quantitäten).* Hauptanliegen solcher Darstellungen ist das Vermitteln von Mengenwerten. Gefüge solcher Art sind:

6. Streuung von Wertpunkten und Wertsignaturen

Punkt- und Signaturenkartogramme, nach E. M.: Punktkarten, Punktstreuungskarten.

7. Dichtemosaiken

Flächenkartogramme, englisch: choropleth maps. Nach E. M.: Gebietsstufenkarten.

8. Andere statistische Mosaiken

Unter anderem auch die *Streifenmosaiken* oder Streifendiagrammkarten oder Streifenkartogramme.

9. Gefüge von Orts- und Gebietsdiagrammen oder Orts- und Gebietsdiagrammkarten

Orts- und Gebietsdiakartogramme

10. Gefüge von Banddiagrammen

Banddiakartogramme. E. M. unterscheidet hiebei Bandkarten und Banddiagrammkarten.

C. Komplexe Gefüge (Kapitel 26 und 27)

11. Mehrschichtige Gefüge, Raumschichten und Zeitstufen

12. Kombinationen verschiedener Gefüge

Recht oft zeigt sich das eine oder andere der in den Kapiteln 16–27 zur Sprache kommende Gefüge nicht in reiner Ausprägung. Es gibt Mischformen, Variationen usw. Im Interesse der Übersichtlichkeit ordnen wir einige solche da ein, wo es die stofflich-thematischen Zusammenhänge als geboten erscheinen lassen.
Im Kapitel 27 endlich kommen wir abschließend auf die besonderen Probleme der *Überlagerungen* und Kombinationen verschiedener Gefüge zurück.
Es mag auffallen, daß in unseren Zusammenstellungen und Betitelungen ein- und dieselbe Darstellungsform oft als »*Gefüge*« wie auch als »*Karte*« bezeichnet wird. Diese terminologische Unsicherheit ist praktisch ohne Bedeutung. Wir wählten die Bezeichnung »Gefüge«, um damit eine spezielle, strukturelle Gattung zu bezeichnen. »Karte« hingegen ist das fertige Ganze; zum Begriff Karte gehört auch das erforderliche topographische Basisbild, die Beschriftung usw.
Eine *primäre Aufgabe* des Forschers besteht darin, für seine, in der geographischen Wirklichkeit erhobenen Daten und Erkenntnisse und für seine Mitteilungsabsichten die bestgeeignete, möglichst konforme graphische Gefügeart zu finden. Oft ergibt sich dies leicht aus der Erfahrung oder aus vorliegenden Beispielen. Oft aber führen nur lokale zeichnerische Vorversuche zu brauchbaren Lösungen. Erfolgversprechende Konfrontation von Wirklichkeit und Bild aber setzt gute Kenntnisse sowohl des Themas als auch der graphischen Bildsprache, der Gefügeformen, voraus. Diese letzteren seien in den folgenden Kapiteln entwickelt und erläutert.

Kapitel 16
Gefüge lokaler Gattungssignaturen

Auch bezeichnet als *Standortkarten*, *Positionskarten* oder *Signaturmethode* oder nach E. M. als *Ortslagekarten*

Hauptzweck lokaler Gattungssignaturen ist es, Vorkommnisse der verschiedensten Art (Qualität) in ihrer möglichst genauen topographischen Lage und Situation zu zeigen. Gefüge solchen Inhaltes finden sich vor allem in speziellen »*Standortkarten*« oder »*Positionskarten*«, aber auch in fast allen anderen Karten. Manche ihrer Eintragungen beziehen sich auf Bauwerke, auf Ausbeutungsorte von Bodenschätzen und andere Objekte. Es ist dann lediglich eine Maßstabs- und Generalisierungsfrage, ob sie als uniformierte Signaturen oder aber grundrißähnlich, grundrißtreu oder als Kleinbilder zur Darstellung gelangen. Erlauben es Kartenmaßstab und Dimension des Objektes, so wird dieses letztere in der Regel grundrißlich gezeichnet, seltener als Ansichtsfigur. Bei grundrißlicher Darstellung großen Maßstabes haben wir es graphisch mit *flächenhaften mosaikartigen Bildgefügen* zu tun, wie sie im Kapitel 17 zur Sprache kommen. Herrscht aber das individuelle Ansichtsbild vor, so handelt es sich um sog. »*Bildkarten*«, auf die im Kapitel 36 kurz eingetreten wird.
Hier betrachten wir die Darstellung lokaler Vorkommnisse durch Gattungs-Kleinsignaturen. Solche Signaturen sind nicht zu verwechseln mit den äußerlich oft recht ähnlichen Wertpunkten und Wertsignaturen (Kapitel 21). Letztere vermitteln vor allem *Quantitäten* der Vorkommnisse. In den Gefügen lokaler Gattungssignaturen aber zeigen die Symbole deren *Arten* oder *Qualitäten*. Jedem einzelnen Kartenzeichen kommt in der Regel individuelle Bedeutung zu, bei der Streuung von Wertpunkten aber nicht. In den Gefügen lokaler Gattungssignaturen gilt die Aufmerksamkeit in erster Linie der einzelnen Signatur, erst in zweiter Linie deren Scharung. Bei Streuungen von Wertpunkten aber ist der einzelne Punkt anonymer Vertreter einer Menge.
Für manche Standortkarte ist ein gutes, detailreiches topographisches Basisbild (mit Gewässernetz, Siedlungen, Verkehrslinien, Geländedarstellung, Grenzlinien und Beschriftung) unerläßlich; denn die Ortslage jedes eingetragenen Objektes, sei es nun ein Saurierknochen, ein Steinbruch oder ein barockes Gotteshaus, soll möglichst genau ersichtlich sein. Man benötigt daher für solche Karten meist recht große Maßstäbe. Oft wird die Gattungssignatur unmittelbar neben oder über ein zugehöriges Ortszeichen gesetzt, oft aber bezeichnet sie selber ihre Position.
Die *Formen der Signaturen* sind im Kapitel 10 besprochen. Sie hängen ab von der Art der Objekte, von der Häufigkeit ihres Auftretens, von den Kartenmaßstäben und wohl auch vom Benützerkreis der Karten. Feste Vorschriften lassen sich nicht aufstellen, doch halte man sich im allgemeinen an folgendes:

1 Kommen in einer Karte nur einige wenige Objektgattungen vor, ist aber jede dieser Gattungen durch eine große Anzahl von Objekten vertreten, so wähle man einfachste geometrische Kleinsignaturen, kleinste Kreise (»Punkte«), Quadrate, Rechtecke, Dreiecke, Kreuze und ähnliches. Sie beanspruchen weniger Raum als bildhafte Signaturen, lassen sich gut auf ihre Orte zentrieren, wirken im Gesamtgefüge ruhig

und sind zeichnerisch und technisch leicht herstellbar. Überdies sind sie gewichtsmäßig gut aufeinander abzustimmen *(Abb. 41)*.

2 Kommen in einer Karte viele verschiedene Objektgattungen vor, ist aber jede derselben nur in kleiner Anzahl vertreten, so sind bildhafte Signaturen oft angebracht. Sie erleichtern das Lesen der Karte. Bildhafte Signaturen eignen sich vor allem auch, wenn Gewichtsunterschiede unwesentlich sind *(Abb. 42)*.

3 In Karten großer Maßstäbe, da wo genügend Raum zur Verfügung steht, sind bildhafte Signaturen oder auch Objekt-Kleinbilder leichter unterzubringen, als in Karten kleiner Maßstäbe. In den letzteren sind komplizierte Figuren selten zu empfehlen.

4 Abgesehen von solchen Gesichtspunkten wähle man geometrische Kleinsignaturen vor allem für Kartenpunkte geometrischer und abstrakter (nicht körperlicher) Bedeutung, wie z. B. für Triangulationspunkte, Kältepole usw. Bildhafte Signaturen aber kommen in Frage vor allem für reale, körperhafte Objekte, wie etwa für Kirchen, Klöster, Fabriken, Kraftwerke, Raffinerien, Flughäfen, Leuchttürme.

5 Geometrische Kleinsignaturen, bildhafte Signaturen und Buchstabensignaturen in ein- und derselben Karte sind zulässig, sofern darauf geachtet wird, daß die Gewichte der Vorkommnisse durch die graphischen Figurengewichte nicht in störender Weise verfälscht werden.

6 Manche der darzustellenden Objekte sind untereinander ähnlicher Art oder verwandt. In solchen Fällen soll dies durch Form und Farbe ihrer Signaturen zum Aus-

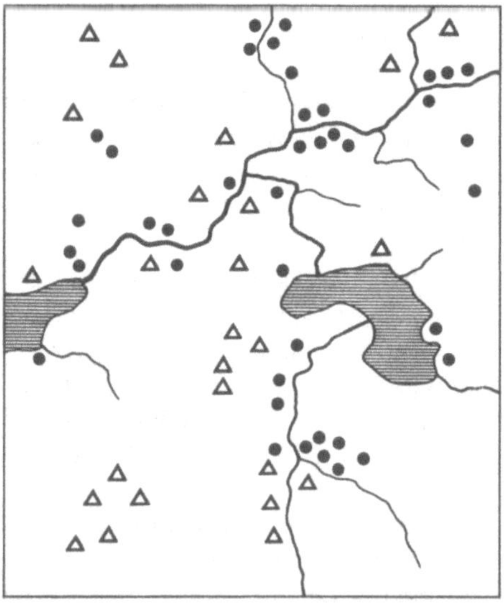

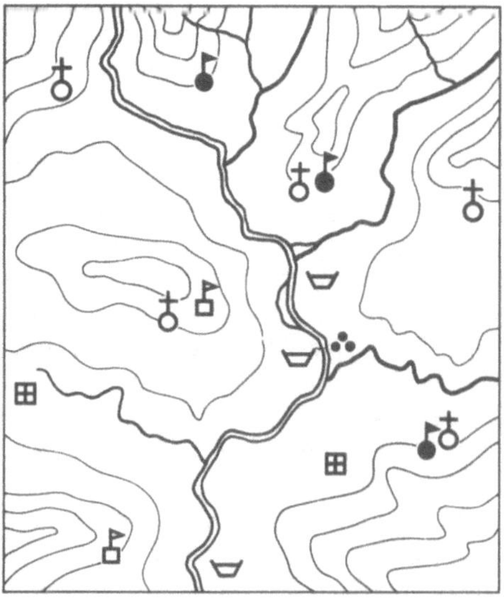

Abb. 41 und 42 Gefüge lokaler Gattungssignaturen

Abb. 41 Nur zwei verschiedenartige Objektgattungen, jede derselben in großer Anzahl. Einfache geometrische Kleinsignaturen

Abb. 42 Viele verschiedenartige Objektgattungen, jede aber nur in kleiner Anzahl. Bildhafte Signaturen

druck kommen. Man greife dann zu variationsfähigen Gruppensignaturen (Abb. 19) oder zu sinnvoller farbiger Gruppierung. Farbunterschiede gliedern, fassen zusammen oder trennen deutlicher, als Formunterschiede, verursachen aber meist höhere Kosten.

7 Kleinsignaturen ein- und derselben Gattung in ein- und derselben Karte sind meist formal und in den Dimensionen einheitlich festgelegt. Dies scheint in der Kartographie so üblich zu sein, nicht zuletzt auch aus ökonomischen Gründen. Solcher Gebrauch liegt aber nicht immer im Interesse des Kartenbenützers. Wohl will man durch Gattungssignaturen Gattungen bezeichnen und Gattungen differenzieren, nicht aber Werte oder Mengen. Doch steht nichts im Wege, durch Variation der Dimensionen auf offensichtliche Wichtigkeitsunterschiede von Objekten hinzuweisen. Schließlich ist ein Großflughafen häufiger gefragt und in der Karte gesucht, als ein kleiner Aeroport von nur lokaler Bedeutung.

In Kleinstmaßstäben verlieren manche Gattungssignaturen ihre individuelle Einzelaussage. Eine Signatur bedeutet dann lediglich: »In dieser Gegend kommen die betreffenden Dinge (z. B. Erdöl) vor«.

Kapitel 17
Netze linearer Elemente

Auch etwa (recht ungenau) als Objektlinienmethode bezeichnet.

Das Naturbild kennt, streng genommen, keine Linie. Als zeichnerische Fiktion aber, als graphisches Ausdrucksmittel ist sie ein Hauptelement jeder bildhaften Darstellung.

Die Linie ist seit jeher auch tragendes Element jeder Karte. In der thematischen Karte bildet sie das grundlegende topographisch-geometrische Gerippe, und sie tritt auf als spezielle thematische Aussage. Linien können statische (ruhende) oder aber seltener *dynamische* (bewegte) Dinge bezeichnen. Sinn oder Bedeutung sind so vielerlei Art, daß sich hierüber eine umfangreiche »Philosophie der Linie« entwickeln ließe, doch führte dies leicht zu einer Philosophie der Selbstverständlichkeiten. Wir verzichten darauf und nennen im Folgenden lediglich einige der *häufigsten kartographischen Liniensysteme oder Liniennetze*. Es sind folgende:

a) Netze von Hilfs-, Konstruktions- und Meßlinien, wie Koordinatennetze (Kilometergitter und Gradnetze), Triangulationsnetze, Netze der Nivellementszüge, Radarnetze usw., aber auch Netze von Sichtverbindungen (Sichtlinien), Einflußlinien, Bereichstrahlen (z. B. für Krankenhausbereiche), Zusammenhangslinien aller Art.

b) Netze von Linien, die durch Schrumpfung und Generalisierung hervorgehen aus flächenhaften, jedoch schmalen, langgestreckten Geländeobjekten: Gewässernetze, Straßen- und Wegnetze, Bahnnetze, Leitungsnetze usw., ferner Netze von nur gedachten, planmäßig festgelegten oder sonstwie registrierten Linien, wie z. B. von Schiffslinien, Fluglinien, Reiserouten, Schußlinien und ähnlichem. (Schiffs- und Fluglinien, Schußlinien und ähnliches sind statisch, nicht dynamisch; denn sie zeigen nicht Bewegungen, sondern nur Bahnen und Wege).

c) Wohl am häufigsten sind in der Karte Abgrenzungslinien aller Art, wie z. B. die Grundstücksgrenzen, politischen Gebietsgrenzen, Sprachgrenzen und Begrenzungen vieler anderer wirklicher oder fiktiver Areale, auch generelle Abgrenzungslinien gestreuter Dinge. Genau betrachtet bedeuten alle solchen Linien nur das Aufhören eines flächenhaften Vorkommnisses oder einer Streuung. Je nach Richtung unseres Interesses können wir sie als lineare Kartenelemente oder aber im Zusammenhang mit den entsprechenden Flächen betrachten.
d) Sonderfälle bilden die im Kapitel 19 zur Sprache kommenden Wert- oder Isolinien und die Gefällslinien zur Darstellung der Kontinua. Die letzteren sind Raum- oder Flächenzustände, deren Werte sich von Ort zu Ort stetig (kontinuierlich) verändern. Somit handelt es sich bei den Isolinienscharen um lineare Darstellungen von Erscheinungen, die in Wirklichkeit in extremer Weise nicht linearer Art sind. Die Isolinienscharen dienen hier lediglich dazu, Kotenwerte, Gefälle und Gefällsrichtungen an jedem Ort des Kontinuums erfassen zu können, sie sind mantelartig über das Kontinuum ausgebreitete Meßskalen. Wichtigstes Beispiel: in der topographischen und auch in mancher thematischen Karte ist der Höhenkurvenmantel.

Linien aller Art werden meist durch *signaturartige* Ausstattung qualitativ, quantitativ oder auch nach zeitlichen Etappen differenziert. Begrenzungen realer Geländeobjekte werden meist durchgezogen, fiktive oder unsichere Linien punktiert oder gestrichelt. Unsicherheit oder Unbestimmtheit läßt sich auch ausdrücken durch starke generalisierende Vereinfachung und stückweises Unterbrechen der Linien. Bewegungslinien und lineare »Richtungen« werden oft durch Pfeile ergänzt (siehe darüber Kapitel 20). Formen und Anwendungen der Linearsignaturen sind im übrigen in den Kapiteln 6, 8 und 10 näher dargelegt.

Ausdrucksstärker, differenzierter und vielsagender als die Signaturformen der Linien sind ihre grundrißlichen *Netzgefüge;* denn nur diese, nicht aber die vom Menschen erfundenen symbolischen Zeichen, sind gleichsam Spiegelbilder der geographischen Wirklichkeit. Jedes Netzgefüge besitzt seine Eigenart, die sich ausdrückt im Linienverlauf, in der Art der Liniengabelungen und Verflechtungen. Man könnte in einer topographischen Karte sämtliche Bachlinien, Bahnlinien, alte und moderne Straßen, Karrenwege, Fußwege und auch Gemeindegrenzen uniform mittelst durchgezogener Linien von ein- und derselben Strichstärke zeichnen, trotzdem bestünden kaum Zweifel über die Bedeutung der Linien; denn ihr Verlauf, die Art der Krümmungen, der Zusammenhänge und Gabelungen verraten dem geübten Kartenleser unfehlbar die Gattung.
Infolge der maßstäblichen Verkleinerungen gelangen die Linien und ihre Netzgefüge stets in mehr oder weniger vereinfachter, generalisierter Form in die Karten. Die Kartenbearbeiter sollen daher ihre typischen Charaktermerkmale kennen und verstehen; denn nur so werden ihnen gute Vereinfachungen gelingen. Bezüglich Generalisierung sei auf das *Kapitel 30* hingewiesen.
Die *Figuren 1–6 der Abbildung 43* zeigen einige verschiedenartige Liniengefüge.
Figur 1: Triangulationsnetz. Feine gerade Linien von Punkt zu Punkt, mit Abstufung der Strichstärken. Das Netz erster Ordnung ist hervorgehoben, dasjenige zweiter Ordnung tritt zurück.
Figur 2: Netzgefüge mit Zugehörigkeitsverbindungen. Es handelt sich in unserem Bei-

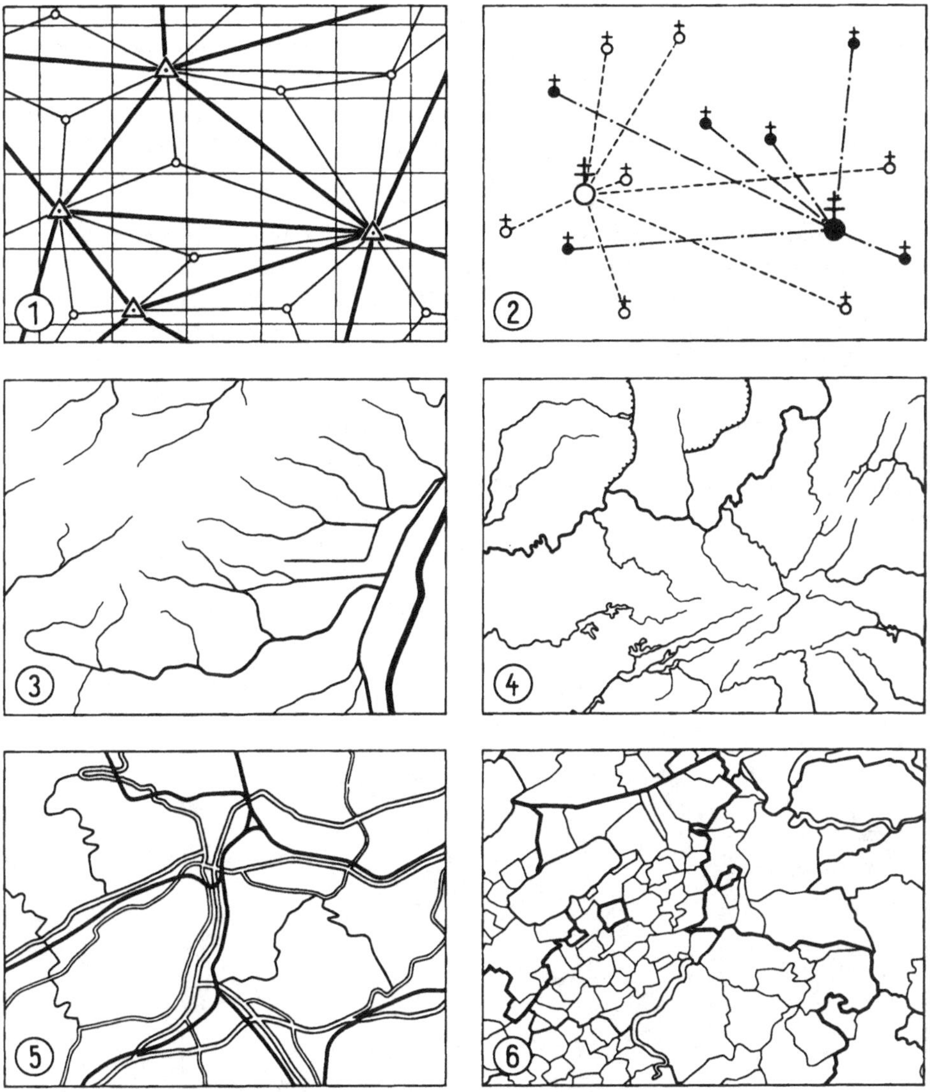

Abb. 43 Grundrißliche lineare Netzgefüge
Figur 1 Triangulationsnetz. Figur 2 Zugehörigkeitsverbindungen. Figur 3 Flußnetz in großem Maßstab. Figur 4 Flußnetz in kleinem Maßstab. Figur 5 Verkehrsliniennetz. Figur 6 Netz politischer Arealgrenzen

spiel um kirchenrechtliche Verbindungen zwischen Pfarrkirchen und ihren Filialen zürcherischer Kirchengemeinden im Jahre 1550. (aus KLÄUI und IMHOF: Atlas zur Geschichte des Kantons Zürich, Zürich, 1951).

Figur 3: Gewässernetz in großem Maßstab. Am steilen Gebirgshang fast parallele, nach unten pfeilende Bachlinien. In der meliorierten Ebene künstliche, geradlinige Kanäle.

Figur 4: Gewässernetz in kleinem Maßstab: Quellgebiet des Ohio in Virginia, USA. Im Innern des Faltengebirges der Appalachen Parallelstruktur des Gewässernetzes. Gestreckte Flußläufe in den Längstälern, kurzgeknickte Strecken in den Quertälern. Im Norden, außerhalb des Faltengebirges, regellos freies Hin- und Herpendeln der Flüsse. Die Strichstärken von Flußlinien sollen vom Ursprung bis zur Mündung stetig zunehmen. Von Ausnahmen in Trockengebieten abgesehen, stuft man in Übersichtskarten die Fluß-Strichstärken ungefähr nach den Dimensionen der Einzugsgebiete ab. Dies wird leider oft nicht befolgt. Die Strichstärke soll nicht von der Spitzenform einer Graviernadel abhängig sein, sondern nur von der geographischen Wirklichkeit.

Durch das generalisierende Vereinfachen werden, je nach den maßstäblichen Notwendigkeiten, kleine Krümmungen gestreckt oder unterdrückt und damit die Linien verkürzt. Messungen von Straßen- und Flußlängen ergeben nur auf Grund genauer Karten der Maßstäbe etwa 1:50 000 und größer annähernd richtige Ergebnisse. Wie im Kapitel 30 über das Generalisieren näher ausgeführt wird, beträgt in einer Karte von Deutschland im Maßstab 1:4 000 000 die Länge des Rheins vom Ursprung bis zur Mündung nur etwa 80% der wirklichen Länge.

Noch radikaler aber wirken sich generalisierende Vereinfachungen auf die *Dichte* von Liniennetzen, resp. die Summen der Streckenlängen aus. Verkürzungen durch Streckun-

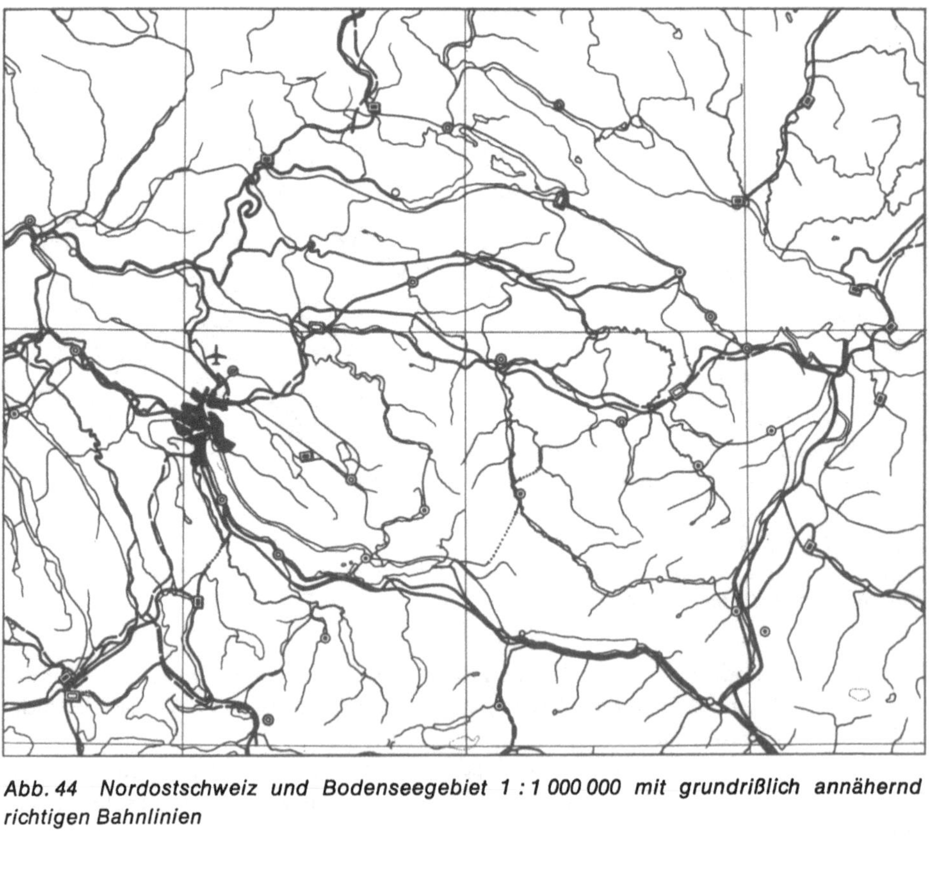

Abb. 44 Nordostschweiz und Bodenseegebiet 1 : 1 000 000 mit grundrißlich annähernd richtigen Bahnlinien

gen der Linien und Linienweglassungen wirken hier zusammen. Selbst größte Dichteunterschiede, beispielsweise von Flußnetzen, sind in Karten kleinster Maßstäbe oft nahezu ausgeglichen.

Figur 5: Auf die Netze der Bahn-, Straßen- und Wegelinien wurde bereits hingewiesen. Man beachte in der Figur 5 die geglätteten, gestreckten Linienzüge der Bahnen und Hauptstraßen mit ihrem Wechsel von geraden und geometrisch gesetzmäßig gekrümmten Strecken, daneben aber die engeren, unregelmäßigen Krümmungen alter Straßen, der Nebenstraßen oder gar der, kleineren Geländeunebenheiten angepaßten Fußwege. Auch bei starker Generalisierung sollen solche Merkmale und Unterschiede möglichst erhalten bleiben. Solange die Bildgröße ein tangentiales Einspuren einer Geleiselinie in eine andere solche Linie zeichnerisch zuläßt, sind ihre eckig geknickten Verbindungen unzulässig.

Wie bei Flußnetzen verkürzen sich die Linien auch hier mit kleiner werdendem Maßstab.

Figur 6: Beispiel eines Netzes politischer Grenzlinien. Durch Unterschiede der Strichstärken und der Linear-Signaturen wird unterschieden zwischen Staatsgrenzen, Ländergrenzen, Provinzgrenzen, Kantonsgrenzen, Departementsgrenzen, Bezirksgrenzen, Gemeindegrenzen usw. Seit altersher bestehende Grenzen folgen oft Gebirgskämmen

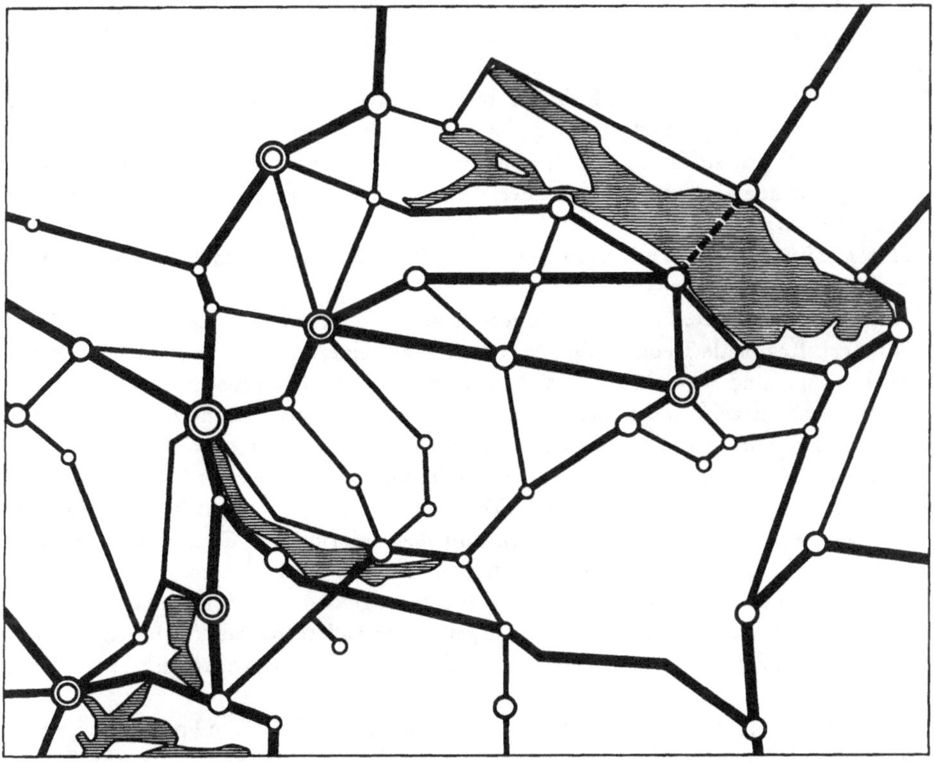

Abb. 45 Dieselbe Situation in stark vereinfachter und verzerrter Form für Kursbuchübersicht

und Wasserläufen, oder ihr Verlauf ergab sich aus wechselvollem Hin und Her des lokalen Areal-Besitzes. Entsprechend sind ihre Linienzüge meist kleingliedrig und unregelmäßig geknickt. Neuzeitliche, modern angelegte Grenzen, sowohl Grundstücksgrenzen im Kleinen als auch Staatsgrenzen spät kolonisierter Erdräume, sind oft auf längere Strecken geradlinig. Die letzteren folgen nicht selten Meridianen und Parallelkreisen. Beispiele in Nordamerika, Afrika, Australien usw.

Man beachte in der Figur 6 die großen Dimensionsunterschiede der Gemeindeareale: Engmaschiges Gitter im fruchtbaren, ertragreichen Flachland, großmaschiges Gitter im wenig ertragreichen, größtenteils unproduktiven Hochgebirge. Solche Gegensätze wirken sich auf die Grenzlinien- und Arealgefüge zahlloser thematischer Karten aus.

Man unterscheidet natürliche und künstliche Flußläufe, solche mit geregeltem und ungeregeltem Abfluß, mit periodisch unterbrochener und stetiger Wasserführung; man unterscheidet schiffbare und nicht schiffbare Flüsse. Bahnnetze gliedert man in ein- und doppelgleisige Linien, in Strecken mit normaler und solche mit schmaler Spurweite, nach den Bahneigentümern (Staatsbahnen und Privatbahnen), nach der Zeitperiode des Bahnbaues und nach anderen Gesichtspunkten. Auch die modernen Touristenbahnen und Sporteinrichtungen (Standseilbahnen, Kabinen-Schwebebahnen, Sessellift, Skilift) besitzen ihre besonderen Linearsignaturen. Reiche Ausstattung durch Zusatzbezeichnungen und Farben erfuhren seit dem Aufschwung des Autotourismus besonders die Autostraßenkarten. Fahrbarkeit, Straßenzustände, Streckenlängen, Steigungen usw. werden angegeben. Ja selbst mit »landschaftlich besonders schöner Strecke« wird der Kartenbenützer bedient.

Für besondere Zwecke, wie z. B. in Kärtchen der Kursbücher oder solchen für lokale Fremdenverkehrspropaganda, werden im Interesse besserer Übersichtlichkeit die Verkehrslinien oft grundrißlich stark deformiert. In den *Abb. 44* und *45* sind zwei einander entsprechende Karten des Netzes der wichtigsten Bahnverbindungen im Raume der Nordostschweiz dargestellt.

Abb. 44: Situationskarte mit grundrißlich annähernd richtigen Linienführungen (zum Vergleich).

Abb. 45: Dieselbe Situation in vereinfachter, verzerrter Form für eine Kursbuch-Übersichtskarte. Regionale Details, die der Reisende zu seiner ersten, raschen Orientierung nicht benötigt, sind weggelassen. Das Linien- und Positionsgewebe ist vereinfacht, zurechtgerückt und zeigt nicht mehr reale Grundrisse, sondern nur noch die Linienzusammenhänge und ihre Verknotungen. Nach englischen Sprachgebrauch werden solch schematische Darstellungen als *Kartogramme* (cartograms) bezeichnet (siehe Emil Meynen 1971). Im Deutschen aber ist dies nicht üblich, und es ist wohl sachlich anfechtbar; denn zwischen einigermaßen formtreuen und den deformierten Grundrissen ist keine scharfe Scheidung möglich. Je nach Maßstab, Zweck und Generalisierungsgrad sind alle grundrißlichen Kartengefüge mehr oder weniger umgeformt. Auch ein zweckbedingtes Hineinzwängen eines Kartengebietes in irgend eine äußere Rechteckform sagt wenig; denn solches findet sich infolge gewisser Wahl des Projektionssystems auch bei anderen Karten.

Früheste Karte, deren Gebiet und Inhalt zweckbedingt in die äußere Form eines schmalen, langen Rechteckes deformiert worden war, ist die berühmte »Peutingersche Tafel«, eine Darstellung der Tages-Marschstrecken der Heerstraßen des Römerreiches. Niemand aber wird sie deshalb als »Kartogramm« bezeichnen.

Kapitel 18
Gattungsmosaiken oder Gattungflächengefüge

18.1. Wirklichkeit und kartographische Abbildung

Häufige Inhaltselemente vieler Karten, vor allem auch thematischer Karten, sind *mosaikartige Gefüge grundrißlicher Flächen* verschiedenster Gattung. Was aber in der Karte aus Gründen begrifflicher und graphischer Abstraktion und Generalisierung als Flächen oder Flächenstücke, als Flächenmosaik, dargestellt wird, kann in der geographischen Wirklichkeit sehr Verschiedenartiges und durchaus nicht immer Flächenhaftes sein.
Es lassen sich folgende drei Gruppen unterscheiden:

18.1.1. Wirkliche flächenhafte Areale

Beispiele: Gesteinsoberflächen und ihre Gliederungen in geologischen Karten, Gewässerflächen, Gletscherflächen, Gewässereinzugsgebiete, Waldflächen, Weideflächen, Akkerflächen, Sümpfe und Moore, Tundren, Wüsten, Geröllflächen, aber auch Gebäudegrundrißflächen, Straßengrundrißflächen und ähnliches. In manchen Fällen handelt es sich in der Karte um Zusammenfassungsformen von aufgegliederten Kleinflächenstükken (blockartige Zusammenfassung von Gebäuden).

18.1.2. Fiktive Flächen

Dies sind Areale, denen vom Menschen bestimmte, in der Natur nicht vorhandene oder nicht ohne weiteres wahrnehmbare rechtliche oder andere Eigenschaften zugewiesen werden. Beispiele: Grundstücke gegliedert nach Eigentümern, politische Areale, Einflußgebiete, Ausscheidungszonen verschiedenster Art.

18.1.3. Flächen als Generalisierungsformen gestreuter, isolierter Einzelobjekte, wie Pflanzen, Tiere, Menschen, und isolierter Beobachtungen und Feststellungen (Pseudoflächen)

Beispiele finden sich in pflanzen- und tiergeographischen Karten, in Karten von Sprach- und Religionsgebieten, in volks- und bevölkerungskundlichen Karten.
Hierbei können flächenhafte Zusammenfassungen oder Gliederungen nach den verschiedensten Gesichtspunkten vorgenommen werden. Man umschließt die Areale entweder durch *absolute Vorkommensgrenzen* oder durch *Grenzen der Hauptvorkommen* oder aber durch solche eines *mehrheitlichen Vorkommens.*

In der *Abb. 46* zeigen die Signaturen der *Figuren 1 und 3* die wirklichen Objektstreuungen, die Linien der *Figuren 2 und 4* aber die entsprechenden Arealbegrenzungen in mosaikartigen Karten meist kleinerer Maßstäbe. Die absoluten Vorkommensgrenzen sind Umfahrungslinien der äußersten Vorkommnisse; die Haupt-Vorkommensgrenzen bezeichnen Areale einer gewissen (auf Grund irgendeiner Definition ermittelten) Häufigkeit der Objekte.

Die Areale und ihre Grenzlinien sind in solchen Fällen Ergebnisse generalisierender Zusammenfassung.

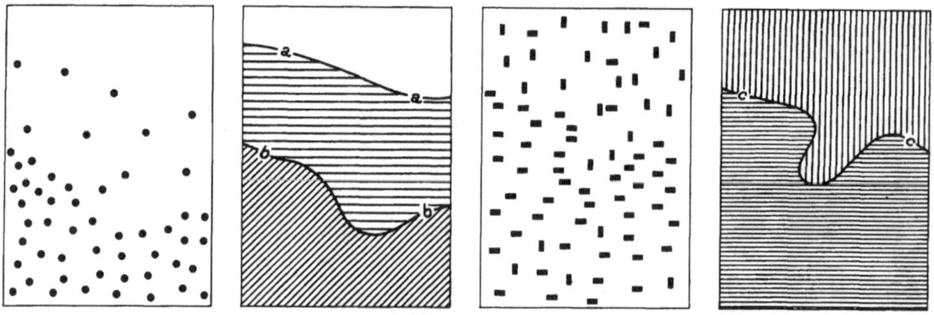

Abb. 46 Flächen als Generalisierungsformen gestreuter Einzelobjekte
Figur 1 Streuung von Einzelobjekten einer einzigen Gattung. Figur 2 Grenzen des Vorkommens dieser Objekte und Stücke entsprechender Mosaikfelder. Linie a—a: Absolute Vorkommensgrenze der Einzelobjekte. Linie b—b: Grenze des Hauptvorkommens. Figur 3 Streuung von Einzelobjekten zweier verschiedener Gattungen. Figur 4 Grenzlinie c—c zwischen den Gebieten, in welchen die eine oder andere Objektgattung mehrheitlich vorkommt. Generalisierungsform der Figur 3

18.2. Allgemeines über die graphischen Lösungen

In Karten werden grundrißliche Flächen dargestellt durch

1 Umrißlinien (Grenzlinien) oder Grenzsäume, durch Symbole, wie z. B. Wappenbilder für politische Areale, ferner durch eingeschriebene erläuternde Texte, Namen, Sach-Benennungen, Gattungsbezeichnungen.
2 Flächenhaft gestreute Kleinsignaturen, z. B. für Waldflächen oder Sumpfareale.
3 Einfarbige, aber in der Art variierte Schraffuren.
4 Verschiedenfarbige Flächentöne. Auf diese anschaulichste und am besten differenzierende Darstellungsform kommen wir unten zurück.
5 Oft auch gelangen diese verschiedenen graphischen Lösungen kombiniert zur Ausführung.

Die Lösungen sind abhängig von den darzustellenden Vorkommnissen und ihren Gliederungen, oft aber sind sie vorgezeichnet durch bestehende Normen (geologische Karten) oder durch die technischen Möglichkeiten, durch die Kartenmaßstäbe, vor allem

aber auch durch die Zweckbestimmung der Karte, z. B. durch die Absicht nach politischer Beeinflussung.
Nicht immer wird die Gesamtfläche einer Karte lückenlos mosaikartig in farbige oder anderswie bezeichnete Flächenstücke aufgegliedert. Oft werden nur bestimmte Gattungen von Arealen, z. B. die Wasserflächen, die Wälder, die Gebäude usw., hervorgehoben (Abb. 49).

18.3. Was bei der graphischen Gestaltung von Gattungsmosaiken zu beachten ist

18.3.1. Mosaik ohne Exklaven Tafel IV, Figur 1

Setzt sich ein Mosaikfeld aus vielen, aber grundsätzlich gleichartigen oder gleichberechtigten Arealen ohne Gruppenbildung und ohne Exklaven zusammen, so kann ein- und dieselbe Farbe mehrmals auftreten, ohne jedoch Sachzusammenhänge anzeigen zu wollen. Beispiel: Karte der Departementsgliederung von Frankreich. Hiebei aber sollen sich nirgends gleichfarbige Areale berühren. Erforderlich und in jedem Falle ausreichend sind hierbei vier verschiedene Farbtöne, resp. Schraffurarten. Eine solche Lösung mag anfechtbar erscheinen, weil gleicher Farbton verschiedener Flächenstücke sachliche Zusammenhänge vortäuschen kann. Sie drängt sich aber aus ökonomischen Gründen und im Interesse deutlicher farblicher Differenzierung gelegentlich auf.

18.3.2. Mosaik mit Exklaven Tafel IV, Figur 2

Kommen Exklaven einzelner Territorien vor, so muß *jeder* arealen Gattung ein *eigener*, nicht in andern Gattungen wiederkehrender Farbton zugeordnet werden. Nur so sind Exklaven, Enklaven und Sach-Inseln in ihren Zuordnungen sicherzustellen.

18.3.3. Gruppenbildung

Oft gliedert sich ein Areal in Untergruppen seiner Gattung. Entsprechend gliedere man die Arealfarbtöne. Innerhalb einer roten Obergruppe differenziere man die Untergruppen durch Helligkeits- oder Intensitätsunterschiede des roten Tones. Analog verfahre man mit der grünen Obergruppe usw. Flächen gegensätzlicher Gattung gebe man gegensätzliche Farbtöne, Flächen ähnlicher Gattung, ähnliche Farbtöne. Farbintensitätsunterschiede bedeuten hier keine Wertungen, sie dienen lediglich der guten visuellen Erfaßbarkeit.
Beispiele: In einer politischen Arealkarte (Tafel IV, Figur 3) sind die österreichischen Länder durch verschiedene Rottöne differenziert und zusammengefaßt.
In geologischen Karten wähle man *Rot-Stufen* für alles Kristalline, unterteilt z. B. in älteres Kristallin, mesozoisches Kristallin und tertiäres Kristallin. Blau wird oft dem Jura zugeteilt, wobei man Lias, Dogger und Malm durch verschiedene Farbintensität unterscheiden kann.

In einer Sprachenkarte von Europa gibt man beispielsweise allen germanischen Sprachen rote Töne, den romanischen Sprachen blaue Töne, den slawischen Sprachen grüne Töne. Jede dieser Obergruppen ist wiederum in leichtere und kräftigere Töne aufgegliedert zur Differenzierung der einzelnen Sprachen.

18.3.4. Mosaik, bestehend aus sehr großen und sehr kleinen Flächenstücken Tafel IV, Figur 4

Häufige Beispiele finden sich in politischen Karten, so etwa in solchen von Europa mit dem Großareal der Sowjetunion und den Kleinarealen von Luxemburg, Liechtenstein, Monaco, Andorra usw. Falls man in der Wahl der Farben frei ist (frei von Normen, Traditionen, Gewichtszuteilungen usw.) wähle man für die Großareale leichte, helle, für die Kleinstareale sehr kräftige, dunkle Farbtöne. Nur so können sich die »Kleinen« neben den »Großen« behaupten. Nur so sind auch die »Kleinen« leicht auffindbar.

18.3.5. Arealgewichte

Starke, dunkle, intensive Farbtöne geben einem Areal visuell ein Übergewicht gegenüber Mosaikfeldern mit schwachen Farbtönen. Beispielsweise wird man intensiv genutztes, ertragreiches agrarisches Gebiet kräftig (dunkel), extensives Gebiet aber leichter (heller) tönen. Graphische Gewichtsunterscheidungen sind oft beabsichtigt und berechtigt. Leider aber dienen sie nicht selten tendenziöser Irreführung des Kartenlesers.
Von solch allgemeiner Gewichtsdifferenzierung bis zu den zahlenmäßig definierten Abstufungen von Wertflächen, wie sie im Kapitel 22 betrachtet werden, ist es nur ein kleiner Schritt.

18.3.6. Mosaik mit Durchdringungen, Überlagerungen, Mischungen

Politisches Einflußgebiet, das Bestehen besonderer Interessen oder Rechte eines Staates (mit blauem Areal) in einem fremden Gebiet (mit gelbem Areal) kann angedeutet werden durch blaue Umsäumung des fremden gelben Areals.
Mischzonen, z. B. solche zweier Religionen mit rotem, resp. blauem Flächenton, lassen sich darstellen durch eine örtliche Wechselfolge von roten und blauen Balken. Diese oft verwendete, aber recht grobe Darstellungsform ist nur zu empfehlen für großflächige, sehr einfach geformte Mischzonen. In kleinen Mischzonen täuschen dann die isolierten, »abgefressenen« Balkenstücke lokale Vorkommnisse der einen oder der andern Art vor, lassen aber Mischungen oder Durchdringungen nicht erkennen.
Für Durchdringungen oder Mischungen ergeben sich manchmal gute Lösungen durch Auflagerung feiner Punkte oder Schraffuren einer kräftigeren Farbe auf einen hellen Grundfarbton, oft auch durch bloße Umfassungslinie des beigemischten Vorkommnisses.
Die Figur 6 der Tafel IV zeigt Mischungen, Durchdringungen oder Überlagerungen verschiedener Bodenarten und Bodenschätze.

18.3.7. Zentral gelegene und randliche Areale Tafel IV, Figuren 7 und 8

Die Gesamtform einer politisch gegliederten Karte von Österreich tritt in der Figur 7 markant in Erscheinung, weil die randlichen Teilgebiete kräftig getönt sind. In der Figur 8 aber treten die Außenteile gegenüber den kräftig getönten zentralen Gebieten zurück. Die Gesamtgestalt ist hierdurch geschwächt.
Ähnlich verhält es sich bei mancher Mosaikkarte. Wenn möglich gebe man den peripheren Teilen eines Mosaikfeldes kräftige Töne, den Innenteilen leichtere Töne. Auf diese Weise tritt die Gesamtform deutlich hervor. Diese Regel läßt sich nun freilich nicht immer befolgen; oft drängen zwingendere Gründe zu anderen Lösungen.

Diesen sieben Regeln oder Richtlinien seien im folgenden einige weitere Empfehlungen beigefügt:

Einfach und kompliziert gegliederte Areale
Für Areale (Mosaikstücke) mit komplizierten Umrissen (Norwegen mit der Fjordküste in einer politischen Karte von Europa) wähle man – falls nicht andere, zwingendere Gründe entgegenstehen – kräftige Farbflächen, jedoch solche, die technisch einfach herstellbar und leicht korrigierbar sind, somit z. B. einen Vollton einer einzigen Druckfarbe. Leichtere Farbtöne und solche, die durch Überlagerung mehrerer und gerasterter Druckfarbentöne entstehen, reserviere man – soweit dies überhaupt erforderlich ist – für Areale mit einfachen Umrissen (z. B. für Rumänien in einer politischen Karte von Europa).

Grenzsäume
Um die Karten graphisch zu entlasten, reduziert man die Areal-Farbflächen oft auf ihre Grenzsäume. Diese ersetzen wohl den Areal-Farbton, nicht aber die stets scharf zu ziehenden Grenzlinien. Sie sind gleichsam Reststreifen der farbig-getönten Flächen. Sinngemäß schmiegen sie sich daher auf der Innenseite an die zugehörige Arealgrenze. Oft aber legt man sie an die Außenseite, um das umsäumte Flächenstück größer erscheinen zu lassen und um seinen Inhalt graphisch zu entlasten. (Abb. 47 und 48).
Im allgemeinen empfiehlt es sich, farbige Grenzsäume recht schmal zu halten, da sonst leicht der üble Eindruck verschwommener Karten entsteht.
Bei konsequenter Bänderung aller inneren Grenzen eines komplexen mehrfarbigen Mosaikgefüges ist jede Grenzlinie beidseitig von einem entsprechenden Farbband begleitet. Solche Lösungen befriedigen selten; sie ergeben ebenfalls verschwommene Bilder. Für kleingliedrige Mosaikkarten sind daher Grenzsäume nicht zu empfehlen.

Unbestimmte oder unsichere Grenzen
Man kennzeichnet sie oft durch *stückweise* unterbrochene Linien-Strichelung oder Punktierung, durch vereinfachte Linienführung und oft auch, indem man die Flächenfarbtöne unterbricht und ins Leere auslaufen läßt. Es empfehlen sich entsprechende Klarstellungen durch die Legende.

Allmählicher Übergang vom einen zum benachbarten Areal
Besteht zwischen zwei Arealen keine scharfe Grenze und gehen ihre darzustellenden Zustände allmählich ineinander über, so empfiehlt es sich (wie bereits im Kapitel 11

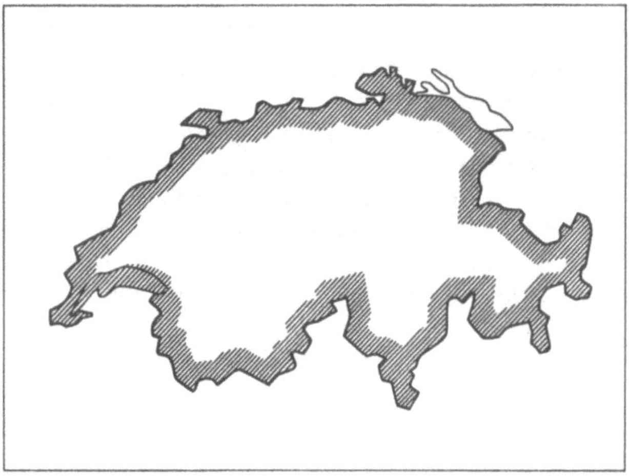

Abb. 47 Grenzsaum nach innen. Die umsäumte Fläche erscheint kleiner als in Abb. 48

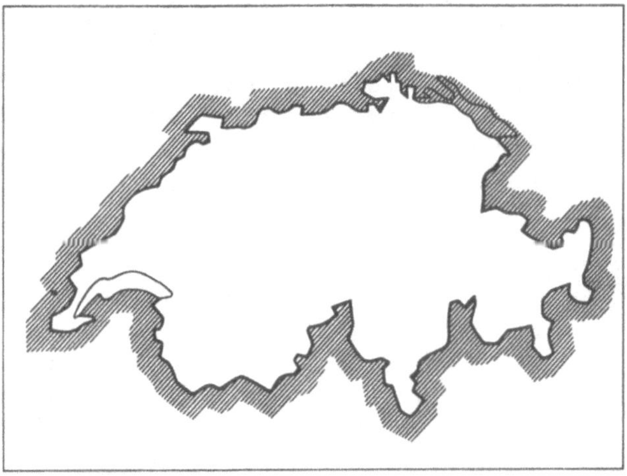

Abb. 48 Grenzsaum nach außen. Die umsäumte Fläche erscheint größer als in Abb. 47

betont), auch in der Karte ihre Flächenfarbtöne allmählich und ohne lineare Abgrenzung ineinander übergehen zu lassen.

Flächenkonturen, ja oder nein?

Das Antlitz einer Mosaikkarte ist wesentlich davon abhängig, ob die Farbflächen der einzelnen Mosaikstücke konturiert werden oder nicht. Im allgemeinen empfiehlt sich die Konturierung, sie verdeutlicht und präzisiert die Flächenformen, sie läßt Unterschiede der aneinanderstoßenden Farbtöne leichter erkennen. Die Konturierung bildet das feste Gerüst des flächigen Farbaufbaues und ist daher auch aus drucktechnischen Gründen erwünscht. In mehrfarbigen Mosaikkarten wähle man in der Regel für alle Konturen ein- und dieselbe Druckfarbe. Am besten eignen sich feine schwarze oder graue oder situationsbraune Linien. Grüne Linien finden sich in topographischen Karten oft für Waldränder, blaue für Seeufer.

Ausnahmesweise aber kann es sich empfehlen, auf die Konturierung der Mosaik-Farb-

felder zu verzichten, dann nämlich, wenn absichtlich eine »weichere« Gesamtwirkung erstrebt wird oder wenn die Übergänge von einem Feld zum andern in der Wirklichkeit unscharf und die Grenzlinien unwichtig sind. Auch im Interesse graphischer Entlastung wird oft auf die Konturierung verzichtet. Dies ist etwa der Fall, wenn in einer linear reich befrachteten Karte ein eingefügtes Farbflächenmosaik von untergeordneter Bedeutung ist.
Beispiel: Grünflächiges Waldmosaik in einer Autostraßenkarte.

Zusätzliche Kennzeichnungen der Mosaikfelder
Bei sehr komplexen, feingegliederten, farblich variationsreichen Mosaikgefügen vermag der Kartenleser die einzelnen, oft ähnlichen Farbtöne nicht immer mit Sicherheit zu erkennen. Nachbarschafts- und Kontrasteffekte verändern die farbliche Erscheinung. Zur besseren Kennzeichnung setzt man daher gelegentlich zusätzliche Elemente (Signaturen, Buchstaben, flächig gestreute Kleinsignaturen) in die Flächenstücke. Auch Änderungen der Strichrichtungen von Rastern oder Schraffuren erleichtern das Unterscheiden. Dies letztere Mittel, die Änderungen der Strichrichtungen von Rastern oder Schraffuren, ist besonders auch für einfarbige Karten, z. B. Strich-Klischee-Karten, zu empfehlen.

Manchmal schließen sich einige der hier vorgebrachten Empfehlungen gegenseitig aus. Oft auch sind andere Gesichtspunkte vorherrschend. Man suche daher von Fall zu Fall eine bestmögliche Lösung.

18.4. Typen der Gattungsmosaiken

Es gibt soviele verschiedene kartographische Gattungsmosaiken, wie es grundrißliche Flächengliederungen in der geographischen Wirklichkeit und Karten und Betrachtungsgegenstände gibt. Keine Form wiederholt sich genau gleich ein zweitesmal. Die Gefüge wechseln von Ort zu Ort, von Thema zu Thema, von Maßstab zu Maßstab. Es sei hier nicht versucht, auch nur die häufigsten dieser Gefügeformen zu analysieren. Andererseits aber sollte jeder Kartenbearbeiter typische Merkmale beachten und verstehen; denn nur dann ist er in der Lage, eine Karte in guter Art und Weise in kleinere Maßstäbe generalisierend umzuformen.
Wir beschränken uns im folgenden auf die Betrachtung einiger weniger typischer Beispiele von Mosaiken.

18.4.1. Der Typus der geologischen Karte

In allen Maßstäben sind solche Gefüge vielenorts vergleichbar mit dem Bild eines Schnittes durch eine mehrfarbige, unhomogene, im Fließen erstarrte Maße. In zusammengeschobenen Gebirgen schmale, parallele, langgestreckte, krumme, linsig-spitz auskeilende, verschiedenfarbige Flächenstücke. In flachgelagerten Gebieten oft große, breite, krummlinig begrenzte Mosaikfelder der Plateaus, wechselnd mit schmalen Bänderungen der Abhänge. Das Ganze vielenorts überlagert von quartären Aufschüttungen

in Talsohlen und Ebenen oder von breiartig ausgebreiteten vulkanischen Ergüssen. Selbst kleinste Flächenstücke (geologische Aufschlüsse) können in solchen Gefügen von großer Bedeutung sein.
Ähnliche Gefüge oder Anklänge an solche zeigen auch Karten anderer Erdkrustenthemen (Geotektonik, Diluvialgeologie, Böden).

18.4.2. Mosaikgefüge für Karten der natürlichen Vegetation

Gefüge solcher Art sind sehr ungleich für Karten verschiedener Regionen und sehr unterschiedlich für Karten großer und kleiner Maßstäbe. Stets aber handelt es sich um naturgegebene, um nicht geometrisch geformte Flächen und deren Abgrenzungen.
In Karten großer Maßstäbe sind die Mosaikstücke vorgezeichnet durch die Bodenart (Fels, Geröll, Schotter, Humus verschiedenen Materials usw.) und Bodenfeuchtigkeit, durch Höhenlage und Lokalrelief (Sonnen- oder Schattenlage), durch kleinräumige meteorologische Unterschiede (Windexposition, Niederschlagsunterschiede usw.). In Karten kleiner Maßstäbe und entsprechend ausgedehnter Gebiete treten hinzu die Einflüsse der geographischen Breitenlage und großräumiger klimatischer Zustände (Kontinentalität usw.).
Die Begrenzungen der Mosaikstücke sind daher in ein- und derselben Karte oft recht kleingliedrig, fein geknittert und orographisch beeinflußt, anderswo aber infolge allmählicher Übergänge sehr geglättet und gestreckt. Solche Gefüge weisen daher nebeneinander oft sehr kleine und recht große Mosaikstücke auf.

18.4.3. Der Typus der Kulturlandschaftskarten großen Maßstabes

Hierzu zählen die Mosaikgefüge der Städte- und Ortschaftskarten jeder Art, der Siedlungskarten und der Grundstückspläne, der agrar-geographischen Karten, viele Karten und Pläne für Orts- und Regionalplanungen usw.
Solche Mosaikgefüge spiegeln deutlich die Kulturlandschaft: künstliche, vom Menschen geometrisch geformte, oft geradlinig und rechtwinklig begrenzte Areale aller Art, wie z. B. agrarische Fluren, Rodungsfelder, Wald-Reststücke, Grundrisse von Gebäuden, Verkehrsflächen, Oberflächen künstlicher Gewässer.

18.4.4. Der Typus der politischen Arealgliederungen

Ebenfalls ein kulturlandschaftlicher Typus. Die Mosaikgliederungen der Gemeindeareale in Karten großer Maßstäbe, der Areale der Bezirke, Kantone, Departemente, Provinzen usw. und schließlich der Staaten und Staatenblöcke zeigen sich nicht nur in den speziellen politischen Karten, sondern in vielen statistischen Karten mit politischen Bezugsflächen, z. B. in solchen mit bevölkerungskundlichen und wirtschaftsgeographischen Gliederungen (Sprachen- und Religionsgebiete, Volkstum u. a.). Zu diesem Typus zählen auch viele historische Territorialkarten; denn ihre arealen Gefüge sind denjenigen heutiger politischer Gebilde formal verwandt. Selbst da, wo ein politisches Areal im Laufe der Jahre vielfachem Wechsel unterworfen war, verharrten viele lokale

Grenzlinienstücke in ihren alten Formen. Grenzlinien politischer Areale springen meist polygonzugsartig, geknickt, geradlinig von Punkt zu Punkt, sofern sie nicht Bachlinien oder scharfen Bergkämmen folgen.

18.4.5. Inselartig isolierte Mosaikstücke

Hier handelt es sich nicht um eine Vollbedeckung der Kartenfläche mit farbig differenzierten Mosaikstücken, sondern um eine Streuung isolierter, inselartiger Stücke. Dem Thema und Zweck entsprechend sollen in manchen Karten nur gewisse Gattungen von Arealen besonders hervorgehoben werden.

Die *Abb. 49* zeigt ein Beispiel eines solch inselartigen Flächengefüges, eine Waldflächenkarte. Die Umrißformen solcher Flächenstücke können natur- oder kulturlandschaftlicher Art sein.

Abb. 49 Inselartiges Waldflächenmosaik, 1 : 100 000

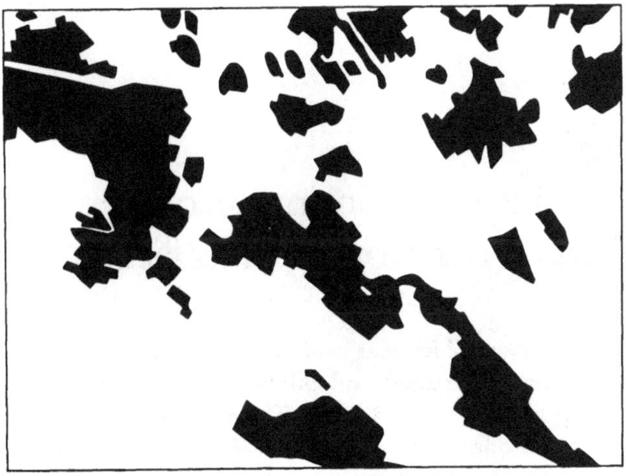

18.4.6. Der komplexe oder gemischte Typus

In allen Maßstäben recht häufig. Formelemente der Natur- und Kulturlandschaft, solche mehrerer der oben genannten fünf Typen treten oft gemeinsam und in mannigfacher Mischung auf. Hierzu zählen die Mosaikgefüge der meisten topographischen und vieler anderer Karten.

In topographisch-geographischen Karten sehr kleiner Maßstäbe überwiegen oft die orographischen Gefügeelemente, in den Karten großer Maßstäbe besiedelter Gebiete aber diejenigen kulturlandschaftlichen Charakters.

Wieder andere Gefügetypen zeigen die *Kontinua* und die *Wertflächenmosaiken*. Es sei diesbezüglich auf die Kapitel 19 und 22 verwiesen.

Der Kartenleser wird in vielen Karten formale Elemente der einen oder andern der obigen Typen entdecken. Ja, noch mehr, er wird manches thematische Vorkommnis erkennen und oft auch den Inhalt mancher Legende entschlüsseln können, selbst wenn er der fremden Sprache der fraglichen Karten nicht mächtig ist. Dies trifft nicht für

alles, doch trifft es für viele Dinge zu. Voraussetzungen hierzu sind jedoch gute thematische Fachkenntnisse, kartographische Erfahrung und ein geübtes Auge.
Mit kleiner werdendem Maßstab verfeinern und verdichten sich im allgemeinen die kartographischen Mosaikbilder aller Gattungen. Einer zu weitgehenden Verfeinerung kann nur entgegengewirkt werden zunächst durch *graphisches Generalisieren*, dann aber durch *begriffliches Zusammenfassen*, durch den Übergang zu größeren begrifflichen Einheiten.
In mancher thematischen Karte bildet ein Flächenmosaik den einzigen oder wesentlichen Inhalt.
Beispiele: Viele geologische, bevölkerungskundliche und territorialgeschichtliche Karten. In den meisten Fällen aber treten die Flächenmosaiken vereint auf und mit andern kartographischen Elementen, mit Signaturen und Diagrammen, mit dem Linien- und Tongefüge des topographischen Basisbildes, mit der Beschriftung usw. Graphisch einfache und auch farblich klare Gliederungen der Flächenmosaiken sind dann besonders von Nöten.

Kapitel 19
Gefüge der Kontinua. Isolinien, Wertgefällslinien. Farben der Kontinuumsflächen

Die Isolinien bilden eine umfangreiche und, trotz aller Verschiedenartigkeit ihrer Inhalte, eine strukturell und bildlich eigenständige Gruppe thematischer Karten. Ihre Darstellungsgegenstände, ihre Themen sind sog. »Kontinua«, die sich über die Erdoberfläche oder über einzelne ihrer Teile erstrecken. Die Isolinienschar ist die gebräuchlichste und im allgemeinen beste graphische Ausdrucksform eines Kontinuums. Abb. 50–52.

19.1. Einige Begriffe und Erläuterungen

Als Kontinuum bezeichnen wir ein raum- oder flächenerfüllendes Vorkommnis, dessen Wert oder Intensität sich von Ort zu Ort stetig (kontinuierlich) ändert. Die Aussagen der Kontinuumsdarstellungen sind somit vor allem auch quantitativer Art.
Die meisten natürlichen, z. B. geophysikalischen Kontinua beschränken sich *nicht* auf die Erdoberfläche, sie sind vielmehr raumerfüllend. Es handelt sich um stetige Wert-, Zustands-, Intensitäts- oder Lageänderungen im dreidimensionalen Raume, resp. in einer raumerfüllenden Substanz. *Beispiele* hierfür sind Wärmeverteilung in der Lufthülle, Druckverteilung in der Lufthülle oder im Erdinnern oder in einem Betonklotz, Verteilung magnetischer Kräfte in der Erdrinde und Erdhülle, Verteilung des Salzgehaltes im Meerwasser, das Fließen einer Masse, wie etwa die Meeresströmungen und Gletscherbewegungen.

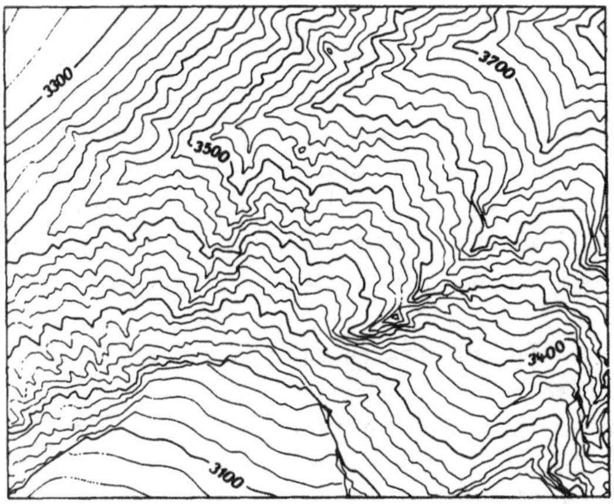

Abb. 50 Topographische Isolinien. Aequidistante Höhenkurven am Westgrat des Bietschhorns, 1 :10 000

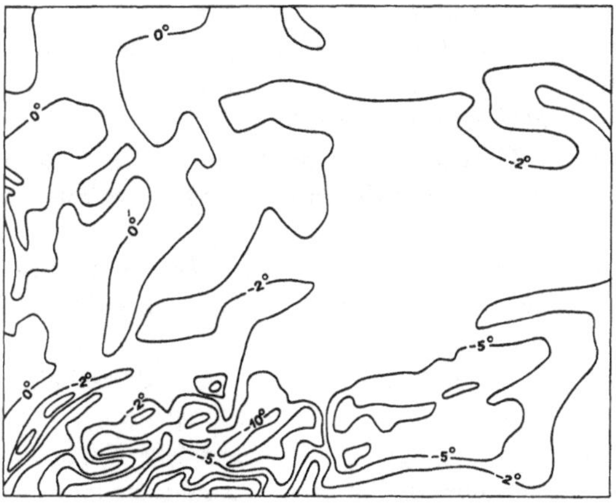

Abb. 51 Januar-Isothermen, nicht auf Meeresniveau reduziert. Wertstufen progressiv wachsend. Teile von Mitteleuropa. 1 : 12 000 000

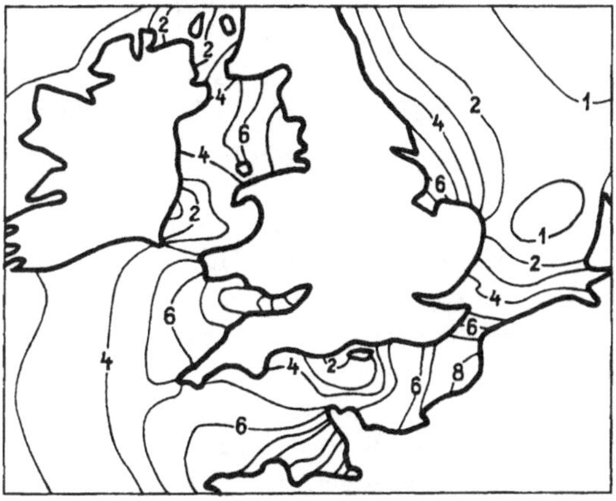

Abb. 52 Räumlich begrenzte Isolinien. Fluthöhe bei Springtide (in Metern). Kanal – Nordsee. 1 : 15 000 000

Abb. 50–52 Beispiele von Isolinien

In der Karte aber sucht man in der Regel nicht dreidimensional-räumliche Wert-Abstufungen darzustellen, sondern lediglich die *Zustände an der Erdoberfläche,* somit den Schnitt einzelner Wertflächen mit der Erdoberfläche. Die kartographischen Grundrißbilder solcher Schnittlinien bezeichnen wir als *Isolinien,* und wir beziehen den Ausdruck Kontinuum in der Regel auch auf die entsprechenden Zustände an der Erdoberfläche.
Nicht jedes Isolinienbild aber entspricht dem soeben dargelegten Falle. Nicht immer handelt es sich um Schnitte der Erdoberfläche durch raumerfüllende Kontinua. Es gibt auch unmittelbar flächenhafte, nur in oder an der Erdoberfläche haftende Kontinua, solche ohne Raumerfüllung.
Beispiele: Niederschlagsmengen, mittlere Vereisungsdauer einer Gewässeroberfläche, Sonnenscheindauer für Orte der Erdoberfläche.
Solche lediglich flächige Kontinua finden sich vor allem auch in geometrischen und technischen Konstruktionen. Beispiele sind die Kontinua der Verzerrungsverhältnisse von Kartennetzen; ihre Isolinien nennt man Äquideformaten.
Die Isolinie ist eine Wertlinie eines flächenhaften Kontinuums. Sie verbindet benachbarte Punkte gleichen Wertes oder gleicher Intensität des dargestellten Vorkommnisses. In der Karte gelangt ihr verkleinerter Grundriß zur Darstellung. Als fiktive Meß- und Veranschaulichungs-Hilfslinie ist sie mit ihrer wichtigsten und bekanntesten Gattung, der *Isohypse* oder *Höhenkurve* oder *Höhenlinie,* vergleichbar. Sie bildet in ihrer Scharung grundsätzlich analoge graphische Gefüge wie diese. Isolinienscharen sind gleichsam Meß-Hilfsskalen oder flächig ausgebreitete Stufenleitern zur Kennzeichnung von Werten und Wertgefällen.
Die *Wertgefällslinien* oder *Stromlinien,* auch als *Vektoren* aufgefaßt, entsprechen begrifflich den Gelände-Fallinien. Sie schneiden die Isolinien überall rechtwinklig. Sie liegen stets in der Richtung des stärksten lokalen Wertgefälles.
Man kann die Isolinienkarten auffassen als ebene Grundrißbilder von »Wertreliefs«, so wie die Isohypsenkarten ebene Grundrißbilder des Erdoberflächenreliefs sind.
Sind die Isolinien in eine Geländedarstellung eingefügt, so gibt eine solche Karte für jeden Punkt *Auskunft über vier Werte,* nämlich über dessen geometrische Lage im dreidimensionalen Raum und über den zugehörigen thematischen Wert, wie z. B. über das lokale Temperaturmittel. In solcher Weise ergänzen die Isolinien das Bild des topographischen Reliefs gleichsam durch das Bild eines thematischen Reliefs.
Oft aber fehlt in thematischen Karten, besonders in solchen kleiner Maßstäbe, eine Geländedarstellung mit Orts-Höhenangaben, so daß sie unmittelbar (d. h. ohne Beizug weiterer Karten) nur über die *ebene* Ortslage und den zugehörigen thematischen Wert orientieren. In vielen Fällen wiederum ist die geometrische Höhenlage eines Punktes für den thematischen Gegenstand ohne Bedeutung (Äquideformaten von Kartennetzen), oder der thematische Wert wird nicht auf die reale Erdoberfläche, sondern auf den Meereshorizont bezogen (reduzierte Isothermen, reduzierte Isobaren). – Es bleibt aber auch in solchen Fällen grundsätzlich die vierdimensionale Aussage bestehen; denn die Meereshöhe »Null« ist auch eine höhenmäßige Ortsangabe.
Herbert Louis (1957) charakterisierte die Kontinua als »allgegenwärtig«. Diese Formulierung könnte leicht zu irrigen Vorstellungen führen. Es ist zu beachten, daß es auch *räumlich begrenzte, isolierte* Kontinua gibt, oder, genauer gesagt, solche, die in räumlich begrenzten und isolierten Kontinuumsträgern eingeschlossen sind. Hierzu zählen alle Kontinua, die sich auf Gletscher, Flüsse, Seen, Meere usw. beziehen. *Beispiele:*

Gletscher-Bewegung, Fluthöhenschwankung, Abb. 52. Im Grunde genommen sind wohl die meisten kartierbaren Kontinua nicht allgegenwärtig, weil sie an begrenzte Stoffe oder Körper oder Räume gebunden sind.
Oft spricht man, statt von Isolinien, von *Isarithmen,* wobei die Meinungen, ob beide Benennungen gleichbedeutend seien, auseinandergehen.
Sprachlich und sachlich ist anzunehmen, daß der Ausdruck »Isarithme« aus den griechischen Wörtern »iso« (= gleich) und »Arithmetik« (= Rechenkunst, Zahlenlehre) abgeleitet ist. Aus dieser Herleitung wurde gelegentlich geschlossen, der Ausdruck »Isarithme« sei nur anwendbar für Verbindungslinien von Punkten gleicher arithmetischer Mittelwerte, somit vor allem für schwankende Zustände. Nun werden aber auch Werte fester Zustände, wie z. B. die Höhenwerte von Punkten der Erdoberfläche, oft gewonnen durch Mittelbildung mehrerer (stets mit gewissen Meßfehlern behafteter) Einzelmessungen. Die arithmetische Mittelbildung aus Einzelmessungen ist somit kein Kennzeichen für schwankende Zustände.
Es besteht unseres Erachtens keine Notwendigkeit zur Unterscheidung der Begriffe »Isolinie« und »Isarithme«. Wir ziehen daher hier den heute meist üblichen, verständlicheren und unverbindlicheren Ausdruck »Isolinie« (englisch: »isoline«) vor, trotz seiner sprachlichen Zwitterhaftigkeit.

19.2. Verschiedene Arten von Isoliniengefügen

19.2.1. Isolinien naturgegebener Kontinua

Diese größte, bekannteste Gruppe umfaßt die Darstellungen zahlreicher geophysikalischer, geochemischer und gelegentlich auch anderer naturgegebener, z. B. geobiologischer Kontinua. Besonders zahlreich treten sie auf in meteorologischen und klimatologischen Karten. In der wissenschaftlichen Literatur und in Kartenwerken finden sich Dutzende von Isolinien-Begriffen für naturgegebene Kontinua. Nicht alle sind gut, nicht alle sind notwendig, nicht alle sind lebensfähig, nicht alle sind verständlich. – Des Menschen Wille aber ist auch in der Wissenschaft sein Himmelreich!
Im folgenden beschränken wir uns auf die Nennung einiger charakteristischer und gebräuchlicher *Beispiele:*

Isoamplitude oder Isamplitude	Verbindungslinie benachbarter Orte gleicher mittlerer Schwankungen von irgend etwas. Hierbei hat sich jedoch mehr und mehr der Gebrauch durchgesetzt, unter den Isoamplituden Linien gleicher mittlerer Wärmeschwankungen zu verstehen.
Isoanormale oder Isanormale	Verbindungslinien der Orte gleicher Abweichung von einem Normalwert oder von einem normalen Verhalten.
Isobare	Verbindungslinien der Orte gleichen, auf ein gemeinsames Niveau reduzierten Barometerstandes.
Isodeklinate	Linien, welche die Orte gleicher magnetischer Deklination verbindet. Identisch mit Isogone.
Isodyname	Verbindungslinie von Orten gleicher Stärke des Erdmagnetismus.

Isogone	Erdmagnetisch: Verbindungslinie der Orte gleicher magnetischer Deklination (identisch mit Isodeklinate).
Isogone	Meteorologisch: Verbindungslinie von Orten mit gleicher Windrichtung.
Isohaline	Linie, welche Orte mit gleichem Salzgehalt des Meerwassers verbindet.
Isohumide	Verbindungslinie von Orten gleicher relativer Luftfeuchtigkeit.
Isohyete	Linie, welche die Orte mit gleicher mittlerer Niederschlagsmenge verbindet.
Isokline oder Isoinklinate	Verbindungslinie von Orten gleicher magnetischer Inklination, d. h. gleicher Neigung der Magnetnadel.
Isotache	Verbindungslinie von Punkten gleicher Geschwindigkeit, z. B. zur Darstellung der Fließgeschwindigkeit von Gletschern und Flüssen.
Isotherme	Verbindungslinie von Orten gleicher mittlerer Lufttemperatur. Man unterscheidet zwei Arten von Isothermen: Die eine Art stellt die tatsächlichen Mittel-Temperaturen dar (Abb. 51). Bei der zweiten Art kartiert man die auf den Meerespiegel reduzierten Mittel-Temperaturen. Der Einfluß der Höhenlage wird hierbei ausgeschaltet. Man verwendet sie, um die Einflüsse von Breitenlage, Massenerhebung, Küstenentfernung, vorherrschende Windströmungen usw. auf die Temperaturen darzustellen.
Isallobare	Verbindungslinie von Orten, in denen sich innerhalb eines bestimmten Zeitraumes gleiche Luftdruckänderungen vollziehen. Auf Wetterkarten, um die Bewegungen der Fronten zu zeigen.
Isallotherme	Verbindungslinie von Orten, in denen innerhalb eines bestimmten Zeitraumes die gleiche Temperaturänderung eintritt.
Isanabase	Verbindungslinie von Orten gleich großer Landhebung. So wird z. B. die postglaziale Hebung von Teilen Skandinaviens oft durch Isanabasen dargestellt.
Isanomone	Verbindungslinie von Orten gleicher mittlerer Windstärke.

Isolinien finden sich auch in den phänologischen Karten, d. h. in Karten des Frühlingseinzuges oder anderer jahreszeitlich-klimatologisch-biologischer Daten. Hierbei dient ein biologisches Ereignis, z. B. der Zeitpunkt des Beginnes der Apfelblüte, als das zu messende Faktum. Nun sind Apfelbäume oder Apfelblüten nirgends raumerfüllende Erscheinungen, es sind keine Kontinuums-Träger. Doch hängt ein biologisches Ereignis, wie der Zeitpunkt der Apfelblüte, von klimatischen Zuständen ab; der thematische Sinn der phänologischen Karten ist durchaus klimatologischer Natur, und die Beobachtungspunkte drängen sich in solchen Fällen viel dichter als bei den meisten Erforschungen wirklicher Kontinua. So ist es gerechtfertigt, diesen Kartentyp ebenfalls den echten Isolinien- oder Kontinuumskarten zuzuzählen.

Wie unsere Beispiele erkennen lassen, handelt es sich bei den meisten naturgegebenen Kontinua um mehr oder weniger unsichere, um bewegliche, schwankende, pendelnde, pulsierende, sich rasch oder langsam ändernde Erscheinungen. Die kartierten Ergebnisse sind in der Regel Mittelwerte aus kürzeren oder längeren Beobachtungsreihen. Ihre Zuverlässigkeit hängt ab von der Dichte der Meßstationen, der Qualität und Anzahl

der Messungen und vor allem auch von der Zeitdauer einer Meß- oder Beobachtungsperiode.
Eine Isolinienkarte soll wenn möglich die Bezugsperiode und den Zeitraum der Beobachtungen erkennen lassen. Man spricht von Jahresisothermen, Frühlings-, Sommer-, Herbst- oder Winter-Isothermen, von Januar-Isothermen, Juli-Isothermen usw., ebenso von Jahresniederschlägen, von Niederschlägen im Januar, Februar, von Jahresmitteln, Monatsmitteln, Tagesmitteln usw.
Manche thematischen Zustände, manche thematischen Reliefs verändern sich im Laufe der Zeit. Solches zeigt sich im Zeitraum weniger Jahre bei Kartierungen des Erdmagnetismus, es macht sich aber über längere Zeiträume auch bemerkbar bei scheinbar stabilen Dingen. Infolge von Klimaschwankungen wandern die Isothermen.
Im übrigen werden wir auf Fragen der Genauigkeit oder Zuverlässigkeit von Isolinienkarten unten, im Abschnitt 5, zurückkommen.

19.2.2. Isolinien geometrischer Kontinua

Wir betrachten im folgenden einige Kontinua, die nicht konkret in der Natur vorhanden, sondern lediglich Ergebnisse menschlicher Vorstellungen und Konstruktionen sind. Ihre Isoliniensysteme sind geometrische und meßtechnische Hilfsnetze. Die graphischen Gefüge solcher Isoliniensysteme gleichen in manchen Fällen denjenigen naturgegebener Kontinua.
Im folgenden seien einige typische *Beispiele* genannt:

19.2.2.1. Isodistanzen

Der geometrische Raum an und für sich ist ein Kontinuum. Jedes räumliche und jedes ebene Koordinatensystem ist ein Meß- oder Zählgitter zur Gliederung des Raumes resp. der Ebene. Die Netzlinien im ebenen Bilde sind Isolinien.

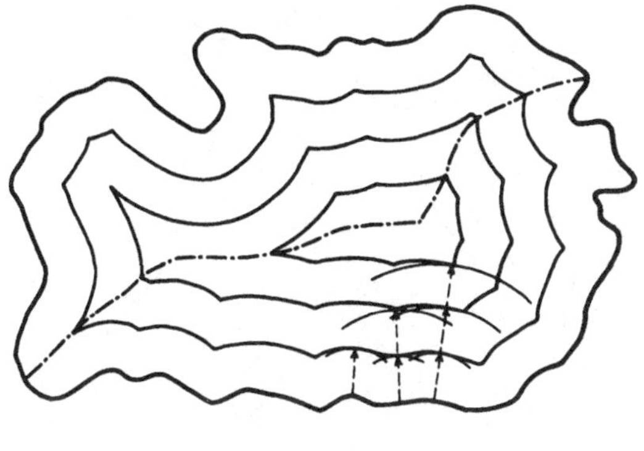

Abb. 53 Isodistanzen, bezogen auf ein Seeufer. Ufer-Abstandsgleichen

Konzentrische Kreise sind Isolinien, sog. *Isodistanzen*, bezogen auf die Kreiszentren. Sie geben die Distanzen in einem Polarkoordinatensystem. Sie finden alltägliche vielfältigste Anwendung. Geographische Karten mit solchen punktbezogenen Isodistanzen fanden sich früher in vielen Schulatlanten, so z. B., um die Entfernungen irgendeines Ortes von Berlin, von Rom, von Paris usw., zu veranschaulichen.

Abb. 53 gibt ein Beispiel von Isodistanzen oder »Abstandsgleichen«, die sich auf eine *krumme* Linie, auf ein Seeufer beziehen. Die Konstruktion solcher Linien ist dabei angedeutet. Solche Uferabstandsgleichen oder Abstandslinien sind durchaus nicht Produkte bloßer kartographischer Spielereien. Sie dienen vielenorts der Feststellung von Staats- und anderen Rechtsgrenzen in Gewässern. Sie sind daher von großer praktischer, politischer und rechtlicher Bedeutung. Voraussetzung für ihre sichere Konstruktion ist freilich eine genau definierte Uferlinie.

Die Isodistanzen der Abb. 54 beziehen sich auf ein unregelmäßiges Netz von befahrbaren Straßen. Isolinienkarten solcher Art werden konstruiert, um den geringeren oder höheren Grad der Verkehrserschlossenheit von Erdräumen zu veranschaulichen.

In diesen Beispielen von Isolinien geometrischer Kontinua handelt es ich um *Streckenwerte.*

Es gelangen aber auch *Winkelwerte* zu bildlicher Darstellung. Statt von »Distanzgleichen« könnte man dann von *»Winkelgleichen«* reden. (Wir wollen auf die Wortschöpfungen Isangel oder Isangulate verzichten!) – Das wichtigste Beispiel eines Winkelkoordinatensystems oder sphärischen Koordinatensystems ist das Gradnetz der Erde. Die geographischen Längen- und Breitenkreise sind auf die Erdoberfläche übertragene Winkelgleichen. – Das Strahlenbüschel der Meridiane (Winkelgleichen der geo-

Abb. 54 Isolinien der Entfernungen vom Straßennetz

graphischen Längen) ist im Gebiet der Erdpole vergleichbar mit dem Treppenkantenbild einer von oben betrachteten, um eine Vertikalachse gelegten Wendeltreppe. In der Achse (resp. im Pol) sind die Stufenwerte (respektive die geographischen Längenwerte) unbestimmt.

19.2.2.2. Isochronen

Ähnlicher Art wie die Distanzgleichen und die Winkelgleichen sind die *Zeitgleichen* oder – wie sie in der Regel genannt werden – die *Isochronen*. Das Streckenmaß oder das Winkelmaß ist hierbei ersetzt durch das Zeitmaß. Die nahe Verwandtschaft zeigt sich u. a. in den Meridianen, dem Isolinienbild der geographischen Längen. Bekanntlich können sie sowohl als Winkelwerte, als auch als Zeitwerte (Stundenwerte der Ortszeiten) aufgefaßt und beziffert werden.
Man konstruiert Isochronenkarten, um die Reisedauern von einem Stadtzentrum nach umliegenden Gebieten zu veranschaulichen. Die Reisedauern aber sind sehr subjektiv und abhängig von den vorhandenen oder benutzten Verkehrseinrichtungen. Diese aber können sich sehr rasch ändern. Karten solcher Art sind daher nur unter Vorbehalten zu benützen, etwa im Sinne roher Veranschaulichungen von Verkehrslage, Bodenwert usw. Die Abb. 55 zeigt ein vereinfachtes Beispiel.

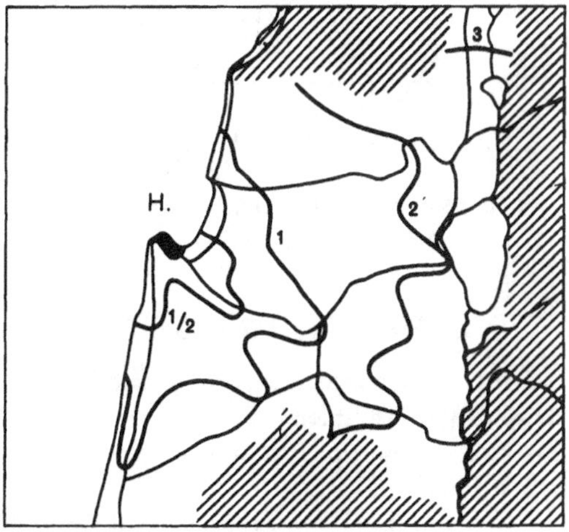

Abb. 55 Isochronen von H. für Auto-Fahrzeiten in Stunden.

19.2.2.3. Äquideformaten

Äquideformaten sind Linien, die die benachbarten Orte gleicher Verzerrung (Deformation) eines Kartennetzes (eines kartographischen Projektionssystems) miteinander verbinden. Die Verzerrungen ändern sich von Ort zu Ort stetig. Kartennetze sind geometrisch konstruierte Isoliniensysteme. Sie sind nicht der Natur eigen, sondern Produkte menschlicher Erfindung. Es sind geometrische Hilfsfiguren. Die Äquideformaten sind somit Isolinien geometrisch konstruierter Kontinua. Die Abb. 56 zeigt ein Beispiel.

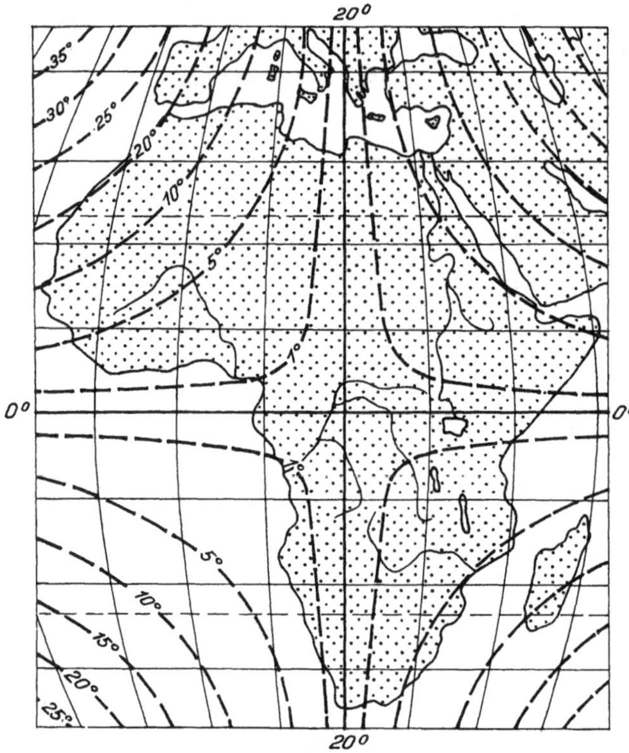

Abb. 56 Winkel-Äquideformaten einer Afrikakarte in Sansonprojektion

19.2.2.4. Ein weiteres Beispiel: Elevationslinien

Die sog. »Elevationslinien« in Artillerie-Schießkarten seien aufgeführt als ein weiteres Beispiel von Isolinien eines geometrischen Kontinuums. Wir nennen sie nicht ihres Zweckes wegen, sondern weil sie kartographisch-methodisch von einem gewissen Interesse sind.

Ihr Sinn und ihre Konstruktion sei an Hand der Abb. 57 erläutert.

Das Geländeprofil G-I zeigt im Punkt G das Geschütz und, von diesem ausgehend, einige parabelähnliche Flugbahnen der Geschosse. Je nach der Schrägstellung (Vertikalwinkel) der Geschützrohrachse, der sog. *Elevation* (Abgangswinkel des Geschosses, resp. Tangente an die Flugbahn im Punkte G), folgt das abgefeuerte Geschoß der einen oder der anderen der eingetragenen Flugbahnen und trifft hier oder dort auf das Gelände.

Im Kartengrundriß (unterer Teil der Figur) entspricht die Gerade G'–I' dem betrachteten Profil G–I. Die Durchstoßpunkte der verschiedenen Flugbahnparabeln mit dem Gelände werden vom Profil auf die Grundrißlinie G'–I' projiziert. Es sind Punkte der zu konstruierenden Elevationslinien. Die verschiedenen, durch solche Konstruktion festgehaltenen Elevationslinien entsprechen Vertikalwinkeln der Rohrachse (Elevationen), die sukzessive um einen bestimmten Betrag verändert werden.

Man wiederholt diese Konstruktion für eine große, dichtgescharte Anzahl anderer

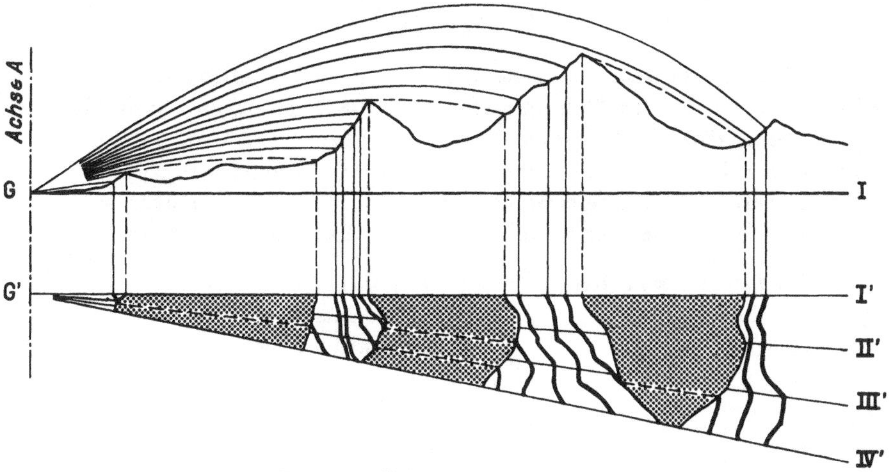

Abb. 57 Konstruktion von Elevationslinien

durch den Geschützpunkt G gehender Profile G'–II', G'–III' usw. So ergeben sich weitere Punkte der gesuchten Elevationslinien. Jede einzelne Elevationslinie entspricht somit dem Schnitt eines angenäherten Rotations-Paraboloides (mit Rotationsachse in der Vertikalen durch G) mit der topographischen Reliefoberfläche. Die Geschosse können die Gebirgskämme nicht durchstoßen; die Konstruktion ergibt daher die schußtoten, nicht erreichbaren Räume: im Grundriß punktgerasterte Flächen. Es zeigt sich hier das Springen der Elevationslinien in der Schußrichtung durch die schußtoten Räume hindurch zu einem wieder erreichbaren entfernteren Geländestück. Das vorliegende Kontinuum, soweit es in solchen Karten praktisch von Interesse ist und in Erscheinung tritt, ist somit vielenorts unterbrochen. Theoretisch aber, bei Annahme der Durchdringung von Paraboloid und Reliefkörper, handelt es sich innerhalb des Umkreises der maximalen Schußdistanz um ein geschlossenes, lückenloses Kontinuum. Die dargestellten Isolinien, die Elevationslinien, sind vergleichbar mit den Isohypsen, wobei jedoch an die Stelle horizontaler Schnittebenen parabolisch-gekrümmte, auf- und absteigende Schnittflächen treten.

19.2.3. Der wichtige Sonderfall der Höhenkurve oder Isohypse

Die Erdoberfläche, selbst ein Kontinuum, wird geschnitten durch supponierte Horizontalebenen (resp. angenäherte Kugelflächen) des geometrischen Raumes oder, nach anderer Definition, durch Flächen gleicher Erdschwere. Nehmen wir *geometrische* oder – wie man sie meist nennt – *orthometrische* Höhen an, so sind die Schnittlinien *geometrische Isolinien*. Die Kotenwerte sind hierbei Längenmaße. Bei Annahme *dynamischer* Höhen (Werte der Erdschwere) aber hätten wir es mit *physikalischen Isolinien* zu tun. Hierbei wären die Kotenwerte Gewichte.
Der Sonderfall der Isohypse sei im folgenden Abschnitt näher betrachtet.

19.3. Die Isohypse als Schulbeispiel für andere Isolinien

Trotz aller Unterschiede besitzen die meisten oder vielleicht alle Isolinienbilder natürlicher Zustände grundsätzlich ähnliche Gefüge. Sie alle lassen sich in mancher Hinsicht mit den Höhenkurven- oder Isohypsenscharen vergleichen.

Ersetzen wir den linearen Begriff »Höhe« durch den allgemeineren Begriff »Wert«, so ergeben sich überraschende Übereinstimmungen auch in den Benennungen korrespondierender Begriffe. Dies mag aus der folgenden Gegenüberstellung ersichtlich sein:

Topographische Isohypsenkarten	*Thematische Isolinienkarten*
Isohypse oder Höhenlinie	Isolinie oder Wertlinie
Geländerelief	thematisches Relief
Höhenpunkt	Wertpunkt
Höhenkote	Wertkote
Ausgangshöhe	Ausgangswert
Nullhöhe	Nullwert
Höhenstufe	Wertstufe
Stufenhöhe	Stufenwert
Äquidistanz	Äquiwertstufe
Höhenzone	Wertzone
Fallinie, Schraffe	Stromlinie, Wertgefällslinie
Geländegefälle	Wertgefälle (z. B. Temperaturgefälle)
Kulmination, Gipfel	Kulmination, lokales Maximum
Depression, Mulde	Depression, lokales Minimum

Sind einmal solche Analogien erkannt, so ergeben sich daraus wesentliche Gewinne für die Methodik der thematischen Kartographie wie auch für das Kartenlesen.

Die topographische Kartographie ist methodisch heute sehr weit entwickelt. Einige Erfahrungen, die im Laufe der letzten hundert Jahre gemacht worden sind, lassen sich in den Dienst der thematischen Kartographie stellen.

Daraus ergeben sich folgende Gewinne:

Erstens: Leichteres Erkennen von Beziehungen, Ähnlichkeiten oder aber von Unterschieden zwischen zwei dargestellten Kontinua. Besonders eindrücklich sind manchenorts die Beziehungen zwischen topographischem Relief und Niederschlagsrelief oder zwischen diesen beiden und dem nicht reduzierten erdnahen Luftwärmerelief.

Zweitens: Ein Vergleichen gewisser Isolinienkarten untereinander und deren Konfrontation mit Isohypsenkarten läßt oft Lücken der Sachforschung und Unvollkommenheiten oder Irrwege der kartographischen Gestaltung erkennen, und führt daher zu Fortschritten. Darin liegt der Hauptgewinn solcher Konfrontation.

19.4. Eigenarten der Kontinua

Die Kontinua oder Wertreliefs lassen sich gliedern nach den folgenden *Unterscheidungsmerkmalen:*

1 *Stabil, feststehend* oder aber *bewegt, fließend,* mit der Zeit sich rasch oder langsam

ändernd, periodisch veränderlich, pulsierend. In manchen dieser letzteren Fälle sind nur Mittel-, Grenz- und Augenblickswerte kartierbar.

2 *Nur positive Werte* (Abb. 58). Beispiele: Niederschläge; Windstärke; Salzgehalt. Oder aber *positive und negative Werte* (Abb. 59). Beispiele: Landhebung resp. Senkung; magnetische und elektrische Kontinua.

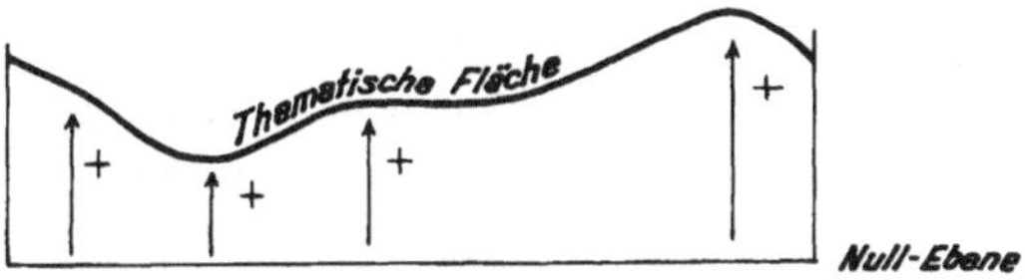

Abb. 58 Profil durch ein thematisches Modell. Nur positive Werte. Die thematische Fläche liegt ganz über der Bezugs- oder Ausgangs- oder Null-Ebene

Zu den bekanntesten Wertreliefs mit positiven und negativen Werten zählen das topographische Relief und das Isothermenrelief. Doch ist in diesen und ähnlichen Fällen der o-*Wert* oder *Ausgangshorizont* nicht durch die Sache gegeben, sondern vom Menschen konventionell festgesetzt. Die o-Meter-Höhe ist durch den Meereshorizont gegeben; die o° Temperatur entspricht dem Gefrierpunkt des Wassers. Würde man für die Höhen topographischer Karten die Entfernungen vom Erdmittelpunkt oder von irgendeiner Niveaufläche tief im Erdinnern annehmen, dann wären alle Werte positiv. Ebenso entspricht der Gefrierpunkt des Wassers nicht der tiefstmöglichen Temperatur.

3 Das thematische Relief besitzt Beziehungen zum topographischen Relief oder aber die beiden Reliefs resp. ihre Isolinienbilder haben nichts miteinander gemein und sehen sich völlig unähnlich.

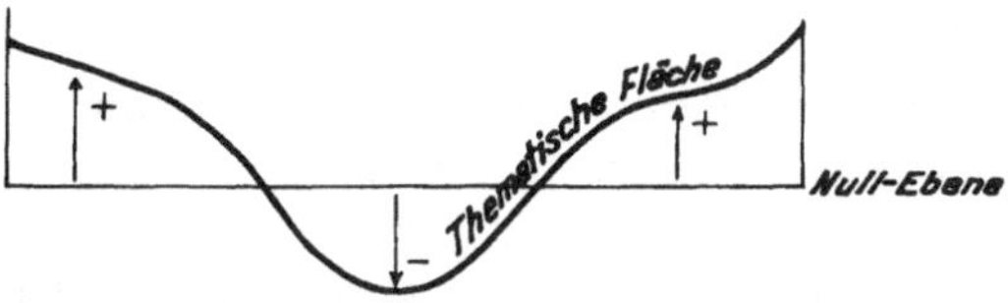

Abb. 59 Profil durch ein thematisches Modell. Positive und negative Werte. Die thematische Fläche schneidet die Bezugsebene

Wir betrachten im folgenden nochmals zwei *Beispiele*, auf die bereits hingewiesen wurde.

Erstes Beispiel

Wir vergleichen eine *Niederschlagskarte* der Schweiz mit einer entsprechenden *Höhenstufenkarte*. Die gegenseitigen Beziehungen sind unverkennbar. In den großen Zügen zeigt sich die Beziehung *je höher, desto mehr Niederschläge*. Wir erkennen diese Beziehung auch an entsprechenden Profilen (topographisches Profil und Niederschlagsprofil) des westschweizerischen Alpenraumes in der *Abb. 60*.

Wir wählen für die beiden übereinandergesetzten Profile denselben Längenmaßstab, aber auch einen leicht vergleichbaren Höhenmaßstab, d. h. wir geben der größten, im

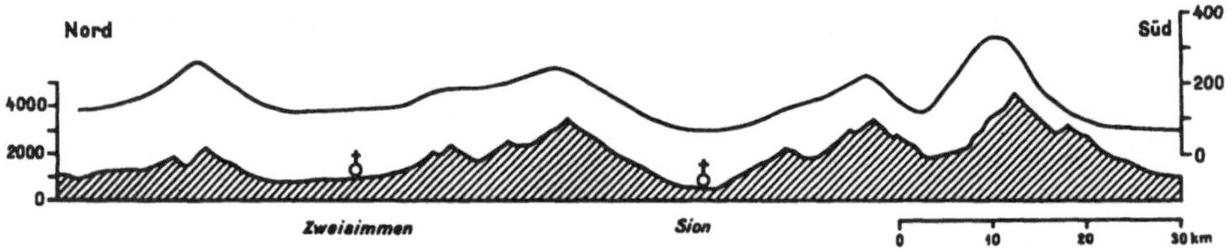

Abb. 60 Topographisches Profil und Niederschlagsprofil durch die westlichen Schweizer Alpen. Topographische Höhen in Metern über Meer (Höhenskala links), durchschnittliche jährliche Niederschlagsmenge in Zentimetern (Wertskala rechts)

Kartengebiet vorkommenden Niederschlagsdifferenz (400 cm – 50 cm = 350 cm) etwa dieselbe Dimension wie der größten vorkommenden topographischen Höhendifferenz (4600 m – 200 m = 4400 m). Wir setzen zeichnerisch somit 350 Niederschlagszentimeter = 4400 Höhenmeter oder 100 Niederschlagszentimeter = ca. 126 Meter.
Wir stellen die beiden Profile in passendem Abstand übereinander.
Durch eine solche graphische Zuordnung zeigen sich die Ähnlichkeiten, aber auch einige typische Abweichungen der beiden Profile, nämlich das Aufstauen des Niederschlagsprofils an oder nördlich vor den Hochalpenkämmen, ihr steiles Absinken an gewissen Leeseiten, die inneralpine Niederschlagsdepression, der relative Niederschlagsreichtum in der Po-Ebene. Das Niederschlagsprofil entspricht in diesem Beispiel in den großen Zügen dem topographischen Profil, es ist jedoch einfacher, lokal (an Bergkämmen und in Taleinschnitten) etwas verschoben, und es baut sich gleichsam auf einer deformierten, flach auf- und abwärtsgekrümmten Grundlinie auf. In den Deformationen der Grundlinie spiegeln sich die verschiedenen, nicht höhenmäßigen Faktoren der Niederschlagsmengen: nämlich Meeresnähe, vorherrschende Winde, vorgelagerte topographische Barrieren usw.
Solche Konfrontationen erleichtern das Erkennen von Beziehungen und das Ermitteln lokaler Niederschlagsgradienten, d. h. der mittleren Niederschlagsdifferenz pro 100 m Höhendifferenz. Bei der Konstruktion der Karte erleichtern sie ein sinnvolles Interpolieren der Niederschlags-Isolinien. Dies aber ist wichtig; denn das Punktnezt der Niederschlags-Meßstationen ist in den meisten Gebieten der Erde äußerst locker, es steht in keinem Verhältnis zu den Feingliederungen sowohl des topographischen als auch des Niederschlagreliefs.

Zweites Beispiel

Noch auffallender sind in Gebirgsländern die Beziehungen *wahrer mittlerer (nicht reduzierter) Isothermen* zu den *topographischen Höhenstufen*. Die Relation »je höher, desto kälter« führt hier, abgesehen von Unterschieden im Vereinfachungsgrad der Linien und von gewissen klimatischen Einflüssen, zu auffallender lokaler Kongruenz.

19.5. Genauigkeits- und Maßstabsfragen

Aufnahmegenauigkeit. Die anzustrebende Aufnahmegenauigkeit einer Isolinienkarte hängt ab von der Art des Kontinuums und von den wissenschaftlichen und praktischen Ansprüchen, die man an die Karte stellt.

Fließende, veränderliche Kontinua lassen sich selbst durch dichte Häufung der Beobachtungsorte und der Beobachtungen über lange Zeitperioden niemals mit einer Genauigkeit feststellen, die annähernd derjenigen der topographischen Aufnahme der festen Erdoberfläche entspricht. Dies wäre in Anbetracht der fließenden, meist großräumig einfachen Zustände und ihrer Veränderungen auch gar nicht nötig.

Wünschenswert aber wären Urteile über die erforderliche, sinnvolle und auch über die erreichte oder erreichbare Genauigkeit. Während die Genauigkeiten von Isohypsenkarten in vielen Fällen recht gut bekannt sind, fehlen solche Kenntnisse für andere, z. B. geophysikalische Isolinienkarten bisher fast ganz. Genauigkeitsdiskussionen hierüber haben in den meisten Fällen kaum erst oder überhaupt noch nicht eingesetzt.

Die Zuverlässigkeit vieler Arten von Isolinien hängt in der Regel nicht so sehr von der Genauigkeit der einzelnen Messungen ab, als vielmehr von der Dichte der Meßstationen, von der Häufigkeit und Zeitdauer der Beobachtungen und in manchen Fällen wohl auch vom Erkennen systematisch-einseitiger Beobachtungsfehler. In einer guten topographischen Karte mit Höhenlinien einer bestimmten Äquidistanz erreichen die Lagefehler oder Lageunsicherheiten der Linien selten den Betrag des lokalen Horizontalabstandes benachbarter Linien. Bei Isolinien fließender, geophysikalischer Erscheinungen aber überschreitet die Lageunsicherheit der Linien in Karten großer und mittlerer Maßstäbe oft ein Mehrfaches der horizontalen Linienabstände. Solche Isolinien sind daher meist nur in Karten kleiner Maßstäbe einigermaßen real.

Manches geophysikalische Kontinuum ist heute noch längst nicht für alle Gebiete der Erde mit gleicher oder genügender Genauigkeit bekannt. Sehr ungleich ist vielenorts die Dichte der Meßstationen, ungleich sind die Genauigkeiten der lokalen Erhebungen und vor allem auch die Zeitperioden oder Zeitdauern der Beobachtungsreihen. Noch nicht einmal für das gut erforschte Gebiet der Alpen ist es heute möglich eine Karte der mittleren Jahresniederschläge in Maßstäben größer als 1:2 000 000 mit allerorts gleichwertiger Genauigkeit ihrer Isolinien zu konstruieren. Selbst in Erdteil- und Erd-Karten kleinsten Maßstabes, z. B. in solchen von etwa 1:50 000 000, machen sich regionale Genauigkeitsunterschiede heute noch störend bemerkbar. Es stimmt etwas nicht, wenn in solchen Karten die Isohyeten in Europa alle höheren Gebirgszüge getreulich widerspiegeln, während sie sich in Südostasien mangels genauerer Kenntnisse über die größten Gebirge hinwegsetzen.

Die Genauigkeit gewisser Isolinien können gesteigert werden durch Erforschung und systematische Auswertung lokaler Relationen des thematischen Reliefs zum topografischen Relief. Eine gute Kenntnis bestehender Relationen erleichtert oft ein Urteil über Qualität oder Genauigkeit der Isolinien.

Die größten sinnvollen Kartenmaßstäbe hängen ab von der Gattung des Kontinuums, von dessen Formencharakter, Stabilität resp. Veränderlichkeit usw., aber auch von der Zweckbestimmung der Karte, sowie von der erreichten Aufnahmegenauigkeit.

Auch über die Frage nach den größtcn, noch sinnvollen Maßstäben besteht für viele Isolinienkarten wenig Sicherheit.

Für geophysikalische, z. B. klimatologische Erscheinungen sind – von örtlichen Ausnahmen abgesehen – Maßstäbe größer als 1:1 000 000 selten erforderlich. Für geometrische Kontinua aber können alle Maßstäbe, selbst die größten, in Frage kommen.

Karten in unnötig großen Maßstäben sind unökonomisch und unhandlich, sie täuschen Genauigkeiten vor, die inhaltlich nicht erreicht sind.

19.6. Darstellungsformen der Kontinua

Es stehen, in Übereinstimmung mit den Bildformen des topographischen Reliefs, die folgenden Darstellungselemente, oft einzeln, oft kombiniert, zur Verfügung.

19.6.1. Wertkoten

Sie sind Konstruktionsgrundlage und geben wertvolle Hinweise auf die Lage und Dichte der Meßstationen und damit auf die Genauigkeit der Aufnahme. Da sie aber wenig anschaulich sind, können sie graphisch-bildliche Darstellungselemente nicht ersetzen.

In Auswahl beigefügt, ergänzen sie die graphisch-bildlichen Elemente, sie erläutern diese und bezeichnen oft auch Extremwerte, Maxima und Minima usw., während die Isolinien in der Regel Mittelwerte veranschaulichen.

19.6.2. Isolinien

Sie entsprechen als Darstellungselemente den Isohypsen (Höhenkurven) der topographischen Karte.

Die topographische Kartographie lehrt, daß Wechselbeziehungen bestehen zwischen
Form oder Gliederung des Reliefs,
Aufnahmegenauigkeit,
Maßstab der Karte,
Größe der Wertstufen der Isolinien,
Generalisierung der Isolinien.

Die Formen und die temporären Formveränderungen mancher naturgegebener thematischer Reliefs, der Kontinua, und ihre Aufnahmegenauigkeiten sind noch wenig abgeklärt. Daher besteht auch in bezug auf Wertstufen und Generalisierung der Isolinien wenig Sicherheit.

19.6.2.1. Wertstufen der Isolinien

Die Wertstufen der Isolinien entsprechen begrifflich den Vertikalabständen der Höhenkurven.

Man findet in Isolinienkarten die eine oder die andere der folgenden fünf Lösungen:

19.6.2.1.1. Äquidistante Stufen. Profil in Abb. 61. Die Äquidistanzen werden oft willkürlich zu klein oder zu groß gewählt, ohne Beziehung zu den Formen und Aufnahme-

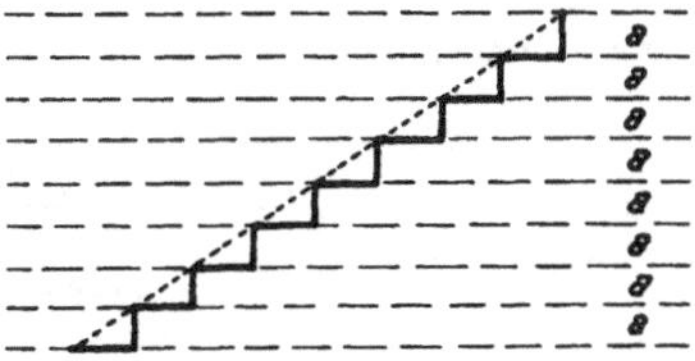

Abb. 61 Aequidistante Stufen. Aequidistanz = a

genauigkeiten der Kontinua. Daraus aber resultieren unerwünschte Überlastungen oder aber Verarmungen der Karteninhalte.
Große Äquidistanzen eignen sich für sehr einfache, ausgeglichene, stetige Gliederungen, somit vor allem für Kontinua, die mit dem topographischen Relief in keinerlei Beziehung stehen.
Ein kompliziert gegliedertes oder gar geknittertes thematisches Relief erheischt zu seiner Wiedergabe möglichst kleine Äquidistanzen.

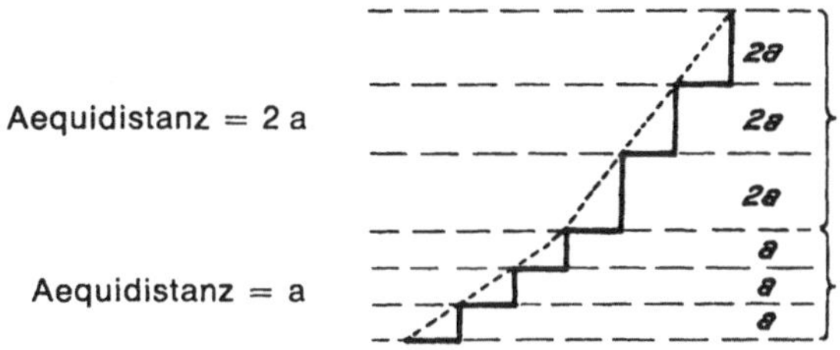

Abb. 62 Zwei aequidistante Stufen

19.6.2.1.2. Zwei Äquidistanzsysteme kombiniert. Die Abb. 62 veranschaulicht eine solche recht häufige Lösung. Da in manchen Fällen die niedrigen Wertzonen des thematischen Reliefs flach, die höheren aber steil sind, wird für die ersteren eine kleine, für die letzteren eine größere, z. B. verdoppelte Äquidistanz, gewählt. Eine solche Anpassung an den Formencharakter des thematischen Reliefs mag vom geometrischen Standpunkt aus manchmal zweckmäßig erscheinen, doch verdirbt sie den visuellen Eindruck der Formen. In solchen Fällen sollte ein äquidistantes Kurvensystem konsequent durchgeführt und da, wo es erforderlich erscheint, durch Zwischenkurven von halber Äquidistanz ergänzt werden.

19.6.2.1.3. Nochmals zwei Äquidistanzsysteme kombiniert, wobei oben eine kleine, unten eine größere, z. B. verdoppelte Äquidistanz gewählt wird. Abb. 63. Auch diese Lösung kommt nicht selten vor, meist aber ist sie sinnlos und dem thematischen Relief schlecht angepaßt. Es mag jedoch thematische Reliefs geben, die in der formalen Eigenart norwegischen Fjordlandschaften vergleichbar sind, solche somit, die in den niedrigen Lagen steil, in den höheren Lagen flach sind. In solchen Fällen mag ein Einfügen feiner Zwischenkurven in den oberen Lagen sinnvoll sein.

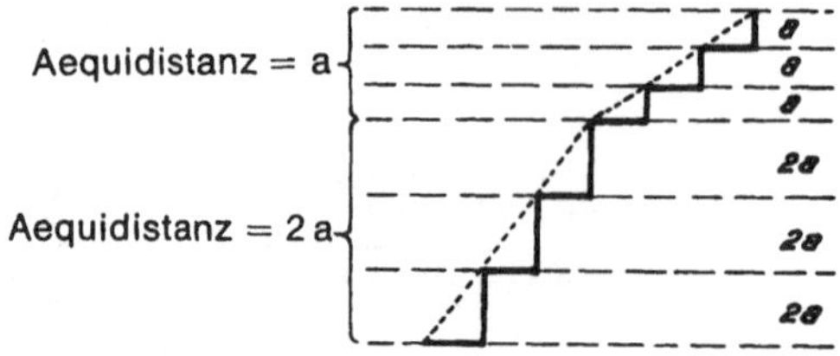

Abb. 63 Zwei aequidistante Stufen

19.6.2.1.4. Progressiv wachsende Stufen. Abb. 64. Die Gegensätze von flachem Tiefland und hochragendem, steilböschigem Gebirge führen in topographischen Karten kleiner Maßstäbe (kleiner als etwa 1:1 000 000) mit zunehmender Höhe zu progressivem Anwachsen der farbig angelegten Höhenstufen. Eine analoge Lösung erweist sich auch für thematische Karten immer dann als zweckmäßig, wenn das thematische Relief mit dem topographischen Relief in enger formaler Beziehung steht und der Kartenmaßstab klein ist.

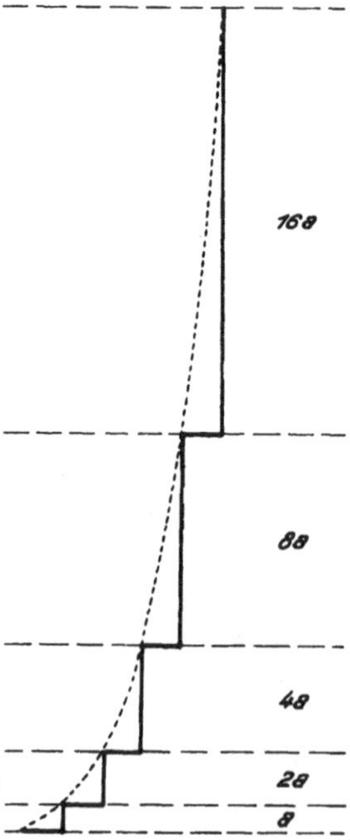

Abb. 64 Progressiv wachsende Stufen

Die Stufengrößen sind dann von unten nach oben zum Beispiel

a

a · 2

a · 2 · 2

a · 2 · 2 · 2

usw.

19.6.2.1.5. Regellose Stufen, Abb. 65. Solche werden etwa gewählt zur Darstellung tatsächlicher oder auch nur vermeintlicher Schwellenwerte. Das Verfahren ist meist sinnlos und verwirrend, gelangt aber nicht selten zur Anwendung.
Empfehlenswert sind nur die Lösungen der Abb. 61 und 64, vielleicht da und dort auch die Lösung der Abb. 62, sofern in allen Fällen die grundlegende Wertstufe a zweckmäßig gewählt wird. Die Lösung der Abb. 62 bildet eine einfache, oft praktische Annäherung an die Lösung der Abb. 64.

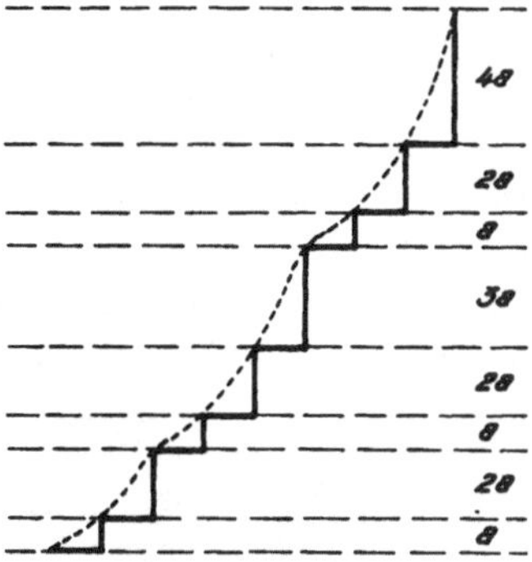

Abb. 65 Regellose Stufen

Zwei Beispiele:

1 Für auf den Meeresspiegel reduzierte Isothermen wähle man zweckmäßigerweise äquidistante Stufen; denn ihr Kontinuum ist einfach und ausgeglichen, ohne plötzliche Steilanstiege und ohne regional komplizierte Gliederungen.

2 Für wirkliche, nicht reduzierte Isothermen in Karten kleiner Maßstäbe ausgedehnter Gebiete ist progressive Wertabstufung vorzuziehen. Hier bestehen Analogien zum topographischen Relief.

19.6.2.2. Generalisierung der Isolinien

Der heutige Stand der Forschung erlaubt es noch nicht, über die Generalisierung von Isolinien vieler thematischer, z. B. geophysikalischer Karten bestimmte, wohlbegründete Lehren oder Regeln aufzustellen. Wir beschränken uns im folgenden auf einige Andeutungen in der Absicht, auf ein wichtiges, bisher kaum beachtetes Problem der thematischen Kartographie hinzuweisen.
In Isohypsenkarten mittlerer und kleiner Maßstäbe drängen sich infolge ihrer feinen Gliederungen generalisierende Linienvereinfachungen auf. Die meisten anderen naturgegebenen thematischen Reliefs sind jedoch viel einfacher gegliedert, weniger genau erfaßt oder erfaßbar. Ihre Konstruktion in Originalkarten oder Aufnahmekarten großer Maßstäbe erscheint daher in der Regel so einfach, daß die Notwendigkeit irgendwelcher Generalisierung gar nicht besteht. Das Generalisierungsproblem stellt sich meist erst bei Umformungen in Karten sehr kleiner Maßstäbe. Auf diese vor allem bezieht sich das Folgende:
Ausmaß und Art jeder generalisierenden Vereinfachung von Isolinien hängen – wie bereits betont – vor allem ab vom Formencharakter, von der Aufnahmegenauigkeit,

vom Kartenmaßstab und von der Größe ihrer Wertstufen, überdies aber auch vom Zweck, von der Verwendungsart der Karte. Eine Schulkarte soll einfacher gestaltet sein als eine thematische Forschungskarte.

Stabile, sicher erfaßbare oder konstruierbare geometrische Isolinien, wie etwa die Isodistanzen, können in beliebig großen Maßstäben dargestellt werden. Ihre Generalisierung in Karten kleiner Maßstäbe erfolgt nach ähnlichen Gesichtspunkten, wie sie z. B. für Höhenkurven gelten. (Lit. E. IMHOF, Kartographische Geländedarstellung, 1965).

Mit Isothermen und mit Isolinien anderer geophysikalischer Erscheinungen verhält es sich indessen anders. Es wäre sinnlos, sie sehr fein gliedern zu wollen; denn es handelt sich hierbei nicht um feste, stabile, exakt erfaßbare Dinge, sondern um Mittelwerte aus Beobachtungsreihen veränderlicher Zustände. Dieses Unbestimmte, Fließende, Pulsierende, nie dauernd Gültige gelangt durch ausgeglichene, »fließende« Linien zum Ausdruck.

Im folgenden versuchen wir uns an Hand eines figürlichen Beispieles an ein zweckmäßiges Maß der Generalisierung einer Isolinienkarte heranzutasten.

Abb. 66 Mittlere, nicht auf den Meeresspiegel reduzierte Januar-Isothermen. Gebiet: Reusstal im Kanton Uri (Schweiz) ca. 1 : 430 000. Schlechte Lösung: Die Isothermen sind zu wenig generalisiert. Sie folgen zu genau den kleinen Geländebewegungen

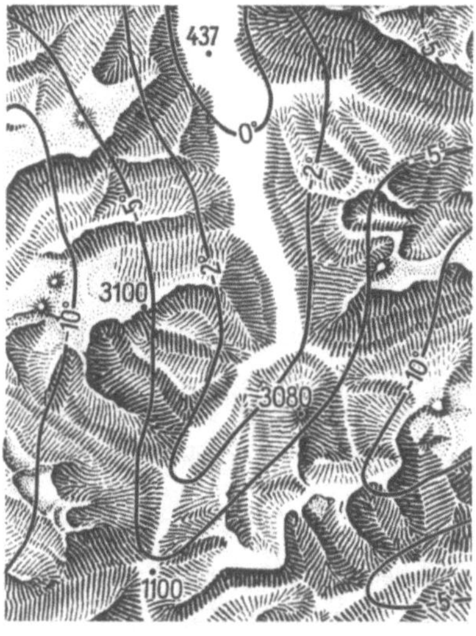

Abb. 67 Dasselbe Gebiet und dasselbe Thema. Ebenfalls schlechte Lösung. Die Isothermen sind zu stark generalisiert. Sie setzen sich stellenweise über Höhenunterschiede von 2000 m hinweg

Abb. 66: Karte 1:430 000 der mittleren, nicht auf den Meeresspiegel reduzierten Januartemperaturen eines hochalpinen Gebietes (Reußtal im Kanton Uri, Schweiz). Bekanntlich bestehen Beziehungen der Wärmestufen resp. der Isothermen zu den topographischen Höhenstufen resp. den Isohypsen. Innerhalb gewisser räumlicher und zeitlicher Grenzen kommt jeder Höhenlage ein bestimmter mittlerer Wärmewert der Luft zu. Trotzdem wäre es falsch, die Isothermen genau den betreffenden Höhenkurven entlang führen zu wollen. Eine solche schlechte Lösung ist in der Abb. 66 dargestellt. Sie täuscht eine kaum existierende Feingliederung des thematischen Reliefs vor.

Abb. 67: Derselbe Gebietsausschnitt wie in der Abb. 66, ebenfalls im Maßstab 1:430 000. Diese Figur zeigt das andere, ebenso unangebrachte Extrem. Die eingetragenen Isothermen sind hier äußerst stark generalisiert. Ein und dieselbe Isotherme soll aber nicht über einen 3000 m hohen Berggipfel und dann durch ein nur 1000 m hoch gelegenes Tal geführt werden. Hier sind die Beziehungen des Wärmereliefs zum topographischen Relief nicht genügend berücksichtigt.

Abb. 68: Die Isothermen-Linienführung, wie sie diese Abbildung zeigt, mag etwa dem vorliegenden Maßstab, dem Charakter des mittleren Wärmereliefs und der Ermittlungsgenauigkeit der Isothermen angemessen sein.

Abb. 68 Nochmals dasselbe Gebiet und dasselbe Thema. Bessere Lösung. Sinnvoller generalisierte Isothermen. Die Isothermen bewegen sich auf dem topographischen Relief um kleine Beträge aufwärts und abwärts. Sie bleiben aber innerhalb eines tolerierbaren Höhenbereichs

Auf zwei Punkte, die beide mit der Generalisierung von Isolinien in einem gewissen Zusammenhang stehen, sei noch kurz eingetreten.

Kontinuität einer Fläche heißt nicht immer auch »frei von Knitterungen«. Die Isolinienscharen der meisten geophysikalischen Erscheinungen besitzen flüssige, stetige, rund geschwungene Formen. Daraus darf aber nicht geschlossen werden, daß *alle* Isolinien diese Merkmale aufweisen. Die topographische Fläche ist ein Kontinuum mit vielenorts scharfen und feinen Knitterungen (Abb. 50). Isolinienbilder geometrischer Art sind oftmals geknittert (Isodistanzen von Straßen, von Seeufern usw.). Es wäre falsch, sie generalisierend überall abzurunden.

Herbert Louis (1957) umschreibt als »das Gesetz aller Kontinua« u. a. folgendes: »Zwischen einem hohen und einem benachbarten niederen Meßwert der betreffenden Erscheinung muß unbedingt mindestens einmal jeder zwischen beiden Extremen liegende Zwischenwert verwirklicht sein.«

Diese für die geographische Wirklichkeit zutreffende Feststellung gilt nicht überall für das kartographische Bild. Nicht nur das Kontinuum der topographischen Fläche, sondern auch andere thematische Kontinua können senkrechte, ja selbst überhängende

Wert-Flächenstücke, gleichsam Steilwände, aufweisen. Das ändert an der Kontinuität ihrer Flächen nichts. Es ist lediglich eine Folge der Bild-Projektionsrichtung, daß gewisse Flächen zu Linien zusammenschrumpfen. In solchen Fällen stoßen dann in der Karte niedere Maßwerte ohne zeichnerische Zwischenwerte unmittelbar an hohe Werte. Oder mit anderen Worten: Mehrere Isolinien bündeln sich graphisch zu einer einzigen Linie zusammen. Ein Beispiel: Eine Isochronenkarte für Fußgänger-Marschzeiten von einem Ausgangsorte aus. Es handle sich hierbei um leicht gangbares Gelände; doch stelle sich irgendwo ein Mauerstück dem Vorrücken in den Weg. Das hinter der Mauer liegende Gelände sei nur durch Umgehung erreichbar. So entsteht an der Mauer eine Stauung der Isochronen.

Dieses Beispiel zeigt, daß in Isolinienkarten ein Überspringen von Zwischenwerten durchaus möglich ist. Manchmal empfiehlt es sich im Interesse leichterer Lesbarkeit, solche Linienbündel zu entwirren durch gedrängtes Einfügen aller Zwischenstufen. Es handelt sich hierbei lediglich um eine Frage der Generalisierung.

19.6.2.3. Einige weitere Fragen der Isoliniendarstellung

Einige Erfahrungen bezüglich Gestaltung der Isohypsen lassen sich sinngemäß auf andere Isolinien übertragen. Daraus ergeben sich die folgenden Empfehlungen:

1 In komplizierten Gefügen sollte jede fünfte Isolinie eines äquidistanten Systems als Zählkurve durch Strichverstärkung hervorgehoben werden.

2 Wo es sachlich nützlich erscheint und wo genügende, gemessene resp. gezählte Daten vorliegen, sollten feingezogene Zwischenkurven eingeschaltet werden. Dies gilt vor allem für typische Kleinformen und bei Verflachungen des thematischen Reliefs.

3 Die Zahlenwerte der einzelnen Linien sollen nicht zu sparsam und nicht nur an den Zählkurven angeschrieben werden. Ihre gute Streuung erleichtert das Kartenlesen.

4 Farbiges Differenzieren der Isolinien ist im allgemeinen nicht zu empfehlen; denn es würde das Kartenbild beunruhigen und die technische Herstellung komplizieren. Falls aber das darzustellende Kontinuum positive und negative Werte enthält und wenn deren visuelle Scheidung wichtig erscheint, so wähle man folgende Lösung: Die Isolinien mit positiven Werten ziehe man rot oder braun, diejenigen mit negativen Werten aber blau oder blaugrün oder blauviolett. Die Null-Linie kann hiebei schwarz oder grau oder violett gezogen werden. Steht nur eine einzige Druckfarbe zur Verfügung, so können die negativen Linien durch Feinstrichelung oder durch aufhellende Feinrasterung von den durchgezogenen positiven Linien unterschieden werden. Die Null-Linie wird in solchen Fällen kräftiger gezogen.

19.6.3. Flächenfarbtöne

Wenn mehrere Druckfarben zur Verfügung stehen, gibt man den einzelnen Wertstufen geeignete Flächenfarbtöne. Sie fassen zusammen, erleichtern die Übersicht, charakterisieren oder symbolisieren das Thema und heben bei guter Farbwahl die Schönheit der Karte.

Die methodischen Entwicklungen farbiger Flächengestaltung der Kontinuumskarten folgten stark verspätet denjenigen der farbigen Höhenstufenkarten. Das Grundsätz-

liche ist ähnlicher Art, und so ergeben sich oft analoge Lösungen. Gegenüber gewissen topographischen Höhenstufenkarten besteht jedoch folgender Unterschied:
Naturalistische oder naturnahe Flächenfarben, wie sie für gewisse topographische Reliefkarten oft angestrebt werden, kommen hier kaum in Frage; denn die thematischen Reliefs sind in der Natur als sichtbare farbige Gebilde nicht vorhanden. Man wähle daher *symbolische Farben,* solche, die in symbolischem Sinne an den dargestellten Gegenstand erinnern.

Beispiele:
Pluswerte, Hoch usw.: Rot.
Minuswerte, Tief usw.: Blau.
Warm: Rot oder Orange oder Rotbraun.
Kalt: Blau, Blaugrün oder Blauviolett.
Niederschläge: Blau oder Blaugrün als Symbolfarbe für Wasser.
Im Gegensatz zu vielen kleinmaßstabigen topographischen Höhenstufenkarten finden für die meisten thematischen Abstufungen Flächenfarben allein, ohne Beifügung von Isolinien, selten Anwendung. Das Hauptelement der Darstellung bleibt hier in der Regel die Isolinie. Bezüglich *Farbabstufungen* lassen sich folgende *Lehren* oder Prinzipien aufstellen:

1 Je höher der Wert, desto intensiver oder dunkler der Farbton. Bestehen *nur positive Werte,* dann eignet sich im allgemeinen eine einfache, graue oder farbige Hell-Dunkel- oder eine Intensitätsabstufung, wobei nicht mehr als etwa 6–8 Tonstufen angebracht werden sollten. Beispiel: Isoamplitudenkarte. Bunt wechselnde Farbfolgen sind für quantitative Abstufungen ungeeignet, sie verwirren.

2 Handelt es sich jedoch um *positive und negative Werte,* dann empfehlen sich zwei farbig gegensätzliche Teilskalen, z. B. eine Rotskala, die beim Nullwert blaß einsetzt und nach oben an Intensität zunimmt, und eine Blauskala, die vom blaßen Nullwert ausgehend nach abwärts intensiver wird.

3 Oder man läßt das Rot und das Blau über Violett stufenweise ineinander übergehen (kurzer Weg).

4 Soll eine größere Anzahl von Farbstufen gut unterscheidbar dargestellt werden, so läßt sich dies erreichen durch Einschalten von Orange, Gelb und Grün zwischen Rot und Blau (langer Weg).
Manchmal wird auch der Weg über die Mischtöne Braun, Grau oder Oliv eingeschlagen.

In den Fällen 3 und 4 handelt es sich um Farbtonfolgen des Spektralfarbenkreises, wie es in der Abb. 69 angedeutet ist.
In früheren und auch noch in heutigen Karten trifft man oft sinnlos ungeregelte, wiederholt kontrastierende Farbfolgen, obschon es sich in Isolinienkarten stets um die Veranschaulichung stetiger Wertänderungen handelt. Der thematischen Kartographie bleiben bis zum heutigen Tage Fehllösungen nicht erspart, wie sie sich vor über hundert Jahren in Höhenstufenkarten fanden.
In der Regel läßt man die Farbstufen *nicht fließend* ineinander übergehen, obwohl dies der Stetigkeit der Wertveränderungen entspräche. Man zieht Treppenstufenskalen vor, da sich ihre Farbwerte kartenleserisch besser unterscheiden lassen, und da sie repro-

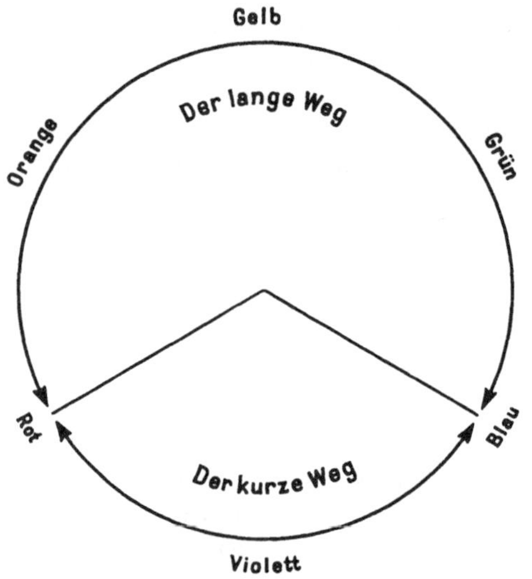

Abb. 69 Schematische Darstellung des Spektralfarbkreises mit dem kurzen und dem langen Weg von Rot zu Blau

duktionstechnisch leichter herstellbar sind. Immerhin sollten die einzelnen Farbtöne nicht zu hart abgestuft werden; denn es handelt sich beim Kontinuum *nicht um treppenartige* Wertänderungen.

Fließende, allmähliche Übergänge der Farbtöne sind besonders zu empfehlen, wenn die Stufengrenzen unsicher sind.

19.6.4. Kombination von Isolinien und Flächenfarbtönen

In farbig gut ausgestatteten Karten ist solche Kombination die Regel. Eine Farbtonstufe umfaßt hierbei meist mehrere Isolinien- oder Äquidistanzstufen. Der Farbwechsel erfolgt zweckmäßigerweise an den verstärkt gezeichneten Zählkurven. Hierbei sind dunkelgraue, dunkelbraune oder dunkelblaue Linien den schwarzen Linien vorzuziehen; denn letztere harmonieren meist schlecht mit farbigen Flächen.

19.6.5. Schummer und Schattentöne

Es mag naheliegend erscheinen zur Veranschaulichung thematischer Reliefs auch Schummer- und Schattentöne beizuziehen, so wie dies in topographischen Karten für das Erdoberflächenrelief geschieht. Abgesehen von diesem letzteren kennen wir aber kein Beispiel, wo sich solche Schattenplastik bewähren würde. Folgende Gründe sprechen dagegen:

Die meisten thematischen Kontinuumsflächen sind nicht reale, körperliche, visuell wahrnehmbare Reliefflächen mit aus dem Naturanblick vertrauten Licht- und Schatteneffekten. Ihre schattenplastische Reliefimitation erschiene daher wesensfremd und sie hülfe wenig. Wesentlich und von Interesse sind hier die Werte. Diese aber lassen sich am besten durch Wertkoten, Isolinien und Wertzonenfarben veranschaulichen. Eventuelle Schummer- und Schattentöne sollen daher den zu Grunde gelegten Basiskarten vorbehalten bleiben. Schattenplastische Darstellung lohnt sich nur für die feingegliederten körperlich-realen Flächen des topographischen Reliefs.

19.6.6. Wertgefällslinien

Herbert Louis schreibt in seinem Aufsatz des Jahres 1957 folgendes:
»So wie das Relief der Erdoberfläche an seinen unendlich vielen Punkten je durch einen Höhenwert charakterisiert wird, einen bestimmten Wert aus einer Wertreihe, also durch eine skalare Größe im Sinne der Physik, außerdem aber auch durch eine Maximalneigung, welche nicht nur verschiedenen Grad, sondern auch eine bestimmte Richtung aufweist, also physikalisch eine Vektorgröße darstellt, ebenso läßt sich auch innerhalb der übrigen Kontinua unter den irdischen Erscheinungen an jedem Punkt ein charakteristischer skalarer Maßwert angeben, welcher lediglich höher oder tiefer sein kann, und außerdem ein entsprechender vektorieller Maßwert, der außer der Intensität noch einen Richtungswert in sich schließt. Die Temperatur eines Ortes hat z. B. eine bestimmte Höhe, die im zeitlichen Ablauf nur steigen oder fallen kann. Gleichzeitig gibt es an dem betreffenden Ort aber auch ein Temperaturgefälle zu den Nachbarorten, welches in einer Richtung ein Maximum aufweist, ähnlich wie das Oberflächengefälle des Reliefs. Und ebenso wie etwa auftreffendes Regenwasser, dem Oberflächengefälle folgend, abfließt, gibt es auch einen Wärmefluß vom Gebiet höherer zu jenem niederer Temperatur. Höhenverteilung und Gefälle der charakteristischen Werte, ebenso auch die etwa begleitenden Fließbewegungen sind voneinander nicht unabhängig. Auch bei manchen der kontinuierlichen Erscheinungen, z. B. bei der Temperaturverteilung, erweisen sich die skalaren Maßwerte praktisch als die bei weitem wichtigeren, bei anderen, etwa bei den Oberflächenströmungen des Meeres, sind die Vektorgrößen der Stromstärke und der Strombeständigkeit bedeutungsvoller als die ohne Zweifel vorhandenen, durch Windstau hervorgerufenen, aber minimalen Höhendifferenzen des Ozeanspiegels, durch die ein wesentlicher Teil der Oberflächenströmungen hervorgerufen wird. Endlich gibt es Erscheinungen, bei denen sowohl die skalaren wie auch die vektoriellen Werte von größtem Interesse sind. Im ganzen ergibt es sich, daß die kontinuierlichen Erscheinungen der Erdoberfläche teils in Gestalt ihrer skalaren, teils in Form ihrer vektoriellen Maßwerte oder in beiden Formen der kartographischen Darstellung wichtige Aufgaben stellen« (soweit H. Louis).
An jedem Ort – dies sei hier nochmals festgehalten – erfolgt die stärkste Intensitäts- oder Wertänderung in der Richtung der *Wertgefällslinien*. Diese stehen in jedem Punkt senkrecht auf den Isolinien (Abb. 70).
Die Geländeschraffuren früherer topographischer Karten sind Wertgefällslinien. In manchen Systemen sind hierbei die Striche um so dicker, je größer das Gefälle ist.

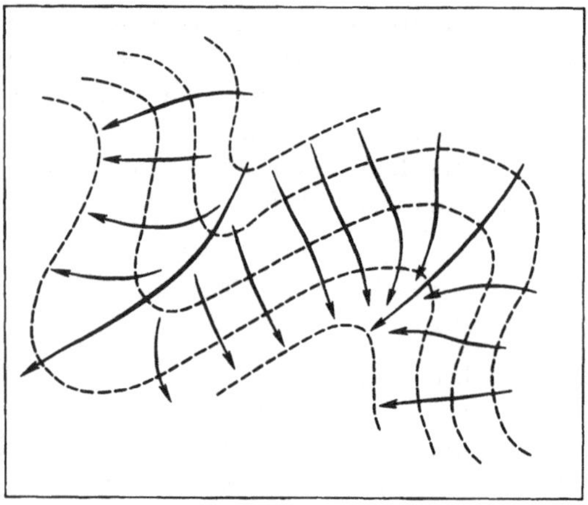

Abb. 70 Isolinien und Wertgefällslinien

19.6.7. Falsche oder Pseudoisolinien

Oft werden Streuungen oder sog. Dichte-Zustände von Einzelobjekten in einer kartographischen Form dargestellt, die sich im Bilde durch nichts von den Isoliniengefügen unterscheidet. Solch scheinbare »Isolinien«, d. h. die Begrenzungslinien der einzelnen Dichtefelder, wurden als *»Isopleten«* bezeichnet. Wir lehnen diese irreführende Bezeichnung ab; denn trotz gelegentlicher äußerer Ähnlichkeit des Bildgefüges handelt es sich bei den genannten *Flächenbegrenzungslinien nicht um* Linien vom Charakter der *Iso*linien. *Streuungen isolierter Einzelobjekte sind keine Kontinua.* Jeder Punkt einer Isolinie besitzt einen bestimmten Kotenwert. Punkte der genannten Begrenzungslinien von Dichtefeldern aber besitzen keinen Kotenwert. Die Wertangaben der Dichtekarten sind *relativ* und sie beziehen sich auf *Flächen,* auf die betreffenden Mosaikflächenstücke je als Ganzes, nicht aber auf Punkte oder Linien. Im besten Falle entspräche eine solche Begrenzungslinie einer lotrechten Wand. Eine solche aber besitzt ebensowenig einen feststellbaren Kotenwert, wie etwa die Grundrißlinie einer lotrechten Hauswand. Wir bezeichnen daher die Begrenzungslinien von Relativwert-Flächenstücken, sofern solche Linien äußerlich den Isolinien gleich sehen, als *»falsche«* oder *Pseudoisolinien«.* Wir kommen im Kapitel 22 auf diese Fragen zurück.

Kapitel 20
Gefüge zur Darstellung von Bewegungen und Kräften; Vektorengefüge

Alles ist im Fluß, alles ist in Bewegung. Die moderne Physik lehrt, daß alle materiellen Zustände letzten Endes auf Bewegungsvorgänge kleinster Teilchen zurückzuführen seien. Aber auch die landläufig makroskopische Weltbetrachtung, diejenige geographischer, geschichtlicher, gesellschaftlicher und anderer Zustände und Vorgänge, offenbart die Dynamik allen Geschehens. Dies verpflichtet auch die Kartographie, solches nach Möglichkeit bildhaft zu veranschaulichen.

Es mag angebracht sein, hier einleitend die folgenden *physikalischen Begriffe* kurz in Erinnerung zu rufen:

Bewegung bedeutet Änderung des Ortes eines punktförmigen oder räumlichen Gebildes mit der Zeit. Hierbei denkt man zunächst an kontinuierlich vor sich gehende, nicht etappenweise Ortsänderung. Die Bewegung kann *geradlinig* oder *krummlinig* erfolgen. Je nach der Art der Geschwindigkeit oder der Beschleunigung unterscheidet man *gleichförmige* oder *ungleichförmige* Bewegung.

Unter *Bewegungsgröße* oder *Impuls* versteht man das Produkt Masse mal Geschwindigkeit eines Körpers.

Geschwindigkeit ist die Größe, die einen augenblicklichen Bewegungszustand beschreibt. Sie wird meist ausgedrückt durch cm/sek oder m/sek oder km/sek oder km/Stunde.

Physikalisch ist die Geschwindigkeit eine *vektorielle* Größe, d. h. sie ist bestimmt durch ihren Betrag und ihre Richtung.

Der *Vektor* ist eine mit einer Richtung versehene Strecke im Raum. Er wird bei mathematischen und physikalischen Betrachtungen dargestellt durch einen Pfeil, der vom Ausgangspunkt A zum Endpunkt B geführt und dessen Länge als Betrag des Vektors bezeichnet wird.

Bewegung wird erzeugt durch *Kraft*. Darunter versteht man die Ursache einer Bewegungsänderung. Auch die Kraft ist eine gerichtete (vektorielle) Größe, d. h. sie ist bestimmt durch Richtung und Betrag. (Physikalisch: Kraft gleich Masse mal Beschleunigung. Physikalische Maßeinheit der Kraft ist das dyn. Dies ist die Kraft, welche der masse 1 g die Beschleunigung 1 cm/sek erteilt. Technische Einheit ist diejenige Kraft, die einem Gewicht von 1 kg entspricht. Kraft mal Weg gleich Arbeit).

Kraftlinien zeigen für jeden Punkt eines Kraftfeldes die Richtung der dort wirkenden Kraft. So zeigen z. B. die magnetischen Kraftlinien für jeden Punkt des magnetischen Feldes oder Raumes die Richtung der magnetischen Kraft.

Soweit einige Klarstellungen physikalischer Begriffe.

Im allgemeinen Sprachgebrauch und damit auch in geographischen und historischen Wissensbereichen werden die Begriffe Bewegung, Geschwindigkeit, Kraft usw. meist freier aufgefaßt für Vorkommnisse äußerst komplexer Art: Völkerwanderungen, Pendlerbewegungen, Saisonwanderungen, Fremdenverkehrsbewegungen, kriegerische Bewegungen, Bewegung von Menschen und Waren auf Straße und Schiene, zu Wasser und in der Luft, Tierwanderungen, Verschiebungen im Laufe langer Zeit, z. B. solche im Bereiche der natürlichen Pflanzenwelt, Bewegungen in geophysikalischen Bereichen, z. B. solche von Erdkrustenteilen (Geotektonik, Erdbebenkunde), in den Ozeanen und andern Gewässern, das Strömen des Gletschereises, Bewegungen in der Atmosphäre und im Weltraum.

Stets werden Bewegungen verursacht durch *Kräfte*. Im biologischen und anthropogeographischen Bereich aber sind es nicht nur physikalische Kräfte, sondern auch solche biologischer, wirtschaftlicher, politischer, ethnischer, kirchlicher, militärischer und geistiger Art.

Für viele Wissensbereiche sind Ursache, Art und Auswirkung von Kräften und Bewegungen und damit auch deren Darstellung von größter Bedeutung. Dies gilt für geographische und geschichtliche Betrachtungen, aber auch für Wirtschafts- und Gesellschaftswissenschaften, für militärische Dinge, für Forschung und Planung aller Art.
Was hierbei kurzerhand als »Bewegung« deklariert wird, kann sehr Verschiedenes bedeuten: Stetige, kontinuierliche Bewegung, solche mit konstanter oder mit variabler Geschwindigkeit, ruckweise, in Etappen erfolgende lineare, flächenhafte oder räumliche Bewegung, solche mit Richtungsänderung, Hin- und Herbewegung usw. Unser »Bewegungskatalog« ist somit äußerst reich und vielgestaltig.

Anschaulichste *Darstellung von Bewegung* ist die *Filmvorführung*. Wir kommen unten auf sie zurück. Von dieser abgesehen bietet im Bereich der Erdwissenschaften die *Karte* die einfachste und gebräuchlichste Bewegungsdarstellung. Für geophysikalische Themen (Erdmagnetismus, Meeresströmungen, Luftbewegungen) sind kartographische Bewegungsdarstellungen seit mehr als 150 Jahren in Gebrauch.
Leider werden für Forschung und Lehre der Geschichte die Karten heute noch viel zu wenig eingesetzt. Mancher Historiker wühlt eifrig im Staube alter Akten, hat aber seinen treuen Bundesgenossen »Landkarte«, diesen »Boden« geschichtlicher Schilderung, bis heute noch nicht entdeckt. Dies gilt nicht nur für Bewegungskarten, sondern für Karten historischer Dinge allgemein. Geschichtsatlanten stehen an Reichtum der Möglichkeiten und in ihrer graphischen Ausstattung heute noch wesentlich hinter entsprechenden geographischen Werken zurück.
Bewegungen im geographischen Bereich treten meist in Verbindungen mit andern Dingen und Gefügen auf.
Beispielsweise gibt es bewegte Kontinua. Bei der Darstellung von Transporten gelangen Transportgut, Transportweg, Transportart und Transportbewegung oft vereint zur Darstellung. Je nach dem Interesse der Betrachtung können wir auch in diesem Buche manches im Rahmen des einen oder des anderen Gefügekapitels zur Sprache bringen. Hinweise auf Bewegungen finden sich daher in den Kapiteln über die Netze linearer Elemente, über Kontinuumsgefüge, Ortsdiagrammgefüge (Winde), Gefüge der Band-

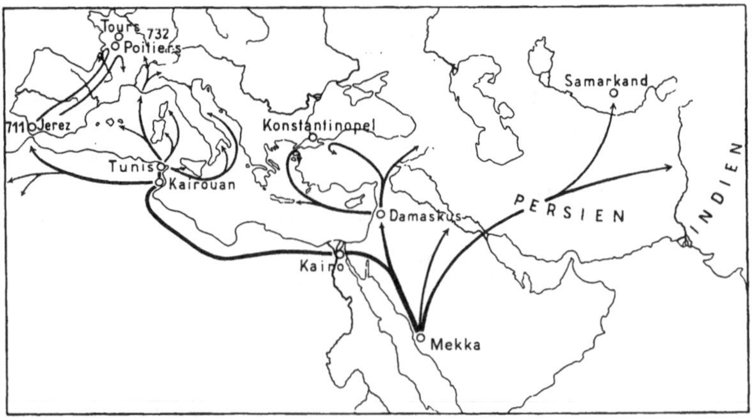

Abb. 71 Kriegszüge der Araber im Frühmittelalter (ca. 1 : 83 000 000)

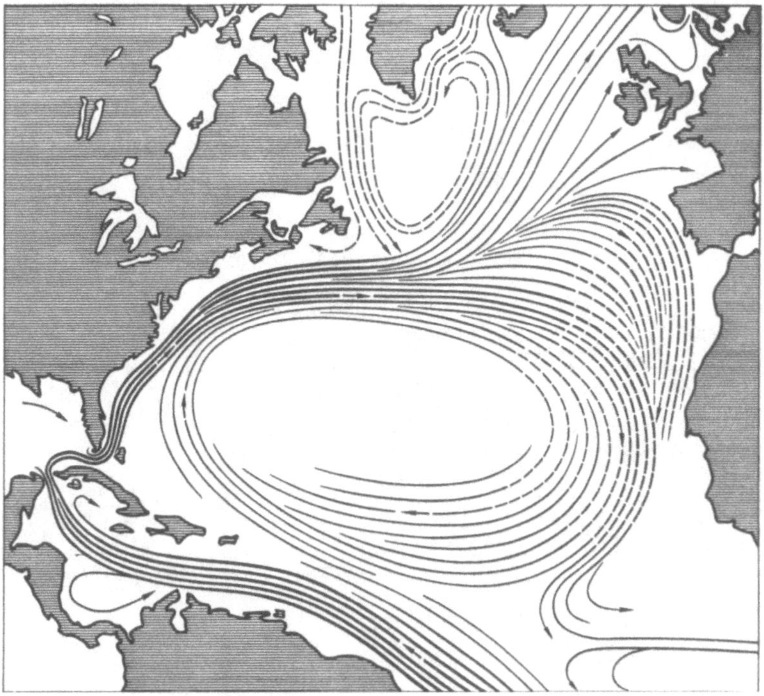

Abb. 72 Meeresströmungen im nördlichen Atlantischen Ozean. Warme Ströme: Durchgezogene Linien. Kalte Ströme: Gestrichelte Linien. 1 : 80 000 000

diagramme und schließlich der kombinierten und komplexen Gefüge. Hier nun soll einiges zusammengefaßt und ergänzt werden.

Im starren, unbewegten Kartenbild lassen sich Bewegungen und Kräfte auf die verschiedenste Art durch Symbole und textliche Erläuterungen darstellen. *Beispiele* in den Abb. 71–73.

Die eine Form ist die *bildhafte Bewegungssignatur.* Man zeigt Bewegungsvorgänge durch zeichnerische Gebilde, die in der Wirklichkeit nur in Bewegung möglich sind. Beispiele: stürzendes Wasser, Meereswogen, Sturmwolken, zuckende Blitze, fliegende Vögel, Flugzeuge in freier Höhe, fußballspielende Menschen, rennende Pferde, Gemsen im Sprung, wirbelnde Tänzerinnen, flatternde Fahnen und anderes mehr. Vereinfachte Bilder solcher Art symbolisieren in der Karte Bewegung. Oft werden sie den Bewegungslinien beigefügt. Schade nur, daß die meisterhaften Bewegungsfiguren von Wilhelm Busch in der Karte zu viel Raum beanspruchen würden.

Uraltes Symbol für Handelstransporte und dann auch für den Handel in seiner Gesamtheit ist das Flügelpaar am Helm oder an den Fesseln des Griechengottes Hermes, des römischen Merkur.

Häufigstes, einfachstes und variationsfähigstes kartographisches Bewegungssymbol ist der *Pfeil.* Auf seine verschiedenen graphischen Formen und Ausgestaltungen wurde im Kapitel 10 hingewiesen.

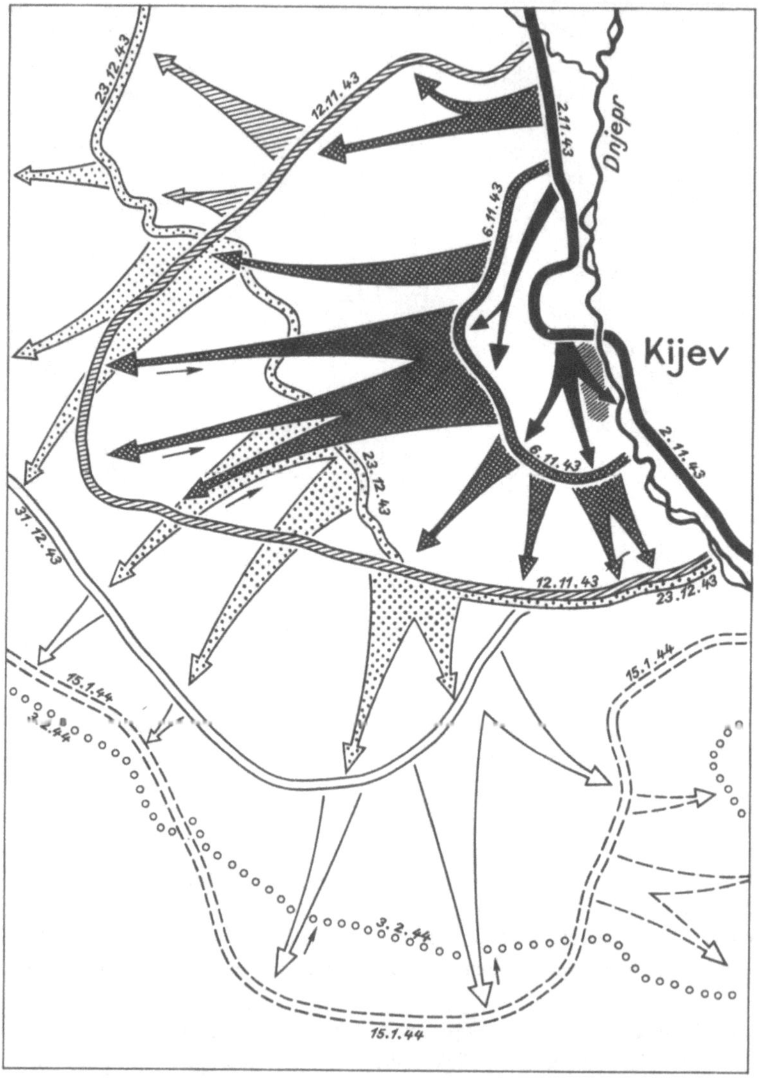

Abb. 73 Fronten und Bewegungen russischer Heeresteile vom November 1943 bis Februar 1944 (Schlacht bei Kiew). 1 : 200 000. Stark vereinfacht, nach Československý Vojenský Atlas, Praha 1965

Pfeilsignaturen treten in der Karte allein oder in Verbindung mit *grundrißlich-linearen* oder mit *streifenartigen Bewegungsbahnen* auf. In Scharen veranschaulichen sie *Flächen-* und *Massenbewegungen*.

Pfeile lassen sich in mannigfacher Weise ausgestalten: einfache Pfeile, Pfeile mit zwei, drei, vier und mehr Spitzen, resp. Fiedern, dünne, dicke, kurze, lange, starre, geschmeidig gebogene, hohle, gefüllte, in Stammstück und Spitze variabel gestaltete. Damit sucht man Auskünfte zu vermitteln über Geschwindigkeit, Zeitdauer, Daten der Bewegung usw. Farbdifferenzierung dient meist der Kennzeichnung der Gattung des be-

wegten Gegenstandes, bei Wasser und Luft auch der Unterscheidung von kalt und warm.
Oft entsprechen die Pfeillängen zeitlich abgeteilten Strecken, oft wiederum symbolisieren sie Geschwindigkeiten. Letztere lassen sich auch durch wechselnde Strichstärken symbolisieren.
All dies gilt sinngemäß auch für abgeteilte Linienstücke grundrißlicher Bewegungswege. Hierbei werden Pfeile und Stromlinienstücke meist umso kräftiger gezeichnet, je größer die Geschwindigkeit ist und je länger daher das zurückgelegte Wegstück. Vektoren solcher Art weichen in eigenartiger Weise von ihren Prototypen, den alten topographischen Böschungsschraffen, ab; denn für letztere gilt die umgekehrte Regel: »Je kürzer, desto kräftiger der Strich«. – Die *Bewegungsbahnen* werden meist stark vereinfacht als *Linien* oder als *Bänder* dargestellt. Formvereinfachungen ändern jedoch an ihrem grundrißlichen Wesen nichts.
Massenbewegungen, wie z. B. das Fließen des Wassers, des Gletschereises und atmosphärisches Strömen, solche verschiedener Kontinua, werden sowohl durch Pfeil- oder Stromlinienscharen, als auch durch Bewegungs-Isolinien dargestellt. Die letzteren verbinden Punkte gleichzeitigen, zeitlich registrierten Eintreffens von Massenfronten oder anderer Vergleichslinien (Gletschermessung). Solche Isolinien veranschaulichen die Bewegung nur indirekt. Ihre Lagen und Daten lassen auf die Bewegung schließen. Auch aufeinanderfolgende Frontlinien von Heeresteilen oder das Vorrücken der Tollwut von Füchsen, obschon Truppen und Füchse keine Kontinua sind, werden generalisierend oft in ähnlicher Weise dargestellt.
Winddiagramme, an und für sich keine Bewegungsfiguren, sondern solche statistischer Messung und Zählung, lassen auf Strömungen in der Atmosphäre schließen. Man bezeichnet sie gelegentlich als *Vektordiagramme.*
Die Schwierigkeit, Bewegung im unbewegten Kartenbild wirklich zeigen zu können, gibt den eingeschriebenen Texten, den Etappendaten, den Geschwindigkeitsangaben und auch den Erläuterungen in den Kartenlegenden erhöhte Bedeutung. Der Pfeil allein vermag wenig, wenn sein Sinn, seine Kraft, seine Geschwindigkeit und der Zeitpunkt des Geschehens in der Kartenlegende nicht erläutert werden.
Bewegungslinien, Bewegungspfeile, Bewegungsetappenfronten und Ähnliches finden sich vereinzelt in manchen Karten. Als dominierende Gefüge aber blieben sie bisher wohl beschränkt auf Karten der Meeres- und Luftströmungen, des Gletscherfließens, des Vogelfluges und vor allem der kriegerischen Bewegungen, auf Karten somit, die das Fließen von Massen und von Objekten zeigen wollen.
Eine oben angedeutete Möglichkeit, Bewegung in der Karte erkennen zu lassen, besteht in der Koordinierung von Karten zeitlich gestaffelter Zustände. Zustandsbilder werden oft in ein- und derselben Karte gleichsam übereinander oder nebeneinander geschichtet oder sie werden getrennt einzeln auf mehrere Karten gebracht. Hierbei kommen nicht die Bewegungen zur Darstellung, sondern einige aufeinander folgende, statische Zustände, freilich oft solche, die es dem Kartenleser ermöglichen, auf Bewegungsabläufe zu schließen. »*Zeitstufen-Karten*« solcher Art werden im Kapitel 26 betrachtet.
Wirkliche sichtbare Bewegungen von Dingen in der Karte kann nur die *Filmvorführung* zeigen. Verschiedene Phasen des Bewegungsablaufes lassen sich in grundrißlichkartenartig gezeichneten dichten Bildfolgen konstruieren, auf Filmstreifen übertragen und kinematographisch betrachten. Solch bewegtem Bilde kommt auch für geographisch-

kartographische Themen nicht geringe Bedeutung zu. Schon heute kennen wir die Karte mit bewegtem Inhalt im Schulfernsehen und für andere Televisionssendungen. Bekannte Beispiele sind die Sendungen der meteorologischen Dienste für die täglichen Wetterberichte. Sie zeigen auf kartographischer Grundlage den Bewegungsablauf von Luftmassen, Regenfronten, Bewölkung und Ähnliches.

Der Arbeitsaufwand zur Herstellung von Filmen geologischen, geophysikalischen, geschichtlichen, geographischen und andern Geschehens, seien es nun Reihen von Karten, von Profilen, Blockbildern usw., ist in der Regel außerordentlich groß. Bestehende Forschungslücken erschweren für viele Bewegungsabläufe eine befriedigende Herstellung von Kinofilmen. Andererseits aber verfügt die Filmproduktion in einigen Ländern über gewerbliche Fachinstitute von großer Leistungsfähigkeit.

Kapitel 21
Streuungen von Wertpunkten und Wertsignaturen

Auch als *Punkt-* und *Signaturenkartogramme* oder als *Punktstreuungskarten* oder *Punktkarten* bezeichnet

Im Gegensatz zu den vorwiegend grundrißlich aufgebauten und grundrißlich betonten Gefügen der vorangehenden Kapitel 16–20 behandeln die nun folgenden Kapitel 21–24 Gefüge sog. *statistischer Karten* (Kartogramme). Hauptzweck oder Hauptinhalt ist hier die Vermittlung statistischer Mengen- oder Zahlenwerte geographischer Größen, eingegliedert in die geographischen, mehr oder weniger grundrißlich dargestellten Räume.

Eine erste solche Gefügeart ist die Streuung von Wertpunkten und Wertsignaturen.

21.1. Das Prinzip

Manche Einzelobjekte sind in unübersehbaren Mengen und in ungleicher Verteilung über die zu kartierenden Gebiete gestreut. Bald sind es feststehende Objekte, wie z. B. Obstbäume, bald aber bewegte, stetsfort herumkrabbelnde Wesen, wie Menschen und Schafe. Nur in Ausnahmefällen und auch dann meist nur in großen Maßstäben können solche Objekte in der Karte einzeln und lagetreu dargestellt werden.

Dann handelt es sich um die kartographischen »Gefüge lokaler Gattungssignaturen«, die im 16. Kapitel behandelt sind. Oft aber sind hierzu die darzustellenden Objekte zu zahlreich, ihre Scharungen zu dicht, die möglichen Kartenflächen zu klein, die Objekte lagemäßig zu unstabil. Oft auch kann ihre statistische Erfassung nicht bis zum Einzelobjekt vordringen, sondern nur Summenzahlen für die Mengen auf bestimmten Arealen liefern.

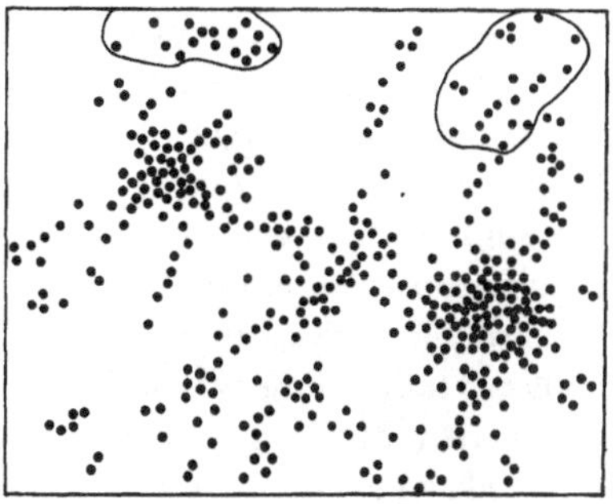

Abb. 74 Bevölkerungsverteilung. Absolute Darstellung durch Punkte. 1 Punkt = 10 Personen. Maßstab 1 : 50 000

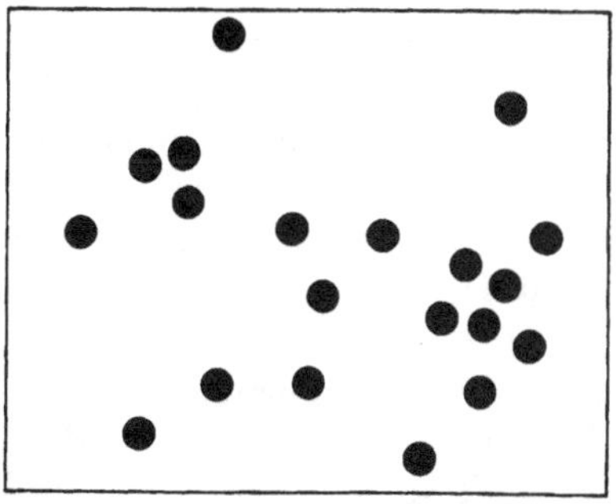

Abb. 75 Bevölkerungsverteilung. Absolute Darstellung durch Punkte. Aus der Abb. 74 durch Zusammenfassung in den Maßstab 1 : 200 000 entstanden. 1 Punkt = 200 Personen. Abbildung in 4facher Größe

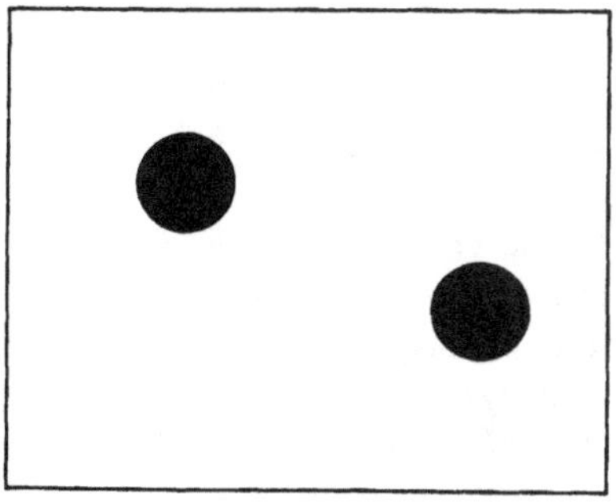

Abb. 76 Bevölkerungsverteilung. Absolute Darstellung durch Punkte. Aus der Abb. 75 durch Zusammenfassung in den Maßstab 1 : 1 000 000 entstanden. 1 Punkt = 2000 Personen. Abbildung in 20facher Größe

Aus der kartographischen Darstellung sollen aber sowohl Verteilung, Streuungsdichte, als auch für jedes beliebige Flächenstück die ungefähre Menge der Objekte ersichtlich sein.

Das wichtigste Objekt solcher Streuungskarten bildet der Mensch. Man spricht dann von Karten der *Bevölkerungsverteilung*. Kartographisch gesehen bestehen jedoch keine grundsätzlichen, sondern nur quantitative und verteilungsmäßige Unterschiede, ob es sich um Streuungen von Menschen oder um solche anderer Objekte handelt.

Die meist übliche, einfachste Signatur für gestreute Objekte ist der sogenannte »*Punkt*«, d. h. die miniaturhaft kleine Kreis-Scheibe (englisch »dot« = Tüpflein; im Gegensatz zu »point« = Punkt im Sinne von Spitze, Schnittpunkt usw). Infolge der notwendigen kartographischen Zusammenfassungen ist nun aber der einzelne Punkt nicht ein »Individualpunkt«, sondern ein Repräsentant einer bestimmten Anzahl von Objekten.

Gleiche Funktionen wie solche *Zahlenwertpunkte* übernehmen oft auch andere *Kleinst-*

Signaturen, z. B. Kleinstquadrate, Dreiecke, Kreuze usw. Somit handelt es sich bei den Streuungsgefügen um Übergangsformen der Darstellungsprinzipien durch Signaturen und der diagrammartigen Wiedergabe von Mengenzahlen.
Wir betrachten im Folgenden zunächst die *Streuungen von Punkten.* Karten solcher Art sind von großem geographischen, soziologischen, politischen, planerischen und militärischen Interesse. Ihr Darstellungsprinzip sei mit Hilfe der Abb. 74–76 erläutert.
Je nach der wirklichen Menge und Verteilung der Einzelobjekte und je nach Kartenmaßstab faßt man je x benachbarte Objekte in einen Punkt zusammen und setzt diesen so gut wie möglich in das Massenzentrum, den Schwerpunkt des Objekthaufens.
Die *Abb. 74* zeigt eine Karte 1:50 000 mit 10 Personen pro Punkt. Das Streuungsbild ist hier reich gegliedert und kommt der wirklichen Streuung nahe.
Die *Abb. 75* zeigt, als vierfach vergrößertes Lupenbild, dieselbe Situation im Maßstab 1:200 000 mit 200 Personen pro Punkt. Je ca. 20 nahe beisammen liegende Punkte der Abb. 74 (siehe die linear umfahrenen Beispiele) werden hier in einen Punkt zusammengefaßt.
In der *Abb. 76* sind 2000 Personen, resp. 10 Punkte der Abb. 75 in einem Punkt vereinigt. Die Abb. 76 entspricht einem vergrößerten Lupenbild einer Karte des Maßstabes 1:1 000 000.
Je stärker solche Zusammenfassungen, desto mehr weicht der Eindruck des Kartenbildes von der Wirklichkeit ab und es entsteht vor allem in dünn besiedelten Gebieten der Eindruck, jeder einzelne Punkt bedeute eine lokale, größere Ansammlung (Ortschaft).

21.2. Auf was es ankommt

Form und Brauchbarkeit einer Punktstreuungskarte sind unter anderem abhängig vom Maßstab, von der zweckmäßigen Wahl der Punkt-Zahlenwerte und von der zeichnerischen Punktgröße. Auch dies sei an einigen Beispielen (Abb. 77–80) gezeigt.
Abb. 77: Sind die Punkte figürlich zu klein, so werden allzu leere Räume vorgetäuscht.
Abb. 78: Sind die Punkte bei gleicher Punktbedeutung figürlich zu groß, so täuscht die

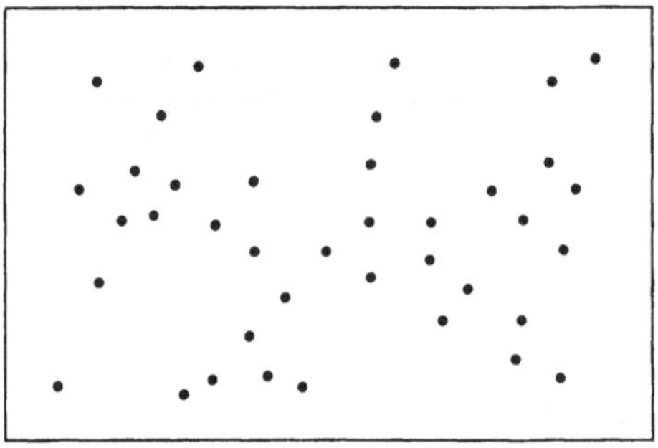

Abb. 77 1 Punkt = 200 Objekte. Figürliche Punktgröße zu klein. Die Darstellung täuscht leere Räume vor

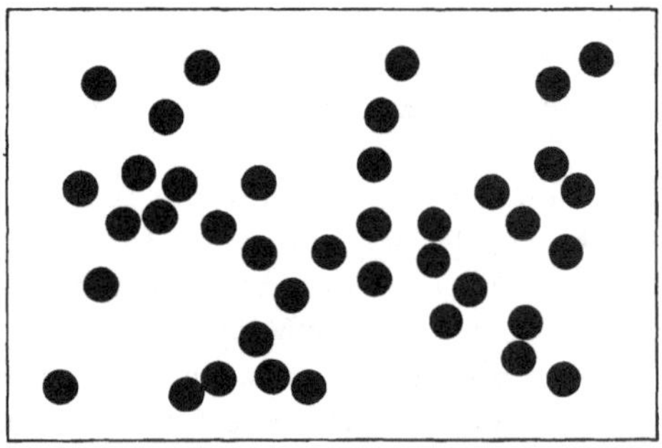

Abb. 78 1 Punkt = 200 Objekte. Punktgröße zu groß. Die Darstellung täuscht Überfüllung vor

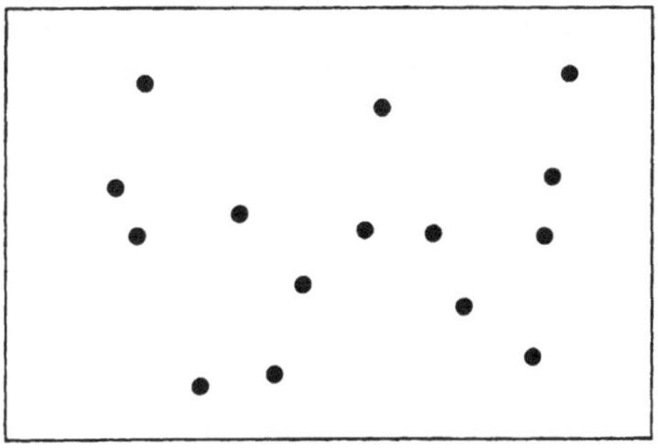

Abb. 79 1 Punkt für 500 Objekte. Die Punkteinheit ist hier zu groß gewählt, die Karte erscheint zu leer

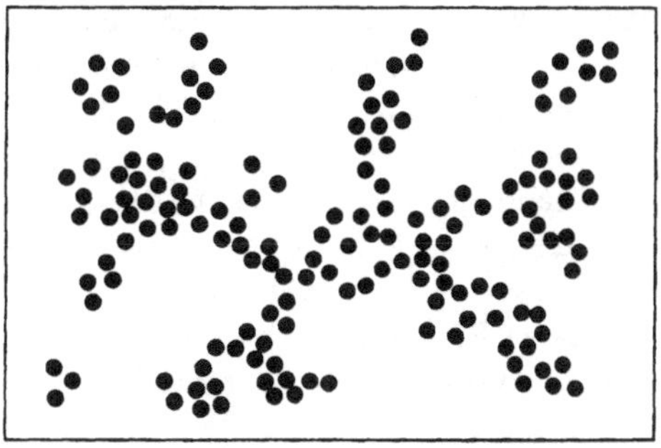

Abb. 80 1 Punkt für 50 Objekte. Die Punkteinheit ist hier zu klein gewählt, so daß die Karte eine zu große Objektdichte vortäuscht

Darstellung Überfüllung des Raumes vor, es entstehen unklare Punktklumpen, die stellenweise alle übrigen Eintragungen verwischen.
Abb. 79: Wird der Mengenwert pro Punkt zu groß gewählt, so macht die Karte einen leeren Eindruck. Die Täuschung, es handle sich bei jedem Punkt um eine Ortschaft, ist dann besonders naheliegend.
Abb. 80: Wird aber andererseits die Punkteinheit zu klein angesetzt, so entsteht auch hierdurch wieder Überfüllung und damit der Eindruck einer zu großen Dichte. Karten solcher »Versandungen« findet man nicht selten. In dichten Zonen lassen sich dann die Streuungsunterschiede nicht mehr erkennen. Auch ist jedes Abzählen oder Abschätzen der Mengen nicht mehr möglich.
Zwischen solchen Extrem-Lösungen muß ein guter Mittelweg gesucht werden, was durch lokale zeichnerische Versuche oder durch ein Vergleichen mit andern ähnlichen Karten geschehen kann.
Sowohl die figürliche Punktgröße, als auch der Punkt-Zahlenwert sollen den vorliegenden Streuungsverhältnissen und dem Kartenmaßstab angepaßt sein. Ist dies der Fall, so vermittelt eine Karte solcher Art sowohl eine gute Vorstellung der wirklichen Objektstreuung als auch für jede beliebige Region angenähert die Anzahl der Objekte.

21.3. Punktsstreuungen mit ungleichwertigen Mengensignaturen

Oft sind in einer Karte nebeneinander sehr lockere und sehr dichte Objektstreuungen darzustellen. Dies drängt zur Einführung *ungleichwertiger* Mengensignaturen. Es bedeuten dann z. B.

eine sehr kleine Kreisscheibe	=	200 Objekte
eine etwas größere Kreisscheibe	=	1 000 Objekte
ein noch größeres Quadratfeld	=	5 000 Objekte

Orte mit über 50 000 Einwohner: Blockfigur entsprechender Flächendimensionen.

Auf solche Art kann man sich den Dichte-Gegensätzen besser anpassen. Auch das Zählen der lokalen Mengen wird erleichtert. Die Figurenflächen sollen hierbei ihrer mengenmäßigen Bedeutung möglichst angepaßt sein.
Ein Beispiel mit solch ungleichwertigen Signaturen zeigt die Karte der Bevölkerungsverteilung der Schweiz im Maßstab 1:500 000, herausgegeben 1966 im »Atlas der Schweiz«. Ihre Punktmengen entsprechen den oben angeführten Werten. Damit gelingt es, sowohl die Bevölkerungsballungen der außer-alpinen Industriegebiete, als auch die leeren Räume einzelner Gebirgsgegenden in ein- und derselben Karte anschaulich, lesbar und leicht zählbar darzustellen. Beispiel in Abb. 81.

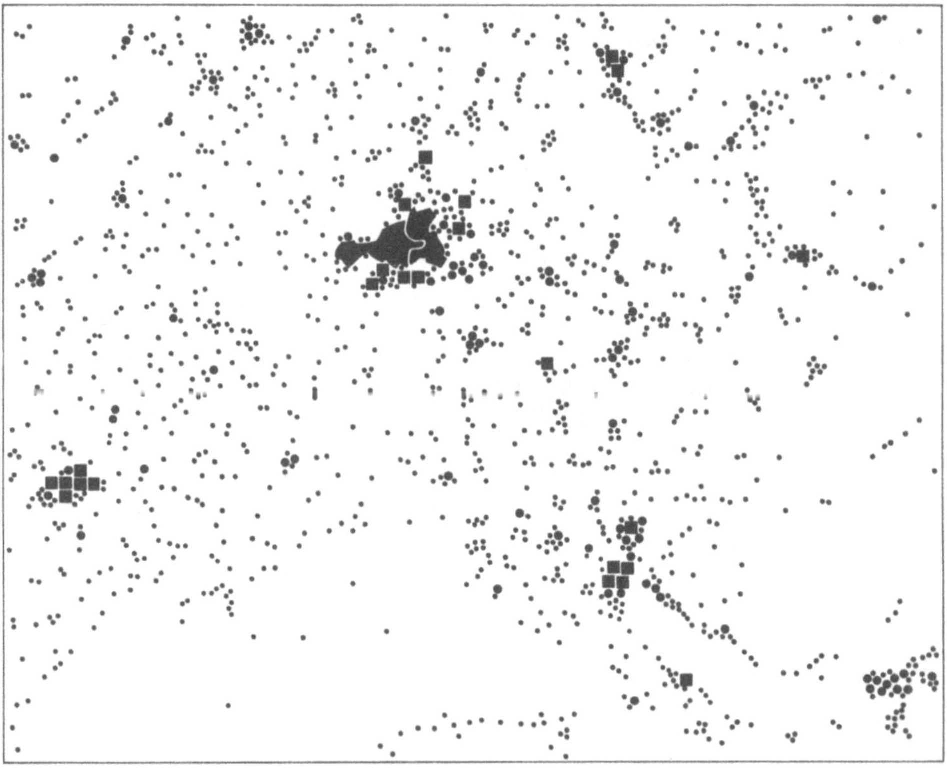

Abb. 81 Streuung von Wertpunkten und Wertsignaturen im Gebiet Bern—Freiburg—Interlaken, 1 :500 000

21.4. Gestreute Wertpunkte kombiniert mit anderen Wertsignaturen

Nicht selten findet man Karten der Bevölkerungsverteilung in kleinen Maßstäben mit gemischter Darstellung. Außerhalb großer Orte streut man Wertpunkte in oben dargelegtem Sinne. Für große Orte aber werden abgestufte diagrammartige Mengen-

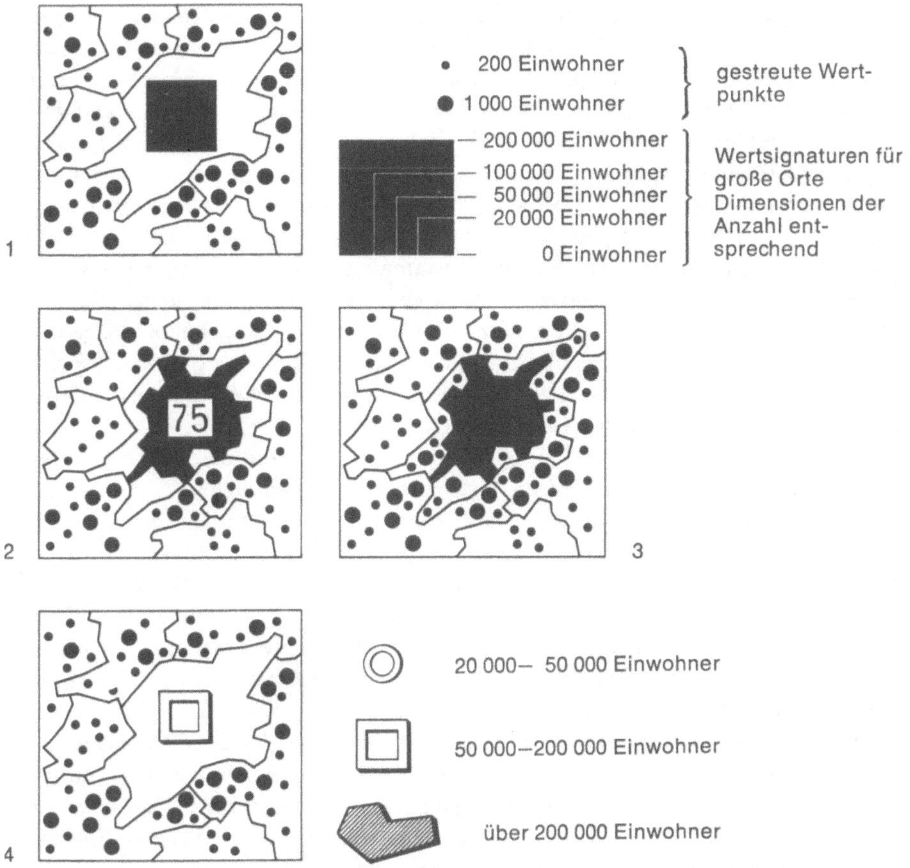

Abb. 82 Gestreute Wertpunkte kombiniert mit Wertsignaturen. Erläuterungen im Text

Kleinfiguren eingesetzt, somit Darstellungen, wie sie im Kapitel 24 zur Sprache kommen. Hierbei findet man oft die eine oder die andere der in den *Figuren 1–4 der Abb. 82* gezeigten Lösungen:

Figur 1: Die Signaturen der größeren Orte sind Kreis-Scheiben oder Quadratflächen von *variabeln* Durchmessern und mit entsprechend gestuften Werten. Die Stufenwerte ergeben sich aus der beizufügenden Legende.

Vorzug: Für die großen Orte ist nur je eine einzige Mengenfigur erforderlich, was die Karte graphisch entlastet.

Nachteile: Die diagrammartige Groß-Signatur bezieht sich, den Volkszählungen entsprechend, auf die Einwohnerzahl der betreffenden Gemeinde; sie faßt die gesamte Volksmenge der Gemeinde in sich zusammen. Das Areal der Gemeinde aber reicht in Karten großer und mittlerer Maßstäbe meist weit über die Fläche der Mengensignatur hinaus. Daraus resultiert dann eine graphische Aushöhlung des äußeren, in der Wirklichkeit meist dicht bevölkerten Gemeindeareals.

Figur 2: Eine Variante des obigen Falles: An die Stelle der Quadrat- oder kreisförmi-

gen Zentralfiguren für die Volksmengen der großen Orte (Gemeinden) treten unregelmäßige Blockformen, die in Form und Ausdehnung den dicht besiedelten Arealen möglichst angepaßt sind. Es empfiehlt sich in solchen Fällen in die Blockfigur die Bewohnerzahl (in Tausendern, zum Beispiel 75 für 75 000) einzutragen. Die Mängel des oben dargelegten Falles sind hierbei etwas verringert, da die Blockfigur der tatsächlichen Objektstreuung angeglichen werden kann. Ganz aber lassen sich auch damit die gerügten Aushöhlungen nicht vermeiden. Und überdies sind die Flächengrößen solcher Blockfiguren dann den übrigen Signaturen meist nicht mengenproportional.
Figur 3: zeigt eine weitere Variante. Sie entstammt der bereits genannten Karte der Bevölkerungsverteilung der Schweiz im Maßstab 1:500 000 des »Atlas der Schweiz«. Auch hier wurden für größere Städte, solche von über 50 000 Einwohnern, die geschlossen überbauten Arealteile innerhalb des Gemeindebannes blockartig schwarz gedeckt. Überdies aber wurden die nicht geschlossen überbauten Arealteile innerhalb des Gemeindebannes gleich behandelt, wie die übrigen Kartenflächen, d. h. es wurden auch hier genormte Zahlenwert-Kleinfiguren (»Punkte«) möglichst der wirklichen Menschenstreuung entsprechend eingetragen. So konnten die in den Figuren 1 und 2 gezeigten Aushöhlungen vermieden werden. Da aber aus solcher Darstellung die Gesamteinwohnerzahlen der dargestellten größeren Städte (Gemeinden) nicht ersichtlich sind, wurden sie in einer kleinen Tabelle am Kartenrand aufgeführt. Somit eine nicht immer anwendbare Lösung.
Figur 4: Dieser Fall ist demjenigen der Figur 1 ähnlich. An Stelle der nach Einwohnerzahlen variierten Dimensionen der Signaturen für große Orte treten hier feste, aber formal differenzierte Figuren für *Intervallwerte.* Auch hier wird jeder große Ort nur durch eine einzige Signatur dargestellt. Diese aber gibt nicht eine feste Menge, sondern einen »Von-bis-Wert«, somit nur eine Größenklasse. Solche Vermengung von zwei verschiedenen, nicht miteinander vergleichbaren Darstellungsweisen (Signaturen für feste Punktwerte und solche für bloße Größenordnungen) ist abzulehnen. Sie findet sich aber leider oft in Atlanten aller Art, vor allem auch in Schulatlanten.
Alle geschilderten Fälle lassen die folgende graphische Variation zu:
Die Kleinfiguren werden nicht nur in den Formen, sondern *auch farbig* differenziert, etwa so, daß die kleinen Werte grau, die größeren schwarz gestaltet werden. Auch schwarz für die kleinen und rot für die großen Werte findet man oft. Man hebt damit große Orte und dicht besiedelte Gebiete graphisch hervor. Es geht dies aber auf Kosten eines einheitlichen Bildes der Streuungsverhältnisse. Differenzierung durch Farbunterschiede sollte in der Karte stets der Unterscheidung von *Gattungen* dienen, nicht aber derjenigen der *Mengen* (siehe den folgenden Abschnitt 5).

21.5. Streuung von Objekten verschiedener Gattung

Oft werden Streuungen von zwei oder mehr Objektgattungen durch Punktstreuungen dargestellt. Man weist dann jeder Gattung eine eigene Farbe oder aber eine eigene Signaturform zu. Es handelt sich somit hier um eine Vermischung oder Zwischenform der in den Kapiteln 16 und 21 besprochenen Gefüge.
Beispiele sind:

Obstbaumstreuung, differenziert nach Steinobst und Kernobst.
Menschenstreuung, differenziert nach Katholiken und Protestanten.
Menschenstreuung, differenziert nach bäuerlicher und nichtbäuerlicher Bevölkerung.
Eine solche Lösung ist in der Abb. 83 dargestellt. Sie erscheint einwandfrei, wenn die verschiedenen Farben, resp. Signaturformen annähernd gleiches visuelles Gewicht besitzen, wie etwa Dunkelgrau und Intensivrot oder gedämpftes Rot und ein starkes Grün. Sie führt aber zu argen Entstellungen, wenn dies nicht der Fall ist. Eine wenig glückliche Karte solch letzterer Art fand sich lange Jahre in einem bekannten deutschen Oberstufenatlas. Darin waren auf weißem Papiergrunde die Europäer durch rote, die Mongolen durch gelbe, die Neger durch schwarze Punkte dargestellt. Dies verlieh den Negern gegenüber den Mongolen ein mehrfaches Übergewicht. Auch Formunterschiede von Kleinstsignaturen täuschen meist ungleiche Mengen vor. Man beschränke sich daher in solchen Fällen auf leicht vergleichbare, visuell möglichst gleichwertige kleinste Kreise, Quadrate, Rechtecke und Dreiecke.

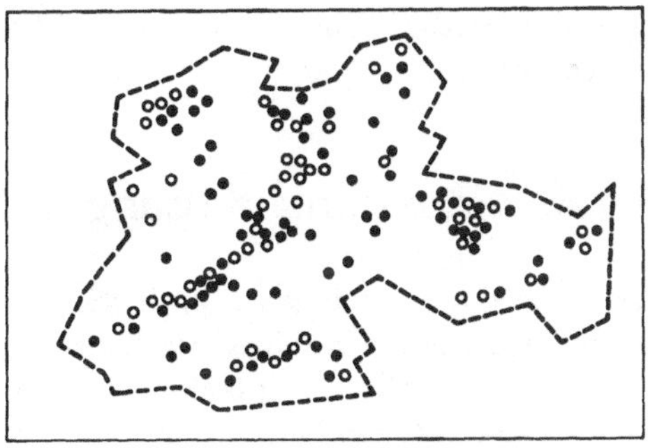

Abb. 83 Streuung von Punkten zweier Gattungen

21.6. Konstruktion der Punktstreuungen

Das Konstruieren korrekter Punktstreuungen verursacht viel Mühe und Arbeit. Handelt es sich um in der Natur leicht sichtbare oder auffindbare Objekte und um Karten kleiner Gebiete in großen Maßstäben, so werden sie im Gelände rekognosziert und gezählt. Für gewisse Objekte, wie z. B. für Obstbäume, leisten auch photographische Luftbilder gute Dienste. Für Wohndichtekarten sehr großer Maßstäbe sind Zählungen von Haus zu Haus notwendig. Zum Erfassen der Bevölkerungsstreuungen in Karten mittlerer Maßstäbe, etwa in solchen von 1:200 000 bis 1:1 000 000, stützt man sich auf die Volkszählungen der statistischen Ämter.
Zur Kartierung in kleinen Maßstäben von Gebieten mit durchwegs kleinen Gemeindearealen genügt es, die jeder Gemeinde zukommenden Punkte in das betreffende Areal zu setzen. Für großflächige Gemeinden von sehr ungleicher Siedlungsdichte (Hochgebirge) genügt ein solch summarisches Verfahren nicht. Hier stütze man sich wenn möglich auf die statistischen Zählungsergebnisse der einzelnen Gemeindeteile (Quartiere) und konfrontiere sie mit den entsprechenden Siedlungsbildern detaillierter topographischer Karten.

Für Karten kleinster Maßstäbe erfolgen sinngemäße Zuordnungen zu den Bezirken, Provinzen, Departementen usw.

21.7. Die geeigneten Maßstäbe

Sehr kleine Maßstäbe, etwa solche kleiner als 1:5 000 000, sind für Punkt-Streudarstellungen wenig geeignet: sie vermitteln nur äußerst generelle Streuungsbilder. In schwach besiedelten Gebieten täuschen dann die isoliert stehenden Punkte große Ortschaften vor. Sehr große Maßstäbe aber, solche größer als 1:100 000, kommen etwa in Frage zur Veranschaulichung der Wohndichte in den Siedlungen, der Dichte von Arbeitsplätzen usw. Hierbei ist Vorsicht geboten; denn leicht entstehen dann unreale Darstellungen nicht vorhandener oder statistisch nicht genügend erfaßter Zustände. In Karten größer als etwa 1:25 000 ist es oft möglich, jeden Einwohner seinem Wohnhaus zuzuteilen (in seinem Wohnhaus festzunageln) und dort durch einen Punkt zu bezeichnen. Solche Wohnplatzkarten sind Sonder- und Grenzfälle der Bevölkerungsverteilungskarten.

21.8. Zusammenfassung

Abschließend sei nochmals festgehalten: Je kleiner in den Karten mit gestreuten Wertpunkten die Mengeneinheit der Objektsignatur, desto feingliedriger und treuer das Streuungsbild. Allzu feine und allzu dichte Punkthaufen aber lassen sich in den Karten nicht auszählen, ihr Dichteeindruck ist oft stark verfälscht und wesentliche Dichteunterschiede erscheinen ausgeglichen.

Je größer die Mengeneinheit der Objektsignatur, desto unrealer das Streuungsbild, desto leichter aber andererseits das Zählen der Punkte. Die wenigen isolierten Punkte in leeren Räumen täuschen dann größere Ortschaften vor auch da, wo keine solchen vorhanden sind.

Die Brauchbarkeit von Punkt-Streuungskarten hängt, wie oben dargelegt, wesentlich ab von der Wahl des Kartenmaßstabes, der Signaturen-Mengeneinheit und der zeichnerischen Signaturgröße, vor allem aber auch von der Zuverlässigkeit und Gliederung der Objektzählungen und von der Art der Streuung in der Wirklichkeit.

Besondere Vorsicht ist geboten bei Verwendung von Wertsignaturen verschiedener Form, Farbe und Bedeutung.

21.9. Punktstreuungskarte nach der statistischen Methode

Unter dieser Bezeichnung nennt Emil Meyen 1971 die folgende Abart der Punktstreuungsgefüge:

Die Punkte werden nicht in Anpassung an die wirkliche Verteilung der Objekte in die Karte gestreut. Man grenzt Bezugsareale (Gemeinden, Bezirke usw.) linear ab. Die Totalanzahl der Punkte pro solches Areal wird nun gleichmäßig, z. B. schachbrettartig,

in dieses Areal eingefügt. Hierbei ist von Areal zu Areal eine verschiedene Maschendichte der Schachbrettstruktur erforderlich.
Diese selten zur Anwendung gelangende Gefügeform ermöglicht durch Abzählen der Punkte das Feststellen der Absolutwerte pro Bezugsareal, sie zeigt auch Unterschiede der Streuungsdichte von Areal zu Areal.
Nachteilig ist die oft recht unbequeme Konstruktion, vor allem für Karten mit teilweise kleinen, schmalen, gekrümmten und inhaltsdichten Arealen. Die Methode eignet sich daher nur für relativ große, abgerundete Bezugsareale. Nachteilig ist aber auch das Verwischen wirklicher Streuungszustände, sowie das meist recht mühsame Abzählen der Punkte. Es handelt sich hier um eine Darstellungsform, die sich auch aus dem Gebietsdiagrammgefüge ableiten ließe, indem dort z. B. jedes Zählrahmendiagramm auf seine gesamte Bezugsfläche gleichmäßig aufgesplittert würde. Dies böte indes kaum Vorzüge; denn das Abzählen der Zählrahmenfiguren würde damit erschwert.
Diese recht ungenau als »*Punktstreuung nach statistischer Methode*« bezeichnete Gefügeform sei nicht verwechselt mit »Dichtemosaiken«, solchen mit *relativen* Werten, wie sie im Kapitel 22 betrachtet werden.

21.10. »Gebietslagekarte«

In den Zusammenstellungen von Emil Meynen 1971 figuriert unter der vieldeutigen Bezeichnung »Gebietslagekarte« auch eine *mehrgattige* Form analoger Art, wie die soeben geschilderte eingattige »Punktstreuungskarte nach der statistischen Methode«. Die für diese letztere dargelegten Nachteile gelten hier in erhöhtem Maße. Durch die Mischung verschiedengattiger Signaturen innerhalb jedes Bezugsareals wird der Mengeneindruck jeder Gattung verwischt. Es handelt sich um eine ungeeignete und wenig gebräuchliche Methode.

Kapitel 22
Dichtemosaiken

Auch bezeichnet als *Flächenkartogramme*, englisch: *choroplethic maps*. Nach E. M.: *Gebietsstufenkarten.*

Das Flächengefüge relativer Zahlenwerte oder Zahlenwertstufen – wir nennen es Dichtemosaik – hat in der geographischen und statistischen Literatur und Kartographie reichste Ausgestaltung und weiteste Verbreitung gefunden. Wir gliedern hier diesen Gegenstand in die folgenden Gruppen:

22.1 Das einfache Dichtemosaik:

1 Das Dichtemosaik mit administrativer Flächengliederung, bisher meist als Dichtekarte nach der »statistischen Methode« bezeichnet.

2 Das Dichtemosaik mit Flächengliederung nach annähernd wirklicher Streuung. Bisher meist als Dichtekarte nach der »geographischen Methode« bezeichnet.
3 Das Dichtemosaik mit Quadratflächengliederung, bisher (sehr ungenau) auch als Dichtekarte nach der »geometrischen Methode« bezeichnet.

22.2 Das Dichtemosaik mit Pseudoisolinien

22.3 Weitere Möglichkeiten von Dichtemosaiken

22.1. Das einfache Dichtemosaik

22.1.1. Das Dichtemosaik mit administrativer Flächengliederung

bisher meist als Dichtekarte nach der *»statistischen Methode«* bezeichnet

Die Schwierigkeit, ja oft Unmöglichkeit, Objektstreuungen, wie sie im Kapitel 21 dargestellt sind, statistisch und kartographisch genügend erfassen zu können, hat schon längst zur Entwicklung von Karten *relativer Dichte* nach der sog. *»statistischen Methode«* geführt. Wir bezeichnen diese Gefügeform besser als das *Dichtemosaik mit administrativer Flächengliederung.*

Als *»Dichte«* bezeichnet man die Anzahl der fraglichen Einzelobjekte pro Flächeneinheit, z. B. pro 1 km², und zwar stets ausgemittelt für ein bestimmt umgrenztes Bezugsareal. Somit handelt es sich stets um *relative Werte.* Bei dieser hier zunächst betrachteten Methode (Abb. 85) wird das Kartengebiet in *administrative* (politische) Teilareale gegliedert, wobei je nach Zweck, Gebiet und Maßstab der Karte entweder Gemeinden, Bezirke, Kantone, Provinzen, Departemente und schließlich ganze Staaten als Mosaikstücke, d. h. als Bezugsareale, in Frage kommen. Die Statistik liefert die Anzahl der Objekte, z. B. der Menschen, für solche Areale. Durch Messung auf großmaßstabigen Karten gewinnt man ihre Flächenmaße. Objekt-Anzahl dividiert durch die Anzahl der km² des Areals ergibt dessen »relative Dichte«.

Karten solcher Art veranschaulichen die *relative* Dichte durch Flächen-Farbtöne oder Flächenschraffuren, die abgestuft werden nach dem Prinzip »je dichter, desto dunkler«. Es sind aber nicht beliebig viele Abstufungen möglich und unterscheidbar. Man beschränkt sich meist auf etwa 6–12 Stufen. Daher faßt man die einzelnen Dichtewerte gruppenweise zu *Intervallwerten* zusammen. Die Legenden solcher Karten lauten dann zum Beispiel:

0– 9 Objekte pro 1 km²	oder	0– 20 Bewohner pro 1 km²
10–19 Objekte pro 1 km²		20– 50 Bewohner pro 1 km²
20–29 Objekte pro 1 km²		50–100 Bewohner pro 1 km²
30–39 Objekte pro 1 km²		100–200 Bewohner pro 1 km²
40–49 Objekte pro 1 km²		200–500 Bewohner pro 1 km²
50–59 Objekte pro 1 km²		über 500 Bewohner pro 1 km²

Im ersten Beispiel (links) sind die Stufen *äquidistant,* im zweiten Beispiel (rechts) wachsen sie *progressiv.*

Bei solcher Dichteabstufung mit administrativer Flächengliederung fehlen für manche Objekte, z. B. für die Menschen, oft sehr kleine und sehr große Relativwerte; denn lokale Extremzustände treten hierbei nicht in Erscheinung, da sie innerhalb des administrativen (politischen) Areals stets mit anderen »mäßigenden« Werten gemischt in die Rechnung eingehen. Infolgedessen eignet sich für solche Konstruktionen oft eine äquidistante Abstufung, während, wie wir noch sehen werden, bei der Flächengliederung nach wirklicher Streuung in der Regel progressive Skalen vorzuziehen sind.

Bezüglich der Form solcher Karten und ihrer Legenden sei folgendes nachgetragen:

a) Bei 6–12 Helligkeitsabstufungen sind benachbarte Töne nicht immer deutlich unterscheidbar. Man differenziere sie daher nicht nur durch ihre Tonunterschiede, sondern auch durch Änderung der Strichrichtungen der Raster oder Schraffuren.

b) Die einzelnen Mosaikfelder sollen stets durch Linien eingefaßt werden, selbst da, wo gleichfarbige und gleichgerasterte Flächenstücke aneinander stoßen. Damit wird deutlich gezeigt, daß der Stufenwert sich auf die linear eingefaßte Fläche als Ganzes bezieht, nicht aber wirklichen lokalen Streuungen entspricht. Solche *Einfassungslinien* besitzen daher den Charakter von *»Wertgrenzlinien«* nur da, wo sie zwei Mosaikstücke *ungleichen* Relativ-Stufenwertes voneinander trennen, nicht aber wenn sie zwischen zwei Arealen gleicher Wertstufe liegen. Noch weniger aber dürfen sie mit Isolinien verwechselt werden, sie haben mit solchen nichts gemein, ihre Punkte besitzen keine Kotenwerte. Es sind lediglich *Abgrenzungslinien* administrativer oder anderer Areale. Die Amerikaner bezeichnen solche Linien als *Choropleths.*

c) Oft schon wurde darüber diskutiert, ob man in den *Legenden* solcher Karten die einzelnen Stufen in der einen oder andern der drei folgenden Beispiele abgrenzen soll:

200– 499	oder 201– 500	oder 200– 500
500– 999	501–1 000	500–1 000
1 000–1 999	1 001–2 000	1 000–2 000
usw.	usw.	usw.

Trotz scheinbar mangelnder Folgerichtigkeit ist unseres Erachtens die dritte Form für Skalen mit *großen* Mengenzahlen vorzuziehen; denn sie ist einfacher, übersichtlicher und realer! Für solche ausgemittelten Intervallwerte ist der Betrag 1 gemessen an den großen Zahlen völlig bedeutungslos. Die Zahl 999 täuscht eine Genauigkeit vor, die der Sache nicht zukommt. Bei der *Konstruktion, d. h. bei der Intervallzuteilung* eines Mittelwertes, können zur Gewissensentlastung die Werte 201, 501, 1001 oder 499, 999, 1999 usw. angenommen werden. In die *Legende* aber schreibe man besser 200, 500, 1000 usw. Es gibt auch unter den Gelehrten, wie allerorten, Logiker und Pedanten, die auf jede Zahl schwören, ohne zu ahnen, daß alles Gemessene, Gezählte, Gemittelte mit gewissen Unsicherheiten, mit Fehlern behaftet ist.

d) Form und Aussagekraft von Dichtekarten mit administrativer Flächengliederung sind in hohem Maße abhängig von der Wahl der arealen Bezugseinheit (ob Gemeinden oder Bezirke oder Provinzen usw.), von der Anzahl der Stufen, sowie den Zahlenwerten der Stufengrenzen. Primär-Entscheidungen über diese Dinge beeinflussen das Bild eines Mosaikgefüges und sie lassen diesen oder jenen Dichteunterschied hervortreten oder verschwinden. Innerhalb solcher Festsetzungen aber sind Konstruktion und Form der Karte jeglichem subjektiven Ermessen entzogen. In dieser Sicherheit, Eindeutigkeit und Einfachheit der Konstruktion besteht der große *Vorzug* dieser »Methode« gegenüber der unten zu betrachtenden Flächengliederung nach wirklicher Streuung.

Zu Beginn der Dichtekartierungen – es handelte sich vorwiegend um solche der

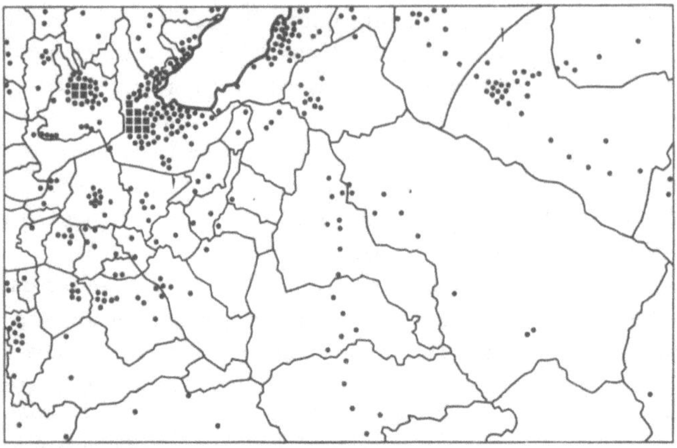

Abb. 84 Bevölkerungsverteilung. Absolute Darstellung durch Punkte
1 Punkt = 200 Personen
1 Quadrat = 1000 Personen
Maßstab 1 : 400 000

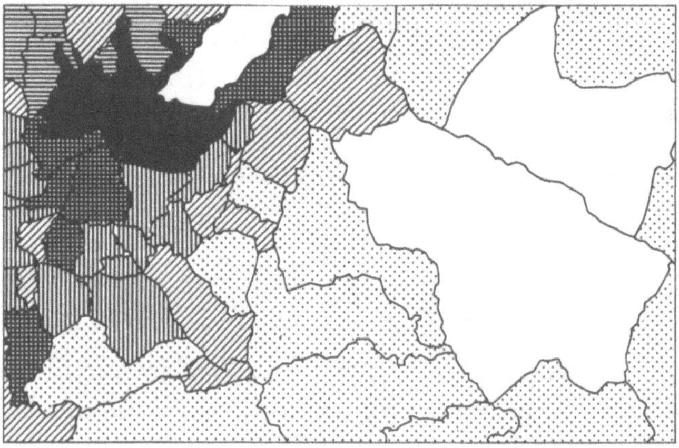

Abb. 85 Bevölkerungsverteilung. Relative Darstellung. Dichtemosaik mit administrativer Flächengliederung
Maßstab 1 : 400 000

Bewohner pro 1 km²
0– 20
20– 50
50–100
100–200
200–500
über 500

Volksdichte – war die Konstruktion mit administrativer Flächengliederung ausschließlich im Gebrauch. Auch heute noch wird sie – vor allem von Statistikern – bevorzugt. Das Aufstellen der *Legenden* solcher Karten ist mit der »Tabulierung« bei der Aufbereitung statistischen Materials vergleichbar. Die Legendenabstufungen entsprechen in der statistischen Tabulierung den sog. »Klassen«. Für den Statistiker wie für den Kartographen gelten entsprechend dieselben Überlegungen betreffend Anzahl, »Klassenbreite« (d. h. Stufenhöhe) usw.
Das Dichtemosaik mit administrativer Flächengliederung ist in jedem beliebigen Maßstab anwendbar. Die Wahl der administrativen Areale ist den maßstäblichen Möglichkeiten anzupassen oder umgekehrt. Ein feingegliedertes Mosaik der Gemeindeflächen, wie etwa dasjenige im schweizerischen Kanton Freiburg, kann in einem Maßstab kleiner als 1:500 000 kaum mehr dargestellt werden. Für die meisten Gebiete in Deutschland mag der Grenzmaßstab etwa bei 1:1 000 000 liegen. Gegen die Großmaßstäbe (Pläne) hin bestehen Grenzen lediglich aus ökonomischen und praktischen Erwägungen.
Schwere Mängel solcher Darstellungen sind in vielen Fällen die krassen *Ungleichheiten der Flächenaufteilungen* und damit die offensichtlichen, visuellen Verfälschungen tat-

Abb. 86 Bevölkerungsverteilung. Relative Darstellung. Flächengliederung nach annähernd wirklicher Streuung. Konstruktion für den Maßstab 1 : 1 000 000
Hier vorliegender Bildmaßstab 1 : 400 000

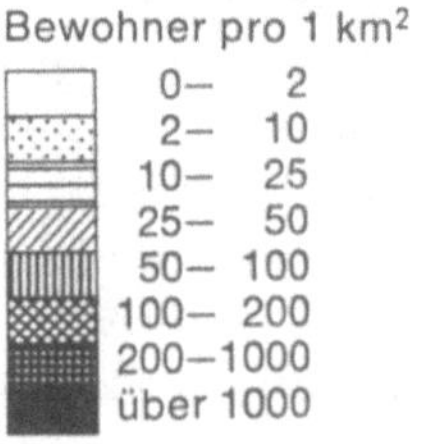

sächlicher Dichteverhältnisse. Oft umfaßt eine Karte Gebiete mit äußerst kleinen und daneben wiederum sehr großen Gemeindeflächen. Die flächenmäßig größte Gemeinde der Schweiz ist mit ca. 280 km² nahezu 1000 mal so groß, wie die kleinste mit ca. 0,3 km². Im schweizerischen Hochalpenkanton Uri sind im Mittel die Gemeindeflächen 100mal so groß wie im flacheren und agrarisch reichen Kanton Thurgau. Eine diese beiden Gebiete umfassende Volksdichtekarte nach der statistischen Methode enthält daher Mosaikstücke von äußerst ungleicher Größe. Dasselbe zeigt auch die *Abb. 85* aus dem Gebiet von Thun (Schweiz).
In manchen Alpentälern reichen die Gemeindeareale von der dicht besiedelten Talsohle weit hinauf ins menschenleere Hochgebirge. Außerordentliche Dichte-Gegensätze innerhalb eines Zählareals bestehen auch da, wo Oase und Steppe dicht beisammen liegen. Die Dichtekartierung mit administrativer Flächengliederung vermag solche Zustände nicht wirklichkeitsgetreu wiederzugeben, ihr Maschennetz ist vielenorts zu grob, sie gibt beispielsweise den Karsteinöden hinter dem Glärnisch (Schweiz) gleiche relative Dichte der Menschenstreuung wie den Industrie- und Siedlungsanhäufungen in der Talsohle bei Glarus, und dies nur, weil beide Gebiete innerhalb ein- und desselben Gemeindebannes liegen.
Nur wenn im ganzen Gebiet einer Karte das Bezugsflächenmosaik überall in ähnlicher Weise gleich- und feinmaschig ist, führt diese Methode zu einem annähernd wirklichkeitsnahen und graphisch ausgeglichenen Bild der relativen Dichte.

22.1.2. Das Dichtemosaik mit Flächengliederung nach annähernd wirklicher Streuung,

auch als »geographische Methode« bezeichnet

Auch hier handelt es sich, wie oben, um die Darstellung gestreuter Objekte durch *gestufte Wertflächen*, um Mosaikbilder der *relativen* Streuungsdichte (Abb. 86). Im

Gegensatz aber zum Dichtemosaik mit administrativer Flächengliederung formt man die einzelnen Areale, die Mosaikstücke, nicht nach Gemeinden oder Kantonen, Provinzen, Ländern usw., sondern so gut wie möglich nach der tatsächlichen, unterschiedlichen Dichte der Objektstreuung.

Die Konstruktion sei an Hand eines *Beispiels* (Abb. 84 und 86) erläutert.

Die *Abb. 84* zeigt die wirkliche Streuung der Einzelobjekte eines Areals, jedoch bereits in einer zusammengefaßten Form, wie sie im Kapitel 21 erläutert ist.

Abb. 86: Areale mit annähernd gleicher Streuungsdichte werden durch Linien umfahren. Jedes solcherart eingefaßte Flächenstück wird planimetriert und die darin liegenden Punkte gezählt. Daraus ergeben sich die relative Dichte und ihre Darstellung grundsätzlich auf gleiche Art wie oben bei der Konstruktion mit administrativen Arealen.

Dies alles mag recht einfach erscheinen, ist aber in Wirklichkeit voller Tücken:

Als Vorarbeit muß zuerst eine Punkt-Streuungskarte (Abb. 84 oder 87, Figur 1) nach Kapitel 21 entworfen werden. Wie wir gesehen haben, gibt aber auch diese die Streuungsverhältnisse in locker besetzten Gebieten nur mangelhaft, so daß man oft auf zusätzliches Schätzen angewiesen ist. Das Abgrenzen, resp. lineare Umfahren von Arealen gleicher oder annähernd gleicher Streuungsdichte führt dann vor allem in Karten größerer Maßstäbe zu viel Willkür und Unsicherheit und ist abhängig von einer mehr oder weniger weit gehenden Generalisierung.

Wie die Figuren 2–4 der Abb. 87 zeigen, können die Umgrenzungslinien, je nach den Streuungen, je nach Kartenmaßstab, je nach Generalisierungsabsicht, je nach Auffassung des Kartenkonstrukteurs oft sehr verschieden gezogen werden. Gelegentlich

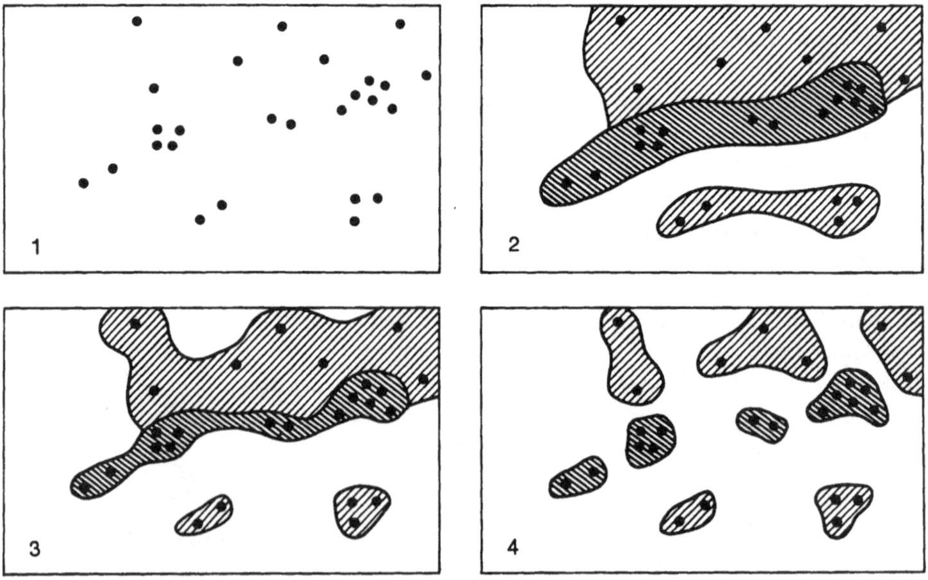

Abb. 87 Verschiedene Möglichkeiten der Arealabgrenzungen

Figur 1 Punktstreuung Figur 2 Großflächige Arealzusammenfassung Figur 3 Engere Umgrenzung der Areale Figur 4 Weitgehende Auflösung der Areale in Teilstücke

wurde empfohlen, man solle solchen Abgrenzungen naturräumliche oder kulturräumliche Arealgliederungen zu Grunde legen. Dies mag da und dort helfen. Die Dichte von Objektstreuungen, z. B. diejenige der Menschen, ist aber durchaus nicht überall durch natürliche oder kulturelle Gliederungen bedingt. Nur das Beiziehen guter topographischer Detailkarten, vor allem aber eingehende Landeskenntnis und sicheres Gefühl für die maßstäblichen Möglichkeiten führen zu annehmbaren Lösungen. Man beachte in den Figuren 1–4 Abb. 87 auch folgendes: Wird ein Dichteareal enger oder aber weiter ausholend umfahren, so ändert sich seine Fläche und damit deren relativer Dichtewert sehr stark. Dieses Problem stellt sich zum Beispiel bei Volksdichte-Konstruktionen alpiner Gebiete für Karten kleiner Maßstäbe. Ständig besiedelt sind hier vielenorts nur schmale Talsohlen oder Hangterrassen. In Karten kleiner Maßstäbe müssen solche langgezogenen Schmalflächen oft generalisierend verbreitert werden. Dies aber führt je nach dem Ausmaß der Verbreiterung zu sehr verschiedenen Flächendimensionen und damit zu verschiedenen Dichtewerten. Solche Unsicherheit oder gar Willkür der Konstruktion wirkt sich freilich meist nicht voll aus, weil durch Flächentonunterschiede nicht die *einzelnen* Relativwerte dargestellt werden, sondern nur zusammengefaßte *Stufenwerte* (Intervallwerte). Trotzdem haften dem Verfahren die genannten Schwächen an. Die Brauchbarkeit solcher Konstruktionen beschränkt sich daher auf Karten kleiner Maßstäbe (siehe unten). Aber auch an diese stelle man bezüglich Präzision der Aussage keine allzu hohen Ansprüche.

Es wäre nun aber irrig anzunehmen, alle Dichtekarten mit Flächengliederungen nach annähernd wirklicher Streuung seien Ergebnisse der oben dargelegten Konstruktion.

Eine *zweite Konstruktionsmethode* stützt sich nicht auf Punktstreuungskarten, sondern auf möglichst großmaßstäbige, detailreiche Dichtekarten mit administrativer Flächengliederung, somit wenn möglich auf solche mit Gemeindemosaikfeldern. Darnach entstehen dann Dichtekarten mit Flächengliederung nach einigermaßen wirklicher Streuung durch generalisierendes Umformen in Karten kleinerer Maßstäbe. Da man sich aber hierbei auf bloße Intervallwerte stützen muß und da auch hier die neuen Arealabgrenzungen nur durch Interpretation topographischer Karten und auf Grund von Schätzungen vorgenommen werden können, so sind die Resultate vielenorts ebenfalls unsicher. Diese zweite Konstruktionsart ist einfacher, als die erstgenannte, ihre Ergebnisse aber noch weniger zuverlässig.

Inhalt und Form von *Karten relativer Dichte mit Flächengliederung nach wirklicher Streuung* sind mitbedingt durch *einige weitere Festsetzungen*, die vor Beginn der Konstruktion zu treffen sind. Es sind folgende:

22.1.2.1. Anzahl und Höhen der Stufen

Man sollte sich auch hier auf etwa 6–10 Stufen beschränken. Größere Stufenzahl täuscht Genauigkeiten vor, die durch die Konstruktion kaum erreicht werden.

Für gewisse Objekte in gewissen Gebieten und vor allem in Karten großer Maßstäbe können auch bei dieser Methode äquidistante Stufen in Frage kommen. In der Regel aber, und vor allem für Karten kleiner Maßstäbe, wählt man besser *progressiv-wachsende* Stufen. Für *Volksdichtekarten* solcher Art soll die unterste Stufe sehr klein angesetzt werden, z. B. auf 0–1 oder 0–2 Bewohner pro 1 km^2. Damit können menschenleere Räume, wie Steppen, Trockenwüsten, Kältewüsten, Hochgebirge, gut als solche erfaßt werden. Andererseits weisen Gebiete mit großstädtischer Überbauung mittlere Volksdichten von über 5000 Bewohner pro 1 km² auf. Um in Karten großer Maßstäbe solche Gebiete ausscheiden und hervorheben zu können, ist die dichteste Stufe entsprechend zu wählen. Oft eignen sich folgende Stufenskalen:

0 – 1	oder	0 – 2 Bewohner auf 1 km²
2 – 4		2 – 5 Bewohner auf 1 km²
5 – 9		5 – 10 Bewohner auf 1 km²
10 – 24		10 – 25 Bewohner auf 1 km²
25 – 49		25 – 50 Bewohner auf 1 km²
50 – 99		50 – 100 Bewohner auf 1 km²
100 – 199		100 – 200 Bewohner auf 1 km²
200 – 499		200 – 500 Bewohner auf 1 km²
500 – 999		500 – 1 000 Bewohner auf 1 km²
1 000 – 4 999		1 000 – 5 000 Bewohner auf 1 km²
über 5 000		über 5 000 Bewohner auf 1 km²

Auch hier wieder sei erinnert an den Unterschied solcher Skalen gegenüber denjenigen der Konstruktionen nach administrativen Arealen. Bei der letzteren sind äußerst leere und äußerst dichte Flächenstücke selten, weil jedes administrativ abgegrenzte Areal meist auch Lockeres und Dichtes miteinschließt.

22.1.2.2. *Wertgrenzlinien*

Zwischen zwei Mosaikstücken *gleicher Stufe* wird, im Gegensatz zum Mosaik mit administrativer Flächengliederung, die für die Konstruktion eventuell erforderliche Grenzlinie *gelöscht*, um so das Kartenbild zu entlasten. Nur die *Wertgrenzlinien*, d. h. die Trennungslinie zwischen zwei benachbarten Arealen ungleicher Dichte, bleiben bestehen.

22.1.2.3. *Farbtöne oder Rasterstufen*

Am besten eignet sich auch hier eine gut abgestufte Hell-Dunkelreihe, z. B. in grauen oder braunen oder rötlichen Tönen.

22.1.2.4. *Auszuscheidende Gebiete*

Oft schon wurde die Frage aufgeworfen, ob in Volksdichtekarten mit Flächengliederung nach annähernd wirklicher Streuung menschenleere, agrarisch ungenützte Flächen (Wald, Sumpf, Moor, Wüste, Düne, Fels- und Schneeregion, kleine Wasserflächen usw.) für die Berechnung der Relativdichte auszuscheiden seien.

Die Beantwortung dieser Frage hängt von Fall zu Fall ab vom Kartenmaßstab und vom Grad der graphischen Generalisierung. Erlauben es Maßstab und Flächendimension, die leeren Flächen graphisch als solche zu bezeichnen und abzugrenzen, d. h. als Ödland auszuscheiden, dann geht die Sache in Ordnung. Handelt es sich aber in Karten kleinerer Maßstäbe um graphisch nicht ausgeschiedene Ödland-Einsprenglinge innerhalb eines Mosaikstückes, dann sollen diese bei der Flächenmessung miteinbezogen werden. Dies gilt auch für kleine, der zeichnerischen Generalisierung geopferte See- und Flußflächen. Man halte sich an den Grundsatz: *Planimetrisch und rechnerisch ausscheiden soll man nur, was auch graphisch in der publizierten Karte ausgeschieden ist, d. h. als Ödland oder Wasserfläche sichtbar in Erscheinung tritt.*

22.1.2.5. *Die geeigneten Maßstäbe*

Für relative Volksdichtekarten mit Flächengliederung nach annähernd wirklicher Streuung gibt es gegen die kleinen Maßstäbe hin keine Grenzen der Anwendbarkeit. Je kleiner der Maßstab, desto kräftiger die generalisierenden Arealzusammenfassungen. Mit der stärkeren Zusammenfassung der Areale empfiehlt es sich, auch die Anzahl der Dichtestufen herabzusetzen, resp. die Stufenhöhen zu vergrößern; denn die meisten Mosaikstücke einer Karte kleinen Maßstabes sind notgedrungen so ausgedehnt, daß darin Dichteextreme kaum noch ausgeschieden sind.
Im allgemeinen sollen für relative Volksdichtekarten mit Flächengliederung nach annähernd wirklicher Streuung keine größeren Maßstäbe als höchstens 1:1 000 000 zur Anwendung gelangen. In größeren Maßstäben sind die Arealabgrenzungen zu unsicher, zu willkürlich. Eine Karte schließlich, in der jedes Dorf als Verdichtungszentrum von den umliegenden Äckern abgesondert ist, kann nicht mehr als Volksdichtekarte angesprochen werden. In solcher Maßstabsbegrenzung gegen die großen Maßstäbe hin, liegt ein Wesensunterschied dieser Kartengattung gegenüber derjenigen mit administrativer Flächengliederung.
Für relative *Dichtekarten von Objekten anderer Art*, für solche von Obstbäumen, Tieren usw., ist die maßstäbliche Eignung von Fall zu Fall abzuklären. Stets sind die Lösungen abhängig von der Art und Größe der Zählareale und von der Zuverlässigkeit der Zählungen.

22.1.3. Das Dichtemosaik mit Quadratflächengliederung

Bisher (recht ungenau) auch als Dichtekarte nach der *geometrischen* Methode bezeichnet.
Das Mosaikfeld besteht hier aus einem schachbrettartigen Gitter von Quadraten. Je nach Zweck und Maßstab der Karte und je nach den Möglichkeiten und Bedürfnissen der statistischen Zählung kommen Hektarengitter, Quadratkilometergitter oder noch grobmaschigere Gitter in Frage.

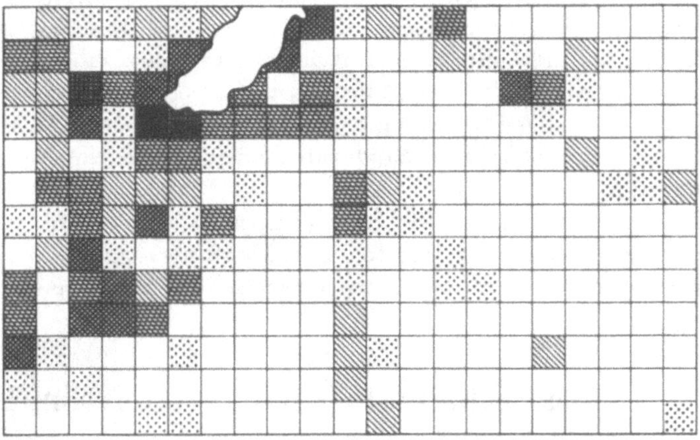

Abb. 88 Dichtemosaik mit Quadratflächengliederung
Gebiet wie in Abb. 84–86

Bei geeigneter Feinheit der Gittermaschen zeigen solche Karten die Dichteverhältnisse außerordentlich gut. Es steht ihnen im Zusammenhang mit der *elektronischen Datenverarbeitung* (siehe Kapitel 35) eine aussichtsreiche Entwicklung bevor.
Die Schwierigkeiten liegen hier weder im Bereich der Datenverarbeitung, noch der kartographischen Herstellung und Gestaltung. Sie liegen bei der statistischen Erhebung in der Wirklichkeit. Es ist nicht immer einfach, die gefragten Objekte in der Natur, in der Wirklichkeit, nach supponierten Quadratgittern (Koordinatennetzen) zu lokalisieren. Und überdies bleiben solche Quadratgitter im Gelände nur stabil, sofern äußerst genaue, äußerst vollkommene Landesvermessungen und Landeskartierungen in großen Maßstäben bereits bestehen. Dies aber trifft für weite Gebiete der Erde noch nicht zu.

22.1.4. Nochmals ein Blick auf die drei Methoden

Karten relativer Dichte irgend eines gestreuten Objektes, insbesondere der Volksdichte, mit Flächengliederung nach annähernd wirklicher Streuung geben formal meist treuere, bessere Gliederungen, als diejenigen mit administrativer Flächengliederung. Man vergleiche diesbezüglich nochmals die Abb. 84, 85 und 86 miteinander. Die Dichtenivellierung innerhalb jedes einzelnen administrativen Zählareals fällt bei der Mosaikgliederung nach annähernd wirklicher Streuung weitgehend dahin. Auch lassen sich völlig leere und äußerst dichte Areale durch gute Stufenwahl von ihrer Umgebung absondern.
Andererseits aber verursacht ein gutes Konstruieren der Flächenstücke nach annähernd wirklicher Streuung viel Arbeit, die Arealbegrenzungen und damit die Zuteilungen von Flächenstücken zu diesen oder jenen Intervallstufen sind manchenorts unsicher. Karten solcher Art sind in viel höherem Maße vom Generalisieren, von der mehr oder weniger subjektiven Abgrenzung der Mosaikstücke abhängig, doch kommen sie trotzdem den wirklichen Streuungen meist viel näher. Die Arealgliederungen nach solch annähernd wirklicher Streuung eignen sich für zusammenfassende kleine Maßstäbe, sie geben dort gute, generelle Übersichten. Die administrativen Arealgliederungen hingegen eignen sich für kleine und große Maßstäbe. Ihre Konstruktion ist einfach, eindeutig, ihre Ergebnisse zwar recht summarisch, jedoch zahlenmäßig sicherer.
Dichtekarten sehr kleiner Maßstäbe, und zwar solche beider Gattungen, übertreffen Punkt-Streuungs-Darstellungen an graphischer Klarheit; denn an die Stelle von oft schwer differenzierbaren Sandhaufenbildern treten einfache, übersichtliche Flächenmosaiks.
Die Konstruktion von Dichtemosaiken mit Quadratflächengliederung verspricht bei zweckmäßiger Gitteranlage für die Zukunft vorzügliche Lösungen, sofern es gelingt, entsprechende statistische Zählungen im Gelände korrekt und rationell durchzuführen.

22.2. Das Dichtemosaik mit Pseudoisolinien

Die einzelnen Streu-Objekte können regional so gelagert sein, daß ihre Dichte ganz allmählich von einem Ort zu einem anderen zu- resp. abnimmt. Dieser Fall mag für Volksdichte und andere kulturgeographische Streuungszustände selten und lokal begrenzt sein, doch ist er denkbar. In solchen Fällen können die Abgrenzungslinien der einzelnen Mosaikstücke regional den graphischen Charakter von Isolinien annehmen (Abb. 89). Solche Linien seien als *fiktive* oder *falsche* oder *Pseudo-Isolinien* bezeichnet. Es sind keine tatsächlichen, echten Isolinien; denn es fehlen ihnen die wesentlichen Eigenschaften dieser letzteren. Die Ausgangsstruktur, die Streuung von Einzelobjekten, sie mag sein wie sie will, ist kein Kontinuum. Jeder Punkt einer Kontinuumsfläche und somit auch einer echten Isolinie, besitzt einen bestimmten Kotenwert. Der einzelne Punkt einer Pseudoisolinie aber besitzt überhaupt keinen Wert. Solche Linien sind nur graphische Begrenzungen von Flächenstücken. Die Wertangaben beziehen sich auf Flächenstücke und Flächeneinheiten, nicht aber auf Punkte.

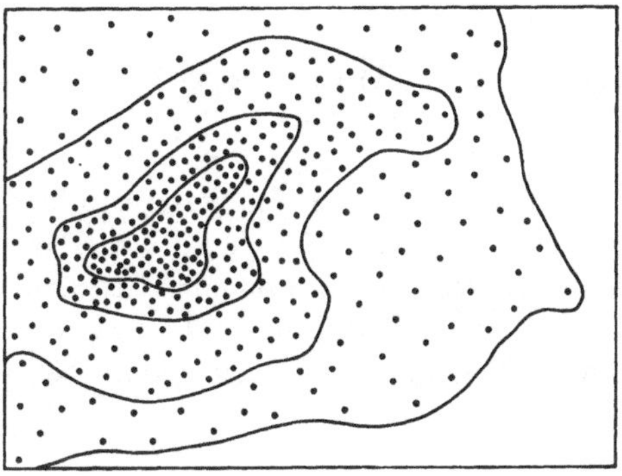

Abb. 89 Pseudoisolinien. Die Dichte der gestreuten Objekte nimmt hier von einem zentralen Kern nach allen Seiten allmählich ab. In einem solchen Ausnahmefall weisen die Begrenzungslinien der Wertflächen scheinbar die Formen von Isolinien auf

Dies alles wäre nun nicht weiter von Belang, wenn es nicht Geographen und Kartographen gäbe, die solchen Wesensunterschied übersehen und die aus dem schönen Schein ein falsches Konstruktionsprinzip machen. Sie lassen sich dann durch die Zwangsvorstellung eines Isoliniengefüges zu sinnlosen und oft stark verfälschenden Konstruktionen verleiten. Überall, wo zwei benachbarte Flächenstücke stark verschiedene Relativwerte aufweisen, suchen sie die hohen Stufen zu überwinden durch ein gedrängtes Einschalten aller Zwischenstufen, d. h. zeichnerisch durch ein Hineinzwängen von folgerichtig gelagerten Pseudoisolinien. Solche irrealen Isolinienscharen benötigen viel Raum auf Kosten der angrenzenden Areale. Aus unvermittelten Dichtesprüngen, wie sie in Wirklichkeit oft vorkommen, entstehen dann abgeschrägte Übergangsböschungen und damit nicht nur unlogisch aufgebaute, sondern auch verfälschte und charakterlose Bilder.

22.3. Weitere Möglichkeiten von Dichtemosaiken

Die geographische und statistische Kartographie kennt einige weitere Möglichkeiten von Dichtemosaiken. Sie seien hier kurz erwähnt.

22.3.1. Dichtemosaik mit festen Werten

Diese Form stimmt mit den oben beschriebenen Normallösungen nahezu überein. Unterschiedlich ist lediglich folgendes:

Die relativen Dichtewerte der einzelnen Areale sind nicht zu Intervallen zusammengefaßt, sondern jedem Dichtewert eines jeden Areals kommt eine bestimmte Farb- oder Rasterstufe zu. Diesem scheinbaren Vorzug genauerer Aussage stehen aber die folgenden Nachteile entgegen:
Für größere Gebiete mit zahlreichen Teilarealen (Mosaikstücken) steht niemals eine genügende Menge unterscheidbarer Flächenfarben oder Rasterstufen zur Verfügung. Das Verfahren ist somit nur anwendbar für Karten mit insgesamt höchstens etwa 6–8 Mosaikstücken. Überdies sind Dichteabstufungen solcher Art verwirrend, da die Werte der einzelnen Areale regellos gelagert sind, so daß ein spontanes Deuten erschwert wäre.
Somit eine Lösung, die abzulehnen ist.

22.3.2. Mosaik zur Darstellung der Zu- und Abnahme von Objektdichten

Zur Kartierung gelangen auch hier Relativwerte, d. h. zum Beispiel Werte pro km^2, bezogen auf die einzelnen Mosaikstücke. Häufigster Fall sind Mosaikfelder zur Darstellung der Zu- und Abnahme der Bevölkerung während einer bestimmten Zeitperiode. Auch hierbei werden die ermittelten Einzelwerte zu Wertgruppen, d. h. zu Von-bis-Werten (Wert-Intervallen) zusammengefaßt. Die Legenden solcher Karten besitzen z. B. folgende Form:

dunkel	blaue Töne	10– 25 Einwohner pro 1 km^2	Abnahme 1900–1950
hell		1– 9 Einwohner pro 1 km^2	
hell	rote Töne	1– 9 Einwohner pro 1 km^2	Zunahme 1900–1950
		10– 24 Einwohner pro 1 km^2	
		25– 49 Einwohner pro 1 km^2	
dunkel		50–100 Einwohner pro 1 km^2	

Karten solcher Art zeigen nicht feststehende Zustände, sondern *Veränderungen* im Laufe einer bestimmten Zeitperiode.
Die Abnahme wird meist durch grüne oder blaue, die Zunahme durch gelb-rote Töne symbolisiert. Die Farbskalen sind aufgebaut nach dem Prinzip: je größere Werte, desto kräftigere Töne.
Diese Darstellungsform gelangt oft zur Anwendung. Sie ist einwandfrei und instruktiv. Anzahl, Zahlenwerte und Abgrenzungen der Stufen sind dem Darstellungsgegenstand, dem Gebiet, Maßstab und Zweck der Karte anzupassen. Es kommen äquidistante oder aber progressive Stufen in Frage.

22.3.3. Mosaik zur Darstellung der Zu- und Abnahme von Objekten, jedoch mit festen Stufenwerten

Die Darstellung entspricht der obigen, die einzelnen Ton- oder Rasterstufen symbolisieren aber hier nicht Intervalle, sondern je einen festen Relativwert für jedes abgegrenzte Flächenstück. Damit ergeben sich analoge Nachteile, wie wir sie oben unter

22.3.1. angekreidet haben. Somit auch hier ein hoffnungsloser Fall, nur geeignet für den Papierkorb.

22.3.4. Mischformen

Die Dichtekarten – wir denken hierbei vor allem an diejenigen der *relativen Volksdichte* (Menge pro 1 km², bezogen auf je ein abgegrenztes Mosaikstück) – werden oft ergänzt durch lokale Signaturen *absoluter* Mengen für größere Orte. In Frage kommen hierbei Ortssignaturen abgestuft nach *Intervallwerten* (so wie in den allgemeinen geographisch-topographischen Karten) oder aber Ortssignaturen für *feste Zahlenwerte*.
In beiden Fällen empfiehlt es sich, die Signaturendimensionen annähernd mengenproportional abzustufen.
Ein Beispiel der erstgenannten Art zeigt die *Abb. 90*. Solche Ortsgrößensignaturen bereichern die Dichtekarten, sie geben zusätzliche Auskünfte. Signaturen mit Intervallwerten finden sich vor allem in Karten kleiner Maßstäbe. Größere Maßstäbe hingegen bieten oft Raum für Kreis-Scheiben oder Quadratflächen, deren Dimensionen den Einwohnerzahlen der Orte entsprechen.

Abb. 90 Eine Mischform. Flächenmosaik relativer Dichte kombiniert mit Signaturen absoluter Mengen (Intervallwerte) für größere Orte

Bei der Dichteberechnung der Mosaikfelder werden die Zahlenwerte der ihnen eingelagerten Ortssignaturen oft mitgezählt, so daß solche Ortsmengen dann, genau genommen, doppelt in die Karte eingehen. Werden sie aber ausgeschieden, so entstehen irreführende »Verdünnungen« der fraglichen Mosaikfelder. Leider lassen uns die meisten Volksdichtekarten im Unklaren darüber, ob die Mengen solcher durch Signaturen eingetragener Orte bei der Konstruktion des Dichtemosaiks mitgezählt wurden oder nicht. In Karten kleiner Maßstäbe ist jedoch das fragliche (die Ortssignatur umschließende) Mosaikfeld in der Wirklichkeit meist so groß, daß ein Einbeziehen oder Nichteinbeziehen solcher Orts-Einwohnerzahlen ohne Einfluß auf die Dichtestufe des Mosaikfeldes bleibt.
Wo es der Platz erlaubt, somit wohl nur in Karten sehr großer Maßstäbe, treten an die Stelle der oben genannten Mengen-Signaturen oft auch größere und reicher gegliederte *Ortsdiagramme*.

Diese Lösungen stellen Mischformen dar, Kombinationen des Dichtemosaiks mit Positions-Mengensignaturen und Diagrammen. Konsequenterweise sollte ihre Besprechung dem Kapitel 27 über »Kombinationen verschiedener Gefüge« zugeordnet werden. Wir tun dies hier nicht; denn eine »Verbannung« in ein entferntes Kapitel würde Zusammengehöriges zu sehr auseinanderreißen.

In vielen Fällen, vor allem in Karten großer Maßstäbe, läßt sich die soeben dargelegte Vermischung der zwei ungleichen Darstellungsprinzipien vermeiden, und zwar auf folgende Art:

Man wähle für die dichteste Stufe des Mosaikfeldes einen Wert von z. B. über 3000 Bewohnern pro 1 km², und man gebe dieser Stufe einen äußerst satten, dunklen Ton. Auf solche Weise treten die größeren Städte oder Agglomerationen auch ohne zusätzliche Ortssignaturen als kleinräumige dunkle Mosaikstücke deutlich in Erscheinung.

Kapitel 23
Andere statistische Mosaiken. Sündhaftes und Erlaubtes

Das statistische, nach Zahlenwerten gegliederte Mosaik erfreut sich in der kartographisch-geographischen Literatur besonderer Beliebtheit. Es sieht meist recht gut aus. »Kleider machen Leute« gilt auch hier. Der vorfabrizierte Kleberaster ist heute ein beliebtes Spielzeug junger Geographen.

Hell-Dunkel-Abstufungen für die Mosaiken der Dichtekarten (z. B. Mengen pro km²) sind sinnvoll. Solche Relativ-Darstellungen zeigen, was man zu zeigen beabsichtigt. Kritisch aber wird die Sache, wenn irgendwelche *absoluten* Zahlenwerte, Werte, die mit den Flächengrößen der Mosaikfelder wenig oder nichts zu tun haben, durch Farb- oder Rastertöne dieser Felder ausgedrückt werden.

Es wäre falsch, Absolutmengen der in den Mosaikstücken eingeschlossenen Objekte durch abgestufte Farb- oder Rastertöne darstellen zu wollen. Der Größen- oder Mengeneindruck würde dann nämlich nicht nur durch eine bestimmte Tonstärke erzeugt, sondern darüber hinaus auch noch durch die Flächengröße des betreffenden Feldes. Man meint eine Objektanzahl, zeigt aber die Dimension der zugehörigen Fläche. Der Tonwert wird gleichsam mit der Flächengröße multipliziert. Große Areale, die dank ihrer Ausdehnung naturgemäß meist viele Objekte enthalten, werden stark überbetont, die kleinen Areale aber abgewertet. Dies sei an einem einfachen fingierten Beispiel der *Abb. 91* demonstriert.

Der Flächenton kann nur für relative Mengen, für solche pro Flächeneinheit, statistisches Mengensymbol sein.

Durch Nichtbeachten dieser elementaren Lehre sind schon unzählige Karten verdorben und verfälscht worden. Und immer wieder verfängt sich der Unkundige oder Unvorsichtige in solchen kartographischen Spinnennetzen.

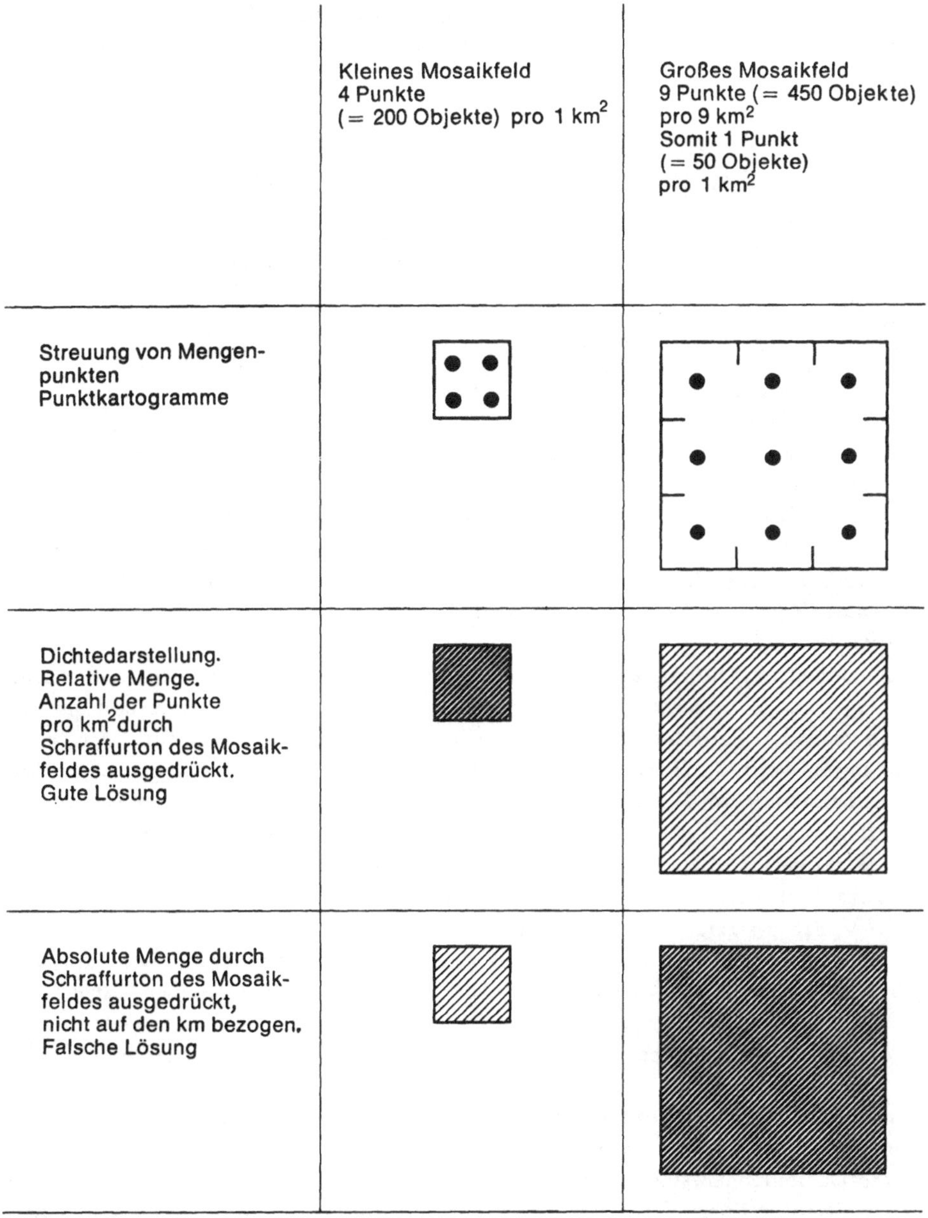

Abb. 91 Drei verschiedene Darstellungen von je zwei ungleich großen und ungleich besetzten Bezugsarealen. 1 cm² = 1 km². 1 Punkt = 50 Objekte

Es gibt zahlreiche Variationen, Vereinfachungen oder weitere Ausgestaltungen statistischer Mosaiken. Manche sind brauchbar, andere aber irreführend oder allzuschwer lesbar.

23.1. Drei Beispiele

Im Folgenden seien drei oft vorkommende, teils gute, teils anfechtbare Fälle herausgegriffen.

Erstes Beispiel:

Die absolute Objektmenge eines jeden Mosaikstückes wird – so wie im dritten Fall der Abb. 91 – durch einen Farb- oder Rasterton ausgedrückt. Dabei können auch hier die Objekt-Mengenzahlen zu *Wertstufen* (Wert-Intervallen) zusammengefaßt werden. Jeder Flächenton, resp. jede Rasterstufe symbolisiert somit eine Wertstufe zwischen zwei festen absoluten Grenzwerten.

Wie bereits betont, sind solche Lösungen irreführend. Sie täuschen falsche Verteilungen, falsche Ballungen und Verdünnungen vor und geben allen Groß-Mosaikstücken ein ungebührliches Übergewicht. *Absolutwerte sollen durch Zahlenwert-Diagramme, nicht aber durch Tonabstufungen von Mosaikstücken dargestellt werden.*

Zweites Beispiel:

Hier handelt es sich um *zwei Objektgattungen* und ihr *relatives Verhältnis*. Zur Darstellung gelangen innerhalb eines jeden Mosaikstückes durch abgestufte und entsprechend gemischte Farbtöne die zugehörigen prozentualen Anteile am Total der beiden Gattungen, wobei die Werte in der Regel zu Wertintervallen zusammengefaßt werden. Somit handelt es sich hier um eine qualitativ und quantitativ kombinierte Darstellung (Gattungen und relative Mengen). Man beachte: Nicht Relativwerte pro Flächeneinheit (km^2) gelangen zur Darstellung, sondern prozentuale Anteile am Total der Objektanzahl innerhalb eines jeden Mosaikstückes.

Tafel V, Figur 1 zeigt ein solches Beispiel: die relativen Mengenanteile der Protestanten und Katholiken in einem Gebiet des schweizerischen Mittellandes. Die wirklichen (absoluten) Mengen und Gewichte der beiden Gattungen sind aus solchen Karten nicht ersichtlich. Sie zeigen lediglich ein Überwiegen oder Zurücktreten der einen oder andern Gattung in dieser oder jener Gegend, sie zeigen die regionalen Mehrheiten und Minderheiten.

Den unterschiedlichen Prozentanteilen entsprechen die Mischungen der beiden Farben Rot für die Protestanten und Blau für die Katholiken.

Solche Darstellungen sind durchführbar, wenn es sich um nur zwei Objektgattungen handelt (eine größere Anzahl würde in den Mischtönen zu unentwirrbarem Chaos führen). Sie finden sich oft in Übersichtskarten kleinen Maßstabes für Sprachgebiete, Völkergebiete, Religionsgebiete usw. Man übersehe aber nicht die damit hervorgerufenen *Gewichtsverlagerungen* der Dinge. Ein Großraum der einen Objektgattung, jedoch mit sehr niedriger Volksdichte, erlangt ein starkes visuelles Übergewicht gegenüber kleinen, aber dicht bevölkerten Gebieten der andern Gattung.

Oft sucht man solche Entstellungen zu mildern durch *Kombinieren* von Darstellungselementen, indem man die Farbflächen durch *Mengenpunkte* oder *Mengendiagramme* ergänzt, (ein Beispiel: Karte der Sprachen der Schweiz, Tafel 27 des »Atlas der Schweiz«).

Drittes Beispiel:

Eine vereinfachte Karte sprachlicher Gliederungen.

Man verzichtet in den Flächentönen auf Gliederungen nach prozentualen Anteilen. Die Farbtöne entsprechen lediglich den lokalen Hauptsprachen. Hauptsprache ist die Sprache, die unter der Bevölkerung eines Gebietes am stärksten vertreten ist. Man gliedert somit die Farbflächen nur nach den regionalen Mehrheiten.

Eine sprachliche Minderheit wird durch zusätzliche *offene* farbige Schraffur oder zusätzliche Punktsignaturen berücksichtigt. Dabei sollen aber die Farbtöne der Hauptsprachen ungetrübt erkennbar bleiben. Die Eintragung einer Minderheitssprache durch eine solche zusätzliche Bezeichnung erfolgt nach einem von Fall zu Fall festzulegenden Schlüssel, zum Beispiel da, wo sie von 30–50% der Bevölkerung eines Gebietes gesprochen wird.

Solche Lösungen verzichten auf genauere anteilmäßige Abstufungen durch entsprechend gemischte Farbtöne. Sie zeigen die räumlichen Sprachgliederungen nur in großen Zügen, erlauben es aber, drei oder vier Objektgattungen (Sprachen) zu berücksichtigen. Auch hier handelt es sich um eine Verbindung qualitativer und quantitativer Arealgliederung. Die quantitative Aussage ist geschwächt, dafür aber die qualitative reicher differenziert.

Ein Beispiel zeigt die *Figur 2 der Tafel V*. Es sei hierzu auf folgendes hingewiesen:

Die Flächentöne sollen so leicht sein, daß die aufgelagerten Schraffurlinien oder Punkte nicht verfärbt werden (so, daß Blau auf rotem Grunde nicht zu Violett wird). Aus diesem gleichen Grunde sollen andererseits die Schraffuren oder Punkte recht farbsatt, aber scharf gezeichnet und sehr offen gelagert sein. Nur so bleiben beide Elemente in ihrer Farbe erkennbar. Nichts kann der Karte verderblicher sein, als ungeschickte Überlagerung farblich verschiedener Inhaltselemente auf ein- und demselben Flächenstück. Wir nähern uns mit diesem Beispiel den Grenzen des graphisch Zulässigen.

23.2. Streifenmosaiken oder statistisches Streifengefüge

Streifendiagrammgefüge oder Streifenkartogramm, Tafel V, Figur 3.

Jedes Bezugsareal (z. B. Gemeindeareal) ist hier zerlegt in eine Reihe paralleler Streifen. Diese sind verschiedenartig schraffiert oder gefärbt. Jede Schraffurart, resp. jeder Farbton bezeichnet eine bestimmte Objektgattung, z. B. eine Gattung des agrarischen Anbaues, somit eine *Qualität*. Die *Breiten* der einzelnen Streifen entsprechen den relativen Anteilen *(Quantitäten)* der Anbauflächen der betreffenden Gattung, und zwar bezogen auf die Gesamtanbaufläche des fraglichen Areals. Sie symbolisieren somit prozentuale Anteilwerte. Die Streifenarten wiederholen sich innerhalb des Areals in gleichförmigen Serien. Die Summe der Streifenbreiten einer jeden Serie soll in allen Bezugsarealen gleich groß sein. Sie entspricht = 100%.

Die Summe aller Streifenflächen ein- und derselben Gattung ergibt deren totale Anbaufläche. Dies gilt sowohl für jede einzelne Bezugsfläche, als auch für das ganze Mosaik. Mit einiger Genauigkeit trifft dies aber nur zu, wenn das Streifengefüge relativ zu den

Dimensionen der einzelnen Bezugsareale sehr schmal gegliedert ist, so daß sich jede Streifengattung in allen Teilen des Areals genügend oft wiederholt. Breite Streifen in kleinen Arealen führen zu völlig falschen Quantitätsbildern. Das Verfahren eignet sich daher vor allem für große Bezugsareale in Karten sehr großer Maßstäbe.
Recht schlimme, oft unentwirrbare Unruhe entsteht, wenn die Richtungen der Streifengefüge von Bezugsareal zu Bezugsareal geändert werden.
Die statistischen Streifengefüge – Mischformen von Qualitäts- und Quantitätsdarstellung – gelangen vorwiegend in agrarstatistischen Karten zur Anwendung. Sie sind zwar da und dort recht gebräuchlich, trotzdem aber selten zu empfehlen. Sie sind inhaltlich und graphisch oft zu kompliziert, ihre Inhalte verfälscht und schwer überblickbar. Auch sind die Verhältnisse der verschiedenen Mosaikstücke (der Bezugsareale) nicht leicht miteinander vergleichbar.
Solche und ähnliche Verbindungen qualitativer und quantitativer Inhalte lassen sich in den meisten Fällen korrekter und anschaulicher durch Gebietsdiagramme darstellen. Diese sollen im folgenden Kapitel zur Sprache kommen.

Kapitel 24
Gefüge von Orts- und Gebietsdiagrammen

Auch bezeichnet als *Orts- und Gebietsdiagrammkarten oder als Orts- und Gebietsdiakartogramme.*

Die Diagrammkarte – auch Diakartogramm genannt – ist eine der vielseitigsten und leistungsfähigsten Ausdrucksformen der statistisch-thematischen Kartographie. Sie gibt sowohl für einzelne Örtlichkeiten, gleichsam für punktartige Positionen, als auch für abgegrenzte Areale Auskünfte über irgendwelche statistisch erfaßten Inhalte. Sie lokalisiert Gattungen und Werte (statistische Zahlenwerte) auf die ihnen zukommenden geographischen Punkte oder Räume. Dies wird erreicht durch Einfügen geeigneter Diagramme. Als Zahlenwerte können in Frage kommen: absolute feste Werte und Wertintervalle (Wertstufen), ferner die verschiedensten Wertrelationen. Es ist Sache der geographischen und statistischen Forschung und Lehre, von Fall zu Fall herauszufinden, welche Art von Werterfassung und Wertgliederung hierbei möglichst sinnvoll und möglichst gut charakterisierend sei.
Das kartographische Diagrammgefüge ist schon längst eine unentbehrliche Hilfe der geographischen Statistik, der Bevölkerungs- und Wirtschaftsgeographie und vieler anderer Wissensgebiete.
Der Raum in der Karte ist meist äußerst beschränkt, so daß nur einfachste, kleine Diagrammfiguren anwendbar sind. Glaubt man ohne komplizierte Diagramme nicht auskommen zu können, so verzichte man auf die Karte. Besser eine gute Tabelle, besser ein freigestelltes Diagramm oder eine freie Diagrammreihe, als ein chaotische Karte.
Formen, Gliederungen und Dimensionen der Diagramme sind abhängig von den darzustellenden Inhalten und Zahlenwerten, von der gewünschten Genauigkeit der Daten-

vermittlung, vor allem aber auch vom Raum, der in der Karte zur Verfügung steht. Es sei hier wiederholt:
In der Genauigkeit der Vermittlung von Zahlenwerten steht die Diagrammkarte meist weit hinter der statistischen Tabelle zurück, andererseits aber gibt sie alle ihre Auskünfte auf *einen* Blick und in geographisch-räumlicher Zuordnung.
Grundsätzlich können alle im Kapitel 12 besprochenen und auch die dort nicht besprochenen Diagrammformen in die Karten eingefügt werden, falls sie genügend klein und einfach sind. Um aber Wiederholungen und Selbstverständlichkeiten zu vermeiden, beschränken wir uns im Folgenden auf die Besprechung einiger weniger Beispiele.
Es sind auseinanderzuhalten: Karten mit *Ortsdiagrammen* und solche mit *Gebietsdiagrammen.*
In den *Ortsdiagrammen* (Orts-Diakartogrammen) ist jede Zahlenwertfigur, jedes Diagramm, einem bestimmten Ort, einer Position, einer »Punktlage« zugeteilt.
Im zweiten Fall aber, in der *Gebietsdiagrammkarte* (Gebietsdiakartogramm) sind solche Figuren einem Gebiet, einem Areal *ein*geschrieben.
Die kartographischen Möglichkeiten und Lösungen sind im einen oder andern Fall verschieden. Wir besprechen im Folgenden getrennt diese beiden Gruppen.

24.1. Ortsdiagrammkarten

Das Diagramm (Zahlenwertfigur) wird als Zusatzfigur dicht neben oder über das topographische Ortspositionszeichen gesetzt oder es tritt an die Stelle dieses Zeichens. Besonders hier sind daher meist nur kleinste, einfachste und gut zentrierbare Diagrammfiguren angebracht. Je größer und komplizierter die Figur, desto ungenauer und unsicherer die Lagezuordnung und desto schlimmer auch die gegenseitigen Störungen. Mangelnde Ellbogenfreiheit ist auch für die Karte ein Übel. Aus der Darstellung soll ersichtlich sein, daß sich jedes Diagramm auf einen bestimmten »Punkt«, auf einen Ort bezieht, nicht aber auf ein umliegendes Areal. Zur Kennzeichnung der Ortslage enthalten solche Karten meist ein mehr oder weniger reiches topographisches Detail mit Gewässernetz und Verkehrslinien, mit Ortssignaturen und Geländedarstellung. Beispiele solcher Diagrammgefüge sind in den Abb. 92–98 dargestellt:
Abb. 92: Einfache, ungegliederte Absolut-Zahlenwerte in Zählrahmendarstellung. Man beachte den recht beträchtlichen Raumbedarf und die mangelhafte Zentrierung.
Abb. 93: Dieselben Zahlenwerte sind als einfache Stäbe eingefügt. Auch hierbei sind die visuellen Gewichte der Figuren nicht leicht auf die ihnen zukommenden Positionen zu zentrieren.
Abb. 94: Ähnlicher Art, bezüglich Zentrierung aber nur wenig besser, ist das dritte Beispiel, eine Ortsdiagrammkarte mit denselben Zahlenwerten nach der Kleingeldmethode.
Abb. 95: zeigt nochmals die gleichen Werte, jedoch in der Form von Kreisscheiben. Sie sind genau auf die ihnen zukommenden Punkte zentriert. Besondere Positionszeichen fallen weg. Diese einfachste und klarste Darstellung liefert jedoch die Zahlenwerte, trotz Legendenfigur, etwas weniger genau und die topographischen Positionssignaturen sind zugedeckt.

Diese Beispiele zeigen ein- und dieselbe Situation und dieselben Zahlenwerte, so daß sich Vorzüge und Mängel der verschiedenen Darstellungsformen leicht gegeneinander abwägen lassen.

Abb. 96 gibt eine andersgeartete Aussage. Hier handelt es sich nicht um feste Absolutwerte, sondern um Absolutwert-*Intervalle*, um »Von-bis-Werte«, somit lediglich um

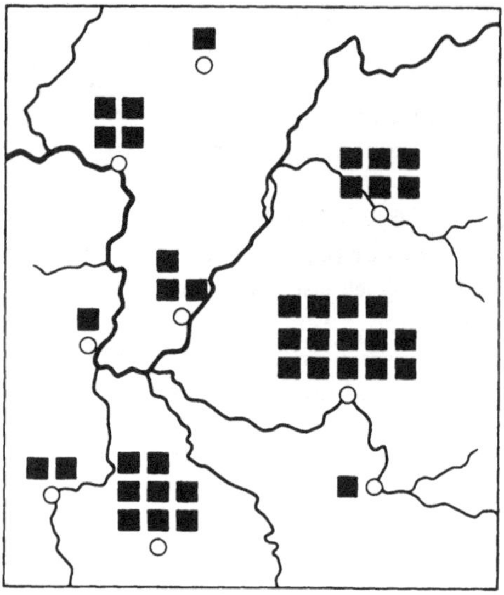

Abb. 92 Zählrahmendiagramme

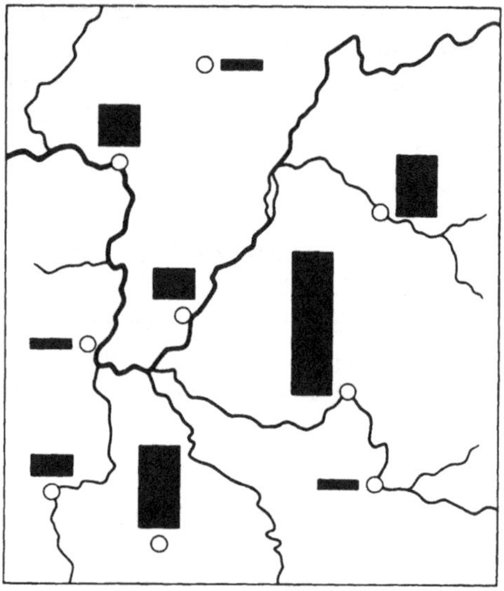

Abb. 93 Stabdiagramme

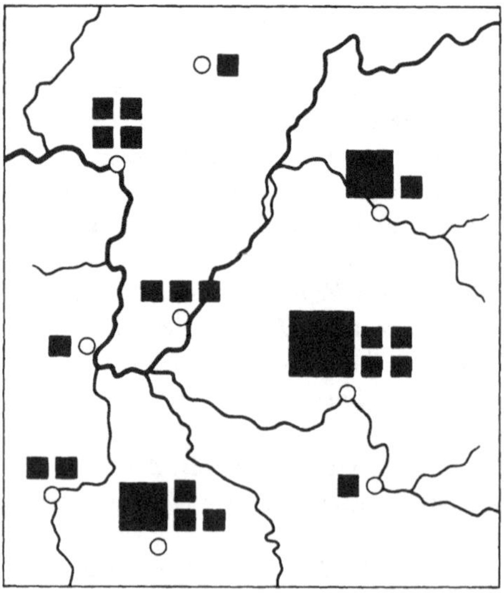

Abb. 94 Kleingelddiagramme

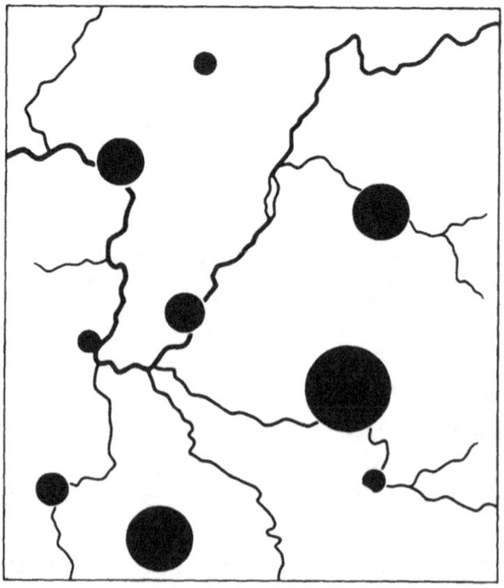

Abb. 95 Kreisscheibendiagramme

Abb. 92–95 Gefüge von Ortsdiagrammen mit einfachen, ungegliederten, absoluten Zahlenwerten

ungefähre Größenordnungen der eingetragenen Kleinsignaturen (Kleindiagramme). Vorzüge: Sehr kleine, genormte, gut zentrierbare Figuren. In dieser Form hielt das statistische Diagramm schon längst Einzug in die allgemeinen topographisch-geographischen Karten kleiner Maßstäbe.

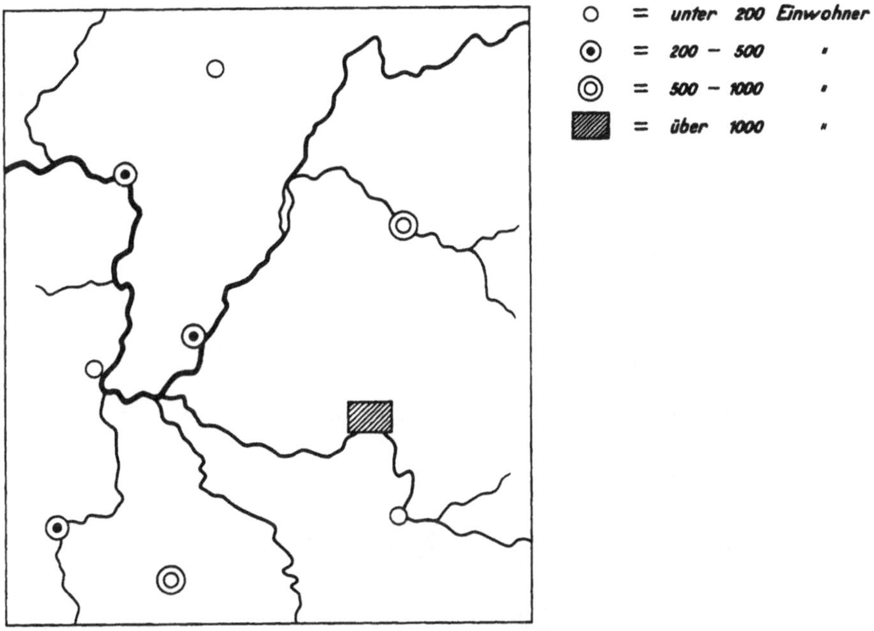

Abb. 96 Ortsdiagramme. Genormte Signaturen für Zahlen-Intervallwerte (Wertstufen)

Die *Abb. 92–96* zeigen unterschiedliche Zahlenwerte *einer einzigen* Gattung, wie z. B. die Einwohnerzahlen von Orten. Sie enthalten sozusagen »eingattige« oder »ein-artige« Mengenfiguren.

In den *Abb. 97 und 98* aber geben die einzelnen Ortsdiagramme komplexere Auskünfte.

Abb. 97: Hier sind die Kreisscheiben in *Sektoren für verschiedene Gattungen oder Komponenten* gegliedert. Die Sektorenflächen entsprechen den absoluten Mengen, die Sektorenwinkel den relativen Anteilen der Komponenten. Selbst kleine Diagrammscheiben, solche mit Durchmessern von etwa 4 mm, lassen sich in einfachen Fällen noch in Sektoren aufgliedern. Diese Darstellungsform ist einfach und ausdrucksstark. Sie findet sich nicht nur in speziellen thematischen Karten, sondern im Sinne einer statistischen Bereicherung manchmal auch in allgemeinen topographisch-geographischen Karten. Freilich sind dann die Scheiben oft zu klein, um bestimmte Zahlenwerte vermitteln zu können. Groß und Klein der Figuren versinnbildlichen dann lediglich »Viel« und »Wenig«.

Abb. 98 zeigt ortsgebundene Kurvendiagramme, solche mit einer Wert-Zeit-Relation. Im dargestellten Beispiel sind als unabhängige Variable (horizontale Koordinatenachse) die Monate aufgetragen, vertikal dazu, als abhängige Variable, die mittleren

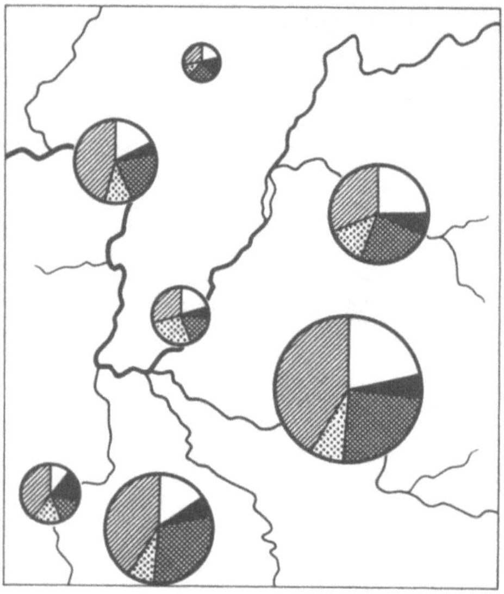

Abb. 97 Ortsdiagramme. Gegliederte Kreisscheiben

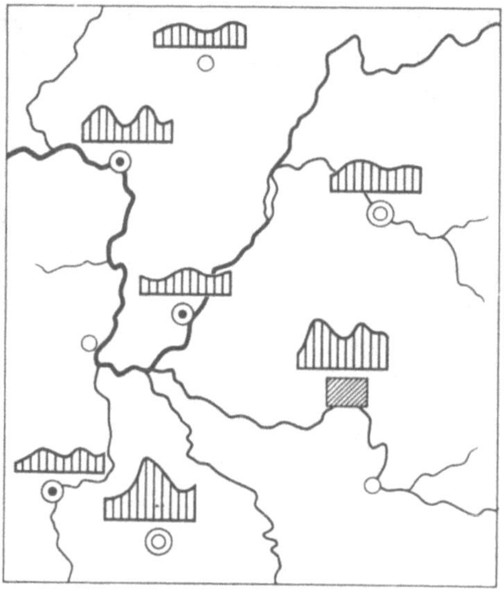

Abb. 98 Ortsdiagramme. Kurvendiagramme

monatlichen Niederschlagsmengen. Die Spitzen dieser Niederschlagsmengen bilden zusammen eine Kurve des mittleren Jahresverlaufes der Niederschläge.

24.2. Gebietsdiagrammkarten

Eine oft gestellte Aufgabe der thematischen Kartographie besteht darin, für *abgegrenzte Areale,* wie z. B. für Gemeinden, Bezirke, Provinzen, statistische Mengenwerte von Objekten, Objektgruppen und Objektrelationen zur Darstellung zu bringen, wobei sich die Wertaussage jeweils auf jedes *abgegrenzte Areal als Ganzes* bezieht. Innerhalb des Areals wird somit auf weitere Aufgliederungen verzichtet.
Die *Abb. 99–106* zeigen *Beispiele* solcher Gefüge: Für die Diagrammfiguren steht hier in der Regel mehr Raum zur Verfügung als in den Ortsdiagrammkarten, sie lassen sich daher größer zeichnen, reicher gliedern und freier plazieren. Zur räumlichen Orientierung dienen lediglich die Grenzlinien der Bezugsareale und eventuelle Küsten- und Uferlinien. Alles weitere topographische Detail ist wegzulassen; denn es würde zu falschen Raumzuordnungen verleiten und die Karten zwecklos belasten. *Auf die Abgrenzungslinien der Diagramm-Bezugsareale aber darf nie verzichtet werden.*
Abb. 99: Gebietsdiagrammkarte mit absoluten Mengenwerten für zwei verschiedene Objektgattungen. In solchen recht einfachen Fällen erweisen sich *»Kleingelddiagramme«* oder auch die diesen ähnlichen *»Zählrahmendiagramme«* als besonders anschaulich. Solche Darstellungsformen eignen sich oft auch für drei oder mehr Objektgattungen. Qualitäts- und Qantitätsaussage finden sich hier vereinigt.
Abb. 100: Gebietsdiagrammkarte, absolute Mengenwerte, Stabdiagramme. Die Farbtöne oder Schraffurarten der Stäbe bezeichnen verschiedene Objektgattungen (Qualitä-

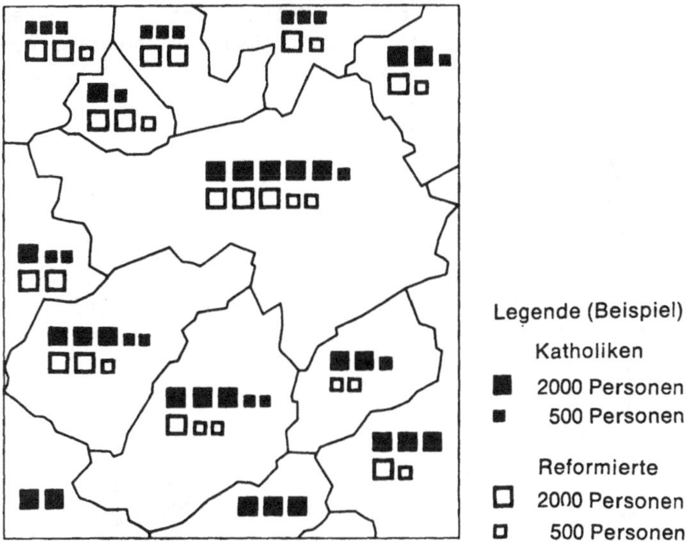

Abb. 99 Gebietsdiagramme, Absolutwerte, Kleingeld-Darstellung. Zwei Objektgattungen

ten), im vorliegenden Falle Sprachen. Die Längen der Stäbe und Stabteile entsprechen den Mengen.

Es handelt sich hier um eine der genauesten Darstellungsformen statistischer Werte in der Karte. Nachteilig aber ist oft die allzugroße Länge der Stäbe. Diese letzteren ragen manchmal selbst über die Kartenränder hinaus. Damit werden die regionalen Objektgruppierungen visuell verschoben.

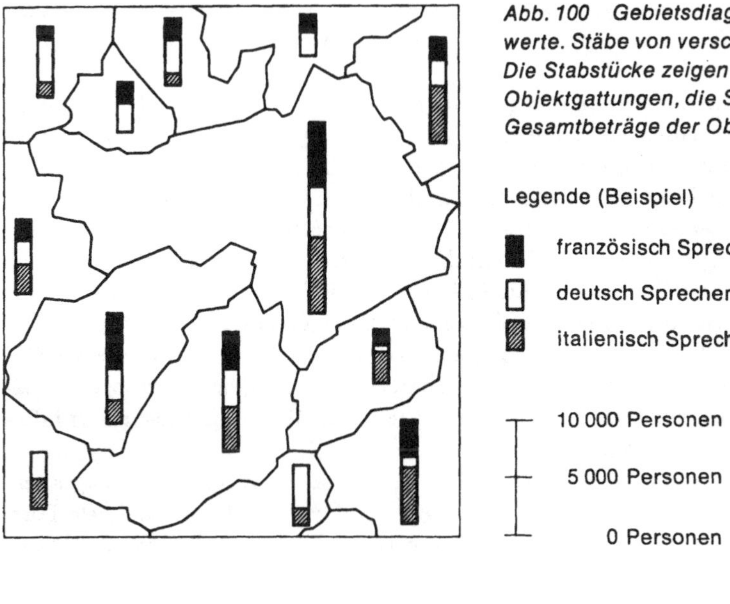

Abb. 100 Gebietsdiagramme, Absolutwerte. Stäbe von verschiedener Länge. Die Stabstücke zeigen die Anteile der drei Objektgattungen, die Stablängen die Gesamtbeträge der Objekte

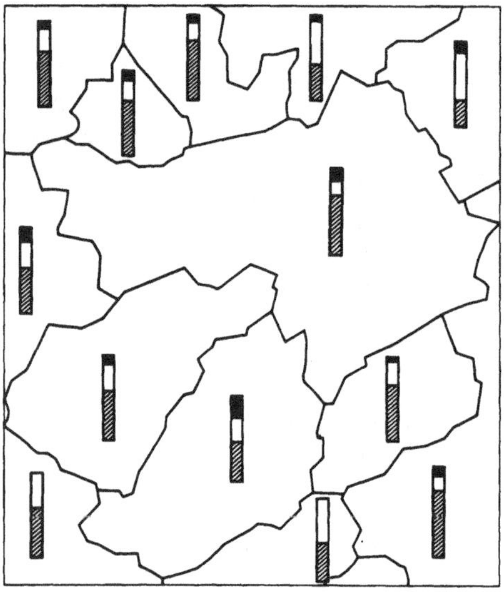

Abb. 101 Gebietsdiagramme mit Stäben von gleicher Länge, entsprechend den Totalbeträgen von 100 %. Die Stabstücke zeigen die prozentualen Anteile der verschiedenen Objektgattungen

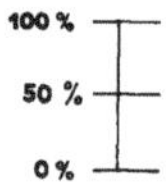

Abb. 101: Gebietsdiagrammkarte mit Stäben einheitlicher Länge *zur Darstellung von Anteilwerten (Relativwerten).* Jeder Stab symbolisiert = 100% der Objekte. Die Stabstücke zeigen somit die prozentualen Anteile der einzelnen Objektgattungen.
Solche Formen von Diagrammkarten sind selten zu empfehlen. Sie können zwar nicht als falsch bezeichnet werden, verleiten aber zu Fehldeutungen; denn die Stäbe werden leicht als Absolutwerte gesehen oder gedeutet.
Abb. 102: Gebietsdiagrammkarte mit gestreiften Quadratflächen. Jede dieser Flächen entspricht dem Total der Objekte des betreffenden Bezugsareals. Die Quadrate sind in Streifen gegliedert. Jede einzelne Streifenfläche entspricht dem Mengenanteil einer Objektgattung. Die Breiten (vertikale Teilstücke) der Streifen aber zeigen die prozentualen Anteile der Gattungen. Eine ähnliche, aber meist weniger geeignete Lösung zeigt die Abb. 103. –
Abb. 103 Gebietsdiagrammkarte mit gegliederten Säulen (Rechtecken). Die Farbtöne oder Schraffuren der Säulen entsprechen den Objektgattungen (Qualitäten), die Flächen den absoluten Objektmengen (Quantitäten). Wie die Abbildung zeigt, sind alle Säulen gleich hoch, doch variieren sie in der Breite (in der horizontalen Dimension). Die konstante Totalhöhe jeder Säule entspricht dem Wert von 100% der Objekte des betreffenden Areals. Die Längen (in der Vertikalen) der Säulenteile zeigen somit die *prozentualen Anteile* der Objektgattungen. In dieser Hinsicht besteht Übereinstimmung mit der in Abb. 101 gezeigten Form. Abweichend aber sind die Figuren*breiten.*
Die *Flächen* der Säulen und Säulenstücke entsprechen den *absoluten Mengen* der Objekte. Diese aber sind nur schätzbar, nicht ablesbar, es wäre denn, man überzöge die Flächen mit einem Meßgitter (Quadratmillimetergitter), was für solche Diagramme infolge ihrer Kleinheit selten praktiziert wird.
Abb. 104: Die in Sektoren aufgeteilten Kreisscheiben finden sich in Gebietsdiagrammkarten sehr oft. Es handelt sich hier um die gebräuchlichste und anschaulichste Form von Diagrammkarten. Solche Diagramme geben ebenfalls Auskünfte über Qualitäten

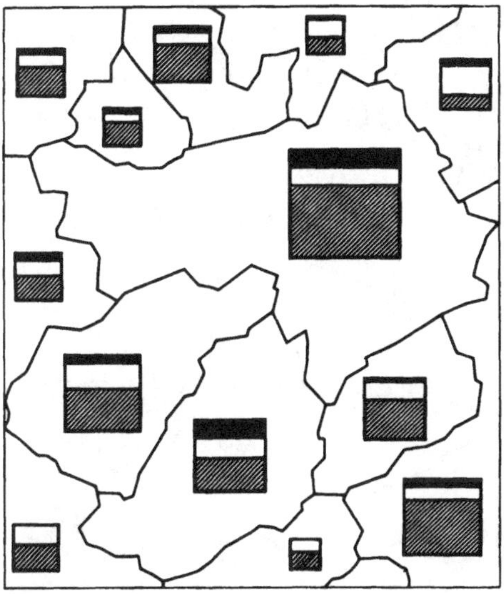

Abb. 102 Gebietsdiagramme für Absolut- und Anteilwerte.
Quadrate verschiedener Größe für das Total der Objekte. Streifenflächen innerhalb der Quadrate für die Teilmengen. Die Streifenbreiten zeigen die prozentualen Anteile

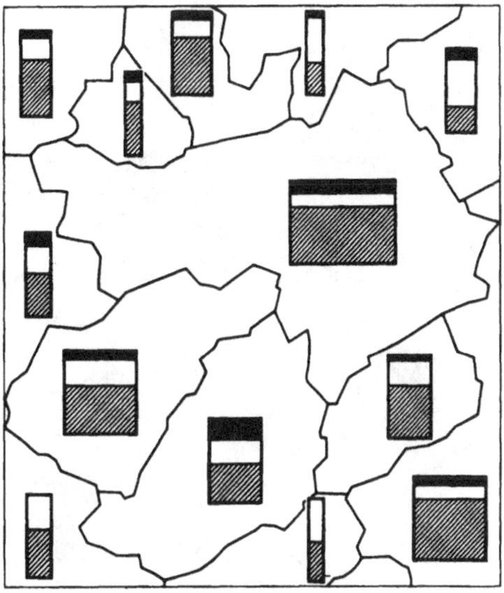

Abb. 103 Gebietsdiagramme mit gegliederten Säulen (Rechtecke) von gleicher Höhe = 100 %. Die Höhen der Säulenstücke (Rechteckstreifen) entsprechen den prozentualen Anteilen, ihre Flächen den absoluten Mengen

und Quantitäten. Durch die Flächen der Kreisscheiben und ihrer Sektoren gelangen die absoluten Mengen, durch die Sektorenwinkel die relativen (prozentualen) Anteile zur Darstellung. Sehr gut ist hierbei auch die visuelle Einlagerung der Diagramme in ihre Areale. Schwierig wird die Sache nur, wenn zwischen kleinsten und größten Zahlenwerten sehr große Unterschiede bestehen.

Die zahlenmäßigen Aussagen sind bei dieser Kartenform freilich weniger genau, als bei einigen andern Formen. Solcher Mangel wird oft aufgewogen durch gute Anschaulichkeit und korrekte Massen- oder Schwergewichtslagerungen.

Man vergleiche im übrigen auch die Abbildungen 97 und 104 miteinander. Beide enthalten analoge Diagrammformen, doch sind die Unterschiede zwischen Ortsdiagrammkarte und Gebietsdiagrammkarte leicht ersichtlich.

Abb. 105: Gebietsdiagrammkarte mit Würfelbildern für Absolutwerte mehrerer dargestellter Objektgattungen. Eine Form, die sich aufdrängt, wenn zwischen den kleinsten und größten Zahlenwerten große Unterschiede bestehen (Beispiele mit mehrfarbiger Gliederung sind die Karten des Außenhandels im »Atlas der Schweiz«).

Nicht leicht zu lösende Aufgaben stellen die Gebietsdiagrammkarten für Relationen gewisser Zahlenwerte. Stehen solche Werte in unmittelbarer Relation zur Gebietsfläche, beziehen sie sich auf diese, so geht die Sache in Ordnung. Oft aber beziehen sich die figürlich (im Diagramm) dargestellten Werte auf *ein* Objekt oder auf *hundert* Objekte oder auf *tausend* Objekte innerhalb des Bezugsareals.

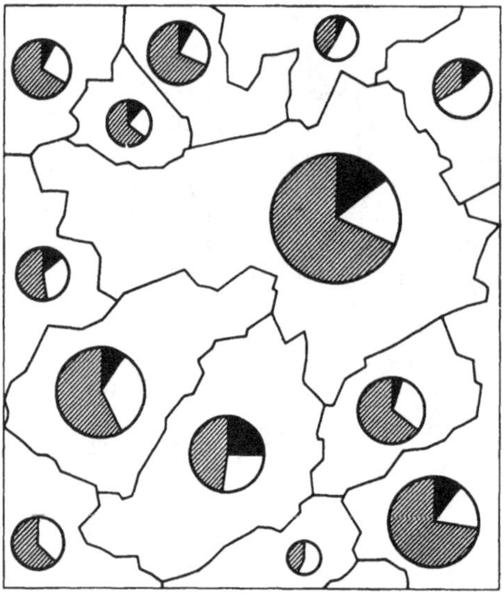

Abb. 104 Gebietsdiagramme. In Sektoren gegliederte Kreisscheiben. Die Flächen entsprechen den Absolut-Mengen, die Sektorenwinkel den prozentualen Anteilen der verschiedenen Gattungen

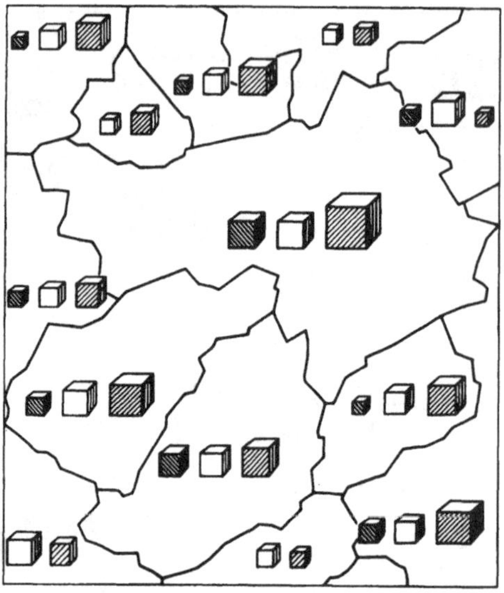

Abb. 105 Gebietsdiagramme für absolute Werte. Würfel für die verschiedenen Objektgattungen. Ihre Volumina entsprechen den Mengen

In solchen Fällen wird durch die Karte oft gesündigt. Wird ein Zahlenwertdiagramm ohne Warnung (!) in eine Bezugsfläche hineingestellt, so bezieht der Kartenleser (trotz Legende) dessen Wert auf die Mengen innerhalb dieser Fläche. Solcher Fehldeutung kann entgegengetreten werden durch Einschaltung oder *Zwischenschaltung einer Bezugseinheitsfigur.*

Auf welche Art und Weise dies geschehen kann sei an den *Beispielen der Abb. 106 und 107* dargelegt.

Abb. 106: Zur Darstellung gelangen hier die Waldflächen pro Einwohner in den verschiedenen Bezugsarealen (ein Beispiel auf Tafel 55 im »Atlas der Schweiz«). Die Diagrammwerte der Waldflächen werden ausgedrückt durch die Flächen ungleich großer Quadrate. Jeder solche Wert bezieht sich auf eine einzige Person. Trotz Legende werden aber solche Quadratflächen allzuleicht als Werte für die umgrenzenden Bezugsareale gedeutet. Um solcher Fehldeutung vorzubeugen wurde in jedes dieser ungleichgroßen Quadratfelder eine *Einheitsfigur von konstanter Größe* als Signatur für *einen* Menschen gesetzt. Diese Einheitsfigur bringt das Quadratfeld visuell mit diesem *einen* Menschen in Beziehung. Man sieht hieraus spontan: In dem einen Bezugsareal ist die Waldfläche *pro Person* klein, im andern groß.

Warnend sei hier auch folgendes beigefügt:

Die Methode des Wertflächenmosaiks (Flächenton-Abstufungen der Bezugsareale je nach dem Waldflächenbetrag pro Person), obschon in solchen Fällen oft angewendet, wäre irreführend; denn sie verquickt die statistischen Werte von Objektrelationen fälschlicherweise mit den Bezugsarealflächen.

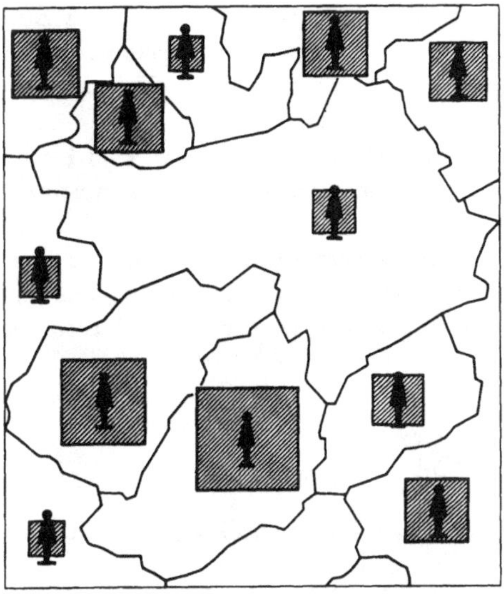

Abb. 106 Gebietsdiagramme für Relationen von Zahlenwerten
Beispiel: Für jedes Bezugsareal wird die Waldfläche pro 1 Einwohner gezeigt.

1 mm² der quadratischen Diagrammfläche = 1 Are

Abb. 107 Gebietsdiagramme für Relationen von Zahlenwerten.
Beispiel: Für jedes Bezugsareal wird die Bevölkerungsbewegung pro 1000 Einwohner während einer bestimmten Zeitperiode gezeigt

Legende:

Sterbefälle

Lebendgeborene

Eheschließungen

1 mm der Stablänge entspricht einem Jahresdurchschnitt von 2 Sterbefällen, 2 Geburten oder 2 Eheschließungen

Abb. 106 zeigt Quadratflächen von wechselnder Größe und darin je ein und dieselbe Bezugsfigur. Abb. 107 zeigt Einheitsflächen als Symbole für die feste Bezugszahl 1000. Die Längen der Diagrammstäbe aber variieren mit den verschiedenen Anteilwerten

Abb. 107: Hier gelangen statistische Mittelwerte der Bevölkerungsbewegung während einer bestimmten Zeitperiode zur Darstellung.

1 mm Länge des schraffierten Stabes entspricht einem Jahresdurchschnitt von 2 Eheschließungen *pro 1000 Einwohner,*

1 mm Länge des weißen Stabes entspricht 2 Geburten pro *1000 Einwohner,*

1 mm Länge des schwarzen Stabes entspricht 2 Sterbefällen *pro 1000 Einwohner.*

Solche Stabgruppen aber werden, wenn sie alleine, ohne Umrahmung durch ein Einheitsquadrat, stehen, allzuleicht als totale Werte des Bezugsareals aufgefaßt. Dieser Irrtum wird verhindert durch Einlagerung jeder Stabsgruppe in eine *Einheits-Quadratfläche.* Diese symbolisiert gleichsam die 1000 Bezugspersonen.

Im ersten Falle (Abb. 106) ist der variable Diagramm-Zahlenwert durch eine Fläche von entsprechender Größe dargestellt, die Bezugsgröße durch eine in diese hineingestellte *Einheits-Signatur.*

Im zweiten Fall (Abb. 107) sind die Diagramm-Zahlenwerte durch Stäbe von verschiedener Länge gegeben, die konstante Bezugsgröße durch eine sie umschließende *Einheitsfläche.* Die Gebiete aber, auf die sich die Aussagen beziehen, sind in beiden Fällen aus den Areal-Umgrenzungen ersichtlich.

24.3. Dimensionen und Maßstäbe

Wenden wir uns wieder den *beiden Gruppen* zu, sowohl den Ortsdiagrammkarten, als auch den Gebietsdiagrammkarten.

Für viele solche Darstellungen besteht die *Eigenart des »Doppelmaßstabes«.* Der eine Maßstab, derjenige in üblichem Sinne, bezieht sich auf das grundrißliche Basisgefüge, der andere dient der Abmessung der Diagrammwerte, der Stablängen, Kreisscheibeninhalte, Kugelinhalte, Würfelinhalte usw. Diese beiden Maßstäbe stehen miteinander in keiner geometrischen Beziehung. In figürlicher Hinsicht aber sind die Diagramm-Maßstäbe und damit die Diagramm-Dimensionen möglichst gut den Streuungen der Bezugsorte und den Dimensionen der Bezugsareale anzupassen. Im Interesse genauer Aussage wählt man die Diagrammdimensionen möglichst groß.

In *Ortsdiagrammkarten* können einfache, gut zentrierbare Diagramme (Kreisscheiben) so groß gewählt werden, daß sie sich randlich da und dort etwas überlagern (siehe darüber Kapitel 6). Die Ortszuordnung soll aber trotzdem überall eindeutig erkennbar bleiben.

Für *Gebietsdiagrammkarten* aber bestehen gewisse optimale und minimale Grenzen der Diagrammdimensionen. Dies sei am einfachsten Beispiel, an demjenigen der Kreisscheiben-Diagramme, mit Hilfe der Abb. 108 und 109 gezeigt: Abb. 108 zu kleine, unnötig kleine Kreisscheiben. Meß- und Schätzbarkeit der Werte unnötig geschwächt. Das andere Extrem in Abb. 109: Kreisscheiben zu groß, sie sprengen mancherorts ihre Areale. Solches Überdecken von Arealgrenzen und Arealteilen ist nachteilig; denn Formen und Dimensionen der Bezugsgebiete sind wesentliche Inhaltselemente solcher Karten. Die Abb. 104 zeigt ein gutes Mittelmaß der Dimensionen solcher Diagramme. Zweckmäßige Lösungen lassen sich meist rasch und leicht mittels einiger Versuchsskizzen extremer Situationen finden.

Graphische Schwierigkeiten treten sowohl in Ortsdiagrammkarten, als auch in Gebietsdiagrammkarten auf, wenn einige wenige Diagramme alle übrigen in den Wertaussagen und damit in den Figurendimensionen äußerst stark überborden. Bei Inselkarten können dann einzelne allzu große Zahlenbilder aus dem Kartengebiet herausgerückt und in leere randliche Räume gesetzt werden. Solche Kombination topographischer Lagezuordnung und freier tabellenartiger Anordnung einzelner Diagramme soll jedoch auf Notfälle beschränkt bleiben.

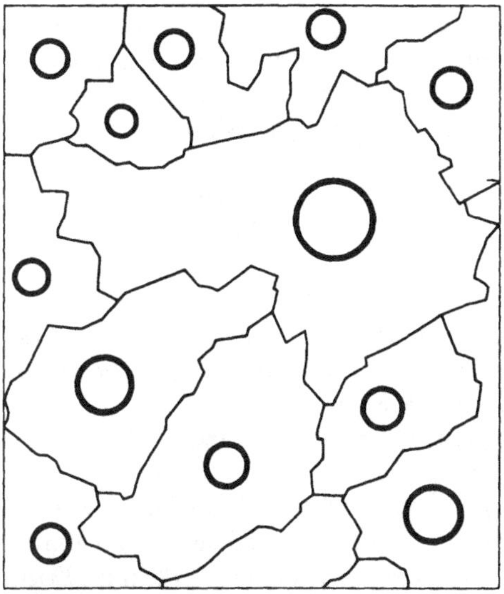

Abb. 108 Dimensionen der Diagrammfiguren zu klein
Gute Wahl der Dimensionen siehe Abb. 104

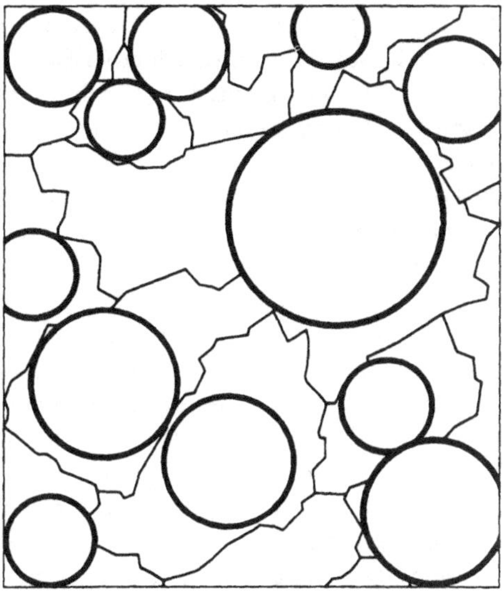

Abb. 109 Dimensionen der Diagrammfiguren zu groß.

Für *Ortsdiagrammkarten* kann jeder beliebige *Maßstab* des grundrißlichen Gefüges in Frage kommen. Erforderlich ist aber, wie soeben betont, ein gutes Zusammenspiel der Figurengrößen mit den topographischen Gliederungen. Für *Gebietsdiagrammkarten,* aufgegliedert in Gemeindeareale, dürfte indessen der Maßstab 1:200 000, selbst bei äußerst einfachen Diagrammfiguren, der kleinstmögliche sein; denn manche Gemeindefläche mißt weniger als 1 km², d. h. in 1:200 000 weniger als ¹/₄cm². Beziehen sich aber die Diagrammfiguren auf ganze Erdteile (was selten der Fall sein dürfte), so sind selbst Grundrißmaßstäbe von 1:200 000 000 möglich.

Kapitel 25
Gefüge von Banddiagrammen

oder Banddiakartogramme

E. M. unterscheidet *Bandkarten* und *Banddiagrammkarten.*

Thematische Karten mit Banddiagrammen, solche mit *quantitativen Gliederungen* bewegter Objekte, von Transportsträngen usw., haben in neuerer Zeit große Bedeutung erlangt. Sie veranschaulichen Handels- und Verkehrsströme aller Art und sind für Forschung und Lehre ebenso unentbehrlich wie für Handels- und Verkehrsplanungen.
Solche Bänder zeigen absolute oder relative Zahlenwerte oder auch Wertintervalle

(Wertstufen), Mittelwerte, Extremwerte usw. der transportierten oder sonstwie bewegten Dinge. Freilich sind hierbei Darstellungen der Zahlenwerte nur in großen Zügen möglich, weil allzubreite Bänder vermieden werden müssen. Oft gar bleiben die Zahlenwerte unbestimmt. Schmal und breit bedeuten dann nichts weiter als wenig und viel.

Neben einfachen, ungegliederten Bändern sind Doppelbänder, zweigleisige Transportströme, besonders häufig, während mehrteilige, mehrgleisige »Fahrbahnen« infolge des Raummangels seltener auftreten.

Zur Darstellung gelangen in solchen Karten: Anzahl der auf einer Strecke pro Zeiteinheit bewegten oder transportierten Menschen, Anzahl der Personenautos, der Lastwagen, Eisenbahnwagen, Schiffe, Flugzeuge, Briefe, Postpakete, Mengen von Waren aller Art, des Wassers, des Öls, der elektrischen Energie usw.

Oft wird auf ein- und demselben Transport-Doppelband unterschieden zwischen Hinweg und Rückweg, zwischen Einfuhr und Ausfuhr, zwischen Mensch und Ware usw. Auch Tages- und Saisonpendler und andere pulsierende Objekte lassen sich darstellen. Solche Netze zeigen die Belastungen der Straßen, Bahnlinien, Schiffslinien, Fluglinien, Leitungen aller Art, und sie lassen Handelsbeziehungen und ähnliches erkennen. Durch Verkehrszählungen und Kartierungen gelangen zur Darstellung typische Unterschiede des Sommer- und Winterverkehrs, des Werktags- und Wochenendverkehrs, des Lokal- und des Durchgangsverkehrs und viel anderes.

Die verschiedenen Formen der Banddiagramme sind im Kapitel 13 dargestellt. Hier nun sollen einige Fragen der *Netzgefüge* zur Sprache gebracht werden.

Erste Frage: Im Gegensatz zu den möglichst grundrißtreuen Weg- oder Linienführungen der vorwiegend qualitativen (nicht quantitativen) Linearsignaturen topographischer und allgemein geographischer Karten (Abb. 110) führen die quantitativen Dia-

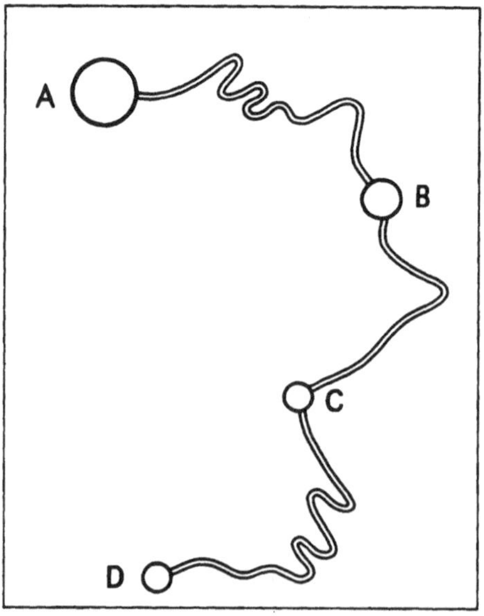

Abb. 110 Transportweg A–B–C–D topographisch dargestellt

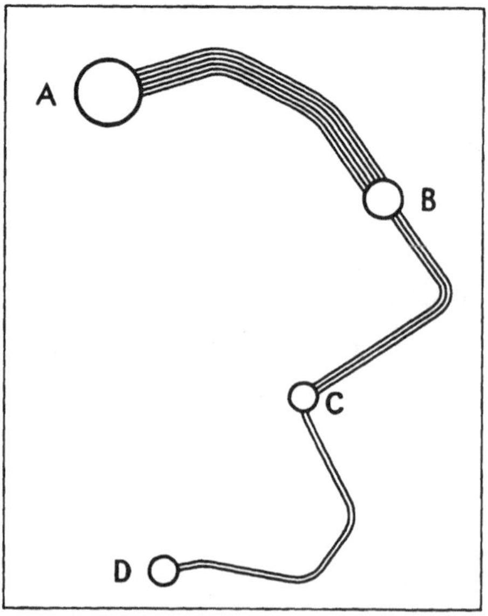

Abb. 111 Transportmengen auf den vereinfachten Strecken A–B und B–C und C–D

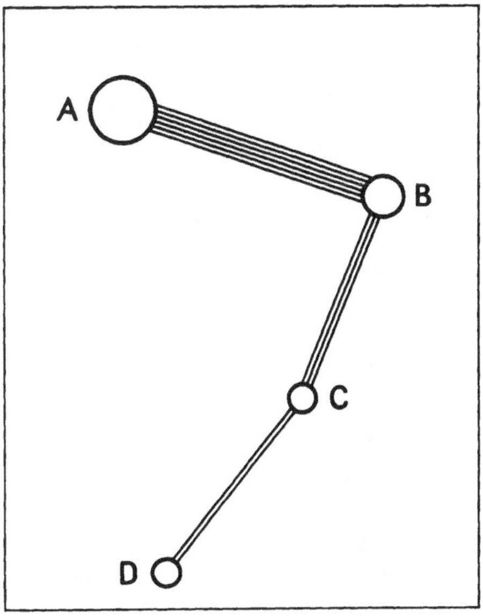

Abb. 112 Transportmengen von A nach B und von B nach C und von C nach D. Transportwege gestreckt

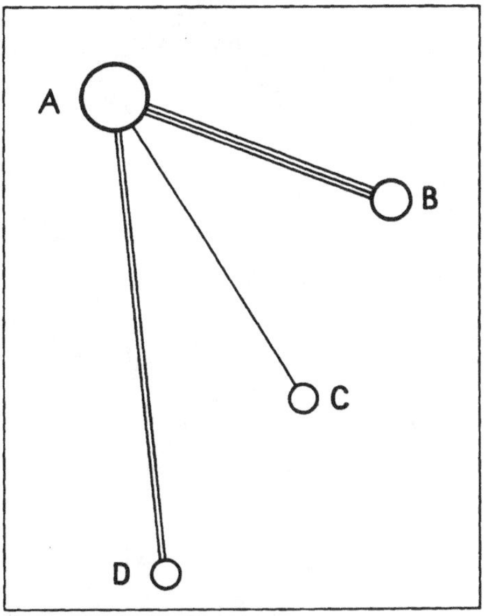

Abb. 113 Transportmengen von A nach B, von A nach C, von A nach D, ohne Angabe der Weglinie

grammbänder in vielen Fällen möglichst direkt, geradlinig vom Ausgangsort zum Zielort.

Im Sinne der Fragestellung ist die Wegführung oft nebensächlich. Die Frage lautet vielmehr: »Wieviele Tonnen Kohle wurden im Jahre 1968 von Basel nach Zürich transportiert?« Zur Darstellung eines solchen Problems aber ist eine einfache, gestreckte Linienführung des Zahlenwertbandes anschaulicher (Abb. 111, 112, und 113) als ein krummer Wurm, der sich durch alle Talgräben des Aargauer Juras hindurchwindet (Abb. 110).

Zweite Frage: Soll ein Band, das von Ort zu Ort sukzessive abnimmt, resp. zunimmt, solche Änderungen in stetigen Übergängen oder aber in treppenartigen Stufen zeigen? Die Antwort hängt wohl ab von der transportierten Sache, von der Art der Mengen-Ab- oder Zunahme, von den Erhebungsorten und Erhebungsresultaten, vom Kartenmaßstab. In der Regel dürfte die treppenartige Breitenänderung des Bandes vorzuziehen sein. Auch graphisch ist sie besser als eine allmähliche Bandbreitenänderung (Abb. 114 und 115).

Dritte Frage: Die vier Orte A, B, C und D sind durch eine Straße miteinander verbunden (Abb. 110). Alle Transporte zwischen diesen Orten werden über diese eine Straße geführt. Soll unser Banddiagrammgefüge die Transportmengen von A nach B und von A nach C und von A nach D zeigen (Abb. 113) oder aber die Mengen, die auf den einzelnen Teilstrecken verschoben werden? (Abb. 111 und 112).

Im ersten Fall handelt es sich um eine *handelsstatistische,* im zweiten um eine *verkehrsstatistische* Darstellung.

Vierte Frage: Schwierigkeiten der graphischen Gestaltung der meisten Banddiagrammgefüge bilden oft die Einmündungen kräftiger Bänder in die Städte, in die Verkno-

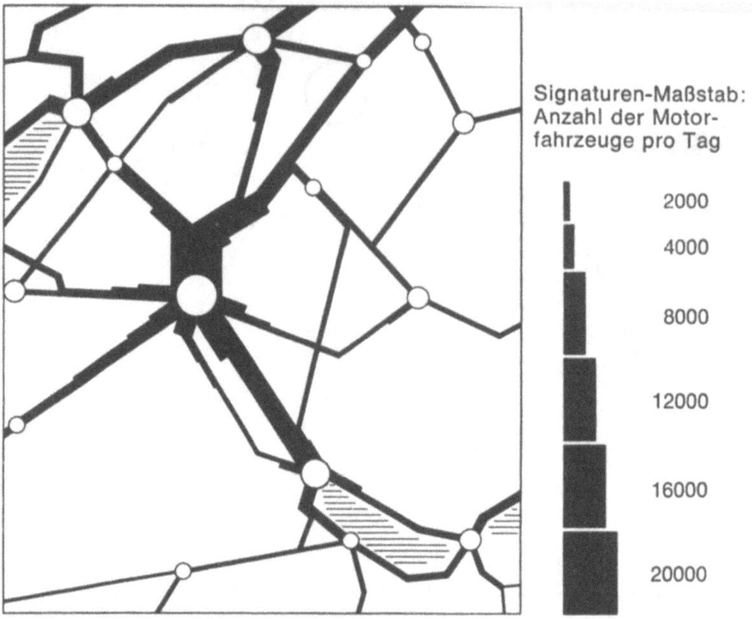

Abb. 114 Verkehrsbelastung auf Straßen. Die Bandbreiten zeigen die durchschnittliche Anzahl der Motorfahrzeuge pro Tag (im Jahr 1970). Maßstab ca. 1:850 000

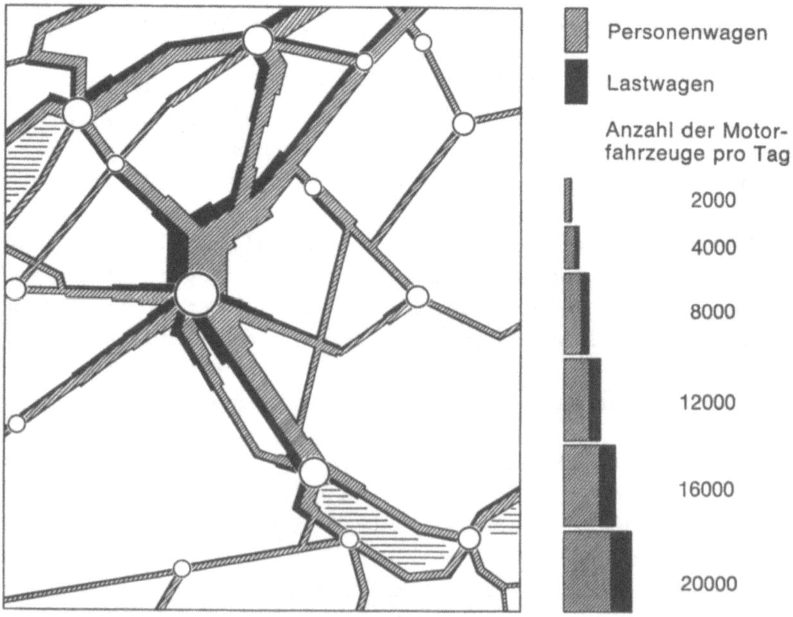

Abb. 115 Verkehrsbelastung auf Straßen. Ähnliche Darstellung wie oben in Abb. 114, die Bänder aber verbreitert und aufgegliedert in solche für Personenwagen und für Lastwagen

tungen der Bänder. In unmittelbarer Stadtnähe herrscht meist ein starker Vorortverkehr. Die Diagrammbänder werden daher dort meist sehr breit und sie nähern sich den Zentren von verschiedenen Seiten her. Dies führt graphisch oft zu sonderbaren, kaum mehr zu deutenden klumpigen, klotzigen Gebilden. Hier hilft nur möglichste Zurückhaltung in den Breitenmaßstäben der Bänder. Wir bewegen uns in solchen Fällen am Rande des kartographisch Möglichen. Nicht jedes statistische Ergebnis ist in guter Form kartierbar. Die Abb. 114 und 115 zeigen einige Beispiele.

Fünfte Frage: Einige graphische Sorgen bereiten oft auch die *Verbindungen* von Ortssignaturen und Ortsdiagrammen mit dort einmündenden Bändern. Wie sollen solche Verknotungen gestaltet werden? Wie sollen sich die Ortsfiguren größenmäßig zu den Bandbreiten verhalten? Gute Lösungen sind in manchen Fällen nur durch zeichnerische Versuche zu finden.

Für die Knotenpunkte eignen sich am besten Ortsdiagramme in der Form von Kreisscheiben oder auch etwa von Quadratflächen, da sie gut zentrierbar sind. Die Mittelachsen der Bänder sollen möglichst genau auf ihre Zentren hinzielen.

Kapitel 26
Mehrschichtige Gefüge, Raumschichten und Zeitstufen

Nicht selten stellt sich die Aufgabe, für ein- und dasselbe Gebiet thematische Zustände oder Vorkommnisse oder Begebenheiten verschiedener Raumschichten oder Zeitstufen darzustellen. Das Thema soll nicht nur in *einer* Schicht (z. B. an der Erdoberfläche) oder in *einem* Zeitpunkt (z. B. jetzt) erfaßt werden, sondern in einer Folge verschiedener räumlicher Schichten oder zeitlicher Abschnitte.

26.1. Beispiele für gleichzeitige, aber räumlich getrennte Schichten

1 Geologische Grundrisse, z. B. Erzlagerkarten, als Horizontalschnitte in verschiedenen Tiefenlagen der Erdrinde (auch entsprechende Reihen von Vertikalschnitten, Profilen).

2 Karten geophysikalischer Zustände in verschiedenen Tiefenlagen des Erdinnern.

3 Karten von Höhlensystemen.

4 Karten von ober- und unterirdischen Gewässern.

5 See- und Ozeankarten für Zustände (Temperaturen usw.) in verschiedenen Unterwasser-Tiefenlagen.
6 Meterologische Karten, z. B. für Luftdruck, Luftbewegung, Temperaturen, Luftfeuchtigkeit und andere atmosphärische Zustände, nicht nur nahe an der Erdoberfläche, sondern gleichzeitig auch in höheren Lagen des Luftraumes.
7 Räumliche, mehrschichtige Grundrisse von Bauwerken, von Leitungs- und Röhrensystemen, von Untertunnelungen, wie z. B. von Untergrundbahnen, unterirdischen Bahnhöfen, Straßen, Parkhäusern, Industrieanlagen, Lagern, unterirdischen künstlichen Gewässern (Wasserleitungen für hydroelektrische Werke), all dies in Kombination mit dem zugehörigen Erdoberflächenplan.
8 Darstellungen von Flugkorridoren in verschiedenen Höhenlagen.

26.2. Beispiele für Zeitstufen

1 Darstellungen geotektonischer Lagezustände von Erdkrustenteilen zu verschiedenen Zeiten. Ebenso von Eismassen, Blockströmen usw.
2 Karten, Kartenreihen landschaftlicher Zustände zu verschiedenen Zeiten, z. B. solche baulicher Stadtentwicklungen.
3 Karten und Kartenreihen geschichtlich-territorialer Zustände zu verschiedenen Zeiten.
4 Karten der Bevölkerungsmengen, der Bevölkerungsverteilungen, der Bevölkerungsstrukturen für zwei oder mehr Zeitabschnitte.
5 Handelsstatistische und wirtschaftliche Zustände zu verschiedenen Zeiten.
6 Verkehrsnetze, Zustände zu verschiedenen Zeiten.

Aus dieser Zusammenstellung mag die große Bedeutung solcher Darstellungen hervorgehen. Trotzdem finden sich – abgesehen von geologischen Profilen – bis heute gute Lösungen selten. Selbst einschichtige Zustände sind graphisch oft schwer darstellbar, geschweige denn mehrschichtige Dinge. Kartentheoretische Erörterungen solcher Aufgaben sind noch nicht über vereinzelte Ansätze hinausgediehen. So sind auch wir hier nicht in der Lage, eine ausgereifte Lehre vorzulegen. Wir beschränken uns daher auf einige wenige, grundsätzliche Erörterungen.

Jedes Kartenbild ist als solches *einschichtig.* Mehrere Schichten der geographischen Wirklichkeit (oder irgend einer Vorstellungswelt) in *einer* Schicht darzustellen, d. h. mehrere räumliche oder zeitliche Zustände grundrißlich auf ein- und derselben Papierebene zu vereinigen, gelingt nur für äußerst einfache Bildinhalte. Man nimmt etwa Zuflucht zu den folgenden Lösungen.

26.3. Kartenreihen

Man stellt Karten der einzelnen »Schichten«, der verschiedenen räumlichen oder zeitlichen Zustände usw., in Reihen nebeneinander. Dies ist für inhaltlich und graphisch reich befrachtete Dinge die einzige wirklich befriedigende Lösung; sie ist aber sehr aufwendig und beansprucht viel Raum. Kartenreihen solcher Art eigenen sich vor allem zur Darstellung von meteorologischen und landschaftlichen Veränderungen, von Siedlungsentwicklungen, historischen Territorialentwicklungen, Veränderungen der agrarischen Landnutzung, der Güterumlegungen usw. Das Gefüge jeder einzelnen Karte einer solchen Kartenreihe ist dann aber nicht mehrschichtig.

26.4. Einlagerung verschiedener Raum-Schichten oder Zeitstufen in eine einzige Karte

Komplizierte landschaftliche, auch bauliche Zustände verschiedener Zeitpunkte lassen sich in einer einzigen Karte nur dann leicht vereinigen, wenn es sich überall um ein einfaches areales Vorrücken (z. B. um generelles Städtewachstum) oder Zurückweichen (Gletscherschwund während einer Rückzugsperiode) gehandelt hat. Treten auch *innere Umgestaltungen* ein oder erfolgte ein Hin und Her, so führt die bildliche Aufeinanderlagerung der verschiedenen Zustände zum Chaos. Es wäre ein Unfug, eine detailreiche Gebäudegrundrißkarte einer Stadt des Jahres 1970 in roter Farbe auf eine entsprechende grau gedruckte Karte des Jahres 1900 zu drucken.
Bei der Darstellung verschiedener Schichten oder Zeit-Zustände in einer einzigen Karte kann es sich daher meist nur um areale Zusammenfassungen oder um eine Auswahl von Objekten handeln. Bei graphisch guter Gestaltung können aber solche Darstellungen sehr instruktiv sein.
In einer Karte verschiedener Zeitstufen wähle man die Töne, Farben, Strichstärken usw. im Sinne »je älter, desto kräftiger« oder umgekehrt »je jünger, desto kräftiger«. Bei räumlicher Schichtung gelten entsprechend die Regeln »je höher, desto intensiver« oder aber »je höher, desto schwächer«. Niemals aber werfe man Altersfolgen oder Höhenschichtungen graphisch willkürlich und bunt durcheinander.
Gewisse Geschichtsatlanten wimmeln von Beispielen, wie man es nicht machen soll.
Oft handelt es sich bei zwei- oder mehrschichtiger Darstellung nur um das Eintragen einiger weniger Inhaltselemente einer früheren Altersstufe oder eines unterirdischen Vorkommnisses in eine heutige topographische Karte.

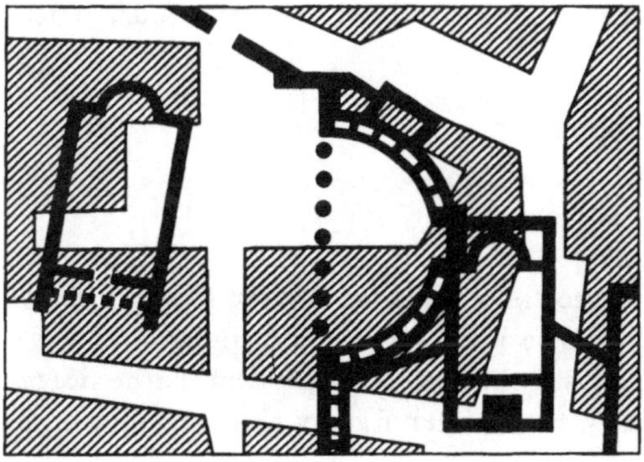

Abb. 116 Zweistufiger Ortsgrundriß. 1:2000. Bauten der Römerzeit kräftig schwarz. Heutiger Stadtplan fein schraffiert

Beispiele solcher Art sind kunsthistorische Pläne von Klöstern, Kirchen, Burgen oder ganzen Siedlungen mit Eintragung verschiedener Entwicklungsphasen. Verzichtet man hierbei auf entbehrliche Elemente, so lassen sich mehrere farbig gut differenzierte Grundrisse in einem einzigen Planbild vereinigen. Einfarbige Darstellung ist nur für einfachste Gliederungen und meist mit Beschränkung auf zwei Zeitstufen möglich *(Abb. 116)*.

Allgemein bekannte Beispiele sind auch die Darstellungen von Tunnels und unterirdischen Wasserstollen in den topographischen Karten.

26.5. Beigabe von Transparentblättern mit zusätzlichem Inhalt

Gelegentlich wird empfohlen, das Bild eines zweiten, dritten usw. Höhen- oder Altersgefüges separat auf zusätzliche Transparentfolien zu zeichnen oder zu drucken und diese Folien auf die Basiskarte zu legen. In manchen Fällen mag sich dieses Verfahren bewähren, doch ist die technische Herstellung solcher Zusatzblätter weder einfacher noch wohlfeiler als diejenige von Kartenreihen. Nachteilig ist aber besonders ihre leichte Verletzbarkeit. Ihre Einordnung in ein Kartenwerk ist auch buchbinderisch recht fragwürdig.

26.6. Durchscheinender Rückseitenaufdruck

Irgend ein Zusatzelement, z. B. das Bild einer früheren Entwicklungsstufe, kann in kräftiger Farbe lageentsprechend, aber spiegelverkehrt, auf die Rückseite einer Karte gedruckt werden. Bei normaler Kartenbetrachtung wird dieses Zusatzelement nicht wahrgenommen, wohl aber bei durchscheinendem Licht. Beispiele sind topographische Regionalkärtchen mit rückseitigem Aufdruck eiszeitlicher Moränen.

Auch dieses Vorgehen bewährt sich selten. Recht oft aber werden neuerdings *Leuchtgloben* der Erde hergestellt mit politischer Kartenzeichnung für normale Betrachtung und mit physischen Karten bei Einschaltung einer zentralen Lichtquelle (oder umgekehrt).

26.7. Stereokarten

Stereoskopische Betrachtung von zwei entsprechend gestalteten Bildern (Photos, Zeichnungen) läßt den dargestellten Raum dreidimensional sehen, nicht anders als es bei doppeläugiger (binokularer) Betrachtung irgend eines vor uns auf dem Tische liegenden Modelles der Fall ist. Wir setzen das Wesen solcher Raumwahrnehmung als bekannt voraus.

Der Stereoeffekt wird schon längst in den Dienst der topographischen Kartenaufnahme gestellt, er dient aber gelegentlich auch als Hilfe für das Gestalten und Lesen der Karten. Hierzu ein einfaches *Beispiel in Abb. 117.*

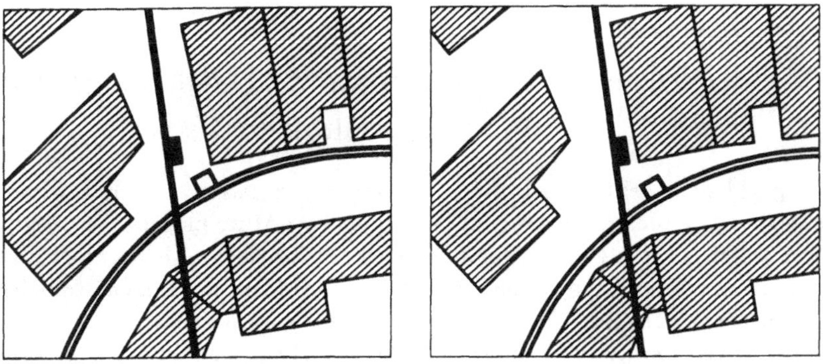

Abb. 117 Zwei Stereoplanbilder. Bei zweiäugiger (stereoskopischer) Betrachtung erscheinen die eingetragenen U-Bahnlinien in zwei verschiedenen Etagen tief unter der Planoberfläche

Zwei völlig identische Ausschnitte (Format: 4,5 cm hoch; 5,0 cm breit) aus einem Stadtplan 1:2000 werden gleich orientiert nebeneinander gestellt (waagerechter Abstand der beiden Bildzentren = 5,5 cm).

Im Plänchen links eine gerade Untergrund-Bahnlinie mit Haltestelle. Die gleiche Linie ist im Plänchen rechts um 2 mm nach rechts verschoben. Im Plänchen links eine zweite, jedoch gekrümmte Untergrund-Bahnlinie (feine Doppellinie), ebenfalls mit Haltestelle. Auch diese Linie erscheint genau gleich im Plänchen rechts, jedoch um 4 mm nach rechts verschoben.

Zweiäugige Betrachtung der nebeneinandergestellten Bilder, mit oder ohne Stereoskop, vermittelt einen räumlichen Eindruck. Die erste U-Bahnlinie erscheint tief unter der Planoberfläche, die zweite ebenfalls, jedoch in etwa doppelter Tiefe.

Dieses Beispiel möge zeigen, wie mehrschichtige räumliche Erscheinungen im dreidimensionalen Raum dargestellt werden können. Anwendbar ist das Verfahren aber nur für kleine Bildformate und einfachste thematische Inhalte.

Es handelte sich oben um eine in vielen Fällen ausreichende Näherungskonstruktion. Ein korrektes Konstruieren solcher Stereobilder (zentrale Perspektiven von zwei verschiedenen Augpunkten aus gesehen) hätte mit äußerster Genauigkeit zu erfolgen, sie wäre recht schwierig und zeitraubend. In manchen Fällen hilft man sich besser mit einem entsprechenden *Raummodell*, z. B. mit einem räumlich aufgebauten Drahtmodell, und *photographiert* dieses von zwei geeignet gewählten »Augpunkten« aus. Bei stereoskopischer Betrachtung solcher Photos oder der nach ihnen hergestellten zeichnerisch-linearen Kopien erscheint die Darstellung dreidimensional.

Zwei einander entsprechende Stereobilder, das eine (alle Bildelemente) grün, das andere (alle Bildelemente) rot, lassen sich mit identischem Zentrum und gleicher Orientierung aufeinander drucken. Solche sog. *»Anaglyphenbilder«* ergeben bei Betrachtung mit einer Rot-Grün-Brille ebenfalls den gewünschten Raumeindruck. Thematische Karten solcher und ähnlicher Art finden sich jedoch selten; denn Herstellung und Betrachtung sind kompliziert, und zudem ist auch dieses Verfahren nur anwendbar für kleine Bildformate.

26.8. Zeitfolgen in Diagrammkarten (Diakartogrammen) und in Kontinuumsdarstellungen

Gute Möglichkeiten zeitlich gestaffelter Darstellungen bieten sich in gewissen *Diagrammkarten,* doch bleiben sie auf einfache Zahlenwert-Mitteilungen beschränkt.
Kombinierte Halbkreisscheiben, resp. Viertelkreis-Scheiben, Mehrsektoren-Scheiben und auch die Zeit-Wert-Diagramme geben Werte oder Mengen für mehrere Zeitpunkte oder Zeitperioden. Hierbei dürfen aber die statistisch-zeichnerischen Möglichkeiten nicht überfordert werden und es ist für jeden vorliegenden Fall die bestgeeignete Diagrammform zu finden.

Kapitel 27
Kombinationen verschiedener Gefüge

Manche thematische Karte bezieht sich nur auf einen einzigen, einem aus der geographischen Umwelt herausgelösten Gegenstand. Oft wird hierbei auch ihr topographisches Basisbild auf das Allernotwendigste beschränkt. Solche Beschränkung und Vereinfachung findet sich besonders in *einfarbig* (schwarz) gedruckten Strichzeichnungen (Strichklischee-Abbildungen) in Büchern und Zeitschriften. Die Technik ihrer Vervielfältigung (z. B. einfarbiger Buchdruck) erlaubt dann meist keine komplexeren Bildgestaltungen.
Aber auch in mehrfarbigen Karten beschränkt man sich, ihrem Zweck entsprechend, oft auf ein einziges thematisches Element, eingebettet in ein einfaches topographisches Basisgefüge.
Beispiele solcher Art sind viele geophysikalische, inklusive meteorologische Karten, ferner statistische Karten (Kartogramme) und solche der Verbreitung von Vorkommnissen aller Art, z. B. von Pflanzen, Tieren, Bodenschätzen, von Völkern, Sprachen, Religionen. Soll z. B. in einer kleinen Europa-Übersichtskarte das Total der Eisenproduktion jedes einzelnen Staates je durch ein Mengendiagramm dargestellt werden, so wäre es verwirrend, jedes Staatsareal durch innere topographische Einzelheiten aufzufüllen.
Oft aber gelangen in ein- und derselben Karte verschiedene inhaltliche Elemente und Gefüge gemeinsam zur Darstellung. Sie können sich dann sinnvoll ergänzen oder aber unangenehm bedrängen oder gar gegenseitig vernichten. Durch solches Zusammenfügen will man Korrelationen zeigen, und man will mit möglichst wenigen Karten möglichst

viel bieten. Hieraus ergeben sich die vielfältigsten Probleme thematischer und graphischer Koordinierung.

Vorkommen, Gestaltung, Bedeutung und Wesen vieler Erscheinungen auf der Erdoberfläche ergeben und erklären sich aus ihrem *Zusammenspiel.* Dies lehrte die geographische Wissenschaft seit jeher; heute aber wird solcher Betrachtungsweise, dem Studium der Korrelationen, erhöhte Aufmerksamkeit geschenkt. Schilderungen solcher Dinge durch das gesprochene oder geschriebene Wort stoßen auf beträchtliche Schwierigkeiten, weil hierbei stets nur ein Wort an das andere gereiht, ein Gedanke nach dem andern vermittelt werden kann. Da hat es der kartographisch-bildliche Ausdruck leichter. Bei guter Lösung und weiser Beschränkung kann die Karte *gleichzeitig* – »auf *einen* Blick« – sowohl einzelne Elemente, als auch ihr Zusammenspiel zeigen, dies freilich nur innerhalb gewisser räumlicher und inhaltlicher Beschränkungen. Karten, die die gegenseitigen Beziehungen und Bedingtheiten verschiedener Dinge zum Ausdruck bringen, entsprechen daher heutiger geographischer Betrachtungweise. Daraus ergibt sich der Wunsch nach Karten, die verschiedene thematische Elemente und Gefüge in ihren Verflechtungen zeigen. Meist sind solche kombinierten Gefüge in ein einfach oder reich gegliedertes topographisches Basis-Kartenbild eingebettet.

In allen diesen Fällen sind zu beachten:

a) Begriffliches Zusammenspiel der thematischen Inhalte.
b) Zusammenspiel thematischer Inhalte mit den topographischen Basiselementen.
c) Graphisches Zusammenspiel.
d) Technisches Zusammenspiel.

27.1. Begriffliches Zusammenspiel der thematischen Inhalte

In einer thematischen Karte soll nur kombiniert werden, was begrifflich oder kausal miteinander in Beziehung steht. Damit werden geographische Betrachtungen, Beurteilungen, Deutungen der Dinge und das Erkennen der Zusammenhänge erleichtert. Man soll nicht aus Ersparnisgründen beispielsweise in eine Karte der Schweiz die Uhrenindustrie und die Tessiner Doppelkultur und die Viehmärkte und gar noch die Wasserkraftanlagen eintragen, nur weil sich diese Dinge räumlich nicht im Wege stehen. Jegliches Verständnis für die Zusammenhänge würde durch solche begriffliche Unordnung erschwert.

»Die Arbeitsweise der Wirtschaftsgeographie orientiert sich an den Fragen: Was gehört räumlich zusammen, wie wirkt es zusammen und auf welchen Wegen spielt sich der Kontakt innen und nach außen ab? Diese Gedanken sind auch für die kartographische Ausgestaltung der Facharbeit nötig« (E. Otremba, 1961). Was hier bezüglich der Wirtschaftsgeographie gesagt ist, gilt auch für andere Themengruppen.

Sinnvoll wären in thematischen Karten beispielsweise ein Kombinieren folgender Elemente:

Relief, Gletscher- und Firnflächen, Einzugsgebiete und Wasserführung der Flüsse, Wasserkraftanlagen und Verteilungsnetze der elektrischen Energie.

Oder: Relief, Bodennutzung mit Abstufungen offenen Ackerlandes und des Wieslandes in Verbindung mit Isolinien der entscheidenden Niederschlagsmengen.

Oder: Bauernhaustypen in Verbindung mit der bäuerlichen Bodennutzung.
Oder: Wirtschaftsgeographische Karten folgenden Inhaltes:
Bodennutzung, Industriestandorte, Markt- und Handelsorte und wichtigste Verkehrsstränge.
Oder: Sprachen-Verbreitungskarten mit abgestuften Mosaikflächen für die regional vorherrschenden Sprachen, kombiniert mit Diagrammen, gegliedert nach den Anteilen der Muttersprachen. Dies alles eventuell kombiniert mit der Darstellung der Bevölkerungsverteilung und mit politischen Grenzen.
Nicht immer empfiehlt es sich, mehrere sachlich zusammengehörige thematische Elemente in einer einzigen Karte zu vereinigen. Reihen von Karten verschiedenen, aber korrelativen Inhaltes sind ihrer Übersichtlichkeit und Vergleichbarkeit wegen sehr geschätzt. Sie leisten als Ergänzungen zu den kombinierten Karten vorzügliche Dienste. Solche Aufteilung, beispielsweise aus dem Gebiete der Forstwirtschaft, zeigt eine Reihe von Karten der folgenden Inhalte:

1 Waldflächen pro Einwohner, bezogen auf die Regierungsbezirke, Kantone, Departemente, Provinzen usw.
2 Waldflächen nach Eigentumsgruppen (Private, Korporationen, Gemeinden, Staat usw.), bei gleichem Arealbezug.
3 Prozentualer Anteil der Nadelhölzer und der Laubhölzer am Total des Waldes, ebenfalls bezogen auf die oben genannten Areale.
4 Mittlerer jährlicher Holzertrag, aufgeteilt auf die verschiedenen Hauptverbrauchsgruppen, wiederum gegliedert nach den obigen Arealen.

Es wäre äußerst schwierig, zwei oder mehr dieser Themen in einer einzigen Karte vereinigen zu wollen.
Für jeden Karten- und Atlasbearbeiter stellt sich stets die Frage:
Sollen die darzustellenden Dinge in einer einzigen Karte vereinigt werden oder sind mehrere Karten vorzusehen? Die Entscheidung hängt ab von den Themen, vom wissenschaftlichen und auch vom didaktischen Zweck der Karten, ferner von den reprotechnischen und ökonomischen Möglichkeiten.
In engster Verbindung mit Fragen begrifflicher Kombination stehen solche *begrifflicher Wertungen*. Was ist übergeordnet und entsprechend graphisch hervorzuheben? Was ist untergeordnet und daher graphisch zurückzudrängen? Was ist verwandt, was ist ähnlich, was ist gegensätzlich usw.?
Solche Primärüberlegungen und die daraus abgeleiteten graphischen Folgerungen tragen außerordentlich viel bei zur Lesbarkeit, zur Verständlichkeit, zum didaktischen Wert einer Karte oder einer Kartengruppe.

27.2. Zusammenspiel thematischer Inhalte mit den topographischen Basiselementen

Schwierige Probleme stellen sich oft, wenn die Inhalte gewisser thematischer Karten in dichte, inhaltsreiche topographische (oder allgemein geographische) Geländebilder einzufügen sind. In den meisten Fällen empfiehlt es sich, das topographische Basisgefüge *einfarbig, neutral, grau* zu drucken und die bunten Farben den thematischen Elementen zuzuweisen.

Hierzu einige Beispiele:

1 Vegetationskarten von Hochgebirgen etwa in den Maßstäben 1:200 000 bis 1:1 000 000. Das thematische Farbflächenmosaik ist hierbei vielenorts in schmale Höhenstufen gegliedert. Wünschenswert wäre zweifellos die Beigabe gut lesbarer Höhenlinien. Beide Elemente aber, die Begrenzungslinien der Vegetationsstufen und die Höhenlinien, fallen auf weite Strecken zusammen oder laufen annähernd parallel, was bei ihrer Koordinierung zu unheilvoller graphischer Verwirrung führt. Hier hilft nur sorgfältige Differenzierung der Strichstärken und Strichfarben oder aber eine Beschränkung der Höhenlinienschar auf Leitlinien großer Äquidistanz.

2 Eine großmaschige bunte Mosaikkarte, etwa eine politische Karte der Schweiz 1:2 000 000 oder eine solche von Deutschland 1:4 000 000 mit Flächenfarbtönen der einzelnen Kantone, resp. Bundesländer. Solche Karten ertragen ohne Einbuße an graphischer Klarheit die Zugabe grauer Relief-Schummertöne. Die Farbtöne der Kantons- resp. Länderflächen sind, trotz der ihnen unterlegten fein gegliederten Grautonmodellierung, leicht erkennbar.

3 Hierzu ein Gegenbeispiel: Ein sehr fein und farbig reich gegliedertes Mosaik einer geologischen Karte eines alpinen Gebietes in einer Karte kleinen Maßstabes. Zusätzliche graue Relief-Schattentöne wären hier besonders erwünscht. Solche aber trüben und verändern die fein abgestimmten, bunten Töne des geologischen Mosaiks. Was tun? Entweder verzichte man auf die grauen Schattentöne oder man gebe ihnen ein leichtes, neutrales Grau, das die kräftigen bunten Töne des geologischen Mosaiks nicht in schädlicher Weise entstellt.

4 Ein weiteres Beispiel: Ein Stadt-Orientierungsplan großen Maßstabes, etwa 1:2000 bis 1:10 000. Hier ist oft das Eintragen möglichst vieler Straßennamen notwendig. Dunkelfarbig gedruckte Konturen der Gebäudeblöcke aber beengen die Gassen und damit die diesen eingefügten Namen. Sie erschweren deren Lesbarkeit. Man verzichtet daher oft auf eine lineare Konturierung der Gebäudeblöcke und stellt diese nur durch mittelstarke Flächenvolltöne dar.

Solche Beispiele zeigen, daß – angepaßt an den Hauptinhalt – oft das eine oder andere sekundäre Element geschwächt oder gelöscht werden muß.

Wir kommen im Kapitel 29 auf solche Fragen zurück.

27.3. Graphisches Zusammenspiel

Bezüglich des graphischen Zusammenspiels der Elemente und Gefüge mögen folgende Erfahrungen wegleitend sein:

1 Gegensätzliche, artverschiedene graphische Elemente und Gefüge vertragen sich bei Überlagerung relativ gut. Ähnliche, artgleiche graphische Elemente oder Gefüge vertragen sich bei Überlagerung schlecht, sie stören oder zerstören sich gegenseitig.

So lassen sich z. B. lokale Signaturen oder offene Liniennetze leicht mit Flächentönen kombinieren.

Ein farbig getönter Papiergrund beeinträchtigt eine Strichzeichnung in der Regel nicht. Verwirrung aber entsteht, wenn Farbflächen auf Farbflächen, Schraffuren auf Schraffuren und Liniengefüge auf Liniengefüge gelegt werden. Ist solches nicht zu vermeiden, so unterscheide man die beiden Gefüge möglichst durch Netzdichte, Strichstärke, Strichart und Strichfarbe. In manchen Fällen werden – wie wir gesehen haben – lineare Konturen von Farbflächen besser weggelassen, um andere lineare Gefüge, die Signaturen und die Beschriftung lesbar zu erhalten. In andern Fällen wiederum verzichtet man auf Farb- oder Rasterfüllungen von Flächenstükken und begnügt sich mit ihren linearen oder bandartigen Umsäumungen.

2 Objekt- und Liniensignaturen sollen da, wo sie sich bedrängen oder kreuzen, graphisch voneinander abgehoben werden. Man ziehe nicht verschiedene Linien und Liniensysteme kreuz und quer durcheinander. Solch sinnloses Spiel überlasse man den schlauen Erfindern von Bilderrätseln. Das Auge des Kartenlesers ergänzt unwillkürlich die minimen Lücken »untertauchender« Linien oder die durch »Stellvertretung« ersetzten Linienstücke.

Beispiele hierzu finden sich u. a. in den *Abb. 11–14* des Kapitels 6. Sie zeigen schlechtes, resp. gutes Zusammenspiel.

27.4. Technisches Zusammenspiel

Auch das zeichnungs- und reproduktionstechnische Vorgehen, der organisatorische Weg der Kartenherstellung, die Reihenfolge der Teilarbeiten, auch diejenige der Druckvorgänge, sind für das Zusammenspiel der inhaltlich-graphischen Elemente und Gefüge von nicht geringer Bedeutung. Folgen beispielsweise politische Grenzen streckenweise den Flußläufen, so wird man zuerst das Gewässernetz zeichnen und erst hierauf die Grenzen der politischen Areale. Ein Vorgehen in umgekehrter Reihenfolge würde leicht zu einer Menge kleiner Unstimmigkeiten führen.
Im übrigen sei hierzu auf folgende Kapitel besonders hingewiesen:
Kapitel 6: Zeichnerische Elemente und ihre Effekte.
Kapitel 7: Die Farben und ihre Effekte.
Kapitel 29: Inhalt und Form der Basiskarten.
Kapitel 30: Generalisieren und Koordinieren.
Kapitel 34: Einiges über Zeichnungs- und Reproduktionstechnik.

Beispiele kombinierter Gefüge finden sich in den meisten National- und Schulatlanten. Einfache Kombinationen sind topographisches Basisbild mit Kontinuumsgefügen oder mit Dichtekarten, Diagrammkarten usw. Recht vielgestaltige Kombinationen finden sich oft in wirtschaftsgeographischen Karten. Eine solche Karte von Ostasien 1:20 000 000 in E. Imhof, Schweizerischer Sekundarschulatlas (Zürich 1967) enthält ein topographisches Basisbild (Gradnetz, Gewässernetz, politische Grenzen, Ortssignaturen, Verkehrslinien, all dies dunkelbraungrau; überdies graue Relieftöne) und, damit kombiniert, leichte Flächenfarbtöne der Bodennutzung (Weide, Ackerbau usw.); zusätzliche offene starkfarbige Schraffuren und Signaturen zur Bezeichnung besonderer

Produkte (Reis, Weizen, Soja, Tee usw.); weitere Signaturen – schwarz und bunt – für Bodenschätze (Steinkohle, Eisen usw.); ferner wichtigste Industrieorte mit mehrfarbig gestalteten Ortsdiagrammen; dazu dann noch die Beschriftung (schwarz). Solche Vielheit verschiedenartiger Eintragungen findet sich hier ohne wesentliche gegenseitige Störungen graphisch kombiniert, wobei freilich das Relief stark zurücktreten muß.

Fünfter Teil
Weitere Inhalts- und Gestaltungsfragen

Kapitel 28
Über die Wahl der Netze thematischer Karten

Die Abbildung der Meridiane und Parallelkreise im ebenen Kartenbild wird allgemein als »Kartenprojektion« bezeichnet, auch da, wo es sich nicht um eine Projektion im strengen Sinne des Mathematikers handelt.
Ausreichende Kenntnisse der gebräuchlichsten Projektionen und ihrer Eigenschaften, ihrer Verzerrungen usw. sind für jeden Hersteller und Benützer von Karten von großem Nutzen. Für kein Gebiet der Kartographie stehen so viele und gute Lehrbücher zur Verfügung, wie für die Kartenprojektionen. Zum Teil sind es einfache, elementare Darstellungen, ohne Ansprüche an höhere mathematische Kenntnisse, zum Teil aber mathematische Betrachtungen. Eine Schilderung auch nur der wichtigsten Systeme würde den Rahmen des hier vorliegenden Buches weit überschreiten. Eine Einführung in dieses interessante Gebiet der Erd- und Landkartengeometrie ist dem Werk über die *Topographische Kartographie* der Bücherreihe über »Allgemeine Geographie« vorbehalten; denn die Fragen der Projektionen stellen sich bereits bei der Errichtung der topographischen Karten. Neuerdings hat auch GEORG JENSCH in seinem Buche »Die Erde und ihre Darstellung im Kartenbild« 1970, den Stoff eingehend behandelt.
Wir setzen im folgenden ausreichende Kenntnisse der verschiedenen Systeme und ihrer geometrischen Eigenschaften voraus und beschränken uns auf Hinweise über die *Eignung* dieses oder jenes Systems für diese oder jene Kartengattung. Zuvor aber seien einige grundlegende Begriffe und Feststellungen rekapituliert.
Es gibt theoretisch eine unbeschränkte Anzahl von Projektionen. Man unterscheidet *flächentreue* Netze, *winkeltreue* Netze und *vermittelnde* Netze. Die Letztgenannten sind weder flächentreu noch winkeltreu, suchen aber beiden Eigenschaften möglichst nahe zu kommen. Es gibt ferner Netze, in welchen eine beschränkte Auswahl von Linien längentreu zur Darstellung gelangt. Ein Beispiel dieser Art ist die »mitabstandstreue« Projektion. Längentreue für alle beliebigen Strecken ist in keiner Verebnung der Kugeloberfläche möglich. Die Erdoberfläche in der Meereshöhe Null Meter besitzt freilich nicht genau Kugelform, sie entspricht angenähert einem flach aus- und eingebuckelten Rotationsellipsoid, dem sog. *»Geoid«*. Für unsere Betrachtungen aber genügt es, sie als Kugelfläche anzunehmen.

Man unterscheidet *Azimutalprojektionen* (Abbildungen der Kugeloberfläche auf eine Berührungsebene), echte und unechte *Kegelprojektionen* und *Zylinderprojektionen.* In allen Fällen wiederum fällt die sog. Projektionsachse entweder mit der Erdachse zusammen (erdachsig oder normal) oder sie führt senkrecht zu ihr durch den Erdmittelpunkt (querachsig) oder aber sie stößt schräg zur Achse durch den Erdmittelpunkt (schrägachsig). Viele amtliche topographische Kartenwerke großer Länder besitzen sog. Polyederprojektionen (mehr oder weniger zusammenfügbare Teilgebietsnetze).
Vor der Herstellung jeder Karte ist zu prüfen, welche Projektion sich am besten eigne. Für die Beurteilung kommen drei Gruppen von Gesichtspunkten in Frage:

1 Mathematische Gesichtspunkte
2 Geographische Eignung
3 Praktische Gesichtspunkte.

Wir betrachten sie im folgenden getrennt.

28.1. Mathematische Gesichtspunkte

Hier wird nach den maximalen, den mittleren und den Gesamtverzerrungen gefragt. Fordert man von einer Karte grundsätzlich Flächentreue, so wird untersucht, welches Netz solcher Art für das betreffende Kartengebiet die größte lokale Winkelverzerrung aufweist. Eine solche Untersuchung erlaubt aber nicht immer auch ein Urteil über die Gesamtheit der Winkelverzerrungen der Karte. Man fragt daher auch nach der größten durchschnittlichen Winkelverzerrung. Solchen Ermittlungen dienen die *Verzerrungsellipsen* (»Indicatrix«, englisch: ellipse of distortion) und die *»Äquideformaten«*, d. h. die Linien gleicher Verzerrung (Verzerrungslinien, englisch: distortion isopleths).
Für winkeltreue Projektionen ist festzustellen, welches System die größten absoluten und größten durchschnittlichen Flächen- und eventuell Längenverzerrungen aufweist, und es ist zu untersuchen, wo (in welchen Kartengebieten) sich diese Extremwerte befinden.
Die Ergebnisse solcher Untersuchungen sind abhängig unter anderem von der Lage, der Ausdehnung und Form des Kartengebietes. Eine Projektionsart, die für ein kleines Gebiet minimale mittlere Verzerrungen aufweist, besitzt diese Tugend nicht auch für ein großes Gebiet. Im allgemeinen eignen sich für kreisähnliche oder quadratähnliche Gebiete die Azimutalprojektionen, z. B. LAMBERTS flächentreue Azimutalprojektion. Für Gebiete mit großer West-Ost-Ausdehnung kommen Kegelprojektionen (mit Berührungsparallelkreis ungefähr durch die Mittelachse des langgestreckten Kartengebietes) in Frage. Für Gebiete aber mit großer Nord-Süd-Ausdehnung eignen sich querachsige Zylinderprojektionen. Solche Einsichten ergeben sich leicht auch aus der Anschauung am Globus, indem man ihm Berührungsebenen, resp. Kegelflächen, resp. Zylinderflächen anschmiegt. Erweisen sich zwei verschiedene Systeme bezüglich Verzerrungen als gleichwertig, so wähle man das leichter zu berechnende, resp. zu konstruierende.

28.2. Geographische Eignung

Für viele geographische Betrachtungen ist Flächentreue erwünschter als Winkeltreue. Man denke an politische Territorialkarten, an Streuungskarten, Dichtekarten, an arealstatistische Karten jeder Art. Verzerrte Arealdimensionen würden Streuungs- und Dichtezustände verfälschen. Die Winkeltreue liefert geometrische Ähnlichkeit kleinster Figuren. Für geographische Betrachtungen aber ist oft eine gewisse Ähnlichkeit in den großen Zügen vorzuziehen. Für die geographische Beurteilung sind auseinander zu halten:

a) Karten für kleine Gebiete (kleine und mittelgroße Länder).
b) Karten für größere Teile der Erdoberfläche (Kontinente, Meere).
c) Karten der ganzen Erdoberfläche.

28.2.1. Projektionen für kleine und mittelgroße Länder

Je kleiner das darzustellende Gebiet, desto kleiner die Verzerrungen. Dies gilt für alle Projektionssysteme. Entsprechend verringern sich auch ihre Unterschiede. Für Karten kleiner Maßstäbe von Gebieten in der Größe der Schweiz oder von Belgien sind die Unterschiede so gering, daß die Projektionswahl für die meisten geographischen Zwecke belanglos ist. Mit wachsendem Maßstab aber kommt der Wahl der Projektionsart zunehmende Bedeutung zu. Für topographische Staatskartenwerke größeren Maßstabes, für Kartenwerke somit, die sich aus vielen Einzelblättern zusammen setzen, sind mathematische Untersuchungen der Winkel-, Flächen- und Streckenverzerrungen für die Projektionswahl maßgebend. Berühmt ist die Gauss-Krüger-Meridianstreifenprojektion, eine querachsige, winkeltreue Zylinderprojektion, das Netz der amtlichen deutschen Kartenwerke. Die Schweiz hingegen kommt mit einer Einblattprojektion aus. Ihre neuen staatlichen »Landeskarten« besitzen eine schiefachsige, winkeltreue Zylinderprojektion. Die Flächen- und Streckenverzerrungen von Netzen solch kleiner Gebiete sind so gering, daß sie für den Kartenbenützer kaum erkennbar sind.

28.2.2. Projektionen für Gesamtkarten großer Länder, ganzer Kontinente und Ozeane

Oft gelangt hier die flächentreue Azimutalprojektion von Lambert zur Anwendung. Früher wählte man nicht selten die sog. Projektion von Bonne, eine normale, unechte flächentreue Kegelprojektion; denn sie ist einfach zu konstruieren. Ihre Verzerrungen sind aber bei großer Gebietsausdehnung größer, als diejenigen der flächentreuen Azimutalprojektion von Lambert. – Wird Winkeltreue verlangt, so kommt oft die stereographische Azimutalprojektion in Frage. Für Gebiete mit großer Nord-Süd-Erstrekkung und relativ kleiner West-Ost-Ausdehnung erweisen sich – wie oben gesagt – querachsige (transversale) oder schrägachsige Zylinderprojektionen als günstig. Will man Nord- und Südamerika gemeinsam auf einem einzigen ebenen Kartenblatt abbilden, so wähle man als Berührungskreis von Kugel und Zylinder einen Kugelgroßkreis, der schräg etwa durch Nord-Alaska-Jamaica-Maracaibo-Buenos Aires läuft.

28.2.3. Projektionen für Karten der gesamten Erdoberfläche

Unter den flächentreuen Entwürfen der ganzen Kugeloberfläche in einem einzigen geschlossenen Bilde ist nicht diejenige mit den geringsten Winkelverzerrungen am brauchbarsten. Die Karte soll uns gleichsam den Globus ersetzen, soll uns an den Globus erinnern. Charakteristisch am Globus sind vor allem die Parallelität der Parallelkreise, das Zusammentreffen aller Meridiane in den Polen, der stetige Verlauf aller Netzlinien, der gerundete Umriß des Ganzen. Folgende Netze sind nicht beliebt, weil sie diesen Eigenschaften grob widersprechen: normale, flächentreue Zylinderprojektion (Rechteckbild), normale, winkeltreue Zylinderprojektion (»Merkatorkarte«, ebenfalls rechteckiges Bild), normale quadratische Zylinderprojektion (»Plattkarte«), normale flächentreue, abweitungstreue Projektion von Sanson (mit zugespitzten Polen), herzförmige und trapezförmige Erdbilder, Kreis-Scheibe für die ganze Erde und andere Seltsamkeiten. Auch die Netze von Max Eckert mit geraden Pollinien vermochten sich nicht durchzusetzen.

Wohl die brauchbarsten und beliebtesten Netze für geschlossene Karten der ganzen Kugeloberfläche sind, trotz beträchtlicher durchschnittlicher Winkel-Verzerrungen, diejenigen von Mollweide und von Hammer. Beide sind flächentreu.

Die *Mollweideprojektion* ist ein normales, flächentreues, unecht zylindrisches Netz mit elliptischen Meridianen und normaler Achsenstellung. Sie zeichnet sich überdies aus durch ihren elliptischen Umriß und durch den geradlinigen und parallelen Verlauf der Parallelkreise. Letzteres ist geographisch sehr erwünscht, weil damit beste Übersicht über die verschiedenen Breitenlagen geboten wird. Die zentral gelegene Halbkugelfläche erscheint als Kreis-Scheibe.

Auch die Projektion von Hammer wirkt vorzüglich. Sie wurde entwickelt aus der flächentreuen, querachsigen Azimutalprojektion. Alle Meridiane und Parallelkreise sind hierbei elliptisch gekrümmt und der Gesamtumriß ist ebenfalls eine Ellipse. Auch hier erscheint das mittlere Halbkugelbild als Kreis-Scheibe. Ein Hauptvorzug ist, wie bei der Mollweideprojektion, die Flächentreue.

Wie manch anderes Erdkartennetz, so kann auch dasjenige von Hammer umgeformt werden, indem man als Achse des Berührungszylinders nicht die Erdachse, sondern eine geeignete schräge Gerade durch den Erdmittelpunkt wählt. Damit wird das jeweilige Hauptinteressengebiet der Karte, z. B. der Raum Deutschland, in die Kartenmitte gerückt, so daß die Verzerrungen hier äußerst klein sind. In solchen Netzen liegt der eine Pol nicht an der Peripherie der Umrissellipse, sondern im Karteninnern auf dem Mittelmeridian. Das Gebiet des Gegenpoles aber erscheint entzweigeschnitten und liegt je zur Hälfte an der linksseitigen und rechtseitigen Umrißellipse. Diese Umrißellipse ist der Gegenmeridian des (geradlinig-vertikalen) Mittelmeridians der Karte. Einige Meridiane und Parallelkreise werden zu Wendekurven. Dieses Netz ist unter dem Namen seines Schöpfers William Briesemeister bekannt geworden und hat für manche thematische Weltkarte Verwendung gefunden.

Karlheinz Wagner entwickelte aus dem Netz von Hammer durch Umbezifferung eine Erdkarte mit geringeren randlichen Winkel-Verzerrungen, erkaufte diesen Vorzug aber durch Streckung der Polpunkte zu elliptisch eingebogenen *Pollinien*. Überall da, wo die polnahen Gebiete kein Interesse beanspruchen, erweist sich dieses Netz als recht glücklich.

Gute Weltkartennetze sind auch diejenigen, die unter den Namen ihrer Schöpfer, Aitoff, Barany, Behrmann, Van den Grinten, Winkel und anderen bekannt geworden sind.

Eines der wichtigsten, aber umstrittensten Netze zur Abbildung sowohl der gesamten Erdoberfläche, als auch einzelner Teile ist dasjenige der *»Merkatorkarte«*, einer normalen, *winkeltreuen* Zylinderprojektion. Ihre *Vorzüge:* Die Parallelkreise sind gerade Linien parallel zum Äquator. Damit zeigt dieses Netz die Breitenzonen sehr übersichtlich. Es gelangt daher in klimatologischen Erdkarten, in Karten der Wind- und der Meeresströmungen und andern geophysikalischen Übersichten oft zur Anwendung. Die Meridiane sind parallele Senkrechte auf die Parallelkreise, und die Karte kann nach Westen und Osten über 360° hinaus beliebig fortgesetzt werden. Dies erleichtert Betrachtungen über Zeitzonen und anderes. Das Rechteckgitter gestattet eine rasche Übersicht über Längen- und Breitenlagen. Die *Loxodrome,* eine Linie, die jeden Meridian unter ein- und demselben Winkel schneidet, wird zur Geraden, und ihr Richtungswinkel erscheint unverzerrt. Dies machte die Merkatorprojektion zum allgemein verwendeten Netz für die Navigation.

Solchen Vorzügen stehen aber für den allgemeinen geographischen Gebrauch, besonders auch für den Schulgebrauch, schwere Nachteile gegenüber. Die Flächen, wie auch die Längen der Meridiane und Parallelkreise sind mit wachsendem Abstand vom Äquator mehr und mehr verfälscht, vergrößert. Die Pole sind nicht darstellbar; denn sie würden im Unendlichen liegen. Der äußere Rahmen eines Erdkartennetzes dieser Art ist ein Rechteck. Grönland, in Wirklichkeit kleiner als Arabien, erscheint darin etwa so groß wie Afrika. Für politisch-territoriale Karten, für statistische Karten aller Art, für Dichte- und Verbreitungskarten, für weltumspannende Verkehrsnetze usw. ist daher die Merkatorkarte unbrauchbar. Sie gibt nur in Äquatornähe einigermaßen getreue Bilder der Wirklichkeit.

Für viele Zwecke sehr geeignet ist die *Planiglobenkarte.* Sie zeigt in der Form von zwei nebeneinander liegenden Kreisscheiben die beiden Erdhälften, resp. Mondhälften, wobei die Schnittlinie in der Regel ein beliebiger Meridian-Großkreis ist. Durch geeignete Wahl der Schnittlinie ergeben sich für die Erde Karten der West- und Osthalbkugel. Oder aber man halbiert die Kugeloberfläche so, daß sich auf der einen Hälfte die größten Landmassen, auf der andern die größten Wassermassen befinden. Infolge solcher und anderer Teilungen der Erde, infolge der Scheidung in Vorderansicht und Rückansicht entsprechen solche Bilder besser der Vorstellung vom Erdglobus, und die Verzerrungen sind viel geringer, als in den geschlossenen Bildern der ganzen Erdoberfläche. Im einzelnen gelangen auch hier die verschiedensten Systeme zur Anwendung. Am günstigsten und beliebtesten sind wohl die flächentreue, transversale Azimutalprojektion von Lambert und die Mollweide-Projektion. Für gewisse Übersichtszwecke, z. B. zur Darstellung der Erde oder des Mondes im Weltall, wird meist die orthographische Projektion verwendet. Dies ist eine parallelperspektive Abbildung der Erdkugel, resp. des Mondes. Sie zeigt diese Himmelskörper annähernd so, wie sie aus sehr großer Entfernung erscheinen. Solche Bilder wirken daher anschaulich-natürlich. Berühmtestes Beispiel ist die um 1515 entstandene Erdkarte von Albrecht Dürer (Stabius-Weltkarte, östliche Hälfte, in der Sammlung der Albertina zu Wien).

Die aufgeschnittenen Netze (englisch: interrupted map projections): Es ist leicht einzusehen, daß sich geringere Netzverzerrungen ergeben, wenn man gleichsam die Kugelhülle längs geeigneter Linien, z. B. längs Stücken von Meridianen von den Polen gegen den Äquator hin, aufschlitzt. Aufgeschlitzte Kugelhüllen lassen sich mit geringeren Verzerrungen ihrer Teile in die Ebene drücken. Schlitzt man nur Meeresgebiete auf, so ergeben sich die verschiedensten Möglichkeiten von Erdkarten mit wenig verzerrten Landmassen. Die Verzerrungen entsprechen dann nur etwa denjenigen von Karten einzelner Erdteile. Mit solchem Harakiri des kartographischen Erdglobus wird seit einigen Jahren ein emsiges und amüsantes Spiel getrieben, und die Literatur darüber ist bereits beträchtlich angeschwollen. Vielleicht aber werden Sinn und Nutzen solchen Tuns doch etwas überschätzt. Zerstückelte, aufgeschlitzte Erdbilder widersprechen der Vorstellung vom Erdglobus und sie bieten nicht wesentlich Besseres als aus einem geordneten Nebeneinander von Erdteil-Einzelkarten zu sehen wäre.

28.3. Praktische Gesichtspunkte

Von Einfluß auf die Wahl des Projektionssystems ist, wie oben betont, auch die einfachere oder mühsamere Berechnung oder Konstruktion. Je nach Gebiet, Maßstab und Zweck einer Karte kann eine einfacher zu konstruierende, wenn auch bezüglich Verzerrungen schlechtere Projektion einer besseren, aber schwieriger herstellbaren vorgezogen werden; denn in Karten kleiner Gebiete sind die Verzerrungen so gering, daß sie sich im allgemeinen und geographischen Kartengebrauch nicht auswirken.

Die normalen und querachsigen Netze sind leichter zu berechnen und zu konstruieren, als die schiefachsigen. Unter den letzteren wiederum sind die azimutalen Netze leichter herstellbar, als die Kegel- und Zylinder-Projektionen. Da aber heute jedes beliebige Netz nach seinen Berechnungsformeln mittelst Computer und Plotter raschestens realisiert werden kann, kommt solchen Betrachtungen nicht mehr dieselbe Bedeutung zu wie früher. Nochmals sei hervorgehoben, daß für die meisten thematischen Karten die Flächentreue der Winkeltreue vorzuziehen ist. In den modernen topographischen Karten relativ kleiner Gebiete (Deutschland usw.) sind jedoch auch in winkeltreuen Karten die Flächenverfälschungen äußerst gering und für den normalen Kartengebrauch nicht störend.

Anders verhält sich die Sache in Karten ausgedehnter Räume. Hier ist für geographischen Gebrauch die Flächentreue meist recht wesentlich. Manchmal aber drängt sich auch hier die Winkeltreue auf, und zwar aus den folgenden Gründen:

In Kartenherstellungsinstituten werden Teilstücke (Randgebiete) vorhandener Karten benachbarter Gebiete nicht selten zu neuen Karten zusammengefügt. Dies ist auf einfache Art nur möglich, wenn die Netze der benützten Karten winkeltreu sind. Bei Flächentreue würde die Schiefschnittigkeit der Netze benachbarter Blätter in entgegengesetztem Sinne verlaufen.

Heute bestehen vielenorts staatliche topographische Kartenwerke in verschiedenen Maßstäben, und es bestehen in staatlichen und privatverlegerischen Instituten Atlanten mit Karten der verschiedensten größern und kleinern Gebiete für mancherlei Zwecke und in dieser oder jener Projektionsart.

Der Geograph, der heute von irgend einem Gebiet eine thematische Karte herzustellen hat, ist nur selten genötigt, sich ein passendes Netz selber zu konstruieren. Die Netze sind meist in bisherigen Karten bereits vorhanden. Ist aber eine Neukonstruktion notwendig, so empfiehlt es sich, den Rat oder die Hilfe eines mathematischen Spezialisten, eines Geodäten, beizuziehen. Stets aber soll der Hersteller thematischer Karten über Formen, Wesen, Verzerrungen und Eignungen der Projektionssysteme gut orientiert sein; denn nur dann ist er in der Lage, für jede vorliegende Aufgabe eine zweckmäßige Wahl zu treffen.

28.4. In welchen Karten sind Netzlinien notwendig?

Oft stellt sich die Frage, ob und mit welcher Maschendichte die Netzlinien (Meridiane und Parallelkreise oder das Netz eines ebenen rechtwinkligen Kilometerkoordinatensystems) in die Karte einzutragen seien.

Zweifellos sollen die Inhaltsteile jeder Karte genügend lokalisierbar sein. Weltkarten, Großraumkarten, Karten von Ländern und Meeren sollen daher stets durch ein Netzgitter mit randlicher Angabe der geographischen Koordinaten (der Winkelwerte) ausgestattet sein. Eine Produkte- oder Anbaukarte der Erde in schiefachsigem Briesemeisternetz, einem Netz, in welchem sich Kanada und Sibirien um einen Zentralen Nordpol herum nach oben bäumen, läßt uns ohne Netzlinien über Längen- und Breitenlagen der Eintragungen im Unklaren. In solchen und ähnlichen Fällen sind Netzlinien unentbehrlich. Sie sind in allen Karten ausgedehnter Gebiete erforderlich. Sie dienen nicht nur der Lageorientierung, sie lassen auch die lokalen Winkel- oder Flächenverzerrungen beurteilen. Ob die Linien von Grad zu Grad, von 5 zu 5 Grad, von 15 zu 15 Grad, von 30 zu 30 Grad usw. durchzuziehen seien, hängt vom Maßstab ab und ist überdies eine didaktische und graphische Ermessensfrage. In ein- und derselben Karte soll die Netzdichte der Meridiane und der Parallelkreise stets die gleiche sein.

Nicht in jeder Karte aber sind Netzlinien notwendig. In einem Spezialkärtchen der Schweiz mit Standorten von Mundart-Sprachformen, in einem Kärtchen somit, wo Seen und Flüsse und andere topographische Objekte rascher und anschaulicher über die Lage eines thematischen Vorkommnisses orientieren, kann ohne Verlust auf die Netzlinien verzichtet werden. In Zweifelsfällen aber sind am Kartenrande Meridiane und Parallelkreise (resp. Kilometer-Koordinaten) zu markieren und ihre Werte anzuschreiben.

Kapitel 29
Inhalt und Form der Basiskarten

Jeder thematische Inhalt ist eingebettet in ein allgemeines grundrißliches Kartengefüge, bestehend aus Elementen topographisch-geographischer Karten. Wir bezeichnen dieses geometrische Grundgerüst als *Basiskarte* (in der Fachliteratur auch *Grundkarte*). Hierbei denken wir an die Basisgefüge endgültig entworfener, in der Regel reproduzierter thematischer Karten, nicht aber an topographische Hilfs- oder Arbeitskarten des Forschers zur Aufzeichnung seiner Ergebnisse.

Das endgültige Original einer thematischen Karte, die unmittelbare Vorlage für die Reproduktion, soll stets auf derselben Basiskarte aufgebaut sein wie die zu reproduzierende Karte. Dies mag selbstverständlich klingen, wird aber von unerfahrenen Kartenautoren nicht immer beachtet. Wir erlebten es, daß das Original einer neuen Vegetationskarte der Schweiz im Maßstab 1:500 000 durch ihren Autor auf einer veralteten Schulhandkarte 1:500 000 entworfen worden war, was zur Folge hatte, daß sie dann zur Einpassung in eine moderne topographische Basiskarte mühsam umkonstruiert werden mußte. Ein anderer Autor zeichnete sein Original einer Wirtschaftskarte des Orients in eine Karte mit Kegelprojektion. Für die Publikation in Azimutalprojektion mußte sie dann ebenfalls umkonstruiert werden. Der Autor einer thematischen Karte soll sich daher stets schon bei Beginn seiner zeichnerischen Originalerstellung über die Wahl der Basiskarte im Klaren sein.

Die Basiskarten können sehr verschieden ausgestattet werden. Inhalte und graphische Formen hängen ab vom Maßstab, ferner von Inhalt und Zweck der zu schaffenden thematischen Karte; sie hängen nicht selten auch ab von den verfügbaren Mitteln. Um Kosten zu sparen, verwendet man für die Basiskarte oft Elemente einer bereits bestehenden und für die Reproduktion verfügbaren Karte, wobei man dann freilich in ihrer Gestaltung an diese gebunden ist.

Die Basiskarte soll das ihr eingefügte Thema möglichst stützen, möglichst sinnvoll ergänzen, doch soll sie es anderseits möglichst wenig stören, möglichst wenig belasten. In solch gleichzeitigem *Möglichstviel und Möglichstwenig* liegt die Problematik der Wahl.

Vorkommens- und Verbreitungskarten aller Art in größeren Maßstäben, vor allem diejenigen thematischen Karten, die nicht nur auf dem Arbeitstisch, sondern *auch im Gelände* benützt werden, Karten, die u. a. dem Aufsuchen der Dinge im Gelände dienen sollen, benötigen als Basis topographische Karten mit Gewässernetz, Höhenlinien, Verkehrsnetz, Siedlungen, Bodenbedeckung und Beschriftung. Nur mit solchermaßen reich ausgestatteten Karten kann man die thematischen Vorkommnisse genügend lokalisieren. Beispiele dieser Art sind Karten großer und mittlerer Maßstäbe (bis etwa 1:100 000) der Geologie, Geomorphologie, Geobotanik, der Böden, der Bodennutzung, solche von Baudenkmälern, ferner Flurpläne und Pläne für Detailplanungen aller Art.

Oft sind solche Basiskarten für thematische Karten nicht neu herzustellen. Ihre Elemente stehen in den topographischen Kartenwerken des Staates oder auch in andern Kartenwerken zur Verfügung. Entscheidend aber ist ihre gute Wahl. Manche Autoren benützen veraltete, nicht nachgeführte topographische Basiskarten oder solche, deren Maßstab und Generalisierungsgrad dem einzufügenden thematischen Inhalt nicht genügend entsprechen. Dies sollte nicht geschehen, es zeugt von kartographischer Laienhaftigkeit des Themabearbeiters. Für die meisten Gebiete von West-, Mittel und Südeuropa stehen heute neue topographische Staatskartenwerke in den Maßstäben 1:20 000 oder 1:25 000, 1:50 000, 1:100 000, 1:200 000 oder 1:250 000 und zum Teil auch Karten 1:500 000 und 1:1 000 000 zur Verfügung.

Oft kann ein geeignetes topographisches Basisbild gewonnen werden durch photographische Vergrößerung einer vorhandenen Karte, wobei jedoch im allgemeinen nicht

über (lineare) Verdoppelung des Maßstabs hinausgegangen werden sollte. Beispielsweise erstellt man seit Jahren in der Schweiz eine neue geologische Landeskarte 1:25 000. Zu Beginn dieses Werkes standen vielenorts zwar neue topographische Karten 1:50 000 zur Verfügung, noch nicht aber die Blätter 1:25 000. Man verwendete daher Photo-Vergrößerungen der topographischen Karte 1:50 000 als Basiskarten für das neue geologische Landeskartenwerk 1:25 000. Solche Vergrößerungen, sofern sie über ein erträgliches Verhältnis nicht hinausgehen, besitzen oft die Vorzüge größerer Einfachheit.
Der rückläufige Weg aber ist nur ausnahmsweise und höchstens auf kurzer Anfangsstrecke gangbar. Das Gefüge topographischer Karten ist meist so dicht, so feingliedrig, daß photographische Verkleinerungen zu schwer lesbaren Bildern führen. Es ist sinnlos, gedankenlos, ja rücksichtslos, dem Kartenbenützer das Enträtseln unlesbarer Karten zuzumuten. Solche Rücksichtslosigkeit oder Einsichtslosigkeit aber ist in der wissenschaftlichen Literatur leider stark verbreitet. Vor allem in Fachzeitschriften finden wir auf Schritt und Tritt, eingefügt in die Buchdrucktexte, Karten in zu starker photographischer Verkleinerung. Nicht nur die topographischen Basisbilder solcher Karten, sondern auch ihre thematischen Inhalte sind dann die unschuldigen Opfer solch laienhaften und urteilslosen Vorgehens. Karten, die man nicht lesen kann, gehören in den Papierkorb.

Für thematische Karten kleiner und kleinster Maßstäbe eignet sich in der Regel eine äußerst stark vereinfachte topographische Basiskarte. Alles soll wegbleiben, was nur füllt und stört, aber nichts hilft. Punkte, Linienstücke, Buchstaben, die ihr Dasein nur der Tradition, nur gedankenloser Gewohnheit verdanken, die aber dem Kartenbenützer nichts zu sagen haben, gehören nicht in die Karte.

In Kleinstmaßstäben beschränkt man sich oft auf ein stark generalisiertes Gewässernetz und auf die Küstenlinien. In andern Fällen wiederum verzichtet man auf die Flußlinien, fügt aber die Grenzen der Staaten oder Staatsteile ein.

Oft aber enthält die Basiskarte diese beiden Elemente, das Gewässernetz und politische Grenzen. In vielen Fällen ist zusätzlich ein einfaches (einfarbig graues) Relief-Schattenbild sehr nützlich. Ein solches erhöht die Übersichtlichkeit, gliedert auf den ersten Blick in Berg und Tal, in Gebirge und Ebene, und es dient sowohl der Lagezuordnung, als auch dem besseren Verständnis der Dinge. Beispielsweise sollte in keiner geschichtlichen Territorialkarte größeren und mittleren Maßstabes das Reliefbild fehlen; denn überall in Bergländern wurden territoriale Entwicklungen und kriegerische Ereignisse wesentlich durch das Relief und die Gewässer mitbeeinflußt.

Die gelegentlich vertretene Ansicht, jede thematische Karte eines jeden Maßstabes sei mit Höhenlinien auszustatten, zeugt von mangelnder Einsicht in graphisch Mögliches. Höhenlinien in Kleinstmaßstäben, in solchen kleiner als etwa 1:1 000 000, wären nur mit sehr großen Äquidistanzen und in äußerst stark generalisierter Form möglich. Ihre Gefüge wären viel zu grobmaschig, um sich den Feinstknitterungen kleinstmaßstäblicher Reliefs annähern zu können.

Auch die orthodoxe Ansicht, eine Karte sei nur dann »wissenschaftlich«, wenn sie ein Gradnetz (resp. Kilometernetz) aufweise, ist, wie im Kapitel 28 ausgeführt wurde, nicht haltbar. Es gibt lokale Karten mit gut orientierendem topographischen Detail, zum Beispiel lokale volkskundliche Karten, die durchaus keiner Netzlinien bedürfen. Unentbehrlich ist aber stets die Angabe des Maßstabes und notwendig sind leicht erfaßbare Ortsbezeichnungen durch Beschriftung wichtiger topographischer Objekte. Eine

Kennzeichnung der Nordrichtung ist immer dann angebracht, wenn diese nicht, wie allgemein üblich, vertikal nach oben weist. Gut gewählte Ortschaftssignaturen, Ortsnamen und andere Namen dienen der Information und raschen Übersicht. Ihre Auswahl aber ist dem Thema anzupassen. In einer geologischen Karte sind Namen von Berggruppen, Tälern, Ebenen und Gebirgspässen oft wichtiger, als allzuviele Ortschaftsnamen. Erwünscht aber sind in Karten aller Art die Namen großer Flüsse und Seen, der Meere und Meeresteile.

Für historische Karten, Sprachgliederungskarten, wirtschaftsgeographische Karten, kulturgeographische Karten jeder Art sind Basiskarten folgenden Inhaltes erwünscht: Gewässernetz, Ortssignaturen, Ortsnamen, politische Grenzen, Länder- und Staatsbezeichnungen. In vielen Fällen empfiehlt sich auch ein Reliefschummer.

Stets soll geprüft werden, ob diese oder jene topographische Eintragung dem Thema hilft, ob sie mit dem Thema »korreliert« und daher, sofern es der Maßstab erlaubt, einzutragen sei.

Sonderfälle bilden die *statistischen Karten*, solche mit Orts- und Gebietsdiagrammen, mit mengenmäßigen Objektstreuungen und mosaikartigen Dichtearealen. Für diese sind die folgenden zwei Regeln zu beachten:

1 Das Bezugsobjekt oder die Bezugsfläche einer statistischen Auskunft soll auf dem Kartenbild ersichtlich sein. Unentbehrlich sind daher hier, je nach Maßstab, die Grenzen der Gemeinden, Bezirke, Provinzen, Departemente und schließlich der Staaten und Staatengruppen (Wirtschaftsgemeinschaften, politische Gemeinschaften).

2 Wenn sich, was oft der Fall ist, die statistischen Auskünfte auf gewisse Bezugsareale *je als Ganzes* beziehen, so ist es falsch, solche Beziehungen durch topographische Zutaten aller Art zu verwirren. Manche statistische Karte enthält daher als Basiskarte nur die genannten Grenzlinien und überdies die Küsten- und Seeuferlinien.

Nicht leicht ist oft ein gutes Koordinieren der thematischen Eintragungen mit dem topographischen Basisgefüge. Man beachte hierüber die Ausführungen in den Kapiteln 27 und 30. Überdies halte man sich an folgendes:

In allen Fällen sollen sich die Elemente der Basiskarte den thematischen Eintragungen graphisch unterordnen. Die Basis soll das Thema diskret begleiten und stützen, darf es aber nicht überschreien. Hauptregel hierzu ist: Bunte Farben, starke Töne, kräftige Signaturen und Beschriftungen seien dem Thema vorbehalten. Meist empfiehlt es sich, die Elemente der Basiskarte einfarbig grau zu drucken. In Abweichung von dieser Regel aber wählt man oft für das Gewässernetz blaue, für alle Beschriftungsteile schwarze Farbe.

Kapitel 30
Generalisieren und Koordinieren

30.1. Begriffe, Vorarbeiten und Grundsätzliches

Kartographisches Generalisieren heißt sinnvoll vereinfachen. Kartographisches Koordinieren heißt sinnvoll zusammenfügen. Vereinfachen und Zusammenfügen sind unlösbar miteinander verknüpft.

Die Erdoberfläche ist so reich an Formen, an Vorkommnissen und Begebenheiten, daß ihre »richtige« und »vollständige« Abblidung in den Karten nicht möglich ist. Die Karte ist – geometrisch gesehen – ein Miniatur-Schrumpfungsbild. Beispielsweise sind die Flächen einer Karte 1:100 000 zehntausendmillionenmal kleiner als ihre Vorbilder in der Wirklichkeit. Formtreue, aber starke Photoverkleinerungen von Karten großer in solche kleiner Maßstäbe führen zu schwer entwirrbaren, unleserlichen Bildern. Ähnlich verhalten sich auch die senkrecht von oben aufgenommenen Landschaftsphotos. Mit der Steigerung der Flughöhe, resp. mit der Bildverkleinerung nimmt ihre Ausdruckskraft rasch ab. In den Karten sind Vereinfachungen unvermeidlich. Diese sind meist sowohl begrifflicher als auch graphischer Art. Wir unterscheiden *begriffliches und graphisches Generalisieren.* Sie werden erreicht durch Objektauswahl, resp. Weglassungen, durch begriffliches oder graphisches Zusammenfassen, durch Betonen, Übertreiben und Isolieren wichtiger Vorkommnisse, vor allem aber auch durch graphisch-figürliche Formvereinfachung, sowie durch begriffliche und graphische Uniformierung gewisser Objekte. Solche Maßnahmen bezwecken leichte Lesbarkeit und rasche Erfaßbarkeit wesentlicher Dinge. Dies aber sind nicht die einzigen Gewinne. Nicht weniger wichtig ist folgendes: Die Nachteile, die jede Maßstabsverkleinerung mit sich bringt, werden durch gutes Generalisieren gemildert. Manches, was sonst der Flächenschrumpfung zum Opfer fallen würde, verdankt solcher Umformung ein gesundes Weiterleben auch in Karten kleiner Maßstäbe. *Eine Karte mit sparsamer, aber sinnvoller Auswahl der Eintragungen leistet mehr als ein Blatt, das mit Belanglosigkeiten überfüllt ist.*

Die Generalisierungslehre ist daher einer der meist diskutierten Gegenstände der Kartographie. Solches Interesse verleitet gelegentlich dazu, alle möglichen Fragen des Karteninhaltes und der Kartengestaltung ihr zuzuweisen. Inhaltliche Neukonzeption aber ist nicht Generalisierung. Generalisieren ist Vereinfachen im Rahmen einer inhaltlich gegebenen Konzeption. Ersetzt man einen Objektgrundriß durch ein Diagramm oder eine allgemeine topographische Verkehrslinienkarte durch ein zweckgebundenes Kartenschema der Verkehrsdichte, so sind dies Themaänderungen und Neukonzeptionen, nicht aber Generalisierungen.

Mit den maßstäblichen Bildverkleinerungen verändern sich die Karteninhalte. Nicht nur werden Dinge weggelassen, andere hervorgehoben oder zusammengefaßt, es erscheinen auch *neue* Vorkommnisse auf der Bildfläche. Kleine Schreier verstummen und »stille Größen« treten ins Rampenlicht.

Mit dem Übergang vom großmaßstabigen Plan zur Karte mittleren Maßstabes verdichtet sich das graphische Gefüge. Im Plane großen Maßstabes sind die zur Darstellung gelangenden Objekte meist geometrisch einfach, großflächig, weitabständig. Durch die Maßstabsreduktion aber wird alles zusammengedrängt; denn möglichst Vieles sucht sich notgedrungen auch in die Karte kleineren Maßstabes hinein zu retten. Der Inhalt nimmt daher nicht proportional der Schrumpfung der Papierfläche ab, sondern wesentlich langsamer. Eine topographische Karte 1:20 000 enthält, trotz viermal kleinerer Fläche, oft nahezu den gleichen Inhalt, wie ein entsprechender Plan 1:10 000. Damit entsteht eine Gefügeverdichtung. Diese schreitet aber nicht über den gesamten Maßstabsbereich gleichmäßig fort. Bereits in mittleren Maßstäben, je nach Gebiet und Kartenzweck etwa im Bereich zwischen 1:100 000 und 1:1 000 000, ist meist eine optimale, kartenleserisch noch erträgliche Verdichtung erreicht, so daß sie bei weiterer Maßstabsverkleinerung annähernd konstant bleiben muß. Ähnliche Feststellungen führten Friedrich Töpfer zu seinem »Wurzelgesetz« der Generalisierung (Töpfer, 1962 ff.). Dieses kann sich, wie Erik Arnberger (Arnberger, 1966) festgestellt hat, nur auf topographische Karten (resp. auf grundrißliche Kartengefüge) beziehen, ist aber auch dort kaum geeignet, des Zeichners Arbeit zu erleichtern, zu sichern oder zu beschleunigen. Wie soeben betont, erfolgt eine gewisse stetig fortschreitende Verdichtung des graphischen Gefüges nicht über den gesamten Maßstabsbereich. Außerdem bewegen sich – selbst in guten Karten – die Gefügedichten auch in ein- und demselben Maßstab innerhalb weitester Grenzen; denn sie hängen ab von den sehr wechselvollen Vorkommnissen und Gebietsgliederungen, von den Zweckbestimmungen der Karten, von den Anforderungen und Gewohnheiten der Kartenbenützer usw.

Voraussetzungen guten Generalisierens und Koordinierens sind ausreichende geographische, resp. thematische Kenntnisse. Nur ein Geologe weiß, wie die verschiedenen stratigraphischen Altersstufen von Gesteinsmassen für Karten kleineren Maßstabes zu Obergruppen zusammenzufassen sind. Nur ein Sprachkenner kann aufgegliederte Sprachräume sinnvoll vereinigen. Nicht weniger bedeutsam ist gutes graphisches Urteil. Notwendig ist aber stets auch eine *kritische Prüfung der wissenschaftlichen und statistischen Quellen*, vor allem der Karten, auf die man sich stützt. Zur Bearbeitung mancher neuen Karte benötigt man statistische Daten und Karten verschiedener Länder, verschiedener Autoren, verschiedener Maßstäbe, verschiedener zeichnerischer Form, verschiedener Ausgabedaten usw. Durch deren unkritische Verarbeitung können schwere Fehler, Unhomogenitäten, Entstellungen in die neue Karte gelangen.

In den vorangehenden Kapiteln wurde vielenorts auf Generalisierungsprobleme hingewiesen. Hier nun soll einiges zusammengefaßt und es sollen einige zusätzliche Gesichtspunkte erörtert werden.

30.2. Begriffliches Generalisieren

Bereits mit der redaktionellen Vorarbeit jeder Kartenherstellung setzt ein begriffliches Generalisieren ein. Schon hier fallen, in Verbindung mit zeichnerischen Versuchen, gewisse Entscheidungen über inhaltliche Zusammenfassungen, Differenzierungen, Betonungen und Weglassungen. Hand in Hand damit erfolgt der begriffliche, figürlich-graphische und textliche Aufbau der *Kartenlegende*. Diese bestimmt nämlich, wie im Kapitel 33 näher ausgeführt wird, weitgehend Inhalt und Form der zu schaffenden Karte.

Begriffliches Gneralisieren ist ein thematisch-inhaltliches Zusammenfassen, ein Ersetzen differenzierter Unterbegriffe durch einige wenige, umfassendere und meist großräumige Oberbegriffe. Oft auch handelt es sich hier um das Ersetzen individueller Einzeldarstellung durch vereinheitlichte, uniformierte Gattungssymbole.
Zwei textliche *Beispiele begrifflicher Zusammenfassung:*
Kolonne links: differenzierte Begriffe für Karten großer Maßstäbe. Rechts: ihre Zusammenfassungen für Karten sukzessive kleinerer Maßstäbe.

Deutsche Sprachen

Niederfränkisch Niedersächsisch	Niederdeutsch	deutsch
Mittelfränkisch Rheinfränkisch Thüringisch Obersächsisch Schlesisch	Mitteldeutsch	
Ostfränkisch Südfränkisch Schwäbisch Bayerisch Alemannisch	Oberdeutsch	

Bodenarten in den Niederlanden

Kalkböden Andere Gesteinsböden	Gesteinsböden	Böden
Dünen Sand- und Kiesböden	Sandböden	
Flachmoorböden Hochmoorböden	Humusböden	
Marine Tonböden Fluviale Tonböden Andere Ton- und Lehmböden	Ton- und Lehmböden	

Für statistische Karten sind in Verbindung mit begrifflicher Generalisierung oft auch die Bezugsflächen neu und umfassender zu wählen.

30.3. Graphische Minimaldimensionen

Graphisches Vereinfachen und Koordinieren wird dem Kartenzeichner weitgehend aufgezwungen durch die Minimaldimensionen der graphischen Elemente, der Punkte, Strichstärken, Strichabstände, Signaturen usw.
Die Minimaldimensionen sind in einzelnen Fällen gegeben durch die Grenzen der reproduktionstechnischen Möglichkeiten, meist aber durch das menschliche Sehvermögen. Es ist falsch, sie dem Kartenlesen mittelst Lupe anzupassen. Einige *Minimaldimensionen* seien im folgenden aufgeführt.
Unsere Zusammenstellungen (nach E. Imhof, 1937) beziehen sich nicht auf handgezeichnete Karten, nicht auf Mikrofilme und Ähnliches, sondern auf Auflagedrucke mittelst Lithographie-Schnellpressen, Offsetpressen oder Buchdruck-Schnellpressen. Überdies bezieht sich das Gesagte auf volles (ungerastertes) Schwarz auf hellem Grund. Jede Kontrastverminderung zwischen Druckfarbe und Papierton, jede bunte Farbe, jedes Aufhellen durch Rasterung vermindert die visuelle Erfaßbarkeit und drängt daher zu größeren Minimaldimensionen. Unsere Angaben beziehen sich überdies auf isolierte, von ihrer Umgebung sauber abgehobene Elemente. Über- und Ineinandergekratztes ist nie lesbar.
Punkte (Miniatur-Kreisscheiben) mit weniger als 0,15 mm Durchmesser sind durch das unbewaffnete Auge im Gewühl der Karte kaum mehr wahrnehmbar, kaum mehr auffindbar.
Strich- oder Linienstärke: Die minimalen Linien- oder Strichstärken (Strichbreiten) betragen für schwarze Druckfarbe auf hellem Grund etwa 0,1 mm, in Ausnahmefällen weniger, bis hinunter auf etwa 0,05 mm.
Im Interesse leichterer Wahrnehmbarkeit und besserer Übersicht sind jedoch manche Linien (Flußlinien, Eisenbahnlinien, oft auch gewisse Grenzlinien und anderes) sehr viel kräftiger zu ziehen.
Flächen: Das Folgende bezieht sich auf die Kleinstdimensionen quadrat-ähnlicher Flächen, wie z. B. auf Gebäudegrundrisse. Die Minimaldurchmesser solcher Flächen sollen nicht kleiner sein, als etwa 0,3 mm (Abb. 118, bei a). Dies gilt auch für Flächenvorsprünge (Abb. 118, bei b).
Bei kleineren Dimensionen sind solche Figuren in ihren individuellen Formen nicht mehr scharf erkennbar, sie erscheinen nur noch als Punkte, und ihre Ansammlungen als Punkthaufen.
Strichabstände von Doppellinien und andere Zwischenräume: Bei sehr feinen Linien sind Zwischenräume von weniger als etwa 0,25 mm durch das unbewaffnete Auge kaum mehr wahrnehmbar (Abb. 118 bei c). Sind aber die Randlinien breit, so lassen sich Zwischenräume von nur 0,15 mm noch erkennen. Dasselbe gilt auch für Zwischenräume, die von Voll-Flächen begrenzt sind (Abb. 118 bei d).
Gerasterte Farbmosaikstücke gedruckter Karten, vor allem bei Überlagerungen von zwei oder mehr Druckfarben, sind in der Regel größer als etwa 3–4 mm^2 zu dimensionieren; denn kleinere Stücke lassen sich technisch in guter Form nicht leicht herstellen.
Gewisse Minimaldimensionen sind auch für *Kleinstfiguren* aller Art, für *Lokalsignaturen, Schriftzeichen* usw. einzuhalten. Der Durchmesser, resp. die Zeilenhöhe solcher Elemente sollte, wie im Kapitel 6 ausgeführt, je nach ihrer Gestaltung die Beträge von

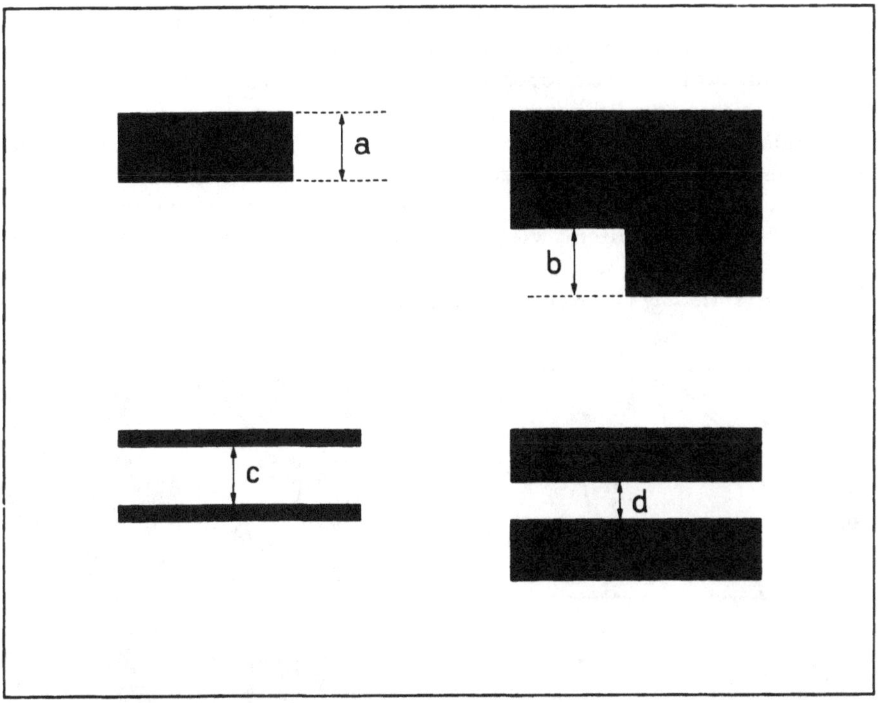

Abb. 118 Kleinste grundrißliche Dimensionen für Flächen, Flächenstücke und für die Abstände von Linien und Flächen, stark vergrößert dargestellt (siehe Kapitel 30.3)

etwa 0,6–1,5 mm nicht unterschreiten. Farbige Figuren erheischen etwas größere Dimensionen.
Das Einhalten der genannten Minimaldimensionen zwingt überall, wo sich Objekte drängen, zu kleineren oder größeren Lageverschiebungen und figürlichen Umformungen. Solches soll im folgenden gezeigt werden.

30.4. Graphisches Generalisieren und Koordinieren grundrißlicher Elemente

Das graphische, zeichnerische, nicht begriffliche Generalisieren bezieht sich auf die grundrißlichen Elemente, nicht aber auf Signaturformen, Diagrammfiguren usw. Signaturen und Diagramme sind keine Grundrisse; man kann sie entweder weglassen oder man kann sie durch andere (vielleicht einfachere) Figuren ersetzen, nicht aber im grundrißlichen Sinne graphisch »generalisieren«.
Graphisches Generalisieren und Koordinieren ist auf Schritt und Tritt notwendig bei der Gestaltung topographischer Karten; denn ihre Gefüge sind vorwiegend grundrißlicher Art und meist äußerst dicht. Die bisherige graphische Generalisierungslehre bezog sich daher vor allem auf *topographische* Karten.

Wie steht es nun mit der *graphischen Generalisierung thematischer Karten?*
Grundsätzlich gelten hier die gleichen Erfahrungen und Regelungen. Jede thematische Karte baut sich auf über einem topographischen Grundriß und auch manches thematische Element gelangt grundrißlich zur Darstellung.
Beispiele sind geologische Karten, Isolinienkarten aller Art, geschichtliche, rechtliche, agrarische und andere Territorialkarten, Karten funktionaler und anderer Siedlungsgliederungen. Werden ihre Gefüge zu kleinflächig, zu dicht, zu eng, so sind sie graphisch in analoger Weise zu entwirren, wie es bei topographischen Karten geschieht. Es mag daher angebracht sein, im folgenden an einigen topographischen Elementen das Wesen ihrer Generalisierung und Koordinierung darzulegen.

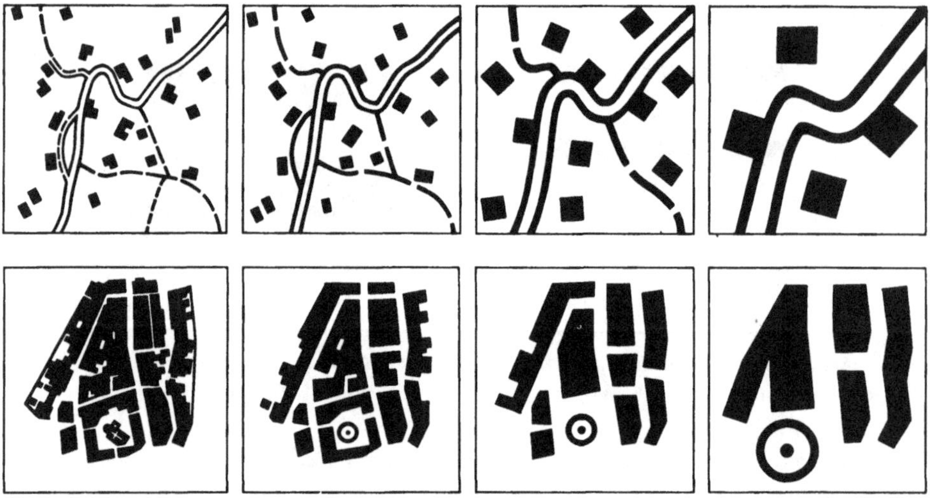

Abb. 119 Generalisierung von Siedlungsgrundrissen. Die Figuren der Maßstäbe 1:25000, 1:50000, 1:100000 sind hierphotographisch in den Maßstab 1:10000 zurück vergrößert, um dem Leser Art und Ausmaß der Veränderungen leichter erkennbar zu machen (Aus: E. Imhof: Gelände und Karte)

In Abb. 119 (aus E. Imhof »Gelände und Karte«) wird an zwei verschiedenartigen Siedlungs-Beispielen die generalisierende Umformung vom Plan 1:10 000 bis zur Karte 1:100 000 verfolgt. Die Figuren der Maßstäbe 1:25 000, 1:50 000 und 1:100 000 sind hierbei formtreu (photographisch) auf den Ausgangsmaßstab 1:10 000 zurückvergrößert. Damit soll eine Beurteilung der Veränderungen, wie sie durch die Generalisierung eintreten, erleichtert werden. Man beachte folgendes:
Beispiel 1: Locker gestreute Einzelhöfe. Die Gebäude werden in den Formen vereinfacht, z. T. vergrößert und an die Straße gerückt. Die Anzahl der Gebäude nimmt sukzessive ab. Im Maßstab 1:100 000 erscheinen in unserem Beispiel von 23 Gebäuden nur noch deren vier. Die Straße wird mehr und mehr verbreitert und ihre Krümmungen werden vereinfacht und gestreckt.
Beispiel 2: Dichter Stadtkern: Infolge des Raummangels treten die Verzerrungen hier

sehr rasch und radikal ein. Enge Gassen und Lichthöfe verschwinden. Dichte-Unterschiede zwischen lockerem Dorf und kompaktem Stadtkern erscheinen im Maßstab 1:100 000 nahezu ausgeglichen. Formveränderungen erfahren nicht nur die einzelnen Gebäude, Straßenstücke usw. Mit abnehmendem Maßstab werden kleine kompakte Orte oft auch als Ganzes räumlich vergrößert; denn sonst ließe sich ihre innere Gliederung nicht genügend darstellen.

Diese Beispiele lassen erkennen, daß durch solches Generalisieren Dichteunterschiede der dargestellten Elemente oft, wenn nicht ausgeglichen, so doch vermindert werden. Damit wird auch der viseulle Grrößeneindruck der verschiedenen Orte zueinander in Frage gestellt. Es ist daher bei solchem »Entstellen« größte Behutsamkeit angebracht. Man vergleiche immer wieder mit zuverlässigem Grundlagematerial, sowohl mit guten Karten wesentlich größere Maßstäbe als auch mit Einwohnerstatistiken.

Flüsse, Küstenlinien, Straßen usw., aber auch politische und andere Arealgrenzen werden durch graphisches Generalisieren ebenfalls deformiert. Die Linienzüge werden relativ zur Wirklichkeit stark verbreitert, kleine Krümmungen gestreckt oder weggelassen. Damit werden sie verkürzt. Die alte Gotthardstraße von Andermatt nach Airolo mißt ca. 21 km. Eine Messung in der Karte 1:500 000 ergibt hierfür den Betrag von nur etwa 17 km.

Von entscheidender Bedeutung für alle graphischen Vereinfachungen ist das Verständnis des Zeichners für charakteristische Formmerkmale. Bachkrümmungen, Wegkrümmungen, Straßenkrümmungen, Bahnlinienbiegungen, Küstenlinienformen, Waldbegrenzungslinien, Gemeindegrenzlinien und andere politische Grenzzüge unterscheiden sich in ihrem Liniencharakter grundlegend voneinander. Ein geübter Kartenbenützer erkennt das topographische Objekt auch ohne Kennzeichnung durch Signatur und Farbe. Er vermag es aus der Form der Krümmungen, Knickungen oder Versteifungen zu deuten. Der gute Kartenzeichner wird sie daher auch in verkleinerten, vereinfachten Darstellungen, soweit es die Bildgröße erlaubt, charakteristisch zum Ausdruck bringen.

Starke Veränderungen erfährt in dichten Siedlungsgefügen meist auch das Flächenverhältnis zwischen überbautem (mit Gebäuden, Straßen etc. belegtem) und nicht überbautem Areal. Auch dies eine Folge der graphischen Straßenverbreiterungen und Gebäudegrundriß-Vergrößerungen. Es gibt Kartographie-Theoretiker, die solche Veränderungen verurteilen und genaue Proportionalität der verschiedenartigen Areale verlangen. Solches aber ist schlechterdings nicht erreichbar; es wäre denn, man triebe den Teufel mit dem Beelzebub aus. Das heißt: man ließe allzuviele Gebäude und andere Objekte weg, wodurch aber die Karte nicht verbessert, sondern verschlechtert und nur scheinbar eine gewisse areale Proportionalität erreicht würde.

Wir kommen damit zum heißen Eisen der *Waldflächengeneralisierung*.

Das kartographische Waldflächenmosaik ist oft äußerst kompliziert, äußerst kleingliedrig aufgesplittert, von Rodungen und Lichtungen durchsetzt. Eine formtreue, nicht generalisierte Wiedergabe im Maßstab 1:500 000 und kleiner führt zu Miniaturaufsplitterungen, die den Wald im Gewühl des übrigen topo-kartographischen Gewebes manchenorts kaum mehr erfassen ließen.

Um zu einfacherer Gestaltung zu gelangen, werden kleinste Waldareale, kleinste Vorsprünge und Einbuchtungen eliminiert, andere Kleinformen zusammengefaßt und kleinere Lichtungen aufgefüllt. Dies kann in verschiedener Weise geschehen. ERIK ARNBERGER diskutiert solche Lösungen in seinem »Handbuch der thematischen Kartographie«, 1966. Er unterscheidet die vier folgenden Möglichkeiten:

Eine erste Lösung: »Sie scheidet jene Flächen, welche unter einer bestimmten Größe (z. B. 1 mm²) liegen, aus und bemüht sich, die Form der anderen maßstab-entsprechend zu vereinfachen. Die Arealverhältnisse verschieben sich zu Ungunsten der am stärksten in Kleinflächen aufgelösten Objekte.«

Eine zweite Lösung: »Selektion, Flächenzusammenziehung und Formvereinfachung werden von kausalen und strukturellen Gesichtspunkten aus vorgenommen. Nahe aneinandergrenzende Waldflächen werden z. B. dann zusammengezogen, wenn die trennenden Flächen aus Wiesland bestehen; sie bleiben getrennt, wenn es sich um Ackerland oder andere landwirtschaftlich hochproduktiv genutzte Flächen handelt.«

(Ein reichlich anfechtbares Vorgehen).

Eine dritte Lösung: »Bei dieser Methode werden die jeweils zu erhaltenden Flächen um die Ausmaße der selektierten vergrößert, und zwar so, daß die auf möglichst kleine Räume bezogenen rechnerischen Flächenverhältnisse erhalten bleiben.«

Ein vierte Lösung: »Die Wiedergabe von auf den Siedlungsraum oder die Landwirtschaftsgebiete der Tallagen bezogenen Sachinhalten wäre ohne (eine solche) Generalisierung in stark bewaldeten Berggebieten unleserlich, würde man nicht z. B. die Tallandschaften auf Kosten der Waldgebiete erweitern.«

Soweit ERIK ARNBERGER.

Ein solcher Systematisierungsversuch zeigt, wie schwierig es oft ist, einen einfachen leicht gangbaren Weg von der geographischen Wirklichkeit zur kartographischen Wiedergabe zu finden. Mir scheint jedoch im vorliegenden Falle folgendes festzustehen:

Erstens: Flächenvereinfachungen in der Art der zur Diskussion stehenden Waldflächen-Generalisierung können stets nur in engster Verbindung mit dem übrigen Karteninhalt diskutiert und vorgenommen werden. Eine sachgemäße *Koordinierung aller Elemente* ist hier nicht weniger wichtig als das Beachten und formale Generalisieren eines einzelnen Elementes.

Zweitens: Normalerweise kann man von Karten des Maßstabes 1:500 000, und zwar von solchen, die auch andere topographische Elemente enthalten, eine »auf kleine Räume bezogene Flächenrichtigkeit der Waldareale« niemals erwarten oder verlangen. Ein solches Begehren wäre schlechterdings ein kartenleserischer Unfug. Ein entsprechendes Zurechtkonstruieren wäre eine zwecklose Sisyphusarbeit und ebenso sinnlos, wie etwa ein Verlängern einer durch Generalisierung verkürzten Fluß- oder Straßenlinie durch gewaltsam eingesetzte, in der Wirklichkeit nicht vorhandene Großausbuchtungen. Jeder erfahrene Kartenbenützer weiß, daß die Längen kleinstgekrümmter Linien und die Größenbeträge von Kleinstflächen in Karten kleiner Maßstäbe notgedrungen verändert sind. Nur in besonderen Waldflächenkarten, also da, wo auf andere Eintragungen keine Rücksicht genommen werden muß, lassen sich auch in Kleinmaßstäben Areal-Kleinformen und die lokalen und totalen Waldflächengrößen annähernd richtig wiedergeben. Dies geschah z. B. auf der Tafel 54 des »Atlas der Schweiz« in einer Karte 1:500 000. Hierbei wurden die Waldumrisse photographisch aus der Landeskarte 1:100 000 reduziert, somit kaum generalisiert. Eine analoge Lösung zeigt auch die

Waldflächendarstellung in der Karte »Vorherrschende Landnutzung« 1:1 000 000 im »Atlas der Republik Österreich«, 1960.

Solche Betrachtungen mögen hinweisen auf die Sorgen und Schwierigkeiten jeglichen kartographischen Generalisierens. Sie zeigen aber auch, daß graphisches Generalisieren meist nur in Verbindung mit *graphischem Koordinieren* erfolgen kann. Wie sehr diese beiden Betrachtungsweisen miteinander zusammenhängen, sei durch das folgende (meinem Buche »Kartographische Geländedarstellung« entnommene) *Beispiel* gezeigt:

In Talengen, Schluchten und Klusen, längs steilböschigen Seeufern, an Meeresküsten usw. drängen sich Bach- oder Uferlinien, Straßen, Bahnlinien, Siedlungen und oft auch Felsstufen oder andere Gehängeteile auf engsten Raum zusammen. Jeder Kartenzeichner und auch jeder erfahrene Kartenbenützer weiß, daß die einzelnen topographischen Elemente in den Karten mittlerer und kleiner Maßstäbe nur in stark überdimensionierter Form dargestellt werden können. Im Maßsab 1:100 000 ergäbe eine entsprechende Verkleinerung für eine 8 m breite Straße eine Breite des Doppellinienzuges von nur 0,08 mm. Um ein lesbares Bild zu erhalten, ist jedoch eine Verbreiterung auf etwa 0,8 mm, somit auf das Zehnfache, notwendig. Ähnliche Verbreiterungen sind für Bach- und Bahnlinien und auch für ihre engsten Zwischenräume erforderlich. Bach, Bahn und Straße beanspruchen bei ihrem Zusammendrängen in der Jura-Kluse bei Moutier einen Geländestreifen von nur etwa 40 Metern (Abb. 120). In einer topographischen Karte 1:200 000 beanspruchen sie, trotz engstmöglichen Zusammenrückens, einen Streifen von etwa 2,0 mm, was einer Naturdimension von 400 Metern oder dem Zehnfachen der wirklichen Breite entspricht. Die zum Teil felsigen Hänge steigen beidseits des Baches steil an. Somit würden bei lagerichtiger Darstellung wesentliche Teile des Geländebildes durch die genannten Signaturenlinien überdeckt, unleserlich und in falschem Lagezusammenhang gebracht (Abb. 121). Unleserlichkeit aber entspricht nicht dem Sinn und Zweck der Karte. So bleibt kein anderer Ausweg, als von zwei Übeln das kleinere zu wählen. Höhenkurven und Felszeichnung werden aus den breitspurigen Bahn- und Straßenzügen hinausgeschoben. Diese Lageverfälschung wird nach oben hin auf möglichst kurzer Strecke und möglichst wenig formverändernd ausgeglichen (Abb. 122). Oft sind daher die Hänge solcher Engpässe in der Karte zu steil dargestellt. Grenzt ein Steilhang an eine Talebene und folgen die überdimensionierten Liniensignaturen dem Bergfuß (ein sehr häufiger Fall), so ist nicht leicht zu entscheiden, ob zum Ausgleich der Berghang oder aber das ebene Feld grundrißlich eingeengt werden soll. Grenzt der Steilhang mit seinen Verkehrslinien an einen See, so ist ein Ausweichen des Ufers in die Seefläche hinein kaum statthaft; denn die Umrisse von Seen besitzen in den Karten meistens festgeprägte Formen, die man nicht einer Straße oder Bahn wegen zusammenschrumpfen lassen soll.

Analoge Engpässe und Feingefüge weisen auch manche Elemente thematischer Karten auf. Beispiele: Gesteinsmosaik in geologischen Karten, Isothermen (nicht reduzierte) in Karten kleinster Maßstäbe, Grenzlinien, Areale und andere Vorkommnisse in kulturgeographischen Karten. Oft müssen solche Elemente graphisch vereinfacht und inhaltlich koordiniert werden; dies unter möglichster Wahrung ihres *Charakters.* Man sieht gelegentlich generalisierte geologische Karten mit Abrundungen aller Gesteinsgrenzen. Geologische Aufschlüsse aber sind keine Hühnereier. Man sieht generalisierte territorialgeschichtliche Karten kleiner Maßstäbe mit Abrundungen aller Territorialgrenzen. Staatsgebiete aber wuchsen nie in der Art von Kartoffeln. Man sieht ander-

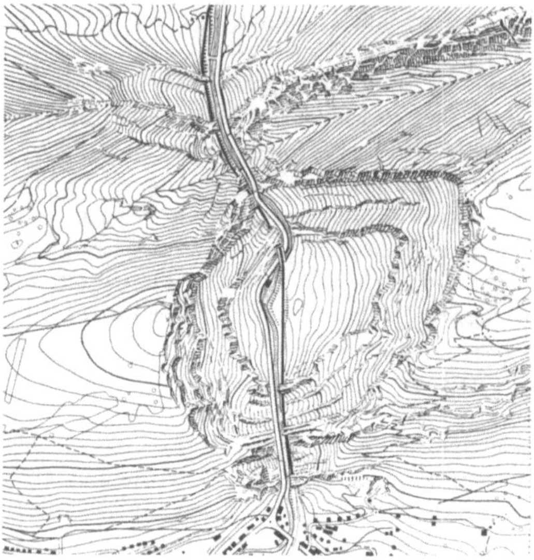

Abb. 120 Die Kluse von Moutier im Schweizer Jura. Engpaß mit Fluß, Bahn und Straße 1 : 25 000

Abb. 121 Dasselbe Gelände im Maßstab 1 : 25 000. Fluß, Bahn und Straße vereinfacht und verbreitert für den Maßstab 1 : 200 000. Dadurch wird ein breiter Geländestreifen überdeckt

seits Isothermenkarten mit Feingliederungen ihrer Isolinien ähnlich den Felshöhenkurven. Atmosphärische Temperaturverteilung aber knittert nicht wie Granitgestein. Die Generalisierungsprobleme von Isoliniengefügen geophysikalischer, z. B. meteorologischer Karten, sind bisher wenig untersucht worden. Das Fließendkontinuierliche ihrer Gefüge, die Art ihrer Erfassung (Mittelbildungen stark wechselnder Ergebnisse von Messungen während langer Zeitperioden), oft allzulockere Streuung der Meß-

Abb. 122 Dasselbe Gelände, Maßstab 1:200000, photographisch vergrößert auf 1:25000, mit verschobener Lage einzelner Bildteile

(Abb. 120, 121 und 122 aus E. Imhof: Kartographische Geländedarstellung)

stationen und die Unsicherheit über erreichte oder erreichbare Genauigkeiten führen im allgemeinen zu sehr einfachem, stetigen Verlauf der Isolinien. Graphisches Vereinfachen ist hier meist nicht so notwendig wie bei den festen, feinstgegliederten, exakt meßbaren topographischen Formen. Eine Gegenüberstellung unzweckmäßiger und zweckmäßiger Generalisierung von Isothermen findet sich im Kapitel 19.

30.5. Vom Grundriß zur Signatur und neue inhaltliche Konzeption

Manche Kleinobjekte schrumpfen mit abnehmendem Maßstab so sehr zusammen, daß ihre grundrißlich-individuelle Wiedergabe auch in vereinfachter Form nicht mehr möglich ist. Erwünscht bleibt aber nach wie vor die Angabe ihrer Gattung und ihres Ortes. In solchen Fällen erfolgt der Übergang von der Individual-Grundrißform zum Symbol, zur uniformierten Signatur.
Bekannte Beispiele sind:
Kirchengrundrisse, Schloßgrundrisse und Ähnliches. Sie werden ersetzt durch uniformierte Symbole. Grundrißtreue, grundrißähnliche oder umrißähnliche Darstellungen von Städten und Dörfern werden ersetzt durch Ortschaftssignaturen. Siehe Kapitel 9. Hierbei wird nicht nur die formale, sondern auch die inhaltliche Aussage verändert. Die Grundrißform geht verloren, dafür aber tritt neu hinzu eine statistische Aussage, z. B. eine solche über die Größenordnung der Einwohnerzahlen.
Wir bewegen uns hier bereits am Rande eines eigentlichen Generalisierungsvorganges. Kartographische Generalisierung ist Vereinfachung in der Darstellung eines thematisch gegebenen Gefüges. Der Übergang vom Bau-Grundriß zur Menschenzahl aber ist be-

reits eine Themaänderung, freilich eine solche, die ebenfalls dem Wunsche nach formaler Vereinfachung der Karte entspringt.
In thematischen Karten finden sich solche Fälle nicht selten. Beispiele finden sich in Verkehrslinienkarten (Übergang von der Bauform des Verkehrsträgers zu seiner Leistung), in Dichtekarten usw. Ändern wir in den Letztgenannten die Bezugsflächen, gehen wir über von den Gemeindearealen zu Bezirks- oder Provinzarealen oder zu natur- und kulturräumlichen Gliederungsarealen, zu Arealen unterschiedlicher Streuung oder gar zu quadratischen Gittergefügen, so handelt es sich bereits um *neue inhaltliche Konzeptionen*, kaum aber um Generalisierungsvorgänge.
Das soeben Gesagte gilt vor allem auch für *Diagrammkarten*. Diagramme sind keine Grundrisse. Wählt man im Verein mit Maßstabsverkleinerungen neue Bezugsflächen, neue Diagramminhalte, neue Diagrammformen, so haben wir es mit inhaltlich *neuen* Lösungen, nicht aber nur mit generalisierender Vereinfachung zu tun.
Zu betrachten wäre bezüglich Generalisierung stets auch das *Zusammenspiel von Basiskarte und thematischem Inhalt*, doch sei hierzu auf das Kapitel 29 hingewiesen.

30.6. Beschriftung und Generalisierung

Das Bestreben nach inhaltlicher Vereinfachung der Karten führt mit kleiner werdendem Maßstab meist auch zu starker Umgestaltung des Schriftbildes. Zunächst werden Namen und Bezeichnungen untergeordneter Bedeutung gelöscht. Mit der damit erreichten Entlastung erreicht man zugleich ein stärkeres Hervortreten und leichtere Auffindbarkeit wichtiger Namen. So bedeutet Generalisierung auch hier zugleich Gewichtsverschiebung. Darüber hinaus aber führt der kleine Maßstab in Verbindung mit entsprechender Gebietsausweitung oft zum Einfügen neuer Namen, nämlich solcher von Großräumen, die in die räumlich eng begrenzten Detailkarten nicht eingefügt werden können.
Generalisierung ist somit auch bezüglich der Kartenbeschriftung verbunden mit neuer inhaltlicher Konzeption.

30.7. Zusammenspiel der Elemente, Überschneidungen usw.

In andern Kapiteln dieses Buches – so besonders im Kapitel 27 – wird mit Nachdruck auf die entscheidende Bedeutung guten Zusammenspiels der verschiedenen Elemente hingewiesen. Graphisches Chaos verwüstet und entwertet jede noch so gut gewählte Elementenkombination.
Zahllos sind in jeder Karte Überschneidungen oder Kreuzungen von Linien, Signaturen, Buchstaben und Zahlen. Es ist ein Kennzeichen schlechter Kartengraphik, wenn das stärkere, farbsattere oder sonstwie »überlegene«, obenaufliegende Element das schwächere, unterliegende verstümmelt oder gar auslöscht. Das Entwirren graphischer Überdeckungen ist des Schweißes der Edlen wert. Man stelle lokale Kleinsignaturen,

Punkte, Buchstaben, Ziffern usw. frei, indem man die sie schneidenden Linien unmittelbar vor dem Zusammentreffen löscht. Gestreckte Einzellinien freilich können über andere gestreckte Linien hinweggeführt werden ohne gegenseitige Störung.

30.8. Einheitliches oder aber hervorhebendes und subjektives Generalisieren

Im allgemeinen verlangen wir von einer guten Karte möglichste Einheitlichkeit bezüglich Vereinfachung der verschiedenen grundrißlichen Elemente. Es wäre widersinnig, Bachläufe äußerst grob, die Höhenlinien der gleichen Karte aber äußerst fein und kleingliedrig zu zeichnen. Ebenso widersinnig aber wäre das umgekehrte Vorgehen.
Gleichwertigkeit soll aber nicht zu einem Dogma erhoben werden. Sinn und Zweck mancher Karte erheischen oft ein stärkeres Hervorheben gewisser Dinge.
Begriffliches und graphisches Generalisieren sind auch selten frei von einer gewissen *Subjektivität.* In großen Staatskartenwerken, deren Inhalte und Formen sich im Laufe vieler Jahrzehnte entwickelt und zurechtgeschliffen haben, wirkte weniger die Subjektivität eines einzelnen Bearbeiters, als vielmehr eine ***kollektive Subjektivität,*** es wirkten die Einflüsse einer Vielheit von Kartenherstellern und Kartenbenützern während längerer Zeiträume.
Die Erfahrung zeigt, daß in manchen Fällen und bei guter Instruktion das Subjektive kaum störend in Erscheinung tritt. Wenn zwei gute Kartographen unabhängig voneinander einen Dorfgrundriß aus 1:25 000 in 1:100 000 umformen, so sind ihre Ergebnisse oft überraschend ähnlich. Eine begrenzte Subjektivität bewahrt vor Erstarrung. Auch jede sprachliche Form einer Mitteilung ist subjektiv.

30.9. Die Folgen der Generalisierung und Koordinierung im Kartenbild

Nur unerfahrene »Kartosophen« verlangen von den Karten »Vollständigkeit«, »Richtigkeit«, »Homogenität«, »geometrische Ähnlichkeit«, »Gesetzmäßigkeit« in allen Dingen. Keine Karte ist vollständig, keine Karte ist »richtig«, wenn darunter die Kongruenz mit den Dingen in der Wirklichkeit verstanden wird. Die starken Flächenverkleinerungen und damit die radikalen Vereinfachungen verändern notgedrungen die Dinge. Miniaturgrundrißflächen werden vergrößert, leere Räume eingeengt, lineare Objekte verbreitert, ihre oft fein geknitterten Linienzüge gestreckt und damit relativ verkürzt. Mit kleiner werdendem Maßstab verschwinden zunächst viele kleine oder unwichtige Objekte, Einzelgebäude, kleine Siedlungen, Fußwege, Nebenstraßen und schließlich auch Terassenböschungen, flachwellige Geländeformen und niedrige Berge. Die Folgen sind Veränderungen der graphischen Landschafts- oder Ländergefüge. Die Reliefformen scheiden sich in die Extreme Hochgebirge und Ebenen. Die Flußnetze reduzieren sich auf ihre Hauptadern, während feinere Verästelungen und kleinere Seen mehr und mehr verschwinden. Kleinere Ortschaften werden eliminiert. Eine Europakarte 1:15 000 000 zeigt nur noch Großstädte in leeren Räumen. Auch in mancher the-

matischen Karte scheidet sich der Inhalt in die Extreme, in Gegensätzliches, oder es beschränkt sich auf Oberbegriffliches. Eine geologische Karte von Eurasien in 1:20 000 000 läßt in den Alpen nur noch eine zusammengefaßte kristalline Mittelzone und beidseitig schmale Streifen jurassischen und triasischen Gesteins erkennen.
Solch größere oder kleinere Entstellungen werden der Karte oder gar dem Kartographen oft angekreidet. Dies aber ist sinnlos. Eine Symphonie ist nicht der Himmel, und eine Landkarte nicht die Welt, selbst wenn beide vollendet wären. Man nehme die Karte für das, was sie ist. Man gewinne aus ihr, was sie zu geben im Stande ist. Sie vermag aber immerhin außerordentlich viel. Trotz der Begrenztheit ihrer darstellerischen Kraft vermittelt sie eine einzigartige Fülle geographischer und anderer Kenntnisse.
Was aber not tut, ist gute Einführung in die Kartensprache, Einführung in ihre Eigenart, in ihre Vorzüge, in die Begrenztheit ihrer Möglichkeiten. Unterricht in der *Interpretation von Karten* ist für jeden jungen Geographen unentbehrlich und nicht weniger wichtig, nicht weniger interessant, als die heute überall mit Recht so intensiv gepflegte Luftbildinterpretation.

30.10. Zwischen Handwerk und Wissenschaft

Noch vor hundert Jahren gab es nur selten wissenschaftliche Erörterungen über Landkartengeneralisierung. Die Aufnahmen aller Art waren vielenorts so ungenau und inhaltsleer, daß die Papierfläche die meisten Meß- und Forschungsresultate unvereinfacht aufzunehmen vermochte. Wurde in kleine Maßstäbe umgearbeitet, so geschah es von Fall zu Fall nach persönlichem Gutfinden oder in Anlehnung an bereits vorliegende Beispiele.
Heute sind Genauigkeit und Inhaltsdichte der Karten außerordentlich gestiegen. Karten mittlerer und kleiner Maßstäbe entstehen durch vereinfachende Umformung aus Karten großer Maßstäbe. Fast alles muß dabei generalisiert oder sonstwie umgestaltet werden. Bloße »Gefühlsgeneralisierung« reicht nicht mehr aus. Man sucht das Generalisieren zu verbessern, zu erleichtern, zu sichern, zu vereinheitlichen durch das Aufstellen von »Regeln« oder »Gesetzen«, man sucht Dimensionen, Formeln, Normen festzulegen. Manche erhoffen heute Rettung von elektronischen Robotern. Dabei übersieht man, daß die Erdoberfläche mit all ihren Formen, Bedeckungen und Gefügen, mit all dem menschlichen und übermenschlichen Getriebe, mit aller Dynamik sich nicht in Formeln fassen läßt. Man übersieht auch, daß bei jeder Kartengestaltung die Zweckbestimmung, die Bedürfnisse der Benützer, die nationalen und persönlichen Gewohnheiten mitreden. All dies erschwert das Aufstellen von Generalisierungsgesetzen in mathematisch formulierbarem Sinne. Notwendig aber sind Klarstellungen über das Wesen der Generalisierung und Koordinierung, der Symbolisierung und Normung. Solches läßt sich an guten und schlechten Beispielen demonstrieren. Notwendig sind aber in allen Fällen solide Kenntnisse des Themas und der thematischen Gefüge in der Wirklichkeit, Erfahrung in statistischen Fragen, ferner sicheres graphisches Urteil und – wie überall – ein gesunder Menschenverstand.
Begriffliches Generalisieren und Koordinieren thematisch-kartographischer Dinge ist in der Regel ein Anliegen des Themakenners, eines wissenschaftlich geschulten und erfah-

renen Fachmannes, eines Geographen, eines Geologen, Geophysikers, Geobotanikers, Linguisten, Historikers, Volkswirtschafters, Statistikers usw.

Das *graphische Generalisieren und Koordinieren* aber ist weitgehend dem »Kartographen«, dem Detail- und Reinzeichner, überlassen. Damit aber ist der heutige »Kartograph«, der Absolvent einer Berufslehre oder einer Berufsschule, nicht mehr nur ein äußerst geübter und exakter handwerklicher Zeichner. Er ist weit mehr als eine bloße raffinierte Zeichnermaschine. Früher war er dies weitgehend, und auch heute noch bedürfen wir solcher lediglich handwerklicher Zeichner. Der erfahrene und höher geschulte Kartograph aber ist heute nicht nur ein »Reinzeichner«, ein »Ab- oder Nachzeichner«, sondern weitgehend ein graphischer *Umformer*. Umformen aber erheischt Einsicht in die Themen, Sinn für die wirkliche Formenwelt und Verständnis für den Zweck der Karte.

Der gut und selbständig gestaltende Kartograph ist eine Hilfskraft höheren Ranges, er steht in gewissem Sinne zwischen Handwerker und Themakenner. In der Kartographie, wie übrigens in manchen andern Betätigungen, sind die Abgrenzungen zwischen »Handwerk« und »Wissenschaft« durchaus verwischt. Beide Tätigkeitsbereiche greifen tief ineinander hinein.

Emil von Sydow schrieb im Jahre 1866:

»Nur wer Herr des Stoffes ist und mit seiner Hand das leisten kann, was der Geist will, ist fähig, gut zu generalisieren«.

Kapitel 31
Normung

In zahllosen Karten werden gewisse Dinge einheitlich gestaltet, d. h. genormt. Ohne Normung und entsprechende Erläuterung der genormten Gebilde durch »Zeichenschlüssel«, der sog. Legenden, wäre die Bildsprache mancher Karte teilweise unleserlich.

Die Kartensignaturen sind *genormte* Figuren. In Karten großer Maßstäbe wird jede Kirche durch ihren individuellen Grundriß dargestellt, in Karten mittlerer Maßstäbe aber erhalten alle Kirchen ein- und dieselbe Signatur. Analoges geschieht für Bergwerke, Heilbäder, Elektrizitätswerke, Schlösser, Burgruinen usw. In Karten kleinerer Maßstäbe trifft dies zu für Ortschaften und alle möglichen wirtschafts- und verkehrsgeographischen Vorkommnisse.

Für jedes topographische Staats-Kartenwerk werden Normen aufgestellt, um gleiche oder ähnliche Dinge in allen Blättern eines bestimmten Maßstabes in gleicher Form darzustellen. Soweit wie möglich nähert man auch die Karten benachbarter Maßstäbe normativ einander an. Was für topographische Staatskartenwerke gilt, sucht man auch in anderen vielblättrigen Kartenwerken, in Schulatlanten, Handatlanten, Spezialatlanten möglichst weitgehend zu verwirklichen. Die ungleichen Zustände und Vorkommnisse in verschiedenen geographischen Regionen, die verschiedenartigen Karteninhalte, die verschiedenen Maßstäbe machen freilich hier die Sache schwieriger und sie setzen einer allzuweit gehenden universalen Normung gewisse Grenzen. Stets aber wird man bei der Vorbereitung eines Atlaswerkes äußerste Sorgfalt darauf verwenden, geeignete Normen aufzustellen. Solches betrifft, je nach Kartengattung, die Äquidistanzen von Höhenlinien, die Schichthöhen, die Farbwahl von Höhenstufen, Abstufungen der Ortschaften nach Einwohnerzahlen, Verkehrslinien, Schriftarten und Schriftgrößen und anderes. In Karten ein- und desselben Themas sollen, soweit es die unterschiedlichen Maßstäbe erlauben, gleiche Dinge überall gleich dargestellt werden. Jede allzu individuelle Lösung erschwert das Lesen, das Benützen und das Vergleichen der Karten. Dies alles gilt innerhalb ein- und desselben Atlaswerkes.

Nun geht man aber in den Bestrebungen nach Normung da und dort einen Schritt weiter. Man sucht durch freiwillige Übereinkunft gewisse Gruppen oder Gattungen von Karten international zu normen, um damit die Dinge leichter vergleichbar und lesbar zu machen. Schon längst bestehen freiwillige internationale Normungen für manche Gruppen geologischer Karten, pflanzengeographischer Karten, klimatologischer Karten, vor allem auch für aeronautische Karten. Auch die Karten oder Kartenskizzen für die tägliche Wettervorhersage sind international genormt. Für einzelne Inhaltsobjekte der »Internationalen Weltkarte 1:1 000 000« wurden ebenfalls Normen aufgestellt. Weitere Normungsbestrebungen sind im Gange (Beispiel: Autostraßenkarten), und es unterliegt keinem Zweifel, daß kommende Automatisierungen der Kartenherstellung für manche Gebiete oder Themen vermehrt zu Normungen führen werden. Lautstark erschallt heute der Ruf nach universaler Normung der Karteninhalte und Kartenformen. Manche Autoren versprechen sich daraus entscheidende Fortschritte der Kartographie. So wurden beispielsweise von einer Studiengruppe des »Comité Français de Cartographie« im Jahre 1966 international anzuwendende Signaturen für wirtschaftsgeographische und andere Karten empfohlen (in: Internationales Jahrbuch für Kartographie, Jahrgang VI, 1966). Hierbei wurden für thematische Karten der Industrie und Touristik insgesamt etwa 250 verschiedene Signaturen vorgeschlagen.

So sehr wir für einzelne Bereiche der Kartographie Normungen befürworten, so eindringlich sei vor absoluten, universalen Uniformen gewarnt. Solche würden für den Einzelfall und für die einzelne geographische Region zu verhängnisvollen Schwächungen, zu Verarmungen der Karteninhalte und gleichzeitig zu Komplizierungen des Kartenausdruckes führen. Die geographischen Dinge zwischen Nordpol und Südpol sind von so außerordentlicher Mannigfaltigkeit und so ungleich verteilt, daß ihre universale Normung zu Tausenden verschiedener Signaturen führen müßte. Dies aber würde dazu zwingen, viele komplizierte Einzelformen zuzulassen. Dem Kartenleser würde eine unübersehbare Vielheit verschiedener Signaturen und genormter Farbtöne vorgelegt, deren größter Teil für ihn ohne Interesse wäre. Internationale Normung aller Kartenzeichen wäre ebenso sinnlos, ebenso schädlich, wie es etwa ein Zurückführen unserer lateinischen Buchstabenschrift in die ostasiatische Begriffs-Bilderschrift wäre. Wir hätten uns, statt mit einer kleinen Gruppe von uns gut vertrauten Signaturformen, stets mit Scharen meist unnützer Miniaturkäfer herumzuschlagen. Innerhalb einer bestimmten Landschaft, z. B. irgendwo in Deutschland, bestehen diese oder jene Vorkommnisse, die in eine topographische Karte großen Maßstabes aufzunehmen sind. Der Raummangel jeder Karte verlangt äußerste Kleinheit und damit Einfachheit der Signaturen. Kleinheit und Einfachheit der Signaturen aber sind nur erreichbar für eine beschränkte Anzahl verschiedener figürlicher Formen. Diese wenigen genügend einfachen Formen aber müssen Objekten zur Verfügung stehen, die in der betreffenden Region vorkommen. Hätten wir aber Signaturformen für alle Gattungen von Vorkommnissen des ganzen Erdballes zu entwerfen, so würden aus solcher Tausendschaft für jede regionale Karte nur einige wenige zur Anwendung gelangen. Und diese wenigen wären dann wohl meist zu kompliziert.

Einer allumfassenden Normung stehen aber nicht nur graphische Schwierigkeiten im Wege, sondern auch begrifflich-geographische. Normungen täuschen Gleichheit von Dingen vor, auch da, wo solche Gleichheit nicht genügend besteht. Ein Weizenfeld in Anatolien ist in Art und Ertrag nicht ohne weiteres vergleichbar mit einem solchen in Deutschland; ein Dorf in Zentralafrika ist von anderer Art, als ein solches bei Frankfurt.

Der Zürcher Geograph Hans Boesch äußert sich zu solchen Problemen recht skeptisch: »Während bei topographischen Karten eines Staates die Ausführung in der Regel in allen Einzelheiten durch amtliche Erlasse geregelt ist, bieten thematische Karten jede Möglichkeit zu individueller Gestaltung des Inhaltes. Darin liegt das Besondere, geradezu Faszinierende der Beschäftigung mit solchen Karten. Freilich hat man auch auf diesem Gebiet schon begonnen, Normen aufzustellen, Signaturentabellen anzulegen usw. Solche Entwicklungen müssen aber zwangsläufig das Schöpferische ersticken und sind heute erst in wenigen Fällen sachlich gerechtfertigt.« – (in Hans Boesch: »Wirtschaftsgeographischer Weltatlas« Bern, 1968). –

Internationale Normung aller Kartensignaturen ist ein irrealer Wunschtraum weltfremder Kartosophen. Es gibt indessen Kartengattungen, die einer internationalen Normung nicht unzugänglich sind. Eine solche Gattung bilden die *geologischen* (im Sinne der stratigraphischen) *Karten.* Die meisten Gesteinsarten lassen sich überall auf der Erde nach einer bestimmten Altersfolge ihrer Entstehung gliedern. Am Internationalen Geologenkongreß des Jahres 1881 in Bologna wurde folgende Farbskala für die geologischen Formationen für kleinmaßstabige geologische Karten als verbindlich erklärt:

Alluvium (Holozän, junger Oberflächenschutt)	helles Grüngrau
Diluvium (Pleistozän)	helles Gelb
Pliozän	starkes Gelb
Miozän	dunkles Gelb (helles Braun)
Oligozän	Olivgrün
Eozän	Orange
Kreide	Grün
Jura (Malm, Dogger, Lias)	Blau
Trias (z. B. Dolomit)	Violett
Perm	Graubraun
Karbon	Dunkelgrau
Devon	Dunkelbraun
Silur	Blaugrün
Kambrium	Grüngrau, dunkel
Kristallin	Hellrot
Junge Eruptiva	Dunkelrot

Solche Gliederungen erweisen sich für die meisten geologischen Übersichtskarten kleiner Maßstäbe als durchführbar und zweckmäßig. Ist nun aber eine geologische Detailkarte eines kleinen Gebietes in großem Maßstab, z. B. eines Gebietes um Stuttgart in 1:50 000, zu zeichnen, so eignet sich die obige Farbskala nicht; denn das in jener Gegend anstehende Gestein besteht nur aus Trias- und Juraschichten, da und dort überlagert von quartären Ablagerungen. Die obigen Farben Violett und Blau reichen nicht aus, um alle in der Detailkarte wünschbaren Altersstufen der Trias und des Jura darzustellen. Man wählt daher in solchen Fällen eine reicher differenzierte Farbfolge, eine solche, die dann freilich nicht der oben genannten internationalen Normung entspricht. Ist eine totale, globale, internationale Normung selbst für den relativ einfachen Fall der geologischen Karten nicht für alle Regionen und Maßstäbe durchführbar, so ist dies noch viel weniger der Fall für pflanzengeographische, bevölkerungsgeographische, wirtschaftsgeographische, geschichtliche und andere Kartierungen. Ihre Inhalte und kartographischen Lösungen variieren mit den Gebieten, Maßstäben, Kartenzweckbestimmungen, Themenkombinationen und Reproduktionsmöglichkeiten. Jede Total-Schablonisierung würde zum Zusammenbruch der Kartographie führen. Die Menschen und auch die Geographen und Kartographen sollen nicht gefesselt werden, sie sollen sich der unendlichen Vielgestaltigkeit der Welt, dem Wechsel des Weltgeschehens und den sich stetsfort ändernden Bedürfnissen anpassen können. Der Drang nach Freiheit aber soll uns nicht hindern, so wie eingangs angedeutet, für *Teilgebiete*, *Teilaspekte* und *Teilregionen* der Kartographie nach guten Normungen zu streben. In Teilbereichen, da wo sinnvolle und gute Normungen bestehen oder aufgestellt werden können, sollen sie befolgt werden. Jeder Hersteller von Karten, auch von thematischen Karten, soll daher vor Beginn seiner Arbeit Umschau halten, ob für seinen Bereich gute Normen und Formen bereits bestehen.

Vielleicht seien in diesem Zusammenhang noch folgende Fragen und Feststellungen erlaubt:

Wem dienen die Kartenwerke eines Landes? Zum Beispiel die topographischen Blätter eines Staatskartenwerkes? Oder ein Nationalatlas, ein Schulatlas, ein regionales Geologiekartenwerk? Sie dienen in erster Linie den Interessenten im betreffenden Lande. Diese aber sind an einer anfechtbaren und hemmenden Internationalisierung und Normung ihrer regionalen Kartenwerke nicht interessiert. Ein schweizerischer Bergsteiger vergleicht seine Karte in der Regel nicht mit einer solchen von Neuseeland. Das halbe Hundert von Hochschulgeographen aber, die nebeneinander Karten des Schwabenlandes und solche aus der Gegend um Tokio benützen, machen die Kartographie nicht fett. Und überdies sollte es den Gelehrten nicht schwer fallen, Karten miteinander konfrontieren zu können, selbst wenn sie nach verschiedenen Zeichenschlüsseln entworfen sind.

Kapitel 32 Beschriftung

32.1. Vielheit der Probleme

Die Beschriftung ist wesentliches Inhaltselement der meisten Karten. Sie dient der Orientierung, Erläuterung und inhaltlichen Ergänzung. Dies gilt auch für thematische Karten.

Unbeschriftete, »stumme« Karten wirken zwar graphisch meist ausgezeichnet, sie lassen die übrigen Elemente klarer zur Geltung kommen, doch bilden sie eine Ausnahme. Gelegentlich dienen sie didaktischen Zwecken, sie verschweigen uns aber die Ortsnamen und andere Dinge.

Unter *»Ortsnamen«* versteht man nicht nur die Namen von »Orten« im Sinne von Ortschaften, sondern alle *»geographischen Namen«*, d. h. solche von Örtlichkeiten, Gebieten und Vorkommnissen aller Art, somit von Geländeteilen verschiedenster Dimensionen, von Gebirgen, Gewässern, Siedlungen, Straßen, Staaten und ihren Verwaltungseinheiten. Auch die »Flurnamen« zählen dazu. Die thematische Forschung und Kartierung bedient sich überdies vieler facheigener Sach- und Gebietsbezeichnungen.

Die Lehre von den Ortsnamen und der Kartenbeschriftung ist außerordentlich komplexer Art. Sie umfaßt Gebiete der Sprachwissenschaft, solche der Topographie, Geographie oder allgemeiner der Geowissenschaften, ferner Fragen der allgemeinen und im Besonderen der kartographischen Graphiklehre, wie auch der Typographie und der übrigen Reproduktionstechnik. Über wichtige Teilgebiete oder Teilaspekte bestehen umfangreiche und vorzügliche Werke und eine unbegrenzte Fülle von Abhandlungen, vor allem auch in deutscher Sprache. Trotz des fachliterarischen Reichtums aber verfügt die Kartographielehre bis heute noch nicht über ein Lehrbuch, das die wichtigsten Fragen der Kartenbeschriftung kurz und trotzdem einigermaßen umfassend darlegen würde. Dies mag an der soeben betonten Verschiedenartigkeit der zu behandelnden Aspekte liegen.

Hier nun, im vorliegenden Buche, wäre es ein müßiges Unterfangen, im Umfang eines kurzen Kapitels eine allgemeine kartographische Beschriftungslehre vermitteln zu wollen, doch sei versucht einen Überblick zu geben über die verschiedenen Inhaltsbereiche einer solchen Lehre. Anschließend sei dann einiges gesagt über besondere *Beschriftungsprobleme thematischer Karten.*

32.2. Sprachen und Schriften der Menschheit

Eine kartographische Beschriftungslehre hätte zunächst kurz zu orientieren über die wichtigsten Sprachen und Sprachengruppen der Menschheit, über Spracheigenarten und Verbreitungsgebiete. Besondere Themen wären Sprachverschiebungen, Mischgebiete, Sprachrelikte, Sprachinseln, ferner Probleme, die sich aus dem Nebeneinander von Mundart und Schriftsprache ergeben. Diskussionsgegenstand wäre auch das Nebeneinander von Eingeborenensprache (Volkssprache) und Verwaltungssprache (früher zum Teil Kolonistensprache). Für die Kartographie interessieren alle diese Dinge vor allem im Hinblick auf die *Ortsnamen.*

Von ganz anderer Art ist die Lehre von den verschiedenen *Schreib- und Schriftformen,* von den Buchstabenschriften, Silbenschriften, Wortschriften, Satzschriften, Ideenschriften.

32.3. Die geographischen Namen

Mit diesen befaßt sich die »Ortsnamenkunde« oder *Linguistik.* Sie erforscht Herkunft und frühere Formen, sie sucht den ursprünglichen Sinn der Namen zu deuten. Sie setzt sich ein für möglichst korrekte Schreibweise (wobei das »Korrekte« oft gar nicht einfach und einmütig zu definieren ist). Sie dient weitgehend auch der historischen, insbesondere siedlungsgeschichtlichen, agrargeschichtlichen und volkskundlichen Forschung.

Kartographisch besonders interessierende Probleme der Ortsnamenkunde sind Namengebung an Sprachgrenzen, verschiedensprachige Namen für ein- und dasselbe topographische Objekt (Matterhorn, Monte Cervino, Mont Cervin oder auch le Cervin), Namengebung in sprachlichen Mischgebieten (Namen wie Sassauna, Ochsenberg, Cafreisna, Hörnli finden sich dicht gemischt in ein und derselben Gegend), Namenfamilien (Aletschwald, Aletschgletscher, Aletschhorn, Aletschhütte usw.), Wanderungen oder Verschiebungen der Namen, ältere und jüngere Namen (Sursee-Sempachersee), junge, oft nicht autochthone Namen (Dufourspitze, Richthofengebirge), Wiederherstellung einstiger (autochthoner) Namen oder Ersetzung einstiger »Herrschernamen« durch solche neuer Machthaber oder der Ortsbevölkerung (Kristiania – Oslo, St. Petersburg – Leningrad, Byzantium – Konstantinopolis – Istanbul, Batavia – Djakarta).

Zur Diskussion stehen auch die sehr zahlreichen, über die ganze Welt verstreuten sogenannten *Exonyme.* »Das sind geographische Eigennamen, die eine Sprachgemeinschaft zur Benennung von topographischen Objekten außerhalb ihrer Grenzen gebraucht und die von den ortsüblichen Namen abweichen.« (Josef Breu, 1969, 1970 und 1971).

Deutschsprachige Beispiele sind: Mailand, Florenz, Warschau, Prag, Lissabon, Puschlav, Apulien, Olymp, Themse, Tiber, Langensee, Nadelkap.

Ähnlicher Art sind auch die Bezeichnungen für geographische Großräume, Flüsse usw., die mehreren Sprachgebieten angehören. Beispiele: Mittelländisches Meer, Persischer Golf, Nordsee, Atlantischer Ozean, Alpen, Donau.

Schwierig ist oft die Entscheidung, ob mundartliche oder schriftsprachliche Schreibung der Ortsnamen vorzuziehen sei. Im folgenden Abschnitt sei dieses Problem kurz gestreift.

32.4. Mundart oder Schriftsprache

Die deutschsprachige Bevölkerung spricht fast überall zwei verschiedene deutsche Sprachen, eine lokale Mundart und die angelernte, dem deutschen Sprachraum aus praktischen und z. T. kulturellen Gründen übergeordnete Schul- oder Schriftsprache, das »Hochdeutsch«. Dasselbe gilt sinngemäß auch für viele Gebiete mit nichtdeutschen Sprachen.

Die geographische Namengebung kennt in den verschiedensten Mischungen, Durchdringungen und Ausgestaltungen beide Formen. Unzählige Namen lassen sich aber nicht ohne ungewohnte Veränderungen oder gar Sprachverpfuschungen in eine Schriftsprachform bringen (Chrüzegg – Kreuzegg – Kreuzecke; Chrüzlipaß – Krüzlipaß – Kreuzleinpaß; Üetliberg – Ütliberg, Chindlimord – Kindlimord – Kindleinmord, Yschlawina – Eislawine, Zerkiiti Hittjini – Zerfallene Hütten).

Andere Namen wiederum sind im schriftlichen Verkehr auch in Karten längst in einer von der Mundart abweichenden Schriftsprachform im Gebrauch. Viele Namensformen sind überdies durch amtliche Verfügungen oder Gesetze festgelegt.

Das Problem Mundart oder Schriftsprache der Kartennamen ist manchenorts heftig umstritten. Es wurde bisher in den verschiedenen Gebieten des deutschen Sprachraumes verschieden gelöst. Die amtliche Schreibweise in Deutschland und Österreich sucht einer schriftsprachlichen Form möglichst nahe zu kommen. Man bewahrt in schriftsprachlicher Form vor allem die nicht verdunkelten Namen oder Namensteile, die Wörter, die auch der heutigen Schriftsprache angehören, oder man sucht sie in einen schriftsprachlichen Lautstand überzuführen. Beispiele: Schweizertor, Katzensee, Unterhausen, Ziegelbrücke, Scheienfluh usw. für Schwizertor, Chatzesee, Underhuse, Ziegelbrugg, Schiiefluе. Solches geschieht aus schulischer Tradition oder aber da und dort auch im Interesse allgemeinerer Verständlichkeit, Lesbarkeit und Stabilität. Damit aber werden manche, einst versündigte sprachliche Deformationen und Verfälschungen in den Karten weiter mitgeschleppt.

Die amtliche Kartographie der Schweiz geht seit 1946 einen andern Weg. Man hält zwar auch hier an wichtigen, im schriftlichen Verkehr längst zur Gewohnheit erstarrten Formen fest, selbst wenn sie nicht mit der lokalen Mundart übereinstimmen. Dies gilt für Staats- und Kantonsnamen, Namen der Gemeinden, Bezirke, der Post- und Bahnstationen, wichtiger Kurorte, größerer Flüsse, Seen, Gletscher, Pässe, bekannter Berge und Landschaften. Beispiele sind: Zürich, Schaffhausen, Burgdorf, Bülach, Ziegelbrücke, Braunwald, Rhein, Reuss, Greifensee, Unteraargletscher, Finsteraarhorn, Klausenpaß, (Walliser) Weißhorn. Die entsprechenden Mundartformen wären: Züri, Schaffuse, Burdlef, Büli, Ziegelbrugg, Bruuwald, Rii, Rüüss, Griifesee, Underaargletscher, Fiischteraarhorn, Chlausepaß, Wiisshorä oder Wiishorn. Andererseits aber sucht man für die sehr viel größere Menge der Ortsnamen geringerer Bedeutung, für Flurnamen und Ähnliches, die ortsübliche Mundartform möglichst treu wiederzugeben. Damit kommt man näher an die autochthone sprachliche Wirklichkeit heran, man vermeidet Sprachentstellungen und bewahrt lokale sprachlich-kulturelle Eigenart und Eigenständigkeit. Da aber in den allgemeinen Karten besondere phonetische Laut- oder Schriftzeichen der linguistischen Fachwissenschaft nicht anwendbar sind, da alle Namen (im abendländischen Kulturkreis) mit den allgemein gebrauchten Buchstaben des lateinischen Alphabetes geschrieben werden müssen, ist es oft nicht leicht, die Mundartschreibform der Mundartsprechform genügend anzugleichen. Überdies variieren die Mundarten oft von Tal zu Tal, von Dorf zu Dorf, so daß sich für ihre schriftliche Wiedergabe gewisse Vereinheitlichungen aufdrängen. So wurden z. B. für die Schweiz im Jahre 1948 vom Eidg. Justiz- und Polizeidepartement »Weisungen für die Erhebung und Schreibweise

der Lokalnamen bei Grundbuchvermessungen in der deutschsprachigen Schweiz« herausgegeben.
Dem Geographen begegnen und helfen die Mundartformen vor allem, wenn er sich mit Flurkarten beschäftigt, wenn er alte Flurformen rekonstruieren oder deuten soll.

32.5. Umschrift geographischer Namen

Sehr oft müssen Ortsnamen »umgeschrieben«, d. h. von einer Schriftart oder Sprache in eine andere umgeformt werden. Von besonderem Interesse sind hier für uns die Umschreibungen fremder Schriften in die lateinische Buchstabenschrift.
Ist die fremde Schrift ebenfalls eine Buchstabenschrift (Griechisch, Russisch, Kyrillisch usw.), so kann unter Berücksichtigung gewisser Anpassungen Buchstabe um Buchstabe von der fremden in die lateinische Schrift umgeschrieben werden. Solches Umformen nennt man *Transliteration* (vom Lateinischen littera = Buchstabe). Hierbei ist auch der entgegengesetzte Weg, das Zurück-Umschreiben aus dem lateinischen Alphabet in das nichtlateinische jederzeit möglich.
Schwieriger wird die Sache, wenn es sich bei der Fremdschrift nicht um Buchstabenschriften handelt, wenn Silben- und Wortschriften usw. umzuschreiben sind, wenn also z. B. ein chinesisches Ortsnamenschriftbild in lateinische Schrift zu übertragen ist. Für solche besonders schwer lösbaren Probleme bestehen die verschiedensten Möglichkeiten, Vorschläge und z. T. auch amtlichen Regelungen. Die eine Möglichkeit besteht darin, die fremde Form phonetisch nachzuahmen, d. h. die vom Ohr aufgenommene fremde Sprechform durch eine möglichst ähnlich klingende lateinische Buchstabenfolge zu imitieren. Beispiel: deutsch Tschentu, französisch Chentou, englisch Chentoo, italienisch Centu. – Solche Art des Umschreibens wird oft als *Transkription* bezeichnet. Diese Bezeichnung ist aber umstritten; denn manche verstehen unter »Transkription« jede Art von Ortsnamen-Umschreibung, inklusive der Transliteration.
Die *International Organization for Standardization*, ISO, hat im Jahre 1968 folgende *Definition* empfohlen: »*Transkription* bedeutet die Übertragung der Elemente einer Sprache, seien es Laute oder Zeichen welcher Art immer, in ein beliebiges anderes Schriftsystem, das aus Buchstaben oder Lautzeichen besteht. Als *Transliteration* aber wird bezeichnet die Wiedergabe von Buchstaben oder Zeichen eines Alphabetes durch solche eines andern Alphabetes, in der Regel Buchstabe für Buchstabe. Diese Umschriftmethode wird insbesondere angewendet, wenn eine reine Buchstabenschrift, z. B. die kyrillische, in eine andere, z. B. lateinische, übertragen werden soll.« –
Eine besondere Empfehlung der oben genannten internationalen Konferenz (ISO) bezieht sich auf die Lateinschrift. Sie besagt: »Wenn es darauf ankommt, die autochthonen geographischen Namen eines lateinschriftigen Gebietes in die Karte zu nehmen, so soll man alle Sonderbuchstaben, diakritischen Zeichen, Akzente usw. des originalen Alphabetes unverändert lassen. Dies gilt für den internationalen kartographischen Gebrauch, schließt aber die Verwendung von Exonymen in den verschiedenen Sprachgebieten nicht aus. Das heißt: im Deutschen schreibt man, wo man dafür eine Notwendigkeit empfindet, Bukarest, im Englischen Bucharest, im Französischen Bucarest, im Niederländischen Boekarest. Will man aber den autochthonen rumänischen Namen

wiedergeben, so kann man nur Bucureşti, nicht aber Bucuresti schreiben« (gekürzt nach: BREU, JOSEF: Die Transkription in der Kartographie, 1969 und 1970. Diese Abhandlung gibt eingehendere Erläuterungen der angeschnittenen Fragen).
Korrektes Umschreiben erheischt weitgehende sprachliche Spezialkenntnisse. Manche kartographischen Amtsstellen geben für ihren Gebrauch besondere Anleitungen, Regelungen oder Empfehlungen heraus.

32.6. Erläuternde Bezeichnungen und Schulbegriffe

Die meisten Karten, vor allem auch die thematischen Karten, enthalten viele Bezeichnungen (Beschriftungen), die nicht dem Ortsnamenschatz angehören, sondern der Sacherläuterung dienen. Beispiele sind: Schiffsstation, Haltestelle, Spinnerei, Maschinenfabrik, Gaswerk, Elektrizitätswerk, Kältepol.
Ferner enthalten Karten, Atlanten und Geographie-Lehrbücher länderkundlich-geographische *»Schulbegriffe«*, die ebenfalls nicht dem autochthonen, ortsüblichen Sprachschatz entstammen, die jedoch der länderkundlich-erläuternden Nomenklatur angehören und aus didaktischen und andern Gründen benötigt werden. Meist handelt es sich um Großraumbegriffe. Beispiele sind: Oberrheinische Tiefebene, Schwäbisch-bayerische Hochebene, Nördliche Kalkalpen, Zentralalpen, Berner Jura, Nordrussischer Landrücken, Sibirisches Tiefland, Nord-Äquatorialstrom, Westwind-Trift, Südpolar-Becken.

32.7. Zu den Regeln für die deutsche Rechtschreibung

Hierzu sei verwiesen auf die Anleitungen in *»Duden, Wörterbuch geographischer Namen«* (1966). Die dort gegebenen Anleitungen beziehen sich u. a. auch auf *Groß- oder Kleinschreibung der Anfangsbuchstaben, auf Zusammen- oder Getrenntschreiben, auf Bindestrich, Silbentrennung, Abkürzungen usw. usw.* Das dort Gesagte sollte auch in der Karte allgemeine Beachtung finden. Das genannte Werk enthält überdies *Ausspracheregeln.*
Im Gegensatz zu normalen Textfolgen ergeben sich aber in der Karte gewisse Sonderfälle, die Abweichungen von den Duden-Regelungen nahelegen. Jeder Name ist in der Karte ein isoliertes Gebilde, das mitten im Gewirre anderer graphischer Elemente um Lesbarkeit und Verständlichkeit ringt. Überdies sind viele Kartennamen einer zugeordneten Fläche einzupassen oder sie sind im Interesse guter Elementenkombination in zwei Teile zu trennen, selbst da, wo dies nach »Duden« nicht statthaft wäre. Auch die Abkürzungen von Namensteilen, z. B. von Beiwörtern, verlangen manchmal eigenmächtige Wörtertrennungen.

Beispiele

Schreibweise laut Duden	gelegentlich in Karten vorkommende Schreibweise	weil die folgenden Formen nicht lesbar wären
Klausenpaß	Klausen-Paß Klausen-P.	Klausenp.
Zürichsee	Zürich-See Zürich-S.	Zürichs.
Wildspitz	Wild-Spitz Wild-Sp. Wild Sp.	Wildsp.
Poebene	Po-Ebene	Poebene
Urner See	Urner- -See	Urners.

32.8. Hinweis auf Erläuterungen oft vorkommender Wörter und Namens-Beiwörter

Die linguistische Literatur ist reich an Arbeiten zur Deutung oder Erläuterung geographischer Namen. Ein nützliches Werk für den deutschsprachigen Kartenhersteller und Kartenbenützer gab WILHELM BONACKER heraus unter dem Titel: »Kartenwörterbuch. Eine Verdeutschung fremdsprachiger Kartensignatur-Bezeichnungen«, Berlin 1941 und 1971. Darin finden sich die oft auftretenden Wörter und Namens-Beiwörter (die Begriffswörter) aus den verschiedensten Sprachen ins Deutsche übertragen.

32.9. Quantität und Auswahl der Namen

Die Quantität der Namen pro Kartenblatt kann je nach Kartengebiet, Thema, Maßstab, Zweck, Blattgröße usw. schwanken von einigen wenigen bis zu einigen tausend Namen. Die Anzahl der Namen ist unter anderm begrenzt durch die Forderung nach eindeutiger Zuordnung. Diese wird erleichtert durch die Differenzierung in verschiedene Schriftarten, Schriftgrößen und evtl. Schriftfarben (schwarz und blau).
Eine Mahnung von HERMANN WAGNER in seinem berühmten »Lehrbuch der Geographie« (auf Seite 210 der Ausgabe des Jahres 1900) verdient auch heute noch, heute mehr denn je, vollste Beachtung. Sie lautet: »Die Mehrzahl unserer heutigen Atlaskarten enthält eine im Verhältnis zum Kartenmaßstab *viel zu große Fülle* von Namen. Der reine Techniker huldigt dem Standpunkt, die Kartenflächen möglichst gleichmäßig

mit Namen zu bedecken. Das ist unwissenschaftlich. Der Namenauswahl sollte vielmehr auf allen Karten die größte Sorgfalt gewidmet werden. Jeder Name müßte auf ihnen in ganz bestimmter Absicht stehen, je nach Zweck der Karte.«

Gute Auswahl der Namen erheischt vor allem Orts- und Landeskenntnis. Dies gilt besonders auch für Gebietsnamen, Landschaftsnamen, Bergnamen usw. Landschaftsnamen werden im allgemeinen zu wenig beachtet, so daß sie infolge kartographischer Sünden manchenorts in Vergessenheit geraten.

Keine Karte kann *alle* Gebiets- oder Landschaftsnamen enthalten. Die Flurnamen beispielsweise finden nur in Plänen großer Maßstäbe Platz. Ausgedehnte Gebiete aber erstrecken sich über zahlreiche Blätter großer Maßstäbe hinweg, so daß ihre Namen in einem einzelnen Blatte nicht eingetragen werden können. Sie finden sich daher nur in Karten kleinerer Maßstäbe.

Besondere Beachtung erheischt in den topographischen und thematischen Karten die *Signaturenbeschriftung:*

Eine Signatur ist zu beschriften, wenn der Name zur Orientierung über das Objekt erforderlich erscheint. Dies ist in der Regel der Fall für die Ortssignaturen topographischer Karten kleinen Maßstabs (chorographischer Karten). Nicht zu beschriften sind aber oft die bloßen *Art- oder Eigenschaftssignaturen.* (Leuchtturm, Elektrizitätswerk, Steinbruch). Doch gibt es Grenz- oder Übergangsfälle, wie etwa Signaturen für Kapellen, Schlachtfelder, Schlösser, Bäder usw., wo sowohl die Gattung, als auch der Name der Örtlichkeit interessieren. Wie weit in solchen Dingen gegangen werden soll, ist meist durch das Objekt, durch die übrige Kartenfüllung, den Maßstab und den Kartenzweck bestimmt. Mit abnehmendem Maßstab verschwinden zuerst die Namen der Signaturen und erst später diese selbst.

32.10. Graphische Probleme, Allgemeines

Auch die graphischen Probleme der Kartenbeschriftung sind recht vielgestaltig, berühren aber die Interessengebiete des Geographen wohl nur am Rande. Wir beschränken uns daher im folgenden auf einige wenige stichwortartige Hinweise.

32.11. Die Schriftformen

Die in der Kartographie und im Buchdruckgewerbe üblichen Schriften ließen sich eingehend diskutieren; doch wollen wir uns hier auf einige wenige Hinweise beschränken.

Die Formen der lateinischen Druckschrift werden zusammengefaßt unter der Bezeichnung *»Antiqua«* (lateinisch: antiqua = alt).

In der Kartographie, wo noch bis in unser Jahrhundert hinein, die Kartenschriften von Hand gezeichnet oder graviert werden mußten, haben sich die alten, klassischen Formen der *»lateinischen« Druckschrift* bis auf unsere Tage am reinsten erhalten; sie erwehrten sich mit Erfolg der Verschnörkelungen und Stilverwilderungen, wie sie um die letzte Jahrhundertwende in der übrigen Graphik grassierten. Diese guten Formen sind in der Kartographie vielenorts heute noch in Gebrauch; denn sie erweisen sich auch

1a 1b 2a 2b 3a 3b 4a 4b

Abb. 123 Der Buchstabe klein u in den kartographisch gebräuchlichsten Schriftarten

1 a Blockschrift stehend
1 b Blockschrift liegend
2 a Blockschrift mit Füßchen, stehend
2 b Blockschrift mit Füßchen, liegend
3 a Römische Schrift, stehend
3 b Römische Schrift, liegend
4 a Kursivschrift
4 b Kursivschrift als Skelett- oder Haarschrift

für sehr kleine Schriften als leicht lesbar und sie stören infolge ihres breitlaufenden, offenen Gefüges den übrigen Karteninhalt relativ wenig.

Die *kartographischen Antiqua-Schriften* treten meist in den folgenden vier Arten auf:

1 »Block- oder Balkenschrift« ohne Füßchen
2 »Block- oder Balkenschrift« mit Füßchen
3 Römische Schrift
4 Kursiv-Schrift

Die Abb. 123 zeigt typische formale Merkmale oder Unterschiede dieser Schriftarten am Beispiel des Kleinbuchstabens »u«.

Man unterscheidet *»Kapitalschrift«* und *»gewöhnliche Schrift«*. Unter »Kapitalschrift« oder »Versalschrift« versteht man Wortbilder, zusammengesetzt aus Großbuchstaben, den sog. »Majuskeln«. Die Schreibung mit Groß- und Kleinbuchstaben wird als »gewöhnliche Schrift« oder »Minuskelschrift« bezeichnet.

Jede Schrift kann »stehend«, d. h. mit senkrechten Stammstrichen, oder »liegend«, d. h. mit schräg vorwärts geneigten Stammstrichen, hergestellt werden. Rückwärts liegende Schriften sind in neueren Karten wenig gebräuchlich. Die kursiven Formen eignen sich weder für Kapitalschriften, noch für senkrechte oder rückwärtsliegende Stellung; sie gelangen fast ausschließlich vorwärts liegend zur Anwendung. Weitere Variationen sind »breit laufende«, resp. »schmal laufende« Schriften, ferner »fette«, »halbfette«, »normale« und »magere« Schriften. Fette Buchstaben verderben meist das Kartenbild und sie sind in Kleinstformen kaum noch lesbar. Die mageren Schriften werden auch als Haarschriften oder als Skelettschriften bezeichnet.

Die Blockschrift ohne Füßchen bildet die Grundform der drei anderen Schriftarten. Es fehlen hier An- und Abschlußstriche, sowie Unterschiede der Strichstärken. Füßchen-Blockschrift und römische Schrift stimmen in ihren Linienführungen miteinander überein, die erstere besitzt jedoch annähernd konstante Stärke aller Buchstabenteile, die letztere hingegen weist je nach der Strichrichtung (im Sinne des Breitfederzuges) kräftige wie auch feine Strichteile auf. Die Kursivschrift nähert sich den handgeschriebenen Formen; sie erscheint flüssiger, leichter, zusammenhängender als die anderen Druckschriften. Charakteristisch sind die Verbindungs- und Abschlußbogen der meisten ihrer Kleinbuchstaben. Römische Schrift und Kursivschrift unterscheiden sich vor allem in den Kleinbuchstaben; ihre Großbuchstaben weisen mehrheitlich übereinstimmende Formen auf.

Das *Buchdruckgewerbe* verfügt über eine beträchtliche Menge verschiedener Antiquaschriften, die alle aus den oben geschilderten klassischen lateinischen Schriften entwickelt worden sind. Sie besitzen besondere Phantasie-Bezeichnungen. Einige der auch für Kartenzwecke gut geeignete Arten seien im Folgenden genannt:

Auf die *Block- oder Balkenschriften* gehen zurück alle sog. »Groteskschriften«, wie »Egyptienne«, »Akzidenz-Grotesk«, »Futura«, »Gerstiner-Programm«, »Gill-Sans«, »Helvetica«, »Univers«, »Venus«, die »Normschrift DIN 1451« usw.

Aus der *römischen Schrift* wurden entwickelt: »Baskerville«, »Bodoni«, »Diethelm«, »Garamond«, »Karten-Augustea«, »Times«, »Trump-Mediäval«, »Caslon« und andere.

In der Kartographie werden die Größen der Schriften (Höhen der Großbuchstaben) meist in Millimeter gemessen. Kleinst lesbare Schriften nicht unter etwa 0,6 mm. Im Buchdruckgewerbe und mancherorts auch für kartographische Zwecke werden diese Größenwerte ausgedrückt durch sog. »typographische Punkte«, wobei ein solcher »Punkt« = 0,376 mm mißt (vgl. B. Carlberg 1967. Siehe dort auch über Effekte bei photographischer Vergrößerung oder Verkleinerung von Schriften).

Ein Vielerlei von Schriftarten und Schriftgrößen verschönert eine Karte nicht. Trotzdem sind Variationen in den meisten Fällen unvermeidlich. Sie helfen mit, die verschiedenen Dingen in der Karte leichter zu unterscheiden, und sie halten Wichtiges und Unwichtiges auseinander.

32.12. Zuordnung der Schriftarten, Schriftgrößen und Schriftfarben

Es gibt hierüber keine einheitliche, allgemein befolgte Regelung. Im allgemeinen halte man sich an Folgendes:

Durch Variation der Schrift*arten* oder auch der Schrift*farben* unterscheidet man *ungleichartige* Dinge. Abstufungen der Schrift*größen* und Schrift*stärken* hingegen verraten *Unterschiede der Größen, Werte, Mengen* oder der *allgemeinen Bedeutung* gleichartiger oder ähnlicher Dinge.

Schwarze Farbe hebt die Beschriftung am besten vom übrigen Inhalt ab, sie ist daher bevorzugt. Gewässernamen werden oft blau beschriftet, Zurücktretendes grau usw. In sehr dunklen Wasserflächen wirken weiß ausgesparte Schriften oft vorzüglich, kommen aber nur für große Formen in Frage.

32.13. Anordnung der Kartennamen

Diese ist für die Lesbarkeit und graphische Klarheit einer Karte von größter Bedeutung. Man unterscheidet Namen, die sich auf Orte (Positionen, punktartige Vorkommnisse), solche, die sich auf Linien und solche, die sich auf Flächen beziehen. Eingehende

Versal- oder Kapitalschriften		Gewöhnliche Schriften		
stehend	liegend	stehend	liegend	
BERN	*BERN*	Bern	*Bern*	Block- oder Balkenschriften ohne Füßchen
BERN	*BERN*	Bern	*Bern*	Block- oder Balkenschriften mit Füßchen
BERN	*BERN*	Bern	*Bern*	Römische Schriften
	BERN		*Bern*	Kursivschriften

Abb. 124 Der Ortsname Bern in den kartographisch gebräuchlichsten Schriftarten

Anleitungen mit 106 Lehrbeispielen (Figuren) enthält: IMHOF, E.: Die Anordnung der Namen in der Karte. In: Internationales Jahrbuch für Kartographie. Jahrgang II, 1962.

32.14. Höhen-und Tiefenkoten

Ihre Gattungen, Anordnungen usw. in der Karte finden sich eingehend beschrieben in: IMHOF, E.: Kartographische Geländedarstellung, 1965.

32.15. Zeichnerische und Technische Herstellung der Kartenbeschriftung, Hilfsmittel und Methoden

Hier wären zu diskutieren: Schriftnormalien, Schriftvorlagen, das Zeichnen der Schriften, die Schriftgravur, Schriftschablonen und der Pantograph, Schriftstempel, Buchdrucksatz, Aufkleben von auf Transparentblättern gedruckten Texten, der Lichtsatz und weitere Schriftherstellungsverfahren. Siehe hierzu HEINZ BOSSE 1954, 1955 und 1957 und PAUL BÜHLER 1961.

32.16. Die Beschriftung thematischer Karten

Die Beschriftung thematischer Karten erfolgt nach den gleichen Grundsätzen und Regeln, nach den gleichen graphischen Erfahrungen und mit den selben technischen Hilfen wie diejenige der topographischen Karten. Es sind jedoch hier die folgenden Besonderheiten zu beachten:

a) In vielen thematischen Karten lassen sich zwei Gattungen von Namen resp. Bezeichnungen auseinanderhalten:
Namen, die gleichsam der topographischen Basiskarte angehören und der *Lageorientierung* thematischer Dinge dienen. Dies sind vor allem Landschaftsnamen, Gebirgsnamen, Namen großer Gebirgspässe, Gewässernamen, gut über das ganze Gebiet verstreute Ortschaftsnamen, oft auch Namen von Staaten und Staatsteilen. Ihre Auswahl richtet sich nach den thematischen Anforderungen, erfolgt aber meist viel sparsamer als für topographische Karten gleichen Maßstabes; denn das Thema soll möglichst wenig gestört werden. Oft wird auf solche Namen ganz oder fast ganz verzichtet; dann nämlich, wenn eine beigefügte topographisch-chorographische Karte genügend über Lage und Namen der Dinge orientiert. Oft auch gibt man in solchen Fällen zur Kennzeichnung ausgewählter Ortschaften nur die Anfangsbuchstaben ihrer Namen.
Die zweite Gattung besteht aus *thematisch-erläuternden Sachbezeichnungen.* Beispiele solcher Art sind: Nördliche Kalkalpen, Klippendecke, sommertrocken, Sudanneger, Oelleitung. Nicht selten aber kann auf solche Namen verzichtet werden; dann nämlich, wenn alle vorkommenden Farbtöne, Signaturen usw. in der beigegebenen Legende genügend erläutert sind (siehe Kapitel 33).
b) Oft ist es erwünscht, jedes Diagramm einer Karte durch eine zugeordnete Orts- oder Gebietsbezeichnung zu lokalisieren. Dies aber ist nicht immer möglich, weil sich die graphischen Elemente allzusehr drängen. In solchen Fällen hilft man sich mit Anfangsbuchstaben oder mit Nummern, die dann in der Legende wiederholt und angeschrieben werden.

Kapitel 33
Kartentitel, Legenden und andere Beigaben

33.1. Allgemeines

Jedes gute Kartenblatt enthält, eingefügt in die Randfelder, eine Menge notwendiger Auskünfte. Dies sind Kartentitel, Legenden (Zeichenschlüssel) und anderes. Inhaltliche, sprachliche und graphische Gestaltung dieser zusätzlichen Elemente sind von großer Bedeutung für den Gebrauch, aber auch für die bibliographische Einordnung der Karten.
Die graphische Gestaltung von Titeln, Legenden usw. der Karten spiegelten seit jeher die Stilentwicklungen der graphischen Künste. In frühesten Karten wurde dem schmückenden Beiwerk großes Gewicht beigemessen. Manche alte Karte ist berühmt wegen ihres graphischen Rahmens und ihrer schmückenden Figuren. Albrecht Dürer und Hans Holbein der Jüngere zeichneten Kartenrahmen. Die Karten des 16.–18. Jahrhunderts enthielten Bilder von Königen und Menschenfressern, Göttern, Göttinnen, Kriegern und Bauern, aber auch von Pflanzen, Tieren und viel anderem. Beliebt waren

auch die Darstellungen der Winde durch fauchende Figuren. In den Karten dieser Frühperioden lassen sich die Stilwandlungen von der strengen, geordneten und etwas schweren Renaissance über den reicher bewegten, plastischeren Barock zum spielerischen Rokoko, ja selbst bis zu den eleganten und beherrschten Formen des Klassizismus leicht verfolgen.

In vielen Karten unserer Zeit ist leider von solcher Liebe zu künstlerisch hochstehender Graphik nicht viel zu sehen. Nur zu oft sind die graphischen Formen von Titeln, Legenden und andern Zusatzelementen, aber auch die Anordnungen dieser Elemente sehr schlecht. Dies wäre weiter nicht von Belang, wenn unter mangelnder graphischer Betreuung nicht auch Lesbarkeit und Übersichtlichkeit der Karten litten. Nur zu oft verbirgt die schlechte äußere Form auch einen inhaltlich und sprachlich schlechten Kern. Äußere und innere Oberflächlichkeit und Unordnung finden sich meist beisammen.

So kann nicht genug betont werden, welch große Bedeutung für die Karte der inhaltlichen, sprachlichen und graphischen Form von Titeln, Legendentexten und andern Zusatzelementen zukommt.

Eine gut durchdachte Legende bildet gleichsam das Programm für den inhaltlichen Aufbau der zu schaffenden Karte. Mancher gelehrte Kartenautor stellt vor Ausführung seiner Karte eine stofflich-methodisch vielleicht einwandfreie Legende auf, ohne aber sich gleichzeitig durch kartenzeichnerische Versuche von der graphischen Durchführbarkeit seiner Postulate zu überzeugen. Solches Vorgehen führt dann beim Zeichnen der Karte sowohl für den Autor als auch für den Kartographen zu schweren psychischen Zusammenbrüchen, und es führt zu verworrenen, unlesbaren Karten.

33.2. Was für Auskünfte sollen Kartenränder und Leerflächen enthalten?

Die Randstreifen der Rahmenkarten, resp. die leeren Außenfelder der Inselkarten sollen in der Regel folgende Angaben enthalten:

1 Kartentitel, eventuell auch Untertitel.
2 Maßstabsbezeichnung, oft zusätzlich auch einen sog. Maßstabsbalken.
3 Eine graphische »Windrose«, jedoch nur bei abnormaler, nicht nach Norden gerichteter Orientierung, und nur, wenn die Nordrichtung nicht aus dem Kartennetz ersichtlich ist.
4 Eine Legende (Zeichen- oder Signaturenerklärung).
5 Namen des Autors oder der Autoren der Karte.
6 Graphische und reprotechnische Hersteller, Herstellerfirma.
7 Herausgeber oder Verleger. Oft sind Hersteller und Herausgeber identisch.
8 In manchen Fällen die Aufschrift des sog. »Copyright« (Rechtsschutz).
9 Jahr der Herstellung oder Herausgabe der Karte.
10 In manchen Fällen, und soweit es der meist beschränkte Raum zuläßt, auch die nötigsten Quellenangaben, die Nachführungsdaten und eventuell eine Zuverlässigkeitsskizze.

Dies alles ist viel! Verlangen es die besonderen Umstände, daß alle Texte in zwei oder drei Sprachen (deutsch, französisch, italienisch; oder deutsch und englisch; oder schwedisch und englisch usw.) aufgeführt werden, so wird die Platzfrage meist äußerst prekär. Wir kommen unten auf dieses Problem zurück. Mancher Kartenherausgeber verzichtet aus Sorge um den andauernden Verkauf seines Produktes auf die *Angabe des Jahres* der Kartenherstellung. Dies aber ist ein entscheidender Fehler und entspringt falschen Überlegungen. Hören wir, was der Geograph HANS BOESCH (1968) hierzu sagt:

»Damit eine Karte ihren Wert lange behält, muß bekannt sein, auf welches Jahr sich ihre Angaben beziehen. Leider wird gerade diesem Punkt von manchen Verlegern zu wenig Beachtung geschenkt, vielleicht in der stillen Hoffnung, daß ohne Angabe des Bezugsjahres das Erzeugnis weniger rasch veralte! Das Gegenteil ist richtig: Eine datierte Karte, auch wenn sie schon viele Jahre alt sein sollte, vermag in Verbindung mit neueren statistischen Tabellenwerken und aktuellen Berichten, dem Handelsteil einer Tageszeitung entnommen, den intelligenten und interessierten Benützer auf entscheidende Änderungen hinzuweisen und ihm zu ermöglichen, zukünftige Entwicklungen abzuschätzen«.

Ein weiteres Übel: Manche (gefalzte) Karte besitzt gleichsam einen »Buchdeckel«, d. h. ein bedrucktes *Vorder- und Rückseitenblatt*, ebenfalls mit Kartentitel und weiteren textlichen und graphischen Angaben. Sehr oft stimmen dann diese äußeren Texte mit den entsprechenden Texten im Innern nicht überein. Mancher gestaltende Graphiker nimmt sich die Freiheit, aus »ästhetischen« oder andern Gründen den äußeren Kartentitel abzuändern. Wir lieben die guten Graphiker und schätzen ihre Mitarbeit. Trotzdem aber ist solcher Unfug abzulehnen. Er bringt Verwirrung in die Kartenbibliographien, in die Kataloge, in die Bibliotheken und in den Buchhandel. Maßgebend sei in jedem Falle die *innere Titelei,* diejenige auf dem Kartenblatt.

Quellenangaben, Zuverlässigkeitsdiagramme und weitere Erläuterungen können infolge des beschränkten Raumes meist nicht aufgenommen werden. In vielen Fällen ist daher die Herausgabe gesonderter *Kommentare* erwünscht.

Bei *eingebundenen Kartensammelwerken* erscheinen Autor und Herausgeber oft lediglich in den Buch-Titelblättern.

Der *Raumbedarf* für Titel, Legenden, Maßstab und weitere erforderliche Angaben wird von kartographischen Anfängern fast immer in verhängnisvoller Weise unterschätzt. Reich befrachtete thematische Karten benötigen für diese Zusatzelemente in der Regel einen Raum, der etwa einem Viertel oder Drittel der Kartenfläche entspricht. Es gibt aber thematische Karten (Böden, Geologie, Geomorphologie, Pflanzengeographie und anderes), deren Legenden oft mehr Raum beanspruchen als die Karte selber. All dies ist vor allem bei der Herstellung von Rahmenkarten zu beachten. Bei Inselkarten ist das Unterbringen der Zusatzelemente erleichtert durch die leeren Papierflächen außerhalb der »Insel« (zwischen »Insel« und Satzspiegel).

Es ist notwendig, daß man sich bereits bei den ersten redaktionellen Vorbereitungen auch mit der Platzfrage für die Legende befaßt und daß man diese vor der Weiterführung der Arbeiten figürlich und textlich genau und dimensionsrichtig aufzeichnet.

Der Verfasser dieses Buches erlebte es, daß ihm ein junger Geograph Entwürfe und Dispositionsskizzen für eine Atlastafel mit einigen Karten vorlegte, wobei für die Legenden gesamthaft eine Rechteckfläche von 6x6 cm vorgesehen war, die Legendentexte aber sechs Schreibmaschinenseiten füllten. Infolge solch unglücklichen Tuns mußte der Inhalt der ganzen Tafel völlig neu aufgebaut werden. Schwierigkeiten ähnlicher Art im Zusammenspiel von Fachwissenschaftler und Kartengraphiker treten fast alltäglich auf und haben oft schon manchen guten Kartographen zur Verzweiflung gebracht.

33.3. Die sprachlichen Formen

Größte Sorgfalt ist auf die sprachlichen Formen der Titel, der Legendentexte und der übrigen Texte zu legen. Manche thematische Karte sucht einen gewissen umfassenden und nicht immer streng abgrenzbaren Wissensschatz zu vermitteln. Sowohl für Titel und Untertitel, wie auch für die Legendentexte ist der verfügbare Raum meistens äußerst beschränkt. Ein Kartenautor kann nicht einfach, wie der Schreiber eines Kriminalromans, Seite um Seite füllen. Die oft sehr schwere Kunst liegt für ihn darin, im Titel auf engstem Raume durch einige wenige Wörter die oft komplexen Inhalte der Karte sachlich treffend, möglichst einfach, möglichst allgemein verständlich und sprachlich einwandfrei zu formulieren. Dasselbe wiederholt sich für jeden Legendentext. Abkürzungen sind, von gelegentlichen Ausnahmen abgesehen, in Titel und Legendentexten nicht angebracht. Sie gehören ins Kollegheft, nicht aber in die Kartentiteleien.

33.4. Anordnung und graphische Gestaltung

Hierin sind Lehren und Erfahrungen des guten Graphikers und Typographen zu beachten. Schlechte, ungeordnete, ungepflegte Anordnungen und Gruppierungen erschweren die Übersicht. Man ordne die Legende möglichst logisch. Wo nötig gliedere man sie in Sachbereiche mit ihren entsprechenden Ober- und Untertiteln. Man stufe durch Unterschiede der Schriftgrößen und oft auch durch textliches Einrücken in Ober- und Unterbegriffe. Oft ermöglicht der Text eines Oberbegriffes kürzere Fassungen der Unterbegriffe. Man vermeide aber zu viele verschiedene Schriftgrößen oder gar Schriftgattungen. Normale (Kleinbuchstaben) Schriften sind leserlicher als die Kapital-(Großbuchstaben)-Schriften. Über die in Frage kommenden Schriftarten siehe Kapitel 32.

Bei *Rahmenkarten* werden die Legendentexte meist gruppenweise in ein langgestrecktes, horizontales Rechteckfeld unter der Karte oder aber in ein vertikales Rechteckfeld links oder rechts der Karte (Abb. 125) eingebaut. Letzteres Vorgehen führt zur Kolonnenanordnung, was bei nicht zu schmalen Rechtecken oft raumsparend ist und übersichtliches Gruppieren ermöglicht. Dem Kartengraphiker steht es meist frei, dieses vertikale Legendenfeld links oder rechts der Rahmenkarte anzuordnen. Man stelle es in der Regel auf die Gegenseite des visuellen Schwergewichtes des Kartenbildes. Siehe Abb. 125 mit guter, Abb. 126 mit schlechter Lösung.

Auf Atlasseiten ist es oft zweckmäßig, die Legendenkolonnen nach innen, gegen den Falz, das Kartenbild aber nach außen zu stellen.

Auf Blättern mit *Inselkarten* steht im leeren »Ausland« oft reichlich Raum für Titel, Legende usw. zur Verfügung. Andererseits ist dann auf den zum Teil unregelmäßig abgegrenzten Außenflächen die Versuchung ungeregelter Legendenanordnung groß.

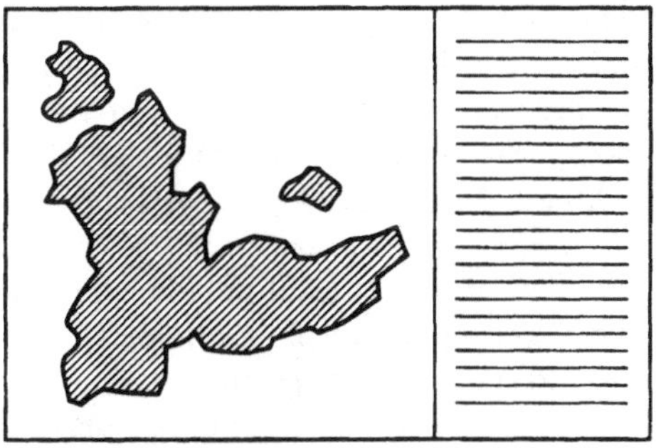

Abb. 125 gut

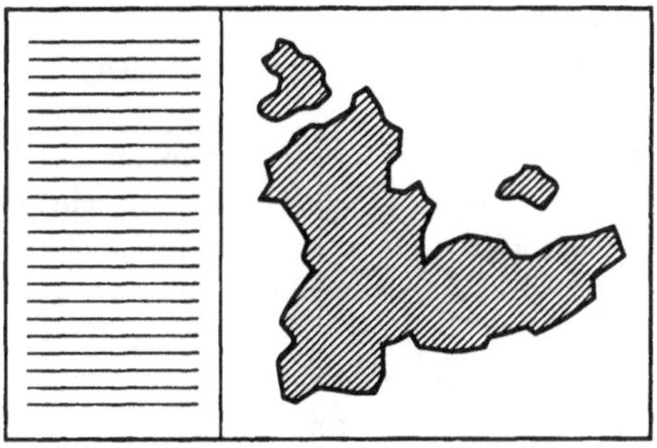

Abb. 126 schlecht

Abb. 127 gut

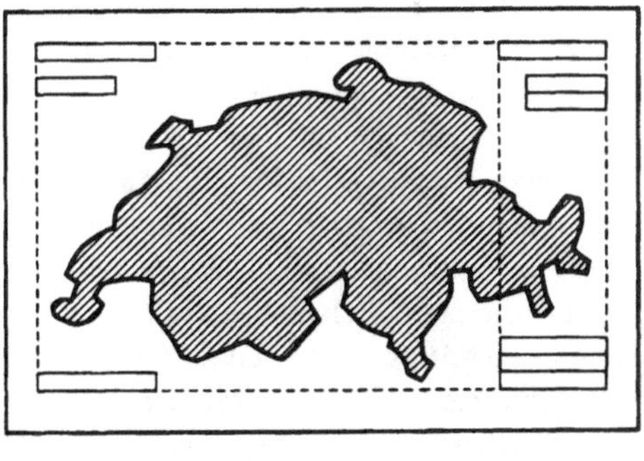

Abb. 128 schlecht

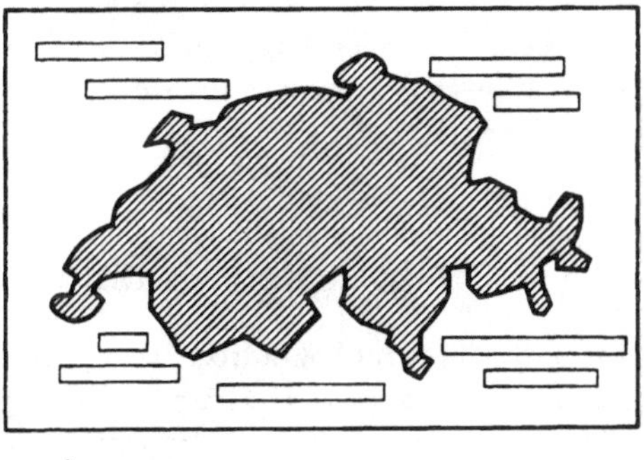

Abb. 125–128 Gute und schlechte Legendenanordnungen

Man hüte sich davor, alle freien Räume mit Texten vollzustopfen. Ein Kartenblatt ist nicht eine Sardinenbüchse. Leere Flächen dienen der Erholung von Geist und Auge. Allzu geizige Raumausnützung aber verdrießt den Kartenbenützer. Auch werfe man die verschiedenen Titel- und Legendentextblöcke nicht hin wie die Gerölle eines Felssturzes. Man ordne sie in Gruppen und in Reih und Glied: Bild einer überschaubaren militärischen Parade, nicht aber eines Jahrmarktgewimmels. Die verschiedenen, voneinander räumlich getrennten Textblöcke sollen vertikal und horizontal aufeinander ausgerichtet sein. Die Obertexte sollen durch etwas kräftigere Schrift hervortreten. Oft rücke man sie etwas ein oder aus. Abb. 127 (gut) und Abb. 128 (schlecht).

Schriftart und Schriftgröße der Titel- und Legendentexte sollen mit der übrigen Kartenbeschriftung harmonieren, andererseits aber auch der Blattgröße, resp. den Dimensionen der verfügbaren Freiflächen gut angepaßt sein.

In der Legende setze man die Kleinsignatur – etwas abgerückt – vor den zugehörigen Text, jedoch stets auf dieselbe Fußlinie.

Im allgemeinen ist es nicht zu empfehlen, Inselkarten durch Rechtecklinien innerhalb des Kartenblattes einzurahmen und damit Karte, Titel und Legende unnötig einzuengen. Vgl. Abb. 129 (gut) und Abb. 130 (schlecht). Ohne Linearrahmen gewinnt man Raum für eine freiere und übersichtlichere Titel- und Legendenanordnung, oft auch für einen größeren Kartenmaßstab.

Besonders störend und einengend wirken äußere und innere lineare Rechteckumrahmungen, wenn mehrere Inselkarten auf einem Blatt unterzubringen sind. Abb. 131 (gut) und Abb. 132 (schlecht). Bei freier, rahmenloser Anordnung ist jedoch darauf zu achten, daß die Zuordnung von Titeln und Legenden zu ihren Karten leicht und unzweifelhaft erkennbar ist.

Von seltenen, nicht immer vermeidbaren Ausnahmen abgesehen, sollen die Rahmenkarten ihre Rahmen nicht sprengen, d. h. sie sollen nur in äußersten Notfällen stellenweise über den ihnen zugewiesenen Rahmen auf den Kartenrand hinausquellen. Häufiges Übermarchen ist eine Folge ungeschickter Gesamtdisposition (Abb. 133). Das Kleid war in solchen Fällen von Anfang an falsch bemessen.

Sollen mehrere Rahmenkarten auf einem Blatt zusammen angeordnet werden, so vermeide man unregelmäßige Abgrenzungen. Ein einfaches Rechteckgefüge ist stets am übersichtlichsten. Siehe Abb. 134 (gut), Abb. 135 (schlecht).

Ist man genötigt, einen Titel- oder Legendenblock in einer relativ leeren Ecke einer Rahmenkarte (z. B. in einem Ozeanteil) unterzubringen, so schneide man (zeichnerisch) das betreffende Titel- oder Legendenrechteck nicht brutal aus dem Kartenrechteck heraus, wie in Abb. 137. Man setze solche Blöcke gleichsam auf ein eigenes, abgegrenztes Täfelchen, das in den Raum nahe der Kartenecke hineingestellt wird, etwa so wie man ein Bildtäfelchen auf einer Tapete an die Wand hängt. Damit verletzt man visuell das Gesamtrechteck der Karte weniger (Abb. 136).

33.5. Schmückendes Beiwerk

Maßstabsbalken und Windrose lassen sich oft graphisch sehr hübsch ausgestalten. Durch gute Anordnung schafft man visuelle Gegengewichte und oft lassen sich damit leere Räume angenehm beleben. Alte Karten zeigen oft wahre Glanzstücke schöner Ausge-

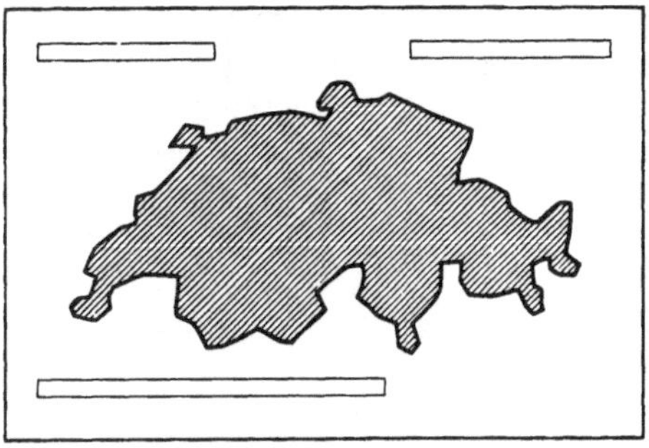

Abb. 129 gut

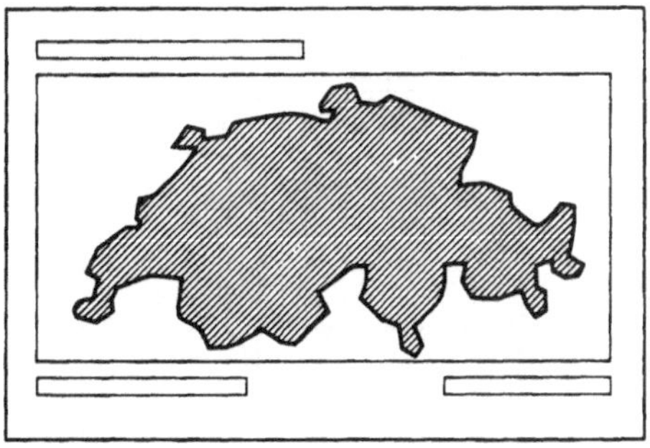

Abb. 130 weniger gut
Einengende Rahmen

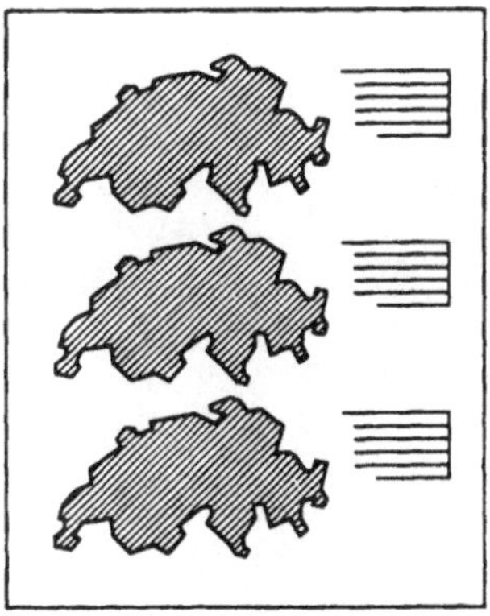

Abb. 131 gut

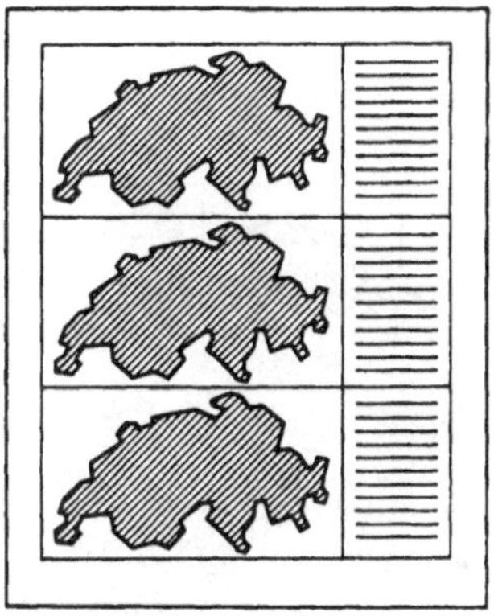

Abb. 132 weniger gut
Einengende Rahmen

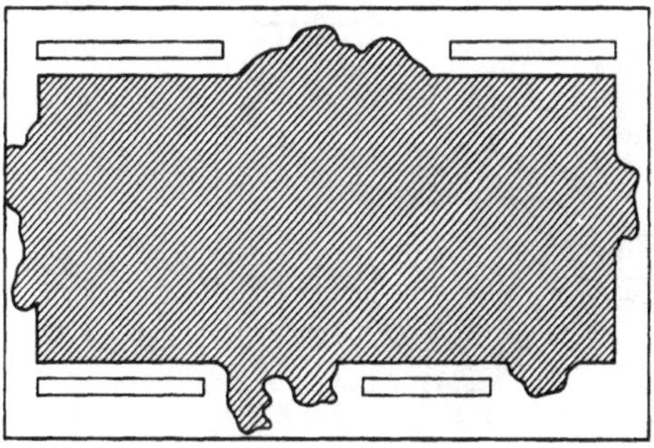

Abb. 133 schlecht

Abb. 129–133 Gute und schlechte Legendenanordnungen, Rahmenprobleme

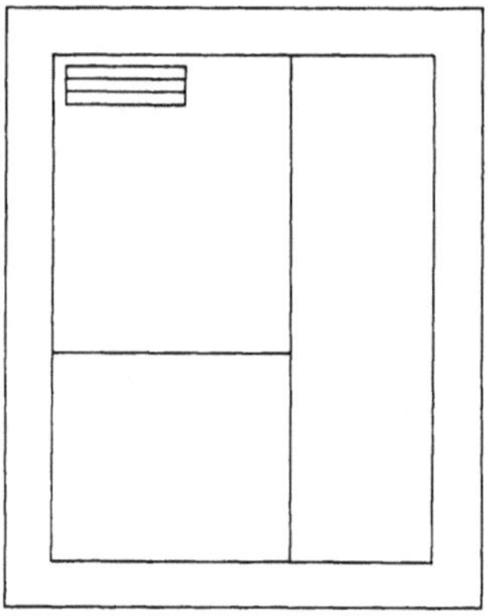

Abb. 134 gut

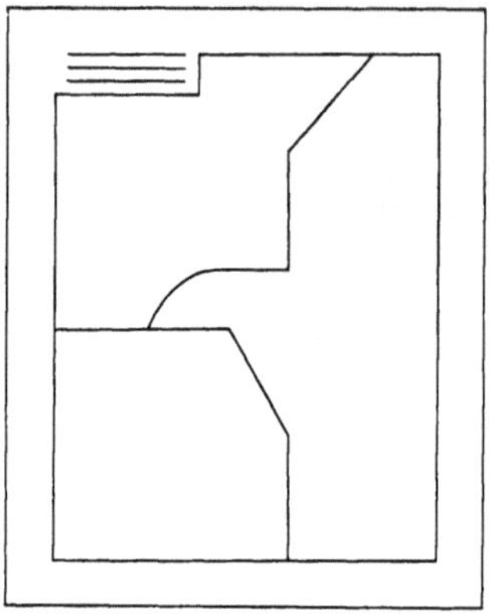

Abb. 135 schlecht

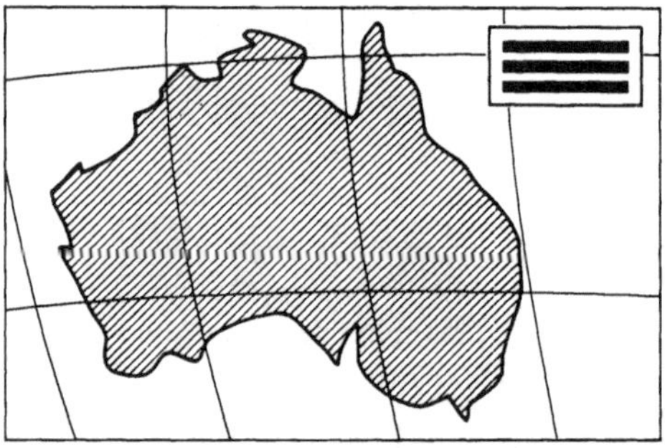

Abb. 136 gut

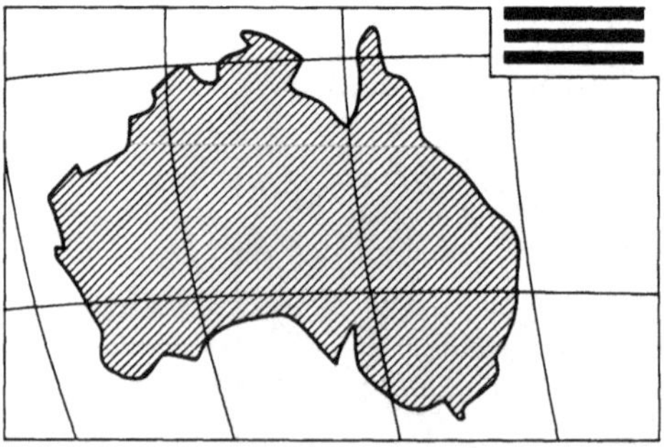

Abb. 137 schlechter

Abb. 134–137 Gute und schlechte Titel- und Legendenanordnungen. Rahmenprobleme

staltung durch allerlei schmückendes Beiwerk. Man wird in unsern sachlich und geometrisch strengen Karten zwar allzubarocke Figuren vermeiden, doch lassen sich auch gute moderne Zierformen finden. Die Meinungen, ob schmückende Figuren in eine Karte gehören, gehen weit auseinander. Sicherlich passen sie nicht in jede Karte, doch passen sie in manche Karte. Wesentlich ist nur, daß die eingefügten Schmuckfiguren den Karteninhalt nicht stören, und daß sie sinnvoll und graphisch gut sind. Trifft dies zu, so ist nicht einzusehen, warum leere Kartenflächen nicht auch heute noch durch stilisierte Schiffe, Fische, Flugzeuge, Palmen, Tempel und ähnliches belebt werden dürfen. Solches mag z. B. für gewisse Schulkarten und Touristenkarten oft angebracht sein. Auch Schmuckrahmen können ausnahmsweise gut aussehen. Man halte aber Maß in allen solchen Dingen. Das schmückende Beiwerk darf nicht zur Hauptsache werden und es soll die Aufmerksamkeit des Kartenbenützers nicht vom Karteninhalt ablenken.

Oft eignen sich stilisierte Kleinbilder zur Ergänzung, Erläuterung oder Verdeutlichung einer Kartenlegende. Wenn z. B. in einer Mundart-Sprachenkarte von Oberitalien ein typischer Ausdruck für eine ganz bestimmte Art von Eidechsen angeführt wird, so erleichtern wir dem Kartenbenützer das Kartenstudium, wenn wir zum fraglichen Ausdruck in der Legende gleich auch noch ein einfaches lineares Bildchen des genannten Reptils hinzusetzen.

Auch Diagramme werden oft in die freien Räume von Kartenblättern eingefügt. Auf Inselkarten ist dies leichter möglich, als auf Rahmenkarten. Sie bereichern den Blattinhalt und wirken bei guter Anordnung belebend und visuell ausgleichend.

33.6. Seltsame Aufspaltung der Legende

Neuerdings hat sich da und dort, vor allem für Karten in Buchdrucktexten wissenschaftlicher Bücher und Zeitschriften, folgende *seltsame Aufspaltung der Legende* eingeschlichen: Jeder Signatur und jedem Farbmusterfeld in der Legende fügt man eine Nummer, nicht aber eine textliche Erläuterung bei. Dann wird, getrennt davon, in einem eigenen Textblock die Nummer wiederholt und durch den zugehörigen Legendentext erläutert. Der Kartenbenützer hat daher für jedes Vorkommnis zwei Legenden zu lesen. Hoffen wir, daß solche unrationellen Umwege bald wieder verschwinden.

Sechster Teil
Herstellungstechnik

Kapitel 34
Einiges über Zeichnungs- und Reproduktionstechnik

34.1. Allgemeines

Die meisten Karten sind für Fachwelt und Öffentlichkeit erst verfügbar, wenn sie in vervielfältigter, gedruckter Form vorliegen. Schon beim Zeichnen des Autorenentwurfes soll auf eine anschließende Reproduktion Rücksicht genommen werden. Ein Kartenautor, der dies unterläßt, erlebt nachher oft Enttäuschungen. Gute Kenntnisse über Zeichnungs- und Reproduktionstechnik sind daher für jeden Bearbeiter von Karten notwendig.

Es kann sich aber hier nicht darum handeln, die Lehre der kartographischen (und damit der übrigen) Reprotechnik zu entwickeln; denn dieses Fachgebiet ist außerordentlich vielgestaltig und andauernd in rascher Entwicklung begriffen. Es reicht weit über die Tätigkeit des Kartenherstellers hinaus. Hier beschränken wir uns auf einige Hinweise und auf praktische Winke für den wissenschaftlichen Kartenautor.

Zeichnerisches Vorgehen und reproduktionstechnische Kartenherstellung sind meist eng miteinander verflochten und von den verschiedensten Umständen abhängig. Hat ein Autor eine zur Reproduktion bestimmte Karte zu entwerfen, so möge er sich stets vor Beginn seiner zeichnerischen Arbeiten mit dem Reprofachmann verständigen.

34.2. Orientierungen über zeichnungs- und reproduktionstechnische Vorgänge

Die Herstellung thematischer Karten durchläuft in vielen (nicht in allen) Fällen die folgenden Arbeitsprozesse:

a) Aufzeichnung der Forschungsergebnisse in eine *Manuskriptkarte*, meist in eine topographische Grundlagekarte möglichst großen Maßstabes. Hier handelt es sich gleichsam um die protokollarischen Aufzeichnungen des Forschers, um sein »kartographisches Feldbuch«.

b) Inhaltsbearbeitung oder Überarbeitung oder Umarbeitung und Zeichnen eines Originalentwurfes für die zu reproduzierende Karte, meist ebenfalls durch den wissenschaftlichen und didaktischen Themakenner.
c) Reinzeichnung dieses Entwurfes in eine graphisch bereinigte und reproduzierbare Form, meist durch einen gut geschulten Kartographen. Für mehrfarbige Karten in der Regel zeichnerisch aufgeteilt auf die verschiedenen vorgesehenen Druckfarben. Man bezeichnet solche unmittelbar reproduzierbaren Operate als *»Bildträger«* oder oft auch als *»Originale«*. Der letztere Ausdruck ist jedoch vieldeutig und bezeichnet im allgemeinen Sprachgebrauch jede Handzeichnung. Man könnte von Autorvorlage oder Autor-Original (Original erster Stufe) und Repro-Original (Original zweiter Stufe) reden, wobei unter letzterem der soeben genannte Bildträger zu verstehen wäre.
Solche Bildträger werden meist im Maßstab der endgültig (gedruckt) vorgesehenen Karte hergestellt. In diesem Falle wird schwarz auf transparente, maßhaltige Folien gezeichnet oder aber auf beschichtete Folien oder Glasplatten graviert. Werden diese Bildträger aber in einem größeren Maßstab gezeichnet, so können auch gute Zeichenpapiere oder mit Zeichenpapier überzogene Aluminiumfolien verwendet werden.
d) Je nach der Art solcher Bildträger oder Repro-Originale erfolgt die Übertragung ihres Inhaltes auf die Druckplatten entweder durch direktes Kopieren (Belichtung und chemische Vorgänge) oder aber zuvor durch eine photographische Aufnahme, letzteres vor allem, wenn die Zeichnungen (Bildträger) in größerem Maßstab erstellt worden waren.
Mehrfarbige und abgestufte Flächentöne sowie Schummerungstöne entstehen durch Einkopieren verschiedenster »Raster« mittels sogenannter Masken oder durch photographisches Umformen von Original-Tonzeichnungen in gerasterte Repro-Originale.
Kopisten und Reproduktionsphotographen sind eigene Berufssparten.
Jede Rasterstufe einer jeden Druckfarbe erheischt zunächst einen eigenen Film. Alle Filme mit den Elementen ein- und derselben Druckfarbe werden hierauf durch Kopiervorgänge auf dem endgültigen Film oder der endgültigen Glasplatte für die betreffende Druckfarbe vereinigt.
Zwischen Repro-Original (Bildträger) und dem Drucken einer Karte mit beispielsweise 8 Druckfarben sind etwa 25–35 einzelne Folien und Filme in der Form von Zeichnungen, Masken, Montagen, Positiv- und Negativfilmen erforderlich.
e) Vom Bild des endgültigen Films, resp. der endgültigen Glasplatte, wird durch direktes Kopieren (Belichtungen und chemische Vorgänge) eine Offsetdruckplatte oder – in selteneren Fällen – ein Buchdruckklischee hergestellt.
f) Nächster Schritt ist dann in der Regel das Herstellen von Probedrucken. Diese zeigen nun wieder vereinigt alle vorgesehenen Farben. In vielen Fällen wird erst hier die in Arbeit stehende Karte zum erstenmal vollinhaltlich sichtbar.
g) Es folgt das Korrekturenlesen des Probedruckes durch den Autor. Oft korrigiert er nicht nur, sondern bringt neue Dinge, sog. Autorkorrekturen, an. Dies Letztere mag, vom Standpunkt des Reprotechnikers her gesehen, ärgerlich erscheinen, ist aber selten ganz zu vermeiden; denn der Autor (oft ein Gelehrter, der es nur selten mit der Reproduktion von Karten zu tun hat) sieht im Probedruck zum erstenmal den exakten graphischen Niederschlag seiner darzustellenden Probleme.
h) Ausführen der Korrekturen auf den verschiedenen Filmen. Oft Neuherstellung der Repro-Originale (Bildträger) und aller Übertragungs- und Kombinationsfilme.

i) Leider nicht selten nochmals Herstellung von Probedrucken, nochmals Korrekturen, nochmals Bildträgeränderungen und nochmals Herstellung neuer Filme. Oder gar Neubeginn aller Arbeiten, weil der sündhafte Autor jetzt erst aus seinem Dornröschenschlaf am Schreibtisch erwacht, weil ihm jetzt erst die Augen aufgehen.

k) Druck der Karte:

Einfarbige Karten in Strichzeichnung und in Kleinformaten, solche in Büchern und Zeitschriften, werden oft zusammen mit Textteilen auf Buchdruckpressen (Hochdruck) gedruckt. Mehrfarbige und großformatige Blätter aber jagt man in der Regel durch die Offsetpresse, eine Maschine mit rotierenden Druckzylindern.

Es gibt Einfarben-, Zweifarben-, Vierfarben- und Mehrfarben-Offsetpressen, die entsprechend in *einem* Druckgang (d. h. einem Durchlaufen des Auflagedruck-Papierbogens durch die Maschine) eine, resp. zwei, resp. vier, resp. mehr Farben drucken.

Bei Verwendung einer Einfarbenmaschine ergibt sich die Anzahl der Druckgänge aus Druckfarbenanzahl multipliziert mit der Auflagezahl.

Eine heutige Rotations-Buchdruckpresse (Hochdruck) speit pro Stunde etwa 2500 Drucke aus, eine Ein- oder Zweifarben-Offsetmaschine etwa deren 4000.

l) Anschließend erfolgen Ausrüstungs-, Buchbinder- und Auslieferungsarbeiten verschiedener Art.

34.3. Zeichnerische Herstellung von Originalen für einfarbige Buchdruckabbildungen

In wissenschaftlichen und didaktischen Werken aller Art, in Büchern und Zeitschriften, finden sich zahllose, meist schwarz gedruckte Karten und Kartenskizzen in Strichmanier. Ihr Druck erfolgt oft mittelst sogenannter *Strichklischees* auf Buchdruckpressen. Diese rasche und relativ billige Reproduktionsart erlaubt aber normalerweise nur die Wiedergabe kleinformatiger, einfarbiger, linearer Zeichnungen. Bei der zeichnerischen Herstellung der Klischee-Vorlagen (Repro-Originale) beachte man folgendes:

Als Folien wähle man beste, glatte, starke, sehr weiße und weiß bleibende (nicht vergilbende) Zeichenpapiere oder klar durchsichtige Transparentfolien (beste Pauspapiere oder Kunststoffolien). Oft ist als Hilfe für zeichnerische Konstruktion ein Basis-Kartenbild, z. B. ein Stück einer topographischen Karte, erforderlich. Dieses Basisbild kann schwach blau oder grau auf die Zeichnungsfolie gebracht und nach Fertigstellung der Neuzeichnung durch Ausfixieren entfernt werden. Zeichnet man aber auf eine transparente Folie, so lege man das topographische Basisbild darunter. Absolute Maßhaltigkeit ist für Klischee-Abbildungen meist nicht notwendig, weil infolge ihrer Einfarbigkeit keine »Passerschwierigkeiten« auftreten. Jeder Strich, jedes Figurenelement aber soll deckend schwarz aufgetragen sein. Dies ist unerläßlich. Graue, leicht durchscheinende, »kranke« Linien ergeben keine saubere Reproduktion. Man zeichne mit der Reißfeder oder mit guten Schreibfedern, auch mit Spitz- oder Tuschefedern oder neuerdings mit dem sog. »Tuschezeichner«. Vor Beginn der Arbeit reinige, resp. entfette man die Pauspapiere mit Radiergummi oder Kreidepulver. Das Zeichnen mittelst azetonlöslichen Spezialtuschen auf Kunststoffolien (Astralon, Kodatrace, Permatrace usw.) beschränke man auf das Herstellen hochwertiger Bildträger und man überlasse es dem geübten und erfahrenen Berufskartographen; denn die Behandlung solchen Materials macht dem unerfahrenen Gelegenheitszeichner meist einige Mühe.

Geübten Zeichnern gelingt es, gute Klischee-Vorlagen im Maßstab der zu druckenden Karte zu zeichnen. Im allgemeinen aber zeichne man seine Klischee-Vorlage in linear etwa 1$^1/_2$facher (ausnahmsweise 2facher) Vergrößerung. Dies erleichtert die Arbeit und führt durch photographische Verkleinerung zu präzisen, feinen Ergebnissen. Ein weit verbreiterter Unfug aber ist es, Klischee-Vorlagen in allzu starker Vergrößerung zu zeichnen, so daß sie dann für die Klischierung ungebührlich stark verkleinert werden müssen. Nur allzu oft werden damit die Karten unleserlich. Vor allem die Beschriftungen leiden durch zu starke Verkleinerung.

Das Herstellen solcher einfarbig-schwarz gezeichneter Kartenoriginale als Vorlagen für Buchdruck-Strichklischees wird erleichtert durch folgende *Hilfen:*

1 *Rasterfolien* mit schwarz aufgedruckten Musterfeldern, mit Linienscharen, Punktscharen usw. verschiedenster Art und Dichte, solche auf transparenten, glasklaren Folien, wie auch solche auf gewöhnlichen Papieren, selbstklebende und nicht selbstklebende – all dies wird heute in Spezialgeschäften für das graphische Gewerbe feilgeboten. Passende Stücke werden mit scharfen Messern aus den Folien herausgeschnitten und als Rastermosaikstücke oder als Flächensignaturen in die Zeichnung und in Legendenfelder geklebt, wobei falsch überlappende Rasterteile mittelst Schaber entfernt werden können.

2 *Weitere Hilfen:* Das Eintragen gewisser einfacher Signaturen kann gelegentlich erleichtert werden durch selbst herzustellende oder im Handel erhältliche Schablonen und Signaturenstempel. Gestempelte Figuren aber sind leider selten genügend scharf, selten genügend farbsatt.

3 *Beschriftung der Entwürfe:* Nur geübten Kartographen und Schriftgraphikern gelingt es, mittelst Federn durch Handzeichnung exakte, gute Kartenbeschriftungen herzustellen. Unter der Hand von Ungeübten aber entstehen oft Kartenbeschriftungen, welche in kläglicher Weise an die zerfallenen Mauern von Jericho erinnern. Auch hier bietet die moderne Technik ihre Hilfe an: Im Handel sind nicht nur Rasterfolien erhältlich, sondern auch solche für Buchstaben (Lettern), für Zahlen (Ziffern) und – wie oben gesagt – für gewisse Signaturen. Ein exaktes Montieren (Aufkleben) einzelner Buchstaben ist jedoch nicht sehr leicht. Man ziehe es daher vor, in eine Buchdruckerei zu gehen. Dort lasse man sich alle erforderlichen Kartenbeschriftungstexte in vorgesehener Größe setzen und schwarz auf Klebefolien drucken. Hierauf schneide man die einzelnen Schriftteile (Ortsnamen u. a., Titel- und Legendentexte) aus und klebe sie lagerichtig in die Klischee-Vorlagezeichnung. Dies ist oft das beste und billigste Vorgehen.

Ganz allgemein sei hier noch folgendes bemerkt: Es ist ein weit verbreiteter Irrtum, zu glauben, eine einfarbige kartographische Strichzeichnung (Vorlage für Buchdruck-Strichklischee) sei leichter zu zeichnen, als eine mehrfarbige Karte gleichen Inhaltes. Das Gegenteil trifft zu. Die Mehrfarbigkeit bietet Differenzierungsmöglichkeiten, über welche das einfarbige Bild nicht verfügt. In letzterem müssen daher die erforderlichen Sach- oder Art-Differenzierungen durch feinste, subtilste Variation von Strichstärken und Stricharten erreicht werden, was höchste zeichnerische Sorgfalt erheischt.

Eine andere Form des Buchdruck-Klischees ist das sog. *Autotypie-Klischee.* Es dient der drucktechnischen Wiedergabe von einfarbigen, aber helldunkel beliebig abgetönten

Originalen, z. B. von Photographien aller Art und in der Karte von geschummerten oder schattenplastisch bearbeiteten Geländedarstellungen. Um das Drucken der abgestuften Töne zu ermöglichen, werden diese bei ihrer photographischen Aufnahme mittelst eines eingeschalteten Rastergitters in dichte Felder feinster, in der Größe abgestufter Punkte oder punktähnlicher Kleinfiguren aufgegliedert.

34.4. Zeichnerische Herstellung von Originalen für mehrfarbige Karten größeren Formates

Es führen viele Wege nach Rom. Für die zeichnerische Herstellung der Originale mehrfarbiger Karten größeren Formates läßt sich kein einfaches und einzig gültiges Rezept aufstellen. Das Vorgehen hängt ab von Charakter und Größe der zu erstellenden Karte, ferner von der Art der vorhandenen Quellen, der Aufnahmedokumente, Arbeitskarten usw., von der einzufügenden Basiskarte, von den zeichnerischen Fähigkeiten des Bearbeiters und von seinen technischen Hilfsmitteln. Im folgenden seien einige Wege skizziert, doch sei betont, daß es nicht die einzig möglichen sind.

a) Entwerfen einer graphisch-zeichnerisch einfachen Karte, z. B. einer statistischen Karte oder einer Isolinienkarte. Die Basiskarte enthalte nichts weiter als ein vereinfachtes Gewässernetz und für gewisse statistische Karten das Gitter der Bezugsflächen, z. B. die Gemeinde-Grenzlinien. Man besitze diese Basiselemente in der Form vorhandener Karten im Maßstab der zu entwerfenden Karte.

Man entwerfe und zeichne nun alle linearen thematischen Elemente auf einer aufgelegten, transparenten Folie (Pauspapier) mit schwarzer Tusche. Hievon beschaffe man sich einige Lichtpausen oder Ähnliches und füge in einer dieser Kopien mit Farbstift alle gewünschten Flächenfarben (Mosaikfarben usw.) bei. Die Beschriftung entwerfe man auf einem zusätzlichen Deckpausblatt.

b) Ähnliches Vorgehen wie oben, jedoch werden alle Entwurfselemente (Linien, Signaturen, Flächen) nicht schwarz, sondern in den endgültig gewünschten Farben auf die Deckpause gezeichnet, die Linien mit farbigen Tuschen oder besser mittelst breiartig zubereiteten Aquarellfarben, die Flächentöne mit abgestuften Farben. Nachteil: farbiges Zeichnen auf Pauspapier ergibt Linien, deren Farben mehr oder weniger entstellt und überdies schlecht kopierfähig sind.

c) Alle thematischen Elemente lassen sich in den gewünschten Farben unmittelbar in die auf Papier gedruckte Basiskarte zeichnen. Dieses Vorgehen ist vielleicht am leichtesten und daher am üblichsten. Doch besteht hierbei der Nachteil, daß solche Entwurfszeichnungen nicht ohne weiteres mittelst Lichtkopie auf die Bildträgerfolien des Kartographen übertragbar sind. Auch eignet sich das Karten-Druckpapier oft schlecht als Zeichenpapier (unsaubere Linien, geringe Radiermöglichkeit, geringe Korrekturfähigkeit). In solchen Fällen ist meist ein nochmaliges, schwarzes, farbgetrenntes Reinzeichnen erforderlich.

d) Kartenentwurf einer feiner und reicher gegliederten Mosaikkarte.

Beispiel: Entwurf einer geologischen Karte großen oder mittleren Maßstabs.

Hier ist der sehr exakte, maßhaltige Einbau der thematischen Zeichnung in eine reich befrachtete, dicht gegliederte topographische Basiskarte notwendig. Ein bewährtes Vorgehen ist folgendes: Man läßt einen maßhaltigen Grau- oder Blaudruck (oder evtl. eine ausfixierbare Kopie) der erforderlichen topographischen Basiskarte auf eine Aluminiumfolie (mit sehr glattem, sehr weißem, gutem Zeichenpapier) herstellen. Nun zeichnet man auf dieser Folie alle linearen, thematischen Elemente, d. h. die Mosaikfeld-Konturen. Dies erfolgt mit schwarzer oder dunkelvioletter Tusche.

Dieses zunächst nur rein lineare Gefüge wird nun vom Reprotechniker durch Kopie oder Photographie auf seine Folien übertragen. Erst nachdem dies geschehen, bearbeitet man es als Farbflächenoriginal weiter, indem man mittelst Farbstift oder Aquarellfarbe die Flächentöne anlegt. Beschriftung- und Legendenentwürfe werden oft separat beigefügt.

In den meisten Fällen stellen sich zu Beginn der Arbeit die Fragen: Vergrößertes Zeichnen oder maßstäbliches Zeichnen? Farbgetrenntes oder farbvereinigtes Zeichnen? Maßstäbliches Zeichnen erheischt zwar größte zeichnerische Sorgfalt, erleichtert aber die Beurteilung des Ergebnisses und ermöglicht eine unmittelbare Übertragung auf die Bildträger, ohne Zwischenschaltung der photographischen Linse. Farbvereinigtes Zeichnen erleichtert dem Kartenautor und andern Begutachtern die Beurteilung des Entwurfes. Dies ist wichtig. Bei farbgetrenntem Zeichnen bietet erst der farbvereinigte Probedruck eine solche Möglichkeit. Dann aber verursachen allfällige Änderungen oft hohe Kosten. Der Sinnspruch »Eile mit Weile« gilt auch für die Kartographie.

Die Herstellung der endgültigen, reprofähigen und nach Druckfarben separierten Reprooriginale (Bildträger), meist in der Form von Tuschezeichnungen auf speziellen, möglichst maßhaltigen Kunststoffolien oder durch Schichtgravur auf Glas oder Kunststoffolien, überlasse man dem Berufskartographen. Dieser bemüht sich um sorgfältige Bereinigung aller graphischen Mängel. Dem Kartenautor (Inhaltsbearbeiter, Kartenredaktor) sei empfohlen, den Kartographen (Kartentechniker) genauestens über die gewünschte Endform der Karte zu informieren oder diese Endform gemeinsam mit ihm festzulegen. Eine solche (schriftlich festzulegende) *Instruktion* soll u. a. folgendes enthalten:

1 Angabe des Gebietes, des Themas, des Maßstabes, oft auch des Kartennetzes und, wenn möglich, der gewünschten Bildvereinfachung (Generalisierung).
2 Vorschriften über Inhalt und Form der Basiskarte. Ihre Herkunft.
3 Angaben über Strichstärken und Strichfarben der linearen Elemente, über Formen, Dimensionen und Farben der Signaturen, der Diagramme usw.
4 Muster für alle vorkommenden Flächenfarbtöne, mit Angabe der Raster.
5 Schrift-Anordnungsskizze und Liste aller in die Karte einzutragenden Namen und Zahlen, gruppiert nach Schriftarten, Schriftgrößen und Schriftstärken.
6 Anweisungen und Skizze über Inhalt (Wortlaut), Form (Schriftarten und Schriftgrößen) und räumliche Anordnungen der Titel, Legenden usw.

Sehr förderlich ist meist auch eine gute generelle Unterrichtung über Sinn und Wesen des darzustellenden Inhaltes. Was ist hervorzuheben? Was soll zurücktreten? Was will der Autor zeigen? Welches ist der Zweck der Karte? An wen ist sie gerichtet?

Gutes Zusammenspiel von Karten-Inhaltsbearbeiter (»Redaktor«), Kartenzeichner (Kartograph) und Karten-Reprotechniker ist – wie in diesem Buche wiederholt betont wird – erste Voraussetzung des Gelingens.

34.5. Einiges über das Werkzeug

Beschaffung und Pflege guter Hilfsmittel und Werkzeuge sind für jeden Kartenbearbeiter und Kartenzeichner unerläßlich. Seit im alten Ninive die Gelehrten in »Keilschrift auf sechs Ziegelstein« ihr Wissen zu verewigen suchten, haben sich Technik und Hilfsmittel des Malers und Graphikers beträchtlich entwickelt. Heutige Spezialgeschäfte führen Hunderte, ja Tausende von Materialien und Hilfsmitteln. Und nicht weniges aus solchen Kramläden erleichtert, verbessert und beschleunigt auch die Arbeit des Geographen und Kartenzeichners. Die Kataloge von Spezialfirmen vermitteln hierüber gute Auskünfte. Es wäre müßig, hier alle die angebotenen Hilfen schildern zu wollen. Wir beschränken uns daher im folgenden auf ein kurzes Verzeichnis von Dingen, die für Kartenzeichnerateliers und geographische Institute besonders nützlich sein mögen.

1 Atelier-Photokamera zur Herstellung von Vergrößerungen und Verkleinerungen, verzerrungsfrei, auch für große Formate. Mit zugehörigen Entwickler- und Kopiervorrichtungen.

2 Kopiergeräte, Lichtpausgeräte, Xeroxgeräte oder ähnliches, auch solche für große Formate.

3 Koordinatographen (Ordinatographen und Polarkoordinatographen, in Großbetrieben evtl. auch automatisch arbeitende).

4 Planimeter (Geräte zum Messen von Flächen in der Karte).

5 Rechenmaschine, Rechenschieber, Maßstäbe mit verschiedenen Teilungen, auch Metallmaßstäbe.

6 Leuchttische, d. h. Tische mit von unten gleichmäßig beleuchteten Tischplatten aus mattiertem Glas.

7 Reißbretter, evtl. sog. Zeichenmaschinen mit Zubehör (Reißzeuge, Reißschiene, Dreiecke, Kurvenlineale, Schraffiergeräte, Reduktionszirkel u. a.).

8 Vergrößerungs- und Verkleinerungslupen, Meßlupen, Fadenzähler.

9 Für Großbetriebe: Lichtsetzgerät.

10 Stempelgeräte, Stempel, Schablonen aller Art, Schriftschablonen, Beschriftungsapparat.

11 Folien aller Art: Aluminiumfolien, Zeichenpapiere, Pauspapiere, Zeichenfilme, Kunststoffolien (Astralon, Kodatrace, Permatrace, Ultraphan usw.).

12 Schichtbedeckte Glasplatten und schichtbedeckte Kunststoffolien mit zugehörigen Graviergeräten.

13 Rasterpapiere und Rasterfolien, Signaturenfolien, Schriftenfolien und Schriftvorlagen, Gitterfolien, Montagefolien, Maskierfolien, Millimeterpapiere, Polarkoordinatennetze, Diagrammfolien, Statistikpapiere.

14 Tuschen aller Art, auch farbige. Ferner schwarze Anreibe-Tusche mit destilliertem Wasser, Spezialtuschen zum Zeichnen auf Kunststoffolien.

15 Aquarellfarben (nur beste).

16 Farbstifte in reichsten Sortimenten, Qualitätsbleistifte verschiedener Härtegrade.

17 Farbschalen, Tuscheschalen, Wasserflaschen (destilliertes Wasser).

18 Federn aller Art, Aquarellpinsel, Wischer etc.

19 Spritzgeräte mit Zubehör.

20 Scharfe Messer, Scheren, Schaber usw., Spitz- und Radiergeräte, Radiermasken, Schwämme, Löschblätter.
21 Tischlampen, auch Tageslichtlampen.
22 Farbmustertafeln.
23 Schriftmusterbücher.
24 Sammlung von Karten und Atlanten (für Vergleichszwecke).
25 Tabellenwerke, Logarithmentafeln. Umrechnungstafeln verschiedener Art. Tafeln zur Berechnung von Kartennetzen. Wörterbücher.

Abschließend erlaube man dem Verfasser eine trivial erscheinende Bemerkung:
Der Erfolg allen gelehrten Bemühens in kartographischen Dingen hängt wesentlich davon ab, ob man gewillt und befähigt ist, seine Farben, Tuschen, Federn, Pinsel, Papiere und Folien aller Art rein zu halten und seine Bleistifte und Farbstifte immer wieder und unaufhörlich scharf wie Nadeln zu spitzen und zu schleifen. Die scharf geschliffene Graphit- oder Farbstiftspitze aber führe man sehr leicht und zart. Mit Kohleklumpen und Preßluftbohrern zeichnet man keine Karten!

Kapitel 35
Kartenherstellung mit Hilfe elektronischer Datenverarbeitung

35.1. Einige Vorbemerkungen

Die automatische, vor allem die elektronische Datenverarbeitung oder Informationsverarbeitung wurde in unserer Zeit eine unentbehrliche Hilfe zur Lösung verschiedenartigster Aufgaben in Wissenschaft, Statistik, Technik, im Wirtschaftsleben, in der Verwaltung usw. In Anbetracht der rasch wachsenden Informationsmengen und des Informationsbedürfnisses, im Hinblick auch auf die Komplexität mancher Probleme kommt solch neuen Hilfen große Bedeutung zu.
Die beiden Begriffe *»Automation«* und *»Elektronik«* sind nicht gleichbedeutend, doch überdecken sie sich. Elektronik ist an vielen Automationsvorgängen beteiligt. Unter den umfassenderen Begriff »Automation« fallen aber auch Vorgänge und Hilfsmittel nicht elektronischer Art.

35.2. Elektronische Datenverarbeitung im Dienste der Kartenherstellung

Die elektronische und digitale Datenverarbeitung ist zur Hauptsache eine Errungenschaft der letzten drei Jahrzehnte. Sie war zunächst nicht auf kartographische Aufgaben ausgerichtet. Erst etwa seit 1960 sucht man sie da und dort auch zur Kartenherstellung einzusetzen.

In den USA, in Kanada, in der Sowjetunion, in Japan und in einigen europäischen Ländern, vor allem auch in Deutschland, ist man bemüht, unter Einsatz der neuen Methoden und Geräte, gewisse kartographische Probleme rascher, umfassender und zuverlässiger zu bewältigen, als es mit bisherigen »klassischen« Verfahren möglich wäre. Den Kartenhersteller interessieren hierbei besonders die folgenden *Aufgabenbereiche:*

35.2.1. Fernübertragung von Daten

Wie z. B. die rasche Übermittlung neuer topographischer, statistischer und anderer Ergebnisse über größte Distanzen mittelst Fernschreiber, Telexverbindungen usw.

35.2.2. Speicherung von Daten

D. h. elektronische Inventarisierung, Gruppierung (Gliederung) und Aussortierung aller möglichen topographisch-kartographischen, thematisch- kartographischen, statistischen und anderen Daten. Aus solchen zweckmäßig angelegten, meist sehr umfangreichen Speichern lassen sich – je nach Bedarf – gewisse Daten oder Datengruppen automatisch aussortieren und äußerst rasch in der Form von Verzeichnissen und Tabellen ausliefern. Hierbei müssen die Daten in sorgfältiger Auswahl gespeichert und herausgegeben werden; denn sonst würde die Überfülle des Gebotenen für den Gebrauch unüberschaubar.

35.2.3. Teilweise oder vollständige Herstellung von Karten

Je nach Grundlagematerial, verfügbaren technischen und sonstigen Mitteln und je nach der gestellten Aufgabe kann die elektronische Datenverarbeitung für gewisse Teilbereiche der Kartenherstellung eingesetzt werden. Auch vollautomatische Herstellung wird angestrebt und ist für gewisse sehr einfache Aufgaben heute schon möglich.

Wir kommen auf solche Probleme unten, in den Abschnitten 35.9–11, zurück.

35.2.4. Laufendhaltung der Karten

Grundsätzlich stellen sich hier dieselben Probleme wie bei der Kartenherstellung. Infolge des starken Anwachsens der Kartenmengen und der Informationsbedürfnisse, vor allem aber infolge der raschen Veränderungen unserer Umwelt und der Fortschritte der Forschung wird eine genügende Karten-Laufendhaltung (Nachführung) mehr und mehr zu einer schwer zu bewältigenden Sisyphusarbeit der Fachleute. Genügend rasches Aufnehmen, Übermitteln, Verarbeiten und Einfügen der Veränderungen in die Karten wird in weltweitem Rahmen für gewisse Dinge in Zukunft wohl nur noch unter Mithilfe modernster automatischer Verfahren möglich sein.

35.3. Zusammenarbeit verschiedener Spezialisten

Von Ausnahmen abgesehen sind Geographen oder Geowissenschaftler und die Kartographen nicht auch Spezialisten auf dem Gebiet elektronischer Datenverarbeitung. In der Regel besitzen sie weder die hierfür erforderliche Ausbildung noch ausreichende Erfahrung. Das Gebiet der elektronischen Datenverarbeitung setzt weitgehende Spezialkenntnisse voraus auf verschiedenen Gebieten der Mathematik, wie z. B. der mathematischen Symbolik und der Zahlensysteme, der Methoden von Sprach- und Zahlenverschlüsselungen, ferner der Elektronik, der elektrischen Steuerungs- und Impulstechnik usw. Erforderlich ist auch Vertrautheit mit den besonderen Geräten und Hilfsmitteln. Das Gebiet der automatischen Datenverarbeitung ist eine neue, eigene, technische Wissenschaft und führt zu einer Reihe verschiedener beruflicher Betätigungen. Es wäre abwegig, jeden Geographen, jeden Kartographen auch noch zum Datenverarbeitungs-Fachmann auszubilden. Wünschenswert aber ist für jeden Kartenhersteller eine gute allgemeine Orientierung über Art und Leistungsfähigkeit der neuen Zaubermittel; denn nur wer über einen solchen Überblick verfügt, kann die Möglichkeiten des »Automationsdienstes« richtig beurteilen und seine Probleme mit den Automationsspezialisten diskutieren. Heute stehen in der Fachliteratur vorzügliche Einführungslehrbücher, auch solche in deutscher Sprache, zur Verfügung, z. B. die Bücher von S. Dworatschek und A. Speiser. Gute und rationelle Kartenherstellung mit Hilfe automatischer, insbesondere elektronischer Datenverarbeitung ist wohl nur möglich durch gutes Zusammenspiel des Geowissenschaftlers, des Kartengraphikers und des Kartenreprotechnikers mit dem Fachmann für Datenverarbeitung.

35.4. Stoffliche Beschränkung der hier vorgebrachten Ausführungen

Die automatische (elektronische) Datenverarbeitung im Dienste der Kartenherstellung erstreckt sich auf Gebiete der Geodäsie, auf die Geländevermessungen, auf die topographische und thematische Kartographie und auf die kartographischen Reproduktionsverfahren. Auf allen diesen Gebieten sind bereits gewisse Erfolge zu verzeichnen. Beispielsweise sei hingewiesen auf die automatische Berechnung und Konstruktion von Kartennetzen, auf die Katasterplankartographie, auf die Automatisierungen bei photogrammetrischen Aufnahmen, auf die Orthophotokarten usw.

Unseres Erachtens dürften sich die neuen Verfahren der Datenverarbeitung gerade für die Herstellung gewisser *thematischer* Karten, vor allem solcher *statistischer Inhalte*, als besonders nützlich erweisen.

35.5. Über Stand und Wandlung der Dinge

Da und dort ist die elektronische Datenverarbeitung zur Lösung thematisch-kartographischer Aufgaben erfolgreich eingesetzt worden. Sehr umfangreich erscheint auf den ersten Blick heute schon die einschlägige Fachliteratur. Karl Heinz Meine nennt in seiner bibliographischen Zusammenstellung 1969 etwa 900 Veröffentlichungen. Diese beziehen sich freilich auf das Gesamtgebiet automatisierter Kartenherstellung, somit auch auf geodätische, topographische und reprotechnische Fragen. Trotz solchen bibliographischen Reichtums steckt die Lehre der automatischen und im besonderen der elektronischen Kartenherstellung heute noch in den Anfängen. Allzu Vieles ist noch ungeklärt oder mangelhaft, allzu oft auch werden Luftschlösser errichtet und Zukunftshoffnungen bereits als Realitäten hingestellt. Die Entwicklungen überstürzen sich. Was heute gilt, ist morgen veraltet. Auf manchen technischen Gebieten – und so auch bezüglich der automatisierten Kartographie – erfährt man das Neueste oft nur aus den Fabrikprospekten. Lehrbücher aber, mit ihren länger dauernden Embryonalstadien, sind inhaltlich oft überholt, bevor sie das Licht der Welt, resp. den Ladentisch des Buchhändlers erreicht haben. Der Verfasser dieses Buches ist sich bewußt, daß auch den vorliegenden Ausführungen ein solches Schicksal kaum erspart bleiben wird. Trotzdem soll hier versucht werden, dem Leser einige Orientierungen über den »fliehenden« Gegenstand zu geben.

35.6. Sprachliches Tohuwabohu

Neue Begriffe, Entwicklungen, Geräte, Zusammenhänge, Vorgänge erheischen im Interesse sprachlicher Kürze und inhaltlicher Präzisierung oft die Einführung neuer Fachwörter. Die Berichte, Abhandlungen und Bücher über automatische Datenverarbeitung sind für fachlich nicht Spezialisierte, auch für Geographen und Kartographen, oft schwer lesbar, weil die Texte von neuen Wortbildungen wimmeln. Manche der neuen Fachausdrücke setzen sich zusammen aus den Anfangsbuchstaben der Wörter gliederreicher Wortfolgen. Andere wiederum sind Lehnwörter aus der englischen Sprache, sind »Amerikanisierungen«, wobei auch diese oft in keinem englisch-deutschen Wörterbuch zu finden sind. Beispiele: Bit, Byte, Compiler, Composer, Hardware, Software, Plot, Scanner, Enconder. Noch verwirrender aber ist die Verwendung von Wörtern des normalen deutschen Sprachschatzes unter Zuweisung eines eingeschränkten oder erweiterten oder auch völlig veränderten Sinnes. Beispiele: Alphabet, Adresse, Format, Formation, Flußdiagramm, Klartext, Prozeß, Resolution, Steuerdirektor, System, Wort, Worte, Ziffer. Nicht selten stoßen wir auf neue, zum Teil anfechtbare Wortbildungen, wie etwa »auflisten«, »formatieren«, »seriell«.
All solcher Tohuwabohu erleichtert dem Uneingeweihten die Lektüre keineswegs.

35.7. Götzenglaube und Teufelsfurcht

Manche Fachleute – Kenner der neuen Materie, wie auch Nichtkenner – huldigen bezüglich »Automatisierbarkeit« und »Elektronisierbarkeit« der Kartenherstellung ei-

nem begeisterten, nicht selten einem blinden Optimismus. Die sekundenkurzen »Outputzeiten« faszinieren. Nicht wenige Autoren tun so, als ob alles bereits gelöst, als ob alle Karten heute oder demnächst nur noch mittelst automatischer Geräte hervorgezaubert würden, als ob der Kartograph nicht mehr »gefragt« wäre. Wieder andere, heute immer noch eine überwiegende Mehrheit der Kartenhersteller, schielen mit unverhohlenem Mißtrauen, ja mit Verachtung auf die neuerungssüchtigen »Zahlen- und Maschinensklaven«. Sie sind überzeugt, daß in der Kartographie selbst der leistungsfähigste Computer menschliches Urteil, menschliche Begabung und menschliche Arbeit nie werde ersetzen können. Wie steht es nun mit diesen Dingen?
Wir wollen solchen Fragen hier vorläufig ausweichen, am Schluß dieses Kapitels aber auf sie zurückkommen. Zuvor seien einige der fraglichen Vorgänge etwas näher betrachtet.

3.5.8 Geräte und Einrichtungen

Die automatische, elektronische Datenverarbeitung, im besonderen auch die entsprechende Herstellung von Karten, bedient sich einer Reihe hochentwickelter technischer Geräte. Sie seien hier – etwa in der Reihenfolge ihres Einsatzes – kurz skizziert:

35.8.1. Fernschreibekonsole mit elektronischem Ein- und Ausgabegerät

Das »Füttern« der Datenverarbeitungsanlage, des »Computers«, die sog. »Eingabe« oder der »Input«, erfolgt über eine Schreibmaschine mit elektronischer Datenerfassungs-Anlage. Die Lösung eines Problems erheischt nämlich zunächst das Umschreiben (Codieren oder Chiffrieren) der Eingabedaten (der Ausführungsanweisungen) in eine vom Computer lesbare Form. Derartige Konsolen besitzen im allgemeinen einen Lochstreifenleser und -stanzer. Sie dienen auch als *Ausgabegeräte*. Die Ausgabe der Ergebnisse erfolgt für Texte in normaler (nicht chiffrierter) Sprache (»Klartext«), für Zahlenergebnisse im Dezimalsystem in üblicher Schreibmaschinenschrift auf Papierbogen oder Papierrollen.

35.8.2. Numerisch gesteuertes Abtastgerät oder »Digitizer«

Oft sind kartographisch aufgezeichnete Punkte und Linien in den Umformungs-, Aufzeichnungs- oder Speicherungsvorgang einzuschleusen. Solche Elemente sind zunächst abzutasten mittelst der Abtaststifte (Meßköpfe) von entsprechend ausgestatteten Koordinaten-Lesegeräten, den »Orthogonal-Digitizers« oder den »Polar-Digitizers«. Damit werden zeichnerisch (kartographisch) vorliegende Punktpositionen und Linien in »digitale« (durch Zahlen definierte) und für den Computer verwendbare Form übergeführt. Solche Geräte besitzen Anlagen zum Rechnen, Speichern, Aussortieren und zur Ausgabe (den Output) von Daten. Die Speicherung und die Ausgabe der Daten erfolgt mittelst Lochkarten, Lochstreifen, Magnetbänder. Als »Daten« werden erfaßt und gespeichert entweder absolute Lagekoordinaten oder Koordinatendifferenzen zwischen den einzelnen Punkten. Gekrümmte Linien werden durch Speicherung der Lagekoordinaten einer dichten Folge von Punkten (bis zu 10 Punkten pro 1 mm Linienlänge) erfaßt und gespeichert. Die Dichte der Punktfolge kann innert gewisser Grenzen frei gewählt werden. Auch ist es möglich, in festen Zeitintervallen Punkte zu registrieren.

35.8.3. Elektronische Datenverarbeitungsanlage und Datenspeicher, der Computer

Dieses, je nach Verwendungszweck in den verschiedensten Dimensionen, für verschiedenste Speicherkapazitäten fabrizierte und für verschiedene Programmsprachen (ALGOL, FORTRAN und andere) geeignete Gerät bildet die zentrale Anlage der elektronischen Datenverarbeitung und Datenspeicherung. Es enthält in seinem Innern elektronische Bauelemente von einer Komplexität, die sich hier einer Schilderung entzieht (sog. Halbleiterelemente, wie Dioden, Transistoren, integrierte Schaltkreise und anderes).

Die Leistungsfähigkeit solcher Geräte ist erstaunlich. Zwar kann die Maschine nicht denken, doch kann sie die ihr aufgetragenen »befohlenen« und gesteuerten« Rechenaufgaben in Sekundenschnelle lösen und die Ergebnisse dem Ausgabegerät übergeben. Sie kann auch Daten in riesiger Anzahl speichern und Gespeichertes wieder herausgeben. Sie ist in der Lage, gespeicherte Daten nach verschiedensten gewünschten Kategorien zu sortieren. Die Speicherungen erfolgen auf Magnetbändern, Magnettrommeln oder auf Magnetplatten. Die Ergebnisse (die Resultate der Berechnungen oder die gespeicherten Daten) gelangen auf dem Weg über die Ausgabegeräte zur Auslieferung. Nachträge können jederzeit in die Speicher eingeschleust werden.

35.8.4. Digital gesteuerte Koordinatographen

Wir sind diesem Gerät schon oben unter 35.8.2. begegnet. Es kann u. a. zum Abtasten der Rechtwinkelkoordinaten von Punkten und Linien und zu deren Überführung in digitale, durch Zahlen definierte maschinengerechte Form benützt werden (Input). Zur Hauptsache dient es aber der graphisch-grundrißlichen Aufzeichnung von Punkten oder von Linienzügen nach errechneten oder gespeicherten Koordinatenwerten auf Papierbogen, auf Pläne, Karten, Folien verschiedener Art (Output). In den Computern und teilweise auch in den Rechenvorrichtungen, den sog. Steuerrechnern, der Koordinatographen lassen sich mathematisch formulierbare rechnerische Umformungen vornehmen, so z. B. beliebige Änderungen der grundrißlichen Kartenmaßstäbe, affine oder andere geometrische Umformungen von Figuren, Änderungen der Kartenprojektionssysteme, Größenänderungen von Figuren, Änderungen von Diagramm-Maßstäben usw.

Die meisten digital gesteuerten Koordinatographen besitzen Zeichnungsköpfe, die mittelst Spindeln bewegt werden. Als Zeichnungsspitzen können eingesetzt werden: Bleistifte, Tuscheröhrchen, Reißfedern, Gravierstichel zur Gravur auf beschichtete Folien, Lichtprojektoren zum Zeichnen mit Licht auf photographischem Film, Schneidegeräte zum Ausschneiden von Strippingfilmen für die Reproduktion. Strichstärken und

Stricharten der gezeichneten Linien lassen sich innerhalb gewißer Grenzen variieren. Es lassen sich geschlossene, punktierte oder gestrichelte Linien ziehen. Es lassen sich isolierte Punkte geradlinig oder durch stetige Kurven folgerichtig miteinander verbinden. Gewisse Geräte sind in der Lage, zusätzlich benötigte Texte, wie Punktnummern, Mengenzahlen, Ortsnamen usw., aber auch Lokalsignaturen (Symbole) mittelst »Zeilendruckern« und Schriftplazierungsgeräten auf die Folien zu stempeln, zu drucken oder mit Licht auf Filme zu projizieren.

Die Fabrikation solcher Ausgabe- oder Aufzeichnungsgeräte steckt freilich erst in den Anfängen. Für kartographische Zwecke sind noch feinere, noch leichtere und feiner bewegbare Zeichnungs-Vorrichtungen erforderlich. Es wäre wünschenswert, über eine reiche Auswahl verschiedenster Signaturen zum Stempeln oder Drucken oder Lichtsetzen verfügen zu können. Entwicklungen in diesem Sinne sind im Gange, indem bereits von der Möglichkeit gesprochen wird, beliebige, vom Kartographen von Fall zu Fall selbst gezeichnete Kleinfiguren (z. B. durch Belichtung) auf die eingelegten Folien zu übertragen.

Die oben geschilderte Gattung des elektronisch und digital gesteuerten Rechtwinkel-Koordinatographen ist ein sog. Tischgerät (Abb. 138). Es besitzt eine horizontale Tischplatte, auf welche Papiere, Gravurfolien, Basiskarten usw. eingelegt werden können.* Ähnlichen Zwecken dient eine Abart solcher Geräte, der Koordinatograph mit rotierendem Zylinder als Zeichnungsfläche. Hier wird die x-Bewegung durch das Drehen eines Zylinders (mit vertikaler Achse) und die y-Bewegung durch vertikales Ausfahren des Zeichenstiftes bewirkt (Abb. 139). Es gibt auch Geräte mit horizontaler Zylinderachse.

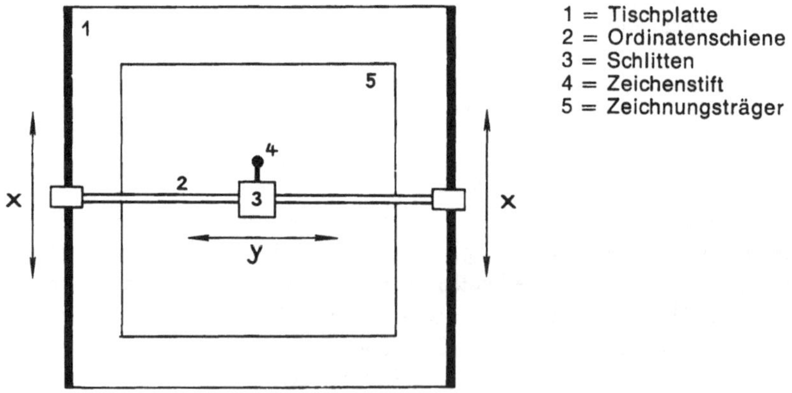

Abb. 138 Rechtwinkelkoordinatograph

* Heute sind auf dem Markt etwa 50 verschiedene Modelle von etwa 30–40 Firmen. Aus dem deutschen Sprachraum seien als Beispiele die folgenden herausgegriffen:
1 *Aristomat* der Aristo-Werke Dennert und Pape KG – Hamburg
2 *Carimat* der Jenoptik Jena GmbH, in Jena
3 *Coradomat* von Coradi, Zürich
4 *Coragraph* von Contraves/Haag-Streit, Zürich u. Bern
5 *Graphomat* von ZUSE, KG in Bad Hersfeld
6 *Kordimat* von Zeiss-Aerotopograph in Oberkochen.

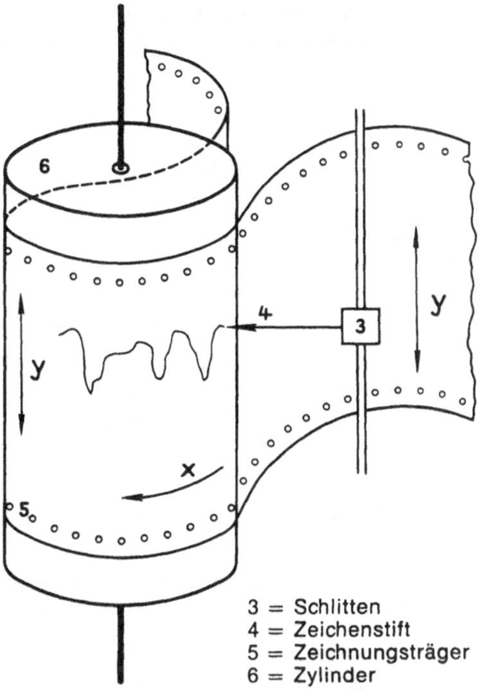

Abb. 139 Trommelzeichengerät oder Trommelplotter (Englisch: drumplotter, Figur zum Teil nach Sebastian Dworatschek)

Bei den zylinderischen Geräten können als Zeichnungsträger nur Papiere oder leicht biegsame Kunstoffolien verwendet werden. Dies bietet jedoch den Vorteil, daß auf den Rollen viele Zeichnungen hintereinander angefertigt werden können. Durch den Folientransport – vorwärts und rückwärts – leidet aber die Zeichengenauigkeit. Präzisionsgeräte sind daher in der Regel als Tischgeräte ausgebildet.

Die Ausgabe- oder Output-Zeichengeräte werden als *»Plotter«* bezeichnet (vom englischen plot = aufzeichnen). S. Dworatschek (Einführung in die Datenverarbeitung, 1970. Seite 279) schreibt über die automatischen Koordinatographen u. a. folgendes:

»Es ist zu unterscheiden, ob die Auswertung der numerisch vorliegenden Koordinatenrohwerte noch innerhalb der Datenverarbeitungsanlage erfolgt oder mittelst einer Rechenelektronik des Koordinatographen. Zu dieser Auswertung gehört vor allem die Interpolation zwischen den numerisch gegebenen Stützstellen der gewünschten Kurve. Im Koordinatographen selbst ist i. a. nur lineare, zirkulare oder manchmal parabolische Interpolation errechenbar. Wird dagegen die Auswertung noch in der Datenverarbeitungsanlage vorgenommen, so sind natürlich durch entsprechende Programme beliebige Interpolationsarten wählbar. Diese Methode ist also flexibler.

Die Beschriftung von Zeichnungen kann mit den Geräten automatisch erfolgen. Flexible Programme – etwa zur Herstellung des Steuerlochstreifens – erlauben nahezu jegliche Schriftgröße und Schriftform. Die Anforderungen an die Koordinatographen sind so verschieden, daß die Kenngrößen derartiger Geräte stark differieren. Von den Geodäten (und Kartographen. E. I.) werden extreme Genauigkeitsanforderungen an die Ge-

räte gestellt. Die theoretische Genauigkeit mancher Geräte erreicht ± 0,01 mm. Übliche Koordinatenlänge (Längenbereich der Koordination X und Y) ist 0,3 bis 1,0 m. Die Zeichengeschwindigkeit ist der erreichten Genauigkeit umgekehrt proportional. Übliche Werte liegen zwischen 3 und 50 cm/s. (für Karten somit höchstens 3 cm/s. E. I.). Dabei werden meist 300 Digitalschritte pro Sekunde erreicht«. – (Somit pro 1 mm = 10 Digitalschritte. E. I.). Die Zeichengeschwindigkeit ist abhängig von der Form der Linie. Ein Rechtwinkel-Koordinatennetz, beispielsweise, kann sehr rasch aufgetragen werden (E. I.).
Hierzu ist zu bemerken, daß nach einer Untersuchung von W. Caspary die erreichbaren Zeichnungsgenauigkeiten für die meisten kartographischen Zwecke leider noch nicht ausreichen. Caspary schreibt: »Im Vergleich mit herkömmlichen Kartierverfahren bringen die automatischen Kartiergeräte zwar einen erheblichen Zeitgewinn, aber die untersuchten Geräte reichen bei ihrem gegenwärtigen Zustand nicht an die von Hand erzielbare Genauigkeit heran«. Caspary ermittelte bei den Zeichenautomaten mittlere systematische Punkt-Lagefehler von ± 0,13–0,44 mm, bei der Handzeichnung aber solche von nur ± 0,10–0,15 mm. Jüngste Entwicklungen der Geräte lassen freilich in Zukunft kleinere systematische Punkt-Lagefehler erwarten. Die notwendigen weiteren Steigerungen der Zeichnungsgenauigkeit und auch die Kompliziertheit, Regellosigkeit und Dichte kartographischer Gefüge werden aber das automatische Zeichnen stark verlangsamen.

35.8.5. Bildschirmgeräte

In jüngster Zeit sind Ausgabegeräte entwickelt worden, welche die Ergebnisse (Texte, Tabellen, Diagramme, Karten) auf Bildschirmen zeigen. Solche Sichtgeräte arbeiten auf Grund ihrer physikalischen Einrichtungen (Elektronenstrahlröhren) mit Geschwindigkeiten, die denjenigen der zentralen Geräte (Computer) entsprechen. Solche Bildausgabe erfolgt damit wesentlich rascher, als diejenige über die oben beschriebenen Zeichengeräte. Der Bildbetrachter (Geograph, Kartograph) kann mittelst Lichtgriffel oder über Eingabetastaturen ungeeignete oder schlecht plazierte Zeichnungsteile (Zahlenwertzeichen, Diagramme) löschen, verschieben und neu eintragen, um auf diese Weise im Bilde verwirrende Überlagerungen und andere Mängel zu beheben. Die Lokalisierung des Lichtgriffels auf dem Bildschirm erfolgt über den Elektronenstrahl. Über die Tastatur solcher Geräte kann der Benützer Anfragen an die Datenverarbeitungsanlage richten, er kann ihr Befehle erteilen und Zahlenwerte einschleusen. Das in solcher Weise bereinigte oder ergänzte Bild wird hierauf endgültig herausgegeben. Der Durchmesser des quadratischen Bildschirmes beträgt im Allgemeinen etwa 40 cm, die Bildfläche ist in einen Feinraster von einigen hunderttausend Punkten gegliedert. Um die Ergebnisse beliebig lange auf dem Bildschirm festhalten zu können, besitzen die meisten Geräte eine elektronische Bildwiederholungseinrichtung. Damit wird die Zentraleinheit der Anlage davon befreit, selbst die Wiederholungen vornehmen zu müssen. Der »Bildwiederholer« ist sogar in der Lage, Maßstabsänderungen und andere Größenänderungen, ferner Lageverschiebungen der Bilder oder Bildteile vorzunehmen (z. T. nach S. Dworatschek, 1970. –) Freilich, ob solches Grobzeichnen mit Lichtgriffel auf Bildschirm jemals an manuelles kartographisches Präzisionszeichnen heranreichen wird, bleibt vorderhand ungewiß.

35.8.6. Die Gesamtanlage der Datenverarbeitung

Ein- und Ausgabegeräte und das Zentralgerät (Zentraleinheit oder Computer mit Steuerwerk, Rechenwerk und Hauptspeicher) und der Externspeicher bilden zusammen die gesamte Datenverarbeitungsanlage. Diese sei im Folgenden nochmals zusammengestellt (Abb. 140).

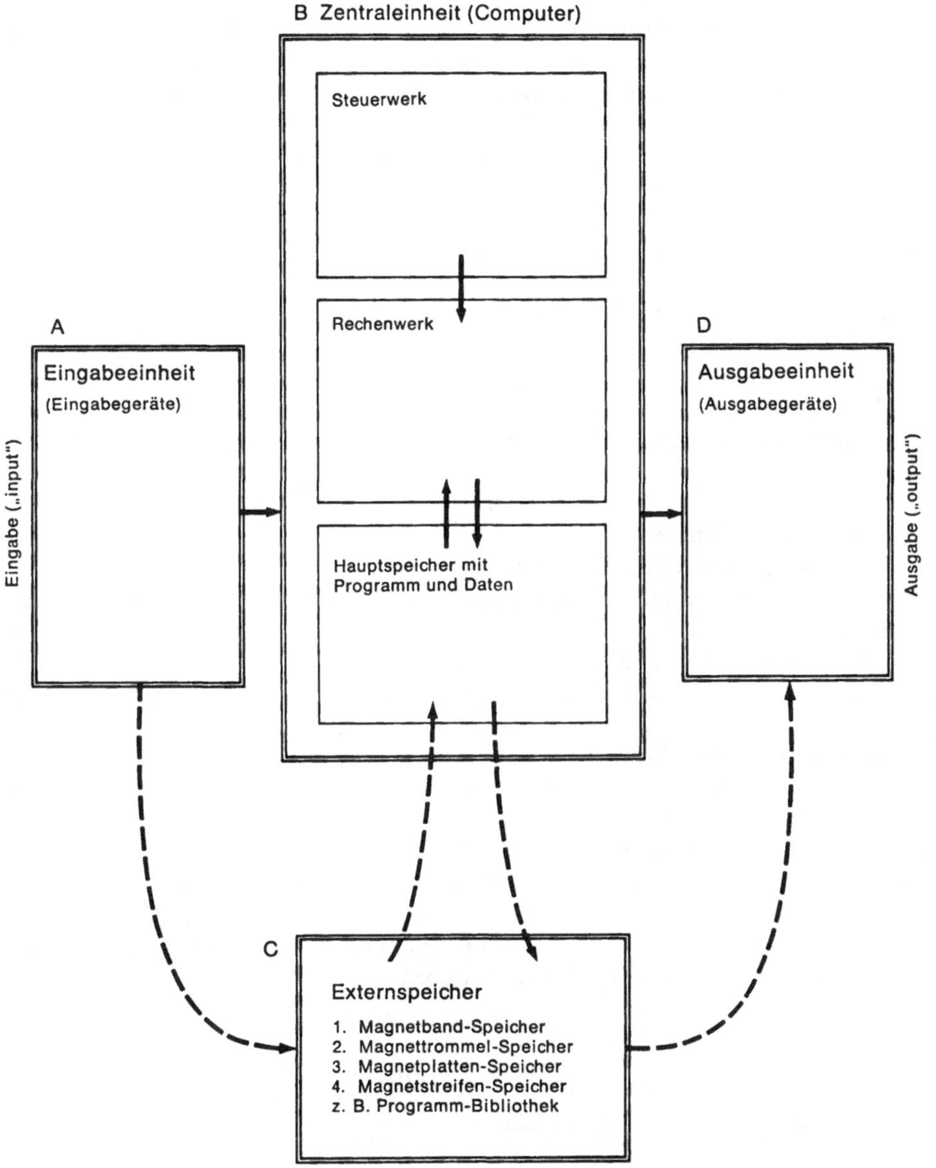

Abb. 140 Raumschema einer Datenverarbeitungsanlage. A und D sind oft in einer Einheit (Apparatur) kombiniert

A. Die *Eingabeeinheit* umfaßt folgende Geräte:
1 Lochstreifenleser
2 Lochkartenleser
3 Belegleser mit Klarschriftleser, Magnetschriftleser, Markierungsleser, Mehrfunktionsleser
4 Magnetbandleser
5 Koordinatenregistriergerät (»Digitizer«): Dieses dient zwar nicht zur unmittelbaren Eingabe in die Zentraleinheit (Computer), sondern lediglich zum Erzeugen einer »computerlesbaren« Registrierung auf Lochkarten, Lochstreifen oder Magnetbändern, die dann mittelst Lochkartenleser, Lochstreifenleser oder Magnetbandleser eingegeben werden kann.

Unter »Klarschrift« versteht man die allgemein übliche, nicht verschlüsselte, nicht chiffrierte lateinische Druckschrift.

B. Die *zentrale Einheit* (Computer) umfaßt
Steuerwerk, Rechenwerk und Hauptspeicher.

C. Der *Externspeicher*

D. Die *Ausgabeeinheit* umfaßt folgendes
1 Lochstreifenstanzer
2 Lochkartenstanzer
3 (Schnell-)Drucker
4 Zeichengerät: Koordinatograph (Plotter)
5 Bildschirmgerät

Die kombinierten *Ein- und Ausgabegeräte* umfassen:
1 Steuerpult mit Tastatur
2 Protokoll-Schreibmaschine mit Tastatur und Schreibwerk
3 Fernschreibmaschine mit Tastatur, Lochstreifenleser usw., Druckwerk, Lochstreifen-Stanzer
4 Leuchtschirm mit Lichtgriffel und Tastatur
5 Datenübertragungsgeräte mit Lochstreifenleser und Lochstreifenstanzer
6 Magnetkontokarten: Eingabe- und Ausgabegerät
7 Regelgeräte: Meßgeräte, Stellglieder.

Alle oder die wesentlichsten dieser Geräte finden sich in den sog. *»Rechenzentren«* vereinigt. Heute besitzen die meisten Hochschulen, aber auch Amtsstellen und gewisse große private Betriebe Rechenzentren mit leistungsfähigen automatisch-elektronischen Datenverarbeitungsanlagen. Sowohl die Eingabe- als auch die Ausgabeanlagen können getrennt vom Rechenzentrum aufgestellt und betätigt werden, so z. B. in statistischen, geodätischen oder kartographischen Instituten. Eine einzige zentrale Einheit kann gleichzeitig mehrere dieser »Peripheriegeräte« bedienen.

35.9. Ablauf einer Kartenherstellung. Beispiel einer Diagrammkarte

Automatische Datenverarbeitungsanlagen bieten die verschiedenartigsten Möglichkeiten ihres Einsatzes. Im Folgenden beschränken wir uns auf eine generelle Schilderung des Ablaufs, so wie er bei thematisch-kartographischen und insbesondere bei statistisch-kartographischen Aufgaben vor sich gehen kann. Hierbei sei als *Beispiel* die *Herstellung einer einfachen Diagrammkarte* gewählt.

Gegeben seien: Für ein abgegrenztes, normal orientiertes, rechteckiges Gebiet die Rechtwinkelkoordinaten x und y der vier Eckpunkte und diejenigen der Ortszentren der ganz in diesem Gebiet liegenden Gemeinden, alles bezogen auf ein und dasselbe lokale Koordinatensystem (z. B. auf das schweizerische, ebene, rechtwinklige Kilometer-Koordinatensystem).

Gegeben seien ferner für jede dieser Gemeinden die Totalanzahl der erwerbstätigen Personen, sowie die entsprechenden Zahlen (Mengen) für die folgenden sechs Branchegruppen:

1 Maschinenindustrie
2 Textilindustrie,
3 Bekleidungsindustrie,
4 Lebensmittel-Industrie,
5 Papierindustrie und graphisches Gewerbe,
6 Übrige Industrien und Gewerbearten.

Die *Aufgabe* lautet:

Für das genannte Gebiet ist eine Orts-Diagrammkarte im Maßstab 1:500 000 herzustellen mit Kreis-Scheiben, resp. Kreis-Sektoren-Diagrammen für jede Gemeinde.

Erster Schritt: Der Kartenbearbeiter wählt eine bereits bestehende, gut geeignete Basiskarte als tragende Grundlage der thematischen Neukonstruktion. Die Aufgabe bestehe nämlich nicht darin, auch diese Basis- oder Trägerkarte mit den neuen Mitteln der Datenverarbeitungsanlage zu schaffen; sie bestehe, wie solches meist der Fall ist, lediglich im Konstruieren, Zeichnen und lagemäßigen Plazieren der Diagramme. Die Kreis-Scheiben, resp. Kreis-Sektorflächen sollen den zugehörigen Mengen flächenproportional sein.

Durch einige Kontrollberechnungen und zeichnerische Versuche an einem kleinen, besonders komplizierten, überladenen Testgebiet sei für die Gemeinde A der Scheibenradius $r_A = 1{,}0$ cm festgesetzt. Die Gemeinde A sei diejenige mit der größten Totalanzahl a = 13 300 Erwerbstätiger in Industrie und Gewerbe, somit die Gemeinde mit der größten Kreis-Scheibe F_A, deren Radius r_A (wie oben angegeben) zu 1,0 cm festgesetzt sei.

Gesucht ist der Kreis-Scheiben-Radius r_B cm für die Gemeinde B, deren Totalzahl der in Industrie- und Gewerbe Beschäftigten = b betrage.

b sei zum Beispiel = 3000

Gemeinde A mit 13 300 Beschäftigten

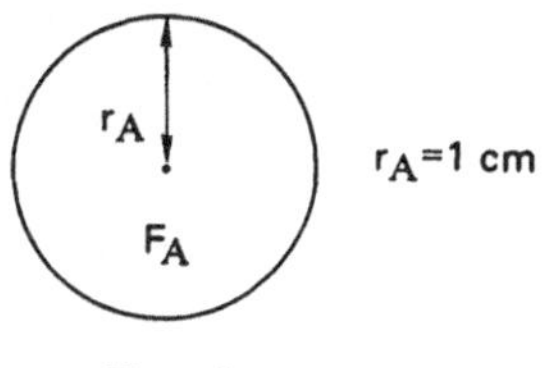

Figur 1

Gemeinde B mit 3 000 Beschäftigten

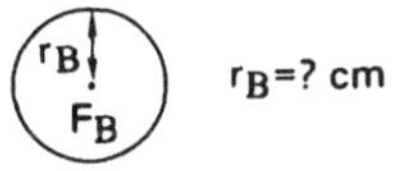

Figur 2

Es verhalten sich $\frac{F_B}{F_A} = \frac{3000}{13\,300}$ und damit $\frac{r_B}{r_A} = \sqrt{\frac{3000}{13\,300}}$

$r_A = 1$ cm (ist gegeben)

Somit ist $r_B = \sqrt{\frac{3000}{13\,300}}$ cm = 0,47 cm

Die Totalzahl der Erwerbstätigen einer beliebigen Gemeinde G sei g
Der Radius r_G der Diagramm-Kreis-Scheibe für die Gemeinde G ist somit =

$$r_G = \sqrt{\frac{g}{13\,300}}\ \text{cm}$$

Der Sektorenwinkel α_1 der ersten der sechs Erwerbsgruppen ist:

$$\alpha_1 = 360^\circ \cdot \frac{\text{Anzahl der Erwerbstätigen der Gruppe 1}}{\text{Total-Anzahl der Erwerbstätigen}}$$

usw. = $\alpha_2, \alpha_3, \alpha_4, \alpha_5, \alpha_6$
für jede der sechs Erwerbsgruppen.
Der Schenkel links (Ausgangsrichtung) des ersten Sektors zeige in Richtung der Vertikalachse (x-Achse) des Koordinatensystems. Die Sektorenwinkel werden von dort aus

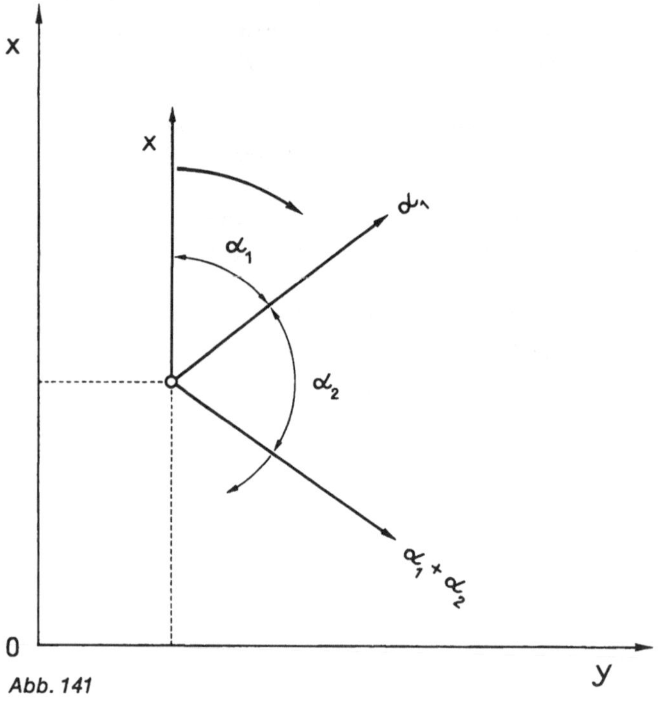

Abb. 141

im Uhrzeigersinn angeschlossen (Abb. 141). Daraus ergeben sich die Richtungen der geraden Trennlinien zwischen den Sektoren, nämlich a_1, a_1+a_2, $a_1+a_2+a_3$ usw.
Damit sind alle Daten für die Konstruktion eines Diagrammes gegeben.
Gegeben sind ferner der Kartenmaßstab 1:500 000 und, wie oben gesagt, die Rechtwinkelkoordinaten x und y für jedes Diagrammzentrum, d. h. für jede Gemeinde-Ortslage.
Weitere erforderliche Eingabedaten sind:

1 Strichstärken und Strichfarben für die verschiedenen Teile der Diagrammfiguren, resp. die entsprechenden Gravur-Strichstärken.
2 Nummer jeder Gemeinde und Lagezuordnungs-(Plazierungs-)Befehle für diese Nummern.
3 Für jedes Sektorenfeld die darin einzufügende Nummer der zugehörigen Erwerbsgruppe, als Hilfe für späteres Einfügen entsprechender Farbraster.
4 Folgende Grenzbefehle: Kreis-Scheiben mit Radien unter 2 mm (entsprechend 532 oder ca. 500 Beschäftigten) sind nicht in Sektoren zu gliedern (in der Legende als »Gesamtheit der in Industrie und Gewerbe Beschäftigten« zu bezeichnen).
Kreis-Scheiben mit Radien unter 1 mm, d. h. unter 133 oder aufgerundet ca. 150 Beschäftigten, sind wegzulassen.

Auf Grund einer solchen lückenlosen *Problembeschreibung* oder *Problemanalyse* folgt (oder war bereits bei Beginn der Planungsarbeit erfolgt) eine eingehende Besprechung aller am vorliegenden Teamwork Beteiligten. Es sind dies der *Kartenbearbeiter* (Geograph, Statistiker usw.), der graphische *Kartengestalter* (Kartograph), der *Reprotechniker* und der *Datenverarbeitungs-Fachmann.*
»Das sog. *»Programm«* besteht aus einer Folge logisch gekoppelter »Befehle« (Instruktionen an den Computer). Das Erstellen dieser Befehlsfolge in einer sog. *Programmiersprache*, aufbauend auf einer vollständigen (lückenlosen) und präzisen Problembeschreibung, nennt man das *»Programmieren«*. Eine Programmiersprache benützt syntaktisch (in ihrem Aufbau) eindeutig definierte Elemente, wie z. B. »Anweisungen«. Man unterscheidet i. a. maschinenorientierte und problemorientierte Programmiersprachen. Die ersteren richten sich in ihrem logischen Aufbau stark nach der Struktur der jeweils benützten Datenverarbeitungsanlage. Die problemorientierten Programmiersprachen dagegen sind von einem bestimmten Maschinentyp weitgehend unabhängig, orientieren sich in ihrem Aufbau an dem zu lösenden Problemkreis und werden heute überwiegend eingesetzt. – Zum Programmieren im weiteren Sinne gehört auch die Aufbereitung des zu lösenden Problems. Der erste Schritt, die Problemanalyse, ist noch weitgehend von der Datenverarbeitungsanlage unabhängig. Bestandesaufnahme und Zielsetzung werden vom Standpunkt des jeweiligen Fachgebietes (Mathematik, Technik, Betriebswirtschaft etc.) vorgenommen. Die vorgegebene Wirklichkeit wird durch ein mathematisches Modell abgebildet. Dieses Modell kann mit der Realität nur bedingt übereinstimmen, kann nur Ähnlichkeit aufweisen. Die wichtigsten Parameter und logischen Zusammenhänge müssen aber erfaßt sein. Bei mathematisch-technischen Problemen müssen weitgehend numerische Näherungsverfahren gefunden werden, da exakte Lösungen oft aus prinzipiellen oder zeitlichen Gründen nicht möglich sind. Das sog. *»Flußdiagramm«* ist ein praktisches Hilfsmittel zur graphischen Darstellung des mathematischen Modelles mit einem Datenfluß. Das Flußdiagramm beginnt mit einem Symbol für »Start« und endet mit einem solchen für »Stop«. Dazwischen liegen alle

durchzuführenden Operationen. Pfeile geben die dynamische Verkettung der einzelnen Operationen an, deren Typus an den vereinbarten Symbolen erkenntlich ist. Formeln oder Text in den Symbolen spezifizieren die Operation. Abfrage- und Entscheidungsoperationen dienen als Weichen für die Verzweigung des Programmablaufs. Damit sind auch sog. »Programmschleifen« darstellbar. Das »Flußdiagramm« stellt ein Übergangsstadium von der Programmformulierung eines Problems zum fertigen Programm dar.« (Nach S. DWORATSCHEK, 1970, Seite 297 und 298).

Das Programmieren ist Sache des *Programmier-Fachmannes*. Mit Hilfe des »Flußdiagrammes« baut er den Rechenablauf des Geschehens logisch und lückenlos auf. Diesen Rechenablauf muß er dann mit Hilfe einer Programmiersprache in präzis definierter Form beschreiben und mittelst eines der genannten Eingabegeräte in eine »maschinenlesbare« Form verschlüsseln.

Im vorliegenden Falle sind die Berechnungsformeln für die Konstruktionselemente aller einzutragenden Diagramme identisch, werden somit geschlossen (separat) als Programm in den Computer eingeschleust. Zusätzlich folgen dann die variablen x- und y-Koordinatenwerte für die Ortslage jeder Gemeinde (Diagramm-Zentren), sowie die zugehörigen Mengenwerte sowohl für das Total der Beschäftigten als auch für die einzelnen Branchengruppen (Sektoren). Sind alle diese Daten und das Programm eingegeben, so erfolgt alles weitere automatisch. Die Ergebnisse können im Computer vorläufig aufgespeichert oder aber über die elektronisch gesteuerten Zeichnungsgeräte in Kartenform auf die eingelegten Folien (z. B. auf Basiskartenblätter) gezeichnet oder graviert werden.

Das Berechnen der Diagrammdimensionen, die Lagezuordnungen usw. für zum Beispiel etwa 3000 Gemeinden des betreffenden Gebietes beansprucht den Computer nur wenige Minuten, das Ausstoßen der zeichnerischen Gebilde durch die Zeichnungsmaschine aber mehrere Stunden.

Hierbei sind die Zeitbeanspruchungen des Programmier-Fachmannes und evtl. weiterer Computer-Fachleute nicht mitgerechnet. Ist aber einmal für einen vorliegenden Fall – beispielsweise für die soeben geschilderte Diagrammkarte – die Programmierung durchgeführt, sind wesentliche Teile des Programmes vorhanden, so lassen sich diese letzteren für analoge Arbeiten immer wieder einsetzen. Solche und ähnliche Programme können in Programm-Sammlungen, den *»Programmspeichern«* oder *»Programmbibliotheken«*, aufbewahrt und anderen Interessenten und Rechenzentren zur Verfügung gestellt werden.

Es ist zu beachten, daß heute auf dem hier beschriebenen Anwendungsgebiet vor allem zwei verschiedene *»Computer-Sprachen«* (Programmier-Verschlüsselungssysteme) im Gebrauch sind, nämlich ALGOL (= *algo*rithmic *l*anguage), eine amerikanisch-europäische Programmiersprache, vor allem für den mathematisch-wissenschaftlichen Anwendungsbereich, ferner: FORTRAN (= *for*mula *tran*slation), eine problemorientierte Programmiersprache zur Formulierung mathematischer Aufgaben. Diese wurde 1955 von der Firma IBM (International-Business-Machines) entwickelt. Es gibt jedoch noch andere Computersprachen.

35.10. Weitere Beispiele. Andere Gefügearten

35.10.1. Andere Diagrammgefüge

In ähnlicher Weise, wie oben für Karten mit Kreissektoren-Diagrammen beschrieben, lassen sich andere Diagrammkarten entwickeln und mittelst elektronischer Datenverarbeitung herstellen. Beispiele: Karten mit Stabdiagrammen, mit geschichteten (in parallele Streifen aufgegliederten) quadratischen Diagrammflächen, mit Zählrahmendiagrammen, Kurvendiagrammen usw. Grundsätzlich stehen für solche Methoden alle, im Kapitel 12 geschilderten Diagrammformen zur Verfügung. Eingeschränkt und erschwert aber werden diese Verfahren durch oft eintretende allzustarke Überlagerungen der Figuren, durch ihre gegenseitigen räumlichen Bedrängungen und Verdrängungen, sowie durch ihre äußerst feine, äußerst kleingliedrige Formung.

35.10.2. Signaturengefüge

Einfacher ist die automatische Herstellung von Karten mit genormten, lokalen Signaturen. Die darzustellenden Objekte werden schon bei ihrer Aufnahme nach feststehenden begrifflichen Kategorien ausgewählt (Bahnhöfe, Flughäfen, Kirchen, Klöster, öffentliche Gebäude, Fabriken, oder in Karten kleinerer Maßstäbe auch Orte, gegliedert nach Größenklassen der Einwohnerzahlen, usw.). Alle solchen Objekte, resp. ihre Signaturen sind lagemäßig durch ihre Koordinaten gegeben, ihre »Daten« lassen sich in den Speichern der Datenverarbeitungsanlagen deponieren. Ihre automatisch gesteuerte Aufzeichnung auf die Folien (resp. auf die Basiskarten) der Ausgabegeräte (Koordinatographen usw.) wäre hierauf leicht und rasch möglich, vorausgesetzt der betreffende Zeichnungskopf würde über die erforderlichen Vorrichtungen zum Zeichnen oder Stempeln oder Drucken der gewünschten Signaturformen verfügen. *Hierin aber lassen die bisher entwickelten Geräte immer noch viel zu wünschen übrig.*

Aus den Speichern können – je nach der Art der Karte – beliebige Objektgattungen in die Ausgabegeräte abgerufen werden. In diesem Sinne kann die elektronische Datenverarbeitungsanlage auch zu einem Hilfsmittel im Dienste einer *begrifflichen Generalisierung* werden.

In solchem Zusammenhang und im Hinblick auf Lokalsignaturen wäre hier auch nochmals die *automatische Kartennachführung* zu erwähnen. Objekte können im Speicher gelöscht, andere dort neu eingeschleust werden. Entsprechend registrieren dann die Zeichnungs-Automaten die erforderlichen Mutationen in den Karten.

35.10.3. Streuung von Wertpunkten

Auch Punktkarten, solche mit regellos gestreuten Wertpunkten, sucht man mittelst der Datenverarbeitungsanlagen herzustellen. Hierbei aber ergeben sich vom Gegenstand her beträchtliche Schwierigkeiten. Die digitale Lagezuordnung eines jeden Klein-Punktes ist sehr aufwendig. Schwierig ist die Sache auch infolge der uferlos-großen Mengen der Punkte. »Si l'homme sait définir le problème, la calculatrice peut le résoudre« (G. E. Stine, 1967). Hier aber ist das Problem nicht leicht digital faßbar und daher bis heute noch nicht befriedigend gelöst.

35.10.4. Dichtemosaiken

Günstiger liegen die Dinge für mosaikartige Dichtekarten (Relativwerte, d. h. Menge pro Flächeneinheit, ermittelt für fest abgegrenzte Areale). Die Arealgrenzen lassen sich durch Abtasten einer vorliegenden Karte speichern und nach Bedarf in einem geeigneten Maßstab »plottern« oder »printen« (drucken), die zugehörigen Arealflächen (Mosaikstücke) dann zeilenweise mit aneinandergefügten Einheitspunkten bestimmter Werte, resp. Größe gleichsam durchschraffieren oder durchrastern (Abb. 142) oder aber durch Zahlenwerte beschriften (Abb. 143), so daß nachher ein manuelles Anlegen der Flächen leicht und rasch vorgenommen werden kann.

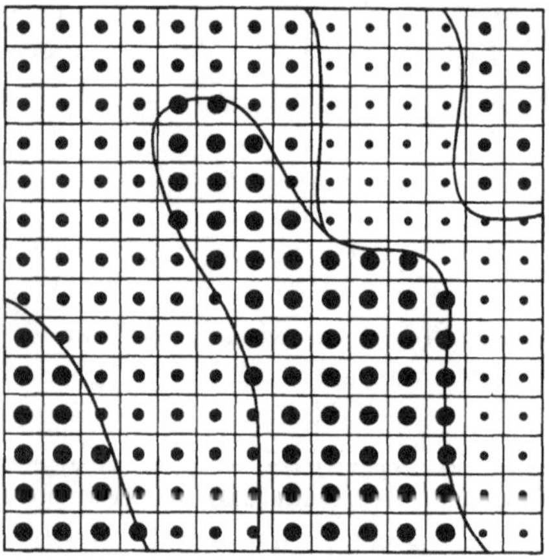

Abb. 142

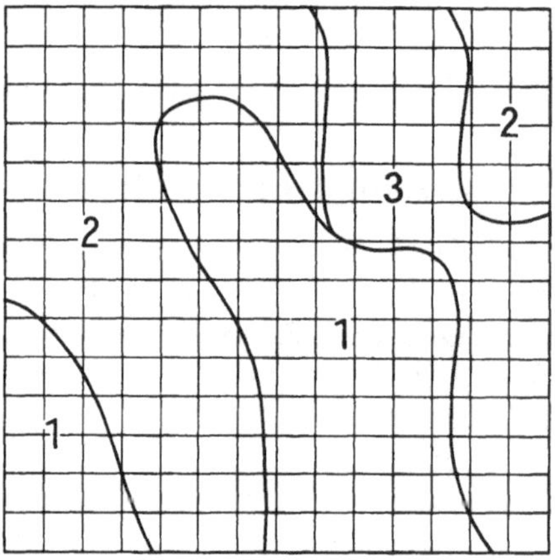

Abb. 143

35.10.5. Gattungsmosaike

Auch hier werden, wie oben, die Arealgrenzen durch Abtasten einer vorliegenden Karte zunächst gespeichert und dann für eine neue Karte in geeignetem Maßstab durch den Plotter herausgegeben. Die einzelnen Mosaikstücke werden hierauf zeilenweise mit der vorgesehenen Gattungs-Flächensignatur aufgefüllt.

35.10.6. Isoliniengefüge

Anderer Art sind die Probleme automatischer Konstruktion von *Isoliniengefügen.*
Durch die Aufnahme gegeben sind hier in der Regel für eine Vielheit von Punkten je die Lagekoordinaten und die zugehörigen Wertkoten. Darnach sind Lage und Verlauf äquidistanter oder anderer Isolinien zu konstruieren, dies unter der vereinfachenden, aber selten zutreffenden Annahme eines stetigen, durch die gegebenen Punkte genügend definierten Verlaufs der Kontinuumsfläche. Die manuelle Konstruktion solcher Linien ist dank unmittelbarer Anschauung meist äußerst einfach, ihre Programmierung für den Computer jedoch reichlich kompliziert. Das Suchen nach einem brauchbaren Vorgehen ist hier noch im Gange.

Alle in den obigen Abschnitten genannten Verfahren automatischer oder teilautomatischer Herstellung thematischer Karten stützen sich auf Lagekoordinaten, Kotenwerte, statistische Mengenwerte, Flächenwerte, Signaturengattungen, abgetastete Arealumrisse usw. Sie zählen auf dem Gebiet der Kartographie wohl zu den sinnvollsten und aussichtsreichsten Anwendungen elektronischer Datenverarbeitung. Voraussetzungen des Gelingens sind jedoch in all diesen Fällen gut ausgedachte, erprobte und normierte *Modellformen der Gefüge*. In den Kapiteln 16–27 suchten wir daher einige computergerechte und andere Gefügetypen (gleichsam den kybernetischen Aufbau thematischer Kartengefüge) zu entwickeln.

35.11. Verschiedene Stufen des Einsatzes

Wir haben es, wie sich aus dem Vorangehenden ergibt, bei kartographischen Aufgaben mit verschiedenen Stufen des Einsatzes, mit verschiedenen Arbeitsanteilen elektronischer Datenverarbeitung zu tun. Einige solche Möglichkeiten seien im folgenden kurz genannt:

35.11.1. Nur Sortieren und Berechnen

Der Computer besorgt lediglich alle erforderlichen Speicherungen, Sortierungen und Berechnungen, z. B. solche für die Diagrammkonstruktionen, und er liefert die Ergebnisse in der Form von Verzeichnissen, Tabellen usw. Das Konstruieren und Reinzeichnen der Karte aber wird durch die Hand des Kartographen besorgt.

35.11.2. Einsatz nur bis zum Rohentwurf

Zusätzlich zu obigem Bereitstellen erforderlicher Daten besorgt das elektronisch gesteuerte Zeichengerät (Plotter) auch das Konstruieren und Aufzeichnen aller gefragten Elemente (Arealgrenzen, Diagramme usw.) in Kartenform auf das in den Koordinatographen eingelegte Basiskartenblatt. Auf diese Art entsteht ein *»Rohentwurf«* der geplanten Karte. Dieser ist hierauf durch einen Kartographen ins Reine zu zeichnen. Solch kombinierte Herstellungsart scheint mir nach bisherigen Erfahrungen der gangbarste und aussichtsreichste Weg zu sein.

35.11.3. Rohentwurf mit Variationen

Im soeben geschilderten Ablauf der Dinge wurde ein bestimmter Maßstab der Basiskarte und es wurden bestimmte Figurenformen und Figurendimensionen (z.B. eine bestimmte Form und eine festgesetzte Dimensionierung von Diagrammfiguren) angenommen. Durch Auswechseln entsprechender Eingabedaten können nun aber ohne völlig neue Programmierung die Kartenmaßstäbe sowie die Figurendimensionen, die Diagrammformen und Diagramm-Maßstäbe usw. beliebig variiert werden. Dies erlaubt für jeden vorliegenden Fall raschestens eine beste Lösung, ein bestgeeignetes Bildgefüge zu ermitteln, z. B. eine beste Relation des Diagramm-Figurenmaßstabes zum Karten-

Grundrißmaßstab. Man überläßt somit hier das Suchen der besten Lösung dem Computer. Mit anderen Worten: Man »füttert« ihn mit den erforderlichen Lagekoordinaten, statistischen und andern Daten und nacheinander mit den Konstruktionsbefehlen für die gewünschten Figuren, z. B. für verschiedene Diagrammformen und Diagramm-Maßstäbe. Hierauf läßt man den Computer in Blitzesschnelle alle diese verschiedenen Eingabedaten durchrechnen, worauf dann das zeichnende Ausgabegerät nacheinander diese verschiedenen Lösungen als rohe Entwurfs- oder Arbeitskarten ausspeit. Auf Grund solcher Entwurfskarten wählt man dann eine bestgeeignete Lösung. Diese wird nun durch einen Kartographen ins Reine gezeichnet oder graviert. Auf solche Einsatzmöglichkeiten der Datenverarbeitungsanlage hatte im Jahre 1968 Ernst Spiess hingewiesen.

35.11.4. Graphisches Generalisieren

Die Datenverarbeitungsanlage wird eingesetzt zum graphischen Generalisieren, d. h. zum figürlichen Vereinfachen kartographischer Grundrisse. Hierbei tastet man mit dem Abtastgerät Linien, resp. dichte Folgen gleichabständiger Linienpunkte und andere formbestimmende Linienpunkte, Eckpunkte, Knickungspunkte, Umbiegungspunkte und Kreuzungspunkte ab. Je nach der geplanten Maßstabsverkleinerung, je nach dem gewünschten Generalisierungsgrad werden die Punkt-Abstände kleiner oder größer gewählt. Das Ausgabe-Zeichengerät zeichnet hierauf die entsprechend verkleinerten und vereinfachten Linien (geradlinige oder aber tangentiale Punktverbindungen).
Solche Methoden und Ergebnisse graphisch-formaler Generalisierung grundrißlicher Gebilde sind jedoch sehr umstritten. Wir kommen unten auf diese Fragen zurück.

35.11.5. Reinzeichnung oder Gravur

Eine weitere, völlig anders geartete und oft empfohlene Möglichkeit sei im folgenden angedeutet:
Der Kartenautor (vielleicht ist er ein vorzüglicher Geograph, aber ein ungeübter Zeichner) erstellt eine (nicht reingezeichnete) Entwurfszeichnung der von ihm bearbeiteten und gewünschten Karte. Er legt darin alle Linien, alle Lokalsignaturen oder Diagrammfiguren oder die Werte von Mosaikflächen, alle Schriftteile (Namen, Bezeichnungen, Koten, Nummern) in inhaltlich endgültiger, jedoch nicht reingezeichneter Form fest. Hierauf werden alle diese Elemente mit einem elektronischen Abtastgerät abgetastet. Die Ergebnisse werden gespeichert, zu gewünschter Zeit in ein Ausgabe-(Output)-Gerät eingegeben und von diesem auf der Folie eines Koordinatentisches reingezeichnet oder graviert und beschriftet. Hierbei sind Änderungen des Projektionssystems oder des Maßstabes und andere geometrisch-gesetzmäßige (digital ausdrückbare) Umformungen, z. B. solche der Figuren-Dimensionen, möglich. Bei solchem Verfahren leistet die Maschine vor allem die Arbeit des geübten Präzisionszeichners. Es kommt daher in Frage, wenn solche Zeichner nicht zur Verfügung stehen oder manuelles Zeichnen zu viel Zeit benötigen würde, aber auch in diesem Falle nur für graphisch äußerst einfache, offene, »grobe« Plangefüge (Katasterpläne, einfachste Mosaik- und Isoliniengefüge usw.).

35.11.6. Alles automatisiert mit Ausnahme der Basiskarte

Unter Nr. 35.11.2. wurde auf die Möglichkeit der automatisierten Herstellung von Rohentwürfen hingewiesen, wobei das Reinzeichnen anschließend manuell zu erfolgen hat. Unter Nr. 35.11.5. aber diente das elektronische Gerät (das Ausgabe-Gerät) lediglich als Reinzeichner digitalisiert aufgenommener Entwürfe. Die Rollen wurden somit vertauscht. Im einen Falle macht der Mensch manuell, was im andern Falle das Gerät besorgt und umgekehrt. Schalten wir nun in beiden Fällen den Menschen aus und das Gerät ein, so haben wir es mit voll-automatischer Kartenherstellung zu tun, unter dem Vorbehalt freilich, daß auch hier in der Regel der Träger des Ganzen, die Basiskarte, bereits vorliegt.

35.11.7. Alles automatisiert, auch die Basiskarte

Hier besorgt die Datenverarbeitungsanlage die gesamte Kartenherstellung, inklusive Basiskartenbild, und zwar alles bis zu den fertig vorliegenden Unterlagen (Bildträgern) für das Drucken. Bei der Basiskarte handelt es sich um topographische Elemente, die für thematische Kartierungen in der Regel gewonnen werden durch Digitalisieren (Abtasten und Umsetzen in Zahlenwerte) vorhandener Karten, evtl. auch um deren generalisierendes Umformen, um Ausscheidungen des nicht Benötigten usw. Alle Daten werden automatisch bis zu den reprofähigen Zeichnungen oder Gravuren, oft gar bis zu den Reprofilmen, durchgeschleust. Erforderlich sind hierzu lückenlos gegebene Daten und Maschinenbefehle, logisches Durchdenken aller Vorgänge und ihrer Reihenfolge, auch der graphisch-bildlichen Endformen der geplanten Karte. Es empfiehlt sich hierbei die endgültig gewünschte Lösung vor Beginn der Programmierung durch zeichnerische Versuche an besonders schwierigen, stark befrachteten kleinen Teilstücken inhaltlich und graphisch aufs Genaueste abzuklären. Hierbei wird nach wie vor der erfahrene und graphisch begabte Kartograph sein bestes Wissen und Können einsetzen.
Solche Vollautomation kam bisher nur in Frage für Karten äußerst einfacher und geometrisch-zahlenmäßig erfaßbarer Gefüge, wie es etwa die Katasterplankarten und gewisse statistische Karten sind. Feingliedrige, dichte und regellose (in mathematische Gesetze nicht faßbare) Topographie der Basiskarte führte bis heute noch nicht zu befriedigenden Ergebnissen.

35.12. Grenzen des technisch Möglichen

Nicht wenige Fachleute und Kenner der Materie vertreten die Ansicht, daß in Zukunft die Karten vorwiegend mittelst der elektronischen Datenverarbeitung entstehen werden. Wir sind anderer Meinung. Man würde der Kartographie und der elektronischen Datenverarbeitung schlechte Dienste leisten, wenn man der letzteren Ungeeignetes zumutete.
Der Einsatz elektronischer Datenverarbeitung in der Kartographie ist durch drei Wesensmerkmale der Karten eingeschränkt. Dies sei im folgenden erläutert.

1 Die oft äußerst dichten, feingliedrigen und regellosen Gefüge, die unzähligen, gegenseitigen graphischen Verdrängungen würden in manchen Karten für jeden

Quadratzentimeter, ja oft für jeden Quadratmillimeter, eine Unsumme komplizierter und schwer definierbarer Programmierarbeit mit vielen nachträglichen Korrekturen und Verschiebungen erfordern, dies in einem Ausmaß, das jegliches Voraus-Programmieren zum Ersticken brächte. Im Zeitalter, da der Mensch es fertig bringt, auf den Mond zu fliegen, erscheint freilich solches Berechnen und die Erfindung der erforderlichen Feinzeichnungsgeräte wissenschaftlich und technisch nicht unmöglich, der Arbeitsaufwand und die Kosten solchen Vorgehens stünden aber oft in keinem erträglichen Verhältnis zur relativ sehr leichten, einfachen und raschen normalen rechnerischen und manuell-zeichnerischen Arbeit. Was ein Maikäfer zu leisten im Stande ist, überträgt man nicht einem Elefanten. Und auf Spatzen schießt man nicht mit Kanonen.

2 Eine zweite Schwierigkeit der automatisierten Kartenherstellung liegt in der »Blindheit der Maschine«. Der Programmier-Fachmann denkt zwar, aber während des Programmierens sieht er die zu schaffende Karte nicht. Graphisches oder zeichnerisches Gestalten aber setzt Kontrolle der Hand durch das Auge voraus. Ein drastisches Beispiel: Beim Zeichnen einer schattenplastischen kartographischen Felsschraffur kann der Kartograph einen Schraffenstrich in Lage, Form, Stärke und Charakter (Rauigkeit) nur richtig zu Papier bringen, wenn er das bereits Gezeichnete, die Nachbarstriche, *sieht*. Der visuelle Eindruck dirigiert seine Hand. Jegliches blinde Vorausberechnen wäre unmöglich. Was aber hier gilt, trifft für viele Inhaltsteile zahlreicher Karten zu. Es trifft überall da zu, wo es sich nicht um berechenbare, errechnete, katalogisierte, genormte, örtlich, inhaltlich und formal registrierbare Objekte handelt, sondern um ein Sichtbarmachen freier, regelloser Formgefüge. Die schwer erfaßbaren psychologischen Erfahrungsgesetze des Sehens spielen hier mit. Es kommt nicht allein auf das Objekt an, sondern auch auf dessen graphische Erscheinungsform. Erst während die Erscheinungsform sichtbar graphisch-bildlich entsteht, kann sie den Zeichner mitbeeinflussen. Die Erscheinungsform und damit die Anschaulichkeit sind für die Karte unabdingbar. Wirklichkeit und Erscheinungsform, resp. Anschaulichkeit aber liegen auf verschiedenen Begriffsebenen. Ein Choral vermag nicht ein Wasserrad in Bewegung zu setzen und Anschaulichkeit läßt sich nicht digitalisieren.

3 Eine weitere gewichtige Feststellung: Mancher Wissenschaftler, vielleicht auch mancher Geodät, sieht in der Karte ein durch Messung und Zählung fixiertes, verkleinertes, aber treues, in geometrischem Sinne »ähnliches«, verebnetes, grundrißliches Abbild eines Teiles der Erdoberfläche und der zugehörigen Bedeckungen und Erscheinungen. Dies aber ist die Karte nicht! Sie kann es nicht sein. Die Kleinheit ihrer Papierfläche zwingt zur vereinfachenden Umformung, zur Generalisierung. Durch diese aber tritt ein *Ersatzbild* an die Stelle des (in geometrischem Sinne) »ähnlichen« Verkleinerungsbildes. Beispielsweise wird das natürliche, äußerst vielgestaltige, wohl zwanzigmalige Bergauf- und Bergab zwischen Innsbruck und Garmisch-Partenkirchen in einer Karte des Maßstabs 1:2 000 000 wiedergegeben durch vielleicht noch zwei bis drei bergkammartige Schatten- oder Schummerungsgebilde, durch Bilder, welche die Hauptzüge des Reliefs lediglich noch andeuten können. Lokale Böschungswinkel, lokale Azimutallage der Reliefoberflächenteile sind hierbei nicht mehr dargestellt, nicht mehr erfaßbar. Eine elektronisch gesteuerte Reliefschattierung auf Grund lokaler geometrischer Daten ist daher für

solche Ersatzgebilde weder durchführbar, noch überhaupt denkbar. In diesen Fällen sind Formenkenntnis in Verbindung mit visuell-zeichnerischem Gestalten allein befähigt, brauchbare, verständliche, anschauliche Bilder zu liefern.
Ein zweites Beispiel: Das regellose Gefüge von Gebäuden und Gassen im Innern einer dicht überbauten großen Siedlung: Im Maßstab 1:5000 ist jedes Gebäude, jede Gasse grundrißlich treu dargestellt. Im Maßstab 1:100 000 aber sind innerhalb unseres angenommenen Betrachtungsareals von beispielsweise 87 Gebäuden noch deren 18 eingetragen. Ein in der Wirklichkeit sehr fein gegliedertes Gebilde mußte gleichsam mit viel zu groben, viel zu einfachen Bauklötzen nachgeahmt werden, nachgeahmt in Formen und Gliederungen so gut wie möglich! Der Verlust an geometrischer Ähnlichkeit ist offensichtlich. Auch hier kann der vereinfachte und innert gewisser Grenzen individuelle kartographische Neubau nur unter ständiger visueller Kontrolle in eine gute Form gebracht werden.

Auf den Lochkarten oder Magnetbändern der Datenverarbeitungsgeräte aber ist all dies nicht unmittelbar sichtbar. Auch in deren »Speichern« ist visuell nichts zu sehen. Man kann dort nur fest etikettierte, fest normierte Objekte nach ihren vorher eingefütterten Sachkategorien und Sachwerten herausplottern. Dies genügt für vieles, aber es genügt nicht für alles. Damit ist aber auch gesagt, daß die elektronischen Datenverarbeitungsanlagen nur in gewissen Fällen, nur beschränkt und nur für kartographisch äußerst bescheidene Ansprüche linear-grundrißliche Formen generalisieren können.

Erinnert sei hier an meine alte Feststellung: *»Die Lösung einer mathematischen Aufgabe ist entweder richtig oder sie ist falsch. Die Lösung einer kartographischen Aufgabe aber ist in mancher Hinsicht lediglich gut oder schlecht«.*

Durch solche Einwendungen oder Einschränkungen soll aber die Nützlichkeit elektronischer Datenverarbeitung für manche kartographische Aufgabe nicht in Abrede gestellt werden. Überall da, wo es Ziel und Aufgabe der Karte ist, gewisse kategoriale, normierbare Informationen und zahlenmäßig oder formelmäßig erfaßbare Dinge in eine kartenartige Form zu kleiden, da wo es genügt, die Dinge gleichsam in voraus festlegbaren Kategorien zu liefern, da ferner, wo die inhaltlich-graphischen Gefüge äußerst einfach und großmaschig sind (Beispiel: Katasterplan), kann und wird sich der Einsatz der modernen Hilfsmittel und Methoden als möglich, nützlich und zeitsparend erweisen.

35.13. Grenzen des wirtschaftlich Möglichen oder Zweckmäßigen

Eine Datenverarbeitungsanlage mit den erforderlichen Geräten kostet – je nach den gestellten Ansprüchen – einige Hunderttausend bis einige Millionen Deutsche Mark und sie benötigt überdies sachkundiges Bedienungspersonal. Solch großer Aufwand lohnt sich nur unter besonderen Umständen, ist aber für kartographische Zwecke wohl in den meisten Fällen auch gar nicht notwendig. Ein einziges Rechenzentrum kann »vielen Herren dienen«. Heute besitzen die meisten Hochschulen in Deutschland, in Österreich, in der Schweiz und anderswo Rechenzentren, deren Geräte für die verschiedensten Forschungsaufgaben zur Verfügung stehen. Größere Verwaltungen und Betriebe aller Art, statistische Ämter, Bauunternehmungen, Maschinen-Konstruktionswerkstätten usw. arbeiten manchenorts mit eigenen Hilfsgeräten und Speichern. Die zeitweise Mitbenützung der Computer von Rechenzentren ist aber meist an entsprechend hohe Benützungsgebühren gebunden.

Solche temporäre Mitbenützung bestehender Anlagen enthebt eine Kartenherstellungsanstalt, sofern sie sich der elektronischen Datenverarbeitung bedienen will, nicht von der Notwendigkeit, über gewisse Hilfseinrichtungen selber verfügen zu können. Vor allem sind besondere Ein- und Ausgabe-Geräte, elektronisch gesteuerte Zeichnungs- und Lichtschirm-Geräte, kleinere Speicher- und vielleicht Hilfscomputer erforderlich. Auch hierfür betragen die Anschaffungskosten zwischen einer halben und einer ganzen Million Deutsche Mark, und es ist für manche Geräte mit Amortisationszeiten von weniger als 10 Jahren zu rechnen.

Je feingliedriger, je komplizierter, je genauer die geplanten kartographischen Bildstrukturen, desto langsamer arbeiten die elektronischen »Zeichner«. Manche rechnerische Probleme des Kartographen, z. B. die Berechnungen der Dimensionen von Diagrammfiguren, sind so einfach, daß sich zu ihrer Lösung die »Genialität« des Computers gar nicht auswirken könnte. In der Regel handelt es sich um einfachste algebraische Gleichungen, zu deren Auflösung einige Hin- und Her-Schübe eines Rechenschiebers ausreichen.

»Der Aufwand für die Vorbereitung eines Lösungsweges mittelst der Rechenanlage kann durchaus den Vorteil der hohen Rechengeschwindigkeit zunichte machen, so daß sich insgesamt ein größerer Aufwand ergibt, als bei einer wesentlich langsameren »Handrechnung« (nach Wolfgang E. Spiess und Friedrich G. Rheingans, 1970).

Unter solchen Umständen ist der Einsatz elektronischer Datenverarbeitung und Datenaufzeichnung für viele kartographische Aufgaben und Betriebe heute immer noch sehr in Frage gestellt. Es ist bezeichnend, daß bis zum Jahre 1970 in der Bundesrepublik Deutschland erst fünf Institute (nur solche bei Bundesbehörden und an Hochschulen) die Mithilfe elektronischer Datenverarbeitung zur Kartenherstellung versuchsweise beigezogen haben.

Vorderhand scheint es so, als ob sich pro Betrieb (je nach der Art der kartographischen Produktion) erst auf etwa zwanzig bis dreißig manuell arbeitende Kartographen ein automatisches Zeichengerät lohne. Bei der Herstellung von Grundbuchplänen (Katasterplänen) liegen die Dinge etwas günstiger, bei derjenigen inhaltsdichter, feingliedriger Karten aber noch wesentlich ungünstiger.

Solche Relationen können sich ändern, sobald einmal für zahlreiche Formen und Normen von Diagrammkarten, von Dichtekarten und von andern einfachsten Karten feste, allgemein einsetzbare Programme oder Teilprogramme existieren, sobald solche Programme käuflich oder mietbar sind, sobald entsprechende *Programmbibliotheken* bestehen werden. Das Programmieren, eine oft wochen- und monatelange Intensivarbeit eines Programmier-Fachmannes bestimmt nämlich in vielen Fällen den Zeitbedarf der automatischen Datenverarbeitung, nicht aber – wie oft vorgespiegelt wird – das Sekundentempo des Computers. Geeignete Speicherung nützlicher Daten und Programme, genügend ausgestattete Programmbibliotheken und feinere, differenziertere mechanische Ausstattung der Zeichnungsgeräte sind Voraussetzungen für vermehrten zukünftigen Einsatz der elektronischen Datenverarbeitung in der Kartographie.

Nun bestehen aber freilich heute schon einige *Möglichkeiten solchen Einsatzes.* Da und dort ist hierin bereits einiges geschehen. Im folgenden seien solche Möglichkeiten aufgeführt.

Das statistische Landesamt eines Staates habe in kurzen Zeitintervallen immer wieder bestimmte Zählungen durchzuführen und deren Ergebnisse kategorial gruppiert für Verwaltung und Behörden in Tabellen und in graphisch vielleicht einfachen Arbeitskarten herauszugeben. Das fragliche Amt fixiert seine Zählungsergebnisse und die zugehörigen Lage-Koordinaten auf Lochkarten oder Magnetband, und es verfüge über eigene Datenverarbeitungsanlagen. Die kartographische Herausgabeform sei jedesmal ein- und dieselbe. Damit ist dann auch das Programm für die elektronische Datenverarbeitung stets dasselbe. Unter solchen Voraussetzungen erscheint der Einsatz der elektronisch arbeitenden Geräte heute schon zeit- und personalsparend und somit gerechtfertigt.

Ähnlich liegen die Dinge, da wo in kurzen Zeitintervallen immer wieder die neuesten Gegebenheiten in stets gleichbleibenden Signaturen usw. in nautische, aeronautische oder andere Karten gebracht werden müssen.

Beispiele inhaltlich-graphisch sehr einfacher Karten, deren Aufzeichnung durch automatische Zeichengeräte zu bewältigen ist, sind neben den Katasterplankarten auch etwa die Aufzeichnungen der Ergebnisse von Lotungen des Meeresgrundes. Nicht bestritten ist der Nutzen der neuen Verfahren für gewisse *Daten-Speicherungen* (Beispiel: Datenbank geographischer Namen), ferner für Karten-Projektionsberechnungen, zur Aufzeichnung und eventuellen Transformation von Kartennetzen.

Im Ganzen gesehen erscheint heute eine automatische Datenverarbeitung für kartographische Zwecke nur lohnend, wenn ein- und dieselbe Aufgabe stets wiederkehrt. Für einmalig Vorkommendes lohnt sich der Aufwand selten. Die Automation drängt zu zentralisierter Zusammenfassung der Arbeiten in Großbetrieben, und sie zwingt zu weitgehender und nicht immer erwünschter Normung.

Für kartographische Klein- und Mittelbetriebe aber, für Betriebe mit täglich wechselnden Aufgaben und Kartenformen, für graphisch feingegliederte dichte und komplexe Kartenstrukturen aber ist der tüchtige, begabte Kartograph – in Verbindung mit den Hilfen einer hochentwickelten Photo-, Kopier-, Gravur- und Rastertechnik – immer noch der beste, rascheste und billigste Datenverarbeitungsroboter. Und dies dürfte sich infolge der genannten Eigenarten der kartographischen Bilder auch in Zukunft nur wenig ändern.

35.14. Nochmals die teilweise Automatisierung

Die besonderen Umstände, wie sie bei der Kartenherstellung bestehen, und die oben dargelegten Schwierigkeiten führten schon bei bisherigen Experimenten zur Kombination von Automation und traditionellem manuellem und phototechnischem Vorgehen. Auch EMIL MEYNEN (1970), INGO FOLKERS (1967) und andere betonen die Zweckmäßigkeit solcher Verbindung. In den meisten thematischen, vor allem in den statistischen Karten ist ihr spezieller Inhalt (Diagramme usw.) eingelagert in eine mehr oder weniger vereinfachte Basiskarte. Solche Basiskarten aber – in identischer Form für viele Spezialthemen geeignet – liegen in der Regel bereits mehr oder weniger fertig vor

(als Reprofilme, als gedruckte Blätter usw.). Es wäre sinnlos, sie stets wieder neu herzustellen, nur um die bereits gut genährten Computer noch mehr zu überfüttern. Auch Anpassungsarbeiten, Probleme guten graphischen Zusammenspiels der sich bedrängenden und verdrängenden Eintragungen lassen sich am besten manuell lösen, weil die Dinge *»gesehen«* und nicht nur *»gedacht«* werden müssen.
Hauptaufgabe zukünftiger Experimente wird es sein, beste Möglichkeiten und Verfahren solchen Zusammenspiels von Mensch und Maschine zu suchen und zu erproben.

35.15. Qualitätsgewinn und Qualitätsverlust

Befürworter des Einsatzes elektronischer Datenverarbeitung in der Kartographie betonen den Gewinn an sachlich-inhaltlicher Korrektheit der Erzeugnisse. Programmierung und elektronische Datenberechnung und Daten-Sortierung können nur durchgeführt werden, wenn die thematischen (geographischen, statistischen usw.) Probleme zuvor aufs Sorgfältigste geprüft, logisch und eindeutig bis in alle Einzelheiten durchdacht worden sind. Dies kann dann letzten Endes zu soliderer innerer Qualität der Karten führen. Ein weiterer Gewinn: Dem menschlichen Rechner unterlaufen Fehler, besonders wenn er nacheinander und ermüdet viele Hundert einfache, ähnliche Berechnungen durchzuführen hat. Der Computer hingegen arbeitet praktisch fehlerfrei. Er löst korrekt, was man ihm zu lösen eingibt. Für schlechte Fütterung freilich ist er nicht verantwortlich. Elektronische Datenverarbeitung kann somit eine gewisse inhaltliche Korrektheit des Gebotenen erhöhen.
Andererseits droht der Kartographie durch die automatische Datenverarbeitung eine *Verarmung an graphischen Ausdrucksmöglichkeiten.* Die Datenverarbeitung setzt eine angemessene Beschränkung auf bestimmte, gut überlegte, aber möglichst einfache graphische Modellformen voraus. Gewiß benötigen wir solche Modellformen. Normungen sind für Teilbereiche der Kartographie zweifellos notwendig, sie sind nützlich sowohl für die Herstellung als auch für den Gebrauch der Karten. In vorangehenden Kapiteln dieses Buches wurde denn auch großes Gewicht gelegt auf die Entwicklung von Modellformen. Alles in allem aber erträgt die Kartographie keine allzustarren Fesseln. Nur das freie Spiel der Kräfte, nur freies Anpassen an die stets wechselnden Forschungsaufgaben, an neue Daten und an neue Zweckbestimmungen der Karten führt zu den besten Lösungen. Uniformierung führt zur Verarmung. Wohl können wir kartographische Datenbanken und Programmbibliotheken errichten und füllen. Daneben aber schafft der menschliche Geist unentwegt Neues. Es gibt nicht acht oder zehn oder zwanzig Modellformen für statistisch-thematische Karten, es gibt deren unzählige. Der Verfasser dieses Buches hat während der letzten Jahre für den »Atlas der Schweiz« etwa dreihundert thematische Karten gestaltet. Unter diesen aber findet sich kein halbes Dutzend, die ein und derselben Modellform entsprechen.
In diesem Zusammenhange seien einige Äußerungen von Emil Meynen (1970. – S. 25–26) zitiert:
»Die graphischen Wandlungen unserer statistischen Kartenbilder durch die automatischen Zeichenverfahren bedeuten keine neuen Ausdrucksformen kartographischer Aussagen. Die teil- wie vollautomatischen Kartenherstellungsverfahren sind jedenfalls zunächst an die im Laufe der Zeit entwickelten kartenlogischen Ausdrucksformen ge-

bunden. Wohl mögen in der Häufigkeit der Anwendung einzelner Ausdrucksformen Änderungen eintreten ...
Die automatische Kartenherstellung mag in dieser Weise möglicherweise zu einer stärkeren Beschränkung auf bestimmte Ausdrucksformen kartographischer Aussage führen ... Wir entwickeln eine kartographische Formelsprache; jedoch eine sorgfältige Inhaltsanalyse der in eine Karte umzusetzenden Information wird künftig noch mehr als bisher unabdingbare Forderung sein, ebenso wie es nach wie vor der schöpferisch gestaltenden Kartographen weiterhin bedarf ... Was uns die Entwicklung sorgenvoll erörtern läßt, liegt im übrigen nicht beim Zeilendrucker und Graphomaten, sondern bei der elektronischen Rechenanlage in der Verwendung und Aufbereitung statistischer Werte. Die elektronisch gesteuerte Rechenanlage läßt uns geradezu kinematographisch die unterschiedlichen Wertrelationen ausführen. Hier ist die Gefahr, daß wir dem Zahlenspiel unterliegen. Es heißt wach sein und jeweils kritisch prüfen, inwieweit der Informationsgehalt eines Verhältniswertes oder eines Indizes noch dem Sach- und Regionalverhalt der geographischen Wirklichkeit entspricht. Eine sorgfältige *Inhaltsanalyse* der in eine Karte umzusetzenden Information ist und wird künftig noch mehr die unabdingbare Forderung für den Umgang mit Zahl und Karte sein«.

In jüngster Zeit wurden da und dort Ansichten vertreten, die nicht unwidersprochen bleiben dürfen. So wurde behauptet, die Automatisierungen würden zu besseren, nützlicheren, eindrücklicheren, aber zu weniger künstlerischen Karten führen.
Wir sind der Meinung, daß auch in diesen Belangen der Mensch die Maschine, nicht aber die Maschine den Menschen beherrschen soll. Es ist nicht einzusehen, weshalb »bessere und eindrücklichere Karten«, falls die Maschine mithelfen wird solche zu erzeugen, künstlerisch mangelhafter sein müssen. Sinnvoll eingesetzt hilft vollkommenere Technik in der Karte auch dem Künstlerischen.
Noch seltsamer ist die absurde Prognose, die Karte werde als geographisches Auskunftsmittel anderen Ausdrucksformen (Datenspeichern, Magnetbändern, Tabellen, Punkthaufen mit Koordinaten usw.) Platz machen. Sicherlich wird Neues kommen, die Karten aber werden deswegen nicht verschwinden. Sie werden im Gegenteil als Informationsträger und Veranschaulichungsmittel an Bedeutung gewinnen. Dank ihrer unmittelbaren Anschaulichkeit, raschen Überschaubarkeit, Einprägsamkeit, vor allem auch infolge der sichtbaren Lagezuordnung der Dinge in den geographischen Raum, ist sie heute und auch in Zukunft die beste und reichste Speicherungs- und Vermittlungsform geographischer Daten. Der geographische Datenspeicher ist nicht erst mit dem Computer erfunden worden. Die Karte besitzt diese Qualität schon seit jeher!

35.16. Die heutige Situation

Der heutige Stand der Dinge kann nicht besser fixiert werden, als durch einige Worte von Morris M. Thompson (des Vorsitzenden der Kommission für Automation der Internationalen Kartographischen Vereinigung) aus seinem Bericht zu Händen der Fünften Internationalen Kartographie-Konferenz in Stresa im Mai 1970 (publiziert im Internationalen Jahrbuch für Kartographie. Band XI, 1971). Wir zitieren daraus:
»Nach den vorgelegten Berichten würde es leicht fallen zu schließen, daß auf dem

Gebiet der Automation in der Kartographie enorme Fortschritte erzielt worden wären und daß automatische Kartenherstellung heute eine vollendete Tatsache wäre. Es ist aber völlig falsch, solche Schlüsse zu ziehen; denn die bisherigen Anstrengungen bedeuten wenig mehr als ein Ritzen an der Oberfläche des Problems. Das reiche Schrifttum über den Gegenstand zeigt – nüchtern betrachtet – nur, daß ungemein viel geschrieben wurde im Verhältnis zu dem, was tatsächlich erreicht worden ist. Es ist staunens- und bewundernswert, was auf Teilgebieten der automatischen Kartenherstellung in jüngster Zeit erreicht worden ist. Niemand aber verfügt heute über ein vollautomatisches Kartenherstellungsverfahren. Bei den meisten bisherigen Phasen von Automationsvorgängen sind weder ökonomische, noch qualitative Fortschritte zu verzeichnen. Außerordentliche Kapitalinvestitionen sind in Datenverarbeitungsanlagen gesteckt worden. Nur allzuoft erfolgten hierbei finanzielle Zusammenbrüche. Die automatische Kartenproduktion ist entmutigend langsam und die Qualitäten des Erreichten zuweilen fraglich. Sollten wir daraus schließen, daß ein großer Teil unserer Anstrengungen und Geldauslagen in ungeeignete und unergiebige Unternehmungen gesteckt worden seien? Sicherlich nicht! Wir stehen in den Anfängen von Entwicklungen, die in Zukunft zu besseren, billigeren und rascher hergestellten Karten führen werden. Wir müssen daher unsere Anstrengungen verdoppeln. Durch meine Ermahnungen möchte ich lediglich feststellen, daß wir die gesteckten Ziele noch längst nicht erreicht haben.«

Siebenter Teil
Kartenverwandtes, Kartenthemen, Atlanten

Kapitel 36
Thematische Elemente in kartenverwandten Darstellungen

Neben den mehr oder weniger grundrißlichen Abbildungen, den Karten, bestehen in großer Auswahl andere Darstellungsformen der Erdoberfläche und ihrer Vorkommnisse. Dies sind Luftphotos, Schräg- und Seitenansichten, wie Panoramen, Vogelschaubilder, Blockbilder und anderes. Überdies werden Erdoberflächenform, Erdinneres und Lufthülle bildhaft erschlossen durch Zeichnungen auf lotrechten Profilflächen. Zu den *zweidimensionalen* Darstellungen gesellen sich die *scheinbar dreidimensionalen, d. h.* die räumlich wirkenden Stereobilder, und schließlich die *tatsächlich dreidimensionalen* Modelle, die sog. »Reliefs«, sowie der Globus.

Alle nicht kartographischen, aber ebenfalls technisch-wissenschaftlichen Darstellungen der Erdoberfläche und ihres Untergrundes und »Übergrundes« seien zusammengefaßt unter dem Begriff »kartenverwandt«. Die meisten dieser Erzeugnisse geben zunächst *topographische Auskünfte.* Über topographische Bildinhalte aber wird in einem andern Bande der vorliegenden Bücherreihe referiert werden. Das Luftbild wird Gegenstand des von Siegfried Schneider zu bearbeitenden Bandes sein. Es hieße Eulen nach Athen tragen, hier ebenfalls auf die dort gezeigten Bildformen einzutreten. Nicht wenige der kartenverwandten Darstellungen aber sind zugleich Träger von nicht nur topographischen Themen, so daß es angebracht sein mag, über solche Möglichkeiten hier einen gedrängten Überblick zu geben.

Vor Jahren hatte der Verfasser des vorliegenden Buches Formen und Konstruktionsprinzipien der kartenverwandten Darstellungen eingehend dargelegt im Band 3 des Internationalen Jahrbuches für Kartographie, 1963; gekürzt auch im »Geographischen Taschenbuch« 1964/1965. Hier nun soll nicht alles dort Vorgebrachte wiederholt werden, doch sei kurz hingewiesen auf solche Formen und ihre Brauchbarkeit für dieses oder jenes Thema.

In der folgenden Gliederung schließen wir die grundrißliche Abbildung, die Karte, aus Gründen systematischer Vollständigkeit mit ein, ohne aber im übrigen auf diese wichtigste Bildform nochmals zurückzukommen.

Es lassen sich unterscheiden: Zweidimensionale Darstellungen, d. h. Bilder in üblichem

Sinne, zweidimensionale, aber dreidimensional erscheinende Abbildungen, die sog. Stereobilder, und dreidimensionale Darstellungen, die Landschaftsmodelle und Globen.

36.1. Zweidimensionale Darstellungen

D. h. Bilder auf Papier oder andere ebene Folien. Hierbei kommen sowohl *photographische* Aufnahmen nach der Natur oder nach Modellen als auch konstruktiv-zeichnerische Lösungen in Frage. Sie seien gegliedert in:

36.1.1. Zentralperspektiven auf horizontale Bildebene und mit lotrechter Blickachse (Abb. 144)

Meist handelt es sich hier um photographische Steilaufnahmen, sog. *Luftphotos* oder *Luftbilder* mit lotrechten oder nahezu lotrechten Aufnahmeachsen. Luftphotos flachen Geländes können »entzerrt« und damit annähernd in Parallelperspektiven überführt und zu Luftbildkarten zusammengefügt werden. Oft auch werden kartographische Bildelemente konstruktiv in solche Photobilder eingetragen, und es werden affine oder andere Deformationen vorgenommen.
Das Luftbild ist eine der besten Forschungshilfen des Geographen und Geowissenschafters. Es erschließt nicht nur »Topographie«, sondern die verschiedensten thematischen Vorkommnisse.

36.1.2. Parallelperspektive auf horizontale Bildebene und mit lotrechten Projektionsstrahlen, Grundriß (Abb. 145)

Eine orthogonale Parallelprojektion. Die »Karten« sind konstruktiv-zeichnerisch, die Orthophotos durch Luftphotographie entstandene Erzeugnisse solcher Art.

36.1.3. Zentralperspektive auf lotrechte Bildebene und mit darauf senkrechter Blickachse (Abb. 146)

Beispiele solcher »Ansichtsphotos« auf lotrechte Bildebenen sind u. a. die mit der Kamera eines Phototheodolits hergestellten Aufnahmen. Teleobjektive, Infrarot- und andere Spezialaufnahmen können Ausdruck und Gliederung der Bilder variieren.
Zu dieser Bildergruppe zählt auch das photographisch oder konstruktiv-zeichnerisch hergestellte *Panorama* oder *Rundbild*. In erster Näherung entspricht es einer zentralen Projektion der visuellen Wirklichkeit auf den Querstreifen (Mantelringstreifen) eines lotrechten Kreiszylinders. Diesen Streifen denkt man sich hierauf in die Ebene abgewickelt (Abb. 150 und 151).
Genauer betrachtet sind jedoch die zwei folgenden Formen auseinander zu halten:

1 Die photographischen Aufnahmen, z. B. mittelst eines Phototheodolits, sind nicht Mantelstücke von Zylindern, sondern ebene Platten, die, zusammengefügt, eine zylinderähnliche, aber geknickte Bildfläche ergeben. Ihr Zusammenfügen zu einem

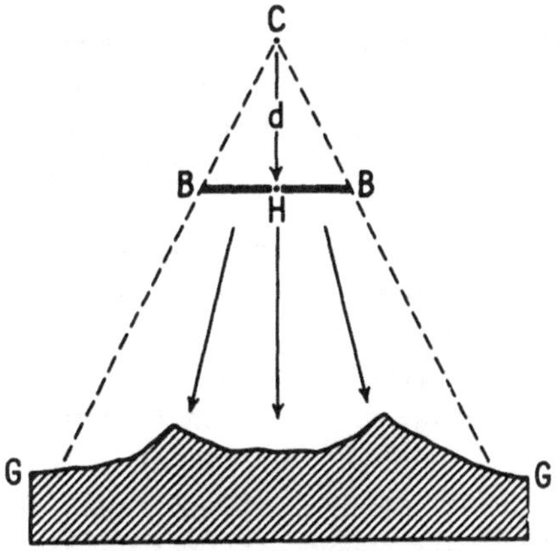

Abb. 144 Zentralperspektive auf horizontale Bildebene und mit lotrechter Blickachse

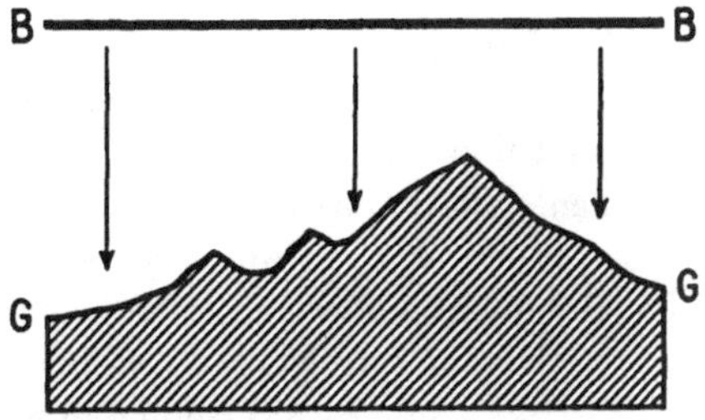

Abb. 145 Parallelperspektive auf horizontale Bildebene und mit lotrechten Projektionsstrahlen (Grundriß)

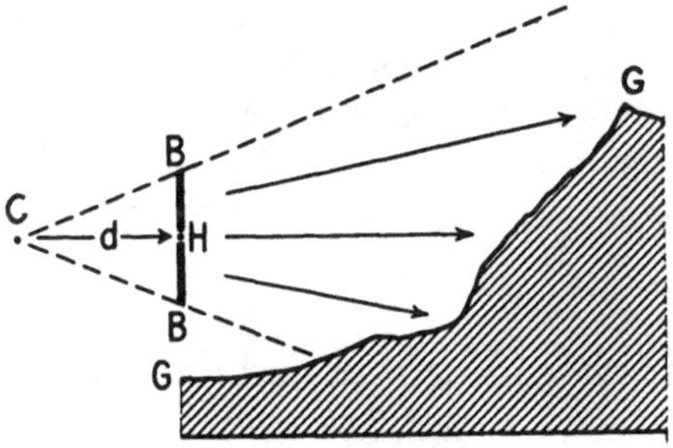

Abb. 146 Zentralperspektive auf lotrechte Bildebene und mit darauf senkrechter Blickachse

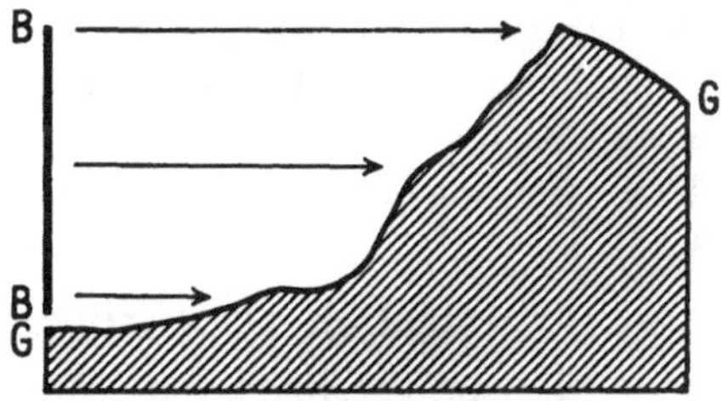

Abb. 147 Parallelperspektive auf lotrechte Bildebene und darauf senkrechten Projektionsstrahlen (Aufriß)

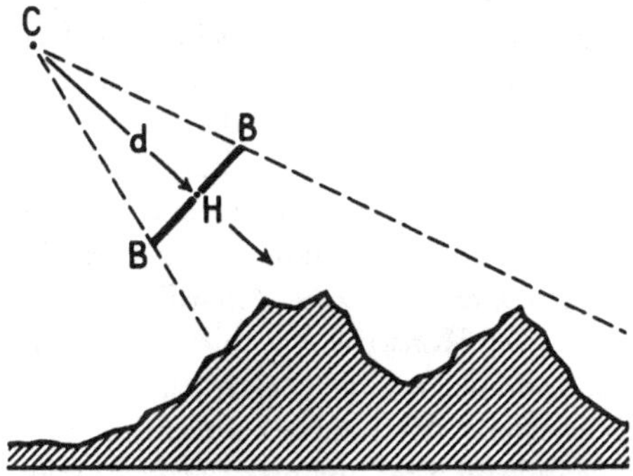

Abb. 148 Zentralperspektive auf schräge Bildebene und darauf senkrechter Blickachse

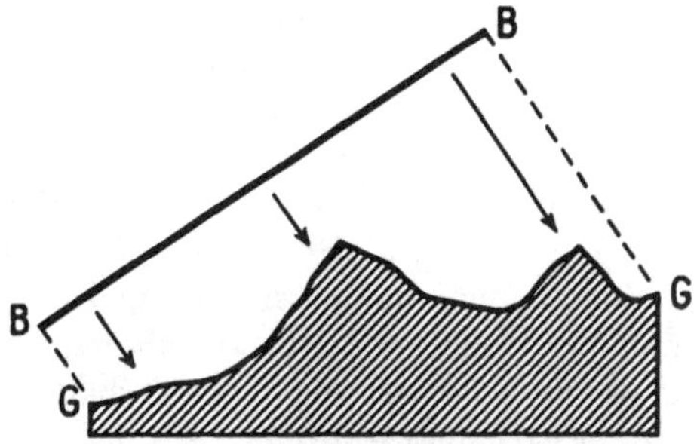

Abb. 149 Parallelperspektive auf schräge Bildebene und mit darauf senkrechten Projektionsstrahlen

G–G = Geländeoberfläche B–B = Bildebene C = Projektionszentrum (Augenpunkt)
H = Hauptpunkt (Bildmitte) d = Abstand der Bildebene vom Projektionszentrum

Bildstreifen ist nicht ohne gewisse randliche Überschneidungen möglich (siehe E. Imhof 1963). Die x- und y-Abweichungen irgend eines Bildpunktes von den Mittelachsen der zugehörigen Platte entsprechen nicht ihren Winkel- resp. Bogenwerten, sondern den Tangenswerten, was aber bei der Betrachtung schmaler Panoramastreifen nicht störend in Erscheinung tritt. Bogen und Tangens besitzen für kleine Winkel nahezu dieselben Werte.

2 Bei konstruktiv-zeichnerischer Herstellung eines Panoramas wird die Bildposition eines Punktes oft in der Natur mit einem Theodolit durch Richtungs- und Höhenwinkelmessung bestimmt. Hierauf werden diese Winkelwerte als Bogenmaße in den abgewickelten Bildstreifen eingetragen. Genau genommen handelt es sich somit hier nicht um eine zentrale Projektion auf einen Zylinderstreifen, sondern um eine solche auf eine horizontale Kugelzone.

Eine Abart solcher Panoramen ist das *Kreisringpanorama*, wie es da und dort als »Bergzeiger« auf Aussichtspunkten aufgestellt ist. Hierbei ist die Zeichnung mit kreisförmig gekrümmtem Horizont auf eine schräge oder horizontale Platte umgelegt, was aber für breite Streifen zu beträchtlichen Bildverzerrungen führt.

Solche landschaftlichen Zentralperspektiven dienen in erster Linie der allgemeinen Orientierung. Nur in Ausnahmefällen enthalten sie auch spezielle thematische Eintragungen. So wurden Bergpanoramen *geologisch* und *vegetationskundlich* koloriert. Solches aber lohnt sich selten, weil die landschaftlichen Kulissen alle Gebietszusammenhänge unterbrechen. Damit sei aber nichts gesagt gegen die einzelnen, örtlich beschränkten Landschaftsbilder. Solche sind für jede geographische Betrachtung ebenso bedeutsam, wie die Luftbilder und Karten.

36.1.4. Parallelperspektive auf lotrechte Bildebene und darauf senkrechten Projektionsstrahlen Aufriß. Abb. 147

Der Beobachter ist nicht an einen festen Standort gebunden, er befindet sich (wie bei der Kartenbetrachtung) jedem einzelnen Geländepunkt gerade gegenüber. Seine Blickrichtungen sind horizontal, sie bleiben sich stets parallel. Darstellungen analogen geometrischen Prinzips sind in Gebäudedarstellungen des Architekten seit jeher allgemein üblich. Als Geländedarstellungen aber sind sie nur sinnvoll für steile, vorwiegend nach ein- und derselben Seite abfallende Berghänge oder Felswände, somit da, wo sich von einer geeigneten Beobachterseite her gesehen nicht allzuviele Überdeckungen in den Weg stellen. Im Gegensatz zu den zentralperspektivischen Seitenansichten besitzen solche Darstellungen bestimmte Maßstäbe, so daß die Rechtwinkelkoordinaten parallel zur Bildebene, die Höhen und Quer-Distanzen, (nicht aber die Koordinaten der Raumtiefe) unmittelbar sichtbar und meßbar sind. Die Konstruktion solcher Geländeaufrisse erfolgt am besten auf photogrammetrischem Wege, indem man bei der autographischen Auswertung der Stereobilder die y-Achse mit der z-Achse vertauscht.

Angewendet und empfohlen wurden solche Geländeaufrisse zunächst für *geologische* Darstellungen (siehe Robert Helbling, 1948). In günstigen Fällen sind darin gewisse Lagerungen und Schichtmächtigkeiten in ihren Dimensionen unmittelbar sichtbar, nicht zentralperspektivisch verkürzt. Solche Geländeaufrisse können auch andern Zwecken, der *Vegetationsgeographie*, der *hochalpinen Touristik*, dienstbar sein. Ihr Anwendungsbereich ist jedoch beschränkt. Immerhin sei daran erinnert, daß an den Rändern früherer Seefahrerkarten oft parallel-perspektivische Küstenansichten solcher Art angebracht wurden.

36.1.5. Zentralperspektive auf schräge Bildebene und darauf senkrechter Blickachse (Abb. 148)

In der Regel sind es photographische Luftbilder, doch unterscheiden sich diese grundsätzlich nicht von Photos, die von hohen Berggipfeln schräg nach abwärts aufgenommen werden. Die Schrägstellung der Blickachse variiert zwischen nahezu horizontal und nahezu lotrecht. Je nach Gebiet, Photostandort und Photorichtung kann der Blickwinkel oben über den Horizont hinausreichen.

Bekanntlich photographiert man heute Erdoberflächenteile auch aus größten Höhen (Satelliten-Aufnahmen).

Zentralperspektivische Schrägbilder lassen sich auch durch photographische Aufnahmen von Geländemodellen gewinnen. Hierbei können Photo-Standorte und Modellbeleuchtungen frei variiert werden. Durch Photographien von Teilen reliefierter Globusflächen werden ganze Kontinente und Weltmeere anschaulich abgebildet.

Weite Verbreitung fanden seit jeher entsprechende Schrägbilder, die durch Konstruktion und Zeichnung entstanden waren. Meist werden sie als *»Vogelschaubilder«* oder *»Vogelschaukarten«* bezeichnet. Manche zeigen kleinste Gebiete mit Gebäuden, Bäumen usw. im Nahblick, andere wieder weite und weiteste Erdräume mit Berücksichtigung der Erdkrümmung. Nicht immer handelt es sich um geometrisch korrekte Konstruktionen. Oft werden die Geländegliederungen und Objektdimensionen recht frei an diesen oder jenen Zweck angepaßt. Auf dem Gebiet des topographisch-zeichnerischen Vogelschaubildes sind aber auch wahre Meisterwerke graphischer Darstellungskunst hervorgebracht worden. Das Vogelschaubild zeigt, im Gegensatz zur Karte, die Landschaft stets aus einer bestimmten Himmelsrichtung. Rückseitige Berghänge sind meist benachteiligt, verkürzt oder völlig überdeckt und unsichtbar. Korrekte zeichnerische Konstruktionen sind reichlich kompliziert. Anleitungen hierzu siehe Eduard Imhof 1963 und Fritz Hölzel 1963. Zweck der Vogelschaubilder ist vor allem allgemeine, topographische Gebietsorientierung, oft auch Werbung für Fremdenverkehrsgebiete. Ihre unmittelbare Naturanschaulichkeit prädestiniert sie hierfür.

Es fragt sich, ob und wieweit solche Darstellungen auch andern Zwecken dienen können. Fritz Hölzel, 1957, pries ihre Eignung als Standortzeiger auch für die verschiedensten thematischen Spezialeintragungen, so z. B. für Fabriken, für Vorkommnisse des Bergbaues, für wirtschaftsgeographische und andere Dinge. Solche »Verthematisierungen« dürften aber auf Einzelfälle beschränkt bleiben; denn die Ortslagen der eingetragenen Objekte lassen sich aus solchen Bildern meist nicht genügend genau entnehmen. Wir sehen im Vogelschaubild vor allem eine äußerst anschauliche und oft recht hübsche, aber mehr oder weniger einseitige Landschaftsdarstellung.

36.1.6. Parallelperspektive auf schräge Bildebene und mit darauf senkrechten Projektionsstrahlen (Abb. 149)

Solche konstruktiv und zeichnerisch hergestellten Vogelschaubilder besitzen gegenüber den Zentralperspektiven folgende Vor- und Nachteile.

Die Gebiete lassen sich – wie in der Karte – beliebig nach vorn und nach hinten, nach links und nach rechts fortsetzen. Gleiche x-Strecken sind überall im Bilde gleich groß, ebenso gleiche y-, resp. gleiche z-Strecken. Sie lassen sich daher mit Hilfe geeigneter Bildmaßstäbe herauslesen. Nachteilig aber ist die unnatürliche Bildwirkung. Entfernte Bildteile erscheinen zu groß. Im übrigen sind auch hier die Bildeffekte von Himmelsrichtung und Neigung der Blickachse abhängig. Über Verwendungszweck und Eignung oder Nichteignung gilt das oben für die zentralperspektivischen Vogelschaubilder Gesagte.

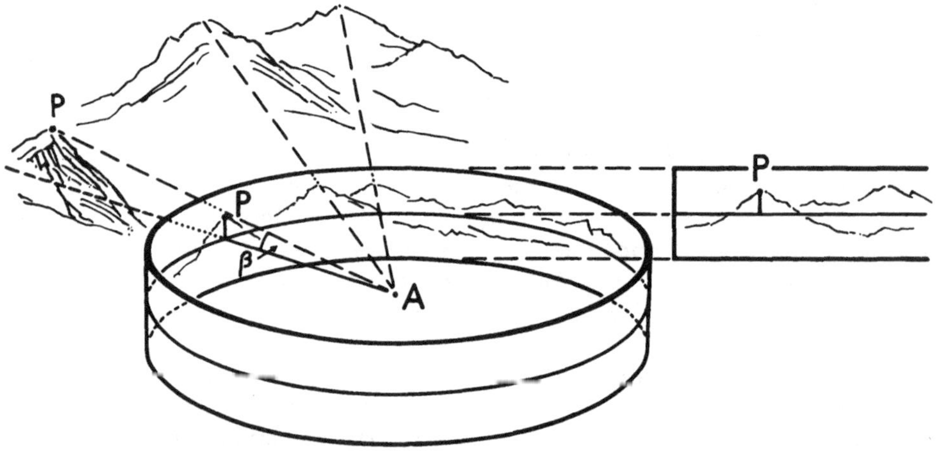

Abb. 150 Panorama, abgebildet auf einen lotrechten Projektionszylinder, der in die Ebene abgewickelt wird

36.1.7. Die Bildkarte

Eine besondere Form des Vogelschaubildes ist die sogenannte »*Bildkarte*«. Auch in dieser sind Geländeformen und Objekte der Geländebedeckung, sowie evtl. weitere Bildinhalte meist nicht streng grundrißlich und nicht durch abstrakte Signaturen, sondern durch Ansichtsbilder (»Veduten« usw.) dargestellt. Der freien Fabulierlust des Künstlers und dem jeweiligen Zweck der Darstellung anheimgestellt, sind hierbei all diese Dinge oft perspektivisch auf schräge Bildebenen umgeformt, vergrößert und irgendwie zurechtgerückt. In manchen Bildkarten sind Grundriß und Schrägblick frei und auf verschiedenste Art ineinander verwoben, wobei die räumlichen Gesamtgliederungen möglichst grundrißlich angelegt werden.
Solche Darstellungen bieten, wie die Karten, Auskünfte verschiedenster Art. Meist dienen sie propagandistischen Zwecken, sie besitzen selten wissenschaftliche Bedeutung, sind aber didaktisch und künstlerisch oft recht wertvoll.

Abb. 151 Teilstück eines Panoramas des Säntis. Blick nach Südwesten. Projektionszylinder in die Bildebene abgewickelt

36.1.8. Das Blockbild

Das Blockbild, sprachlich nicht sehr geschickt auch als *»Blockdiagramm«* bezeichnet, ist ein konstruktiv-zeichnerisch hergestelltes, räumlich begrenztes Vogelschau-Schrägbild eines meist rechteckig begrenzten Geländestückes. Es wird blockartig durch vertikale Profilwände abgegrenzt, so daß solche Darstellungen den Bildern von Geländemodellen ähnlich sehen. Auf den vorderseitig sichtbaren Profilflächen lassen sich geologische oder andere Strukturen des Erdinnern abbilden.

Die Konstruktion des Blockbildes erfolgt nach denselben Regeln, wie diejenige anderer Vogelschaubilder. Korrekte Zentralperspektive mit schräger Projektionsachse ergibt auch hier die bildhaft besten Lösungen. Parallelperspektivische oder anderswie vereinfachte Konstruktionen sind zwar beliebt, doch erscheinen ihre Ergebnisse mehr oder weniger verzerrt. Die Geländeformen gelangen am besten zum Ausdruck durch gut gewählte Grat- und Grabenlinien und dichte Scharen schattenplastisch gestalteter Falllinien. In einfachen Fällen ergeben auch dichte Folgen übereinander gestaffelter, perspektivischer Querprofillinien gute Ergebnisse, ebenso entsprechende Staffelungen perspektivisch gesehener Höhenkurven.

Das Blockbild ist bei Geologen und Geomorphologen recht beliebt, weil darin Abhängigkeiten des Oberflächenreliefs vom innern Bau der Erdkruste zur Darstellung gelangen, weil Abtragungs- und Aufschüttungsformen, tektonische Brüche, Verwerfungen, vulkanische Ergüsse und in Bilderreihen ganze Erosionszyklen, Änderungen der Glet-

Abb. 152 Blockbild. An den Seitenflächen geologische Längs- und Querprofile. Limmattal bei Baden (Schweiz). Eine Jurafalte durchbricht die Molasse

scherstände usw. demonstriert werden können. Auch einstige geotektonische Zustände lassen sich in Bildern aufgeschnittener Blöcke veranschaulichen.

Es ist daher nicht erstaunlich, daß über das Blockbild, seine Konstruktion und seine Verwendung bereits viel geschrieben worden ist. Hingewiesen sei insbesondere auf folgende Literatur: B. CARLBERG 1943, G. FREBOLD 1951, G. WAGNER und A. KOCH 1961, H. CLOOS 1951–52, H. LEHMANN 1951–52, M. SCHUSTER 1954, F. HÖLZEL 1957, A. LOBEK 1958, J. KLEIN 1961, E. IMHOF 1963, F. HÖLZEL 1963.

Statistische Blockbilder:

Die gute Anschaulichkeit des Blockbildes für geologische und geomorphologische Themen hat dazu verlockt, auch statistische Dinge, wie etwa die regionale Verbreitung von Bevölkerungsmengen, solche der Volksdichte und ähnliches in entsprechenden Blockbildern darzustellen. Man zeichnet hierbei als Basisbild z. B. das lineare Gefüge einer Dichtemosaikkarte, in manchen Fällen eines Quadratgitters, in Schrägansicht als Parallelprojektion. Über jedem Mosaik- oder Quadratstück wird eine Säule errichtet, deren Höhe, gemessen an einem geeigneten Dichte-Höhe-Maßstab, der zugehörigen Dichtestufe entspricht. So entstehen Bilder aneinanderklebender Säulen verschiedenster Grundrisse und ungleicher Höhen, es entstehen gleichsam Schrägbilder eng zusammengepferchter Wolkenkratzerquartiere. Auch hier werden dann nicht selten die ebenen, aber ruckartig auf- und abspringenden Säulenzinnen generalisierend zu stetig zusammenhängenden Berg- und Talgehängen umgeformt.

Wir glauben, daß all dies sinnlos und nichts weiter als eine vielleicht hübsche Spielerei ist. Wohl wird regional ein Hoch oder Tief, und damit ein Viel oder Wenig sichtbar, aber die Bezugsareale der einzelnen Säulen, resp. der Reliefoberflächenstücke sind visuell kaum genügend erkennbar oder eruierbar. Nicht selten auch verstecken sich niedrigere Hintergrundsäulen hinter davorstehenden höheren Blockstücken. Für die praktische Kartographie ist die Konstruktion solcher Gebilde auch zu zeitraubend.

36.1.9. Profillinie und Profilfläche

Profile oder *Profillinien* sind Schnittlinien lotrechter Bildflächen mit der Geländeoberfläche. Es handelt sich somit bei der einzelnen Profillinie nicht um ein Bild der Geländeoberfläche, sondern (analog einer einzelnen Höhenkurve) nur um ein solches einer Flächenerzeugenden.

Je nach Zweck konstruiert man Profillinien, deren Grundrisse *geradlinig* oder *geknickt* oder *gekrümmt* verlaufen, letzteres z. B. um das Gefälle eines Flusses oder eines Verkehrsweges oder einer Gelände-Fallinie zu zeigen. Bei Tälern, Gräben, Gebirgsketten usw. spricht man auch von Querprofilen und Längsprofilen. Die Profillinien werden überhöht oder nicht überhöht gezeichnet. In der Regel konstruiert man sie nach Höhenkurvenkarten, gelegentlich auch mit Hilfe besonderer Geräte, der *»Profilographen«*. Sie können aber auch mit Hilfe von Auswertegeräten aus photogrammetrischen Photopaaren oder unmittelbar im Gelände durch Nivellement oder andere Meßverfahren gewonnen werden.

Einige in der Natur dicht nebeneinander liegende, im Bilde übereinander gestaffelte Profile, solche über parallelen, geradlinigen Basislinien, die sog. *Profilreihen*, vermitteln eine zwar lückenhafte, aber doch recht anschauliche Vorstellung einfacher Geländeoberflächenformen.

Profil-Kulissen bestehen aus ausgeschnittenen, in der Regel gleichabständigen und dicht hintereinander gestellten Profilplatten. Durch sehr dichte Scharung solcher Platten entstehen räumlich-körperliche *Geländemodelle.*

Von der *Profillinie* zu unterscheiden ist das entsprechende *Profilflächenbild* (Abb. 153). Hier geht es nicht nur um eine Reliefoberflächen*linie*, sondern um die gesamte Schnitt-

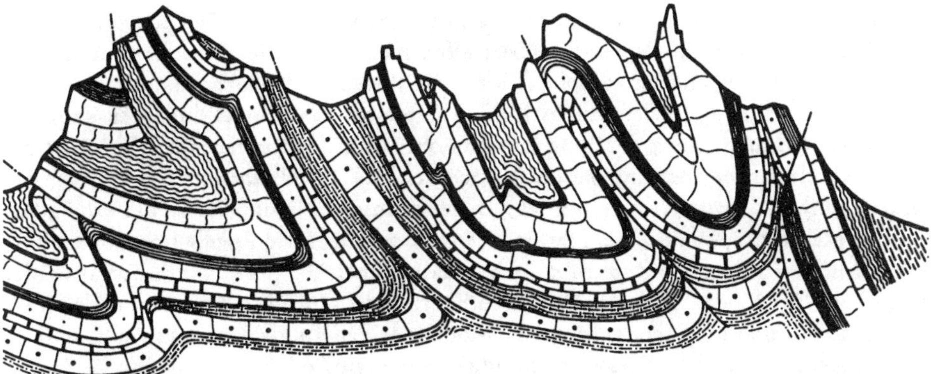

Abb. 153 Geologisches Querprofil durch einige Ketten der Säntisgruppe. Nördliche Kalkalpen. Steil aufgerichtete Kreidefalten verschiedener Fazies. Nicht überhöht

fläche, um den Schnitt mit den Strukturen und Vorkommnissen im Innern des betreffenden Erdkrustenstückes und des Atmosphärenraumes. Solche Profilflächenbilder waren seit jeher unentbehrliche Veranschaulichungshilfen des Geologen. Ihre Anwendung beschränkt sich aber nicht auf die Darstellung von Gesteinslagerungen in der Erdkruste. Dargestellt werden auch viele andere Vorkommnisse, wie z. B. Höhlengänge, Untergrund-Bauwerke (Tunnel- und Stollenbau, Bergbau). Auch Schichtungen, Vorkommnisse und Bewegungen in der Atmosphäre, in stehenden und fließenden Gewässern werden durch Profilflächenbilder gezeigt. Solche Darstellungen erfassen in gleicher Weise Lithosphäre, Biosphäre und Atmosphäre. Die Frage, ob überhöht oder nicht überhöht werden soll, hängt von Fall zu Fall ab vom Darstellungsgegenstand, vom Maßstab und vom Zweck. Geologische Profilflächenbilder großen Maßstabs beispielsweise sollen nicht überhöht werden; denn jede Überhöhung verfälscht die Gesteinslagerungen.

36.2. Stereo-Geländebilder oder dreidimensional erscheinende Darstellungen

Hier handelt es sich vor allem um photographische Stereoaufnahmen des Geländes, unter anderm um Stereo-Luftbilder, um ihre Formen, ihre Betrachtung, ihre Interpretation. All dies wird durch SIGFRID SCHNEIDER im Band X, 3 der vorliegenden Bücherreihe behandelt. Es bleibt uns nur zu ergänzen, daß Stereobilder, solche topographischer und themakartographischer Motive, auch durch zeichnerische Konstruktion oder Photographieren geeigneter Modelle hergestellt werden können.

36.3. Dreidimensionale Darstellungen

36.3.1. Das topographische Modell oder Relief

In der Veranschaulichung der Erdoberflächenformen sind gute Geländemodelle den ebenen Abbildungen überlegen. Sie übertreffen hierin auch die ebenfalls räumlich erscheinenden Stereo- und Anaglyphenbilder. Bei diesen sind Beobachtungsstandort sowie Beobachtungs- und Beleuchtungsrichtung festgelegt. Das Modell hingegen kann aus beliebiger Richtung, von jeder Seite her, von oben usw., und unter möglichst günstiger und wechselnder Beleuchtung betrachtet werden. Der Beobachterstandort kann viel leichter und rascher gewechselt werden, als selbst in der Natur. Das Relief ermöglicht ein fast gleichzeitiges und allseitiges Erfassen der Formen. Die Freude über solche Vorzüge wird freilich recht oft getrübt, recht qualvoll getrübt durch Machenschaften der Menschen. Das Modell ist nicht die Wirklichkeit, es ist – wie die Karte – nur deren oft sündhafte Nachbildung. Topographische Modelle leiden an vielen Lastern: Oft sind sie allzu ungenau und ohne Formenverständnis hergestellt, oft durch schlechte Bemalung verpfuscht. Sie sind in der Regel schwer transportierbar, nehmen leicht Schaden und sie ringen in unserer eingeengten Welt um würdige Aufstellungsorte. Sie sind daher da, wo man sie gerne haben möchte, meist gar nicht vorhanden.

Solches gilt vor allem für die größeren, in der Regel aus Gipsblöcken herausgearbeiteten Beispiele. Die kleineren, geprägten, leichten Plastikreliefs, wie sie heute wohlfeil angeboten werden, sind leider meist wahre Ausgeburten verdorbener Topographie.
Eine besondere Form des topographischen Modells, eine unausgewachsene embryonale Form, ist das *Schichtstufenrelief*, wie es durch Aufeinandersetzen ausgeschnittener Höhenkurvenplatten entsteht. Ähnlich wie die Schichtstufen lassen sich auch parallele dichtgescharte, meist ebenfalls äquidistante *Profilplatten* zu Rohformen von Geländemodellen zusammenfügen.
Die verschiedenen Gattungen von Geländemodellen, ihre technische Herstellung, Vervielfältigung, ferner Fragen eventueller Überhöhung, solche der Oberflächenausstattung und der Bemalung finden sich beschrieben in E. IMHOF 1939 und H. ZURFLÜH 1950.
Das gut gearbeitete und natürlich bemalte Geländemodell großen Maßstabes (etwa zwischen 1:1000 und 1:100 000) veranschaulicht die Landschaft vorzüglich. Es ist ein erstrangiges Schau- und Demonstrationsstück, vor allem auch für geologische Zusammenhänge. Hierbei zeigt meist nicht nur die Modelloberfläche die geologischen Gliederungen; auch die Block-Seitenwände, die Profilflächen, erschließen das Erdkrustengefüge. Durch Herausschneiden einzelner Blockteile, ebenfalls mit entsprechender Profilflächenbemalung, werden solche Modelle zu erstrangigen Demonstrationsstücken des Geologen, des Markscheiders, des Tunnelbauers und anderer Wühlmäuse.
Nicht selten werden Würfel, Stäbe, Säulen, Kugeln usw. zur Kennzeichnung gewisser Objekte und ihrer statistischen Werte in die Geländemodelle hineingestellt. Im Sinne populärer Veranschaulichung ist gegen solche Dreidimensionierung der thematisch-statistischen Karte nichts einzuwenden. Das Verfahren kommt aber wohl nur für größere Ausstellungen in Frage, zu deren Aufbau reiche Kredite und fleißige Bastler zur Verfügung stehen.
Ein Wort noch zur Frage der *Reliefüberhöhung:* Topographische Modelle großen Maßstabes, solche etwa bis 1:100 000, und vor allem diejenigen alpiner Gebiete, sollten niemals überhöht werden. Überhöhung widerspricht der Naturtreue und erzeugt morphologisch unmögliche Formen. Welch merkwürdige Schwanenhälse entstünden, wenn man Modelle der Vajolettürme überhöhen wollte! – Anders aber verhält es sich mit Modellen in kleinen Maßstäben, vor allem mit solchen flacher Gebiete. Hier sind manchmal aus visuellen und didaktischen Gründen gewisse Überhöhungen zu empfehlen. Je nach Gebiet sollten sie in Modellen der Maßstäbe 1:100 000 bis 1:500 000 das etwa Zweifache nicht überschreiten. Nur für noch kleinere Maßstäbe oder äußerst flache Gegenden und für besondere Spezialzwecke lassen sich kräftigere Überhöhungen rechtfertigen.

36.4. Globus und Globussegment

Man unterscheidet *Kartengloben* und *Reliefgloben.*
Der *Kartenglobus* verbindet in eigenartiger Weise dreidimensionale und zweidimensionale Darstellung. Die Erde als Ganzes wird als Kugel, somit als körperliches Modell, wiedergegeben. Die Reliefoberflächenformen hingegen werden planeben als Karte auf diese gewölbte Kugelfläche gesetzt.

Der *Reliefglobus* zeigt einheitlich und konsequent alles, auch die Gebirge, in dreidimensionaler, körperlicher Gestalt.
Von Ausnahmen abgesehen baut man selten Globen mit Durchmessern von über etwa 2 Metern. Am häufigsten sind Kugeln von nur etwa 30–50 cm Durchmesser. Der mittlere Erdradius beträgt = 6370 km. Ein Kugelradius von 25 cm führt somit zu einem Maßstab der Globuskarten von 25:637 000 000 oder 1:25 480 000 oder ca. 1:25 000 000 In diesem Maßstab aber betrügen 1000 m nur 0,04 mm. Der Mont Blanc wäre nur 0,19 mm, der Mount Everest nur 0,36 mm hoch. Nicht überhöhte Erhebungen würden somit flach und unanschaulich erscheinen. Man pflegt daher Globus-Oberflächenreliefs stark zu überhöhen und zu vereinfachen.
Der Globus eignet sich vorzüglich als Demonstrationshilfe für weltumspannende Erscheinungen und Vorkommnisse: Wechsel der Jahres- und Tageszeiten, Erdtektonik, Vulkanismus, Seismologie, Kraftfelder des Erdmagnetismus, Meeres- und Luftströmungen, Klimagürtel, Vegetationszonen, Weltverkehr, Geopolitisches.
Gliederungen, Zusammenhänge und Bewegungen solcher Dinge lassen sich, wie neuerdings Georg Jensch (1967 und 1970) hervorgehoben und durch seinen Vegetationskartenglobus demonstriert hat, anschaulich und ohne störende Kartenverzerrungen zeigen.
Auch das *Globussegment* dient ähnlichen Zwecken. Für ausgedehnte Gebiete macht sich die Erdkrümmung stark bemerkbar. Verzerrungen, wie sie die ebenen Kartenflächen aufweisen, lassen sich durch Wölbung der Bildfläche vermeiden. Man bildet daher nicht nur die Erdkugel als Ganzes in der Form von Globen ab, man erstellt auch entsprechende schildförmig gewölbten Karten ausgedehnter Erd und Meeresteile. Sie werden als Globussegmente bezeichnet. In der Regel besitzen sie wesentlich größere Maßstäbe als die Globuskugeln.
Auch hier unterscheidet man Kartenglobussegmente und Reliefglobussegmente, erstere ohne, letztere mit plastischem Geländerelief. Wie die Globen, dienen auch die Globussegmente vor allem dem Unterricht. Es steht nichts im Wege, ihre Kartenflächen mit Eintragungen verschiedenster Themen zu bereichern.

Kapitel 37
Übersicht über die Themen

Die Themen der Karten (und wir schließen die kartenverwandten Darstellungen mit ein) sind unerschöpflich, wie der Raum, die Zeit, die Kräfte und das Leben, sie reichen selbst auf den Mond und tief in den Weltraum hinaus.
Überschaubarkeit, wissenschaftliche Lehre und bibliothekarisches Einordnen erheischen systematische Gruppierungen der Karten. Solche Gruppierungen können nach den verschiedensten Gesichtspunkten vorgenommen werden und sie schließen im allgemeinen die topographisch-chorographischen Karten mit ein.
In diesem Buche wurden die thematischen Karten nach ihren formalen Gefügen gruppiert. Dies schien uns zweckmäßig, um damit eine für den Hersteller überschaubare

Lehre entwickeln zu können. Den Kartenbenützer aber interessieren vor allem die Region und der thematische Inhalt.
Die Karten werden zunächst meist nach geographischen Regionen geordnet. Hierbei ergeben sich oft gewisse Schwierigkeiten infolge ungleicher regionaler Überlagerungen. Viele Kartenwerke beziehen sich auf politisch abgegrenzte Gebiete, auf Staaten und Staatsteile. Ihre Abgrenzungen aber veränderten sich im Laufe selbst der jüngsten geschichtlichen Entwicklungen. Die daraus entspringenden Sorgen sinnvollen Zuordnens – es sind nicht die einzigen – beziehen sich auf das kartographische Bibliothekswesen. Mit diesem aber wollen wir uns hier nicht weiter beschäftigen. Es geht uns vielmehr darum, auf die fast unbegrenzte Vielheit der Kartenthemen hinzuweisen.
Eine von Emil Meynen aufgestellte Kartentitelkartei des Amtes für deutsche Landeskunde (publiziert in: Berichte zur deutschen Landeskunde, 5. Band. Stuttgart 1948) enthielt, bei Beschränkung auf Deutschland, über tausend verschiedene Themen. Unsere Leser seien mit ihrer Aufzählung verschont! Sie wäre ohnehin bereits überholt; denn jede neue Zeit, jedes neue Bedürfnis, jede geographische Region führt stetsfort zu neuen Themen.
Im folgenden sei ein zusammenfassender *Katalog* der wichtigsten Themengruppen und Themen zusammengestellt:
Hierbei sind die topographischen und chorographischen Karten nicht mit einbezogen.

37.1. Geometrische und geodätische Konstruktionen und Netze

Diese Gruppe enthält nicht Themen von Vorkommnissen der geographischen Umwelt, sondern Hilfskonstruktionen verschiedener Art.
Kartennetzentwürfe, Grad- und Kilometernetze, Polarkoordinatennetze, Äquideformatenkarten, Verzerrungsgitter alter Karten.
Netzpläne für geodätische Arbeiten, wie Triangulations- und Nivellementsnetze. Netzpläne für Schweremessungen usw., Festpunktkarten.
Isodistanzen- und Isochronenkarten.

Bemerkungen zu den folgenden Gruppen 37. 2–6:

Diese Gruppen enthalten Forschungsergebnisse aller Art: Naturwissenschaftliches, Kulturwissenschaftliches, Geographisches, Geschichtliches, auch Statistisches. Sie umfassen den Großteil der thematischen Karten schlechthin, die Darstellungen des Einstigen und des Heutigen, im Gegensatz zu den Karten des Geplanten.
Folgende Gruppen seien unterschieden:

37.2. Natürliche Zustände und Vorkommnisse, frühere und heutige

Höhen- und Tiefenstufen, Relief, Reliefenergie.
Geologie mit Petrographie, Stratigraphie, Tektonik, Vulkanismus, Diluvium, Periglazial, Lagerstätten, Hydrogeologie, Baugrund usw.
Geomorphologie.
Böden: Bodentypen und -arten, Nährstoffgehalt, Bodenzerstörung, Bodenwert usw.
Geophysik (in engerem Sinne): Schwerefeld, Erdmagnetismus, Gezeiten, Erdbeben, gewisse atmosphärische Erscheinungen.
Hydrographie: Oberflächengewässer, Vereisung, Glaziologie, Lawinen, Grundwasser und Hydrogeologie, chemische, physikalische und biologische Zustände in den Binnengewässern, Gewässerverschmutzung, Verdunstung.
Meereskunde: Oberflächenströmungen und Tiefenzirkulation, chemische, physikalische und biologische Zustände im Meerwasser, Vereisung, Wärmeumsatz.
Meteorologie und Klimatologie: Temperaturen, Niederschläge, Luftdruckverteilung, Winde, Bewölkung, Nebelhäufigkeit, Gewitter, Hagelschlag, Wetterlagen, Klimatypen, Klimazonen.
Pflanzenwelt: Natürliche Vegetation, Ökologie, Vegetationszonen, Vegetationshöhenstufen, Veränderung und Wanderung.
Tierwelt: Faunenelemente, Faunengesellschaften, Tierwanderungen im Laufe der Zeit und kurzfristig periodische (Vogelflug).

37.3. Anthropogeographische Themen

Bevölkerung: Verteilung und Dichte, Zu- und Abnahme.
Bevölkerungsstrukturen: Berufe, Arbeit, soziale Gliederungen, Altersaufbau und anderes.
Gesundheitswesen, Krankheiten, Seuchenverbreitung.
Wanderung: Binnenwanderung, Pendelwanderung, Auswanderung, Völkerwanderung, Völkerumsiedlungen.
Sprachen, Sprachverschiebungen, Ortsnamenkunde.
Völker (Rassen).
Volkstum, Volkskunde, Sachvolkskunde, Brauchtum.
Religionen und Konfessionen.
Kulturelles: Kulturstufen, kulturelle Einrichtungen.
Staat, Verwaltung, Recht: Staats- und Verfassungsformen, Verwaltungsgliederungen, Bündnisse, politische, wirtschaftliche und kirchliche Gemeinschaften, politische Grenzen und Zollgrenzen, andere Grenzen, öffentliche Körperschaften und deren Einrichtungen, politische Parteien, Wahlergebnisse usw.
Öffentliche Dienste: Bildungswesen (Schulen, Schulsysteme, Bibliotheken, Museen u. a.), Gesundheitswesen und anderes.
Öffentliche und andere Finanzen, Steueraufkommen, volkswirtschaftliche Bilanzen, Investitionen usw.

Land- und Forstwirtschaft: Ökumene und Anökumene, Landnutzung, Pflanzenbau, Viehzucht, Betriebsarten, Betriebsgrößen, Arbeitskräfte, Hilfsmittel, Erträge, Flur- und Gemarkungsgliederungen, agrar- und forstwirtschaftliche Karten verschiedenster Inhalte. Jagd und Fischerei.
Energiewirtschaft: Hydroelektrowirtschaft, Kohle, Erdöl, Erdgas, Gas, Atomkraft und andere.
Energieproduktion und -verteilung.
Bodenschätze und Bergbau.
Industrie und Gewerbe: Standorte, Berufsstrukturen, Produktionsarten, Mengen und Werte. Vorräte und Lagerung, Anzahl der Beschäftigten.
Handel: Umsatz, Handelswege, Banken und andere Geldinstitute, Märkte usw.
Andere wirtschaftsgeographische Themen.
Wirtschaft: Allgemeines, gemischte Inhalte, Zusammenfassungen usw.
Verkehr: Verkehrsmittel, Personen- und Güterverkehr auf Fußweg, Straße, Schiene, Schiff, Flugzeug. Motorisierung (Dichte der Motorfahrzeuge u. a.), Binnenschiffahrt, Meeresschiffahrt, Meer-, See- und Flußhäfen, Pipelines.
Luftverkehr: Flughäfen, Flugsicherung, Flugnavigation. Verkehrsfrequenzen, Verkehrsvolumen, Entfernungskarten. Städtischer Verkehr. Orts-Versorgung. Streuungsbereiche. Zusammenfassungen.
Nachrichtenwesen: Post, Telegraph, Telephon, Radio, Television, Presse.
Erholung und Sport: Touristik, Fremdenverkehr, Ferien- und Kurorte, ihre Ausstattung, ihre Besetzung, Autotourismus (Autostraßenkarten), Alpinismus (Schutzhütten, Wegrouten), Skisport, Wassersport usw.
Komplexe wirtschafts- und verkehrsgeographische Karten.
Siedlungen: Ländliche Formen, Flurformen, Gemarkung.
Städtische und andere nicht agrarische Siedlungen, Orts- und Stadtpläne, funktionale, geschichtliche und andere Strukturen.
Stadtregionen, Industriesiedlungen, Verkehrsanlagen. Zentrale Orte.
Gemeindegrößenklassen, Verstädterung, Siedlungsballungen. Kurorte, Kirchen, Klöster, Burgen, Schlösser usw.

37.4. Geschichtliche Themen

Ur- und Frühgeschichte, allgemeine Geschichte (territoriale und politische Geschichte, Staaten- und Verfassungsgeschichte), Kriegsgeschichte, Orts- und Landschaftsgeschichte, Siedlungsgeschichte, Bevölkerungsgeschichte, Wirtschafts- und Verkehrsgeschichte, Kulturgeschichte, auch Sprachgeschichte, Kunstgeschichte, Geschichte der Wissenschaften und der Technik, z. B. Kartengeschichte, Entdeckungsgeschichte.

37.5. Landschaftskundliche Themen

Natur- und kulturräumliche Gliederungen.
Landschafts- und Naturschutzgebiete, Naturreservate, Naturparks, Landschaftspflege usw.
Karten mit kombinierten Inhalten, auch aus den Gruppen 37.2, 3 und 4.

37.6. Kombinationen und Synthesen

Kombinationen und Umformungen verschiedenster Inhalte, synthesenartige Zusammenfassungen.

37.7. Militärische Themen

Diese Gruppe umfaßt sowohl Darstellungen der Gruppen 37.2 und 3, somit von Vorkommnissen verschiedener Art, als auch solche von Vorausplanungen.
Wehrgeographie, Wehrgeologie, Wehrwirtschaft, Wehrverkehr, Verkehrseinrichtungen, Geländegängigkeit, militärisches Nachrichtenwesen.
Befestigung, Unterkunft, Materiallagerung.
Lagekarten, Operationskarten, Luftlandekarten, Aufmarschpläne, strategische Karten, Sichtkarten, Schieß- und Schußgebietskarten.
Zivilschutz, Schutz der Kulturgüter.
Andere militärische Themen.

37.8. Planung und Projektierung

Planungs- und Projektkarten unterscheiden sich grundsätzlich von denjenigen der obigen Gruppen 37.2,3 und 4. Sie zeigen nicht Bisheriges und Gegenwärtiges, nicht Forschungsergebnisse in üblichem Sinne, sondern Prognosen, Projekte, Wunschträume. Sie zeigen das Planen zukünftiger Dinge. Die Projektverfasser und Kartenautoren sind hier Planer verschiedenster Art, Ingenieure, Architekten, Soziologen, Statistiker, Behörden, Politiker usw. Das Hinzielen auf Zukünftiges schließt nicht aus, daß in den *Planungsatlanten* auch Karten bisheriger Zustände und Vorkommnisse mit enthalten sein können, sofern solche als Unterlagen für das Planen gebraucht werden.
Zur Kartengruppe für Planung und Projektierung zählen:
Bebauungspläne, Pläne und Karten für Siedlungs-, Orts- und Stadtplanung, Regionalplanung, Landesplanung, Industrie- und Wirtschaftsplanung, Verkehrsplanung, Bevölkerungsplanung, Umsiedlungen, andere Planungen, Projektpläne für Bodenschutz und Bodenverbesserung, Bewässerung, Entwässerung, Alpmelioration, Meliorationen aller Art, Flurplanung (Güterumlegung), Heimat-, Natur- und Landschaftsschutz, Umweltschutz, Gewässerschutz, Karten zu den Themen Boden-, Gewässer- und Luftverunreinigung usw.

37.9. Weltraum-Kartographie

Sternkarten, Darstellungen der Sonne, des Sonnensystems, der Mondbahn, der Mond-Phasen, der Mondoberfläche, der Mondgeologie und Geophysik, der Marsoberfläche, der Weltraum-Flugbahnen usw.

37.10. Weitere Bemerkungen

In einem solchen Kartenkatalog figuriert das eine oder andere Thema naturgemäß da und dort. Beispielsweise läßt sich die Hydrogeologie sowohl bei der Geologie als auch bei den Gewässern unterbringen, die Kurorte bei der Gruppe Erholung und bei den Siedlungen.

Andere Gliederungen der Karten wären möglich, so z. B. nach ihrer vorherrschenden Benützung, nach dem Benutzerkreis, nach besonderen Lehr- oder Beeinflussungsabsichten. In solchem Sinne kennt man die wissenschaftliche Quellen- und Forscherkarte, die Karte als oft unübertreffbaren Datenspeicher, man kennt die allgemeine, alltägliche Auskunftskarte, z. B. für den Zeitungsleser, die Schülerkarte und die besondere Schulwandkarte, die Touristenkarte, die Propagandakarte, die Warnungskarte (Beispiel: Lawinenkarte) usw.

Über alledem aber stehen als primäre Gliederungen diejenigen *nach geographischen Regionen und nach den Maßstäben,* und schließlich – wie oben betont – für die Zwecke der Kartenherstellungslehre, unsere Gliederungen nach *formalen Gefügen.*

Denken wir uns nun alle die unzähligen oder auch nur die wichtigsten Themen in Karten großer und kleiner Maßstäbe aller Regionen der Erde eingebaut, und berücksichtigen wir überdies die Veränderungen in der Wirklichkeit sowie die Fortschritte der Forschung und damit das Bedürfnis nach periodischer Kartenerneuerung, so ergäbe sich eine unermeßliche Landkartenflut. Stark eingedämmt aber würde solche papierne Überschwemmung, weil sehr vieles für sehr viele Gebiete überhaupt nicht erforscht, gemessen oder gezählt ist und auch in Zukunft vieles weder erforscht noch notwendig sein dürfte. Überdies wären sämtliche Geowissenschafter, Kartographen und kartographischen Institute der Welt gar nicht in der Lage, solche Produktionsmengen zu bewältigen.

Sehen wir für einmal von den militärischen Bedürfnissen nach Karten ab, so waren es noch vor wenigen Jahrzehnten vorwiegend wissenschaftliche und touristische Interessen, die immer wieder neuen Karten mit neuen Themen riefen. Heute sind es auch Planungen aller Art, die Karten verschiedenster Themen benötigen. Auch die Schulatlanten sind heute reich an thematischen Karten. Erst die Zusammenschau verschiedenster Elemente führt zu länderkundlichem Überblick. Die thematische Karte dient aber nicht nur der Vermittlung vorhandenen Wissens, sie führt unmittelbar zu *neuen* Erkenntnissen, indem aus ihr oft neue räumliche und ursächliche Zusammenhänge offenbar werden, Zusammenhänge, die ohne solche Hilfen im Verborgenen blieben.

Kapitel 38 Gattungen, Planung und Besonderheiten kartographischer Atlanten

38.1. Verschiedene Gattungen kartographischer Atlanten

Atlanten sind Sammelwerke zusammengehöriger graphischer, bildhafter Blätter, insbesondere auch solcher von Karten. Sie werden entweder als Sammlungen offener, nicht eingebundener Blätter oder aber in Buchform herausgegeben. In ersterem Falle erfolgt ihre Herausgabe oft in zeitlich gestaffelten Lieferungen.

Dem Inhalt des vorliegenden Buches entsprechend, bezieht sich das Folgende auf kartographische Atlanten. Für ihre Planung und Bearbeitung beachte man mancherlei Gesichtspunkte und Forderungen, die bei der Herstellung von Einzelkarten ohne Bedeutung sind. Auf einige solche Dinge sei in diesem Kapitel hingewiesen.

Zuvor aber sei eine *Gruppierung* in einige unterschiedliche *Gattungen kartographischer Atlanten* vorgenommen. Hierbei schließen wir die alten Atlanten, diejenigen aus früheren Jahrhunderten, und ihre modernen Faksimile-Reproduktionen aus; denn sie haben mit der vorliegenden Kartenherstellungslehre kaum etwas zu tun. Andererseits seien im Interesse systematischer Vollständigkeit heutige topographische und chorographische Atlanten miteinbezogen.

Zunächst gliedern wir, wie meist üblich, in *regionale Atlanten* und *Weltatlanten*. Innerhalb jeder dieser beiden Gruppen sind zu unterscheiden »einthemige«, d. h. auf ein Thema, resp. eine Themengruppe beschränkte, und »mehrthemige«, d. h. verschiedene Themen, resp. Themengruppen umfassende oder – wie man sie auch nennt – *»komplexe«* Atlanten. Zu den Werken letzterer Art zählen u. a. die sog. *National-* oder *Landesatlanten*. Werke dieser beiden Gattungen dienen vor allem der geowissenschaftlichen Forschung und Lehre. Etwas anderer Art bezüglich Benützerkreis und Zweckbestimmung sind die sogenannten *»Hausatlanten«*, d. h. Atlanten zur Orientierung weitester Kreise, ferner *Planungsatlanten* und *Schulatlanten*. Die Planungsatlanten enthalten in der Regel verschiedenerlei landeskundlich-thematische Karten, nicht anders als manche regionale National- oder Landesatlanten. Überdies aber sind ihnen Planungskarten, d. h. Prognosekarten, Projektkarten, Karten zukünftigen Gestaltens, Karten visionärer Zustände beigefügt.

Die *Schulatlanten* zeichnen sich aus durch methodisch sinnvolle Stoffzusammenstellungen und einfache, leicht verständliche Gestaltung, die sog. *Hausatlanten* aber suchen durch Beigabe attraktiver Bilder, Diagramme, Tabellen und Texte allgemeine Bedürfnisse nach geographischer Information zu befriedigen. Atlanten dieser beiden letztgenannten Gruppen enthalten selten unmittelbare Ergebnisse wissenschaftlicher Spezialforschung. Die meisten ihrer Karten entstehen durch kompilierende und vereinfachende Umformung aus bereits vorhandenem Grundlagematerial.

Atlanten mit Karten für den Autotouristen, solche für den Städtebummler mit Eintragungen besonderer Sehenswürdigkeiten zählen wir zu den regionalen Werken eines speziellen Themas. Dies mag anfechtbar sein. In den Karten solcher Atlanten herrschen die topographischen Elemente oft stark vor, sie lassen sich daher auch der topographisch-chorographischen Gruppe zuordnen. Oder aber man bildet nach WOLFGANG PILLEWIZER (1964) hierfür topographisch-thematische, resp. chorographisch-thematische Zwischengruppen. Wir ziehen die Zuweisung zur Gruppe der thematischen Regionalatlanten vor, weil solche Werke durchaus speziellen Zwecken dienen, indem ihre Inhalte ganz auf die Bedürfnisse des Autotouristen, des bau- und kunsthistorisch interessierten Stadtbesuchers usw. ausgerichtet sind. Das Topographisch-Chorographische ist hierfür lediglich räumliche Orientierungsbasis. Wirkliche topographische Karten, solche etwa bis zum Maßstab 1:500 000, müßten u. a. auch Höhenkurven enthalten, was in Autostraßenkarten kaum je der Fall und wenig sinnvoll sein dürfte.

38.2. Gruppen und Beispiele

Zur Illustration oder Erläuterung der soeben genannten Gliederung nennen wir für jede Gattung einige Beispiele. Es sei betont, daß es sich hierbei nur um Beispiele handelt, nicht aber um einen Atlas-Kurzkatalog. Durch unsere Auswahl nehmen wir in keiner Weise eine Wertung vor. Wir wählen möglichst typische Atlanten und solche, die in deutschen Hochschulinstituten und Bibliotheken unsern Lesern leicht zugänglich sein dürften. Deutschsprachige Werke wurden mit Rücksicht auf unsern Leserkreis bevorzugt, jedoch durch einige besonders charakteristische fremdsprachige Beispiele ergänzt.

Beispiele von Atlanten verschiedener Gattung

Regionale Atlanten
Sie stellen einzelne Staaten, Landschaften, Städte usw. dar

1a
Topographische Länderatlanten
Meist Staatskartenwerke. Serien von Karten verschiedener Maßstäbe.

Topographische Karte 1:25 000 (T K25). Früher oft als »Meßtischblätter« bezeichnet. – *Topographische Karte 1:50 000* (TK 50). – *Topographische Karte 1:100 000* (TK 100). – Bearbeitet und herausgegeben von den Landesvermessungsämtern der Länder der Bundesrepublik Deutschland.

Topographische Übersichtskarte 1:200 000 (TÜK 200). Bearbeitet und herausgege-

Weltatlanten
mit Übersichtskarten der ganzen Erde und solchen ihrer Teile

1b
Topographische (chorographische) Welt- bzw. Erdkartenwerke

Internationale Weltkarte
1:1 000 000. Carte internationale du Monde au 1:1 000 000«. Bearbeitet und herausgegeben von einem Staat, dessen Gebiet auf dem betreffenden Blatt dargestellt ist, in Zusammenarbeit mit »Cartographic Section of the United Nations, New York«. 1911 ff. Die Deutschland bedeckenden Kartenblätter werden vom Institut für Angewandte Geodäsie in Frankfurt/Main bearbeitet.

ben vom Institut für angewandte Geodäsie, Frankfurt/M.; Kartenblätter bayerischer Gebiete herausgegeben vom Bayerischen Landesvermessungsamt in München.

Österreichische Karte 1:50 000. 213 Blätter. 1924 ff. *Österreichische Karte 1: 200 000.* 23 Blätter. 1961 ff. *Übersichtskarte von Österreich* 1:500 000. 1 Blatt. 1968. Bearbeitet und herausgegeben vom Bundesamt für Eich- und Vermessungswesen, Wien.

Landeskarte der Schweiz.
Herausgegeben von der Eidgenössischen Landestopographie, Wabern bei Bern.
1:25 000: 279 Blätter.
1:50 000: 78 Blätter.
1:100 000: 26 Blätter.
1:200 000: 4 Blätter.
1:300 000: 1 Blatt.
1:500 000: 1 Blatt.

World Map, 1:2 500 000. Herausgegeben vom Ungarischen Staatsamt für Geodäsie und Kartographie in Budapest unter Leitung von Sándor Radó und in Zusammenarbeit mit den entsprechenden staatlichen Ämtern von Bulgarien, der Tschechoslowakei, Polen, der Deutschen Demokratischen Republik, Rumänien und der USSR. 1964 ff.

Stielers Hand-Atlas. 10. Aufl. Hundertjahr-Ausgabe. – Gotha: Justus Perthes 1925.
Haack Großer Weltatlas. – Gotha: VEB Hermann Haack 1968.

Bertelsmann Atlas international. Bearbeitet vom Kartographischen Institut Bertelsmann unter Leitung von Werner Bormann. – Gütersloh: C. Bertelsmann Verlag 1963.

Atlante Internazionale del Touring Club Italiano. 8. Aufl. – Milano: TCI 1968.

The Times Atlas of the World. Mid-Century Edition. Edited by John Bartholomew. – Edinburgh: Bartholomew 1955–1959.

Atlas International Larousse. Politique et économique. Herausgeber: Ivan du Jonchay und Sándor Radó. – Paris: Librairie Larousse 1965.

Atlas Mira. – Moskau 1954 [russ.]. – Englische Ausgabe unter dem Titel: The World Atlas. 2. Aufl. – Moskau: Chief Administration of Geodesy and Cartography 1967.

The International Atlas. Der Internationale Atlas. El Atlas Internacional. L'Atlas International. – Chicago: Rand Mc Nally 1969.

2a
Regionale Atlanten einer einzelnen Themengruppe

Geologischer Atlas der Schweiz. Atlas géologique de la Suisse. 1:25 000. Herausgegeben von der Geologischen Kommission der Schweizerischen Naturforschenden Gesellschaft. 1930 ff. [Die Blätter erscheinen einzeln und in unregelmäßiger Folge.].

Klima-Atlas von Schleswig-Holstein, Hamburg und Bremen. – Offenbach; Deutscher Wetterdienst 1967.

Stephen Sargent Visher: *Climatic atlas of the United States.* – Cambridge: Harvard University Press 1966.

Wasserwirtschaftsatlas von Niedersachsen. Herausgegeben von Kurt Brüning. – Hannover: Niedersächsisches Amt für Landesplanung und Statistik 1950–1961.

Oceanographic atlas of the Polar Seas. Part I: Antarctic. – Washington: U. S. Navy Hydrographic Office 1957.

Geographische Landesaufnahme 1:200 000. Naturräumliche Gliederung. Herausgegeben von der Bundesforschungsanstalt für Landeskunde und Raumforschung, Bonn-Bad Godesberg 1950 ff.

Atlas der Deutschen Volkskunde. Neue Folge. Herausgegeben von Matthias Zender. – Marburg: Elwert 1959 ff.

Österreichischer Volkskundeatlas. Herausgegeben von Richard Wolfram, Egon Lendl und Ingrid Kretschmer. – Wien 1959 ff. Kartographie: Freytag-Berndt und Artaria, Wien.

Atlas der schweizerischen Volkskunde. Atlas de Folklore suisse. Herausgegeben von der Schweizerischen Gesellschaft für Volkskunde, Basel. Begründet von Paul Geiger und Richard Weiss. – 1950 ff.

2b
Weltatlanten einer einzelnen Themengruppe

Atlas zur Geologie. Bearbeitet von Erich Bederke und Hans-Georg Wunderlich. Bearbeitet vom Kartographischen Institut Meyer. – Mannheim: Bibliographisches Institut 1968. = Meyers Großer Physischer Weltatlas, Bd. 302 a–g.

Atlas zur Bodenkunde. Bearbeitet von Robert Ganssen und Friedrich Hädrich. Bearbeitet vom Kartographischen Institut Meyer. – Mannheim: Bibliographisches Institut 1965. = Meyers Großer Physischer Weltatlas, Bd. 301 a–e.

Atlas zur Ozeanographie. Bearbeitet von Günther Dietrich und Johannes Ulrich. Bearbeitet vom Kartographischen Institut Meyer. – Mannheim: Bibliographisches Institut 1968. = Meyers Großer Physischer Weltatlas, Bd. 307 a–m.

Fiziko-geografičeskij atlas mira [Weltatlas der Physischen Geographie]. Herausgegeben von I. P. Gerasimov u. a. – Moskau: Akademie der Wissenschaften der USSR 1964. [russ.]

Atlas narodov mira. [Ethnographischer Weltatlas]. – Moskau: Hauptamt für Geodäsie und Kartographie 1964. [russ.]

Welt-Seuchen-Atlas. Weltatlas der Seuchenverbreitung und Seuchenbewegung. Herausgegeben von Ernst Rodenwaldt und Helmut J. Jusatz. 3 Teile. – Hamburg: Falk 1952–1961.

Weltatlas. *Die Staaten der Erde und ihre Wirtschaft.* Bearbeitet unter Leitung von Edgar Lehmann. 9. Aufl. – Gotha und Leipzig: VEB Hermann Haack 1970.

Hans Boesch: *Wirtschaftsgeographischer Weltatlas.* Bearbeitet am Geographischen Institut der Universität Zürich. – Bern: Kümmerly und Frey 1968.

Sprachatlas der Deutschen Schweiz. Band I: Lautgeographie: Vokalqualität. Bearbeitet von Rudolf Hotzenköcherle und Rudolf Trüb. – Bern: Francke 1962.

Historischer Handatlas von Brandenburg und Berlin. Begründet von Berthold Schultze. – Berlin: Walter de Gruyter 1962 ff.

Paul Kläui und Eduard Imhof: *Atlas zur Geschichte des Kantons Zürich.* – Zürich: Orell Füssli 1951.

Vincent J. Esposito und John Robert Elting: A military history and *atlas of the napoleonic wars.* – New York: Praeger 1964.

Kirchenhistorischer Atlas von Österreich. Redigiert und herausgegeben von Ernst Bernleithner. – Wien: Dom-Verlag 1966 ff. Kartographie: Freytag-Berndt und Artaria, Wien.

Oxford Regional Economic Atlas. Western Europe. Bearbeitet vom Cartographic Department of the Clarendon Press. – Oxford 1971.

Th. H. Engelbrecht: *Die Feldfrüchte des Deutschen Reichs* in ihrer geographischen Verbreitung. 1. Teil. – Berlin 1928.

Atlas der deutschen Agrarlandschaft. Herausgegeben von Erich Otremba. – Wiesbaden: Steiner 1962–1971.

Deutscher Generalatlas. Maßstab 1:200 000. – Stuttgart: Mairs Geographischer Verlag 1967/68. [Autoatlas von Deutschland].

KAKs Bilatlas över Sverige. – Stockholm: Generalstabens Litografiska Anstalt 1960. [Autoatlas von Schweden].

Guida rapida. 3 Teile: Teil 1: Italia settentrionale 1958. Teil 2: Italia centrale 1959. Teil 3: Italia meridionale e insulare 1960. – Milano: Touring Club Italiano.

World Atlas of agriculture. Under the aegis of the International Association of agricultural economists. – Novara: Istituto Geografico De Agostini 1969 ff.

Ferdinand Mayer: *Erdöl-Weltatlas.* Herausgegeben von der Esso AG, Hamburg.– Braunschweig: Westermann 1966.

3a
Regionalatlanten mit Karten und anderen Darstellungen verschiedener Themen
auch als komplexe Regionalatlanten bezeichnet. Hierzu zählen die sog. Landes- oder Nationalatlanten.

Die Bundesrepublik Deutschland in Zahlen. Herausgegeben vom Statistischen Bundesamt, dem Institut für Landeskunde und dem Institut für Raumordnung. Mainz: W. Kohlhammer Verlag 1965. Kartographie: Bundesanstalt für Landeskunde, Bonn-Bad Godesberg.

Atlas des Saale- und mittleren Elbegebietes. 2., völlig neubearbeitete Auflage des Werkes Mitteldeutscher Heimatatlas. Herausgegeben von Otto Schlüter und Oskar August. 3 Teile. – Leipzig: Verlag Enzyklopädie 1959-1961.

Atlas der Republik Österreich. Herausgegeben von der Kommission für Raumforschung der Österreichischen Akademie der Wissenschaften unter Leitung von Hans Bobeck. – Wien: Freytag-Berndt und Artaria 1961–1971 ff.

Atlas von Niederösterreich (und Wien). Redigiert von Erik Arnberger. – Wien 1951–1958. Kartographie: Freytag-Berndt und Artaria, Wien.

Salzburg-Atlas. Bundesland Salzburg in 66 Kartenblättern. Herausgegeben von Egon Lendl in Zusammenarbeit mit Walter Pfizner und Kurt Willvonseder. – Salzburg 1955.

Atlas der Schweiz. Atlas de la Suisse. Atlante della Svizzera. Chefredaktor: Eduard Imhof. – Wabern bei Bern: Eidgenössische Landestopographie 1965 ff.

Atlante Fisico economico d'Italia. Herausgeber: Giotto Dainelli. – Milano: 1940.

Atlas de la France de l'Est. – Straßburg: la Librairie ISTRA *1963*.

3b
Weltatlanten mit Karten und anderen Darstellungen verschiedener Themen,
u. a. sog. Hausatlanten und Kartenbände zu Lexika

World Geo-Graphic Atlas. A composite of man's environment. Edited and designed by herbert bayer. Privately printed for Container Corporation of America 1953. Kartographie: Istituto Geografico De Agostini, Novara.

Life pictorial *Atlas* of the World. Herausgeber: The editors of Life and Rand McNally. – New York: Time Incorporated 1961. Kartographie: Rand McNally, Chicago.

Luigi Visintin und Umberto Bonapace: *Atlante Mondiale.* – Novara: Istituto Geografico De Agostini 1962.

Der neue Herder Handatlas. Herausgegeben von Carl Troll. – Freiburg/Br.: Herder 1966. = Band 7 und 8 des Lexikons »Der neue Herder«

Das Antlitz unserer Erde. – Gütersloh: Bertelsmann 1969.

K+F Atlas. Naturbild und Wirtschaft der Erde. Bearbeitet von Georges Grosjean und Max Schürer. – Bern: Kümmerly und Frey 1970.

Atlas van Nederland. Atlas of The Netherlands. Präsident der Redaktionskommission: A. J. Pannekoek. Reproduktion: Topografische Dienst, Delft. – 's- Gravenhage 1963 ff.

Atlas över Sverige. Herausgeber: Svenska Sällskapet för Antropologi och geografi.– Stockholm: Generalstabens Litografiska Anstalts Förlag 1953 ff.

Atlas Grusinskoj SSR. Herausgegeben von der Akademie der Wissenschaften der Grusinischen SSR. – Tiflis und Moskau 1964.

Atlas of Canada. Herausgeber: N. L. Nicholson. – Ottawa: Department of Mines and Technical Surveys 1957 (publ. 1959).

Atlas of Alberta. Herausgeber: Government of Alberta and The University of Alberta. – Edmonton 1969.

4a
Regionale Typenatlanten mit topographischen oder thematischen Darstellungen verschiedener Landschafts- und Formtypen

Atlante dei *tipi geografici* desunti dai rilievi al 25 000 e al 50 000 dell'Istituto Geografico Militare. Compilato da Olinto Marinelli. – Firenze 1922.

Die Landschaften Niedersachsens, ein topographischer Atlas mit 114 amtlichen Kartenausschnitten und 13 Skizzen. Ausgewählt und erläutert von Erich Schrader. – Hannover: Niedersächsisches Landesvermessungsamt 1954.

Bayern, topographischer Atlas. Herausgegeben vom Bayerischen Landesvermessungsamt. – München: List Verlag 1968.

E. Ernst und H. Klingsporn: *Hessen in Karte und Luftbild,* topographischer Atlas. – Neumünster: Wachholtz 1969.

4b
Typenatlanten mit entsprechenden Beispielen aus aller Welt

Atlas des formes du relief. Bearbeitet von A. Cholley und anderen. – Paris: Institut Géographique National 1956.

Earth photographs from Gemini III, IV, and V. – Washington: National Aeronautics and Space Administration 1967.

Johann Bodechtel und Hans-Günther Gierloff-Emden: *Weltraumbilder der Erde.* – München: List Verlag 1969.

Landformen im Kartenbild. *Topographisch-geomorphologische Kartenproben* 1:25 000. Herausgegeben von Walter Hofmann und Herbert Louis. – Braunschweig: Westermann 1968 ff.

5a
Regionale geographische Schulatlanten
für verschiedene Schulstufen

Heimatlas Regierungsbezirk *Oberbayern*. – München: Karl Wenschow 1949.

Unsere Welt. Atlas für die Schule. Herausgegeben von W. Grotelüschen, I. Lichtenstein-Rother, A. Schüttler und M. F. Wocke. Ausgaben: *Baden-Württemberg* 1966. – *Bayern* 1969. – *Niedersachsen* 1964. – Kartographie: Velhagen und Klasing und Schroedel, Geographisch-Kartographische Anstalt, Bielefeld.

Wirtschaftskunde Österreich. Beilage zum Neuen Schulatlas. – Wien: Freytag-Berndt und Artaria 1967/68.

Geografitscheskij Atlas USSR [für die 7. und 8. Klasse]. – Moskau: Hauptamt für Geodäsie und Kartographie 1954.

Školný zemĕpisný. *Atlas Československé republiky*. – Praha: Ústřední správa geodézie a kartografie 1960.

5b
Geographische Schulatlanten der Erde
für verschiedene Schulstufen

Westermann Schulatlas. 1. Aufl. – Braunschweig: Westermann 1969.

Westermann Schulatlas. Große Ausgabe. 1. Aufl. – Braunschweig 1970.

Österreichischer Mittelschulatlas (Kozenn-Atlas). 86. Aufl. Hundert-Jahr-Ausgabe. – Wien: Verlag Ed. Hölzel 1961.

Freytag-Berndt. Neuer Schulatlas für Hauptschulen und Unterstufen der Höheren Schulen. – Wien: Freytag-Berndt und Artaria 1968.

Schweizerischer Mittelschulatlas. Herausgegeben von der Konferenz der kantonalen Erziehungsdirektoren. Bearbeitung und Originalzeichnung: Eduard Imhof. Kartentechnische Herstellung und Druck: Art. Institut Orell Füssli, Zürich. 16. Aufl. 1972. Französische Ausgabe unter dem Titel: Atlas Scolaire Suisse pour l'Enseignement Secondaire. 14. Aufl. 1972. – Italienische Ausgabe unter dem Titel: Atlante Svizzero per le Scuole Medie. 11. Aufl. 1972.

Schweizerischer Sekundarschulatlas. Herausgegeben von der Erziehungsdirektion des Kantons Zürich. Bearbeitung und Originalzeichnung: Eduard Imhof. Kartentechnische Herstellung und Druck: Art. Institut Orell Füssli, Zürich. 11. Aufl. 1971.

De grote bosatlas. 47. Aufl. – Redaktion: F. J. Ormeling. – Groningen: Wolters – Noordhoff 1971.

The University Atlas. 12. Aufl. – Herausgegeben von Harold Fullard und H. C. Darby. – London: George Philipp and Son 1967.

Geografitscheskij Atlas [für Lehrer an Mittelschulen]. – Moskau: Hauptamt für Geodäsie und Kartographie 1955.

Atlas geograficzny. Bearbeitet von Henryk Górski und Wanda Jędrzejewska. – Warschau: Państwowe przedsiębiorstwo wydawnictw kartograficznych 1962.

6a
Schulatlanten für regionale Geschichte

Albert van Kampen: *Orbis terrarum antiquus.* Zahlr. Aufl. – Gotha: VEB Hermann Haack.

Historischer Atlas der Schweiz. Atlas historique de la Suisse. Atlante storico della Svizzera. Herausgegeben von Hektor Ammann und Karl Schib. 2. Aufl. – Aarau 1958. Erstellung der Karten: Kümmerly und Frey, Bern.

6b
Schulatlanten für Weltgeschichte

Friedrich Wilhelm *Putzger: Historischer Schulatlas* von der Altsteinzeit bis zur Gegenwart. Neu herausgegeben von Alfred Hansel und Walter Leisering. 90. Aufl. – Bielefeld: Velhagen und Klasing 1969.

F. W. Putzger: Historischer Weltatlas zur allgemeinen und österreichischen Geschichte. 45. Aufl. – Wien: Hölder-Pichler-Tempsky, Österreichischer Bundesverlag 1968. Kartographie: Velhagen und Klasing, Bielefeld.

F. W. Putzger: Historischer Atlas zur Welt- und Schweizer Geschichte. 6. Aufl. – Aarau und Lausanne 1965. Kartographie: Velhagen und Klasing, Bielefeld.

7a
Regionale Planungsatlanten

Deutscher Planungsatlas. Herausgeber des Gesamtwerkes: Akademie für Raumforschung und Landesplanung. Hannover. Bd. I: Nordrhein-Westfalen 1971 ff. – Bd. II: Niedersachsen und Bremen 1961. – Bd. III: Schleswig-Holstein 1960. – Bd. IV: Land Hessen 1960. – Bd. V: Bayern 1960. – Bd. VI: Baden-Württemberg 1969. – Bd. VII: Rheinland-Pfalz 1965. – Bd. VIII: Hamburg 1971 ff. – Bd. IX:

Atlas von Berlin 1962. – Bd. X: Planungsatlas Saarland 1965.

Strukturatlas Nordwestschweiz-Oberelsaß, Südschwarzwald. Atlas du Nord-Ouest de la Suisse, du Sud de l'Alsace et du Sud de la Forêt-Noire. Ausgearbeitet am Geographischen Institut der Universität Basel unter Leitung von Hans Annaheim. – Basel 1967.

Atlas of Illinois Resources. Section 4: Transportation 1960. – Section 5: Manpower Resources 1963. – Section 6: Agriculture in the Illinois Economy 1962. Herausgeber: State of Illinois and University of Illinois.

38.3. Planung kartographischer Atlanten

Bei der Planung kartographischer Atlanten stellt sich eine Menge schwerwiegender Probleme, solche wissenschaftlicher, didaktischer, graphischer, reprotechnischer und vor allem auch verlegerischer Art. Sie seien im folgenden kurz aufgeführt.

1 Prüfung und Entscheidung betreffend die inhaltliche Gesamtkonzeption: Zweck und Benützer- oder Abnehmerkreis des Werkes, inhaltlicher Bereich und äußerer Umfang, Format, Anzahl der Kartentafeln, Dimensionen der Blätter usw., topographische Grundlagen, Basiskarten, wissenschaftliche Quellen für die verschiedensten Themen, urheberrechtliche Fragen, Gebiets- und Inhaltsgliederungen, graphische Darstellungsformen, Normungen, Sprach- und Beschriftungsfragen. Ausgabeformen.

2 Aufbau des Inhaltsplanes im Einzelnen. Endgültige Wahl und Abgrenzung der Gebiete und Themen. Gruppierungen und Reihenfolgen der Karten.

3 Wahl der Maßstäbe: Grundmaßstab und Folgemaßstäbe. Maßstabsverhältnisse (Maßstabsgruppen). Der Maßstab soll dem Gebiet, dem Thema und dem Kartenzweck angepaßt sein: Nicht zu groß, nicht zu klein. Zu große Maßstäbe verteuern das Werk und machen es unhandlich. Zu kleine Maßstäbe entwerten das Werk.

4 Wahl der Kartenprojektionen und graphische Gestaltung der Netze.

5 Stellung der Karten, aufrecht oder quergestellt. Quer gestellte Karten sind für den Atlasbenützer unbequem, doch lassen sie sich nicht immer vermeiden. Auf alle Fälle aber sollen alle Karten einer Tafel ein- und dieselbe Orientierung besitzen.

6 Wo Rahmenkarten und wo Inselkarten?
Die meisten Atlanten enthalten notgedrungen beide Typen.

7 Als Ergebnis solcher Vorprüfung ist stets ein sog. »Blindband« (»Maquette«) herzustellen. Er dient der Kontrolle, Orientierung und Übersicht über das geplante Werk, über dessen Inhalt und Umfang, er erleichtert das Kalkulieren usw. Hier-

bei stellt sich stets auch die Frage, ob die einzelnen Tafeln, resp. Druckbogen einseitig oder beidseitig zu bedrucken seien.

8 Festsetzung der Darstellungsformen für Karten verschiedener Gebiete, Themen und Maßstäbe. Normungen von Signaturen, Farben, Beschriftungen. Sicherung genügender inhaltlicher und graphischer Übereinstimmung bei Überschneidungen verschiedener Karten ein- und desselben Gebietes oder thematischen Gegenstandes.

9 Wahl der Druckfarben und der Raster. Aufstellen entsprechender Farbmustertafeln als Hilfe für den Karteninhaltsbearbeiter, den Kartenzeichner, den Reprofachmann und den Drucker.

10 Festlegen der Beschriftungsgrundsätze, inhaltliche, quantitative, sprachliche, formal-graphische und technische Entscheidungen. Sind die Beschriftungen oder einzelne ihrer Teile (Titel, Legenden) einsprachig oder zweisprachig oder mehrsprachig zu geben?

11 Formung von Titeln und Legenden, inhaltlich, sprachlich und graphisch.

12 Redaktionelle Durcharbeitung der Karteninhalte im Einzelnen.

13 Dem Kartenwerk beizugebende Textteile oder Kommentare.

14 Graphisch-künstlerische innere und äußere Gesamtgestaltung des Werkes.

15 Fragen der zeichnungstechnischen und solche der reproduktionstechnischen Herstellung des Werkes.

16 Abklären, ob für gewisse Teilarbeiten (Datenspeicherung, Datengruppierung und Aussortierung, Datenauftragung) die Hilfe elektronischer Datenverarbeitung beizuziehen sei.

17 Festsetzen der Druckauflage.

18 Das Papier für die Atlasauflage, Art, Qualität und Beschaffung.

19 Buchbinderarbeiten. Material, Einbindeart. Einbandgestaltung. Kosten. In manchen Fällen Entscheidungen über Form, Ausstattung, Herstellung einer Kartenschachtel oder einer entsprechenden Mappe.

20 Fragen von Sonder- oder Teilausgaben, Lizenzen usw.

21 Regelung der Kartennachführung (Laufendhaltung) für spätere Auflagen, eine stets äußerst gewichtige Angelegenheit, oft entscheidend über Leben oder Tod eines Werkes.

22 Organisatorisches, technisches und zeitliches Zusammenspiel aller Arbeitsteile. Personal-, Zeit- und Geldbedarf. Vertrieb, Propaganda, Frei- Exemplare, Marktforschung und weitere verlegerische Fragen.

Die erstmalige Herstellung mittelgroßer und großer Atlanten verschlingt Geldbeträge, die in die Millionen gehen. Mißlingt solch ein Wurf, erweisen sich Spekulation und Kalkulation als falsch, bleiben die Käufer aus, wird das Werk durch die Konkurrenz geschlagen, so entstehen Schäden, die selbst starken Verlagsunternehmen verhängnisvoll werden können.

Eine einmalige Ausgabe eines größeren Atlaswerkes lohnt sich selten. Karten und Atlanten sind Dauerwerke, sie haben sich stetsfort den Veränderungen der Welt anzupassen und sie machen sich meist erst durch wiederholte Auflagen bezahlt. Sie sollen daher so hohe Qualitäten aufweisen, daß der Käufer laut nach Neuauflagen schreit.

Vom Inhalt her gesehen, haben sich im Laufe der letzten hundert oder hundertfünfzig Jahre den topographisch-chorographischen Karten immer häufiger auch thematische Karten beigesellt. Die damit sichtbar werdende Ausweitung des Interesses zeigt sich besonders deutlich auch in den Schulatlanten höherer Stufen. Die Verlagerungen erfolgten zum Teil, weil sich die geographische Länderbetrachtung längst nicht mehr in einer Beschreibung der äußeren Erscheinungen erschöpft, sondern mehr und mehr vordringt in natur- und kulturwissenschaftliche Bereiche und auch in ökonomische (wirtschafts- und verkehrsgeographische) Betrachtungen. Hierbei richtet sich das Augenmerk nicht nur auf qualitative Zustände, sondern auch auf quantitative Werte. Diagrammkarten, Dichtekarten, Mengenkarten aller Art stehen heute manchenorts im Vordergrund des Interesses. Dabei übersehe man aber nicht, daß erst die wissenschaftlichen und statistischen Fortschritte der jüngeren Zeit solchen Wandel überhaupt ermöglicht haben. In diesen Umstellungen aber eine Abwertung der topographisch-chorographischen Karten und Betrachtungsweisen sehen zu wollen, so wie es heute da und dort mit Eifer gepredigt wird, ist falsch. Nach wie vor bleibt die topographisch-chorographische Karte die Grundlage jeder geowissenschaftlichen Forschung, Kartierung und Lehre. Auf ihr erst baut sich alles übrige auf. Jede quantitative Betrachtung oder Wertung basiert auf qualitativen Feststellungen.

38.4. Besonderheiten von Atlaskarten

Die Karten ein- und desselben Atlasses sind in ihrer inhaltlichen und graphischen Gestaltung gegenseitig voneinander abhängig und somit in Inhalt und Form weniger frei, als es Einzelkarten sind.

Übergreifende, doppelt oder mehrfach dargestellte Gebiete sollen sich inhaltlich nicht widersprechen. Erfolgt im Verlaufe von Neuauflagen irgendwo eine notwendige Mutation, so ist sie auf allen andern entsprechenden Blättern ebenfalls vorzunehmen.

Die Darstellungsformen von Karten entsprechender Inhalte oder Themen sollen miteinander übereinstimmen oder bei Maßstabsunterschieden sinnvoll aufeinander abgestimmt sein. *Legenden, Signaturformen, Farben, Beschriftung usw. sind daher nicht nur der einzelnen Karte anzupassen, sondern auch der Gesamtheit von Karten einer Gattung.* In solcher *Normung* liegt eine wesentliche inhaltlich begriffliche, wie auch graphisch-formale Einschränkung der freien Entscheidung bei der Herstellung von Atlaskarten gegenüber derjenigen von Einzelkarten. Die Einschränkungen beziehen sich auch auf drucktechnische Vorgänge; denn die Druckfarben, die Raster, die Rasterstufen usw. sind nicht nur der einzelnen Karte anzupassen. Man stelle die einzelnen Tafeln (oder Buchseiten) möglichst geschickt zu Druckbogen zusammen, so daß wenigstens für einzelne Gruppen von Karten Anpassungen in der Anzahl und Wahl der Druckfarben möglich sind. Dies kann zu beträchtlichen Qualitätsverbesserungen und Einsparungen führen.

Für die Atlas-Gesamtredaktion ist folgendes wichtig:

Im Gegensatz zu einem fortlaufenden Buchtext kann man bei der Herstellung späterer Auflagen eines Atlasses nicht nach Belieben irgendwo Karten (z. B. halbseitige Karten!) einfügen oder weglassen, ohne damit den Gesamtaufbau des Werkes aus den Angeln zu heben. Ein zeilenweises Umbrechen ist hier nicht möglich. Rücksichten auf den innern geschlossenen Aufbau und auf drucktechnische und buchbinderische Imperative zwingen oft zu Abweichungen von einer sachlich wünschbaren Reihenfolge der Kar-

ten. Sie führen oft auch zu Enttäuschungen gutmeinender Berater, die über solche Dinge zu wenig Bescheid wissen.
Solchen Erschwerungen stehen folgende *Erleichterungen* gegenüber: Mehrere Karten ein- und desselben Gebietes und Maßstabes, aber verschiedener Themen, lassen sich graphisch meist auf ein- und derselben topographischen Basiskarte aufbauen, so daß diese letztere nur einmal zu zeichnen oder zu gravieren ist. Signaturen, die oft und in vielen Karten vorkommen, lassen sich vorfabrizieren. Auch infolge von Gebietsüberdeckungen ergeben sich oft beträchtliche Arbeitseinsparungen.
Bei doppelseitigen Atlaskarten ist in tief liegenden Mittelfalzen das Lesen erschwert. Um solchem Übel zu begegnen, plaziere man Beschriftungsteile nicht in den Mittelfalz hinein, sondern schiebe sie im Bereich des Möglichen etwas nach links oder rechts hinaus.

38.5. Die National-oder Landesatlanten

Diese Gruppe (Nr. 3a der obigen Tabelle) sei nochmals herausgegriffen. Es handelt sich hier um komplexe Regionalatlanten, in der Regel um Atlanten einzelner Staaten oder Staatsteile mit geographischen und geographisch-statistischen Karten aller Art. Herausgeber sind im allgemeinen staatliche Organe oder wissenschaftliche Gesellschaften, Akademien usw., seltener aber privatwirtschaftliche Verlagsunternehmen. Eine Spezialkommission der *International Geographical Union* (IGU) sucht solche Werke moralisch zu unterstützen, sie stellte Empfehlungen auf über Minimalanforderungen an die Inhalte der Atlanten. Trotzdem aber sind die Ergebnisse im Einzelnen recht verschieden und unter anderem abhängig von den Landesdimensionen, sowie von der Art und vom Stand der regionalen Forschung und Statistik. So ist beispielsweise im »Atlas der Schweiz« der größte Maßstab für Gesamtkarten des Landes = 1:500 000, in den entsprechenden Atlanten von Schweden und Italien 1:2 000 000, in den Atlanten von Großstaaten, wie z. B. Kanada, aber nur 1:10 000 000. Gebiete von gleicher Ausdehnung werden somit im Schweizer Atlas flächenmäßig 400 mal größer dargestellt, als im Kanadischen Atlas. Dies erheischt für den ersteren eine viel detailliertere topographische, statistische und geowissenschaftliche Gebietserforschung, und es führt teilweise zu anders gearteten Themen, Problemen und Lösungen. Manche Landesatlanten beschränken sich auf thematische Gesamtkarten des betreffenden Staatsgebietes. Dies erweist sich meist als nachteilig; denn gewisse wesentliche und wissenswerte Dinge lassen sich nur in regionalen Karten größerer Maßstäbe genügend zum Ausdruck bringen. Es empfiehlt sich, die Karten durch Texte, Tabellen und Diagramme (auch solche außerhalb der Karten) zu bereichern.
Jeder Nationalatlas soll auf einer soliden und für das ganze Werk möglichst einheitlichen topographischen Basis aufgebaut sein. Oft sind – wie im Beispiel der Schweiz – für Titel, Legenden usw. Texte in zwei oder drei Sprachen notwendig, was die Herstellung solcher Werke wesentlich erschwert und ihre Inhalte überlastet.
Geographisch-thematische Nationalatlanten sollen – wie bereits betont – nicht als einmalig herauszugebende, sondern als weiterlebende Werke organisiert werden, nicht anders als die staatlichen topographischen Kartenwerke. Alle Karten veralten. Karten

der Siedlungen, der Bevölkerung, der Wirtschaft, des Verkehrs und der Planung veralten äußerst rasch. Jede neue Volkszählung, jede Betriebszählung überschüttet uns mit neuen Zahlen; vielenorts wachsen Städte wie Pilze aus dem Boden. Weniger rasch verändern sich gewisse Naturzustände, doch selbst langjährige klimatische Mittelwerte verändern sich da und dort im Laufe einiger Jahrzehnte. Was sich aber in der Wirklichkeit nicht ändert, verändert sich oft im Wissen des Menschen über die Dinge: Felsschichtungen bleiben, doch weiß ein heutiger Geologe darüber besser Bescheid, als sein Vorgänger. Mit anderen Worten: Die Forschung macht Fortschritte. Und so unterliegen auch die Karten stabiler Vorkommnisse oftmals zeitlichem Wandel.

Aus solchen Gründen sollen Inhalte, Formen und Repromethoden so gewählt werden, daß periodische *Nachführungen und neue Ausgaben* nicht allzuschwer realisiert werden können.

Ein abschließendes Wort

Die raschen Veränderungen der Erscheinungen auf der Erdoberfläche, die Bemühungen um Bewältigung der Gegenwart und um Planung künftiger Entwicklungen, die Fortschritte der geographischen und geowissenschaftlichen Forschung rücken die thematische Karte mehr und mehr in den Vordergrund allgemeinen Interesses. Vielgestaltigkeit, Dichte und Unübersehbarkeit der Dinge in der Wirklichkeit wie auch im geographischen Schrifttum rufen gebieterisch nach überschaubarer, graphisch-bildhafter Darstellung, sie rufen der Karte. Diese ist Forschungshilfe, Träger, Speicher und Vermittler wissenschaftlicher und anderer Erkenntnisse, sie ist konzentrierteste und anschaulichste Mitteilungsform. Daneben ist sie aber auch ein unentbehrliches und grundlegendes Lehrmittel. Nur die Karte zeigt auf einen Blick sowohl das Einzelne als auch das Ganze. Darüber hinaus kommt sie einer heute allgemeinen Vorliebe für bildhafte und bildsymbolische Vermittlung entgegen.

Entsprechend solch wachsender Bedeutung sind in jüngerer Zeit die Bemühungen um inhaltliche, graphische und reprotechnische Verbesserungen der Karten stark intensiviert worden. Die kartentheoretische Fachliteratur ist erfreulich angewachsen. Es bestehen Hand- und Lehrbücher, Abhandlungen und Aufsätze in allen wichtigen Sprachen. Vieles aber bezieht sich auf Teilaspekte, liegt verborgen in den verschiedensten Zeitschriften und ist nicht selten auch vermengt mit Ausführungen über nichtkartographische Dinge.

Jeder forschende Geograph, Geowissenschaftler oder Planer kommt heute in die Lage, seine Feststellungen und Gedanken in die Form von Karten zu kleiden. Aber auch dem Berufsgraphiker und vielen anderen Leuten wird oft die Aufgabe gestellt, Landkarten zu zeichnen. Unter all den Genannten gibt es wohl aber nicht sehr viele, die über eine eingehendere fach-kartographische Ausbildung verfügen, und es gibt nur wenige, die neben ihrer hauptberuflichen Tätigkeit die erforderliche Zeit aufbringen, sich intensiv auch in die Probleme der Kartographie zu vertiefen.

So bemühen wir uns hier in diesem Buche, das Wesentlichste eines Lehrstoffes der gesamten thematischen Kartographie zusammenzufassen. Wir bemühten uns um eine einfache, überschaubare und trotz aller Kürze umfassende Darlegung. Hierbei fußten wir weitgehend auf eigener Erfahrung als Kartenbearbeiter.

Eine Kartographielehre unterscheidet sich grundsätzlich z. B. von naturwissenschaftlichen Lehren. In jenen Bereichen ist vielleicht jeder neue Fund, jede neue Feststellung von einer gewissen Bedeutung. In der Kartographie aber nicht. Alpenrose, Schmetterling und Bergkristall sind vom lieben Gott geschaffen, Landkarten aber nur vom Menschen. Die Kartographielehre bezieht sich auf ein menschliches Erzeugnis. Sie ist in diesem Sinne, trotz ihres eminent geographischen Wesens, eine technische Wissenschaft. Sie ist vor allem auch eine Vermittlungslehre, eine Bilderschriftlehre, und als solche vergleichbar mit der Sprach- und Schreiblehre. Nicht jedes neue, von irgendwelchem Künstlerling produzierte Bildchen ist beachtenswert. Und so ist es auch nicht jede kartographische Spielerei. Eine Kartographielehre soll nur vermitteln, was zum Bearbeiten, Gestalten und Herstellen guter Karten wirklich nötig und von Nutzen ist. In solchem Sinne suchten wir das Korn von der Spreu zu scheiden. Im Interesse didaktischer Eindringlichkeit und Deutlichkeit stellten wir da und dort Gutes und Schlechtes einander gegenüber.

Im übrigen suchten wir den weitverzweigten Stoff der thematischen Kartographie in ein einfaches, geordnetes, leicht überschaubares *neues* Lehrgebäude zu bringen. Damit möchten wir vor allem auch den Geowissenschaftlern dienen, die sich nur am Rande ihrer eigenen Forschungstätigkeit mit kartographischen Fragen zu beschäftigen haben.

Im Folgenden seien zusammenfassend nochmals einige, an gute Karten zu stellende Postulate hervorgehoben.

Brauchbar ist eine Karte nur, wenn sie bezüglich Inhalt hieb- und stichfest, in graphischer Hinsicht aber einfach und leicht lesbar ist. Die Karte soll in prägnanter, anschaulicher Form zeigen, was ihr Bearbeiter zu zeigen wünscht. Diese Forderungen mögen dem Leser banal und selbstverständlich erscheinen; leider aber gibt es allzuviele thematische Karten, die ihnen keineswegs entsprechen.

Besonders schlimm steht es oft um Karten, die als einfarbige Buchdruckabbildungen in wissenschaftlichen Zeitschriften und Büchern erscheinen. Infolge schlechter Gestaltung oder zu starker photographischer Verkleinerung sind sie oft unentwirrbar, so daß sie nur von ihrem Urheber, sonst aber von niemandem ernsthaft betrachtet werden. Mühe und Geld sind dann umsonst vertan.

Es sei aber auch von der Gegenseite her gewarnt: Gelegentlich sind es nicht Kartographen, sondern Berufsgraphiker, die im Auftrage eines Gelehrten, eines Verlegers oder irgend eines Unternehmens wissenschaftliche und statistische Daten in eine kartographische Form umzusetzen haben. Nur zu leicht wird hierbei aus Mangel an Sachwissen und an kartographischer Erfahrung eine sog. »gute Form« an die Stelle einer korrekten Darstellung gesetzt. Die gute Form hilft nichts, wenn damit der Inhalt entstellt wird. Der beste Inhalt aber nützt nichts, wenn er durch schlechte Form verpfuscht wird.

Früher Gesagtes sei hier wiederholt:

Es ist wichtig, was man in eine Karte hineinsteckt. Nicht weniger wichtig aber ist das, was sie herausgibt. Nicht auf das Mehl und Salz allein kommt es an, sondern auch auf das Brot, auf das Endprodukt, auf das, was die Darstellung wirklich zeigt. Chaotische Karten, selbst wenn sie alle Herrlichkeiten der Welt in sich bärgen, sind totgeborene Kinder. Verworrenes ist niemals weise!

Nicht alles, was der Geograph, der Geowissenschaftler forscht und denkt, eignet sich zur Darstellung in Karten. Viele Dinge lassen sich besser durch das Wort, durch Tabellen, Figuren oder Photos vermitteln. Kartierfähig oder kartierwürdig sind nur Erscheinungen, die mit der Erdoberfläche in irgendwelcher Beziehung stehen und die überdies innerhalb des dargestellten Raumes deutliche lokale Differenzierungen oder Gliederungen aufweisen. Eine Völkerkarte des Appenzellerlandes ist sinnlos, wenn dort nur

Appenzeller wohnen. Man leistet der Karte schlechte Dienste, wenn man ihr Ungeeignetes anvertraut.

Die Fachleute waren seit jeher bestrebt, die Kartenqualität möglichst zu heben. Heute sind solche Bestrebungen stark intensiviert und sie gelten besonders auch den thematischen Karten. Redliches Bemühen um soliden Inhalt und gute graphische Form ist weitherum unverkennbar. Karte und Kartographielehre sind in unserer Zeit zu akademischer Betreuung aufgerückt. An Hochschulen entstanden kartographische Forschungs- und Lehrinstitute. Man bildet an höheren Fachschulen Kartographie-Ingenieure aus, man verbessert die berufliche Ausbildung des Kartengraphikers. Auch letzteres ist sehr bedeutsam; denn man übersehe nie die Hilfe, die uns aus handwerklicher Tüchtigkeit und aus individueller graphischer Begabung zufließt. Kartographie vereinigt in bestem Sinne Wissenschaftliches und Handwerkliches.

Zur Pflege und Förderung der Kartographie wurden in vielen Ländern besondere Fachgesellschaften ins Leben gerufen. Die *»Deutsche Gesellschaft für Kartographie«* (gegründet im Jahre 1950 als Neubelebung einer schon 1937 geschaffenen, aber dem Kriege zum Opfer gefallenen Institution) war wohl eine der frühesten Vereinigungen solcher Art. Geographische und topographische Organisationen, Gesellschaften, Staatsämter usw. bemühten sich ebenfalls schon längst um die Hebung von Karte und Kartenwissenschaft. Die *Internationale Geographische Union* (IGU) organisierte an ihren Kongressen seit jeher Fachgruppen für kartographische Fragen. Seit 1958 besitzen wir in der *Internationalen Kartographischen Vereinigung* (International Cartographic Association – Association Cartographique Internationale – ICA) ein weltumspannendes wissenschaftliches Forum zum Austausch von Lehren und Erfahrungen auf diesem Gebiete.
Die Früchte solchen Bemühens sind nicht ausgeblieben. Viele heutige thematische Karten weisen erfreuliche wissenschaftliche, didaktische und graphische Qualitäten auf. Beispiele finden sich u. a. in manchen neueren Nationalatlanten, in Planungsatlanten, in thematischen Länder- und Weltatlanten.

Die Karte sei würdig ihres Vorbildes, der schönen, vielgestaltigen Welt. Sie möge stets vollkommener werden und dem Menschen helfen, sich in seinem Lebensbereiche zurecht zu finden.
Unser Buch möchte das Bearbeiten und Gestalten thematischer Karten erleichtern. Es möchte mithelfen, immer bessere Karten zu machen. In diesem Sinne diene es sowohl dem Kartenhersteller als auch dem weit größeren Volke der Kartenbenützer.

Schrifttum

Das Schrifttum über thematische Karten und zu den Fragen der thematischen Kartographie ist weit verstreut, und daher nicht leicht zu überblicken. Bisher waren es vor allem Zeitschriftenaufsätze, viel weniger aber Bücher. Dieses Schrifttum ist seit 1954 gut erfaßt durch die *»Bibliotheca Cartographica«*. Weiter zurückliegende Literatur findet sich aufgeführt im *»Geographischen Jahrbuch«* (Neudruck betreut durch WERNER HORN), bei MAX ECKERT, bei KOSACK-MEINE und in *»Petermanns Geographischen Mitteilungen«*. Letztere berichten seit 1855 u. a. ausführlich über kartographische Themen. Älteres, aber auch jüngeres Schrifttum ist sehr ausführlich in den beiden neuen Handbüchern von ARNBERGER und von WITT genannt. Es wurde hier nicht alles, was dort zitiert ist, nochmals wiederholt. Laufend und sehr gut wird auch berichtet in den regionalen kartographischen Zeitschriften, die seit etwa 1960 in manchen, der »International Cartographic Association« angeschlossenen Ländern erscheinen. Die diesen nationalen Zeitschriften beigegebenen »Literaturbeilagen« sind von großem Wert; denn sie helfen dem ausländischen Wissenschafter bei der kritischen Auswahl.
Für das deutsche Sprachgebiet sei besonders auf die folgenden fünf Periodika hingewiesen: *»Kartographische Nachrichten«*, *»Berichte zur Deutschen Landeskunde«*, *»Geographisches Taschenbuch«*, *»Petermanns Geographische Mitteilungen«* und *»Mitteilungen der Österreichischen Geographischen Gesellschaft, Wien«*. In den Literaturanzeigen und Besprechungen dieser Periodika mit eingeschlossen sind fast immer auch die Atlanten, so daß wir über diese gut unterrichtet sind. Nur ausnahmsweise aber werden einzelne Karten angezeigt. Dies ist zu bedauern; denn Karten können dem Geographen und Kartographen oft viel mehr zeigen und vermitteln als mancher Aufsatz.
Karten werden nachgewiesen in *»Berichte zur Deutschen Landeskunde«* (für Mitteleuropa) und in der *»Bibliographie Cartographique Internationale«* (für die ganze Welt), jeweils in kritischer Auswahl. Vor allem für den Buchhändler bestimmt sind die großen deutschen Kartenkataloge der Vereinigten Landkartenhäuser Zumstein und Reise- und Verkehrsverlag in München und Stuttgart. Ihre Kataloge erscheinen seit 1972 unter dem Titel *»Geo Center-Katalog«*. Sie sind praktisch im Gebrauch, enthalten viele Indexblätter und werden vor allem ständig auf dem neuesten Stand gehalten. Da sie äußerst preiswert sind, verdienten sie es, sich in allen Bibliotheken und Instituten zu finden, so unwissenschaftlich sich ihr Äußeres auch darbietet.
Hier, in unserem Schrifttumsverzeichnis können Karten und Atlanten leider nicht aufgeführt werden. Ein entsprechendes Unternehmen würde den Rahmen eines Lehrbuches sprengen. Im Kapitel 38 ist eine kleine Auswahl von Atlanten zitiert, um bestimmte Typen zu kennzeichnen. Im Schrifttumsverzeichnis selbst aber beschränken wir uns auf eine enge Auswahl von Büchern und Zeitschriftenaufsätzen, auf einige Bibliographien und auf die Nennung von im Text erwähnten Arbeiten.

ALEXANDER, J. W. und G. A. ZAHORCHAK: Population-density maps of the United States. Techniques and patterns. In: The Geographical Review. New York, Bd. 33, 1943. S. 457–466.

ALLIX, JEAN-PIERRE und MICHEL ARCHAMBAULT: Croquis: Problèmes et méthodes. – Paris 1969. 101 S., 43 Abb. = Premier Cycle Géographie.

ANDERSSON, AXEL: Maps and map-information in a new computer system for real estate data. In: Internationales Jahrbuch für Kartographie. Gütersloh. Bd. 11, 1971. S. 264–273, 1 Abb.

ANIOL, R. und M. SCHLEGEL: Klimaatlanten und neuere Klimakarten. – Offenbach/M. 1963. = Bibliographien des Deutschen Wetterdienstes, Bd. 14.

ANLEITUNG ZUR DURCHFÜHRUNG VON GRUNDBUCHVERMESSUNGEN mit automatischer Datenverarbeitung. In: Schweizerische Zeitschrift für Vermessung, Photogrammetrie und Kulturtechnik. Winterthur. Jg. 68, 1970. S. 151–165, 7 Abb. und S. 175–214.

ANNAHEIM, HANS: Zur Frage der geomorphologischen Kartierung. In: Petermanns Geographische Mitteilungen. Gotha. Jg. 100, 1956.

ARNBERGER, ERIK: Beiträge zur Geschichte der angewandten Kartographie und ihrer Methoden in Österreich. In: Festschrift zur Hundertjahrfeier der Österreichischen Geographischen Gesellschaft in Wien 1856–1956. Wien 1957. S. 1–43, 1 Tab., Schriftt.

– Grundlagen und Methoden zur kartographischen Darstellung der Bevölkerungsentwicklung der letzten hundert Jahre in Österreich. In: Mitteilungen der Österreichischen Geographischen Gesellschaft. Wien. Bd 102, 1960. S. 271–313, 2 Abb., 4 Beilagen, Schrift.

– Die Signaturenfrage in der thematischen Kartographie. In: Mitteilungen der Österreichischen Geographischen Gesellschaft. Wien. Bd 105, 1963. S. 202–234, 25 Tafeln.

– Das topographische, graphische, bildstatistische und bildhafte Prinzip in der Kartographie. In: Internationales Jahrbuch für Kartographie. Gütersloh. Bd 4, 1964. S. 30–52, 12 Abb., Schriftt.

– Statistiken als Grundlage wirtschaftskartographischer Arbeiten. In: Festschrift Leopold G. Scheidl zum 60. Geburtstag. Teil 1. Wien 1965. S. 21–32, Schriftt.

– Handbuch der thematischen Kartographie. Wien 1966. 553 S., 153 Abb., 24 Tafeln, Schriftt. [Sehr ausführliches Schrifttumsverzeichnis S. 459–520.]

– Probleme der Fortführung, Berichtigung und Neubearbeitung thematischer Karten. In: Mitteilungen der Österreichischen geographischen Gesellschaft. Wien. Bd 108, 1966. S. 296–306.

– Die Generalisierung thematischer Karten. Generalisierungsmethoden erklärt an Beispielen aus der Wirtschaftskartographie. In: Kartographische Generalisierung. Mannheim 1967. S. 225–238, 6 Tafeln.

– Der Salzburg-Atlas. Seine Bedeutung für die Landeskunde und für die Kartographie und seine Stellung im Rahmen der österreichischen Regionalatlanten. In: Mitteilungen der Österreichischen Geographischen Gesellschaft. Wien. Jg. 109, 1967. S. 190–206, 5 Abb., Schriftt.

– Grundsatzfragen der Kartographie. Herausgegeben von der österreichischen Geographischen Gesellschaft. Redaktion: ERIK ARNBERGER. – Wien 1970. 307 S., zahlr. Abb., Schriftt., 2 Kartenbeilagen. [Sammelwerk.]

ASLANIKASHVILI, A. F.: Cartography, problems of general theory. – Tiflis 1968. 298 S., 36 Abb., Schriftt. [Grusinisch.]

AUBOUIN, JEAN, JEAN DERCOURT und BERNARD LABESSE: Manuel de travaux pratiques de cartographie. 1er cycle et maîtrise. – Paris 1970. 323 S., 149 Abb., 18 Karten. [Kartenverwandte Darstellungen, besonders in der Geologie.]

AURADA, FRITZ: Moderne Haus- und Schulatlanten, die kartographische Länderkunde der Gegenwart. In: Kartographische Nachrichten. Gütersloh. Jg. 11, 1961. S. 129–140.

– Bedeutung und Eigenständigkeit der thematischen Kartographie im Rahmen der Schulatlanten. In: Mitteilungen der Österreichischen Geographischen Gesellschaft. Wien. Bd 108, 1966. S. 110–122, Schriftt.

– Die Atlasbeilage zur Wirtschaftskunde Österreichs, ein neuer Weg schulkartographischer Darstellung. In: Mitteilungen der Österreichischen Geographischen Gesellschaft. Wien. Bd 109, 1967. S. 441–449, 2 Tabellen, Schriftt.

– Redaktionsprobleme im Rahmen der thematischen Schulatlas-Kartographie. In: Kartengeschichte und Kartenbearbeitung. Bonn-Bad Godesberg 1968. S. 187–197, Schriftt.

– Synthese, Quantitätsdarstellung und Dynamik, Kernfragen der thematischen Schulkartographie. In: Internationales Jahrbuch für Kartographie. Gütersloh. Bd 8, 1968. S. 113–135, Schriftt.

– Das Vordringen thematischer Darstellungen in Schulatlanten – ein Weg zur gegenwartsnahen Kartographie. In: Kartographische Nachrichten. Gütersloh. Jg. 19, 1969. S. 185–196, 3 Abb., Schriftt.

– Die Lage der Schulkartographie am Beginn der Siebzigerjahre. In: Mitteilungen der Österreichischen Geographischen Gesellschaft. Wien. Bd 112, 1970. S. 398–415, Schriftt.

Automation de la cartographie et son application aux cartes thématiques. – In: Bulletin du Comité Français de Cartographie. Paris. Fasc. 49, 1971. 32 S.

Bachi, R.: Graphical rational patterns. A new approach to graphical presentation of statistics. – Jerusalem 1968. 18, 243 S., 115 Abb., 10 Beilagen.

Baldock, E. Douglas: Manuel of map reproduction techniques. – Ottawa 1965. 30 S., 28 Abb.

Baranski, Nicolai N. und Arcadi I. Preobrazenski: Ekonomicheskaja kartografija. – Moskau 1962. 286 S., 60 Abb. [Ökonomische Kartographie. Russ. Die 1. Aufl. erschien in Moskau 1939.]

Baranyi, János: The problems of the representation of the globe on a plane with special reference to the representation of the forms of continents. In: Hungarian cartographical studies. Budapest 1968. S. 19–43, 15 Abb., Schriftt.

Barbier, Jean: Thematic cartography. Problems particular to illustration. In: Internationales Jahrbuch für Kartographie. Gütersloh. Bd 5, 1965. S. 167–171.

Barrier, Michèle: Élaboration de symboles pour l'expression synthétique de phénomènes économiques (à partir de données communales). In: Internationales Jahrbuch für Kartographie. Gütersloh. Bd 7, 1967. S. 153–156.

Baut, L.: Plans et cartes graphiques et diagrammes. – Paris 1951. 54 S., Karten.

Beck, Hanno: Zeittafel der präklassischen und klassischen Geographie. In: Geographisches Taschenbuch 1958/59. Wiesbaden 1958. S. 29–48, 4 Abb.

– Zeittafel der Geographie von 1859 bis 1905. In: Geographisches Taschenbuch. 1960/61. Wiesbaden 1960. S. 1–14.

– Zeittafel der Geographie von den Anfängen bis 1750. In: Geographisches Taschenbuch 1962/63. Wiesbaden 1963. S. 1–20.

– Zeittafel der Geographie von 1900–1945. In: Geographisches Taschenbuch 1964/65. Wiesbaden 1964. S. 1–18.

Beck, Willi: Reproduktion. In: Jordan-Eggert-Kneissl: Handbuch der Vermessungskunde. 10. Aufl. Stuttgart 1957 Bd. Ia, Kapitel 2.

Behrmann, Walter: Statische und dynamische Kartographie. In: Jahrbuch der Kartographie. Leipzig 1941. S. 24–34, 2 Beilagen.

Berghaus, Heinrich: [Über Isobaren]. In: Physikalischer Atlas. Vorbemerkungen. 1. Aufl. Gotha 1838–1848, S. 63.

Berichte zur Deutschen Landeskunde. Herausgegeben vom Institut für Landeskunde. – Bonn-Bad Godesberg. 1968: Band 41 und 42. [Erscheint seit 1941, und enthält seit 1955 Kartenbibliographien von Mitteleuropa.]

Bertin, Jacques: Sémiologie graphique. Les diagrammes, les réseaux, les cartes. – Paris 1967. 431 S., zahlr. Abb.

– Cartographie statistique automatique. – Paris: Comité Français de Cartographie 1967. 6 S., 10 Abb. = Communication présentée à la Troisième conférence technique de Cartographie, Amsterdam 1967.

– Le généralisation cartographique. In: Bulletin du Comité français de cartographie. Paris. Fasc. 36, 1968. S. 62–65, 1 Tafel.

– Généralisation du traitement graphique de l'information. – Paris 1969. 31 S., 17 Abb.

– La cartographie dans »la civilisation de l'informatique«. In: Internationales Jahrbuch für Kartographie. Gütersloh. Bd 10, 1970. S. 85–94, 4 Abb.

– Les constantes de la cartographie. In: Internationales Jahrbuch für Kartographie. Gütersloh. Bd 11, 1971. S. 182–188, 3 Abb.

BERTINCHAMP, HORST-PETER: Arbeitskreis Automation der Deutschen Gesellschaft für Kartographie. In: Kartographische Nachrichten. Güterloh. Jg. 19, 1969. S. 243–245, 1 Tabelle.

– Automationsgerechte kartographische Zeichen. In: Nachrichten aus dem Karten- und Vermessungswesen. Reihe I. Frankfurt/M. Heft 47, 1970. S. 7–14, 1 Tabelle.

BIBLIOGRAPHIE CARTOGRAPHIQUE INTERNATIONALE. Bd 1, 1946/47. Paris 1949 – Bd 21, 1968. Paris 1970. Wird fortgesetzt.

BIBLIOGRAPHIE DE CARTOGRAPHIE ECCLÉSIASTIQUE. I. Allemagne – Autriche. – Leiden 1968. 329 S.

BIBLIOGRAPHIE INTERNATIONALE POUR L'ENSEIGNEMENT DE LA CARTOGRAPHIE. International bibliography for education in cartography. – Paris: Comité Français de Cartographie 1970. 63 S. [Kartographie-Lehrbücher]

BIBLIOGRAPHY OF MAPS SHOWING DISTRIBUTION OF POPULATION by dotting method. – Budapest: National Office of lands and mapping of the Hungarian People's Republic 1971.

BIBLIOTHECA CARTOGRAPHICA. Bibliographie des kartographischen Schrifttums. Herausgegeben vom Institut für Landeskunde in Verbindung mit der Deutschen Gesellschaft für Kartographie. Herausgeber: Karl-Heinz Meine, Heinrich Kramm und Rolf-Dietrich Schmidt. – Bonn-Bad Godesberg, Heft 1, 1957 ff. [halbjährlich].

BICKMORE, DAVID und A. R. BOYLE: Eine vollautomatische, elektronisch gesteuerte Gerätegruppe für kartographische Zwecke. In: Internationales Jahrbuch für Kartographie. Gütersloh. Bd 5, 1965. S. 24–29. Unter dem Titel: »An automatic system of cartography« und »Un système automatique de cartographie« vorgelegt an der Konferenz der Internationalen Kartographischen Vereinigung in Edinburgh 1964. Als Manuskript vervielfältigt. 6 S.

BICKMORE, DAVID: Automation in der Kartographie. In: Kartographische Nachrichten. Gütersloh. Jg. 19, 1969. S. 180–185, 1 Kt.

BICKMORE, DAVID AND THE EXPERIMENTAL CARTOGRAPHY UNIT: Automatic cartography and planning. – London 1971. 234 S., zahlr. Karten.

BIRCH, THOMAS WILLIAM: Maps, topagraphical and statistical. 2. Aufl. – Oxford 1964. 240 S.

BOBEK, HANS: Der Atlas der Republik Österreich. In: Berichte zur Landesforschung und Landesplanung. Wien. Jg. 6, 1962. S. 12–18.

– Der Atlas der Republik Österreich. In: Internationales Jahrbuch für Kartographie. Gütersloh. Bd 4, 1964. S. 87–99, 4 Tafeln.

– Gesamtanlage und Einzelgestaltung. Erfahrungen bei der Redaktion des Österreich-Atlasses. In: Grundsatzfragen der Kartographie. Wien 1970. S. 49–71, 1 Karte, Schrift.

BOESCH, HANS: Landnutzungskarten. In: Geographica Helvetica. Bern. Jg. 5, 1950. S. 180–190.

– The World Land Use survey. In: Internationales Jahrbuch für Kartographie. Gütersloh. Bd 8, 1968. S. 136–143, 2 Abb., Schrift.

BOLLI, BEAT: Programm zur Datenvorbereitung für thematische Karten. – Zürich: Kartographisches Institut der ETH. 1967. 33 S., zahlr. Abb., Tab. [Als Manuskript vervielfältigt.]

BONACKER, WILHELM: Karten-Wörterbuch. Eine Verdeutschung fremdsprachiger Kartensignatur-Bezeichnungen. 2. unveränderte Ausgabe. (Faksimile-Ausgabe der 1. Aufl. 1941) mit einem Geleitwort von Josef Breu. – Bonn-Bad Godesberg 1971. 276 S.

BONNEROT, GUY: Cartes thématiques monochromes. In: Bulletin du comité français de cartographie. Paris. Fasc. 48, 1971. S. 343–345, 1 Karte.

BORMANN, WERNER: Allgemeine Kartenkunde. – Lahr 1954. 142 S., 46 Abb., 30 Tafeln.

– Atlaskartographie. In: Kartographische Studien. Haack-Festschrift. Gotha 1957. S. 35–68, 1 Abb., 8 Tafeln, Schrift.

Bormann, Werner und Helmut Weygandt: Gedanken um die Entwicklung und Zukunft der Atlaskartographie. In: Petermanns Geographische Mitteilungen. Gotha. Jg. 105, 1961. S. 219–235, 2 Karten.

Bosse, Heinz: Kartentechnik I. Zeichenverfahren. 3. Aufl. – Lahr 1954. 174 S., 12 Abb., Schriftt.

– Kartentechnik II. Vervielfältigungsverfahren. 3. Aufl. – Lahr 1955, 232 S., 20 Abb., 9 Tafeln, Schriftt.

– Die Kartenbeschriftungsverfahren. In: Kartographische Nachrichten. Bielefeld. Jg. 7, 1957. S. 9–14 und 34–39.

Bowman, William J.: Graphic communication. – New York 1968. 210 S., zahlr. Abb.

Boyle, A. R.: The quantised line. In: The Cartographic journal. Edinburgh. Bd. 7, 1970. S. 91–94.

Brassel, Kurt: Einsatz des Computers im Geographieunterricht. In: Geographica Helvetica. Bern. Jg. 26, 1971. S. 191–196, 4 Abb., Schriftt.

Breu, Josef: Der »Atlas der Donauländer« des Österreichischen Ost- und Südosteuropa-Institutes. In: Mitteilungen der Österreichischen Geographischen Gesellschaft. Wien. Jg. 109, 1967. S. 239–256, Schriftt.

– Die Transkription in der Kartographie. In: Mitteilungen der Österreichischen Geographischen Gesellschaft. Wien. Bd. 111, 1969. S. 221–247, Schriftt.

– Die Transkription in der Kartographie. In: Grundsatzfragen der Kartographie. Wien 1970. S. 92–118, Schriftt.

– Kartographie und Ortsnamenkunde. In: Internationales Jahrbuch für Kartographie. Gütersloh. Bd. 11, 1971. S. 291–302.

Briesemeister, William: Some three-dimensional relief globes, past and present. In: The Geographical Review. New York. Bd. 47, 1957. S. 251–260, 9 Abb.

Brunet, Roger: Le croquis de géographie régionale et économique. – Paris 1962. 249 S., 58 Abb., 6 Tafeln.

Bühler, Paul: Schriftformen und Schrifterstellung unter besonderer Berücksichtigung der schweizerischen topographischen Kartenwerke. In: Internationales Jahrbuch für Kartographie. Gütersloh. Bd. 1, 1961. S. 153–177, 26 Abb., Schriftt.

Bürgener, Martin: Das Quadratraster-Flächenkartogramm. In: Geographisches Taschenbuch 1956/57. Wiesbaden 1957. S. 466–471.

Busgens, L. M.: Probleme der Zusammenstellung komplexer Regionalatlanten. In: Petermanns Geographische Mitteilungen. Gotha. Jg. 107, 1963. S. 143–147.

Busgens, L. M. und Ju. G. Kelner: Redaktirowanie i sostawlenie kart potschw, rastitelnosti i klimata dlja atlasow mira i materikow. – Moskau 1966. 211 S., 70 Abb., Schriftt. = Arbeiten aus dem Zentralen Forschungsinstitut für Geodäsie, Photogrammetrie und Kartographie, Nr. 168. [Redaktion und Bearbeitung von Karten der Böden, der Vegetation und des Klimas für Atlanten der Kontinente und der ganzen Welt. Russ.]

Busse, K. H: Methoden der Bildstatistik. In: Allgemeines Statistisches Archiv, München. Bd. 23, 1933/34. S. 71–78.

Bysow, L. A.: Graphische Methoden der Planung, Statistik und Erfassung. 9. Aufl. – Berlin 1955.

Carlberg, Berthold: Zeichnen kartographischer Raumbilder (Blockdiagramm, Stereobild, Anaglyphen). In: Petermanns Geographische Mitteilungen. Gotha. Jg. 87, 1943. S. 302–309.

– Generalisierungsprobleme bei der Kartenbeschriftung. In: Kartographische Generalisierung. Mannheim 1967. S. 269–280.

Carol, Hans: Begleittext zur wirtschaftsgeographischen Karte der Schweiz. In: Geographica Helvetica. Bern. Jg. 1, 1946. S. 185–245. 3 Abb., 4 Tabellen, Schriftt.

– Die Wirtschaftslandschaft und ihre kartographische Darstellung. In: Geographica Helvetica. Bern. Jg. 1, 1946. S. 246–279, 8 Abb., Schriftt.

Caspary, Wilhelm: Genauigkeitsuntersuchungen an automatischen Kartiergeräten der Firma ZUSE. – München 1968. 80 S., 25 Abb., 19 Tabellen, Schriftt. = Deutsche Geodätische Kommission. Reihe C. Nr. 127.

Castiglioni, Manlio: Toponymie et cartographie. In: Internationales Jahrbuch für Kartographie. Gütersloh. Bd. 2, 1962. S. 84–92.

CASTNER, HENRY W. und ARTHUR H. ROBINSON: Dot area Symbols in Cartography. – Washington 1969. = American Congress on Surveying and Mapping, Cartography Division, Technical Monograph No. CA–4.

CHAMBERLIN, WELLMAN: The round earth on flat paper. Map projections used by cartographers. Drawings by Charles E. Riddiford. – Washington 1950. 126 S.

CHORLEY, R J. und P. HAGETT: Models in geography. – London 1967.

CHRIST, FRED: Untersuchung zur Automation der kartographischen Bearbeitung von Landkarten. In: Nachrichten aus dem Karten- und Vermessungswesen. Reihe I. Frankfurt/M. Heft 41, 1969. S. 7–98, 31 Abb., Schriftt.

CLAUSS, CHRISTIAN: Besonderheiten und Probleme der kartographischen Darstellung des Verkehrs mit Hilfe von Linienelementen. In: Geographische Berichte. Gotha. Bd. 7, 1962. S. 32–47, 9 Abb., Schriftt.

– Die Bedeutung der Verkehrsgeographie für die Bearbeitung von komplexen Verkehrskarten. In: Wissenschaftliche Zeitschrift der Hochschule für Verkehrswesen. Dresden. Jg. 11, 1964. S. 523–528.

– Karten des Verkehrs und des Fremdenverkehrs in Nationalatlanten. In: Petermanns Geographische Mitteilungen. Gotha. Jg. 112, 1968. S. 222–237, 6 Abb., 2 Tabellen, Schriftt.

CLAUSS, CHRISTIAN und JÜRGEN BEHRENS: Aufgaben und Probleme der Planungskartographie in der Landwirtschaft und Nahrungsgüterwirtschaft. In: Wissenschaftliche Zeitschrift der Technischen Universität Dresden. Jg. 19, 1970. S. 757–761, 7 Abb.

CLAVAL, P. und J. C. WIEBER: La cartographie thématique comme méthode de recherche. 2 Teile. – Paris 1969. 188 und 125 S.

CLEMENS, FRANK A.: Die Elektrophotographie. Ihr Einfluß auf die Kartographie. In: Nachrichten aus dem Karten- und Vermessungswesen. Reihe I. Frankfurt/M. Heft 29, 1965. S. 114–119.

CLOOS, HANS: Geologische Zeichen für Karten und Schnitte. In: Geographisches Taschenbuch 1949. Stuttgart 1949. S. 204–205 und in: Geographisches Taschenbuch 1950. Stuttgart 1950. S. 242–243.

– Blockbild und Strukturrelief. In: Geographisches Taschenbuch 1951/52. Stuttgart 1951. S. 397–398, 1 Abb.

COMPUTER GRAPHICS. Utility, Production, Art. Edited by Fred Gruenberger. – Washington 1967. 225 S., zahlr. Abb. [Sammelwerk].

CONZETT, RUDOLF: Moderne Methoden der Vermessung. In: Schweizerische Zeitschrift für Vermessung, Photogrammetrie und Kulturtechnik. Winterthur. Jg. 68, 1970. S. 101–109, 2 Abb., Schriftt. [Automation].

CROSS, JOSEPH BENJAMIN und JAUNETHA M. CADE: Automated map information comes of age. In: American Congress on Surveying and Mapping. Papers from the 31st annual meeting 1971. Washington 1971. S. 394–402.

CSATI, ERNÖ: Dictionary of Automated Cartography. (Draft). – Budapest: Hungarian National Committee of the International Cartographic Association 1971. 108 S. [ungarisch, englisch und deutsch.]

DAHLBERG, RICHARD E.: Evolution of interrupted map projections. In: Internationales Jahrbuch für Kartographie. Gütersloh. Bd. 2, 1962. S. 36–54, 4 Abb., Schriftt.

– Towards the improvement of the dot map. In: Internationales Jahrbuch für Kartographie. Gütersloh. Bd. 7, 1967. S. 157–167, 3 Abb., Schriftt.

[DATENVERARBEITUNG IN DER KARTOGRAPHIE]. – Frankfurt/M.: Institut für Angewandte Geodäsie 1970. = Nachrichten aus dem Karten- und Vermessungswesen. Reihe I, Heft Nr. 47. [Sammelwerk].

DE BOER, D.: Het gebruik van cartogrammen bij het regionale onderzoek. In: Kartografie. Mededelingen van de Kartografische Sectie van het Koninglijk Nederlands Aardrijkskundig Genootschap. Groningen. Nr. 42, 1968. S. 448–460, 9 Abb.

DE GEER, STEN: Befolkningens Fördelning i Sverige. – Stockholm 1919.

DEJEUMONT, JACQUES: Improved colour chart applicable to thematic overprints printed by offset. In: Internationales Jahr-

buch für Kartographie. Gütersloh. Bd. 5, 1965. S. 151–165, 11 Abb.
– Techniques graphiques. – Paris 1967. 88 S., 35 Abb.

d'Hollander, R.: Eine vergleichende Studie über die Laufendhaltung von topographischen und einigen thematischen Karten. In: Nachrichten aus dem Karten- und Vermessungswesen. Reihe I. Frankfurt/M. Nr. 28, 1958. S. 91–102. Auch französisch unter dem Titel: Etude comparative de la mise à jour des cartes topographiques et de certaines cartes thématiques. In: Bulletin No 3 [der] Association Cartographique Internationale (A.C.I.). Frankfurt/M. 1963. S. 96–106.

Dickinson, Gordon: Statistical mapping and the presentation of statistics. 3. Aufl. – London 1967. 166 S., 49 Abb., zahlr. Tabellen, Schriftt. 1. Aufl. 1963.

Die Karte als Planungsinstrument. Herausgegeben vom Siedlungsverband Ruhrkohlenbezirk. – Essen 1970. 6, 61 S. = Schriftenreihe des Siedlungsverbandes Ruhrkohlenbezirk, 36.

Diethelm, Walter und Marion Diethelm: Signet, Signal, Symbol. Handbuch internationaler Zeichen. – Zürich 1970. 227 S., zahlr. Abb. [Umfangreiche Sammlung von Symbolfiguren aus verschiedensten, nicht kartographischen Anwendungsgebieten].

Draheim, Heinz: Zur Problematik der Rationalisierung und Automation im Vermessungswesen. In: Allgemeine Vermessungsnachrichten. Karlsruhe. Bd. 66, 1959.

Dumitrescu, Victor: Perspectives cosmographiques – un système utile de projections azimutales. In: Internationales Jahrbuch für Kartographie. Gütersloh. Bd. 6, 1966. S. 25–32, 8 Abb.

Dworatschek, Sebastian: Einführung in die Datenverarbeitung. 3. Aufl. – Berlin 1970. 371 S., 266 Abb., Anhang.

Eckert, Max: Die Kartenwissenschaft. Forschungen und Grundlagen zu einer Kartographie als Wissenschaft. 2 Bände. – Berlin 1921 und 1925.

Elsasser, Hans: Nichtflächenproportionale kartogrammartige Darstellungen der Schweiz. In: Geographica Helvetica. Bern. Jg. 25, 1970. S. 78–82, 4 Abb., 1 Tab., Schriftt.

Emminizer, Granville K.: Report of the I.C.A. Commission III: Automation in cartography [1964–1967]. In: Internationales Jahrbuch für Kartographie. Gütersloh. Bd. 7, 1967. S. 226–229.

Engel, Josef: Deutsche gewässerkundliche Übersichtskarten. Eine kritische Besprechung alter und neuer deutscher Karten und Empfehlungen für künftige kartographische Darstellungen. – = Mitteilung Nr. 57, herausgegeben von der Bundesanstalt für Gewässerkunde 1954. 91 S., 7 Abb., Schriftt.

Engelmann, Gerhard: Der Physikalische Atlas des Heinrich Berghaus und Alexander Keith Johnstons Physical Atlas. In: Petermanns Geographische Mitteilungen. Gotha. Jg. 108, 1964. S. 133–149.
– Der Physikalische Atlas des Heinrich Berghaus. Die kartographische Technik der ältesten thematischen Kartensammlung. In: Internationales Jahrbuch für Kartographie. Gütersloh. Bd. 4, 1964. S. 154–161, Schriftt.
– Frühe thematische Karten zur ökonomischen Geographie. In: Geographische Berichte. Gotha. Heft 33, 1965. S. 233–240.
– Carl Ritters Produktenkarten 1800–1836. Ein Beitrag zur Geschichte der thematischen Karten. In: Internationales Jahrbuch für Kartographie. Gütersloh. Bd. 6, 1966. S. 41–46, 2 Abb.
– Zeittafel der Kartographie, 1700–1850. In: Geographisches Taschenbuch 1966–1969. Wiesbaden 1969. S. 1–20.

Ergenzinger, Peter und Gert Jannsen: Grundsätze für geomorphologische Karten am Beispiel des Entwurfs zu einer geomorphologischen Übersichtskarte von West-Mitteleuropa im Maßstab 1:500 000. – Bonn-Bad Godesberg 1969. 20 S., 3 Karten, Schrift. = Forschungen zur Deutschen Landeskunde, Bd. 178.

Ermel, Hans: Automation in der Kartographie. In: Kartographische Nachrichten. Gütersloh. Jg. 14, 1964. S. 200–201.

Ermisch, Hubert: Erläuterungen zur historischen Grundkarte für Deutschland im

Maßstab 1:100 000. – Leipzig 1899. 16 S., 1 Karte.

Falk G.: Gestaltung und Entwurf von Straßenkarten. In: Kartengestaltung und Kartenentwurf. Mannheim 1962. S. 213–217.

Ferens, R. J.: The design of page-size maps and illustrations. In: Surveying and Mapping. Washington. Bd. 28, 1968. S. 447–455.

Festschrift zur Internationalen Ausstellung »50 Jahre Luftfahrt-Kartographie« München, 19.–22. 9. 1959. Beiträge zur Geschichte der Luftfahrtkarte. – Frankfurt/M. 1959. 153 S., Schriftt.

Fischer, Hans-Richard: Gedanken zur Schreibung geographischer Namen. In: Kartographische Studien. Haack-Festschrift. Gotha 1957. S. 137–151, Schriftt.

Fliri, Franz: Statistik und Diagramm. – Braunschweig 1969. 82 S., 22 Abb., Schriftt. = Das Geographische Seminar.

Folkers, Ingo: Automation in der Kartographie. Bericht über den Abschnitt »Automation« der 3. Internationalen Konferenz für Kartographie in Amsterdam, 17. – 22. April 1967. In: Kartographische Nachrichten. Gütersloh. Jg. 17, 1967. S. 124–126.

Frančula, Nedjeljko: Die vorteilhaftesten Abbildungen in der Atlaskartographie. – Bonn, Diss 1971. 102 S., 37 Abb. und Tabellen, Schriftt. [Netze für Weltkarten.]

Franz, Günter: Historische Kartographie. Forschung und Bibliographie. – Bremen 1955. 104 S., 2 Abb. = Raumforschung und Landesplanung. Abhandlungen Bd. 29.

Frebold, Georg: Profil und Blockbild. Eine Einführung in ihre Konstruktion und in das Verständnis topographischer und geologischer Karten. – Braunschweig 1951. 111 S., 94 Abb.

Freitag, Ulrich: Bemerkungen zu kartographischen Grundbegriffen. In: Kartographische Nachrichten. Gütersloh. Jg. 13, 1963. S. 93–97.

– Verkehrskarten. Systematik und Methodik der kartographischen Darstellung des Verkehrs mit Beispielen zur Verkehrsgeographie des mittleren Hessen. – Giessen 1966. 112 S., 26 Tafeln, Schriftt. = Giessener Geographische Schriften, Heft 8.

Frenzel, Konrad: Zur Frage des optischen Gewichts von Signaturen für thematische Karten. In: Erdkunde. Bonn. Bd. 19, 1965. S. 66–70.

– Das kartographische Problem der Darstellung des Lebensraumes in thematischen Karten, insbesondere in Wirtschaftskarten. In: Internationales Jahrbuch für Kartographie. Gütersloh. Bd. 7, 1967. S. 136–142, 1 Abb.

Fricke, Karl: Die neue Stadtkarte Hannover 1:20 000. In: Kartographische Nachrichten. Gütersloh. Jg. 21, 1971. S. 149–156, 5 Abb. [Arbeitsablaufschema.]

Friedlein, Günther: Die Bedeutung der sowjetischen Atlaskartographie. In: Wissenschaftliche Zeitschrift der Technischen Universität Dresden. Jg. 19, 1970. S. 769–775, 1 Tabelle, Schriftt.

Gabriel, Erhart: Die wirtschaftsgeographische Karte. Beitrag zur kartographischen Darstellung wirtschaftsgeographischer Sachverhalte. – Hamburg, Diss. 1952. 170 S., 1 Karte.

Gaebler, Volkhard: Die Legende thematischer Karten. In: Vermessungstechnik. Berlin. Jg. 15, 1967. S. 304–309, 8 Abb.

– Der Titel von Textkarten. Betrachtungen zu Formulierung und Gestaltung. In: Wissenschaftliche Zeitschrift der Technischen Universität Dresden. Jg. 19, 1970. S. 745–749, 2 Abb., Schriftt.

Gächter, Ernst: Die Automation in der Kartographie. In: K+F-Kreis. Bern. S. 9 bis 15, 6 Abb., Schrift.

Garrison, W. L. und D. F Marble: Quantitative geography, part II: Physical and cartographic topics. – Evanston/Ill. 1967. 4, 324 S., Abb., Tabellen. = Northwestern University studies in geography, No 14.

Gaussen, Henri: La couleur dans les cartes thématiques. In: Internationales Jahrbuch für Kartographie. Gütersloh. Bd. 4, 1964. S. 53–61.

Geo Center-Katalog (bisher RV-Katalog). Landkarten, Pläne, Atlanten, Reiseführer. Herausgeber: Vereinigte Landkartenhäuser Zumstein – Reise- und Verkehrsverlag, München und Stuttgart. Bd 1: Europa. Bd 2: Erdteile (ohne Europa), Welt, Thematische Karten. [Loseblatt-Ordner]. Als Ergänzung dazu erscheint etwa alle 2 Monate der: Geo Center-Kartenbrief.

Geo-Center-Katalog (früher Zumstein Katalog) Landkarten, Reiseführer, Pläne, Atlanten, Globen aus allen Ländern der Welt. Herausgeber: Vereinigte Landkartenhäuser Zumstein-Reise- und Verkehrsverlag, München und Stuttgart. Jährlich. Ca. 600 S., dazu Ergänzungsband mit 170 Kartenausschnitten.

Geographisches Taschenbuch und Jahrweiser für Landeskunde. Herausgegeben von Emil Meynen. Bd. 1, 1949. ff. Wiesbaden: Steiner [Erscheint etwa alle zwei Jahre. Enthält neben ausführlichen Adressenverzeichnissen von Instituten und Einzelpersonen viele Literaturzusammenstellungen].

Gerlach, Arch C.: Problems in atlas making. In: Internationales Jahrbuch für Kartographie. Gütersloh. Bd. 5, 1965. S. 180–186.

– Visual impact of thematic maps as a communication medium. In: Internationales Jahrbuch für Kartographie. Gütersloh. Bd. 11, 1971. S. 194–199.

Gigas, Erwin: Automation in der Kartographie. In: Nachrichten aus dem Karten- und Vermessungswesen. Reihe I. Frankfurt/M. Heft 29, 1965. S. 68–83, 18 Abb.

Goecken, J.: Die bildhafte Kartographie als volkstümliches und wissenschaftliches Bildungsmittel. In: Pädagogische Rundschau. Jg. 6, 1951/52. S. 15–26.

Gołaski, Janusz: Opracowanie nazw na mapach wielkoskalowych. Toponomastyka kartograficzna. Podstawy teoretyczne metodyka polowych prac nazewniczych. – Warschau 1967. 183 S., Schriftt. [Die Namenschreibung in Karten. Polnisch mit ausführlicher englischer, französischer und russischer Zusammenfassung].

Grebe, Paul: Transkription und Transliteration in der Kartographie. In: Kartographische Nachrichten. Gütersloh. Jg. 12, 1962. S. 161–166.

Gregory, Stanley: Statistical methods and the geographer. – London 1963. 240 S., 44 Abb., 29 Tabellen, Schriftt. 2. Aufl. 1968.

Groll, Max: Kartenkunde. II. Der Karteninhalt. – Berlin 1912. 142 S., 39 Abb. = Sammlung Göschen, Bd. 599.

– Kartenkunde. Teil 1: Die Projektionen. 2. Aufl., bearbeitet von Otto Graf. – Berlin 1931. 116 S., 56 Abb. = Sammlung Göschen Bd. 30.

Grosse, Gottfried: Einige Grundregeln für den Kartenentwurf der geographisch-kartographischen Redaktion. In: Kartographische Nachrichten. Gütersloh. Jg. 19, 1969. S. 53–62, 4 Karten, Schriftt.

Gulley, J. L. M. und Karl A. Sinnhuber: Isokartographie. Eine terminologische Studie. In: Kartographische Nachrichten. Gütersloh. Jg. 11, 1961. S. 89–99, Schriftt.

Gwinner, Manfred: Geometrische Grundlagen der Geologie. – Stuttgart 1965. 154 S., 262 Abb., 10 Tafeln.

Haack, Wolfgang: Darstellende Geometrie. I. 7. Aufl. – Berlin 1971. 112 S., 120 Abb. = Sammlung Göschen, Bd 3142.

Habel, Rudolf: Ihr Atlas. Eine Betrachtung zu Entstehung und Inhalt. Dargelegt am Beispiel von »Haack Grosser Weltatlas«. – Gotha 1968. 108 S., 25 Abb., Schriftt.

Hagemann, Bob Pieter: The reliability of geological maps. In: Internationales Jahrbuch für Kartographie. Gütersloh. Bd. 8, 1968. S. 144–154.

Hake, Günter: Kartographie II. Thematische Karten, Atlanten, kartenverwandte Darstellungen, Kartentechnik, Kartenauswertung. – Berlin 1970, 202 S., 84 Abb., 11 Karten, Schriftt. = Sammlung Göschen, Bd. 1245/1245a/1245b.

– Der Informationsgehalt der Karte – Merkmale und Masse. In: Grundsatzfragen der Kartographie. Wien 1970. S. 119–131, Schriftt.

Halley, Edmond: Nova et accuratissima totius terrarum orbis tabula nautica variationum magneticarum index juxta observationes anno 1700 habitas constructa per Edm. Halley. Reproduktion in: G. Hellmann, Die ältesten Karten der Isogonen, Isokline, Isodynamen. Berlin 1895, Tafel 1. = Neudrucke von Schriften und Karten über Meteorologie und Erdmagnetismus, hrsg. v. G. Hellmann, Nr. 4.

– A new and correct chart shewing the variations of the compass in the western and southern oceans as observed in y year 1700. Reproduktion bei L. A. Bauer: Halley's earliest equal variation chart. In: Terrestrial Magnetism, Jg. 1, 1896. S. 28–31.

HAMMER, ERNST VON: Die Netzentwürfe geographischer Karten. – Stuttgart 1887. [Bearbeitung und Übertragung ins Deutsche von: A. Tissot: Mémoire sur la représentation des surfaces et les projections des cartes géographiques. – Paris 1881].

– Über die geographisch wichtigsten Kartenprojektionen, insbesondere die zenitalen Entwürfe. – Stuttgart 1889.

HANLE, ADOLF: Die Bearbeitung thematischer Atlaskarten. Erläutert am Beispiel von »Meyers Grossem Physischen Weltatlas«. In: Die wissenschaftliche Redaktion. Mannheim. Jg. 1969. S. 9–24, 9 Karten.

– Die Bearbeitung von thematischen Atlaskarten. In: Ergebnisse des 7. Arbeitskurses Niederdollendorf 1968. Mannheim 1970. S. 133–144, zahlr. Abb., Schriftt.

HASELOFF, OTTO WALTER und H.-J. HOFFMANN: Kleines Lehrbuch der Statistik für Naturwissenschaft und Technik, Psychologie, Sozialforschung und Wirtschaft. 4., neubearbeitete und erweiterte Aufl. – Berlin 1970. 12, 330 S., 59 Abb., 99 Tabellen, Anhang statistischer Arbeitstabellen, Übungsaufgaben, 1 Tafel.

HASSERT, KURT: Die Isochronenkarte. In: Allgemeine Verkehrsgeographie. Bd. 1. 2. Aufl. – Berlin 1931. S. 65–96.

HAWLITZECK, ECKHARD: Numerisch gesteuerte Koordinatographen in der Kartographie. In: Kartographische Nachrichten. Gütersloh. Jg. 19, 1969. S. 171–180, 9 Abb.

HEATH, WILLIS R.: Technische Probleme bei der Herstellung thematischer Karten. In: Internationales Jahrbuch für Kartographie. Gütersloh. Bd. 5, 1965. S. 129–134.

HEBIN, OLE: Computer drawn isarithmic maps. In: Geografisk Tidsskrift. Kopenhagen. Bd. 68, 1969. S. 50–63, 5 Abb., 3 Karten.

HEDBOM, OLOF: From manual to automated plotting on thematic maps. In: Internationales Jahrbuch für Kartographie. Gütersloh. Bd. 2, 1962. S. 148–150, 2 Tafeln.

HEISSLER, VIKTOR: Kartographie. – Berlin 1962. 213 S., 125 Abb., 8 Karten. = Sammlung Göschen Bd. 30/30a.

HELBLING, ROBERT [Herausgeber] und CARL F. BAESCHLIN, HANS HÄRRY, J. KREBS: Photogeologische Studien im Anschluß an geologische Kartierungen in der Schweiz, insbesondere der Tödikette. – Zürich 1948. 141 S., 17 Tafeln. Auch englisch unter dem Titel: Studies in Photogeology. – Zurich 1949.

HENNINGER, W.: Bildstatistik, ihre Bedeutung und Methoden. In: Allgemeines Statistisches Archiv. München. Bd. 24, 1934/35. S. 157–161.

HETTNER, ALFRED: Über die Untersuchung und Darstellung der Bevölkerungsdichte. In: Geographische Zeitschrift. Leipzig. Jg. 7, 1901. S. 498–514.

– Die Eigenschaften und Methoden der kartographischen Darstellung. In: Geographische Zeitschrift. Leipzig. Jg. 16, 1910. S. 12–28 und 73–82. Auszugsweise abgedruckt in: Internationales Jahrbuch für Kartographie. Gütersloh. Bd. 2, 1962. S. 13–35.

– Die Geographie. Ihre Geschichte, ihr Wesen und ihre Methoden. – Breslau 1927. 463 S. [Siehe besonders das Kapitel: Karten und Ansichten. S. 324–376.]

HEUPEL, ALOYS: Die Bedeutung der Farbe in thematischen Karten und reproduktionstechnische Möglichkeiten ihrer Wiedergabe. In: Ergebnisse des 7. Arbeitskurses Niederdollendorf 1968. Mannheim 1970.

HEYDE, HERBERT: Die Ausdrucksformen der Angewandten Kartographie. In: Kartographische Nachrichten. Gütersloh. Jg. 11, 1961. S. 185–188.

HICKETHIER, A.: Farbenordnung Hickethier. – Hannover 1952. 99 S., 103 Abb., 9 Tafeln.

HINKEL, HEINZ: Generalisierungsprobleme bei der Bearbeitung von Bevölkerungskarten. In: Kartographische Generalisierung. Mannheim 1967. S. 239–266, 30 Tafeln.

– »Staatenbildung« und »politische Abhängigkeit« als kartographisches Darstellungsproblem. In: Kartengeschichte und Kartenbearbeitung. Bad Godesberg 1968.

HODGKISS, A. G.: Maps for books and theses. – Newton Abott 1970. 267 S., zahlr. Abb.

HODGSON, ROBERT D.: Limits in the Seas. In: Surveying and Mapping. Washington. Bd 31, 1971. S. 397–409, 12 Abb.

HÖLZEL, FRITZ: Zur Geländedarstellung in thematischen Karten. In: Kartographische Studien. Haack-Festschrift. Gotha 1957. S. 101–109, 2 Karten.
– Thematische Blockbilder. In: Wirtschaftsgeographischer Wandel in Deutschland. (Scheu-Festschrift). Nürnberg 1957. S. 215–222, 4 Abb.
– Die graphischen Elemente in der Karte. In: Kartengestaltung und Kartenentwurf. Mannheim 1962. S. 11–22.
– Perspektivische Karten. In: Internationales Jahrbuch für Kartographie. Gütersloh. Bd. 3, 1963. S. 100–118, 4 Abb., 1 Tafel, Schriftt.
– Thematische Aussagen in kartenverwandten Darstellungen. In: Ergebnisse des 7. Arbeitskurses Niederdollendorf 1968. Mannheim 1970. S. 251–274, 4 Abb.

HOFFMANN, FRANK und ROLF SCHMIDT: Zur kartographischen Bearbeitung großmaßstäblicher Bodenformenkarten. In: Petermanns Geographische Mitteilungen. Gotha. Jg. 113, 1969. S. 153–157, 2 Abb., 2 Tafeln, Schriftt.

HOFFMANN, FRANK: Automation in der thematischen Kartographie. Der praktische Einsatz von Computern und programmgesteuerten Zeichenautomaten beim Entwurf thematischer Karten. In: Wissenschaftliche Zeitschrift der Technischen Universität Dresden. Jg. 19, 1970. S. 793–797, 6 Abb., Schriftt.
– Zur automatisierten Darstellung quantitativer Informationen in thematischen Karten. In: Vermessungstechnik. Berlin Jg. 18, 1970. S. 206–210.

HOFMANN, WALTHER: Geländeaufnahme, Geländedarstellung. – Braunschweig 1971. 102 S., 23 Abb., Schriftt.

HOLLSTEIN, W.: Bodenkarten und ihre besonderen Darstellungsprobleme. In: Kartographische Nachrichten. Gütersloh. Jg. 13, 1963. S. 106–110.

HORN, WERNER: Die Geschichte der Isarithmenkarten. In: Petermanns Geographische Mitteilungen. Gotha. Jg. 103, 1959. S. 225 bis 232, Schriftt.
– Die Geschichte der Gothaer Geographischen Anstalt im Spiegel des Schrifttums. In: Petermanns Geographische Mitteilungen. Gotha. Jg. 1960. S. 271–287, 33 Abb., Schriftt.
– Zur Geschichte der Atlanten. In: Kartographische Nachrichten. Gütersloh. Jg. 11, 1961, S. 1–8.

HORN, WERNER [Herausgeber]: Neudrucke aus dem Geographischen Jahrbuch. 12 Bände. – Amsterdam 1970–1971. [Enthält u. a.: Die Literatur der Kartographie 1895–1942. 1230 S. – Die Literatur der Erdmessung 1837–1922. 790 S. – Die Literatur zur Historischen Geographie 1850–1936. 1070 S. – Die Literatur zur Geschichte der Geographie 1884–1939. 480 S. – Die Literatur zur geographischen Namenkunde 1871–1909. 380 S. – Nekrologe von Geographen und Vertretern verwandter Wissenschaften 1884 bis 1913. 570 S.]

HOTZENKÖCHERLE, RUDOLF: Einführung in den Sprachatlas der deutschen Schweiz. A. Zur Methodologie der Kleinraumatlanten. – Bern 1962. 144 S.

HSU, MEI-LING: The isopleth surface in relation to the system of data derivation. In: Internationales Jahrbuch für Kartographie. Gütersloh, Bd. 8, 1968. S. 75–89, 8 Abb.

HSU, MEI-LING und ARTHUR H. ROBINSON: The fidelity of isopleth maps, an experimental study. – Minneapolis 1970. 92 S., 26 Abb., 27 Tafeln, Schriftt.

HUMBOLDT, ALEXANDER VON: Des lignes isothermes et de la distribution de la chaleur sur le globe. In: Mémoires de physique et de chimie de la Société d'Arcueil. Paris. Bd. 3, 1817. S. 462–602.

HURSKY, JOSEF: Thematische Verkehrskarten für den Historischen Atlas der ČSSR. In: Petermanns Geographische Mitteilungen. Gotha. Jg. 107, 1963. S. 297–303, 7 Abb.
– Die Karten zum Binnenhandel im Nationalatlas der ČSSR. In: Petermanns Geographische Mitteilungen. Gotha. Jg. 111, 1967. S. 148–152, 3 Abb.
– Metody grafického znázornění dojížďky do práce. – Prag 1969. 90 S., 20 Abb., 4 Beilagen, Schriftt. = Rozpravy československé akademie věd. Řada matematických a přírodních věd. Ročník 79, Sešit 3. [Methoden der graphischen Darstellung des Berufsverkehrs. Tschechisch, mit deutscher Zusammenfassung.]

IMHOF, EDUARD: Siedelungsgrundriß-Formen

und ihre Generalisierung im Kartenbilde. In: Mitteilungen der Geographisch-Ethnographischen Gesellschaft Zürich. Bd. 1923/24, Zürich 1925. S. 5–60, 12 Tafeln mit 103 Abb., Schriftt.

– Das Siedelungsbild in der Karte. In: Düsseldorfer Geographische Vorträge und Erörterungen 1926. Erster Teil. Breslau 1927. S. 37–44, 6 Abb.

– Das Siedlungsbild in der Karte. In: Mitteilungen der Geographisch-Ethnographischen Gesellschaft Zürich. Bd. 1936/37, Zürich 1937. S. 17–86, 69 Abb., 4 Tafeln, Schriftt.

– Entwicklung und Bau topographischer Reliefs. In: Die Alpen. Bern. Jg. 15, 1939. S. 287–295, 2 Abb., Schriftt.

– Die Ortsnamen in den amtlichen Plänen und Karten. In: Schweiz. Zeitschrift für Vermessungswesen und Kulturtechnik. Winterthur. Jg. 43, 1945. S. 1–31, Schriftt.

– Der schweizerische Mittelschulatlas. In: Geographica Helvetica. Bern. Jg. 3, 1948. S. 293–375, 11 Abb., Schriftt.

IMHOF, EDUARD und PAUL KLÄUI: Atlas zur Geschichte des Kantons Zürich. – Zürich 1951. 110 S., 40 Tafeln mit 79 Karten.

IMHOF, EDUARD: Aufgaben und Methoden der theoretischen Kartographie. In: Petermanns Geographische Mitteilungen. Gotha. Jg. 100, 1956. S. 165–171, 2 Abb. [Übersetzung ins Spanische in: Revista Cartotopografica Argentina. Buenos Aires. Jg. 3, 1957. S. 20–29 und Revista de Geodesia. La Plata. Bd. 2, 1958. S. 45–56. Ins Englische: Internationales Jahrbuch für Kartographie. Gütersloh. Bd. 3, 1963. S. 13–25.]

– Erster Internationaler Hochschulkurs für Kartographie. Zürich. Frühjahr 1957. Zusammenfassung der Vorlesungen. Deutsch, französisch und englisch: je ca. 50 Seiten, dazu zahlreiche Abbildungen. Als Manuskript vervielfältigt.

– Zweiter Internationaler Hochschulkurs für Kartographie. Zürich. Frühjahr 1960. Zusammenfassung der Vorlesungen 1–25. Deutsch: 65 Seiten, französisch: 60 Seiten, englisch: 57 Seiten, dazu über 100 Abbildungen. Als Manuskript vervielfältigt.

– Isolinienkarten. In: Internationales Jahrbuch für Kartographie. Gütersloh. Bd. 1, 1961. S. 64–98, 26 Abb., Schriftt.

– Heutiger Stand und weitere Entwicklung der Kartographie. In: Kartographische Nachrichten. Gütersloh. Jg. 12, 1962. S. 1–10. [Übersetzung ins Russische in: Geodezija i kartografija. Moskau. Jg. 1963, S. 49–58.]

– Die Anordnung der Namen in der Karte. In: Internationales Jahrbuch für Kartographie. Gütersloh. Bd. 2, 1962. S. 93–129, 106 Abb., Schriftt.

– Thematische Kartographie. Beiträge zu ihrer Methode. In: Die Erde. Berlin. Jg. 93, 1962. S. 73–116, 28 Abb., Schriftt.

– Kartographie. In: Das Fischer Lexikon. Technik I, Bautechnik. Frankfurt/M. 1962. S. 170–183, 7 Abb.

– Der schweizerische Mittelschulatlas in neuer Form. In: Geographica Helvetica. Bern. Jg. 17, 1962. S. 257–273. [Übersetzung ins Englische in: Internationales Jahrbuch für Kartographie. Gütersloh. Bd. 4, 1964. S. 69–86, 4 Abb., 2 Tafeln, Schriftt.]

– Entwicklung thematischer Karten und ein schweizerischer Nationalatlas. In: Schweizerische Bauzeitung. Zürich. Jg. 81, 1963. S. 390–391.

– Kartenverwandte Darstellungen der Erdoberfläche. Eine systematische Übersicht. In: Internationales Jahrbuch für Kartographie. Gütersloh. Bd. 3, 1963. S. 54–99, 26 Abb., Schriftt.

– Wesenszüge und geometrische Gefüge kartenverwandter Darstellungen. In: Geographisches Taschenbuch 1964/65. Wiesbaden 1964. S. 317–331, 4 Abb., Schriftt.

– Kartographische Geländedarstellung. – Berlin 1965. 425 S., 222 Abb., 14 Tafeln, Schriftt. [Übersetzung ins Englische ist in Bearbeitung. Sie wird 1973 in London erscheinen.]

– Der Atlas der Schweiz. In: Geographica Helvetica. Bern. Jg. 20, 1965. S. 112–118.

– Der »Atlas der Schweiz«. In: Internationales Jahrbuch für Kartographie. Gütersloh. Bd. 6, 1966. S. 122–139, 1 Tafel, Schriftt.

– Die Kunst in der Kartographie. In: Internationales Jahrbuch für Kartographie. Gütersloh. Bd. 7, 1967. S. 21–32, 8 Abb., Schriftt. [Referat, gehalten an der »Troisième Conférence Internationale de Cartographie à Amsterdam 1967«. Als Manuskript vervielfältigt unter dem Titel: »Art in Cartography« und »De l'art en cartographie«.]

– Gelände und Karte. 3., umgearbeitete Aufl. – Erlenbach-Zürich 1968. 259 S., 338 Abb., 20 Tafeln. 1. Aufl. 1950, Neudruck 1958. Französische Übersetzung unter dem Titel: Terrain et Carte. Erlenbach-Zürich 1951.

– Landkartenkunst, gestern, heute, morgen. – Zürich 1968. 18 S., 20 Abb., 3 Tafeln. = Neujahrsblatt, hrsg. von der Naturforschenden Gesellschaft in Zürich auf das Jahr 1968. 170. Stück.

– Über den Aufbau einer Lehre der thematischen Kartographie. In: Kartographische Nachrichten. Gütersloh. Jg. 19, 1969. S. 218–223.

– Über Entwicklung und Lehre thematischer Karten. In: Schweiz. Bauzeitung. Zürich. Jg. 87, 1969. S. 725–728, 2 Tafeln. [Auch in: GEP Bulletin. Zürich. Nr. 83, 1969. S. 25–28, 2 Tafeln.]

EDUARD IMHOF Werk und Wirken. – Zürich 1971. 95 S., 15 Karten, 24 Abb., Bibliographie 1918–1971. [Sammelwerk mit Beiträgen von: Hans-Peter Tschudi, Hans H. Hauri, Ernst Spiess, Willy Furter, Erwin Gradmann und Viola Imhof.]

[IMHOF, EDUARD]
Schweizerischer Mittelschulatlas. Herausgegeben von der Konferenz der kantonalen Erziehungsdirektoren. Bearbeitung und Originalzeichnung: EDUARD IMHOF. Kartentechnische Erstellung und Druck: Art. Institut Orell Füssli AG. – Zürich: Lehrmittelverlag des Kantons Zürich. VIII, 144 S. mit 276 Karten. 6. Aufl. 1932 – 16. Aufl. 1972. Französische Ausgabe unter dem Titel: Atlas scolaire Suisse pour l'enseignement secondaire. 5. Aufl. 1932 – 14. Aufl. 1972. Italienische Ausgabe unter dem Titel: Atlante Svizzero per le Scuole Medie. 2. Aufl. 1932 – 11. Aufl. 1972. Die Ausgaben der Jahre 1932, 1948 und 1962 waren Neubearbeitungen. Seit der Ausgabe 1962 erscheinen alle Länderkarten mit schattenplastischer Reliefdarstellung. Wird fortgesetzt.

[IMHOF, EDUARD]
Schweizerischer Sekundarschulatlas. Herausgegeben von der Erziehungsdirektion des Kantons Zürich. Bearbeitung und Originalzeichnung: EDUARD IMHOF. Kartentechnische Erstellung und Druck: Art. Institut Orell Füssli AG. – Zürich: Lehrmittelverlag des Kantons Zürich. VIII, 88 Seiten mit 146 Karten. 1. Aufl. 1934 – 11. Aufl. 1971. [Die 10. Aufl. 1967 war eine Neubearbeitung.] Wird fortgesetzt.

[IMHOF, EDUARD]
Atlas der Schweiz – Atlas de la Suisse – Atlante della Svizzera. Herausgegeben im Auftrage des Schweizerischen Bundesrates. Präsident der Redaktionskommission und Chefredaktor: EDUARD IMHOF. – Wabern/Bern: Verlag der Eidgenössischen Landestopographie. [Lieferung 1–6, 1965–1972. 65 Kartentafeln mit 300 Karten. Kommentare in deutscher, französischer und italienischer Sprache, z. T. auch rätoromanisch. Vorgesehen sind insgesamt 9 Lieferungen mit etwa 94 Kartentafeln.]

INTERNATIONAL YEARBOOK OF CARTOGRAPHY – Annuaire International de Cartographie – Internationales Jahrbuch für Kartographie. Herausgeber und Redaktor 1961–1966: EDUARD IMHOF, seit 1967: Mitherausgeber. – Gütersloh 1961 ff.

INTERNATIONALE STANDARDISIERUNG GEOGRAPHISCHER NAMEN, Arbeitsunterlage, eingereicht von der Regierung der Bundesrepublik Deutschland für die Technische Konferenz der Vereinten Nationen über die Internationale Weltkarte 1:1 000 000 in Bonn 1962, bearbeitet vom Ständigen Ausschuß für die Rechtschreibung geographischer Namen. – Bonn 1962.

JACOB, G., U. SCHMIDT und CHRISTIAN CLAUSS: Mathematisch-kartographische Grundlagen der Verkehrskartographie. – Berlin: Transpress 1963. Lehrbrief 1 (f. d. Fernstudium a. d. Hochschule f. Verkehrswesen »Friedrich List«). 64 S., 5 Bll. Abb., 1 Kt. Lehrbrief 2. 61 S., 7 Bll. Abb., Schriftt.

JAEGLE, M. A.: Rapport sur les travaux de la Commission III: Automatisation de la Cartographie. In: Bulletin du Comité français de cartographie. Paris. Fasc. 44, S. 56–57.

JENKS, GEORGE F. und MICHAEL R. C. COULSON: Class Intervalls for Statistical Maps. In: Internationales Jahrbuch für Kartographie. Gütersloh. Bd. 3, 1963. S. 119–134, 8 Abb., 2 Tabellen, Schriftt.

JENKS, GEORGE F. und DWIGHT A. BROWN: Three-dimensional map construction. Use of the crossed-slit anamorphoser simplifies the technique and shortens construction time. In: Science. Bd. 154, 1966. S. 857–864, 11 Abb., Schriftt.

JENKS, GEORGE F.: The data model concept in statistical mapping. In: Internationales Jahrbuch für Kartographie. Gütersloh. Bd. 7, 1967. S. 186–190, 10 Abb.

JENKS, GEORGE F. und PAUL V. CRAWFORD: Viewing points for three-dimensional maps. – Washington: Geographical branch, office of naval research 1967. 26 S., 20 Abb., Schriftt. = Technical report No. 3.

JENKS, GEORGE F. und FRED C. CASPALL: Error on choroplethic maps: definition, measurement, reduction. In: Annals of the Association of American Geographers. Washington. Bd 61, 1971. S. 217–244, 22 Abb., Schriftt.

JENSCH, GEORG: Der nichtlineare Maßstab auf angewandten Karten. In: Die Erde. Berlin. Bd. 3, 1951/52. S. 388–397.

– Ein themakartographischer Kommentar zum Atlas von Berlin. In: Internationales Jahrbuch für Kartographie. Gütersloh. Bd. 4, 1964. S. 100–119.

– Gedanken zu einem Klimaglobus. In: Der Globusfreund. Wien. Heft 15/16. 1966/67. S. 55–62, 2 Abb. Auch in: Veröffentlichungen des Staatlichen Mathematisch-Physikalischen Salons. – Forschungsstelle. Dresden, Zwinger. Bd. 5, 1967. S. 55–62, 2 Abb., Diskussion.

– Zum Grundprinzip der Zuordnung von Farbe, Form und Sachverhalt in thematischen Karten. In: Untersuchungen zur thematischen Kartographie. Teil 1. Hannover 1969. S. 27–42, 5 Abb., 2 Tabb.

– Thematische Globen. In: Grundsatzfragen der Kartographie. Wien 1970. S. 140–149, 1 Abb.

– Klima-Globus. Textheft. – Berlin 1970. 50 S., 1 Tafel, Schriftt.

– Die Erde und ihre Darstellung im Kartenbild. – Braunschweig 1970. 175 S., 50 Abb., 6 Beilagen, Tabellen, Schriftt. = Das Geographische Seminar.

JOHANSEN, P.: Umrisse und Aufgaben der hansischen Siedlungsgeschichte und Kartographie. In: Hansische Geschichtsblätter. Bd. 73, 1955. S. 1–105.

JOLY, FERNAND und STEPHANE DE BROMMER: Projet de normalisation de symboles de cartes thématiques – Proposal for standardization of symbols on thematic maps. In: Internationales Jahrbuch für Kartographie. Gütersloh. Bd. 6, 1966. S. 47–80, 24 Tabellen. [Text französisch und englisch.]

JOLY, FERNAND: Legende pour la Carte Géomorphologique de la France au 1/50 000. Paris 1970. 80 S.

– Problèmes de standardisation en cartographie thématique. In: Internationales Jahrbuch für Kartographie. Gütersloh. Bd. 11, 1971. S. 116–119.

KANNENBERG, ERNST-GÜNTER: Die Entwicklung der Kulturlandschaft im Verdichtungsraum Stuttgart von 1900 bis 1965. Grundlagen, Methoden und Ergebnisse einer kartographischen Untersuchung. In: Untersuchungen zur thematischen Kartographie. Hannover 1969. S. 149–161, 1 Karte.

KARO, ARNOLD H.: World Mapping. – Washington: Industrial college of the armed forces 1954/1955. 101 S., 10 Karten, Schriftt.

KARTENGESTALTUNG FÜR INGENIEURKARTOGRAPHEN. – Dresden 1960 und 1962. 750 S., 50 Abb.

KARTENGESTALTUNG UND KARTENENTWURF. Ergebnisse des 4. Arbeitskurses Niederdollendorf der Deutschen Gesellschaft für Kartographie. Herausgegeben von Heinz Bosse. – Mannheim 1962. 221 S., 36 Abb., 1 Taf.

KARTENTECHNIK FÜR INGENIEURKARTOGRAPHEN. – Dresden 1959–1961. 542 S., 138 Abb.

KARTENVERVIELFÄLTIGUNGSVERFAHREN. Sonderheft Arbeitskurs Niederdollendorf 1960. Herausgegeben von der Deutschen Gesellschaft für Kartographie. Mannheim 1961. 168 S.

KARTOGRAFIJA. Herausgegeben von Konstantin A. Salichtchev. – Bd. 1, 1962. Moskau 1964. 111 S.; Bd. 2, 1963–1964. Moskau 1966. 163 S.; Bd. 3, 1965–1967. Moskau 1968; Bd. 4, 1967–1969. Moskau 1970. 163 S. [Literaturbericht und Bibliographie über das kartographische Schrifttum der ganzen Welt. Russ. Wird fortgesetzt.]

KARTOGRAFITSCHESKIE METODI KOMPLEKSNICH GEOGRAFITSCHESKICH ISSLEDOWANI. Herausgeber: Institut de Géographie de la Sibérie et de l'Extrême Orient. Redaktion: Victor Sotschawa und W. P. Schutschki. – Irkutsk 1965. 192 S. 15 Abb., Schriftt. [Die kartographischen Methoden bei komplexen geographischen Untersuchungen. Sammelwerk. Russ.]

KARTOGRAPHISCHE FACHBEGRIFFE. In: Geographisches Taschenbuch 1966–1969. Wiesbaden 1969. S. 239–246.

KARTOGRAPHISCHE GENERALISIERUNG. Ergebnisse des 6. Arbeitskurses Niederdollendorf 1966. Herausgegeben von Heinz Bosse. 2 Bände. – Mannheim 1967. 301 S., 167 Kartentafeln, Schriftt.

KARTOGRAPHISCHE NACHRICHTEN. Herausgegeben von der Deutschen Gesellschaft für Kartographie. – Gütersloh: Kartographisches Institut Bertelsmann. Jg. 11, 1961 ff. [6 Hefte im Jahr].

KEYSER, ERICH: Die Geschichtskarte als Quelle und Darstellungsmittel. In: Keyser, Erich Die Geschichtswissenschaft. München 1931. S. 208–222.

KIDWELL, RICHARD D. Electronic scanning for color separation of thematic maps. In: American Congress on Surveying and Mapping. Papers from the 31st annual meeting 1971. Washington 1971. S. 679–689, Schriftt.

KILCHENMANN, ANDRÉ: Untersuchungen mit quantitativen Methoden über die fremdenverkehrs- und wirtschaftsgeographische Struktur der Gemeinden im Kanton Graubünden (Schweiz). – Zürich, Diss. Phil. II. 1968. 88 S., 5 Karten, Schriftt.

KILCHENMANN, ANDRÉ und ERNST GÄCHTER: Neuere Anwendungsbeispiele von quantitativen Methoden, Computer und Plotter in der Geographie und Kartographie. In: Geographica Helvetica. Bern. Jg. 24, 1969. S. 68–81, 10 Abb., Schriftt.

KINGSBURY, ROBERT C.: Creative cartography, an introduction to effective thematic map design. – Bloomington, Ind. 1969. 44 S. = Occasional publication no 4, Dept. of Geography, Indiana University, Bloomington/Ind.

KISHIMOTO, HARUKO: Die Genauigkeit von Isoplethen-Karten. In: Kartographische Nachrichten. Gütersloh. Jg. 20, 1970. S. 156–158.

KLÄUI, PAUL: Die Karte als Hilfsmittel der historischen Forschung. In: Zeitschrift für Schweizerische Geschichte. Zürich. Jg. 30, 1950. S. 244–262, 2 Karten.

KLEIN, JOSEPH: Methoden raumbildlicher Darstellung und ihr Verhältnis zur Karte unter besonderer Berücksichtigung der Panoramen von Delkeskamp. – Frankfurt/M. 1961. 114 S., 60 Abb., Schriftt. = Deutsche Geodätische Kommission. Reihe C, Heft 43. = Mitteilung Nr. 42 des Instituts für Angewandte Geodäsie.

KLOPPENBURG, W.: Die kartographische Reproduktion. Lehrbuch der Reprotechnik. Praxisnahes Handbuch für alle, die Karten planen, damit arbeiten oder sie herstellen. – Bonn 1970. 280 S.

KLOVE, ROBERT C.: Statistical cartography at the U.S. Bureau of the Census. In: Internationales Jahrbuch für Kartographie. Gütersloh. Bd. 7, 1967. S. 191–199, 2 Abb.

KNORR, HERBERT: Zur Gestaltung einer neuen Luftfahrtkarte 1:2 000 000. In: Nachrichten aus dem Karten- und Vermessungswesen. Reihe I. Frankfurt/M. Heft 12, 1959. S. 30–41, 6 Karten.

– Zur Bearbeitung der Luftfahrtkarte von Deutschland 1:1 000 000. In: Nachrichten aus dem Karten- und Vermessungswesen. Reihe I. Frankfurt/M. Heft 13, 1959. S. 5–20, 1 Karte.

– Generalisierung, Laufendhaltung und Automation, drei wesentliche Probleme in der Kartographie. In: Nachrichten aus dem Karten- und Vermessungswesen. Reihe I. Frankfurt/M. Heft 28, 1965. S. 7–19, Schriftt. Auch englisch unter dem Titel: Generalization, revision, and automation, three fundamental problems in cartography. In: Bulletin No 3 [der] Association Cartographique Internationale. Frankfurt/M. 1963. S. 7–21, Schriftt.

– Die dritte Arbeitssitzung der Kommission III »Automation in der Kartographie« der Internationalen Kartographischen Vereinigung (IKV). In: Kartographische Nachrichten. Gütersloh. Jg. 19, 1969. S. 201–203.

– Eine analytische Betrachtung zur Automation in der Kartographie. In: Nachrichten aus dem Karten- und Vermessungswesen. Reihe I. Frankfurt/M. Heft 47, 1970. S. 29–45, 2 Diagramme.

KNOX, A.: Glossary of geographical and topographical terms and of words of frequent occurrence in the composition of such terms and of place names. – London 1904. Republished: Detroit 1968. 40, 432 S.

KÖHLER, GÜNTHER: Verkehrsgeographische Übersicht von Eurasien. In: Petermanns Geographische Mitteilungen. Gotha. Jg. 101, 1957. S. 260–272, 1 Karte, Schriftt.

KOEMAN, CORNELIS: The principle of communication in cartography. In: Internationales Jahrbuch für Kartographie. Gütersloh. Bd. 11, 1971. S. 169–176.

KOLÁČNÝ, ANTONÍN: Kartographische Informationen, ein Grundbegriff und Grundterminus der modernen Kartographie. In: Internationales Jahrbuch für Kartographie. Gütersloh. Bd. 10, 1970. S. 186–193, 1 Abb.

– Cartographic information. Report of the working group. In: Internationales Jahrbuch für Kartographie. Gütersloh. Bd. 11, 1971. S. 65–68.

KORMOSS, I. B. F.: Atlas scolaires Européens. Essai bibliographie critique. – Brüssel 1957. 39 S.

KOSACK, HANS-PETER und KARL-HEINZ MEINE: Die Kartographie 1943–1954. Eine bibliographische Übersicht. – Lahr 1955. 216 S. = Kartographische Schriftenreihe, Bd. 4.

KOSACK, HANS-PETER, RICHARD DEHMEL und HEINRICH KRAMM: Führende Welt- und Schulatlanten der Zeit nach 1945. In: Geographisches Taschenbuch 1960/61. Wiesbaden 1960. S. 163–169.

KRALLERT, WILFRIED: Die Geschichte Osteuropas in kartographischer Darstellung. Ein Beitrag zur Methodik der historischen Karte. In: Jahrbücher für die Geschichte Osteuropas. München. Bd. 3, 1955. S. 442–459 und Bd. 6, 1958. S. 334–351, Schriftt.

– Methodische Probleme der Völker- und Sprachenkarten, dargestellt an Beispielen von Karten über Ost- und Südosteuropa. In: Internationales Jahrbuch für Kartographie. Gütersloh. Bd. 1, 1961. S. 99–120, 17 Abb., 4 Tafeln, Schriftt.

– Die Karte. Beiträge zur Begriffsbestimmung und Abgrenzung. In: Internationales Jahrbuch für Kartographie. Gütersloh. Bd. 3, 1963. S. 39–53, 14 Abb., Schriftt.

KRAUSS, GEORG: Kartographie und Technik. In: Kartenvervielfältigungsverfahren. Mannheim 1961. S. 9–24.

KREMLING, HELMUT: Die Beziehungsgrundlage in thematischen Karten in ihrem Verhältnis zum Kartengegenstand. München 1970. 128 S., 7 Abb., 32 Tab. = Münchener Geographische Abhandlungen. Bd. 2.

KRENZLIN, ANNELIESE: Die Kartierung von Siedlungsformen im deutschen Volksgebiet. In: Berichte zur Deutschen Landeskunde. Leipzig. Bd. 3, 1943. S. 259–266, Abb.

KRETSCHMER, INGRID: Die thematische Karte als wissenschaftliche Aussageform der Volkskunde. Eine Untersuchung zur volkskundlichen Kartographie. – Bonn-Bad Godesberg 1965. 95 S., Schriftt. = Forschungen zur Deutschen Landeskunde, Bd. 153. zugl. Wien, Diss. 1963.

– Volkskundeatlanten in Europa und ihre Bedeutung für die geographische Forschung. In: Mitteilungen der Geographischen Gesellschaft Wien. Bd. 109, 1967. S. 297–307.

– Methoden und Signaturen bei der Herstellung historischer Karten. In: Bericht über den neunten österreichischen Historikertag in Linz 1967. Wien 1968. S. 162–170, Schriftt.

– Zur Wahl der Netzentwürfe in der thematischen Kartographie. In: Grundsatzfragen der Kartographie. Wien 1970. S. 150–169, 8 Abb., Schriftt.

KRISCHE, PAUL: Bodenkarten und andere kartographische Darstellungen der Faktoren der landwirtschaftlichen Produktion. – Berlin 1928.

– Landwirtschaftliche Karten als Unterlagen wirtschaftlicher, wirtschaftsgeographischer und kulturgeschichtlicher Untersuchungen. – Berlin 1933. 112 S., 209 Karten, 9 Beilagen.

[A. W. KÜCHLER]
International bibliography of vegetation maps. – Bd. 1: Vegetation maps of North America. Bearbeitet von A. W. KÜCHLER und JACK MCCORMICK. – Lawrence/Kansas 1965. 453 S.

Bd. 2: Vegetation maps of Europe. Bearbeitet von A. W. KÜCHLER. – Lawrence/Kansas 1966. 584 S.
Bd. 3: Vegetation maps of the Union of Soviet Socialist Republics, Asia and Australia. Bearbeitet von A. W. KÜCHLER. – Lawrence/Kansas 1968. 389 S.
= University of Kansas publications, Library series, 21, 26 und 29.

KÜCHLER, A. W.: Vegetation mapping. – New York 1967. 6, 472 S., 21 Abb., 30 Tafeln, Schriftt.

LACKÓ, LÁSZLÓ: Form and contents in economic cartography. In: Internationales Jahrbuch für Kartographie. Gütersloh. Bd. 7, 1967. S. 129–135.

– Practical experiences in planning cartography. – Budapest 1970. 33 S., 3 Abb., Schriftt. = Information paper to be presented at the fifth International Conference on Cartography, Stresa, Italy, 1970.

LAMPRECHT, KARL und RUDOLF KÖTZSCHKE: Über historische Grundkarten. In: Deutsche Geschichtsblätter. Jg. 1899, Heft 2 und Jg. 1900, Heft 5.

LANA, GABRIELLA, LILIANA IASBEZ und LIDIA MEAK: Glossary of geographical names in english, french, spanish, italian, dutch and german. – Amsterdam 1967. 184 S.

LANDES- UND LANDSCHAFTSATLANTEN IN MITTEL- UND WESTEUROPA. In: Geographisches Taschenbuch 1956/57. Wiesbaden 1957. S. 238–251.

LANG, T.: Computer programs for mapping. – London: Royal College of Art. Experimental Cartography Unit 1970. 250 S. [Als Manuskript vervielfältigt].

LEHMANN, EDGAR: Die Kartographie als Wissenschaft und Technik. In: Petermanns Geographische Mitteilungen. Gotha. Jg. 96, 1952. S. 73–84, Schriftt.

– Wirtschaftsatlanten. In: Kartographische Studien. Haack-Festschrift. Gotha 1957. S. 68–88, Schriftt.

– Zur Problematik der Nationalatlanten. In: Petermanns Geographische Mitteilungen. Gotha. Jg. 103, 1959. S. 300–310.

– Die Verhandlungen der Kommission für Nationalatlanten. In: Petermanns Geographische Mitteilungen. Gotha. Jg. 1961. S. 33–35.

– Die Heimatkunde als Aufgabe der thematischen Kartographie, dargestellt an einem Kartenentwurf aus dem Bereich des Elbsandsteingebirges. In: Geographische Berichte. Jg. 20/21, 1961. S. 252–267. 2 Abb., Schriftt.

– Möglichkeiten und Grenzen in der Entwicklung neuer Atlaskarten. In: Kartographische Nachrichten. Gütersloh. Jg. 11, 1961. S. 61–69.

– Neue Wege großmaßstäbiger kartographischer Darstellungen in der Morphographie und Morphologie. In: Beiträge zur Raumforschung. Wien 1964. S. 71–82, Schriftt.

– Die Typisierung als Problem der kartographischen Darstellung im »Atlas DDR«. In: Petermanns Geographische Mitteilungen. Gotha. Jg. 112, 1968. S. 61–71, Schriftt.

– Ein thematischer Weltatlas. In: Petermanns Geographische Mitteilungen. Gotha. Jg. 113, 1969. S. 226–230.

– Charakteristik der themengebundenen kartographischen Gestaltungsgrundsätze. Der »Atlas DDR« im Vergleich zu anderen Nationalatlanten. In: Petermanns Geographische Mitteilungen. Gotha. Jg. 114, 1970. S. 152–158.

– Systems of symbols in thematical cartography. – Berlin 1970. 7 S. = Paper for presentation at the fifth International Conference on Cartography, Stresa, Italy, 1970.

LEHMANN, HERBERT: Aufgaben und Methoden morphographischer Karten. In: Jahrbuch der Kartographie 1941. Leipzig. S. 109–133, 10 Abb., 1 Tafel.

– Vorschläge für morphologische Zeichen. In: Geographisches Taschenbuch 1950. Stuttgart 1950. S. 240–241 und Geographisches Taschenbuch 1951/52. Stuttgart 1951. S. 435–436.

– Konstruktion von Blockdiagrammen. In: Geographisches Taschenbuch. 1951/52. Stuttgart 1951. S. 395–397, 3 Abb.

LENDL, EGON: Die österreichischen Regionalatlanten. In: Berichte zur Deutschen Landeskunde. Remagen. Bd. 13, 1954, 2. S. 199–207.

– Darstellungsmethoden historischer Karten. In: Veröffentlichungen des Verbandes österreichischer Geschichtsvereine. Wien. Bd. 13, 1960. S. 149–155.

LESZCZYCKI, STANISŁAW, JOLANTA DRECKA und HALINA TUSZYŃSKA – REKAWEK: National and regional atlases. Sources, bibliography, articles. – Warschau 1964. 155 S., 3 Karten. = Polish Academy of Sciences Institute of Geography. Dokumentacja Geograficzna Nr 1.

LEYDEN, FRIEDRICH: Die Darstellung der Volksdichte auf Karten. In: Geographischer Anzeiger. Gotha. Jg. 31, 1930. S. 375–382, Schriftt.

LIBRARY OF CONGRESS CATALOG. Maps and atlasses. Washington 1953 ff. [Erscheint halbjährlich.]

LICHTENBERGER, ELISABETH: Die Kartierung als kulturgeographische Arbeitsmethode. In: Mitteilungen der Österreichischen Geographischen Gesellschaft. Wien. Bd. 109, 1967. S. 308–337, 7 Anlagen, Schriftt.

LIST OF GEOGRAPHICAL ATLASSES in the library of Congress. Edited by Philipp Lee Phillip and Clare Egli Le Gear. 6 Bände. – Washington 1909–1963.

LOBECK, ARMIN KOHL: Block diagrams and other graphic methods used in geology and geography. 2. Aufl. – Amherst 1958. 212 S., 288 Abb., Schriftt.

LOCK, C. B. MURIEL: Modern Maps and atlases. An outline guide to twentieth century production. – London 1969. 619 S., Schriftt.

LOCKWOOD, ARTHUR: Diagrams. A visual survey of graphs, maps, charts and diagrams for the graphic designer. – London 1969. 144 S., zahlr. Abb.

LORKE, BOTHO: Gestaltung und Entwurf von Eisenbahnkarten. In: Kartengestaltung und Kartenentwurf. Mannheim 1962. S. 203–212.

LOUIS, HERBERT: Über die Grundformen des kartographischen Ausdrucks. In: Kartographische Studien. Haack-Festschrift. Gotha 1957. S. 13–24, Schriftt.

– Die Karte als wissenschaftliche Ausdrucksform. In: Deutscher Geographentag Würzburg 1957. Tagungsbericht und wissenschaftliche Abhandlungen. Wiesbaden 1958. S. 243–259, 3 Abb.

– Zum Problem der Wirtschaftskarte. In: Erdkunde. Bonn. Bd. 13, 1959. S. 231–234, 3 Abb.

– Die thematische Karte und ihre Beziehungsgrundlage. In: Petermanns Geographische Mitteilungen. Gotha. Jg. 104, 1960. S. 54–62. Gekürzt in: Kartographische Nachrichten. Bielefeld. Jg. 9, 1959. S. 131–132.

– Über latente Aussageunsicherheiten in Karten und über Möglichkeiten ihrer Verringerung. In: Kartographische Nachrichten. Gütersloh. Jg. 15, 1965. S. 57–65, 3 Abb., Schriftt.

LUPP HEINZ: Die Technik des kartographischen Zeichners. Teil 3: Reproduktion und Druck. – Berlin 1967. 56 S., 21 Abb.

MACCONNELL, WILLIAM P. und RICHARD A. HOWARD: LUIS. Map information storage, manipulation, retrieval and display system. In: American Congress on Surveying and Mapping. Papers from the 31st annual meeting 1971. Washington 1971. S. 349–360, Schriftt. [LUIS= Land Use Information System].

MACGREGOR, D. RONALD: The mapping of industry. In: Internationales Jahrbuch für Kartographie. Gütersloh. Bd. 7, 1967. S. 168–185, 3 Abb.

MALING, DEREK HYLTON: The terminology of map projections. In: Internationales Jahrbuch für Kartographie. Gütersloh. Bd. 8, 1968. S. 11–65.

MALLET, M. J.: Probleme der Generalisierung (qualitativer und quantitativer Daten) und der Laufendhaltung in der thematischen Kartographie. In: Nachrichten aus dem Karten- und Vermessungswesen. Reihe I, Heft Nr. 28, 1965. Frankfurt/M. S. 103–109. Auch französisch unter dem Titel: Problèmes de généralisation (donées qualitatives et quantitatives) et de mise à jour en cartographie thématique. In: Bulletin No 3 [der] Association Cartographique Internationale (A.C.I.) 1963. S. 107–112.

MANNERFELT, CARL M:SON: Drawing and reproduction of national atlases. In: Internationales Jahrbuch für Kartographie. Gütersloh. Bd. 1, 1961. S. 129–135, 1 Abb.

MARR, RUDOLF L.: Der Bevölkerungsschwerpunkt und weitere, die Bevölkerung repräsentierende Punkte. Theorie und Anwendung auf den Kanton Baselland. In: Regio

Basiliensis. Basel. Heft 5, 1962. S. 152–174, 11 Abb., Schriftt.

Marsal, Dietrich: Statistische Methoden für Erdwissenschaftler. – Stuttgart 1967. 12, 152 S., 40 Abb., 7 Tabellen.

Martinek, M.: Die mathematische Statistik – Grundlage für die quantitative Erfassung thematischer Sachverhalte. In: Probleme der thematischen Kartographie. Berlin 1969. S. 111–142, Schriftt., 14 Abb.

Maure, Francisco Vazquez: The uniformity of the thematic maps of a Nation. In: Internationales Jahrbuch für Kartographie. Gütersloh. Bd. 5, 1965. S. 145–150.

Maurer, Herbert: Der Atlas von Oberösterreich. In: Internationales Jahrbuch für Kartographie. Gütersloh. Bd. 2, 1962. S. 187–191.

Mayr, Franz: Flächentreue Plattkarten. Eine bisher vernachlässigte Gruppe unechter Zylinderprojektionen. In: Internationales Jahrbuch für Kartographie. Gütersloh. Bd. 4, 1964. S. 13–19, 5 Abb., 1 Tab.

Mayr, Georg von: Zur Methodik und Technik statistischer Karten. In: Allgemeines Statistisches Archiv. München. Bd. 7, 1907. S. 131–157.

Medková, Marie und Ondřej Roubík: Atlas der tschechoslowakischen Geschichte. In: Internationales Jahrbuch für Kartographie. Gütersloh. Bd. 6, 1966. S. 114–121.

Meinardus, Wilhelm: Die Entwicklung der Karten der Jahres-Isothermen von Alexander von Humboldt bis auf Heinrich Wilhelm Dove. In: Humboldt-Centenar-Schrift der Gesellschaft für Erdkunde zu Berlin. 1899. 31 S., 2 Tafeln.

Meine, Karl-Heinz und E. Reents: Die neuzeitlichen Luftfahrtkarten und ihre Anwendungsbereiche. – Frankfurt/M. 1957. 148 S., 30 Abb., 16 Tafeln, Schriftt.

Meine, Karl-Heinz: Luftfahrtkartographie, ihr Wesen und ihre internationalen Aufgaben. In: Nachrichten aus dem Karten- und Vermessungswesen. Reihe I. Frankfurt/M. Heft Nr. 7, 1958. S. 37–43.

– Entwurf und Gestaltung von Luftfahrtkarten. In: Kartengestaltung und Kartenentwurf. Mannheim 1962. S. 153–187, 15 Abb.

– Darstellung verkehrsgeographischer Sachverhalte. Ein Beitrag zur thematischen Verkehrskartographie. – Bad Godesberg 1967. 135 S., 61 Abb., 5 Tafeln, Schriftt. = Forschungen zur Deutschen Landeskunde. Bd. 136.

– Zeitschriften und Schriftenreihen für Kartographie, sowie geodätische und geographische Zeitschriften mit kartographischen Beiträgen. In: Geographisches Taschenbuch 1966–1969. Wiesbaden 1968. S. 26–32.

– Bibliographie zur Automation in der Kartographie. – Bonn 1969. VI, 47 S. [Titelbibliographie mit 829 Nummern.]

– Standpunkte und Standorte der Thematischen Kartographie im deutschen Sprachraum. In: Grundsatzfragen der Kartographie. Wien 1970. S. 170–204, 5 Tabellen, 1 Karte, Schriftt. Auch in: Mitteilungen der Österreichischen Geographischen Gesellschaft Wien. Bd. 111, 1969. S. 21–50. [Enthält eine Zusammenstellung ausgewählten Schrifttums 1948–1969 aus dem deutschen Sprachgebiet].

Merkel, Heinrich: Grundzüge der Kartenprojektionslehre. Teil 1: Die theoretischen Grundlagen. Teil 2: Abbildungsverfahren München 1956 und 1958. 39 und 79 S., zahlr. Abb. = Deutsche Geodätische Kommission, Reihe A, Heft Nr. 17/I und 17/II.

Metz, Rudolf: Gefügegerechte Signaturen auf geologischen und morphologischen Karten. In: Geographisches Taschenbuch 1960/61. Wiesbaden 1961. S. 494–498, 6 Tafeln.

Metzger, Wolfgang: Gesetze des Sehens. – Frankfurt/M. 1953. 470 S., 558 Abb., Schriftt.

Meyerhuber, H.: Die Kartenschrift. In: Kartographische Nachrichten. Bielefeld. Jg. 7, 1957. S. 1–8.

Meynen, Emil: Volks- und Sprachenkarten Mitteleuropas. In: Deutsches Archiv für Landes- und Volksforschung. Leipzig. Bd. 2, 1938. S. 240–262 und S. 963–1011. [Bibliographie].

– Landeskundliche Kartenberichterstattung. In: Berichte zur Deutschen Landeskunde. Stuttgart. Bd. 5, 1948. S. 176–205. [Sehr ausführliche Gliederung der Kartensammlung und der Kartenbibliographien der

Bundesanstalt für Landeskunde in Bonn-Bad Godesberg].

- Erläuterungen zu kartographischen Begriffen. In: Geographisches Taschenbuch 1949. Stuttgart 1949. S. 161–179.
- Das Fruchtfolgerad (Anbaurad) und seine Anlage. In: Geographisches Taschenbuch 1950. Stuttgart 1950. S. 234. 1 Abb.
- Die Gemeindegrenzenkarte der deutschen Länder und Bemerkungen zur Schaffung einer Gemeindegrenzenkarte der Bundesrepublik Deutschland. In: Zeitschrift für Raumforschung. Bielefeld. Jg. 1950. S. 20–39, 8 Abb., 2 Karten, Kartenverzeichnis.
- Bauregeln und Formen des Kartogramms. In: Geographisches Taschenbuch 1951/52. Stuttgart 1951. S. 422–434, Schriftt.
- Flächendarstellung und Raster. In: Geographisches Taschenbuch 1954/55. Wiesbaden [1955]. S. 427–430.
- Die thematische Raumdarstellung. Karte und Kartogramm in der Landesbeschreibung. In: Geographisches Taschenbuch 1956/57. Wiesbaden 1957. S. 462–466, 1 Taf., Schriftt.
- Einheit von Inhalt und Form der thematischen Karten. In: Geographisches Taschenbuch 1958/59. Wiesbaden 1958. S. 534–540. Auch in: Deutscher Geographentag Würzburg 1957. Tagungsbericht und wissenschaftliche Abhandlungen. Wiesbaden 1958. S. 260–265.
- Geographische und kartographische Forderungen an die historische Karte. In: Blätter für deutsche Landesgeschichte. Wiesbaden. Bd. 94, 1958. S. 38–64, Schriftt.
- Kartographische Ausdrucksformen und Begriffe thematischer Darstellung. In: Kartographische Nachrichten. Gütersloh. Jg. 13, 1963. S. 11–19, 21 Abb., Schriftt.

[Emil Meynen]
Duden. Wörterbuch geographischer Namen. Europa (ohne Sowjetunion). Herausgegeben von Emil Meynen. – Mannheim 1966. XL, 740 S. [Enthält eine ausführliche Einleitung über Transkription, Alphabete und Ortsnamenverzeichnisse usw].

Meynen, Emil: Bericht der I.K.V.-Kommission II: »Begriffserläuterung, Klassifikation und Standardisierung kartographischer Fachbegriffe.« In: Internationales Jahrbuch für Kartographie. Gütersloh. Bd. 7, 1967. S. 221–225, 1 Tafel.

- Multilingual Dictionary of technical terms in cartography. Hrsg.: International Cartographic Association. Zusammengestellt von der ICA-Commission II unter Leitung von Emil Meynen. – Manuskript 1968.
- Datenverarbeitung in der thematischen Kartographie. In: Untersuchungen zur thematischen Kartographie. Teil 1. Hannover 1969. S. 11–26, 1 Abb.
- Aims and methods of standardization in cartography, based on the example of the »Multilingual dictionary of technical terms in cartography«. In: Internationales Jahrbuch für Kartographie. Gütersloh. Bd. 9, 1969. S. 56–63.
- Kartographische Fachbegriffe. In: Geographisches Taschenbuch 1966/69. Wiesbaden 1969. S. 239–254, Schriftt.
- Datenverarbeitung in der thematischen Kartographie. Die Verwendung programmgesteuerter Zeichengeräte bei Entwurf und Zeichnung statistischer Themakarten. In: Nachrichten aus dem Karten- und Vermessungswesen. Reihe I. Frankfurt/M. Heft Nr. 47, 1970. S. 47–60.
- Die Titelaufnahme von Karten. – Bonn-Bad Godesberg 1970. 53 S. = Kartensammlung und Kartendokumentation. Bd. 8.
- Begriffserläuterung, Klassifizierung und Standardisierung kartographischer Fachbegriffe. Bericht der Kommission II. In: Internationales Jahrbuch für Kartographie. Gütersloh. Bd. 11, 1971. S. 43–50, 8 Abb.

Meynen, Emil: Die kartographischen Strukturformen und Grundtypen der thematischen Karte. In: Geographisches Taschenbuch 1970/1972. Wiesbaden 1972. S. 305–319, 27 Abb.

Mike, Susan: The possibilities of relief representation on thematic maps made by the interpretation of aerial photographs. In: Internationales Jahrbuch für Kartographie. Gütersloh. Bd. 11, 1971. S. 102–105, 7 Abb.

Miller, Osborn M. und Robert J. Voskuil: Über die Generalisierung thematischer Karten. In: Nachrichten aus dem Karten- und Vermessungswesen. Reihe I. Frankfurt/M.

Heft 28, 1965. S. 110–115. Auch englisch unter dem Titel: Thematic map generalization. In: Bulletin [der] Association Cartographique Internationale (A.C.I.) 1963. S. 113–117 und The Geographical Review. New York. Jg. 54, 1964. S. 13–19.

MOKRONOWSKI, GÜNTER: Die Technik des kartographischen Zeichners. Teil 1: Kartographisches Zeichnen. – Berlin 1966. 92 S., 96 Abb.

MONKHOUSE, FRANCIS JOHN und HENRY R. WILKINSON: Maps and diagrams. Their compilation and construction. 3. Aufl. – London 1971. 522 S., 237 Abb., Schriftt. 1. Aufl. 1952. 2. Aufl. 1961.

MORRISON, JOEL: Method-Produced Error in Isarithmic Mapping. – Washington 1971. = American Congress on Surveying and Mapping, Cartography Division. Technical Monograph No. CA–5.

MÜLLER, HERMANN: Darstellungsmethoden in Karten der Landeskunde und Landesplanung. Heft 1: Berufsverkehr. – Hildesheim 1964. 42 S., 5 Abb., 2 Tabellen, 10 Tafeln, Schriftt.
Heft 2: Produzierendes Gewerbe. – Hildesheim 1965. 34 S., 7 Abb., 14 Tafeln, Schriftt.
Heft 3: Verkehr und Energiewirtschaft. – Hildesheim 1968. 32 S., 5 Abb., 14 Tafeln, Schriftt. = Veröffentlichungen des Niedersächsischen Instituts für Landeskunde und Landesentwicklung an der Universität Göttingen, zugleich Schriften der Wirtschaftswissenschaftlichen Gesellschaft zum Studium Niedersachsens e. V. Neuerscheinungen der Reihe A. I. Bd. 77, Heft 1–3.

NEUGEBAUER, GUSTAV: Entwurf einer Geomorphologischen Übersichtskarte des westlichen Mitteleuropa 1:1 Million. – Frankfurt/M. 1970. 117 S., 11 Karten, Schriftt. = Deutsche Geodätische Kommission. Reihe C, Heft Nr. 148. und = Mitteilung Nr. 123 des Instituts für Angewandte Geodäsie.

NEUMANN, JOACHIM: Die Experimental Cartography Unit (ECU) in Oxford und London. In: Kartographische Nachrichten. Gütersloh. Jg. 20, 1970. S. 88–93, Schriftt.

NEURATH, O.: Bildstatistik nach Wiener Methode und Schule. – Wien 1933.

NIKISHOV, M. I. und ARCADI I. PREOBRAZENSKI: The problems of the unification of the contents and conventional signs standardization on economic maps. In: Internationales Jahrbuch für Kartographie. Gütersloh. Bd. 11, 1971. S. 126–136, 5 Tabellen.

NÖSKE, IRENE und ERHARD-FRIEDRICH QUEISSNER: Die Anwendung von Vignetten in Karten. In: Wissenschaftliche Zeitschrift der Technischen Universität Dresden. Jg. 19, 1970. S. 751–755, 9 Abb.

OEST, KURT: Thematische Karten für die Agrarstrukturplanung. In: Untersuchungen zur thematischen Kartographie. Teil 1. Hannover 1969. S. 107–128, 4 Abb., Schriftt.

OGRISSEK, RUDI: Die Hansekarte als Problem der thematischen Kartographie. In: Hansische Studien. Forschungen zur mittelalterlichen Geschichte. Berlin. Bd. 8, 1961. S. 303–310.

– Probleme »gesetzmäßiger Generalisierung« bei der Darstellung der landwirtschaftlichen Anbauverhältnisse in kleinmaßstäblichen komplexen Wirtschaftskarten. Ein Beitrag zur thematischen Kartographie. In: Geodätische und kartographische Praxis. Jg. 7, 1962. S. 15–18, 1 Karte, Schriftt.

– Bestimmung des relativen Signaturengewichtes durch fotoelektrische Dichtemessung. Ein Beitrag zur thematischen Kartographie. In: Kartographische Nachrichten. Jg. 15, 1965. Gütersloh. S. 79–86, 6 Abb.

– Einige Grundfragen der Gestaltung von Karten als Buchbeilage. In: Papier und Druck. Jg. 15, 1966.

– Die optische Wirkung von Signaturen in thematischen Karten. In: Vermessungstechnik. Berlin. Jg. 15, 1967. S. 71–75, 4 Tabellen, Schriftt.

– Netzwerkplanung in der thematischen Kartographie. In: Vermessungstechnik. Berlin. Jg. 15, 1967. S. 135–138, 1 Diagramm.

– Kartographische Probleme bei der Entwicklung eines Geschichtsatlas. In: Vermessungstechnik. Berlin. Jg. 15, 1967. S. 273–276, Schriftt.

– Einige Probleme der Zeichenerklärung (Legende) in Wirtschaftskarten. In: Vermessungstechnik. Berlin. Jg. 15, 1967. S. 427 bis 428.

– Über bestimmte Zusammenhänge von Signaturengewicht, Generalisierung und Automatisierung bei der Kartenherstellung. In: Vermessungstechnik. Berlin. Jg. 16, 1968. S. 466–467, Schriftt.

– Die Karte als Hilfsmittel des Historikers. Eine allgemeinverständliche Einführung in Entwurf und Gestaltung von Geschichtskarten. – Gotha 1968. 102 S., 15 Abb., Schriftt. = Geographische Bausteine. Neue Reihe, Heft 4.

– Grundlagen optimaler Gestaltung von Wirtschaftsgeschichtskarten als Wissensspeicher für Geschichtswissenschaft und Historische Geographie. Exemplarische geschichtskartographische Untersuchung unter Verwendung ökonomisch-geographischer Karten als Modell. – Leipzig, Karl-Marx-Universität 1969. Unveröffentlichte Habil.-Schriftt.

– Kartengestaltung, Wissenspeicherung und Redundanz. Untersuchungen über aktuelle Probleme im Konvergenzbereich von Kartenwissenschaft und Informatorik. In: Petermanns Geographische Mitteilungen. Gotha. Jg. 114, 1970. S. 70–74, Schriftt.

ORMELING, FERDINAND J.: Open kaart. – Groningen 1965. 24 S., Schriftt.

ORMELING, FERDINAND J. [JR.]: Thematische kartografie en visuele waarneming. In: Kartografie. Mededelingen van de Kartografische Sectie van het Koninglijk Nederlands Aardrijkskundig Genootschap. Groningen. Nr. 52, 1970. S. 465–475, 7 Abb., Schriftt.

OTREMBA, ERICH: Die kartographische Darstellung handels- und verkehrsgeographischer Sachverhalte. In: Erich Otremba: Allgemeine Geographie des Welthandels und des Weltverkehrs. Stuttgart 1957. S. 47–52, Abb., Schriftt.

– Wirtschaftsgeographische Kartenaufnahme des Stadtgebietes von Hamburg. In: Berichte zur Deutschen Landeskunde. Remagen. Bd. 21, 1958. S. 287–293, 1 Karte.

– Kartographische Probleme der Kulturgeographie. In: Kartographische Nachrichten. Bielefeld. Jg. 8, 1958. S. 41–46.

– Die Bezugsgrundlagen zur Darstellung wirtschaftlicher Sachverhalte in Atlanten und Wirtschaftskarten. In: Kartographische Nachrichten. Gütersloh. Jg. 11, 1961. S. 69 bis 73, Schriftt.

– Gedanken zur kartographischen Synthese. In: Internationales Jahrbuch für Kartographie. Gütersloh. Bd. 8, 1968. S. 90–112, 5 Abb.

– Gegenwartsprobleme der Geographie im Hochschulstudium. In: Geographie und Atlas heute. Berlin 1970. S. 11–18.

OTTO, GERHARD: Zur kartographischen Darstellung der Niederschlagsverteilung im Maßstab 1:200 000. Klimageographische Arbeitskarten. In: Petermanns Geographische Mitteilungen. Gotha. Jg. 113, 1969. S. 72–80. 3 Tafeln, Schriftt.

PANNEKOEK, A. J.: Generalization of coastlines and contours. In: Internationales Jahrbuch für Kartographie. Gütersloh. Bd. 2, 1962. S. 55–75, 20 Abb., Schriftt.

– Ervaringen met thematische kaarten in de Atlas van Nederland. In: Kartografie. Medelingen van de Kartografische Sectie van het Koninglijk Nederlands Aardrijkskundig Genootschap. Groningen. No 42. 1968. S. 420–434, 7 Abb., Schriftt.

– Problems encountered on producing the National Atlas of the Netherlands. In: The Cartographic Journal. Edinburg. Bd. 5, 1968, S. 8–15, 7 Abb., Schriftt.

PASCHINGER, HERBERT: Die Verkehrskarten in neueren Atlanten. In: Mitteilungen der Geographischen Gesellschaft Wien. Bd. 94, 1952. S. 339–343.

PASCHINGER, HERBERT und HELMUT RIEDL: Grundriß der Allgemeinen Kartenkunde. 1. Teil: Einführung in das Kartenverständnis und in die großen Kartenwerke. 3., neu bearbeitete Aufl. – Innsbruck 1967. 102 S., 19 Abb., 1 Tafel, Schriftt.

PEDRONI, ALESSANDRO: Rappresentazioni statistiche. – Mailand 1945. 350 S., 224 Abb.

PEREIRA, RUDOLF: Entwicklung eines Signaturensystems für die Planungskartographie, insbesondere im Bereich der Raumordnung und Landesplanung. In: Kartographische Nachrichten. Gütersloh. Jg. 21, 1971. S. 133–148, 15 Abb., 4 Tafeln, Schriftt.

PETERMANNS GEOGRAPHISCHE MITTEILUNGEN Gotha 1855 ff. [Bis 1944 monatlich, seither 4 Hefte im Jahr].

PFANZAGL, JOHANN: Allgemeine Methodenlehre der Statistik. 2 Bände. 3. und 4. Aufl. – Berlin 1967 und 1968. 266, 315 S., 50 und 41 Abb. = Sammlung Göschen Bd. 746/746a, 747/747a.

Pfeifer, Gottfried und Adolf Schüttler: Die kleinräumige Kartierung landwirtschaftlicher Nutzflächen und ihre kulturgeographische Bedeutung. In: Petermanns Geographische Mitteilungen. Gotha. Jg. 87, 1941, S. 154–167.

Pillewizer, Wolfgang und Friedrich Töpfer: Das Auswahlgesetz, ein Mittel zur kartographischen Generalisierung. In: Kartographische Nachrichten. Gütersloh. Jg. 14, 1964. S. 117–121, 4 Tabellen, 2 Tafeln, Schriftt.

Pillewizer, Wolfgang: Ein System der thematischen Karten. In: Petermanns Geographische Mitteilungen. Gotha. Jg. 108, 1964, S. 231–238 und S. 309–317, Schriftt.

– Gestaltungsprobleme thematischer Aufnahmekarten. In: Vermessungstechnik. Berlin. Jg. 15, 1967. S. 348–353.

– Die thematische Landeskartierung. In: Vermessungstechnik. Berlin. Jg. 16, 1968. S. 217–223 und S. 271–274, 2 Abb., Schriftt.

– Datengewinnung und Datenverarbeitung für territoriale Systeme. In: Wissenschaftliche Konferenz der Fakultät für Bau-, Wasser- und Forstwesen des Wissenschaftsrates der Technischen Universität Dresden am 4. Dezember 1969. S. 39–43, Schriftt.

Pirani, Marcello von: Graphische Darstellung in Wissenschaft und Technik. 3. Aufl., bearbeitet von Johannes Fischer. – Berlin 1957. 216 S., 104 Abb. = Sammlung Göschen Nr. 728/728a.

Plapper, Wolfgang: Probleme der Genesedarstellung. In: Untersuchungen zur thematischen Kartographie. Teil 1. Hannover 1969. S. 43–52, 2 Abb., Schriftt.

– Die kartographische Darstellung von Bevölkerungsveränderungen, veranschaulicht am Beispiel ausgewählter niedersächsischer Landkreise, insbesondere des Landkreises Neustadt am Rübenberge. – Berlin, Freie Universität, Diss. 1969. = Forschungen zur Deutschen Landeskunde. Bd. 199. [im Druck].

Pöhlmann, Gerhard: Beschriftungsverfahren. In: Kartographische Nachrichten. Bielefeld. Jg. 7, 1957. S. 108–114.

– Gesetzte oder gezeichnete Schrift in Atlanten. In: Kartographische Nachrichten. Gütersloh. Jg. 11, 1961. S. 33–38.

Preobrazenski, Arcadi I.: Karten der Bevölkerungsverteilung aus der Zeit vor der Revolution und aus der Sowjetzeit. In: Probleme der Kartographie. Gotha 1955. S. 81–94.

– Ökonomische Kartographie. – Gotha 1956. 228 S., 44 Abb., 30 Tafeln, Schriftt. [Übersetzung eines 1953 in Moskau erschienenen Werkes].

– und andere: Sostawlenie i redaktirowanie specialnich kart. – Moskau 1961. 320 S., 66 Abb. [Thematische Kartographie. Russ].

Preuss, Wolfgang: Zur Darstellung der Bevölkerungsverteilung und Volksdichte. In: Mitteilungen des Vereins der Geographen an der Universität Leipzig. Heft 14/15, 1936.

– Über Bevölkerungskarten: Darstellung von Verteilung, Dichte, Entwicklung und Bewegung. In: Allgemeine Vermessungsnachrichten. Berlin. Jg. 49, 1937. S. 453–463 und 479–483, 7 Abb., Schriftt.

Probleme der thematischen Kartographie. – Berlin und Dresden 1969. 279 S., zahlr. Abb., 1 Tafel, Schriftt. = IZV-Reihe, Heft 4. [Sammelwerk mit 23 Beiträgen, vorgetragen an der Fachtagung Kartographie 1967 in Dresden].

Quirin, Heinz: Vom Wesen der Geschichtskarte. In: Geschichte in Wissenschaft und Unterricht. Bd. 5, 1954, Heft 10 und 11.

Racher und Co., AG: Katalog 868, Material und Einrichtung für technisches Zeichnen, Büro, Grafik, Reproduktion, Malen, Dekoration. – Zürich: Racher o. J. 543 S., zahlr. Abb., Mustertafeln, Register.

Radó, Sándor: L'atlas national de Hongrie. In: Etudes sur les sciences géographiques hongroises. Budapest 1960. S. 71–84.

Radó, Sándor und Ödön Bereczky: Interdependence of national and regional atlases. In: Hungarian cartographical studies. Budapest 1968. S. 5–18, Schriftt.

Radó, Sándor und Tibor Dudar: Some problems of standardization of transportation map symbols in thematical mapping. In: Internationales Jahrbuch für Kartographie. Gütersloh. Bd. 11, 1971. S. 159–164, 1 Taf.

RAISZ, ERWIN: General Cartography. 2. Aufl. – London 1948. 354 S., 299 Abb. 1. Aufl. 1938.

– Principles of cartography. – New York 1962. 315 S., zahlr. Abb.

RATAJSKI, LECH und BOGODAR WINID: Kartografia ekonomiczna. Metody opracowania map gospodarczych. – Warschau 1960. 251 S., 125 Abb., Schriftt.

RATAJSKI, LECH: Phénomènes des points de généralisation. In: Internationales Jahrbuch der Kartographie. Gütersloh. Bd. 7, 1967. S. 143–152, 10 Abb.

– The methodical basis of the standardization of signs on economic maps. In: Internationales Jahrbuch für Kartographie. Gütersloh. Bd. 11, 1971. S. 137–159, 22 Abb.

REISE- UND VERKEHRSVERLAG: RV-Katalog über deutsche und ausländische Landkarten, Reiseführer, Atlanten und Globen in systematischer geographischer Ordnung für alle Teile der Welt. – Stuttgart o. J. [Loseblatt-Ordner, wird stets auf dem neuesten Stand gehalten. Ergänzung auch in: RV-Kartenbrief]. Siehe auch Geo Center-Katalog.

REUTER, FRITZ und ALFRED THOMAS: Die ingenieurgeologische Kartierung in Deutschland. In: Zeitschrift für Angewandte Geologie. Berlin. Bd. 7, 1961. S. 116–122.

REY, PAUL: Die kartographische Generalisierung der Vegetation. In: Nachrichten aus dem Karten- und Vermessungswesen. Reihe I, Heft Nr. 29. Frankfurt/M. 1965. S. 46–54.

REY, PAUL und M. IZARD: Notions générales d'utilization des cartes de végétation. – Paris 1967. 28 S.

RICHARDSON, M. ANN und J. S. ROLLETT: La banque de donées cartographiques à Oxford. Etude sur les possibilités d'exactitude, d'ampleur de l'emmagasinage et des temps d'opération. – [Oxford 1967]. 10 S., 12 Abb. [Als Manuskript vervielfältigt für »Troisième Conférence Cartographique Internationale, Amsterdam 1967].

RIFFE, PHILLIP D.: Conventional map, temporary map or nonmap? In: Internationales Jahrbuch für Kartographie. Gütersloh. Bd. 10, 1970. S. 95–105, Schriftt.

RIMBERT, SYLVIE: Cartes et graphiques. Initiation à la cartographie. – Paris 1962. 201 S., 81 Abb., Schriftt. = Cours de l'Université de Strasbourg.

– Leçons de cartographie thématique. – Paris 1968. 139 S., Abb.

RISTOW, WALTER W.: Aviation cartography. A historico-bibliographic study of aeronautical charts. 2. Aufl. – Washington 1960. 245 S.

RITTER, CARL: Bemerkungen über Veranschaulichungsmittel räumlicher Verhältnisse bei graphischen Darstellungen durch Form und Zahl. In: Abhandlungen zur Begründung einer mehr wissenschaftlichen Behandlung der Erdkunde. Berlin 1852. S. 129–151.

ROBINSON, ARTHUR H.: The look of maps. An examination of cartographic design. – Madison 1952. 105 S.

ROBINSON, ARTHUR H. und REID A. BRYSON: A method for describing quantitatively the correspondence of geographical distributions. In: Annals of the Association of American Geographers. Washington. Bd. 47, 1957. S. 379–391, 5 Abb.
zahlr. Abb., Schriftt. 1. Aufl. 1953.

ROBINSON, ARTHUR H.: Elements of cartography. 2. Aufl. – New York 1960. 343 S., zahlr. Abb. Schriftt. 1. Aufl. 1953.

– The cartographic representation of the statistical surface. In: Internationales Jahrbuch für Kartographie. Gütersloh. Bd. 1, 1961. S. 53–63, 6 Abb.

– Mapping the correspondence of isarithmic maps. In: Annals of the Association of American Geographers. Washington. Bd. 52, 1962. S. 414–425, 8 Abb.

– Psychological aspects of colour in cartography. In: Internationales Jahrbuch für Kartographie. Gütersloh. Bd. 7, 1967. S. 50 bis 61.

ROBINSON, ARTHUR H. und RANDALL D. SALE: Elements of cartography. 3. Aufl. – New York 1969. 415 S., zahlr. Abb., Schriftt.

ROBINSON, ARTHUR H.: The national atlas of the United States of America. In: Surveying and Mapping. Washington. Bd. 31, 1971. S. 330–338.

Ross Mackay, J.: Dotting the dot map. An analysis of dot size, number and visual tone density. In: Surveying and Mapping. Washington. Bd. 9, 1949. S. 3–10, 5 Abb.

– Some problems and techniques in isopleth mapping. In: Surveying and Mapping. Washington. Bd. 12, 1952. S. 32–39.

Roth-Kim, Jörg: Schweizerische Landesatlanten aus dem 19. und dem frühen 20. Jahrhundert. In: Geographica Helvetica. Bern. Jg. 21, 1966. S. 105–110.

Salichtchev, Konstantin A.: Fragen der komplexen geographischen Karten und deren Entwicklung in der UdSSR. In: Petermanns Geographische Mitteilungen. Gotha. Jg. 101, 1957. S. 219–224.

– Osnowi kartowedenia. Obschtschaja tschast. – 3., überarbeitete Ausgabe. – Moskau 1959. 176 S., 63 Abb., Schriftt. [Grundzüge der Kartenkunde. Allgemeiner Teil. Russ.]

– Nationalatlanten. Vorschläge zu ihrer Vervollkommnung. In: Petermanns Geographische Mitteilungen. Gotha. Jg. 104, 1960. S. 77–88.

– Atlas nationaux. Histoire, analyse, voies de perfectionnement et d'unification. – Moskau 1960. 148 S., 4 Tafeln, 9 Tabellen.

– Osnowi kartowedenia. Istoria kartografii i kartografitscheskie istotschniki. 3., überarbeitete Ausgabe. – Moskau 1962. 183 S., 43 Abb., Schriftt. [Grundzüge der Kartenkunde. Geschichte der Kartographie und kartographische Grundlagen. Russ].

– Die heutigen Regionalatlanten und die Tendenzen ihrer Entwicklung. In: Petermanns Geographische Mitteilungen. Gotha. Jg. 107, 1963. S. 57–73, 2 Abb., 1 Tab., Schriftt.

– Regional atlases. Tendencies of development, subject matters of the maps on natural conditions and resources. – Moskau 1964. 94 S., 6 Tabellen.

– Die kartographischen Zeitschriften der Erde. Ein vergleichender Überblick. In: Petermanns Geographische Mitteilungen, Gotha. Jg. 110, 1966. S. 147–159.

– Einführung in die Kartographie. 2 Bände. – Gotha 1967. 198 S. und 115 Abb. auf Tafeln. [Übersetzung von »Kartographie«, Moskau 1966].

– The scientific basis of Soviet integrated atlases. In: nature and resources. Unesco. Bd. 3, 1967. S. 13–16.

– Le développement de la cartographie thématique et l'Association Cartographique Internationale. In: Internationales Jahrbuch für Kartographie. Gütersloh. Bd. 7, 1967. S. 121–128.

– The present-day thematic cartography and the task of international collaboration. In: Internationales Jahrbuch für Kartographie. Gütersloh. Bd. 9, 1969. S. 19–28.

– Über die internationale Zusammenarbeit in der thematischen Kartographie. In: Petermanns Geographische Mitteilungen. Gotha. Jg. 113, 1969. S. 136–138.

Salichtchev, Konstantin A., Julian G. Saouchkine und I. N. Gousseva: Cartes socio-économique de synthèse. In: Internationales Jahrbuch für Kartographie. Gütersloh. Bd. 11, 1971. S. 250–263, 2 Abb., Schriftt.

Salichtchev, Konstantin A: Kartographie. 2. überarbeitete und erweiterte Ausgabe. – Moskau 1971. 248 S., 112 Abb., 11 Tafeln, Schriftt. [russ].

Sarutschkaja, Irina P.: Sostawlenie spezialnich kart prirodi. – Moskau 1966. 232 S., 47 Abb., Schriftt. [Bearbeitung thematischer Karten der Naturlandschaft (Geologie, Geomorphologie, Böden, Vegetation). Russ.].

Satzinger, Walter: Entwicklung, Stand und Möglichkeiten der Stadtkartographie, dargestellt vorwiegend an Beispielen aus Nürnberg. – München 1964. 121 S., 32 Abb., 24 Beilagen, Schriftt. = Deutsche Geodätische Kommission. Reihe C, Heft Nr. 71.

Schäfer, Otto: Die statistischen Darstellungsweisen und die Karte. In: Petermanns Geographische Mitteilungen. Gotha. Jg. 88, 1942. S. 113–116.

Scharner, F.: Ein Beitrag zur Frage der Dichtedarstellung in Kartogrammen. In: Allgemeines Statistisches Archiv. München. Bd. 42, 1958. S. 125–139, 7 Abb.

Schiede, Heinrich: Praktische Farbenpsychologie in Karten. In: Kartographische

Studien. Haack-Festschrift. Gotha 1957. S. 121–135, 4 Abb., Schriftt.
– Farbengesetze und Farbengebrauch. In: Kartenvervielfältigungsverfahren. Mannheim 1961. S. 140–155.
– Die Farbe in der Kartenkunst. In: Kartengestaltung und Kartenentwurf. Mannheim 1962. S. 23–37, 7 Abb., 1 Tafel, Schriftt.
– Das Element Farbe in der thematischen Kartographie. In: Grundsatzfragen der Kartographie. Wien 1970. S. 247–268. 4 Abb., 4 Tafeln.
SCHLAGER, CHARLES W.: The amalgamation of cartographic functions and adumbrative technology. In: Internationales Jahrbuch für Kartographie. Gütersloh. Bd. 7, 1967. S. 200–207.
SCHMID, CALVIN F.: Handbook of graphic presentation. – New York 1954. 316 S., 297 Abb.
SCHMIDT, ROLF DIETRICH und HEINZ SCHAMP: Anwendung und Konstruktion von Isoplethendiagrammen. In: Geographisches Taschenbuch 1958/1959. Wiesbaden 1958. S. 544–546, 2 Tafeln.
SCHMIDT, WARREN E.: The automap system. In: Surveying and Mapping. Washington. Bd. 29, 1969. S. 101–106, 3 Abb., Schriftt.
SCHMIDT-FALKENBERG, HEINZ: Grundsätzliches zu Geodätischen und Geographischen Karten. In: Petermanns Geographische Mitteilungen. Gotha. 102, 1958. S. 305–307.
– Grundlinien einer Theorie der Kartographie. In: Nachrichten aus dem Karten- und Vermessungswesen. Reihe I. Frankfurt/M. Heft Nr. 22, 1962. S. 3–37, 1 Abb., 6 Tabellen, Schriftt.
– Begriff, Einteilung und Stellung der Kartographie in heutiger Sicht. In: Kartographische Nachrichten. Gütersloh. Jg. 14, 1964. S. 52–63.
SCHMITHÜSEN, JOSEF: Vorschläge über die Verwendung von bestimmten Leitfarben bei landwirtschaftsgeographischen Nutzflächenkartierungen. In: Berichte zur Deutschen Landeskunde. Leipzig. Bd. 3, 1943. S. 131–133, 1 Tafel.
– Farbvorschläge für Kartierungen und Darstellung land- und forstwirtschaftlicher Nutzflächen. In: Geographisches Taschenbuch 1949. Stuttgart 1949. S. 206–208.
– Der wissenschaftliche Inhalt von Vegetationskarten verschiedener Maßstäbe. In: Bericht über das Internationale Symposion für Vegetationskartierung, in Stolzenau 1959. Weinheim 1963. S. 321–329.
SCHOU, AXEL: The construction and drawing of Block diagrams. – London 1961.
SCHUSTER, MATTHÄUS: Das geographische und geologische Blockbild. Eine Einführung in dessen Erzeichnung. – Berlin 1954. 222 S., 257 Abb., Schriftt.
SCHWACKHÖFER, W.: Agrargeographische Kartenwerke aus Österreich. In: Das Schrifttum der Agrarwirtschaft. 4. Wien 1964. S. 1–13.
– Agrargeographische Kartenwerke des Auslandes. In: Das Schrifttum der Agrarwirtschaft. 4. Wien 1964. S. 65–77.
SCHWARZ, ARNOLD: Statistik durch Anschauung. – Zürich 1945. 104 S., 130 Abb.
SCHWEISSTAHL, RUDOLF: Methoden der thematischen Kartographie. In: Kartographische Nachrichten. Gütersloh. Jg. 17, 1967. S. 6–17, 31 Abb., Schriftt.
– Topographische und thematische Luftbildkarten. In: Grundsatzfragen der Kartographie. Wien 1970. S. 269–278. 5 Abb., 1 Karte, Schriftt.
SIJMONS, ALBERT H.: Industriekartografie. In: Kartografie. Mededelingen van de Kartografische Sectie van het Koninglijk Nederlands Aardrijkskundig Genootschap. Groningen. Nr. 45, 1969. S. 289–299, 2 Abb., Schriftt.
SINCLAIR, ROBERT E.: A survey of automatic map compilation processes. In: Surveying and mapping. Washington. Bd. 29, 1969. S. 299–305, Schriftt.
SINNHUBER, KARL A.: The representation of disputed political boundaries in general atlases. In: The Cartographic Journal. Edinburgh. Bd. 1, 1964. S. 1–9, 10 Abb.
SLANAR, HANS: Die Methodik des österreichischen Mittelschulatlasses. In: Mitteilungen der Geographischen Gesellschaft Wien. Bd. 94, 1952.
SOPER, JAMES H.: Mapping the distribution of plants by machine. In: Canadian Journal of Botany. Ottawa. Bd. 42, 1964. S. 1087–1100, 7 Abb., Schriftt.
– Machine-Plotting of phytogeographical da-

ta. In: Canadian Geographer. Bd. 10, 1966. S. 15–26, 6 Abb., Schriftt.

SOTSCHAWA, VICTOR: Soprjaschennoe tematitscheskoe kartografirowanie pri kompleksnich geografitscheskich issledowanijach. In: Kartografitscheskie metodi kompleksnich geografitscheskich issledowani. Irkutsk 1965. S. 3–21, Schriftt. [Kopplung thematischer Kartierungen an komplexe geographische Untersuchungen. Russ.].

SOTSCHAWA, VICTOR und T. I. ISACHENKO (Redakteure): Geobotanitscheskoe kartografirowanie. – Moskau und Leningrad 1965 ff. [Geobotanical Mapping. Jahrbuch. Russ.]

SOTSCHAWA, VICTOR: Uspechi tematitscheskogo kartografirowanija i karti rastitelnosti. In: Geobotanitscheskoe kartografirowanie. Leningrad 1967. S. 3–9. [Über Fortschritte der thematischen Kartierung und über Vegetationskarten. Russ.].

– Kompleksnoe isutschenie prirodnoi sredi i geobotanitscheskaja karta. In: Geobotanitscheskoe kartografirowanie. Leningrad 1968. S. 3–21, 2 Tabellen, 1 Karte, Schrift. [Über das Erkennen der Zusammenhänge in der natürlichen Umwelt und die geobotanischen Karten. Russ.].

– Thematic cartography. Report of Commission IV. In: Internationales Jahrbuch für Kartographie. Gütersloh. Bd. 11, 1971. S. 60–64.

SPEISER, AMBROSIUS P.: Digitale Rechenanlagen. 2. Aufl. – Berlin 1967. 470 S., 310 Abb.

SPERLING, WALTER: Literatur [über den Schulatlas]. In: Der Erdkundeunterricht. Stuttgart o. J. S. 92–100.

SPICHER, AUGUST: Verzeichnis der geologischen und tektonischen Karten und Kartenskizzen der Schweiz. Maßstab bis und mit 1:200 000, erschienen von 1930–1950. – Basel 1952. 51 S., 1 Tafel.

SPIESS, ERNST: Automatisierter Entwurf von Mengendarstellungen. In: Internationales Jahrbuch für Kartographie. Gütersloh. Bd. 8, 1968. S. 155–161, 5 Abb.

– Eigenschaften und Kombinationen graphischer Variablen. In: Grundsatzfragen der Kartographie. Wien 1970. S. 279–293, 24 Abb., Schriftt.

– Wirksame Basiskarten für thematische Karten. In: Internationales Jahrbuch für Kartographie. Gütersloh. Bd. 11, 1971. S. 224–238, 8 Abb., 1 Tab., Schriftt. Auch englisch unter dem Titel: The need for efficient base maps in thematic mapping. – Zürich: Kartographisches Institut der ETH 1970. 14 S., 12 Abb. = Paper presented to the Fifth International Conference on Cartography, Stresa, Italy, 1970.

SPIESS, WOLFGANG E. und FRIEDRICH G. RHEINGANS: Programmieren in FORTRAN. – Berlin 1970. 195 S., 17 Abb., 14 Tabellen.

STAMS, WERNER: Frühe Beispiele deutscher Regionalatlanten. In: Petermanns Geographische Mitteilungen. Gotha. Jg. 109, 1965. S. 233–237, 10 Abb., Schriftt.

– Die Stadtkarte von Dresden. Inhalt und Gestaltung komplexer thematischer Stadtkarten. In: Wissenschaftliche Zeitschrift der Technischen Universität Dresden. Jg. 14, 1965. S. 1397–1411, 11 Abb., 2 Tabellen, Schriftt.

– Der thematische Globus, eine aktuelle Aufgabe der Kartographie. In: Der Globusfreund. Wien. Heft 15/16, 1966/67. S. 37–54, 12 Abb., Schriftt. auch in: Veröffentlichungen des Staatlichen Mathematisch-Physikalischen Salons, Forschungsstelle. Dresden, Zwinger. Bd. 5, 1967. S. 37–54, 12 Abb., Schriftt.

– Die Stadtkarte von Dresden. Inhalt und gestaltung komplexer thematischer Stadtkarten. In: Petermanns Geographische Mitteilungen. Gotha. Jg. 111, 1967. S. 61–75, 13 Abb., 4 Tabellen, Schriftt.

– Die Bedeutung vollständiger Netze topographischer Elemente für die Landeskenntnis. In: Landschaftsforschung. Gotha 1968. S. 235–258, 8 Abb., Schriftt.

– Untersuchungen zur Darstellung und Generalisierung von Siedlungen auf chorographischen Karten. – Dresden, Diss. 1968. = Arbeiten aus dem Vermessungs- und Kartenwesen der Deutschen Demokratischen Republik. Leipzig 1969. Bd. 21. 194 S., 23 Abb., 23 Tafeln, Schriftt.

– Die kartographische Gestaltung der Karten zur Siedlung und Bevölkerung im Atlas DDR. In: Petermanns Geographische Mitteilungen. Gotha. Jg. 114, 1970. S. 303–308, 3 Abb., Schriftt.

STEHPENSON, R. W. und M. GALNEDER: Anglo-American State and provincial thematic atlasses: a survey and bibliography. In: The Canadian Cartographer. Toronto. Jg. 6, 1969.

STEINHAUSER, FERDINAND: Grundsätzliche und kritische Bemerkungen zur Ausarbeitung von Klimakarten. In: Geographischer Jahresbericht aus Österreich. Wien. Bd. 16, 1955–56. S. 1–24, Schriftt.

STINE, GORDON E.: What systems of automation are available today, what is in the development stage, and what is being planned for the future. Paper presented at the third International Conference on Cartography, Amsterdam, april 1967. [Als Manuskript vervielfältig. 27 S.] auch unter dem Titel: Les systèmes d'automation dont on dispose aujourd'hui, ce qui existe dans l'étape de développement, et ce qu'on projète pour l'avenir. 34 S. [St. Louis 1967].

STINE, GORDON E.: Automation terms in cartography. (Interim report). – Washington: American Congress on Surveying and Mapping. Cartography Division 1971. 24 S.

STOCKS, THEODOR: Fragen der Thematischen Kartographie. In: Petermanns Geographische Mitteilungen. Gotha. Jg. 99, 1955. S. 309–317, Schriftt.

– Topographische und thematische Kartographie. In: Erdkunde. Bonn. Jg. 10, 1956. S. 306–308.

– Grenzprobleme zwischen Originalkartographie und geographischer Kartographie. In: Kartographische Studien. Haack-Festschrift. Gotha 1957. S. 25–34.

STOLLT, OTTO: Der Fortlauf der Generalisierung durch die Maßstabsfolge. In: Kartographische Generalisierung. Mannheim 1967. S. 27–50, 1 Abb., Schriftt.

STREES, LEO V.: Die Entwicklung eines automatischen Präzisionskartiergerätes. In: Nachrichten aus dem Karten- und Vermessungswesen. Reihe I. Frankfurt/M. Heft Nr. 29, 1965. S. 84–94, 9 Abb.

STUMP, HANS: Versuch einer Darstellung der Entwicklung und des Standes der kartographischen Reproduktionstechnik. In: Internationales Jahrbuch für Kartographie. Gütersloh. Bd. 1, 1961. S. 136–152, 2 Abb.

STUMP, HANS und ERNST SPIESS: Expériences dans le domaine de l'impression en trois couleurs pour les cartes thématiques multicolores. In: Internationales Jahrbuch für Kartographie. Gütersloh. Bd. 4, 1964. S. 62–68, 2 Abb.

SUKHOV, V. I.: Application of information theory in generalisation of map contents. In: Internationales Jahrbuch für Kartographie. Gütersloh. Bd. 10, 1970. S. 41–47, 2 Tabellen.

SYDOW, EMIL VON: Drei Kartenklippen. In: Geographisches Jahrbuch 1866. Gotha.

THE ROYAL GLOSSARY OF TECHNICAL TERMS IN CARTOGRAPHY. – London 1966. 84 S.

THE STATUS OF WORLD TOPOGRAPHIC MAPPING. In: World Cartography. (United Nations). New York. Bd 10, 1970. 96 S., Abb.

THEMATISCHE KARTOGRAPHIE. Gestaltung Reproduktion. Ergebnisse des 7. Arbeitskurses Niederdollendorf 1968. Herausgegeben von Heinz Bosse. 2 Bände. – Mannheim 1970. 304 S., 105 Kartenseiten. [Sammelwerk].

THOMPSON, MORRIS M.: Automation in Cartography. Report of Commission III. In: Internationales Jahrbuch für Kartographie. Gütersloh. Bd. 11, 1971. S. 51–59.

THORN, KARL: Aussagekraft und Aussagewert thematischer Karten. In: Petermanns Geographische Mitteilungen. Gotha. Jg. 103, 1959. S. 146–148, 1 Abb., Schriftt.

– Zur Frage der Dichtebestimmung. In: Geographisches Taschenbuch. 1966/1969. Wiesbaden 1968. S. 246–264, Schriftt.

THROWER, NORMAN J. W.: Animated Cartography in the United States. In: Internationales Jahrbuch für Kartographie. Gütersloh. Bd. 1, 1961. S. 20–30, 3 Abb., Schriftt.

– Edmond Halley as a thematic geo-cartographer. In: Annals of the Association of American Geographers. Washington. Bd. 59, 1969. S. 652–676, 9 Abb., Schriftt.

TOBLER, WALDO R.: Automation and cartography. In: The Geographical Review. New York. Bd. 49, 1959. S. 526–534.

– Map transformations of geographic space. –

Seattle, University of Washington, Diss. 1961. 184 S., 65 Abb., Schriftt.
- Classification of map projections. In: Annals of the Association of American Geographers. Washington. Bd. 52, 1962.
- Automation in the preparation of thematic maps. In: The Cartographic Journal. Edinburgh. Jg. 2, 1965. S. 1–7, 7 Abb., Schriftt. Auch französisch unter dem Titel: Automation dans la préparation des cartes thématiques. In: Internationales Jahrbuch für Kartographie. Gütersloh. Bd 6, 1966. S. 81–93, 4 Abb., Schriftt.
- Numerical map generalization. – Ann Arbor 1966. 27 S., 17 Abb., Schriftt. = Michigan Inter-University Community of Mathematical Geographers. Discussion Paper No 8.
- Notes on the analysis of geographical distributions. – Ann Arbor 1966. 15 S., 1 Abb., 2 Tabellen, Schriftt. = Michigan Inter-University Community of Mathematical Geographers. Discussion Paper No 8.

TÖPFER, FRIEDRICH: Mathematische Grundlagen der Kartengestaltung. In: Wissenschaftliche Zeitschrift der Technischen Universität Dresden. Jg. 12, 1963. S. 1803–1808, 4 Abb., 1 Taf.
- Untersuchungen zum Anwendungsbereich des Wurzelgesetzes bei kartographischen Generalisierungen. In: Vermessungstechnik. Berlin. Jg. 11, 1963. S. 179–186.
- Heutige Grundsätze der kartographischen Generalisierung. In: Kartographische Generalisierung. Mannheim 1967. S. 51–74, 13 Tafeln. Schriftt.
- Gesetzmäßige Generalisierung und Kartengestaltung. In: Vermessungstechnik. Berlin. Jg. 15, 1967. S. 65–71, 3 Abb., Schriftt.
- Zur Kartogrammherstellung mit Rechenautomaten. In: Vermessungstechnik. Berlin. Jg. 16, 1968. S. 365–370, 11 Abb., Schriftt.

TRAVERSI, CARLO: Tecnica cartografica. – Florenz [1968]. 499 S., 165 Abb., Schriftt.

UHLHORN, F.: Probleme der kartographischen Darstellung geschichtlicher Vorgänge. In: Hessisches Jahrbuch für Landesgeschichte. Bd. 8, 1958. S. 107 ff.

UNSCHULD, WENZEL: Leitfaden zur darstellenden Statistik auf topographischen Karten. Teil 1 und 2. – Hermannstadt 1859. 95 S., 7 Tafeln.

UNTERSUCHUNGEN ZUR THEMATISCHEN KARTOGRAPHIE. Teil 1: Berichte der Forschungsgruppe »Thematische Kartographie« der Akademie für Raumforschung und Landesplanung. – Hannover 1969. 5, 161 S. = Veröffentlichungen der Akademie für Raumforschung und Landesplanung. Forschungs- und Sitzungsberichte. Bd. 51.

WAGEMANN, ERNST: Narrenspiegel der Statistik. Die Umrisse eines statistischen Weltbildes. 3. Aufl. – Bern 1950. 252 S., 35 Abb.

WAGNER, GEORG und ADOLF KOCH: Raumbilder zur Erd- und Landschaftsgeschichte Südwestdeutschlands. – Schmiden bei Stuttgart 1961. 32 S., 14 Tafeln, Schriftt. Mit einer Beilage von Georg Wagner: Herstellung von Blockbildern. 11 S. = Das Bild in Forschung und Lehre. Veröffentlichungen der Landesbildstellen Baden und Württemberg, Bd 3.

WAGNER, HERMANN und WILHELM MEINARDUS: Die geographische Karte. In: Hermann Wagner: Lehrbuch der Geographie. Bd. 1: Allgemeine Erdkunde. 6. Aufl. Hannover 1900. S. 171–227. und in: Hermann Wagner: Mathematische Geographie nebst Einführung in die geographische Wissenschaft. Teil 1. 11. Aufl. Hannover 1938. S. 268–367.

WAGNER, JULIUS: Zahl und graphische Darstellung im Erdkundeunterricht. – Gotha 1931. 68 S. = Geographische Bausteine, Nr. 19.

WAGNER, KARL-HEINZ: Kartographische Netzentwürfe. 1. Aufl. – Leipzig 1949. 2. Aufl. Mannheim 1962. 303 S. mit zahlr. Abb. und Tabellen.

WALDBAUR, HARRY: Zur Darstellung von Zahlenwerten in der Kartographie. In: Die Erde. Berlin. Bd. 3, 1951/52. S. 379–387, 1 Abb.
- Zur Karte »Landformen im mittleren Europa« 1:2 000 000. In: Wissenschaftliche Veröffentlichungen des Deutschen Instituts für Länderkunde. N. F. 15/16. – Leipzig 1958. S. 133–177, 3 Abb., 1 Karte, Schriftt.

WALLIS, HELEN und ARTHUR H. ROBINSON: Humboldt's map of isothermal lines, a milestone in thematic cartography. In: The Cartographic Journal. Edinburgh. Jg. 5, 1968.

WALTER, FRIEDRICH: Regionale Statistik und Karten. In: Allgemeines Statistisches Archiv. München. Jg. 1954.

WEIDEN, F. L. T. VON DER: Suggesties voor her gebruik van Reken- en Tekenautomaten bij de vervaardiging van statistisch thematische kaarten. In: Tijdschrift voor economische en sociale geografie. Rotterdam. Jg. 1968. S. 13–24, 10 Abb., Schriftt.

WEISS, RICHARD: Einführung in den Atlas der schweizerischen Volkskunde. – Basel 1950. 110 S., 2 Karten.

WEISUNGEN FÜR DIE ERHEBUNG UND SCHREIBWEISE DER LOKALNAMEN bei Grundbuchvermessungen in der deutschsprachigen Schweiz. (Ausführungsbestimmungen des eidgenössischen Justiz- und Polizeidepartements vom 27. Oktober 1948. – [Bern]. 17 S. dazu: Bundesratsbeschluß über Orts-, Gemeinde- und Stationsnamen vom 30. Dezember 1970. [Bern].

WERDECKER, JOSEF: Kreis und Kugel, Quadrat und Würfel in der Kartendarstellung nach der absoluten Methode. In: Geographisches Taschenbuch 1949. Stuttgart. S. 213–215 und 220 und in: Geographisches Taschenbuch 1950. Stuttgart. S. 251–253.

WEYGANDT, HELMUT: Kartographische Ortsnamenkunde. Probleme und Richtlinien der Kartenbeschriftung mit Musterbeispielen der Asienkarten. – Lahr 1955. 138 S., 2 Tafeln, 5 Karten.

– Zur Präparation exotischer Nomenklaturen in der Atlaskartographie. Eine Darstellung der wichtigsten Transkriptionssysteme in der geographischen Namengebung. In: Kartographische Nachrichten. Gütersloh. Jg. 11, 1961. S. 156–177, Schriftt.

WILHELMY, HERBERT: Kartographie in Stichworten. – Kiel 1966.
Teil I: 71 S., 78 Abb., Schriftt.
Teil II: 94 S., 107 Abb., Schriftt.
Teil III: 167 S., 238 Abb., Schriftt.
Teil IV: 56 S., Schriftt.

WILLIAMS, ROBERT LEE: Statistical symbols for maps: their design and relative values. – New Haven, Connecticut 1956. 115 S., 111 Abb., Schriftt.

– Map symbols: equal-appearing intervals for printed screens. In: Annals of the Association of American Geographers. Washington. Bd. 48, 1958. S. 132–139, 7 Abb.

– Map symbols: »The curve of the grey Spectrum«. An answer. In: Annals of the Association of American Geographers. Washington. Bd. 50, 1960. S. 487–491, 3 Abb.

WINDISCH, HANS: Schule der Farbenphotographie. – Harzburg 1939. 258 S., 87 Abb. = Die neue Foto-Schule, Bd. 3.

WITT, WERNER: Zur Methode der quantitativen kartographischen Darstellung. In: Geographischer Anzeiger. Gotha. Jg. 36, 1935. S. 533–538.

– Planungsatlanten. In: Kartographische Nachrichten. Bielefeld. Jg. 8, 1958. S. 178–181.

– Thematische Kartographie und Raumforschung. In: 25 Jahre Raumforschung in Deutschland. Bremen 1960. S. 179–194.

– Die kartographische Bestandsaufnahme in der Raumforschung und Landesplanung. Entwicklung und Problematik. In: Informationen des Instituts für Raumforschung. Bad Godesberg. Jg. 10, 1960 und Jg. 11, 1961. S. 203–232.

– Komplexe Themakartographie in der Landesplanung. In: Kartographische Nachrichten. Gütersloh. Jg. 11, 1961. S. 147–155.

– Deutscher Planungsatlas. In: Internationales Jahrbuch für Kartographie. Gütersloh. Bertelsmann. Bd. 2, 1962. S. 184–186.

– Regionalatlanten in der Bundesrepublik Deutschland. In: Internationales Jahrbuch für Kartographie. Gütersloh. Bd. 3, 1963. S. 135–156, Schriftt.

– Deutsche Regional- und Planungsatlanten. In: Kartographische Nachrichten. Gütersloh. Jg. 14, 1964. S. 88–96.

– Thematische Kartographie. Methoden und Probleme, Tendenzen und Aufgaben. 1. Aufl. Hannover 1967. 15, 384 S., 80 Abb., 40 Karten-Tafeln. = Veröffentlichung der Akademie für Raumforschung und Landesplanung, Abhandlungen. Bd. 49.

– Ökonomische Raummodelle und geographische Methoden. In: Geographische Zeitschrift. Wiesbaden. Bd. 55, 1967. S. 91–109, Schriftt.

– Stellung und Aufgaben der thematischen

Kartographie im Rahmen der Raumforforschung. In: Untersuchungen zur thematischen Kartographie. Teil 1. Hannover 1969. S. 1–10.

– Planungskartographie. In: Untersuchungen zur thematischen Kartographie. Teil 1. Hannover 1969. S. 77–106, Schriftt.

– Pläne und Planzeichen in der Raumordnung. In: Informationsbriefe für Raumordnung. Mainz. R. 1. 6. 2, 1969. S. 2–12, Schriftt.

– Grenzlinien und Grenzgürtelmethode. In: Grundsatzfragen der Kartographie. Wien 1970. S. 294–307, Schriftt.

– Thematische Kartographie. Methoden und Probleme, Tendenzen und Aufgaben. 2. Aufl. – Hannover 1970. 1152 Spalten, 166 Abb., Schriftt. = Veröffentlichungen der Akademie für Raumforschung und Landesplanung. Abhandlungen. Bd. 49.

WITT, WERNER: Bevölkerungskartographie. – Hannover 1971. 190 S., 14 Abb., 5 Tafeln, Schriftt.

WOLKENHAUER, WILHELM: Leitfaden zur Geschichte der Kartographie in tabellarischer Darstellung, unter besonderer Berücksichtigung Deutschlands, Österreichs und der Schweiz. – Breslau 1895. Ergänzt in: Deutsche Geographische Blätter. Bremen. Jg. 1904–1917.

WOOD, MICHAEL: Visual perception and map design. In: The Cartographic Journal. Edinburgh. Bd. 5, 1968. S. 54–64, Schriftt.

YONGE, ENA L.: National atlases, a summary. In: Geographical review. New York. Jg. 47, 1957. S. 570–578.

– World and thematic atlases. A summary survey. In: The Geographical Review. New York. Jg. 52, 1962.

– Regional atlases: A summary survey. In: The Geographical Review. New York. Jg. 52, 1962. 2. 406–432.

ZAROUTSKAJA, IRINA P. siehe Sarutschkaja, Irina P.

ZÖPPRITZ, KARL und ALOIS BLUDAU: Leitfaden der Kartenentwurfslehre. 1. Teil: Die Projektionslehre. 3. Aufl. – Leipzig 1912. 264 S., 154 Abb. 2. Teil: Kartographie und Kartometrie. – Leipzig 1908. 109 S., zahlr. Abb., 2 Tafeln.

ZUMSTEIN. Landkartenhaus, München. Gesamt-Katalog: Landkarten, Reiseführer, Stadtpläne, Atlanten, Globen aus allen Ländern der Welt. – München o. J. [Loseblatt-Ordner, siehe auch Geo Center-Katalog.]

ZUR METHODIK VON WIRTSCHAFTSKARTEN DES 19. JAHRHUNDERTS. – Hannover 1969. 83 S. = Veröffentlichungen der Akademie für Raumforschung und Landesplanung. Forschungs- und Sitzungsberichte. Bd. 50. Historische Raumforschung.

ZURFLÜH, HANS: Das Relief. Anleitung zum Bau von Reliefs für Schule und Wissenschaft. – Bern 1950. 62 S., 82 Abb., 8 Tafeln.

Register

Tafeln

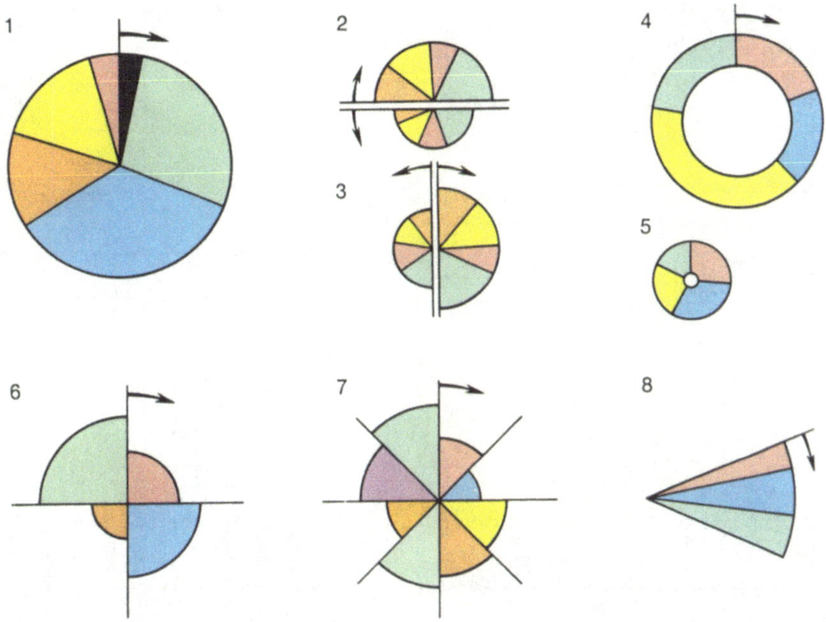

Figuren 1–8 Gegliederte Kreisscheibendiagramme. 1 Normalform, Scheibe gegliedert in Sektoren. 2 und 3 Zweiteilige Halbkreisscheiben mit Sektoren. 4 und 5 Kreisringe. 6 Viertelskreis-Sektoren mit verschiedenen Radien. 7 Achtelskreis-Sektoren mit verschiedenen Radien. 8 Gegliederter Fächer

9

10

Figur 9 Gegliederte Schriftzeichen. Ein Sündenfall der Kartengraphik

Figur 10 Gegliederte Blöcke. Baukastendiagramm – Violett 2, Gelb 4, Blau 8, Grün 9, Rot 9

Tafel II

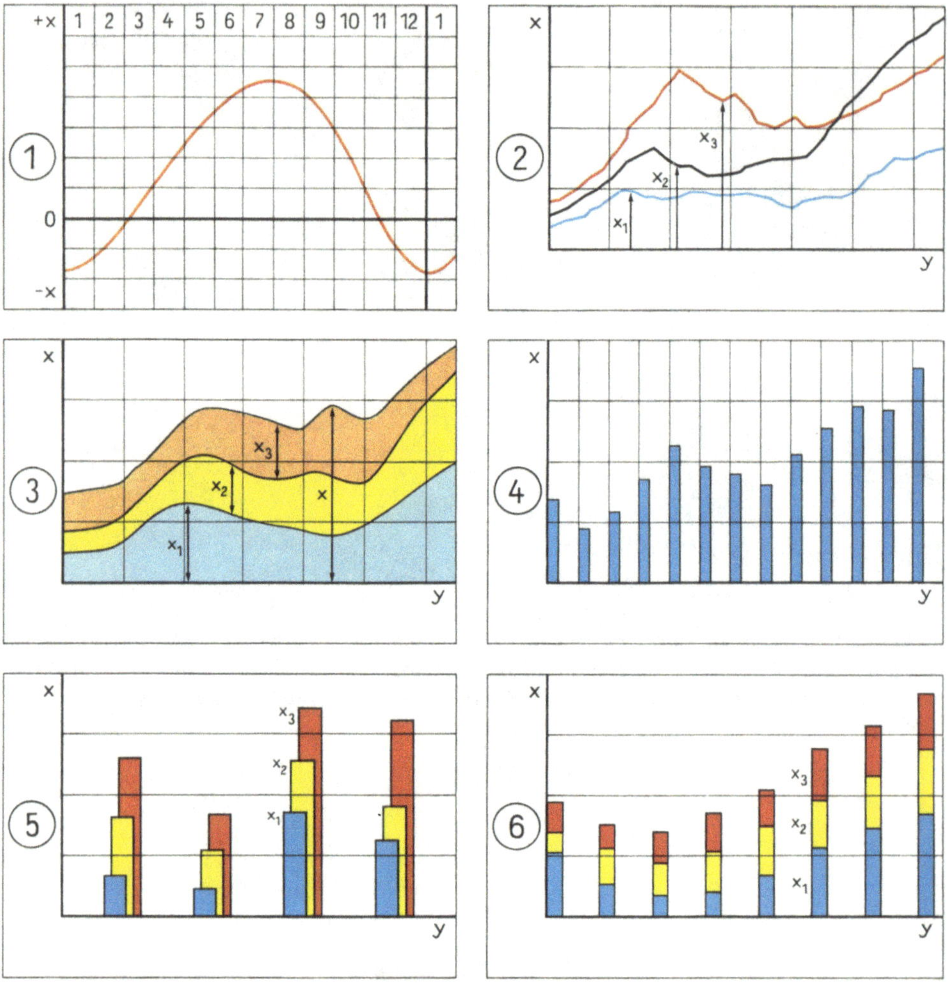

Diagramme mit rechtwinkligen Koordinaten.
Abhängige Variable x, z. B. Wert, Menge.
Unabhängige Variable y, z. B. Zeit (Tagesstunden, Wochentage, Monate, Jahre), Meereshöhe, geographische Breite.
Diagramme 1 — 3. Die x-Werte ändern sich kontinuierlich.
1. Einfaches Kurvendiagramm. 2. Mehrgliedriges Kurvendiagramm, x-Werte einzeln aufgetragen. 3. Mehrgliedriges Kurvendiagramm, x-Werte aufeinanderfolgend (additiv) aufgetragen.
Diagramme 4 — 6. x-Werte für gleichabständige y-Etappen.
4. Einfache x-Stäbe. 5. Gruppen von x-Stäben, 6. Mehrteilige x-Stäbe.

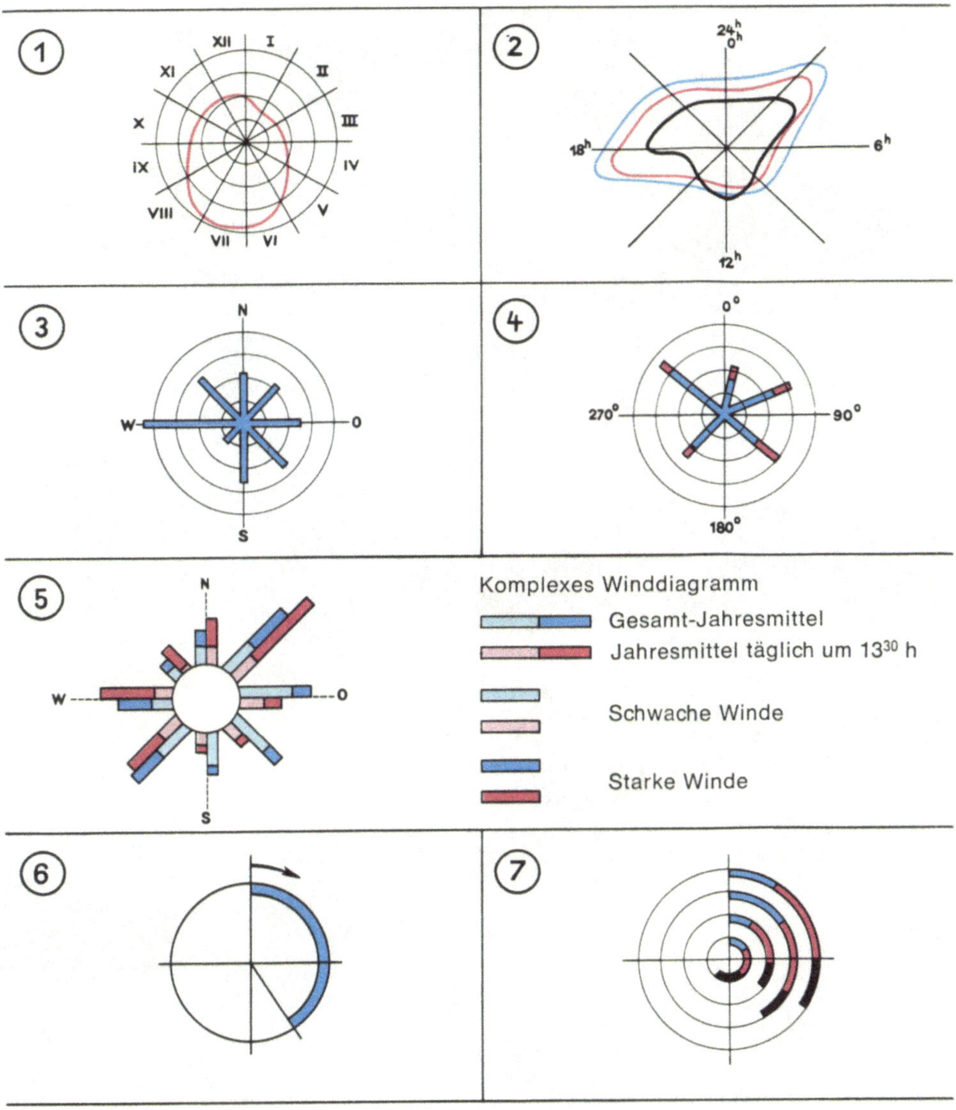

Diagramme mit Polarkoordinaten

Fig. 1–5 Zifferblatt-Diagramme. Abhängige Variable = Radius r, unabhängige Variable = Richtungswinkel α

Fig. 6 und 7 Raddiagramme. Abhängige Variable = Richtungswinkel α, resp. dessen Kreisbogen. Unabhängige Variable = Radius r eines Einheitskreises

Tafel IV

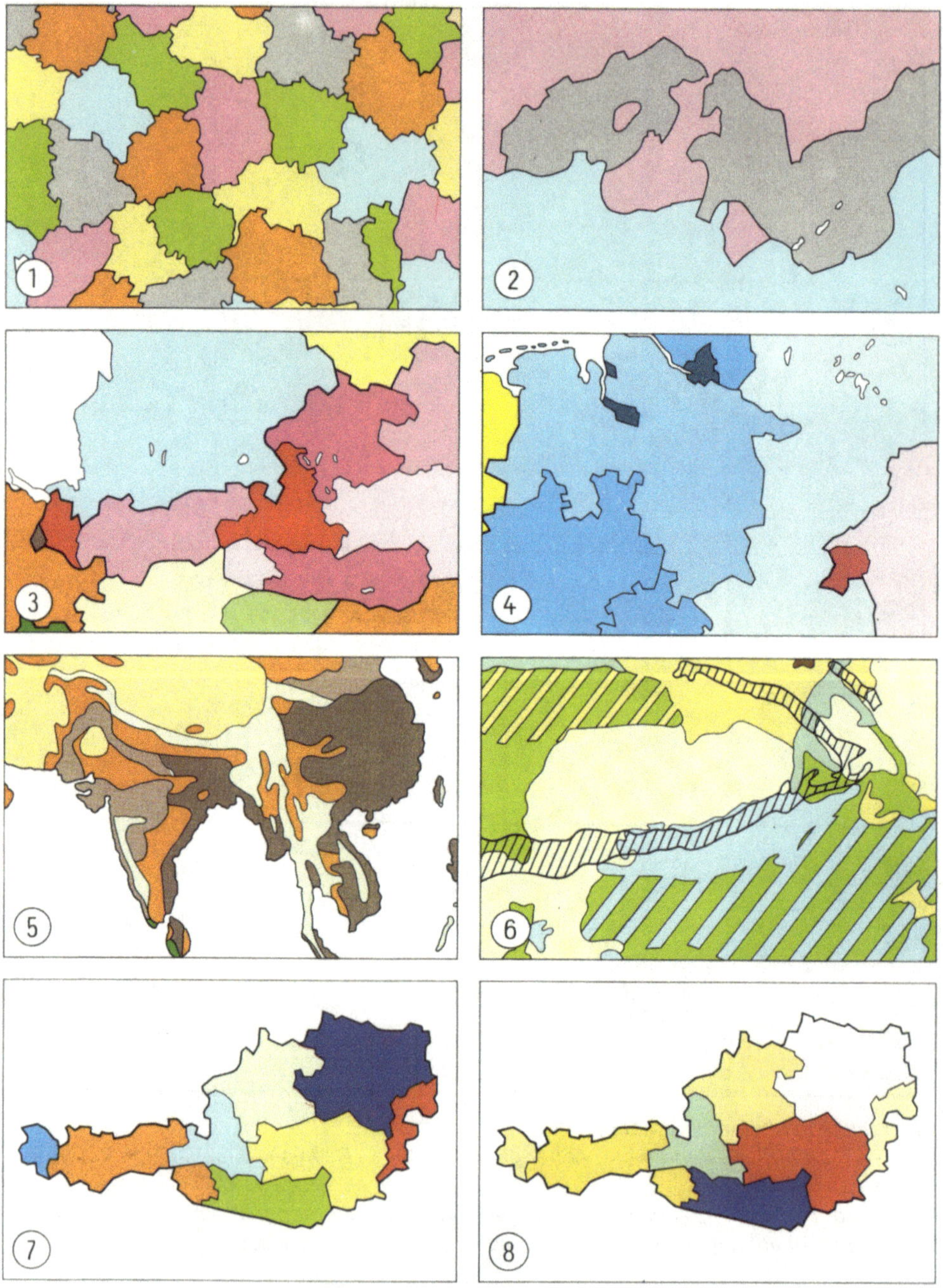

Beispiele von Mosaikgefügen. Erläuterungen siehe Kapitel 18, Abschnitt 3.

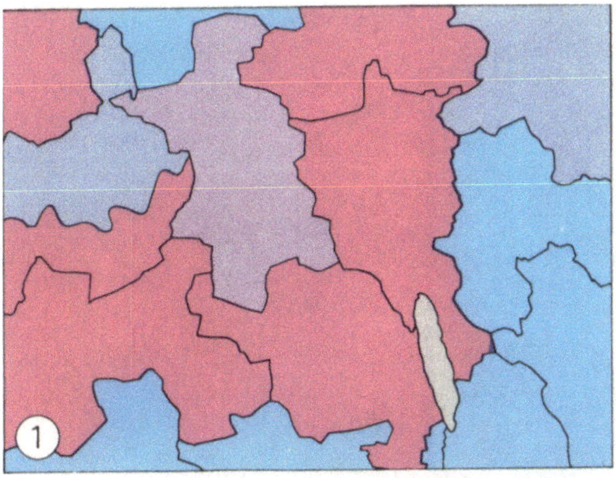

Relative Anteile der Protestanten und Katholiken im Schweizerischen Mittelland. Bezirke als Bezugsflächen

	Protestanten	Katholiken
(rot)	75–100 %	0– 25 %
(violett)	50– 75 %	25– 50 %
(graublau)	25– 50 %	50– 75 %
(hellblau)	0– 25 %	75–100 %

Maßstab 1 : 500 000

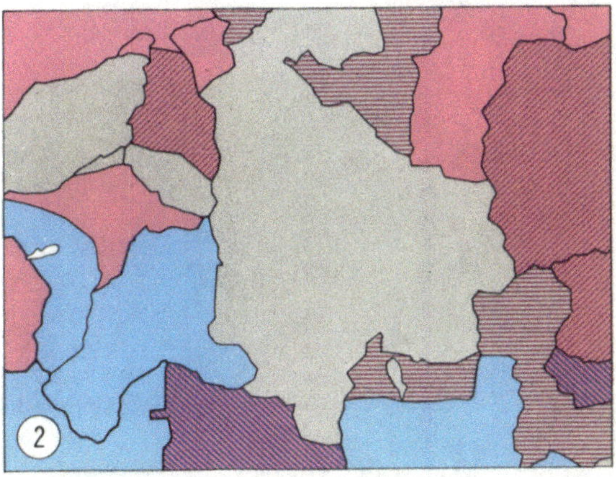

Sprachliche Gliederungen in Graubünden. Bezirke als Bezugsflächen
Hauptsprachen:

- deutsch
- italienisch
- rätoromanisch

Minderheiten, 30–50 %

- deutsch
- italienisch
- rätoromanisch

Maßstab 1 : 500 000

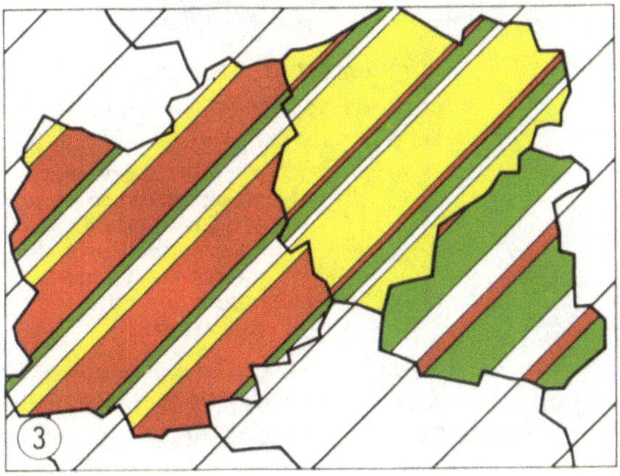

Statistisches Streifenmosaik oder Streifengefüge (Streifenkartogramm) – Getreideanbau, relative Flächenanteile

- Weizen
- Roggen
- Gerste
- Übriger Anbau

Beispiele statistischer Mosaiken (Erläuterungen im Text)

Tafel VI

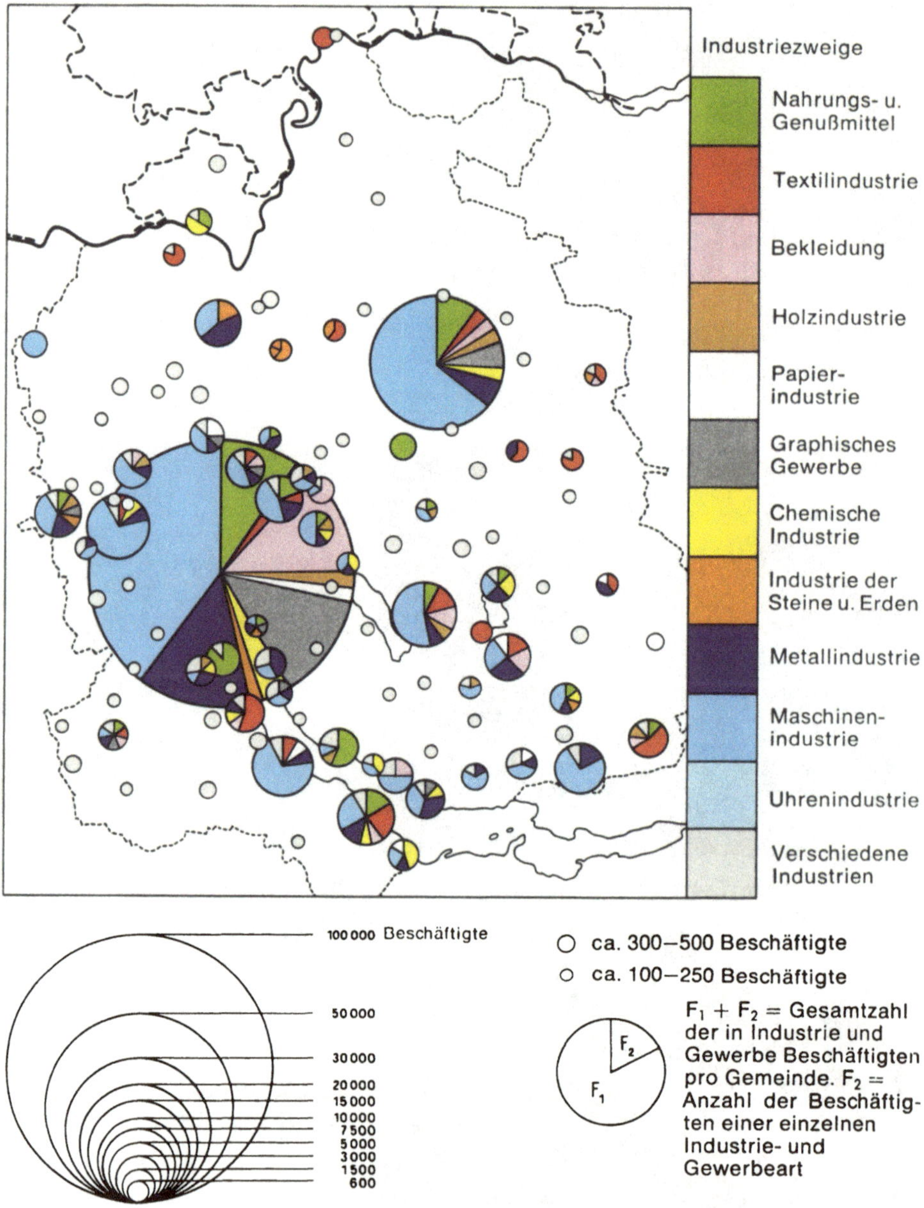

Kreisscheibendiagramme mit Einteilung in Sektoren zur Darstellung der Anzahl der Beschäftigten in den verschiedenen Industriezweigen. Gebiet des Kantons Zürich

FSC
www.fsc.org
MIX
Papier | Fördert gute Waldnutzung
FSC® C083411

Kolibri 360 GmbH
Ferdinand-Jühlke-Straße 7
99095 Erfurt, Deutschland
produktsicherheit@kolibri360.de